建筑工程施工技术措施

（2）

杨南方　尹　辉　主编

中国建筑工业出版社

图书在版编目（CIP）数据

建筑工程施工技术措施　（2）/杨南方主编．—北京：
中国建筑工业出版社，1998
ISBN 7—112—03818—9

Ⅰ．建…　Ⅱ．杨…　Ⅲ．建筑工程—工程施工—技术 Ⅳ．T074

中国版本图书馆 CIP 数据核字（98）第 36143 号

本书根据现行的国家标准及施工验收规范，将民用建筑各分部、分项工程的施工技术规定，以条文及图表形式归纳整理成详细的技术措施，对常用材料的性能和应用范围，施工前期准备工作，施工组织管理，施工的工艺和操作方法，施工质量检查与验收的控制，以至常见病及其防治均作了详细的叙述和规定。全书分 3 册出版，本册为第（2）分册，包括屋面工程、装饰工程、玻璃幕墙工程、地面工程四个部分。

本书是作者多年在施工中应用标准、规范的体会，也是多年施工经验的总结。可供施工技术人员、施工管理人员、质量监督人员在实际工作中参考使用。也可作为各种施工人员培训教材。

建筑工程施工技术措施

（2）

杨南方　尹　辉　　主编

中国建筑工业出版社出版、发行（北京西郊百万庄）

新　华　书　店　经　销

北京蓝海印刷有限公司印刷

*

开本：787×1092 毫米　1/16　印张：$37^{1}/_{2}$　字数：904 千字

1999 年 3 月第一版　　2004 年 12 月第九次印刷

印数：14201-15400 册　定价：**53.00** 元

ISBN 7-112-03818-9

TU·2960（9159）

编写人员名单

主　编：杨南方　尹　辉

副主编：彭尚银　吴兆军　王振海

主　审：袁家斌　杨玉江　韩友荣

编　写：贺铁男　肖坤富　杨天宇　赵秋林
王亦斌　田中旗　陈　红　刘金霞
高永峰　丛连喆　何逢朋　李庆存
王世超　吴同启　庞卫祥　赵敏达
侯元全　范正银　王富国　曹志怀
姚希光　吕延华　张卫东　瞿亚平
尹晓光　赵春秋　邵永祥　廉恩义
孙明芳　张　振　镡晓维　张茂全
李　华　安丽平　陈殿志　王晓海
于佔琴　刘　松　陈卫东　陈立友
何　强　刘富贵　李新民　温东贵
张秀启　郝　勃

前　言

房屋建筑是人类居住、活动的场所，是构成城市和乡镇的主体。它反映了时代的精神，是一种艺术，也可以作为某种标志。房屋建筑必须具有适用性、耐久性，以及符合其使用功能和艺术要求的装饰效果。要达到这些要求，必须正确选用建筑材料并通过合理的施工方法来实现。

随着科学技术的不断发展，建筑工程的施工技术和建筑工程材料正日益发展。整个施工技术已构成一个独立完整的体系，既有丰富的理论基础，又有先进的工艺标准及严格的质量监控方法，也有可靠的测试手段，而且正在不断发展、完善和创新之中。

为方便全面掌握上述各项施工技术的基本方法和有关标准规定，特将我们长期收集到的各种施工工艺标准和操作方法、质量控制方法等，结合我们多年的施工经验，加以总结，严格地根据现行的国家标准及施工验收规范进行核订，以条文和图表形式编制出这本《建筑工程施工技术措施》，以供广大施工技术人员和管理人员参考使用。全书分为3册，按照分部、分项工程的施工程序进行安排。第（1）分册包括地基与基础工程、混凝土工程、砌体结构工程、钢结构工程。第（2）分册包括屋面工程、装饰工程、玻璃幕墙工程、地面工程。第（3）分册包括水暖工程、电气工程、电梯工程等。全书选材力求结合实际，方便查用。

本书在编写过程中，承蒙各方专家热情地给予指导和支持，在此表示诚挚的感谢！

编者经验不足，书中疏漏和不当之处在所难免，望广大读者给予批评和指正。

总 目 录

第（1）分册

1 地基与基础工程
2 混凝土工程
3 砌体结构工程
4 钢结构工程

第（2）分册

5 屋面工程
6 建筑装饰工程
7 玻璃幕墙工程
8 地面工程

第（3）分册

9 水暖工程
10 电气工程
11 电梯工程

第（2）分册 目 录

5. 屋面工程

1 总 则 …… 3
2 技术术语 …… 4
2.1 防水原材料 …… 4
2.2 柔性防水屋面 …… 5
2.3 刚性防水 …… 5
2.4 细部处理 …… 6
3 施工前准备工作 …… 7
3.1 图纸会审、设计变更 …… 7
3.2 技术交底 …… 10
3.3 材料检验 …… 11
3.4 施工组织设计 …… 13
4 基本规定 …… 23
4.1 屋面工程质量保证技术措施 …… 24
4.2 隐蔽工程检查验收记录 …… 25
5 屋面防水工程施工技术措施 …… 27
5.1 保温层 …… 27
5.2 架空隔热层 …… 31
5.3 找 平 层 …… 33
5.4 防水卷材技术要求 …… 36
5.5 沥青防水卷材施工技术控制要点 …… 44
5.6 高聚物改性沥青防水卷材施工技术控制要点 …… 47
5.7 合成高分子防水卷材施工技术控制要点 …… 49
6 涂膜防水施工技术措施 …… 55
6.1 防水涂料施工技术控制要求 …… 56
6.2 溶剂型防水涂料施工技术控制要求 … 60
6.3 水乳型防水涂料施工技术控制要求 … 63
6.4 反应型合成高分子防水涂膜施工技术控制要点 …… 64
6.5 改性煤焦油防水涂料施工技术控制要求 …… 67
6.6 厚质防水涂料施工技术控制要求 …… 67
7 接缝密封防水施工技术措施 …… 71
7.1 接缝密封防水一般技术要求 …… 72
7.2 接缝密封防水材料材质要求 …… 74
7.3 改性沥青密封材料防水施工技术控制要求 …… 75
7.4 合成高分子密封材料防水施工技术控制要求 …… 77
8 刚性防水施工技术措施 …… 78
8.1 刚性防水一般技术要求 …… 78
8.2 刚性防水材料材质要求 …… 81
8.3 刚性防水屋面施工技术控制要点 …… 83
8.4 工程验收 …… 85
9 特种屋面施工技术措施 …… 86
9.1 蓄水屋面 …… 87
9.2 种植屋面 …… 87
9.3 倒置式屋面 …… 88
9.4 架空隔热屋面 …… 88
10 水落管施工技术控制要点 …… 89
10.1 水落管施工质量控制要点 …… 89
10.2 水落管制作控制要点 …… 90
10.3 水落管和水落斗安装控制要点 …… 91
11 屋面质量通病及防治 …… 92
11.1 卷材防水屋面 …… 92
11.2 涂膜防水屋面 …… 94
11.3 刚性防水屋面 …… 97
12 工程验收和管理维护 …… 98
12.1 质量要求 …… 98
12.2 质量检验 …… 99
12.3 工程验收 …… 99
12.4 管理维护 …… 99
12.5 质量检验评定标准和检验方法 …… 100
附录1 沥青玛琋脂的选用、调制和试验 …… 105
附录2 国家现行技术标准及规范 …… 108
附录3 防水材料 …… 110
附录4 保温隔热材料 …… 127
附录5 粗细骨料 …… 134
附录6 砖 …… 139

附录 7　水泥 …………………………… 148
附录 8　外加剂、防冻剂 ………………… 154
附录 9　混凝土试验 ……………………… 161

6　建筑装饰工程

1　总　则 ………………………………… 179
2　技术术语 ……………………………… 181
3　施工前期工作 ………………………… 183
3.1　图纸会审 …………………………… 183
3.2　技术交底 …………………………… 185
3.3　材料检验 …………………………… 186
3.4　构件、配件检验 …………………… 189
3.5　技术复核记录 ……………………… 190
3.6　控制装饰工程质量的主要因素 ……… 190
4　抹灰工程施工技术措施控制要点 … 192
4.1　一般性技术规定 …………………… 192
4.2　材料质量控制 ……………………… 199
附件 4.1　水泥 ………………………… 200
附件 4.2　建筑生石灰、建筑消石灰粉 … 201
附件 4.3　砂 …………………………… 202
附件 4.4　建筑装饰常用胶粘剂 ……… 202
附件 4.5　装饰抹灰用的骨料 ………… 203
附件 4.6　颜料 ………………………… 203
附件 4.7　建筑用熟石膏的技术指标 …… 204
4.3　一般抹灰施工工艺、操作方法及质量控制 …………………………… 204
4.4　装饰抹灰施工工艺、操作方法及其质量控制 …………………………… 208
5　饰面工程施工技术措施控制要点 … 215
5.1　一般性技术规定 …………………… 215
5.2　饰面材料质量控制 ………………… 216
附件 5.1　彩色釉面陶瓷墙地砖 ……… 222
附件 5.2　玻璃马赛克（玻璃锦砖） …… 226
5.3　饰面板安装工艺、操作方法及质量控制 ………………………………… 227
5.4　饰面砖施工工艺、操作方法及质量控制 ………………………………… 232
5.5　装饰混凝土板施工工艺、操作方法及质量控制 …………………………… 235
5.6　金属饰面板安装工艺、操作方法及质量控制 …………………………… 235
6　门窗工程施工技术措施控制要点 … 238
6.1　一般性技术规定 …………………… 238
6.2　门窗质量控制 ……………………… 241
附件 6.1　铝合金门窗（GB2478～8482—87） ………… 242
附件 6.2　空腹钢门（GB9155—88） ………………… 248
附件 6.3　实腹钢门（GB9156—88） ………………… 249
附件 6.4　实腹钢纱门窗（GB9157—88） ………………… 250
附件 6.5　实腹钢窗（GB5827.1—86） ……………… 251
附件 6.6　空腹钢窗（GB5827.2—86） ……………… 252
附件 6.7　塑料窗力学性能、耐候技术条件（GB11793.2—89） ……… 253
6.3　门窗安装工艺、操作方法及质量控制 ………………………………… 259
7　玻璃安装工程施工技术措施控制要点 ………………………………… 268
7.1　一般性技术规定 …………………… 268
7.2　玻璃安装材料质量控制 …………… 269
7.3　玻璃安装施工工艺、操作方法及质量控制 ………………………………… 272
8　吊顶工程施工技术措施控制要点 ………………………………… 278
8.1　一般技术规定 ……………………… 278
8.2　吊顶材料质量控制 ………………… 278
附件 8.1　普通纸面石膏板（GB9775—88） …………………… 279
附件 8.2　装饰石膏板（GB9777—88） ……………… 281
附件 8.3　吊顶材料技术性能 ………… 283
8.3　吊顶安装施工工艺、操作方法及质量控制 ……………………………… 290
附件 8.4　吊顶安装构造示意图 ……… 294
附件 8.5　罩面板安装构造节点示意图 … 308
8.4　吊顶工程常见质量通病及预控对策 ………………………………… 310
9　隔断工程施工技术措施控制要点 … 311
9.1　一般性技术规定 …………………… 311
9.2　材料质量控制 ……………………… 311
9.3　隔断安装的施工工艺、操作方法

及质量控制 …………………………… 315
附件 9.1 隔断墙安装节点构造 ………… 319
附件 9.2 隔断墙罩面板安装节点
构造示意图 …………………… 324
9.4 隔断墙常见质量通病及预控对策…… 327
10 涂料工程施工技术措施控制要点 ……
…………………………………………… 328
10.1 一般性技术规定 …………………… 335
10.2 涂料材料质量控制 ………………… 335
10.3 涂料施涂工艺、操作方法
及质量控制 ………………………… 347
11 裱糊工程施工技术措施控制要点 ……
…………………………………………… 357
11.1 一般性技术规定 …………………… 357
11.2 裱糊材料质量控制 ………………… 358
11.3 裱糊工程施工工艺、操作方法
及质量控制 ………………………… 366
11.4 裱糊工程常见质量通病及预
控对策 ……………………………… 372
12 刷浆工程施工技术措施控制要点 ……
…………………………………………… 373
12.1 一般性技术规定 …………………… 373
12.2 涂料质量控制 ……………………… 373
附件 刷浆工程常用腻子配合比
(重量比) ………………………… 373
12.3 刷浆工程施工工艺、操作方
法及质量控制 ……………………… 382
13 花饰工程施工技术措施控制
要点………………………………… 387
13.1 一般性技术规定 …………………… 387
13.2 花饰材料质量控制 ………………… 387
13.3 花饰安装工艺、操作方法
及质量控制 ………………………… 388
14 细木制作施工技术措施控
制要点 ……………………………… 395
14.1 一般技术规定 ……………………… 395
14.2 细木制品材料质量控制 …………… 396
14.3 细木制品施工工艺、操作
方法及质量控制 …………………… 400
14.4 细木制品和花饰安装质量
通病及预控对策 …………………… 403
15 装饰工程质量检验评定标准 ……… 405
15.1 一般抹灰工程 ……………………… 405
15.2 装饰抹灰工程 ……………………… 407
15.3 清水砖墙勾缝工程 ………………… 411
15.4 饰面工程 …………………………… 412
15.5 吊顶工程 …………………………… 414
15.6 隔断工程 …………………………… 415
15.7 花饰工程 …………………………… 416
15.8 细木制作工程 ……………………… 417
15.9 玻璃工程 …………………………… 418
15.10 涂料工程………………………… 419
15.11 刷浆工程………………………… 421
15.12 裱糊工程………………………… 422
16 装饰工程常见质量通病与防治…… 424
附 录 抹灰装饰工程质量检验专用
工具及其使用 ………………… 431

7 玻璃幕墙工程

1 总 则 ……………………………………… 435
2 技术术语 ………………………………… 436
3 施工前期工作 …………………………… 437
4 玻璃幕墙材料质量控制 ……………… 438
5 玻璃幕墙安装工程施工技术控制
要点 ……………………………………… 443
5.1 玻璃幕墙安装工程施工工
艺、操作方法及质量控制 ………… 445
5.2 玻璃幕墙玻璃安装工程
工艺、施工操作方法及质量控制 …… 450
5.3 玻璃幕墙细部处理 ………………… 450
5.4 玻璃幕墙变形缝、墙面转
角节点的施工操作方法及质量控制 ……
…………………………………………… 451
5.5 幕墙防雷接地的安装操作
方法及质量控制 …………………… 452
5.6 玻璃幕墙的保护和清洗 …………… 452
5.7 玻璃幕墙安装施工的安全措施 …… 453
附件 玻璃幕墙安装节点构造及
连接件 ………………………………… 453
6 玻璃幕墙安装施工隐蔽工程验收 … 465
7 玻璃幕墙工程验收 …………………… 466
7.1 玻璃幕墙工程验收 ………………… 466
附件7.1 玻璃幕墙性能检测装置 ………… 468
7.2 玻璃幕墙工程质量检验
评定标准 GBJ 301—88 …………… 469

8　玻璃幕墙常见质量通病与防治 …… 472
附录1　浮法玻璃全玻幕墙玻璃肋的截面高度 …… 474
附录2　建筑密封材料 …… 475

8　地面工程

1　总　则 …… 485
2　技术术语 …… 486
2.1　地面构造 …… 486
2.2　材料 …… 486
3　一般性技术要求 …… 488
4　建筑地面构造 …… 496
4.1　地面构造及其相关条件 …… 496
4.2　地面的技术性能 …… 496
4.3　各构造层的材料要求 …… 497
5　地面工程施工技术措施控制要点 …… 501
5.1　地面基层的施工工艺、操作方法及质量控制 …… 502
5.2　整体地面施工工艺、操作方法及质量控制 …… 516
5.3　板块地面施工工艺、操作方法及质量控制 …… 526
5.4　木质板地面施工工艺、操作方法及质量控制 …… 533
5.5　住宅区道路施工工艺、操作方法及质量控制 …… 536
6　技术复核 …… 539
7　地面工程常见质量通病及预控对策 …… 540
7.1　地面不平 …… 540
7.2　水泥地面起砂 …… 540
7.3　水泥地面空裂 …… 541
7.4　块材地面空鼓、缝格不整齐、图案不规则、色泽不协调 …… 541
7.5　现制水磨石地面空鼓、缝格不整齐、图案不规则、色泽不协调 …… 542
7.6　现制水磨石地面裂缝 …… 542
7.7　楼梯台阶踏步高度误差大 …… 543
7.8　有水房间地面倒泛水 …… 543
7.9　立管四周渗漏 …… 543
8　质量保证资料验收 …… 545
9　工程验收 …… 546
9.1　《建筑地面工程施工及验收规范》(GB50209—95) 的规定 …… 546
9.2　《建筑工程质量检验评定标准》(GBJ301—88) 关于地面工程检验评定的规定 …… 546
9.2.1　基层工程 …… 546
9.2.2　整体地面工程 …… 547
9.2.3　板块地面工程 …… 549
9.2.4　木质地面工程 …… 550
9.2.5　厂区和住宅区道路工程 …… 552
附录1　水泥砂浆、水泥混凝土（渗入JJ91硅质密实剂）技术性能 …… 555
附录2　沥青的软化点以及沥青玛琋脂熬制和铺设时的温度 …… 557
附录3　防油渗材料的配制 …… 558
附录4　不发生火花（防爆的）建筑地面材料及其制品不发火性的试验方法 …… 559
附录5　沥青砂浆和沥青混凝土技术指标 …… 560
附录6　板块材质量要求 …… 561
附录7　腻子及乳液的用途与配合比 …… 562
附录8　材料技术标准 …… 563
8.1　水泥 …… 563
8.1.1　硅酸盐水泥、普通硅酸盐水泥 …… 563
8.1.2　矿渣硅酸盐水泥、火山灰质硅酸盐水泥及粉煤灰硅酸盐水泥 …… 563
8.1.3　白色硅酸盐水泥(GB2015—91) …… 563
8.1.4　快硬高强铝酸盐水泥(JC416—91) …… 564
8.1.5　中热硅酸盐水泥、低热矿渣硅酸盐水泥 …… 564
8.1.6　快硬硅酸盐水泥 …… 565
8.1.7　复合硅酸盐水泥 …… 565
8.1.8　道路硅酸盐水泥 …… 565
8.2　普通混凝土用碎石或卵石质量标准及检验方法 …… 566
8.3　普通混凝土用砂质量标准及检验方法 …… 567
8.4　天然石材板块材料 …… 569
8.4.1　大理石板块 …… 569

8.4.2 花岗岩板块 …………………………… 570
8.5 陶瓷锦砖 ………………………………… 572
8.6 彩色釉面陶瓷地砖 ……………………… 572
8.7 塑料地板 ………………………………… 574
8.8 颜料 ……………………………………… 576
8.9 民用建筑地面隔离层常规防水材料 ……………………………………………… 577
8.9.1 建筑石油沥青 ………………………… 577
8.9.2 石油沥青纸胎油毡油纸（GB326—89） ……………………………………… 577
8.9.3 合成高分子防水卷材 ……………… 578
8.9.4 高聚物改性沥青防水卷材 ……… 579
8.9.5 涂膜防水涂料 ……………………… 580
8.9.6 防水材料验收 ……………………… 581
8.10 沥青玛瑺脂的选用、调制和试验 … 582
参考文献 ………………………………… 585

5 屋面工程

1 总 则

（1）为了使屋面防水工程施工符合技术规范的规定，应用先进施工工艺提高施工技术操作水平，确保防水工程质量的要求，特编制本技术措施。

（2）本技术措施适用于民用建筑屋面防水工程的施工及验收。

（3）防水工程的防水等级、材料的选用，重要部位构造均应严格遵守《屋面工程技术规范》(GB50207—94）的规定。

（4）在执行本技术措施时，应严格遵守国家现行有关技术标准和规范相关的规定，并应积极采用经过试验和鉴定的和行之有效的新材料、新结构、新技术。(有关技术标准和规范可参见附录 2)

（5）各种原材料、制品均应符合设计要求，并应符合国家现行技术标准或部颁技术标准的规定，而且应具有质量证明文件并经验收合格后方可使用。施工中采用的计量器具必须经过校验，保证使用的准确性（有关材质标准可参见附录 2.2)。

（6）各种拌合物的配制成分和调制方法，应符合设计要求和相关规范的规定，并应根据有关技术标准通过试验鉴定。

（7）防水工程施工时的安全技术、劳动保护、防火、防毒，及其环境保护等要求，必须符合现行有关技术标准和技术规程的专门规定。

2 技术术语

2.1 防水原材料

2.1.1 建筑石油沥青：指以天然原油的减压渣油经氧化而得的石油沥青。

2.1.2 沥青防水卷材：指用原纸、纤维织物、纤维毡等胎体材料浸涂沥青，在表面撒布粉状、粒状或片状材料制成可卷曲的片状防水材料。

2.1.3 高聚物改性沥青防水卷材：指以合成高分子聚合物改性沥青为涂盖层，以纤维织物或纤维毡为胎体，以粉状、粒状、片状或薄膜材料为覆面材料制成可卷曲的片状防水材料。

2.1.4 合成高分子防水卷材：指以合成橡胶、合成树脂或它们两者的共混体为基料，加入适量的化学助剂和填充料等，经不同工序加工而成可卷曲的片状防水材料；或指以上述材料与合成纤维等复合形成两层或两层以上可卷曲的片状防水材料。

2.1.5 冷玛琋脂：指由石油沥青、填充料、溶剂等配制而成的冷用沥青胶结材料。

2.1.6 基层处理剂：指为了增强防水材料与基层之间的粘结力，在防水层施工前，预先涂刷在基层上的涂料。

2.1.7 沥青基防水涂料：指以沥青为基料配制成的水乳型或溶剂型防水涂料。

2.1.8 高聚物改性沥青防水涂料：指以沥青为基料，用合成高分子聚合物进行改性，配制成的水乳型或溶剂型防水涂料。

2.1.9 合成高分子防水涂料：指以合成橡胶或合成树脂为主要成膜物质配制成的单组份或多组份的防水涂料。

2.1.10 胎体增强材料：指在涂膜防水层中作增强用的化纤无纺布、玻璃纤维网布等材料。

2.1.11 改性沥青密封材料：指用沥青为基料，用适量的合成高分子聚合物进行改性，加入填充料和其他化学助剂配制而成的膏状密封材料。

2.1.12 合成高分子密封材料：指以合成高分子材料为主体，加入适量的化学助剂、填充料和着色剂，经过特定的生产工艺加工而成的膏状密封材料。

2.1.13 水泥：指由基体水泥熟料，掺入适当比例的掺合物与适量的石膏磨细制成的水硬性胶凝材料。

2.1.14 安定性：指水泥在硬化过程中体积变化是否均匀的性质，它是评定水泥质量的一个重要指标。

2.1.15 水化热：指水泥发生水化作用时放出的热量。

2.1.16 细集料：是指粒径为0.15～5mm（砂子或陶砂）的集料。

2.1.17 粗集料：指粒径大于5mm（碎石或卵石）的集料。

2.1.18 防水混凝土：指具有较好抗渗性能的混凝土。

2.1.19 工作性（亦叫和易性）：指新拌混凝土的工艺性能，包括新拌混凝土在搅拌、输送、浇筑的全过程中保持均匀、不离析、不泌水，具有塑性而又密实成型的性能。

工作性＝流动性＋可塑性＋稳定性＋易密性

2.1.20 坍落度：指将混凝土拌合物按规定方法装入标准圆锥形筒（坍落度筒）内，将筒垂直提起后，拌合物因自重而向下坍落的数值（以 mm 计）。

2.1.21 抗渗性能：指混凝土板抗压力水渗透的性能。

2.1.22 混凝土混合料：指以原材料按一定配比搅拌均匀的混合料。混合料按稠稀程度大致可分为：干硬性、低塑性和塑性的。

2.2 柔性防水屋面

2.2.1 防水层耐用年限：指屋面防水层能满足正常使用要求的期限。

2.2.2 一道防水设防：指具有单独防水能力的一个防水层次。

2.2.3 防水层：为了防止雨水进入屋面，地下水渗入墙体、地下室及地下构筑物，室内用水渗入楼面及墙面等而设的材料层。

2.2.4 分格缝：为了减少裂缝，在屋面找平层、刚性防水层、刚性保护层上预先留设的缝。刚性保护层仅在表面上作成的 V 形槽，则称表面分格缝。

2.2.5 满粘法（全粘法）：铺贴防水卷材的，将卷材与基层全部粘结的施工方法。

2.2.6 空铺法：铺贴防水卷材时，只将卷材与基层在四周一定宽度内粘结，其余部分不粘结的施工方法。

2.2.7 条粘法：铺贴防水卷材时，将卷材与基层采用条状粘结的施工方法。每幅卷材与基层粘结面不少于两条，每条宽度不小于 150mm。

2.2.8 点粘法：铺贴防水卷材时，将卷材或打孔卷材与基层采用点状粘结的施工方法。每平方米粘结不少于 5 个点，每点面积为 100mm×100mm。

2.2.9 热熔法：采用火焰加热器熔化热熔型防水卷材底层的热熔胶进行粘结的施工方法。

2.2.10 冷粘法（冷施工）：采用胶粘剂或冷玛琋脂进行卷材与基层、卷材与卷材的粘结，而不需要加热施工的方法。

2.2.11 自粘法：采用带有自粘胶的防水卷材，不用热施工，也不需涂胶结材料，而进行粘结的施工方法。

2.2.12 热风焊接法：采用热空气焊枪进行防水卷材搭接粘合的施工方法。

2.2.13 接缝位移：在屋盖系统中，因温度、外力引起接缝间隙的变化。

2.2.14 拉伸—压缩循环性：反映密封材料在使用过程中，因温度变化引起接缝位移而经受周期性拉、压循环后，保持密封的能力。

2.2.15 背衬材料：为控制密封材料的嵌填深度，防止密封材料和接缝底部粘结，在接缝底部与密封材料中间设置可变形的材料。

2.3 刚性防水

2.3.1 块体刚性防水层：以掺入防水剂的防水水泥砂浆为底层防水层，中间铺砌粘土砖等块材，再用防水水泥砂浆灌缝并抹防水面层。

2.3.2　架空隔热屋面：用烧结粘土或混凝土制成的薄型制品，架设在屋面防水层上形成，一定高度的空间，利用空气流动以加快散热，起到隔热作用。

2.3.3　蓄水屋面：在屋面防水层上蓄一定高度的水，以起隔热作用。

2.3.4　种植屋面：在屋面防水层上覆土或铺设锯末、蛭石等松散材料，并种植植物，以起隔热作用。

2.3.5　倒置式屋面：将憎水性保温材料设置在防水层上的屋面。

2.3.6　压型钢板：以镀锌钢板为基材，经成型机轧制成形，并敷以各种防腐耐蚀涂层与彩色烤漆而制成的轻型钢板材料。

2.3.7　刚度：结构或构件抵抗变形的能力。

2.3.8　稳定性：构件受力时维持原有平衡形式的能力。

2.3.9　麻面：指混凝土表面的局部缺浆、粗糙，或形成许多小凹坑，但无露钢筋现象的一种混凝土缺陷。

2.3.10　裂缝：指混凝硬化过程中，由于脱水引起收缩，或受随时间变化的温差影响而引起的不均匀胀缩所产生的裂缝。

2.3.11　蜂窝：指混凝土中由于局部砂浆少而石子多。使石子与水泥、砂浆之间酥松，出现空隙，而形成蜂窝状孔洞的一种混凝土缺陷。

2.3.12　孔洞：指混凝土内局部形成空腔或蜂窝特别大的一种混凝土缺陷。

2.4　细　部　处　理

2.4.1　女儿墙：房屋外墙中高出屋面部分的短墙体。

2.4.2　压顶：指露天的墙顶上用砖、瓦、石料、混凝土、钢筋混凝土、镀锌铁皮等造成的覆盖层。

2.4.3　泛水：屋面与突出屋面结构连接好的防水构件或构造。

2.4.4　变形缝：将建筑物用垂直的缝分为几个单独部分，使各部分能独立变形。这种垂直分开的缝称为变形缝。

2.4.5　翘边、皱折：翘边是指卷材因边角弯曲至可能引起卷材分层脱离的现象；皱折是指卷材弯曲度过大形成的、可能导致破裂的深陷痕迹。

2.4.6　管道铺设：指直接埋设的管道。

2.4.7　管道敷设：指安装在建筑物的墙、板、柱上或沟槽内支托架上的管道。

2.4.8　施工缝：混凝土施工不能连续作业时所留置的临时间断处。

2.4.9　止水片（带）：为防止地下工程受水压作用，在防水混凝土结构中与变形缝等垂直方向设置的，以防止室外水份渗入的橡胶、塑料或金属带。

2.4.10　渗漏：建筑物的壁面、地面及管线外表面，在水压作用下，若出现水滴或水流为漏水，若只出现润湿（湿斑）为渗水。漏水和渗水现象统称为渗漏。

3 施工前准备工作

《屋面工程技术规范》(GB50207—94）的规定。屋面工程施工前，施工单位应通过图纸会审，掌握施工图中的细部构造及有关技术要求，并应编制防水工程的施工方案或技术措施。

3.1 图纸会审、设计变更

建筑安装工程图纸会审记要、设计变更记录等技术文件，都是开工前施工管理第一阶段的工作，也是施工全过程中的重要指导性的依据文件。只有搞好开工前的准备工作，才能充分、全面和有效地完成施工任务。

在施工准备工作中将必须编制的主要技术文件（包括图纸会审记要、设计变更记录、施工组织设计或施工方案、技术交底记录）编制完成后，才能提出申请开工报告。这些开工前的文件，除施工组织设计（或施工方案)、技术交底记录外，都是交工技术档案必备的文件。如建设单位要求将施工组织设计（或施工方案）和技术交底记录存档时，也应整理汇总作为交工文件。上述文件的形成和编制过程中的有关要求与作法，简要介绍如下。

3.1.1 图纸会审

图纸审查工作是施工企业技术管理工作的一项最重要的环节。只有认真做好图纸会审，才可减少施工图纸中的差错，提高图纸的设计质量，保证施工的顺利进行。

搞好图纸会审工作，首先是参加会审的人员应全面熟悉图纸。各专业技术人员在领到施工图后必须认真地全面了解图纸，搞清设计意图及技术标准的规定要求，还要熟悉工艺流程和结构特点等重要环节。对重要、特殊的部位，应请设计单位进行设计交底。

(1）图纸会审的步骤：图纸会审工作应由浅入深，逐步扩大范围，实现施工全过程中各专业层层把关，搞清施工图的全部内容细节。因此，对特殊、重要的部位的图纸会审工作应分下述三个步骤进行。

1）初审：初审是指在熟悉图纸的基础上，在专业内部组织有关人员对本专业施工图的详情细节进行审查。

2）内部会审：是指施工企业内部各专业工种间对施工图的会同审查，其任务是对各专业工种间相关的交接部分，如设计标高尺寸、施工程序的配合与交接、施工作业的协作配合是否有矛盾等作仔细的会审。

3）综合会审：是指在内部会审的基础上，由土建施工单位与各分包施工单位，共同对施工图进行全面审查。审查核对的重点是安装工程与土建和机械化吊装施工过程的相关交接部分有无矛盾，并协商交叉作业配合施工等事宜。

图纸综合会审工作，一般由建设单位负责组织，设计单位进行设计交底，施工单位参加。

（2）图纸会审的主要内容。参加会审的各个单位及其人员，应集中精力，在各阶段的会审工作中，抓住施工图的主要内容，与现行的国家技术标准及经济政策对照进行会审。会审的主要内容如下：

1）施工图是否符合国家现行的有关技术标准、经济政策等有关规定。

2）图纸是否齐全，引用标准图号是否明确，重要结构、防火、防雷、抗震主要设施等是否符合国家现行规范和标准的要求。

3）地基基础、建筑、结构以及各专业设施的设计是否符合国家现行的技术规范要求。

4）对照施工图中的重要工程部位和构造，结合施工自身的条件，确定安全方案。

5）对设计图中须用的特殊材料，结合市场中购置的难易，决定购买或变更设计另选其他材料。需作试验研究的用材，应由设计部门提出方案。

6）解决图纸中存在的土建与其他专业交叉跨越中的矛盾问题，确定合理的进出口、走向和布置的距离。

7）弄清已发现的图纸中有关尺寸、座标、标高、说明、索引等错误，认真加以更正。

（3）图纸会审纪要：图纸会审中由组织单位进行临时记录，对有关技术问题形成决议后可再行整理抄正，形成正式会审纪要。纪要中应填写单位工程、设计单位、建设单位的名称。图纸会审纪要，表格如表 3.1.1。

图纸会审或审核纪要表格 **表 3.1.1**

<table>
<tr><td colspan="6">图 纸 会 审 纪 要</td></tr>
<tr><td>工 程
名 称</td><td></td><td>设 计
单 位</td><td></td><td>建 设
单 位</td><td></td></tr>
<tr><td>图纸名称图号</td><td colspan="3">主要问题</td><td colspan="2">解决意见</td></tr>
<tr><td>建设单位签章</td><td colspan="2"></td><td>设计单位签章</td><td colspan="2"></td></tr>
<tr><td>施工单位签章</td><td colspan="5"></td></tr>
<tr><td>参加会审人员</td><td colspan="5"></td></tr>
<tr><td>填 表</td><td colspan="5">年 月 日</td></tr>
</table>

会审内容应按土建、水暖、卫生、煤气、电气、电梯、通风空调等分部工程顺序分别整理，并按下列要求填写：

1）提出的问题，凡需经设计院出具设计变更通知单或会审确定的解决意见，均需在“解决意见”栏内填写清楚，并尽快由设计部门发设计变更通知单。

2）参加会审的设计、建设、施工三方，均必须在会审记录上签章，注明参加人的工作单位、职务、职称、姓名。重点工程应有各方总工程师参加会审并签章。

3）在特殊情况下对分批出图的工程图纸，可分批进行会审，设计单位应向施工单位进行交底说明总体设计意图，以利工程施工。施工时按设计“设计变更通知单”和会审后的施工图执行。

3.1.2 设计变更

施工图的修改由设计单位及项目设计者负责，施工单位、建设单位应按施工图进行施工。未经设计单位及项目设计负责人允许，施工单位、建设单位无权修改设计。如果设计单位将非重要结构及部位的修改权，委托施工单位或建设单位负责对施工图进行一般性的施工修改时，必须有洽商委托书的凭证方可生效。

设计变更的内容及要求如下：

(1) 经过会审后的施工图，在施工过程中发现施工图仍有差错与实际情况不符者；

(2) 因施工条件发生变化与施工图的规定不符者；

(3) 材料、半成品、设备等，与原设计要求不符者；

(4) 新工艺、新技术以及职工提出合理化建议等得到采纳，需要修改原设计时，均需用“技术联系单”向设计单位办理修改手续；

(5) 重要工程部位及较大问题的变更必须由建设单位、设计单位和施工单位三方进行洽商，由设计单位修改，向施工单位签发“设计变更通知单”方为有效；

(6) 如果设计单位作较大的设计变更而影响了建设规模和投资标准时，需报请原批准初步设计的主管单位同意后方可修改；

(7) “设计变更通知单”、“施工技术核定单”等技术文件见表3.1.2 (1) 及表3.1.2 (2)，都要有详细的文字记录，一并汇成明细表归入交工技术档案，作为施工和竣工结算的依据。

图纸会审要点在于把握图纸会审的主要内容、深度和随时注意有关设计通病及严格执行设计变更手续。其内容应符合“建筑工程设计编制深度”的规定。

设计变更通知单表格 **表3.1.2 (1)**

设计变更通知单

年 月 日

工程名称		施工单位		变更单编号
主送单位		抄送单位		
图号				
内容				
设计单位意见	签章 年 月 日			
建设单位（公章）			建设单位代表	

施工技术审核单表格　　表 3.1.2（2）

施工技术问题核定单

年　月　日　字第　号

建设单位		施工单位		
单位工程名称		设计单位		

一、内容

二、设计单位或建设单位意见：

核定单位	技术负责人	核定人

3.2 技 术 交 底

为了使参与施工任务的技术人员和操作者明了所承担工程的特点、技术要点、施工工艺等。做到心中有数，有组织、有计划地完成施工任务，必须在正式施工前由工程技术负责人认真做好技术交底工作。

3.2.1　技术交底的内容

（1）施工图交底：工程的设计特点，做法要求，变形缝处理及使用功能等。

（2）施工组织设计交底：工程特点、施工部署、任务划分、施工方法、施工进度及各项管理措施及平面布置等。

（3）设计变更交底：设计变更结果及洽商事项等。

（4）分项工程技术交底：施工工艺、技术安全措施、规范要求、质量标准以及新结构、新工艺、新材料工程的特殊要求等。

3.2.2　技术交底的分工

（1）技术交底应分级进行。

（2）重点工程和技术复杂的工程，由企业总工程师向分公司（工程处）以下各级技术负责人、施工队长以及有关职能部门负责人等交底。交底应明确关键性的施工技术问题、主要项目的施工工艺，对特殊工程的技术和材料提出试验项目、技术要求和注意事项。

（3）一般性的工程应由分公司（工程处）技术负责人（总工程师）遵照上述内容向分公司（工程处）有关职能人员及施工队进行技术交底。

（4）施工队一级，由施工队技术队长负责向施工员、技术员、质量检查员、安全员以及班组长进行图纸、施工方法、技术措施、操作要求等方面的技术交底。

（5）班组一级，由施工员（单位工程技术负责人）向班组工人进行技术交底，这是各级技术交底的关键。

1）结合具体施工部位，贯彻落实施工组织设计的要求，并应明确关键部位的质量要求、操作要求及注意事项。

2）提出质量措施和安全技术措施。

3）对关键项目和部位、新技术和新工艺的推广、及新材料的应用，应反复、细致地向工人交底，且必须有文字交底、样板交底和示范操作交底。

3.2.3 技术交底必须填写技术交底单，见表3.2.3。技术交底单应归入工程档案，由施工单位保存备查。

技术交底记录表格 **表3.2.3**

技术交底单

编号：

工程名称	
施工部位	
参加交底人员	
专业工种	

技术交底内容：

技校底人： 班（组）长 年 月 日

3.3 材料检验

《屋面工程技术规范》(GB50207—74) 的规定。屋面工程采用的防水、保温隔热材料应有材料质量证明文件，并经指定的质量检测部门认证，确保其质量符合技术要求。材料进场后，施工单位应按规定取样复试，提出试验报告。严禁在工程中使用不合格的材料。

3.3.1 材料检验制度

（1）正确合理地使用材料，是确保工程质量的关键。

（2）建立和健全材料检验制度。应严格遵守国家现行技术标准和规范的规定。

（3）凡用于施工的建筑材料，必须具备出厂合格证、试（检）验报告，为施工提出准确可靠的数据，确保工程质量，为工程验收提供科学依据。

（4）凡采用新型材料、特殊材料、代用材料必须经过法定的检测单位经过试验、试制和鉴定，并在其技术文件中必须具有材质标准和操作工艺（方法）的说明，才能在工程上应用。

(5) 凡在现场配制的各种材料，如沥青玛琋脂、混凝土、砂浆等，均应按法定检测单位确定的配合比和操作方法进行配制。

(6) 技术管理工作，要将使用的建筑材料的质量证明文件（出厂合格证和试/检验报告）归档，作为交工技术档案正式文件。

3.3.2 材料试验项目

常用建筑材料试验项目，如表3.3.2所示。

常用建筑材料试验项目　　表3.3.2

序号	材料名称		主要检验项目	其他检验项目
1	水泥		抗压、抗折、凝结时间、安定性	细度、有害物含量
2	混凝土用砂石	砂	颗粒级配、含泥量、有害物质含量、表观密度、堆积密度、空隙率、细度模数	氯离子含量、坚固性、SO_2含量、泥块含量
		石子	颗粒级配、针片状颗粒含量、含泥量、有害物质含量、表观密度、堆积密度、空隙率	强度坚固性、碱活性、SO_2含量、泥块含量、强度压碎指标
3	砂浆		稠度、抗压强度、配合比	分层度
4	混凝土或抗渗混凝土		坍落度（工作度）、密度、抗压强度、配合比、抗渗试验	抗拉、握裹力、弹性模量、收缩、抗冻性、抗折强度
5	石油沥青		针入度、延度、软化点	溶解度、闪点
6	沥青防水卷材		不透水性、耐热度、吸水性、柔性纵向拉力	单位面积浸涂材料总量
7	沥青玛琋脂		耐热度、柔韧性、粘结力	
8	再生胶油毡		抗拉、延伸率、低温柔性、吸水性、不透水性、耐热性	
9	三元乙丙橡胶卷材		拉伸强度，断裂伸长率，低温弯折性和不透水性、厚度、抗拉、撕裂强度、延伸率、300%定伸强度	
10	屋面防水涂料		耐热、粘结、不透水、低温、柔性、延伸率、耐裂、耐久拉伸强度、固体含量	
11	聚苯乙烯泡沫塑料		密度、压缩强度、导热系数、水蒸气透湿系数、吸水率、变形	
12	保温材料		表观密度、含水率、导热系数	抗折、抗压强度
13	改性沥青胶粘剂		粘结剥离强度	
14	合成高分子胶粘剂		粘结剥离强度和粘结剥离强度浸水后保持率	
15	胎体增强材料		拉力延伸率	
16	改性沥青密封材料		粘结延伸率（浸水与不浸水）、粘结性、耐热度、柔性回弹率、施工度	
17	合成高分子密封材料		粘结性（粘结强度延伸率）、柔性（负温） 拉伸—压缩、循环性能	

3.3.3 材料试验取样方法

常用建筑材料试验取样方法，如表 3.3.3 所示。

常用建筑材料试验取样方法 **表 3.3.3**

序号	材料名称	取样单位	取样数量	取样方法
1	水泥	以同一生产厂出产的同一品种和标号的数量不超过 400t 为一批	从一批水泥中选取平均试样 10～20kg	从 20 个以上不同部位或 20 袋水泥中取等量样品（各 1kg）
2	砂、碎石、卵石	以产地、规格相同的 $400m^3$ 为一批，不足 $400m^3$ 者亦为一批	作品质鉴定用时砂子 30～50kg；石子 40～80kg；作配合比时，砂子 100kg，石子 200kg	从料堆上取样时，在均匀分布的不同部位（顶、中、底部）抽取数量大致一样的 8 等份砂或 15 等份石子，并拌合均匀试验用量按四分法缩分提取
3	混凝土	每工作班不少于一组；每拌制 $100m^3$ 不少于一组； 现浇屋面一层不少于一组	同一强度等级同一配合比	在浇筑地点从同一容器中均匀采取，其数量不少于试件所需量的 1.5 倍
4	沥青	同一批出厂同一规格牌号的 20t	不少于 1kg	从不同部位 5 处总桷数的 5～10%中取样
5	防水卷材	按同一批号、同一品种标号，大于 1000 卷抽取 5 卷；500～1000 卷抽取 4 卷；100～499 卷抽取 4 卷；小于 100 卷抽取 2 卷	取 1 卷的 20%外观检查不少于 3 卷	从外观检查合格后的一卷卷材距端头 1.0m 以外处截取 1.5m 长一段作材性检验试样
6	沥青玛琋脂	同一批配料	不少于 1kg	

3.3.4 技术文件的规定

严格遵守《建筑安装工程质量检验评定统一标准》(GBJ-300-88) 的规定。防水工程应用的原材料应具备的技术文件如下：

(1) 沥青、必须有出厂合格证和试验报告。

(2) 防水卷材：必须有出厂合格证或试验报告。

(3) 玛琋脂：应有试验报告（配合比）。

(4) 水泥：必须有出厂合格证和试验报告。

(5) 石（砂）子：应有试验报告。

3.4 施工组织设计

施工组织设计是指导施工准备和组织施工的全面性的技术、经济文件，是指导现场施工的法规。编制施工组织设计必须贯彻统筹规划、科学地组织施工，建立正常的生产秩序，充分利用空间、争取时间，推广、采用先进施工技术，用最少的人力和财力取得最佳的经济效果。

3.4.1 编制的依据

编制施工（方案、技术措施）组织设计时，它的依据是：单位工程施工图纸及设计文件，国家现行的相关“规范”和“技术标准”、“规程”，及其“验评标准”。

3.4.2 编写要求

（1）编制时，一般应根据规模的大小、结构特点、技术繁简程度及施工条件，编制深度不同的单位工程施工组织设计（施工方案或技术措施）以指导施工活动。

（2）科学地安排施工程序，在保证质量的前提下，采用先进施工技术，促进工程形象的进度。

（3）运用科学方法，确定最好的施工组织方案。

（4）从实际出发，作好人力、物力的综合平衡，组织均衡施工。

（5）精心组织、精心策划，充分发挥机械化生产程度、提高劳动生产率，节约能源与施工用地，力争做到文明施工。

（6）认真贯彻安全、文明施工、创造一个文明的环境。

3.4.3 编写内容

（1）工程概况和工程特点：

1）工程设计摘要，见表3.4.3（1）。

2）工地条件简化，见表3.4.3（2）。

3）施工安排说明，见表3.4.3（3）。

（2）施工准备工作计划表，按实际情况列出。

（3）施工总平面图常用图例，见表3.4.3（4）。

（4）施工技术和组织的措施与施工方法、程序表内容提示，见表3.4.3（5）。

（5）安全、防水技术措施、见表3.4.3（6）。

（6）降低成本计划内容提示，见表3.4.3（7）。

（7）施工网络图，见图5.3.1、5.3.2、5.3.3。

以上介绍了施工组织设计，在编制专业施工方案或技术措施时，请参考相关的部分。

工程设计摘要 **表3.4.3**（1）

项　　目	内容提示
平面图型	画出建筑物外廓形状
长　　度	写出建筑物长向尺寸（m）
跨　　度	写出建筑物跨度标志尺寸（m）
高　　度	写出建筑物最高点处标高（m）
地下室	有无地下室，标高
基　　础	基础类型、埋深
梁　　柱	预制还是现浇、断面形状
板	预制还是现浇（或木地板）
墙　　体	墙体材料种类（墙板、轻板、红砖墙、加气块墙…）
圈　　梁	有无圈梁（包括内外墙）
楼　　梯	几处有楼梯，预制还是现浇（或钢梯）
屋面保温防水	采用何种保温材料（珍珠岩、珍珠岩沥青、干炉渣…）、防水材料（热沥青卷材防水、三元乙丙橡胶冷防水涂料、刚性防水…）

续表

项　目	内 容 提 示
地　面	地面种类（细石混凝土地面、水磨石地面、塑料地面…）
内 粉 饰	内墙、柱、天棚粉饰方式（抹麻刀灰、砂子灰，刮腻子、裱糊）
外 粉 饰	建筑物外部装饰方式（干粘石、水刷石、面砖……）
上 下 水	供水形式（市政供水还是加压给水）；排水形式（自然排水还是泵站排水）；管材种类安装形式（明暗配）
暖　卫	热介质种类（高、低压蒸气，还是高、低压热水）；管道安装形式（上行式、下行式）；散热器种类（串片、辐射板、大 60…）；卫生设备种类（陶瓷或塑料浴盆、洗手盆、坐（蹲）式大便器等）
电　气	配线形式（明暗配）、有无动力线、主要灯具种类、进户形式（架空、地下）、有无防雷

工 地 条 件 简 况　　**表 3.4.3**（2）

项　目	内 容 提 示
场地地势	地形是否平坦、土质情况、平均标高
场内外道路	（场外）路面种类，场内有无道路，大多数路面的宽度
场内地表土质	耕土、回填土、老土、垃圾
施工用水	有无水源，水种、水压、泵房主要干线情况
施工用电	有无电源，主干线变电所情况
热源条件	建设单位供热还是自立炉、炉的吨位（每小时供热量）
施工用电话号	建设单位是否提供电话（台数、号码）
地下障碍物	地下有何障碍物，对基础施工有无影响
地上障碍物	地上有何障碍物及其移动量（吨），对施工有无影响
空中障碍物	空中有何障碍物，对吊装、安全有无影响
周围环境	临近有无建（构）筑物、池塘、树木、墓、井、水库、排洪等
有何防火条件	临近有无消火栓，设防火设备与否
现场预制条件	有无预制场地、是否平整、面积大小
可代暂设房屋	建设单位可否提供暂设房屋、面积
就地取材	有无炉渣、砂石等低价或免费材料
特　点	场区特点，如狭小或宽敞，交通是否便利、道路是否通畅

施 工 安 排 说 明　　**表 3.4.3**（3）

项　目	内 容 提 示
劳动力安排	是否需临时工、外包工或特殊工种
冬施工作安排	冬期室内外是否施工（冬季停工多长时间），有无热源
总体流水方法	分几段流水、流向（用轴线表示）
垂直与水平运输	采用塔吊、红旗吊、门式架等何种运输机具
混凝土构件	委托构件厂加工还是现场预制
钢 构 件	有无钢结构，外委托加工还是现场制作
打 桩 机	如打桩，填写桩机种类、锤重
土　方	机械挖土还是人工挖土
地 下 水	地下水位高低，可否排走，降水方式
吊 装 方 法	选用吊装机械种类、型号或土法吊装
内外脚手架	内外脚手形式（木、钢——材料；构造形式——立杆式、框式、提式、吊式、挂式、挑式或工具式）
关　键	施工的关键部位或难题项目安排

施工总平面图常用图例　　表 3.4.3（4）

序号	名　称	图　例	序号	名　称	图　例
	一、地形及控制点				
1	三角点	点名 高程	10	浅探井、坑试	
2	水准点	点号 高程	11	等高线、基本的、补助的	0
3	原有房屋		12	土堤、土堆	
4	窑洞：地上、地下		13	坑穴	
5	蒙古包		14	断崖（2.2为断崖高度）	2.2
6	坟地、有树坟地		15	滑坡	
7	石油、盐、天然气井		16	树林	
8	竖井：矩形、圆形		17	竹林	
9	钻孔	钻	18	耕地、稻田、旱地	
	二、建筑、构筑物		11	室内地面水平标高	105.10
1	拟建正式房屋			三、交通运输	
2	施工期间利用的拟建正式房屋		1	现有永久公路	
3	将来拟建正式房屋		2	拟建永久道路	
4	临时房屋：密闭式敞棚式		3	施工用临时道路	

续表

序号	名称	图例	序号	名称	图例
5	拟建的各种材料围墙		4	现有大车道	
6	临时围墙		5	现有标准轨铁路	
7	建筑工地界线		6	拟建标准轨铁路	
8	烟囱		7	施工期间利用的拟建标准轨铁路	
9	水塔		8	现有的窄轨铁路	
10	房角座标	x=1530 y=2156	9	施工临时窄轨铁路	
10	道口		2	施工期间利用的永久堆场	
11	涵洞		3	土堆	
12	桥梁		4	砂堆	
13	索道（走线滑子）		5	砾石、碎石堆	
14	水系流向		6	块石堆	
15	人行桥		7	砖堆	
16	车行桥		8	钢筋堆场	
17	渡口	(10t)			
18	码头		9	型钢堆场	
	顺岸式		10	铁管堆场	
	通船式				
	堤坝式				
	四、材料：构件堆场				
1	临时露天堆场		11	钢筋成品场	
12	钢结构场			五、动力设施	

续表

序号	名称	图例	序号	名称	图例
13	构件存放场		1	临时水塔	
14	砌块存放场		2	临时水池	
15	一般件存放场		3	贮水池	
16	原木堆场		4	永久井	
17	细木成品场		5	临时井	
18	粗木成品场		6	加压站	
			7	原有的上水管线	
19	矿渣、灰渣堆		8	临时给水管线	—S——S—
20	废料堆场		9	给水阀门（水嘴）	
21	脚手、模板堆场		10	支管接管位置	—S—
11	消防栓（原有）		23	电源	
12	临时消防栓		24	变电站	
13	消防栓		25	变压器	
14	原有上下水井		26	投光灯	
15	拟建上下水井		27	电杆	
16	临时上下水井		28	现有高压 6kV 线路	—WW——WW—
17	原有的排水管线		29	施工期间利用的永久高压 6kV 线路	—LWW—LWW—

续表

序号	名称	图例	序号	名称	图例
18	临时排水管线	—— P ——	30	临时高压35～kV线路	—$W_{3.5}$——$W_{3.5}$—
19	临时排水沟		31	现有低压线路	—VV——VV—
20	原有化粪池		32	施工期间利用的永久低压线路	—LVV——LVV—
21	拟建化粪池		33	临时低压线路	——V——V——
22	水源	水	8	起重机	
34	电话线	—·0·——·0·—	9	铁路式起重机	
35	现有暖气管道	——T——⊥—·—	10	皮带运输机	
36	临时暖气管道	———Z———	11	外用电梯	
37	空压机站		12	少先吊	
38	临时压缩空气管道	——YS——	13	挖土机：正铲	
	六、施工机械			反铲	
1	塔轨			抓铲	
2	塔吊			拉铲	
3	井架		14	多斗挖土机	
4	门架		15	推土机	
5	卷扬机		16	铲运机	
6	履带式起重机		17	混凝土搅拌机	

续表

序号	名称	图例	序号	名称	图例
7	汽车式起重机				
18	砂浆搅拌机			七、其他	
19	洗石机		1	脚手架	
20	打桩机		2	淋灰池	灰
21	水泵		3	沥青锅	
22	园锯		4	避雷针	

施工技术与组织措施，施工方法与程序内容提示

表 3.4.3（5）

项目	内容提示
土方工程	开挖方案（条形人工开挖、铲运机开挖，推土机推积土…）放坡坡度、开挖路线、土方调配（各分段挖、填方量、土去向）运输土方量、采用车辆和台数、回填土量、夯实方法与机具、爆破、降水方法
基础工程	基础种类（桩基、毛石基础、杯形基础筏基…）、施工方法（使用何种模板或机械）、混凝土、钢筋来源或加工
砌筑工程	砌筑基础或墙体流水方式、分段方法，脚手架形式、材料垂直运输、水平运输组织方法
凝混土和钢筋混凝土工程	哪些构件由加工厂预制，哪些构件现场预制，现场预制的布置、施工方法（模板种类、混凝土钢筋加工办法），特殊部位或特殊构造施工方法，水平垂直运输方法等
屋面工程	屋面防水保温隔气种类、施工方法、安排
木结构工程	门窗种类（钢、木、塑料），预制还是现场制作
装饰工程	何种饰面、施工方法
楼面及地面工程	地面种类，施工方法
钢结构工程	品种规格，自制或外委，制做方法
吊装工程	根据建筑物外廓宽度，构件最大重量（民用建筑）或构件最大起重高度，结合施工工期，决定吊车工作半径，机械型号，吊装方法（逐件吊装法，综合吊装法），行机路线
冬雨季施工措施	冬雨季保证施工质量的主要办法（热源能力、保温、外加剂、测温、养护）、雨季排水
特殊结构工程	如有特殊结构、简述其结构方式、施工主要方法
水暖工程	采暖的组装、打压方法与施工顺序，给排水管道安装、防腐、保温方法
电气工程	配管煨弯、预埋、动力管线、电缆铺设、开关箱安装，设备用具，自动控制施工方案，以及特殊灯具的安装设方法等

安全、防火措施要点

表 3.4.3（6）

项　　目	内　容　提　示
贯彻安全生产文件和规章制度要点	向职工宣讲文件和制度名称，及安全教育检查制度
场地上措施要点	保持交通运输道路通畅办法。现场内危险的悬崖、陡坡、深坑和施工预留洞眼的标志与防护设施；材料、构件、设备堆放的稳定；防洪、防火、防毒等
地下工程	防坍方措施；上下交叉作业的隔离设施；施工期间周围临近建筑物防震、防倾斜措施
高空工程	防止高空坠落措施；安全网、安全带、揽风绳、避雷装置设置
防护设施	安全帽、安全带、安全网设施要求
脚手架设	脚手架使用材料的材质要求，允许荷载，稳定措施、防滑措施
吊安装	起重机械安全设施（防超载、超速、脱轨），风雨天施工限制
防触电	起重臂、构件与架空电线保持的安全距离，高压电源周围防护措施，起重机械接地，开关箱上锁，临时线防漏电措施
防止绞碾	卷扬机、绞磨的钢丝绳防绞碾措施
机构及分工	安全机构及其各级所负责任
水　电	防爆措施、暂设线路绝缘

降低成本计划内容提示（举例）
（各工程可根据年度技术措施计划和双革成果，编制本工程的降低成本计划）

表 3.4.3（7）

项　　目	内　容　提　示
土　方	就地回填
节约模板	土模、砖胎模、叠层生产
节约水泥	采用粉煤灰砂浆、混凝土中掺入塑化剂、减水剂、粉煤灰等
节约钢材	钢筋冷加工、采用新钢种，采用对焊、气体压力焊等
节约砂石	就地取砂，清好砂石堆底
混凝土搅拌	二次投料
加强管理	包工包料，减少材料浪费，加强检查验收
加快工期	掺早强剂，夏季采取二班作业

按施工的合理顺序，并经周密的分析研究和数字计算，找出完成任务的关键工序，绘出工序流线图即网络图。一、二、三级施工企业应尽量采用网络图指导施工。

网络图的画法

工序流线图或网络图采用以下方法表示工程的所有工序、工序和工序之间的衔接关系和每个工序所需的时间：

双代号法由箭杆和圆圈组成，每一支箭杆表示一个工序，把工序名称写在箭杆的上面并注明施工段号，把完成这一工序所需要的作业时间写在箭杆的下面。箭尾表示施工工序的开始，箭头表示施工工序的结束。箭头和箭尾衔接的地方画上圆圈，称为节点，圈内编上号码。

用双代号法表示的基础工程施工工序流线图见图5.3.1。

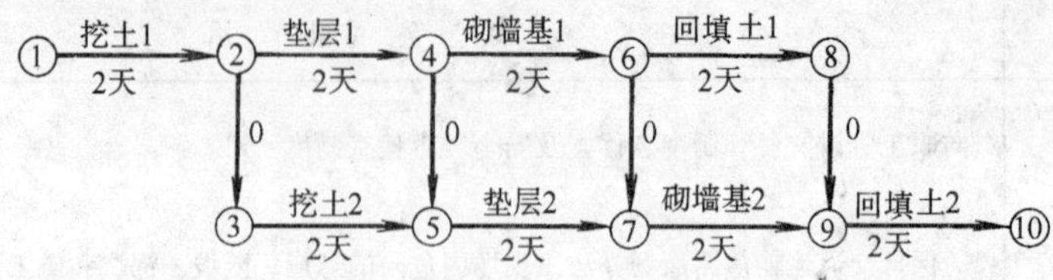

图5.3.1　双代号法工序流线图

在图中出现了没有工序名称并且时间为零的箭杆，即○$\xrightarrow{0}$○，称为虚工序。它仅表示两个施工工序之间前后的顺序关系，并不占工作时间，故又称零箭头。

单代号法是把施工工序名称（包括施工段号）和完成该施工工序所需的时间都画在圆圈内，箭杆仅表示施工工序之间的顺序关系，图5.3.2是用单代号法表示的基础工程施工的工序流线图。

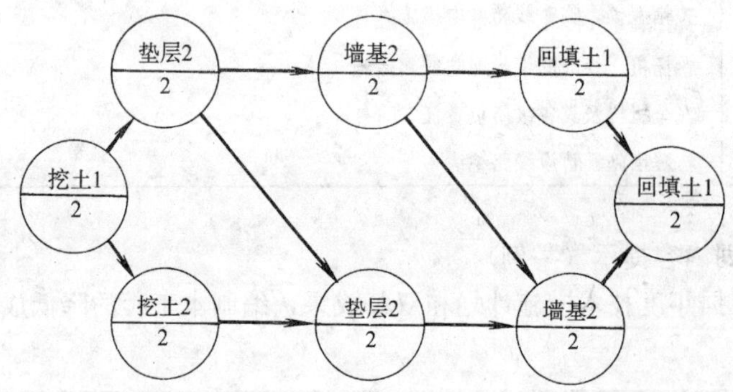

图5.3.2　单代号法工序流线图

用统筹法编制的工序流线图，可以通过计算方法找出主要矛盾线，用以标示出整个施工过程中各个阶段的主要矛盾，有利于在组织施工时抓住主要环节，集中力量，重点突破。

例如图5.3.3从开始到完工（即从①→⑦）有四条线路，即：

第一条①$\xrightarrow{3}$②$\xrightarrow{5}$⑤$\xrightarrow{8}$⑦　共需16天

第二条①$\xrightarrow{2}$③$\xrightarrow{0}$⑤$\xrightarrow{8}$⑦　共需10天

第三条①$\xrightarrow{2}$③$\xrightarrow{7}$⑥$\xrightarrow{6.5}$⑦　共需15.5天

第四条①$\xrightarrow{4.5}$④$\xrightarrow{8}$⑥$\xrightarrow{6.5}$⑦　共需19天

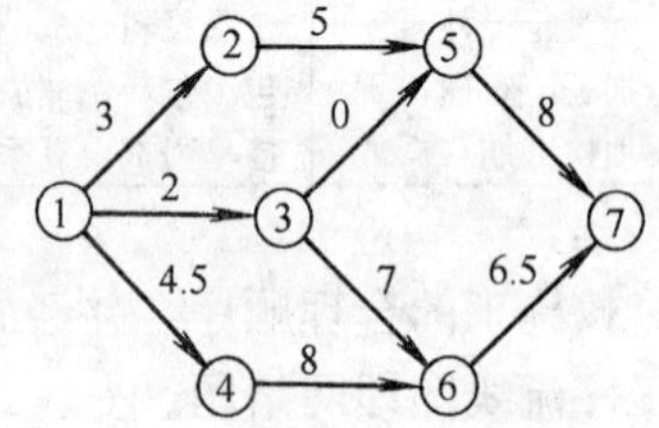

图5.3.3　工序流线图

第四条线需要时间最长，在这条线路上施工过程总工期延长一天，则整个工程的工期也需延长一天，这条线路的工期提前，则整个工程的工期也可提前完成，故把这条对整个工期起决定作用的线路称为主要矛盾线，在图上，一般用红线或粗线标示。

4 基 本 规 定

屋面工程应根据建筑的性质、重要程度、使用功能要求，以及防水层耐用年限等，将屋面防水分为四个等级，按不同等级进行设防，并符合表4.0.1的要求。

屋面防水等级和设防要求 **表4.0.1**

项　目	屋面防水等级			
	Ⅰ	Ⅱ	Ⅲ	Ⅳ
建筑物类别	特别重要的民用建筑和对防水有特殊要求的工业建筑	重要的工业与民用建筑、高层建筑	一般的工业与民用建筑	非永久性的建筑
防水层耐用年限	25年	15年	10年	5年
防水层选用材料	宜选用合成高分子防水卷材、高聚物改性沥青防水卷材、合成高分子防水涂料、细石防水混凝土等	宜选用高聚物改性沥青防水卷材、合成高分子防水卷材、合成高分子防水涂料、高聚物改性沥青防水涂料、细石防水混凝土、平瓦等	应选用三毡四油沥青防水卷材、高聚物改性沥青防水卷材、合成高分子防水卷材、高聚物改性沥青防水涂料、合成高分子防水涂料、沥青基防水涂料、刚性防水层、平瓦、油毡瓦等	可选用二毡三油沥青防水卷材、高聚物改性沥青防水涂料、沥青基防水涂料、波形瓦等
设防要求	三道或三道以上防水设防，其中应有一道合成高分子防水卷材，且只能有一道厚度不小于2mm的合成高分子防水涂膜	二道防水设防，其中应有一道卷材，也可采用压型钢板进行一道设防	一道防水设防，或两种防水材料复合使用	一道防水设防

屋面防水构造可分为二大类：一是刚性防水，包括结构自防水和刚性材料防水层的刚性防水；二是柔性防水，包括防水卷材、合成高分子卷材、防水涂料、嵌缝材料。

刚性防水是指以水泥、砂石为原料，掺入少量外加剂，高分子聚合物等通过调整配合比、抑制和减少孔隙率，改变孔隙特征，以增加密实性的不透水的混凝土材料防水。柔性防水则以传统的沥青油毡卷材为主，包括改性沥青、改性胎体，以热浸为主铺贴在结构上防止渗漏的防水材料，此外还有高分子防水材料。

防水涂料是以高分子合成材料为主，在常温下呈无定形的液态，经涂布在构件表面上形成坚韧防水膜的防水材料。嵌缝材料是专门用以灌注于结构接缝内外、具有弹塑性、水密性、气密性、耐候性，以适应接缝具有伸缝的防水材料。

《屋面防水工程技术规范》(GB50207—94) 中突出规定了细部构造，及其质量要求等内容，为屋面防水工程施工必须遵守的技术法规。

屋面防水层的坡度必须符合设计要求和规范的规定。严防屋面出现倒泛水和积水现象。

4.1 屋面工程质量保证技术措施

屋面工程是建筑工程的一个重要组成部分，它的质量与建筑工程质量有着密切的关系。为此，首先介绍质量保证技术措施和屋面工程施工工艺的主要内容，以便对质量管理工作的概念有所了解。

质量保证是为了保证或提高工程质量，所以，在施工全过程中应综合运用管理技术、专业技术和科学方法，合理地以屋面的结构性能，使用功能和观感质量的控制为主，进行屋面工程质量的保证。

4.1.1 保证施工质量技术活动的含义

(1) 屋面工程质量，通常包括适用性、可靠性、安全性、经济性和使用寿命。

(2) 屋面工程质量系属分项（工序）工程质量。为保证施工质量在施工全过程中控制施工方法和作业条件等对工程质量起综合作用的各个过程。

施工全过程中的分项工程质量均应符合“设计文件”、“施工及验收规范”和“质量检验评定标准”的规定，分项工程质量是工程质量的基础。

(3) 工作质量是施工技术活动的直观反映。它主要体现在施工活动中，并通过工程质量集中地表现出来。

4.1.2 施工工艺对保证施工质量起主导作用

操作工艺

(1) 屋面保温层工艺流程及要求如下：

基层清理 $\xrightarrow[\text{(平整)}]{\text{(洁净)}}$ 管根堵孔、固定 $\xrightarrow{\text{(采用细石混凝土)}}$ 弹线找坡度 $\xrightarrow{\text{(设置坡度板)}}$ 铺设隔气层 $\xrightarrow{\text{(掌握胶结料温度)}}$ 保温层铺设 $\xrightarrow[\text{(架空板)}]{\text{(松散板块)}}$ 拍（刮）平 $\xrightarrow[\text{(贴严)}]{\text{(铺平)}}$ 填补板缝 $\xrightarrow{\text{(密实)}}$ 检查验收 $\xrightarrow[\text{(坡度)}]{\text{(平整密实)}}$ 找平层

(2) 屋面找平层工艺流程及要求如下：

基层清理 $\xrightarrow{\text{(洁净)}}$ 管根堵孔、固定弹线找坡度 $\xrightarrow{\text{(设置坡度板)}}$ 洒水湿润 $\xrightarrow{\text{(表面不得积水)}}$ 打底找坡 $\xrightarrow{\text{(分格缝)}}$ 铺水泥（沥青）砂浆找平层 $\xrightarrow{\text{(木杠刮平)}}$ 辗压找平 $\xrightarrow{\text{(木抹压平)}}$ 细部处理 $\xrightarrow[\text{(钝角)}]{\text{(圆弧)}}$ 养护 $\xrightarrow{\text{(7d)}}$ 验收

(3) 屋面防水层工艺流程及要求如下：

基层清理 $\xrightarrow[\text{(无积水)}]{\text{(洁净)}}$ 阴阳角部位检查、处理 $\xrightarrow{\text{(圆弧、钝角)}}$ 涂刷冷底子油 $\xrightarrow[\text{(涂刷均匀)}]{\text{(干燥后)}}$ 细部附加层（缓冲层）施铺 $\xrightarrow{\text{(粘贴牢固)}}$ 涂刷胶结材料 $\xrightarrow[\text{(涂料)}]{\text{(玛𤧛脂)(掌握工作温度)}}$ 铺设第一层油毡（玻璃布）$\xrightarrow[\text{(边角压紧)}]{\text{(压平压实)}}$ 涂刷胶结材料 $\longrightarrow$ 铺设第二层油毡 $\longrightarrow$ 涂刷胶结材料 $\longrightarrow$ 铺设第三层油

毡——→涂刷胶结材料 $\xrightarrow[\text{（无渗漏）}]{\text{（蓄水 24h）}}$ 铺撒豆砂保护层 $\xrightarrow[\text{（粘结牢固）}]{\text{（撒布均匀）}}$ 防水层验收

（4）水落管、变形缝的制作、安装和施工的工艺流程如下：

划线下料——→裁剪——→成形——→刷涂料——→安装套接、卡子固定——→涂刷罩面涂料

4.2 隐蔽工程检查验收记录

在屋面施工过程中，对其各结构层隐蔽工程的中间检查验收记录，是工程验收的文件组成部分。隐蔽工程验收应以施工图、有关施工及验收规范、质量检验评定标准为依据。

隐蔽工程是指那些在施工过程中，上一工序的工作结果将被下道工序所掩盖，一经掩盖，不经破坏无法再次进行复查的工程部位，隐蔽工程检查就是看其是否符合质量要求。为此，隐蔽必须符合要求，凡未经隐蔽工程验收或验收不合格的工程，不得进行下道工序的施工。

在施工全过程中，凡属对该工程日后维修、检修、改建、扩建、处理质量事故等有作用而形成的记录，均必须留存入档。

4.2.1 隐蔽工程记录的作用

隐蔽工程记录是为今后的合理使用、维修、改扩建的一项重要技术文件资料。

隐蔽工程验收记录是施工工程结构质量的真实缩写，应为技术复核、质量认定和质量等级评定提供科学依据。

4.2.2 隐蔽工程记录

隐蔽工程记录是在工程被复盖之前，经检查验收进行的文字写实，记录要做到有针对性，内容具体简练、明了、数据准确可靠。必须是质量合格的工程，方可进行隐蔽工程检查验收，并应用定性语言签署意见。

4.2.3 检查验收程序、时间与组织

（1）应由单位工程技术负责人组织，建设单位代表（或工程监理）、质量检查员、施工员（技术员）共同参与验收工作。

（2）验收合格后，由单位工程技术负责人填写，参加人员签章，并应签署验核结论性意见，方为有效；即可整理归档。

（3）隐蔽工程检查验收记录的编写应在验收后不超过两天内完成，并应以一个分项工程为一个验收批。

4.2.4 隐蔽工程记录内容

应包括保温隔热层、找平层、防水层等屋面各层情况。

4.2.5 隐蔽工程记录填写程序和要求

（1）要求

1）隐蔽工程记录填写的四定：定时、定位、定量、定性。

2）填写的依据：

①施工图、技术说明及设计资料

②施工及验收规范、质量检验评定标准及其相关技术标准的规定。

③材料技术证明文件（合格证或试验报告）。

④测试报告的数据反馈信息。

⑤施工实际情况。

(2) 填写程序

1) 工程名称。

2) 施工部位。

3) 工程隐蔽时间。

4) 图号或标准图号。

5) 填写内容:

①使用材料和构件(名称、品种、规格、型号、含水率、导热系数、数量)产品证件文号。

②试件强度等级:

a. 设计标准。

b. 配合比试验报告文号。

c. 养护龄期。

d. 测定值的结论和试验报告文号。

③结构形式和几何尺寸(标高、坡度、坐标点、起止点、间距、弯曲点(角度)、型体尺寸)。

④施工工艺、具体做法以及达到的目的。

⑤蓄水试验结论。

⑥结论:要求采用定性语言(合格或优良)。

4.2.5 填写隐蔽工程检查检收记录格式和内容,见表4.2.5。

隐蔽工程检查验收表格及内容 **表4.2.5**

<table>
<tr><td colspan="5">隐蔽工程检查验收记录
工程名称______ 建设单位______ 图　号______
隐蔽部位______ 施工单位______ 隐蔽日期__年__月__日</td></tr>
<tr><td colspan="5">隐蔽检查内容:</td></tr>
<tr><td rowspan="2">建设单位代表(或监理)核验意见:</td><td rowspan="2">试验单、合格证、试件编号</td><td>名称和直径</td><td>合格证文号</td><td>试验单编号</td></tr>
<tr><td></td><td></td><td></td></tr>
<tr><td colspan="5">单位工程技术负责人:　　质量检查员:　　施工员:</td></tr>
</table>

5 屋面防水工程施工技术措施

本技术措施适用于民用屋面防水工程的柔性防水和刚性防水施工及验收。其内容主要根据《屋面防水工程技术规范》(GB 50207—94)规定制定，包括有：卷材防水屋面、涂膜防水屋面、刚性防水屋面、屋面接缝密封防水和保温隔热屋面等方面。

5.1 保 温 层

5.1.1 《屋面防水工程技术规范》(GB 50207—94)的规定

(1) 保温层可采用松散材料保温层、板状保温层或整体保温层。为了提高保温层的施工工艺的质量和操作技术水平，其工艺控制程序应如图 5.5.1 所示。

屋面保温构造层，选用材料和构造层的厚度必须符合设计要求。

(2) 封闭式保温层的含水率应相当于该材料在当地自然风干状态下的平衡含水率。保温层中还应设置分格缝（温度缝）以防止因温度变化破坏整体结构。

1) 当采用有机胶结材料时，不得超过5%（含散铺珍珠岩）。

2) 当采用无机胶结材料时，不得超过20%（含散铺炉渣）。

3) 易腐蚀的保温材料应做防腐处理。

(3) 保温层的结构层为装配式钢筋混凝土板时，板缝处理应符合以下的规定。

1) 板缝宽度应符合30～40mm的要求；当板缝宽度大于40mm时，板缝内应设置构造钢筋。

2) 板的端头处应设置防裂构造。在支座边按设计要求设置负弯矩钢筋网片，网片距面层应为15～20mm。

3) 板缝填嵌，应采用细石混凝土灌缝，其强度等级按设计要求，但不应小于C20。灌缝的细石混凝土宜掺微膨胀剂。

(4) 施工条件

1) 严禁在雨天、雪天和五级以上大风天气情况下施工。

2) 在施工过程和堆放中的保温材料遇雨、雪天气时应加遮盖措施。

5.1.2 材料要求

(1) 松散保温材料的质量应符合以下规定：

膨胀珍珠岩粒径宜大于0.15mm；粒径小于0.15mm的含量不应大于8%；堆积密度应小于120kg/m^3。导热系数应小于0.07W/m·K。

膨胀蛭石的粒径宜为3～15mm；堆积密度应小于300kg/m^3；导热系数应小于0.14W/m·K。

炉渣粒径5～40mm；堆积密度<1000kg/m^3；导热系数为0.25W/m·K。

(2) 板状保温材料的质量应符合表5.1.2要求。

屋面保温层施工工艺控制程序

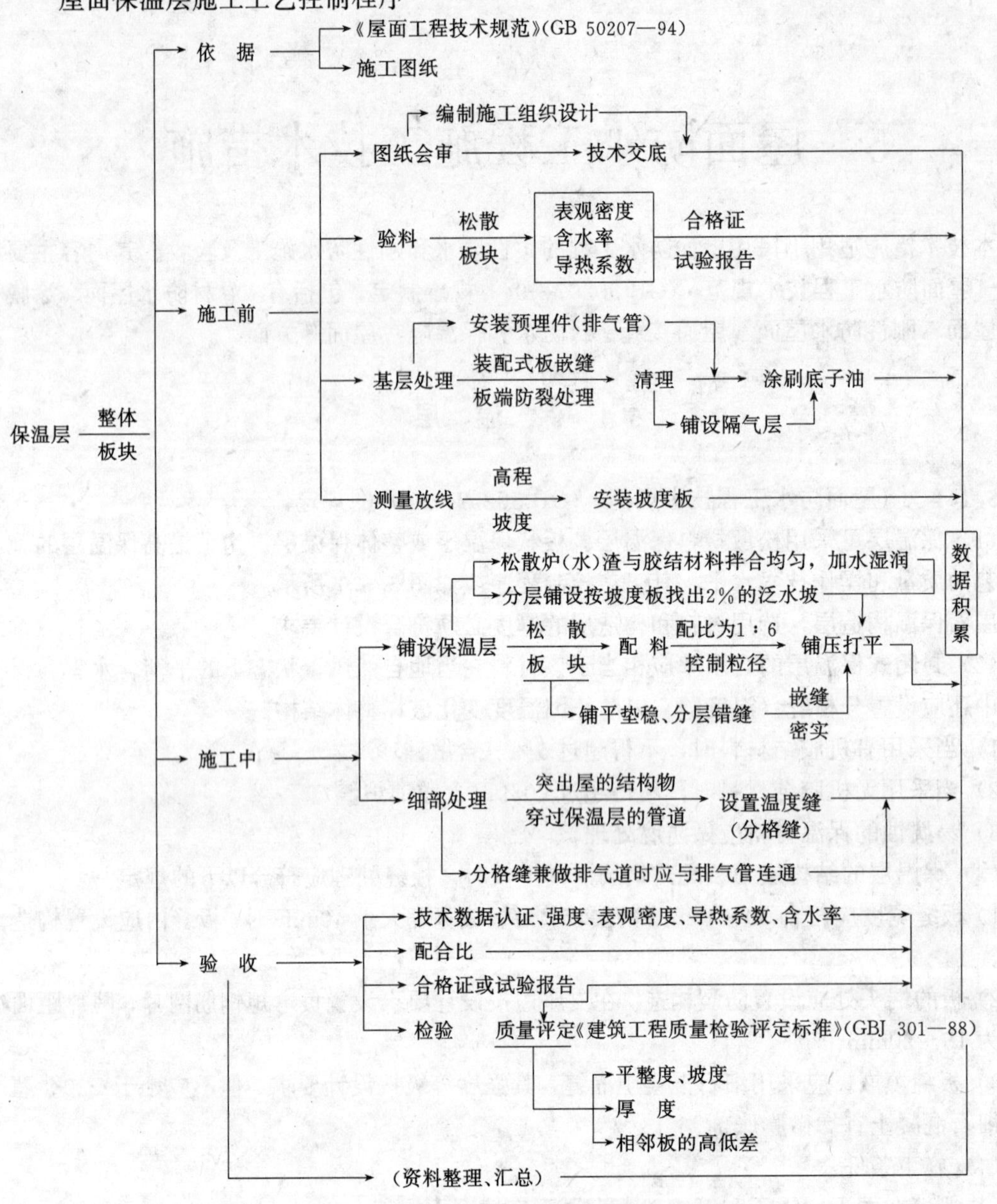

图 5.5.1　屋面保温层施工工艺控制程序

板状保温材料质量要求　　　　表 5.1.2

材料类别	表观密度 (kg/m³)	导热系数 (W/m·K)	抗压强度 (MPa)	外观质量
泡沫塑料类	30～130	0.04～0.05	>0.1	板的外形整齐，厚度允许偏差±5%，且不大于4mm
微孔混凝土类	500～700	0.19～0.22	≥0.4	
膨胀珍珠岩膨胀蛭石	300～800	0.10～0.26	≥0.3	

(3) 整体保温层用的保温原料膨胀珍珠岩和膨胀蛭石的质量应符合 5.1.2 (1) 的要求。

(4) 胶结料水泥标号不得小于 325 号、安定性必须合格，其配合比严格按设计要求进行配制。

5.1.3 施工技术措施

(1) 验料

保温材料必须有材质证明文件，其强度、表观密度、导热系数，含水率以及配合比必须符合设计要求和施工规范规定，施工中使用的炉渣应经过筛选，并不得含有建筑垃圾及未燃烬的煤渣等。

(2) 基层处理

铺设保温层的基层应平整、干燥和洁净。装配式承重基体必须稳定，其强度和刚度必须满足设计要求，并经验收合格后，方可铺设保温层。

(3) 铺设

铺设保温层时必须严格控制厚度、坡度和坡向，当采取有组织排水时，可先在女儿墙上弹出厚度控制线，再垂直屋脊铺设厚度和坡度的控制档板，然后分层铺设找坡，每层虚铺厚度均不宜大于150mm，并且要适当压实，找好坡度后，再分层铺珍珠岩。

1) 铺设松散材料保温层施工应符合以下规定：

①干燥的粒状保温材料，应优先选用塑料袋封装的方法顺序铺放，厚度应符合设计要求。

②散铺保温材料应分层铺设，每层厚度为150mm，压实的程度与厚度应经试验确定；压实后的保温层上严禁承受施工荷载和行走。

③保温层铺设完，经验收合格后，应及时进行下一道工序和上部防水层的施工。严防雨淋。如在雨期施工中应设有防雨保护措施。

2) 板状材料保温层施工应符合以下规定：

①干铺板状保温材料，应紧靠在基层表面上，并应铺平垫稳。分层铺设的板块，应将上下层接缝相互错开；板间缝隙应采用同类材料嵌填密实。

②粘贴的板块材料应贴严、铺设平稳；分层铺设的板块上下层接缝应相互错开，并应符合以下要求：

a. 当采用玛瑞脂及其他胶结材料粘贴时，板块与基层、板块与板块之间，均应满涂胶结材料，以便互相粘贴牢固、平稳，严禁有松动现象。沥青玛瑞脂配制及施工温度，当使用建筑石油沥青时，加热温度不应高于240℃，使用温度不宜低于190℃，详见附录A所示。

b. 采用水泥砂浆粘贴板块时，其保温灰浆配制的配合比采用1∶1∶10（水泥∶石灰膏∶同类保温材料碎粒）的体积比。

保温灰浆中的石灰膏必须经熟化15h以上，石灰膏中严禁含有未熟化的颗粒；水泥的强度和安定性必须符合技术标准的规定。

铺粘板块时，必须满铺灰浆，将板块粘贴平稳、牢固；板间缝隙应采用保温灰浆填实并应勾缝密实。

3) 整体现浇保温层施工应符合以下规定：

①水泥膨胀珍珠岩、水泥膨胀蛭石的施工应符合下列要求：

a. 水泥膨胀珍珠岩、水泥膨胀蛭石的拌合物必须拌合均匀，并随拌随铺。

b. 虚铺厚度应根据试验确定，铺筑后应拍实抹平至设计要求的厚度。

c. 整体现浇膨胀珍珠岩（蛭石）保温层压实抹平后应及时抹找平层。

d. 整体保温层不宜作成封闭式保温层，必须设置排气孔，其数量应根据基层的潮湿程

度和屋面构造确定。整体保温层的排气道应纵横贯通，并应与大气连通的排气孔相通。

②沥青膨胀（珍珠岩）蛭石保温层的施工应符合以下要求：

a. 当用建筑石油沥青时加热温度不应高于240℃，使用温度不得低于190℃。膨胀珍珠岩或膨胀蛭石的预热温度宜为100℃～120℃。

b. 沥青膨胀（珍珠岩）蛭石的拌合物不宜采用人工拌合，应采用机械拌合，拌合应均匀，色泽一致、无沥青团。

c. 分层铺设时虚铺压实程度应根据试验确定，其厚度应符合设计要求，表面应平整。

（4）施工条件

1）用热沥青粘结的整体现浇保温层和粘贴的板块材料保温层在气温低于－10℃时不宜施工。

2）用水泥、石灰或乳化沥青胶结的整体现浇保温层和用水泥砂浆粘贴的板块材料保温层在气温低于5℃时不宜施工。

（5）细部处理

1）屋面保温层在檐口、天沟处宜延伸到外坡外侧，或按设计要求。

2）排气管和构筑物，穿过保温层的管壁周边和构筑物的四周应预留排气口，见表5.1.3中图。

3）女儿墙根部与保温层应设置温度缝，缝的宽度以150～200mm为宜，并应贯通到结构基层。

4）保温层的分格缝应符合设计要求和施工规范的规定，见表5.1.3图示。

防水屋面保温层细部构造节点 **表5.1.3**

序号	细部构造图示	技术措施
	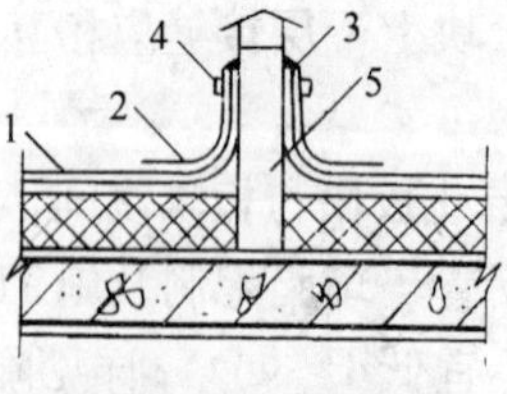 （1）排汽出口构造（一） 1—防水层；2—附加防水层； 3—密封材料；4—金属箍；5—排汽管	排汽出口应埋设排汽管，排汽管应设置在结构层上。穿越保温层的管壁应打排汽孔
	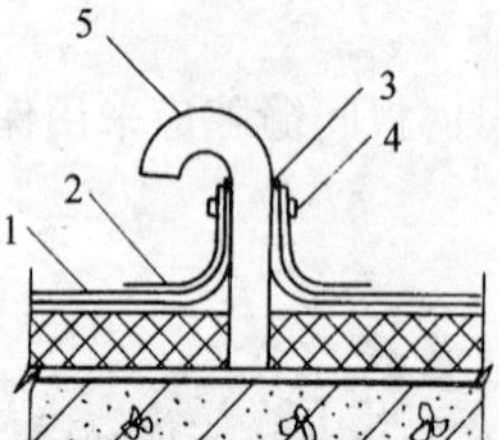 （2）排汽出口构造（二） 1—防水层；2—附加防水层； 3—密封材料；4—金属箍；5—排汽管	排汽管的设置必须与排汽道连通。排汽管应与排汽孔匹配，其数量按基层的潮湿程度和屋面构造确定，并应做好排汽管根部及顶部的防水处理

续表

序号	细部构造图示	技术措施
	保温层 100~150 分仓缝空隙 找平层 干铺油毡 30~40 （3）设分格缝	在屋面结构层上浇捣松散保温层时，不论屋面面积大小，均应设置分格缝，分格约 6m×6m 左右划分。 分格空隙宽 30～40mm，上下贯通，缝上平铺一层 100～150mm 宽的卷材，然后在上面做找平层，见图。 分格缝做排气道时，应沿沟边每 6m 设置一个排气管；采用 ϕ25 铁管，长约 300mm；目的是使保温层中的潮气及时排出。 涂膜屋面保温层的含水率一定要严格控制最小值，或采用强度高的板块保温材料

5.2 架空隔热层

5.2.1 架空板隔热屋面，一般由基层的结构层、防水层、通风空气间层，支承构件的砖墩或砖带以及隔热构件组成，见图 5.5.2。

5.2.2 材料要求

（1）混凝土预制小板必须有出厂合格证和强度等级试验测定值报告数据，其强度等级必须符合设计要求，严禁有断裂和露筋等缺陷。

（2）水泥的标号和安定性应符合国家现行技术标准的规定，详见附录 G。

（3）骨料的质量应符合国家现行技术标准的规定，详见附录 5。

（4）普通烧结砖的质量应符合国家现行技术标准的规定，见附录 6。

架空隔热（屋面）层施工工艺控制程序见图 5.5.2。

5.2.3 施工技术措施

（1）验料

架空隔热层所需的预制构件和原材料的材质必须具备出厂合格证或试验报告。

（2）基层处理

1）支座底面的卷材、涂膜防水层必须符合设计要求，经验收合格，并采取加强保护措施。

2）要把屋面防水层的面层清理干净。

（3）弹线加垫

1）根据设计要求和铺设构件的规格尺寸，弹出支承构件（支座）的中心线和边线。

2）为了防止因施工外力作用损坏屋面防水层，施工时，应采取铺设垫板等保护措施。

3）为延长卷材防水层的使用年限，应在支座与卷材防水层之间加铺一层比支座稍大的卷材垫层或硬质垫块。

（4）砌筑支座

1）支座宜采用强度等级 UM7.5 以上的普通烧结砖和强度等级 M5 的水泥砂浆砌筑。

2）砌筑支承砖墩时，可采用水泥砂浆砌筑，边砌边勾缝边将施工现场清理干净，砖墩

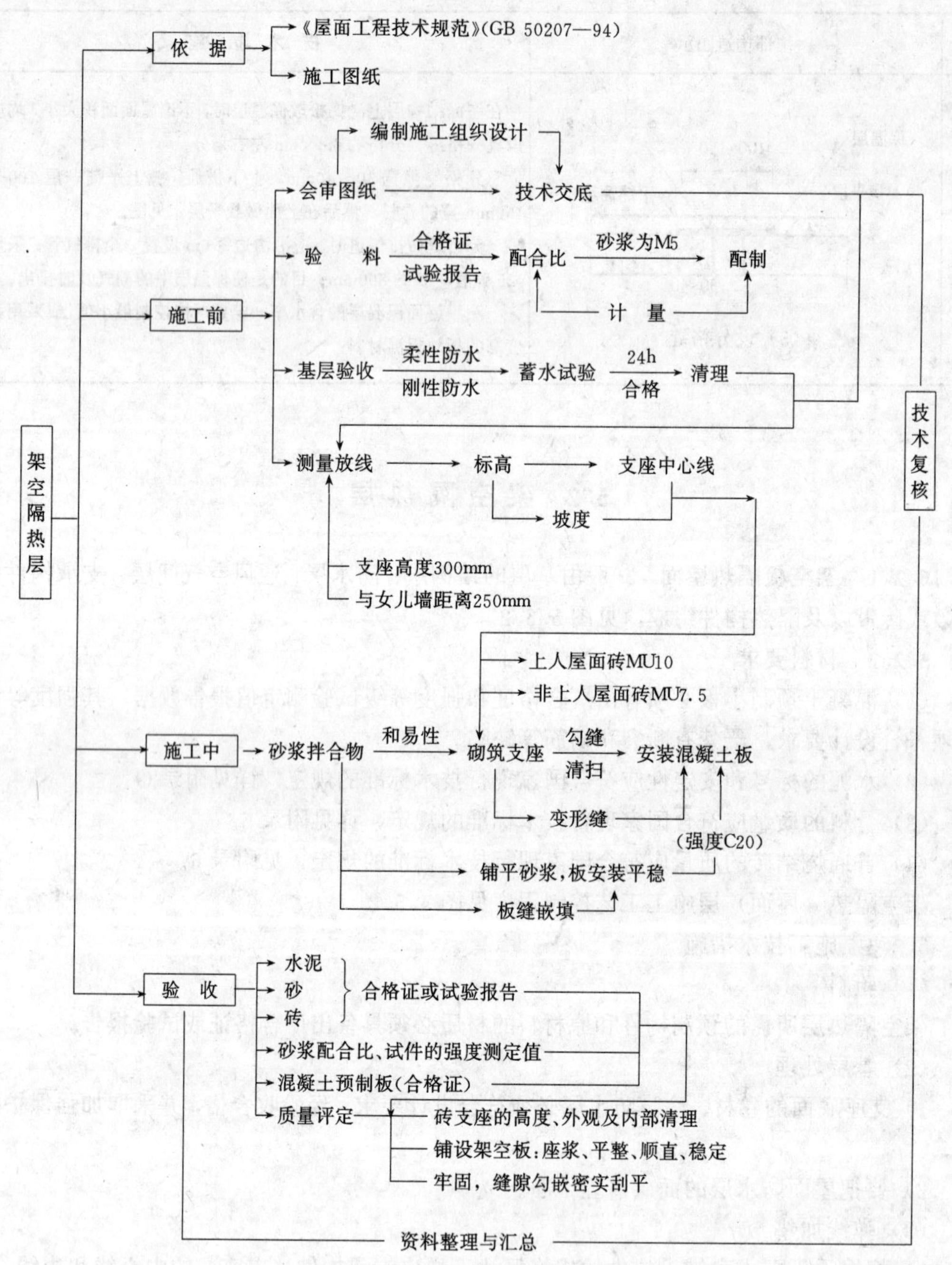

图 5.5.2　架空隔热(屋面)层施工工艺控制程序

的高度应符合设计要求。如无设计要求时，架空隔热层高度宜为100～300mm；详见图5.2架空隔热屋面构造所示。

(5) 铺设架空板

1) 铺设架空板时，宜用水泥砂浆坐浆铺设，板的上缝应勾填密实，并将灰浆刮平。

2）按设计要求留置变形缝，架空板距山墙和女儿墙处不应小于250mm，见图5.5.3架空隔热屋面构造。

3）铺设架空板时，应及时清扫干净落地灰、杂物等，以保证架空隔热层气流畅通。

5.2.4 架空板的铺设应平整、稳固；缝隙宜采用水泥（混合）砂浆或柔性接缝密封防水材料嵌填，嵌填高度与板顶平齐。

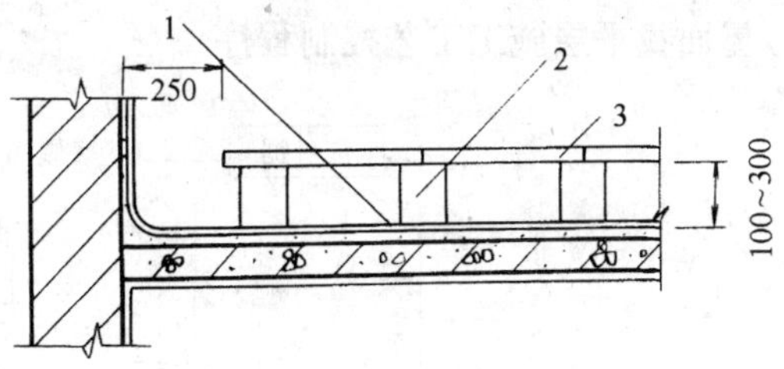

图5.5.3 架空隔热屋面构造
1—防水层；2—支座；3—架空板

5.3 找 平 层

基层上应设找平层。找平层一般采用水泥砂浆，也可用细石混凝土或沥青砂浆。找平层分整体找平层和预制板块找平层。为了保证找平层施工质量，应严格控制施工工艺和操作技术，见图5.5.4。

5.3.1 找平层设置在保温隔热层上时，需对保温隔热层验收合格，确认其厚度、坡度、含水率符合设计要求，并办理隐蔽工程验收手续后，方可进行找平层的施工。

5.3.2 水泥砂浆屋面找平层的施工程序为：

验料→找坡→细部处理→设分格缝→铺找平层→养护。

5.3.3 材料要求

找平层可采用水泥砂浆、细石混凝土或沥青砂浆，找平层的厚度和技术要求，见表5.3.3。

找平层厚度和技术要求 **表5.3.3**

类别	基层种类厚度（mm）	技术要求
水泥砂浆找平层	现浇混凝土（无保温层） 15～20	水泥砂浆体积比1：2.5～1：3 水泥标号不低于325号砂子过5mm孔筛
	现浇或板状材料保温层 20～25	
	装配式楼板、松散材料保温层 20～30	
细石混凝土找平层	松散材料保温层30～35	混凝土强度等级C15，石子5～10mm
沥青砂浆找平层	整体混凝土15～20	重量比为 1：8（沥青：砂）
	装配式混凝土板、整体或板状材料保温层 20～25	

5.3.4 施工技术措施

（1）验料

1）水泥应有出厂合格证或试验报告，其技术标准，见附录7。

2）砂子应有试验报告、技术标准，见附录5.1。

3）石子应有试验报告、技术标准，见附录5.2。

4）沥青应有出厂合格证或试验报告，技术标准，见附录3.1。

屋面找平层施工工艺控制程序

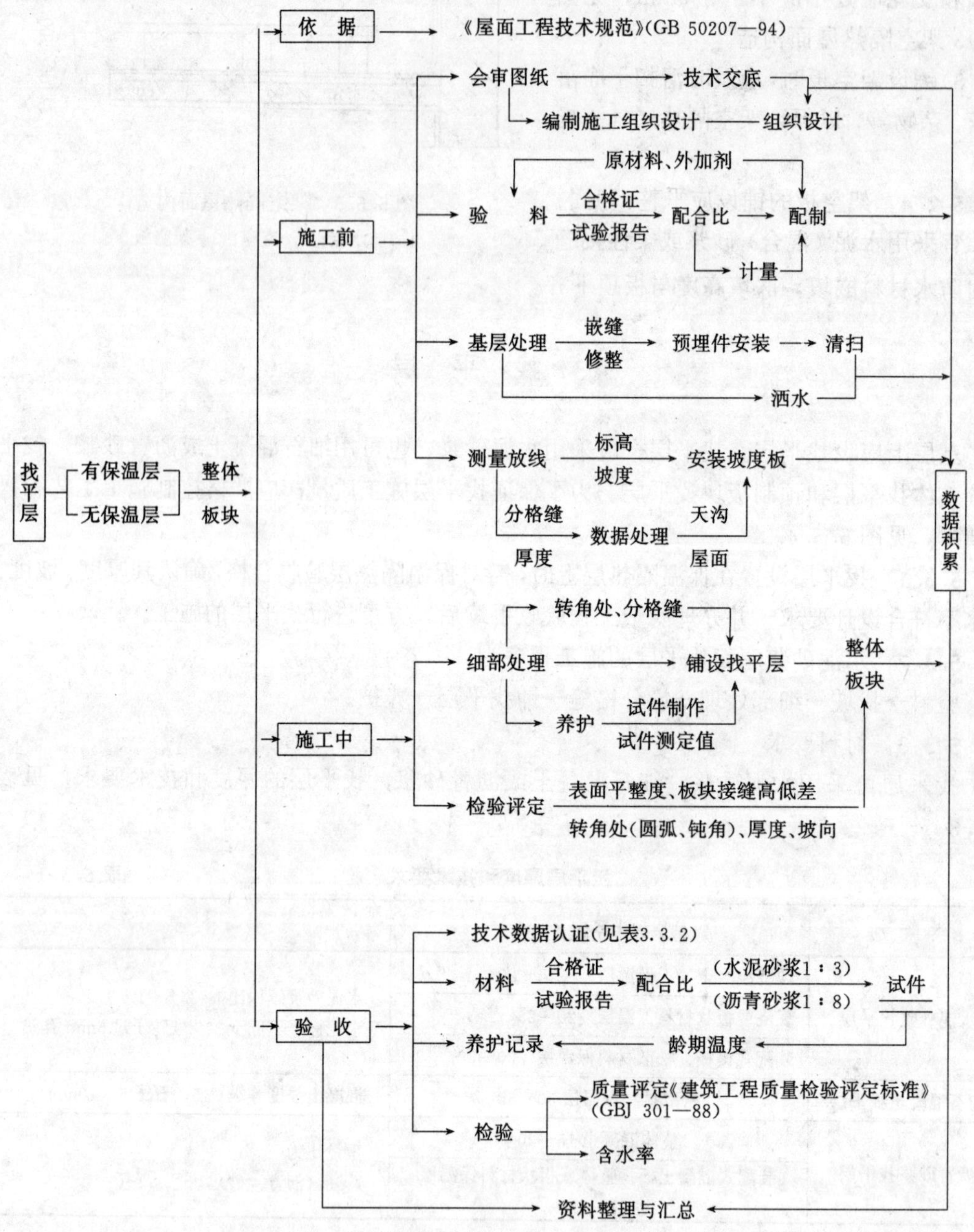

图 5.5.4 屋面找平层施工工艺控制程序

(2) 基层处理

1) 基层应达到设计要求并清理干净。

2) 突出屋面构筑物、预留孔洞、埋设件的位置和数量是否满足设计要求。对有质量缺陷的部位应及时校正和整修，达到合格后，方可进行下道工序。

(3) 找平层铺设

1）找平层的操作顺序是转角——立面——平面。一般屋面找平层先找坡、弹线、找好规矩，从檐口或女儿墙开始，按烟囱、天沟、排水口顺序进行，待细部处理抹灰完成后再抹平面找平层。

2）屋面（含天沟、檐沟）找平层的坡度必须符合设计要求，天沟的纵向坡度不宜小于5‰，内部排水的水落口周围应做成略低的凹坑。自由排水的檐口在200～500mm范围内，其坡度不宜小于15‰。

3）施工应根据设计要求，测定标高、定点、找坡，然后拉挂屋脊线、分水线、排水坡度线，并且应贴灰饼、冲筋，以控制找平层的标高和坡度。

（4）细部处理

1）基层与突出屋面构筑物的连接处以及基层转角处的找平层应作成半径为100～150mm的圆弧形或钝角。根据卷材种类不同，其圆弧半径如表5.3.4。

转角处圆弧半径 **表5.3.4**

卷材种类	圆弧半径（mm）
沥青防水卷材	100～150
高聚物改性沥青防水卷材	50
合成高分子防水卷材	20
涂膜防水	50

2）构筑物的泛水檐处应作滴水线和止水条。

3）排水沟找坡应从两排水口距离的中间点为分水线、放坡抹平，纵向排水坡度不应小于1%。最低点应对准排水口，排水口与水落管的落水口连接应平滑、顺畅，不得有积水、并应用柔性防水密封材料嵌填密封。

4）找平层与檐口、排水口、沟脊等相连接的转角，应抹成光滑一致的圆弧形。

（5）分格缝的设置

1）找平层的分格缝应设置在屋面板支承边的拼缝处。采用水泥砂浆或细石混凝土做找平层时，分格缝的间距不大于6m；采用沥青砂浆时，间距不宜大于4m。缝宽度以20mm为宜。

2）屋面找平层的平、立面转角（转折）处均应留置分格缝。

3）分格缝的设置兼作排气屋面的排气道时，可适当加宽分格缝，并应与保温层贯通。

（6）铺设平面找平层

1）在垂直于檐口每隔4～6m或屋面板端部接缝处，用砂浆贴一根靠尺，从檐口（或天沟）直伸至屋脊，找好排水坡度，按规定设置分格缝。

2）为了保证松散材料保温层和水泥砂浆找平层的厚度均匀一致，宜先在保温层上铺设铁丝网筛片，再摊铺水泥砂浆，取出铁筛片，括平灰浆，然后分块压实。

3）找平层表面应压实平整，使排水坡度符合设计要求，待砂浆稍收水后，用木抹子压平；并在初凝后、终凝前进行二次压光，最后在终凝之前轻轻取出分格木条。

4）养护：常温条件下水泥砂浆终凝后，必须进行养护，养护时间不少于7d。

5.3.5 施工条件，找平层严禁在雨天、雪天和气温低于－10℃时施工。负温施工应加入防冻剂，在砂浆冻结后析盐前应及时涂冷底子油一遍。

5.3.6 找平层的质量要求

(1) 找平层应坚实、平整、洁净。

(2) 分格缝的位置和间距应符合设计要求和施工规范的规定。

(3) 表面严禁有酥松、起皮、起砂等缺陷。

5.4 防水卷材技术要求

5.4.1 卷材防水铺设应遵守《屋面防水技术规范》(GB 50207—94) 的规定。

屋面卷材防水的施工质量直接影响房屋的使用功能。提高施工工艺和操作技术水平是保证施工质量唯一途径。见图 5.5.5。

(1) 铺设屋面隔气层和防水层前，基层必须干净、干燥。干燥程度的简易检验方法，是将 $1m^2$ 卷材平坦地干铺在找平层上，静置 3～4h 后掀开检查；当找平层覆盖部位与卷材上未见水印即认为：干燥，可铺设隔气层或防水层。

(2) 采用基层处理剂时，其配制与施工应符合以下规定：

1) 基层处理剂的选择应与卷材的材性相容。

2) 基层处理剂一般采用喷涂或涂刷的施工方法，喷涂应均匀一致。满涂一、二遍，待干燥后，方可铺贴卷材。

3) 喷（涂）处理剂前，应用毛刷对屋面节点、周边、捌角等处先进行涂刷。

(3) 卷材铺设方向应符合表 5.4.1 (1) 规定。

表 5.4.1 (1)

屋面坡度	卷材铺设方向	屋面坡度	卷材铺设方向
<3%	卷材宜平行屋脊铺贴	>15%	沥青卷材应垂直屋脊 高聚物改性沥青（合成高分子）卷材可平行和垂直屋脊
3%～15%	可平行或垂直屋脊		

(4) 屋面防水层施工时，应先做好节点、附加层和屋面排水较集中的部位（屋面与水落口连接处、檐口、天沟、檐沟、屋面转角处、板端缝等）的处理，然后由屋面最低标高处向上施工。铺贴天沟、檐沟卷材时，宜顺天沟、檐沟方向并尽量减少搭接接头。

(5) 卷材铺贴，上下层卷材不得相互垂直铺贴。搭接缝应错开、错开的间距不应小于幅宽的 1/3。搭接接缝应沿顺水方向或主导风向搭接。

(6) 卷材搭接的宽度，应根据铺贴方法和卷材的材质决定，见表 5.4.1 (2) 所示。

卷材搭接宽度 **表 5.4.1** (2)

搭接方向		短边搭接宽度 (mm)		长边搭接宽度 (mm)	
卷材种类 \ 铺贴方法		满粘法	空铺法 点铺法 条铺法	满粘法	空铺法 点铺法 条铺法
沥青防水卷材		100	150	70	100
高聚物改性沥青防水卷材		80	100	80	100
合成高分子防水卷材	粘结法	80	100	80	100
	焊接法	50			

屋面卷材防水工程施工工艺控制程序见图 5.5.5。

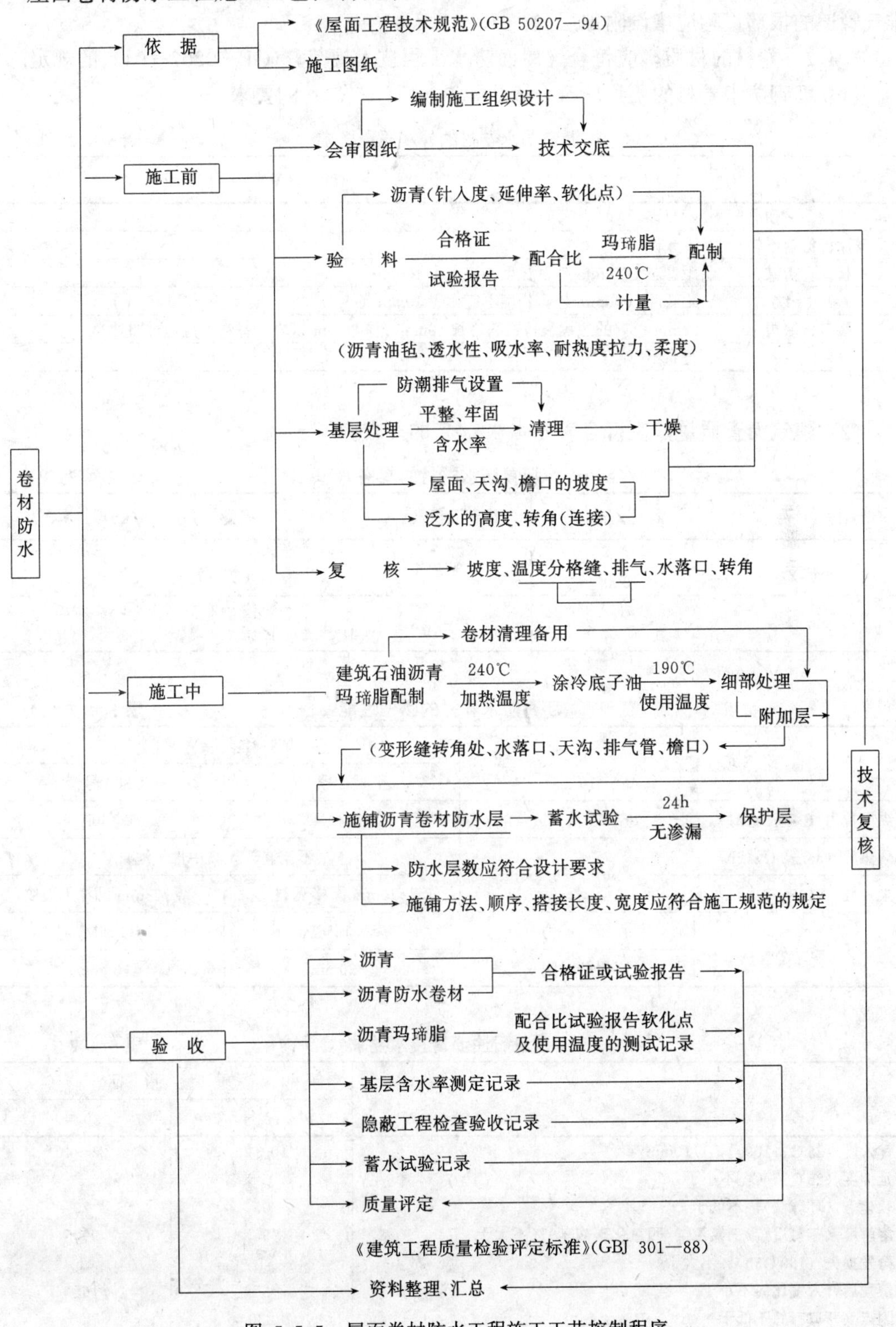

图 5.5.5 屋面卷材防水工程施工工艺控制程序

(7) 铺设附加层的部位：落水口、天沟、檐沟、女儿墙、变形缝、突出屋面构造物和排气管道的根部，均应增设附加层。

5.4.2 卷材的材质，应符合《屋面防水工程技术规范》(GB 50207—94) 的规定。

(1) 沥青防水卷材的质量应符合表 5.4.2 (1) ～ (3) 的要求。

沥青防水卷材的外观质量要求 **表 5.4.2** (1)

项　目	外观质量要求
孔洞、硌伤	不允许
露胎、涂盖不匀	不允许
析纹、折皱	距卷芯 1000mm 外，长度不应大于 100mm
裂　纹	距卷芯 1000mm 外，长度不应大于 10mm
裂口、缺边	20mm 以内的边缘裂口或缺边长 50mm，深 20mm 以内，每卷不应超过四处
接　头	每卷不应超过一处

(2) 建筑沥青质量，应符合表 5.4.2 (4) 的要求。

沥青防水卷材的规格 **表 5.4.2** (2)

标　号	宽度 (mm)	每卷面积 (m^2)	卷　重　(kg)	
350 号	915 1000	20±0.3	粉毡	≥28.5
			片毡	≥31.5
500 号	915 1000	20±0.3	粉毡	≥39.5
			片毡	≥42.5

沥青防水卷材的物理性能 **表 5.4.2** (3)

项　目		性能要求	
		350 号	500 号
纵向拉力 (25±2℃时)		≥340N	≥440N
耐热度 (85±2℃、2h)		不流淌、无集中性气泡	
柔　性　(18±2℃)		绕 ϕ20mm 圆棒无裂纹	绕 ϕ25mm 圆棒无裂纹
不透水性	压　力	≥0.10MPa	≥0.15MPa
	保持时间	≥30min	≥30min

建筑石油沥青技术要求 **表 5.4.2** (4)

项　目	质量指标	
	10 号	30 号
针入度 (25℃、100g)，1/10mm	10～25	25～40
延伸度 (25℃)，C_m 不小于	1.5	3
软化点 (环球法)，不低于	95	70
溶解度 (三氯甲烷/三氯乙烯/四氯化碳或苯)%不大于	99.5	99.5
蒸发损失 (160℃5h)%不大于	1	1
蒸发后针入度比%不小于	65	65
闪点 (开口)，℃不低于	230	230
脆点，℃	报告	报告

（3）高聚物改性沥青防水卷材的质量，应符合表5.4.2（6）～（7）的要求。

高聚物改性沥青防水卷材的外观质量要求　　　　**表5.4.2**（5）

项　　目	外观质量要求
断裂、皱折、孔洞、剥离	不允许
边缘不整齐、砂砾不均匀	无明显差异
胎体未浸透、露胎	不允许
涂盖不均匀	不允许

高聚物改性沥青防水卷材规格　　　　**表5.4.2**（6）

厚　度　(mm)	宽　度　(mm)	每卷长度　(m)
2.0	≥1000	15.0～20.0
3.0	≥1000	10.0
4.0	≥1000	7.5
5.0	≥1000	5.0

高聚物改性沥青防水卷材的物理性能　　　　**表5.4.2**（7）

项　　目		性能要求			
		Ⅰ类	Ⅱ类	Ⅲ类	Ⅳ类
拉伸性能	拉　　力	≥400N	≥400N	≥50N	≥200N
	延伸率	≥30%	≥5%	≥200%	≥3%
耐热度（85±2℃、2h）		不流淌、无集中性气泡			
柔性（－5～25℃）		绕规定直径圆棒无裂纹			
不透水性	压　　力	≥0.2MPa			
	保持时间	≥30min			

（4）合成高分子防水卷材的质量，应符合表5.4.2（8）～（10）的要求。

合成高分子防水卷材的外观质量要求　　　　**表5.4.2**（8）

项　　目	外观质量要求
折　　痕	每卷不超过2处，总长度不超过20mm
杂　　质	大于0.5mm颗粒不允许
胶　　块	每卷不超过6处，每处面积不大于$4mm^2$
缺　　胶	每卷不超过6处，每处不大于7mm，深度不超过本身厚度的30%

合成高分子防水卷材规格　　　　**表5.4.2**（9）

厚　度　(mm)	宽　度　(mm)	长　度　(mm)
1.0	≥1000	20.0
1.2	≥1000	20.0
1.5	≥1000	20.0
2.0	≥1000	10.0

合成高分子防水卷材的物理性能　　表 5.4.2（10）

项目		性能要求		
		Ⅰ类	Ⅱ类	Ⅲ类
拉伸强度		≥7MPa	≥2MPa	≥9MPa
断裂伸长度		≥450%	≥100%	≥10%
低温弯折性		−40℃	−20℃	−20℃
		无裂纹		
不透水性	压力	≥0.3MPa	≥0.2MPa	≥0.3MPa
	保持时间	≥30min		
热老化保持率（80±2℃、168h）	拉伸强度	≥80%		
	断裂伸长率	≥70%		

（5）卷材胶粘剂的质量应符合表 5.4.2（11）要求。

卷材胶粘剂技术要求　　表 5.4.2（11）

项目	质量要求
改性沥青胶粘剂	粘结剥离强度不应小于 8N/10mm
合成高分子胶粘剂	粘结剥离强度不应小于 15N/10mm，浸水 168h 后粘结剥离强度保持率不应小于 70%

（6）防水卷材验收技术指标应符合表 5.4.2（12）要求。

防水卷材验收技术指标　　表 5.4.2（12）

项目	物理性能
沥青防水卷材	拉力、耐热度、柔性和不透水性
高聚物改性沥青防水卷材	拉伸性能、耐热度、柔性和不透水性
合成高分子防水卷材	拉伸强度、断裂伸长率、低温弯折性和不透水性
改性沥青胶粘剂	粘结剥离强度
合成高分子胶粘剂	粘结剥离强度和粘结剥离强度浸水后保持率

5.4.3　卷材防水层施工程序：

验料加工→基层处理→刷冷底子油→细部节点处理→铺贴卷材→铺设保护层。

5.4.4　卷材防水细部构造，应符合表 5.4.4 节点技术措施的要求。

卷材防水细部构造节点技术措施　　表 5.4.4

序号	细部构造图示	技术措施
	空铺200 1 2 3 4 （1）檐沟 1—防水层；2—附加层；3—水泥钉；4—密封材料	天沟、檐沟应增铺附加层 沥青防水卷材应增铺一层卷材，涂膜防水卷材宜采用防水涂膜增强层 天沟、檐沟与屋面交接处的附加层宜空铺，空铺宽度应为 200mm

续表

序号	细部构造图示	技术措施
	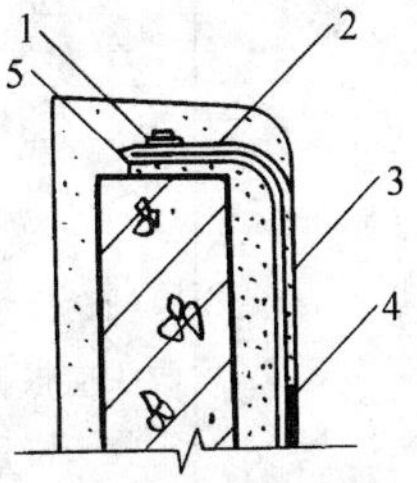 1 5 2 3 4 (2) 檐沟卷材收头 1—钢压条；2—水泥钉； 3—防水层；4—附加层；5—密封材料	天沟、檐沟卷材收头，应固定密封
	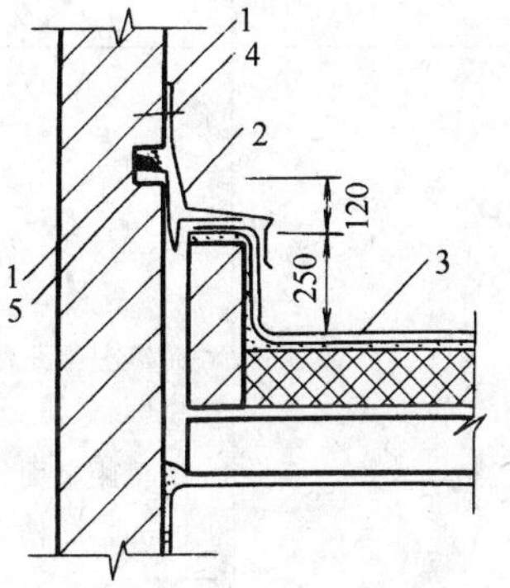 1 4 2 120 250 3 1 5 (3) 高低跨变形缝 1—密封材料；2—金属或高分子盖板； 3—防水层；4—金属压条钉子固定；5—水泥钉	高低跨内排水天沟与立墙交接处应采取能适应变形的密封处理
	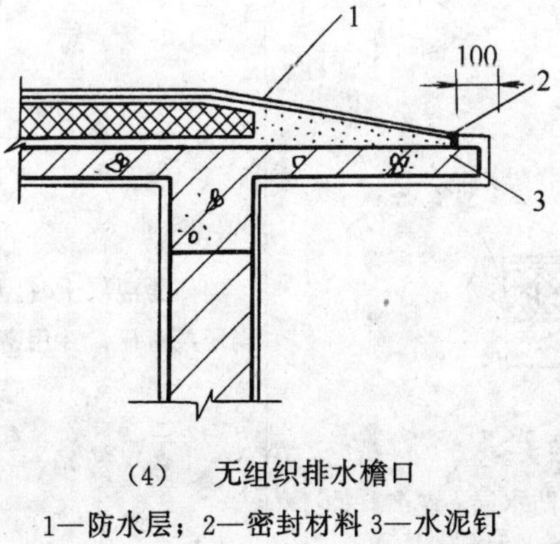 1 100 2 3 (4) 无组织排水檐口 1—防水层；2—密封材料 3—水泥钉	无组织排水檐口 800mm 范围内卷材应采取满粘法，卷材收头应固定密封

续表

序号	细部构造图示	技术措施
	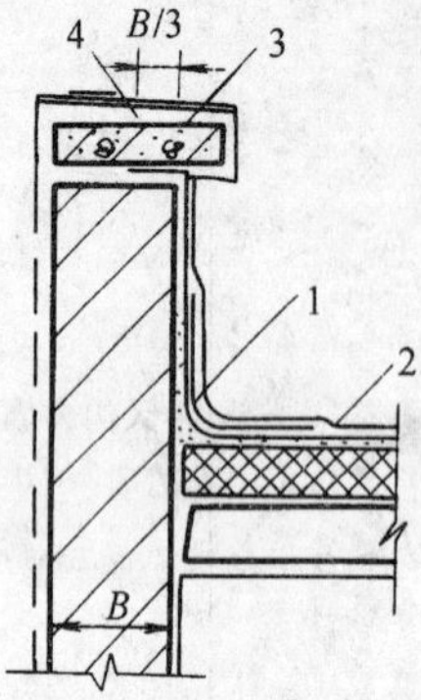 4 B/3 3 1 2 B (5) 卷材泛水收头 1—附加层；2—防水层；3—压顶；4—防水处理	铺贴泛水处的卷材应采取满粘法。泛水收头应根据泛水高度和泛水墙体材料确定收头密封形式 卷材收头可直接铺压在女儿墙压顶下，压顶应做防水处理
	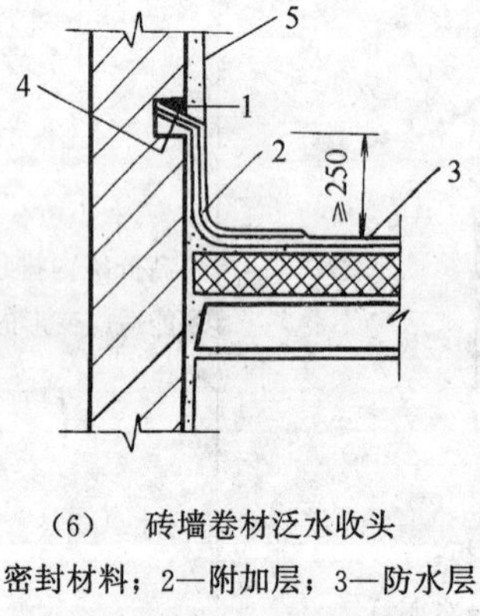 5 4 1 2 ≥250 3 (6) 砖墙卷材泛水收头 1—密封材料；2—附加层；3—防水层； 4—水泥钉；5—防水处理	砖墙上留凹槽，卷材收头应压入凹槽内固定密封 凹槽距屋面找平层最低高度不应小于250mm，凹槽上部的墙体亦应做防水处理
	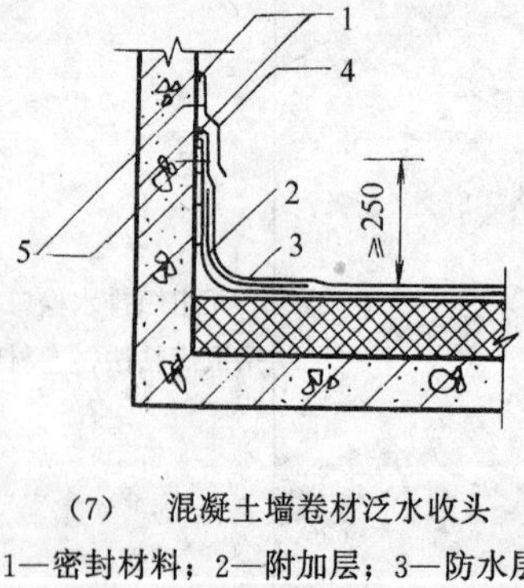 1 4 2 ≥250 5 3 (7) 混凝土墙卷材泛水收头 1—密封材料；2—附加层；3—防水层； 4—金属或合成高分子盖板；5—水泥钉	墙体为混凝土时，卷材的收头可采用金属压条钉压，并用密封材料封固

续表

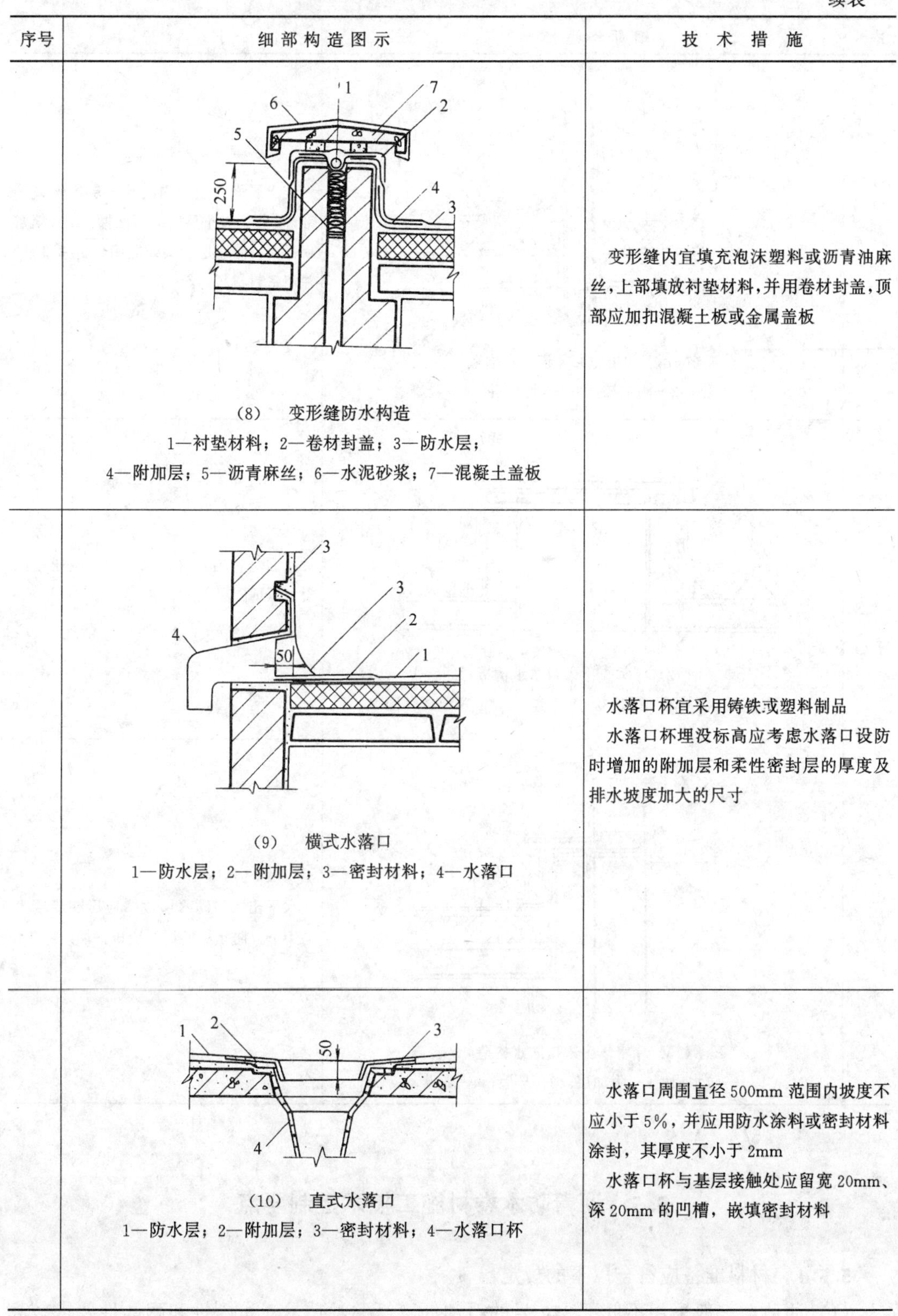

序号	细部构造图示	技术措施
	(8) 变形缝防水构造 1—衬垫材料；2—卷材封盖；3—防水层； 4—附加层；5—沥青麻丝；6—水泥砂浆；7—混凝土盖板	变形缝内宜填充泡沫塑料或沥青油麻丝，上部填放衬垫材料，并用卷材封盖，顶部应加扣混凝土板或金属盖板
	(9) 横式水落口 1—防水层；2—附加层；3—密封材料；4—水落口	水落口杯宜采用铸铁或塑料制品 水落口杯埋没标高应考虑水落口设防时增加的附加层和柔性密封层的厚度及排水坡度加大的尺寸
	(10) 直式水落口 1—防水层；2—附加层；3—密封材料；4—水落口杯	水落口周围直径 500mm 范围内坡度不应小于 5%，并应用防水涂料或密封材料涂封，其厚度不小于 2mm 水落口杯与基层接触处应留宽 20mm、深 20mm 的凹槽，嵌填密封材料

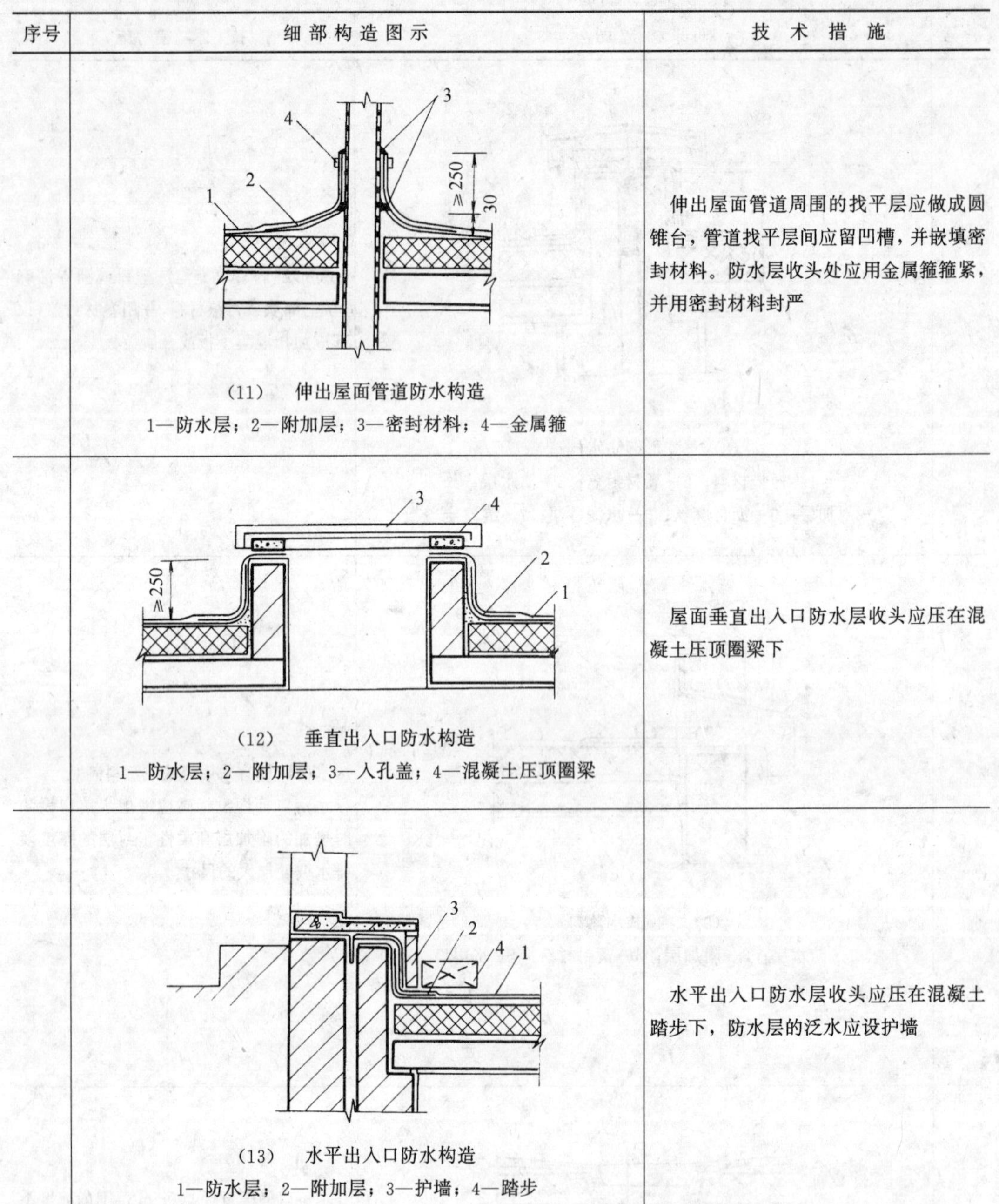

序号	细部构造图示	技术措施
	(11) 伸出屋面管道防水构造 1—防水层；2—附加层；3—密封材料；4—金属箍	伸出屋面管道周围的找平层应做成圆锥台，管道找平层间应留凹槽，并嵌填密封材料。防水层收头处应用金属箍箍紧，并用密封材料封严
	(12) 垂直出入口防水构造 1—防水层；2—附加层；3—人孔盖；4—混凝土压顶圈梁	屋面垂直出入口防水层收头应压在混凝土压顶圈梁下
	(13) 水平出入口防水构造 1—防水层；2—附加层；3—护墙；4—踏步	水平出入口防水层收头应压在混凝土踏步下，防水层的泛水应设护墙

5.5 沥青防水卷材施工技术控制要点

5.5.1 材料准备应符合以下的规定：

（1）油毡：一般采用不低于 350 号的石油沥青纸胎油毡，对抗裂性和耐久性要求较高的卷材屋面防水层。可采用 500 号沥青防水卷材；也可选用石油沥青麻布油毡、沥青玻璃布油毡，再生胶防水卷材。

(2) 沥青胶结材料：用一种或两种标号的建筑石油沥青时，一定按施工要求的配合比重量进行熔合，经熬制脱水后，方可作为胶结材料。

1) 配制沥青玛瑺脂，应遵守以下规定：

①玛瑺脂的选用、调制和技术标准，及其性能应遵照附录1选定及应用。

②为了提高沥青的耐热度、韧性和抗老化性能，在熔融后的沥青中掺入适当品种和数量的填充材料，配制成沥青胶结材料。施工过程中应严格控制玛瑺脂的耐热度及相应的软化点和柔韧性。

③石油沥青胶结材料在熬制时，加热温度和使用温度应符合表5.5.1所示。

熬制石油沥青胶结材料的最高温度和工作温度 **表5.5.1**

类　别	加热温度(℃)	工作温度(℃)	备　注
建筑石油沥青胶结材料（玛瑺脂）	不应高于240	不宜低于190	加热时间3～4h为宜
普通石油沥青或掺配建筑石油沥青的普通沥青胶结材料	不应高于280	不宜低于240	

④冷玛瑺脂使用时应搅匀，稠度太大时可加入少量溶剂稀释搅匀。

2) 溶剂：配制冷底子油用的溶剂有轻柴油、煤油、汽油及蒽油和苯等（焦油沥青冷底子油中，只能使用蒽油和苯溶剂）。

3) 冷底子油的配制

①配合成分为（重量比）石油沥青：汽油=30：70（用于已硬化干燥的水泥砂浆基层上；石油沥青：煤油（轻柴油）=40：60（涂刷在终凝前的水泥砂浆基上。

②配制将石油沥青加热熔融后（160～200℃）冷却到140℃时，在不断搅拌下，将溶化的沥青形成细流，慢慢注入溶剂中。注入时，应不停地搅拌直至沥青完全溶解形成均一体系为止。

③冷底子油的干燥时间，视其用途而定。

a. 在水泥基层上涂刷的慢挥发性冷底子油为12～48h。

b. 在水泥基层上涂刷快挥发性冷底子油为5～10h。

5.5.2 施铺技术控制要点，应符合以下规定：

(1) 将沥青油毡上的云母片或滑石粉清除干净，然后反面松松地卷好，直立存放备用。

(2) 铺贴沥青油毡，必须采用同一性质的沥青胶结材料。

(3) 玛瑺脂软化点测试值的允许偏差为±5℃。

(4) 沥青胶结材料工作温度，允许偏差值为-10℃。

(5) 基层应牢固、无松动、表面应干燥、洁净。

(6) 涂刷冷底子油宜在铺贴油毡前1～2d进行，冷底子油应涂刷均匀。

5.5.3 铺贴沥青防水卷材，每层热玛瑺脂的厚度宜为1～1.5mm；冷玛瑺脂的厚度宜为0.5～1mm。面层厚度：热玛瑺脂宜为2～3mm。冷玛瑺脂宜为1～1.5mm。玛瑺脂应涂刮均匀，不得过厚或堆积。

5.5.4 卷材铺贴应符合以下规定：

(1) 细部节点

1）水落口、天沟、檐沟、檐口等节点质量符合验收标准，达到设计要求和施工规范的规定。经验收合格后，方可施铺防水卷材。

2）排气屋面的排气道应纵横贯通，不得堵塞。铺贴卷材时，应避免玛瑺脂流入排气道内。

（2）铺贴顺序

1）同跨屋面卷材铺贴方向应根据屋面坡度或屋面受震动情况而定。

2）当坡度小于3%时，应平行屋脊铺贴，压边要顺水流方向，接头要顺主导风向。

3）每层卷材搭接宽度、长边不应小于70mm，短边不应小于100mm。

4）屋面坡度在3～15%时，可采用平行或垂直屋脊铺贴，但上下两层油毡不得互相垂直铺贴。

5）坡度大于15%或受震动较大的应垂直于屋脊铺贴，压边要顺主导风向，接头要顺水流方向，并应使卷材铺过屋脊200mm以上，其搭接宽度与平行屋脊铺贴相同。

6）在无保温层的装配式预制板屋面上，为了避免结构变形而将卷材防水层拉开，应沿屋面板的端缝先单边点粘一层卷材，每边的宽度不应小于100mm，或采取其他能增大防水层延伸变形的措施，然后再铺贴屋面卷材。

7）选择不同性质的胎体和性能的卷材共同使用时，应将高性能的卷材放在面层。

（3）搭接及铺贴

1）铺贴卷材时，应随刮涂玛瑺脂随铺卷材，并应展平压实。其玛瑺脂的厚度应控制在1～1.5mm，边浇油边均匀用力滚铺；滚铺时，应赶挤出气泡，并及时将挤出的沥青胶刮去，将卷材压紧粘牢。

2）浇油法实铺卷材浇油宽度应比卷材短边宽出10～20mm。

3）卷材应采用搭接法铺贴，上下两层及相邻两幅卷材的搭接缝均应相互错开。搭接缝应错开幅度的1/3～1/2。

5.5.5 注水试验，是指有组织排水屋面，应严格执行蓄水方法对铺设的防水卷材屋面进行试验验收。

注水前应先将排泄口封好，然后注水至泛水檐处，其注水深度不应小于250mm；静止蓄水24h后，进行全面检查，如无渗漏，方可认证该屋面防水层合格，并记录入档。

无女儿墙的屋面。应经过一个雨季的考核检查，无渗漏为合格。

5.5.6 保护层应符合以下要求：

保护层能够延长卷材防水屋面的使用年限，必须认真做好保护层。

（1）卷材防水屋面铺贴经检验合格后，应将防水层表面清理干净，方可施铺保护层。

（2）豆砂保护层作法：

1）将清洁的绿豆砂预热至100℃左右。

2）随刮涂2～3mm厚的热玛瑺脂，随铺撒热绿豆砂。绿豆砂应铺撒均匀并应加滚压，使其与玛瑺脂粘结牢固，未粘结的绿豆砂应清除。

3）绿豆砂的质量要求，豆砂的粒径为3～5mm，色浅，耐风化，颗粒均匀。

（3）云母或蛭石保护层作法

操作方法：用云母或蛭石作保护层时，应筛去粉料，铺设时应随刮涂冷玛瑺脂随撒铺云母或蛭石。撒铺应均匀，不得露底，待溶剂基本挥发后，再将多余的云母或蛭石清除干净。

(4) 水泥砂浆保护层作法：

用水泥砂浆作保护层时，表面应抹平压光，并应设表面分格缝，分格面积宜为 $1m^2$。

(5) 用板块作保护层作法：

用板块材料作保护层时，板块应铺设平稳，并留设分格缝。分格面积不宜大于 $1m^2$，分格缝宽度不宜小于 20mm。

(6) 细石混凝土保护层作法

用细石混凝土作保护层时，混凝土的强度等级应符合设计要求，铺设振捣必须密实，表面应抹平压光，并应留设分格缝。

(7) 刚性保护层与女儿墙及其突出屋面的构造物之间，均应预留宽度为 30mm 的空隙并应嵌填防水密封材料。

水泥砂浆、板块或细石混凝土保护层与防水层之间，应设置隔离层，隔离层应平整，起到完全隔离的作用。

5.5.7 质量标准

(1) 冷底子油涂刷均匀。

(2) 防水卷材铺贴方法、压接顺序和搭接长度符合施工规范规定，粘结牢固、无滑移、起泡、皱折、翘曲等缺陷。

(3) 排水符合设计要求，无积水，排水畅通。

(4) 屋面卷材防水层，严禁有渗漏现象。

5.6 高聚物改性沥青防水卷材施工技术控制要点

5.6.1 材料准备工作、应符合以下的规定

(1) 主体材料

高聚物改性沥青卷材主要包括 SBS 改性沥青柔性油毡、化纤胎铝箔塑胶改性沥青油毡、塑性沥青聚脂油毡、APP 改性沥青油毡等防水卷材。上述高聚物改性沥青防水卷材的各项技术性能指标应符合项规定的要求。见表 5.4.2 (5)、(6)、(7) 所示。

(2) 辅助材料

工业汽油。主要用于热熔施工时汽油喷灯的燃料。

(3) 施工机具

高聚物改性沥青卷材的施工机具，应参照表 5.6.1 所示。

施工机具表 **表 5.6.1**

机具名称	规格	用途
小平铲	小型	清理基层用
扫帚	普通	清理基层用
高压吹风机	300W	清理基层用
汽油喷灯	3L	粘接油毡用
压子	小型	压实油毡用
剪刀	普通	剪截油毡用
手持压辊	ϕ40×50mm	压实

5.6.2 作业条件准备工作，应符合以下规定

（1）屋面找平层应平整光洁，坡度必须符合设计要求，不允许有起砂，掸灰和凸凹不平等缺陷。

（2）找平层的含水率不宜大于9%，其检验方法见5.4.1-（1）。

（3）找平层严禁有积水部位，可采用泼水检验方法，认证找平层的平整程度。

（4）找平层与突出屋面构筑物相连接的阴角（转角）处应符合5.3.4-（4）的要求。

（5）排气屋面施工应符合5.5.4-（1）、（2）的要求。

5.6.3 冷粘法铺贴防水卷材施工要点，应符合以下要求

（1）胶粘剂涂刷应均匀，不漏底、不堆积。空铺法、条铺（粘）法、点粘法，均应按设计规定的位置与面积涂刷胶粘剂。

（2）涂刷胶粘剂必须根据胶粘剂的性能，控制胶粘剂的涂刷与卷材铺贴的间隔时间。

（3）铺贴卷材时，应及时排除卷材下面的空气，并应辊压粘贴牢固。

（4）卷材铺贴应严格平整顺直，搭接尺寸必须准确，不得有扭曲和皱折。搭接部位的接缝应满涂胶粘剂，并用辊压粘结牢固，溢出的胶粘剂应立即刮平封口；也可采用热熔法接缝。

（5）接缝口应采用密封材料封严，宽度不应小于10mm。

5.6.4 热熔法铺贴卷材施工要点，应符合以下要求

（1）严格控制火焰加热器的喷嘴与卷材面的距离，一般以火焰距卷材受热面500mm左右为宜，严防烧坏胎体和烧焦胶质。幅宽内的加热应均匀，以卷材表面熔融至光亮黑色为度。待油毡表面熔化后，即缓慢地滚压卷材。

（2）滚铺卷材时，应注意及时排除卷材下面的空气，使卷材平展，不得有皱折，并应用辊压粘结牢固。

（3）搭接接缝部位，应趁卷材尚未冷却时，用铁抹子挤压溢出的热熔改性沥青以刮封接口，再用喷灯均匀细致密封好。

（4）铺贴卷材时应严格控制平整顺直，搭接尺寸必须准确，不得扭曲。

（5）采用条粘法时，每幅卷材每边的粘贴宽度不应小于150mm。

5.6.5 自粘铺设卷材施工要点，应符合以下要求

（1）铺粘卷材时，应在基层的表面上均匀地涂刷一道基层处理剂，待干燥之后及时铺贴卷材。

（2）铺设时，应将自粘胶底面的隔离纸全部撕掉，确保胶粘剂表面洁净。

（3）铺贴时应及时排除卷材下面的空气，辊压粘结牢固，并使之平整顺直，搭接尺寸准确，不得有扭曲和皱折。搭接部位宜采用热法粘贴牢固，并将溢出的自粘胶刮平封口密实。

（4）接缝口应用密封材料封严，宽度不应小于10mm。

（5）对立面、大坡面应采用加热后粘贴牢固。

5.6.6 高聚物改性沥青防水卷材屋面保护层作法，应符合以下要求

（1）采用浅色涂料作保护层时，应待卷材铺设完，并经验收合格后，将其面层清扫干净，方可涂刷保护层涂料。涂层应与卷材粘结牢固，厚薄均匀，不得漏涂。

（2）采用刚性材料作保护层时，按5.5.6-（4）、（5）、（6）、（7）规定。

5.6.7 施工作业条件

严禁在雨天、雪天，及五级及五级以上大风天中施工；气温低于0℃时不宜施工。

施工中途下雨、下雪时，应做好已铺卷材周边的防护工作。

热熔法施工气温不宜低于−10℃。

5.6.8 工程验收

(1) 屋面防水层不应有积水和渗漏现象。检查积水和渗漏可在雨后进行，有组织排水屋面可用蓄水方法检查。

(2) 铺粘的卷材接头和细部构造必须符合设计要求和施工规范的规定。卷材应粘接牢固，封密严密，不允许存在皱折、空鼓、翘边、脱层或滑移等缺陷。

(3) 排水口周围、檐口部位或卷材防水层的未端收头处，必须粘结牢固，密封良好。

5.6.9 成品保护

(1) 已铺好的卷材防水屋面防水层，应严防施工机具和尖硬物件硌坏。

(2) 铺设防水卷材应精心操作，严防胶粘剂污染已做好的装饰面、墙壁、檐口和门窗等部位。

(3) 施铺完工后，应进行清除工作，及时将屋面清扫干净，排水口和排水沟等处不得有杂物堵塞，以确保排水畅通。

5.6.10 安全措施

(1) 施工所用材料均属易燃品，存放地点和施工现场，必须加强防火工作，严禁烟火，并应具备适量的干粉灭火器。

(2) 施工用具使用后，应及时用汽油等有机溶剂清洗干净。

(3) 操作人员必须佩戴安全带及防护用品，施工现场的屋面四周应设置防护设施。

5.7 合成高分子防水卷材施工技术控制要点

5.7.1 材料性能应符合以下规定

(1) 三元乙丙橡胶防水卷材

三元乙丙橡胶防水卷材，是以乙烯、丙烯和双环戊二烯三种单体共聚合成的三元乙丙橡胶为主体，掺入适当量的丁基橡胶、硫化剂、促进剂、软化剂、补强剂和填充剂等，加工制成的高弹性的防水材料。

其特点是耐老化、使用寿命长、拉伸强度高、延伸率大；对基层的伸缩或开裂变形适应性强。

特性

1) 耐老化性能好，使用寿命长。

由于三元乙丙橡胶分子结构中的主键上没有双键的特殊结构稳定性。所以，主键上不易发生断裂，这是抗老化性能的根本原因。

2) 拉伸强度高、伸长率大，对抗伸缩或开裂变形的适应性强。

三元乙丙橡胶防水卷材的拉伸强度为7.36MPa，断裂伸长率为450%，所以，它的抗裂性能极好，能适应变形较大的防水工程的需要。

3) 耐高低温性能好。

三元乙丙橡胶防水卷材的冷脆温度低、耐热性好、耐候性好，可以在严寒或酷热的气候环境中长期使用。

4）适用于单层防水层、冷施工。

施工工序简化、提高施工效率、减少环境污染、改善施工作业条件。

5）适用范围

三元乙丙橡胶防水卷材适用于屋面防水层、也可用于有保护层的屋面，室内地面、厕浴间、厨房间及地下室、贮水池、隧道及其市政工程防水等。

（2）再生橡胶防水卷材

再生橡胶防水卷材，系由废旧橡胶粉掺入适量的石油沥青和化学助剂，进行高温、高压的脱硫处理后，再掺入一定量的填充剂（材料）经过胶炼，压延制成的一种质地柔软，具有弹塑性能的防水材料。

再生橡胶防水卷材，具有延伸率大、低温柔性好，耐磨蚀性强、耐水性及耐热稳定性能好的特点。

5.7.2 材料准备工作，应符合以下规定

（1）主体材料

高分子防水卷材主要包括三元乙丙橡胶防水卷材、氯化聚乙烯——橡胶共混防水卷材、氯化聚乙烯防水卷材、氯磺化聚乙烯防水卷材以及聚氯乙烯防水卷材、再生胶防水卷材。

（2）配套材料

1）基层处理剂：以聚氨酯—煤焦油系的二甲苯溶液或氯丁橡胶乳液等组成。

基层处理剂的作用是隔绝基层渗透来的水分和提高基层表面与合成高分子防水卷材之间的粘结能力。它相当石油沥青防水施工的冷底子油，因此，又称底胶。

2）基层胶粘剂：一般可采用氯丁橡胶和叔丁基酚醛树脂为主要成分制成的胶粘剂（如404胶等）。

这种胶粘剂主要用于防水卷材与找平层之间的粘结。其粘结剥离强度应大于50N/25mm。

3）卷材接缝胶粘剂：以氯化丁基橡胶。丁基橡胶或氯丁橡胶和硫化剂、促进剂、填充剂、溶剂等配制而成的双组分或单组分常温硫化型的胶粘剂。如为双组分时则 A 液和 B 液分别包装，施工时可将 A 液和 B 液按 1∶1 的比例配合，用搅拌器搅拌均匀，即可涂施。

它主要用于卷材接缝粘结的专用胶粘剂。

4）卷材接缝密封剂：施粘时可选用单组分氯磺化聚乙烯密封膏或双组分聚氨酯密封膏等材料作接缝的密封剂。

它主要用于卷材与卷材搭接接缝边缘，以及卷材末端收头部位的密封处理。

5）表面着色剂：它是以三元乙丙橡胶溶液或聚丙烯酸酯乳液与铝粉（或铬绿、钛青绿）等混合、研磨加工制成，为银色或绿色的着色剂。

主要用于卷材防水层的保护层，将着色剂涂刷在卷材防水层上，可以达到反射阳光、降低顶层室内温度和美化屋面的作用。

（3）合成高分子防水卷材施工的配套材料，见表5.7.2。

（4）辅助材料

1）二甲苯：基层处理剂的稀释剂和工具清洗剂。

2）乙酸乙酯：主要用于洗手及清除被胶粘剂等污染的部位。

合成高分子防水卷材配套材料　　表 5.7.2

材料名称	用　途	颜　色	溶　量 (kg/桶)	用　量 (kg/m²)	备　注
聚氨脂底胶	基层处理剂	甲料：黄褐色胶体 乙料：黑色胶体	18 17	0.2	
氯丁系胶粘剂（如 404 胶）	基层与胶材粘结剂	黄色混浊胶体	15	0.4	亦可用 BRICI J—4
丁基粘结剂	卷材接缝粘结剂	A 料：黄色胶体 B 料：黑色胶体	17 17	0.1	亦可用 BRICI J—6
表面着色剂	表面着色	银色涂料	17	0.2	分水乳型和溶剂型两种
聚氨脂涂膜材料	接缝增补密封剂	甲料：黄褐色胶体 乙料：黑色胶体	18 24	0.1	

（5）施工机具准备

合成高分子防水卷材施铺，一般应备有电动搅拌器，高压吹风机、滚动刷、手持压辊、剪刀、直尺等工具。

5.7.3　施工作业准备工作，应符合以下的规定

（1）基层处理

1）找平层的做法和要求，见表 5.3.3。如无保温层的预制屋面板接头部位高低参差不齐或凹坑较大时，应采用掺水泥用量的 20%107 胶的 1：2.5～1：3 的水泥砂浆修整平顺。

2）基层与突出屋面结构的细部处理，应符合表 5.3.4 要求。

3）找平层的坡度应符合表 5.7.3 要求。

平顶基层坡度要求　　表 5.7.3

项　目	坡度要求
平顶层基层坡度	1%～2%
天沟纵向坡度	不小于 5‰
自由排水的檐口 200～500mm 范围内	不小于 15‰

4）基层必须干燥，含水率一般应小于 9%。

5）铺贴卷材防水层以前，应将基层清扫干净。对突出屋面的结构阴阳角、管道根、排水口等部位更应认真清理干净，如发现油污、铁锈等，要用砂纸、钢丝刷或溶剂清除洁净。

5.7.4　合成高分子防水卷材施工要点应符合以下规定

（1）施工工艺流程

合成高分子防水卷材单层外露防水构造。包括预制钢筋混凝土屋面板、保温层、水泥砂浆找平层、基层处理剂、基胶粘剂、高分子防水卷材、表面着色剂。

（2）施工操作要点

1）基层处理剂施涂。

①基层处理剂配制。将聚氨酯涂膜防水材料的甲料、乙料、二甲苯胺按 1：1.5：3 比例配合搅拌均匀。

②基层处理剂施涂操作方法。用长把滚刷蘸满配制好的基层处理剂均匀地涂布在基层表面上，待 4h 以上干燥后，方可进行下道工序的施工。也可用喷浆机喷涂含固量为 40%、pH 值为 4、粘度为 0.01Pa·s 的阳离子氯丁胶乳。喷涂时要求厚薄均匀，经 12h 左右干燥后（视温度和湿度而定），方可进行下道工序施工。

2）细部增强处理

对于屋面易产生渗漏的部位，如平屋面的阴阳角、排水口、通气孔的根部等，在施铺防水卷材前，应采用聚氨酯涂膜防水材料或常温自硫化的丁基橡胶胶粘带进行增强处理。

①聚氨酯涂膜防水材料的配制，是将聚氨酯甲料和乙料按 1∶1.5 的比例配合搅拌均匀、备用的。

②施涂操作方法，是将配制好的涂膜料均匀涂刷在阴阳角、排水口和通气孔根部四周，涂刷宽度以距中心 200mm 以上，厚度以 1.5mm 以上为宜。涂刷固化 24h 以上，待涂膜坚固后，方可进行下道工序。

③用常温自硫化丁基橡胶胶粘带处理的方法是将胶粘带按图 5.5.6 剪裁好，并粘贴在预定的基层上。

3）基层胶粘剂施涂

①涂布基层胶粘剂。胶粘剂为氯丁橡胶系胶粘剂（如 404 胶等）。施涂前应用手持电动搅拌器搅拌均匀然后施涂。

②施涂操作方法

a. 首先将卷材展开摊铺在平整干净的基层上，用长把滚刷蘸满胶粘剂，均匀涂布在卷材表面上。但沿搭接缝部位宽 100mm 处不得涂胶，涂布厚薄要均匀，不得漏涂。涂布胶粘剂后，应静置 10～20min，待胶膜干燥到指触基本不粘手时，将卷材用纸筒芯卷好，即可进行铺设。

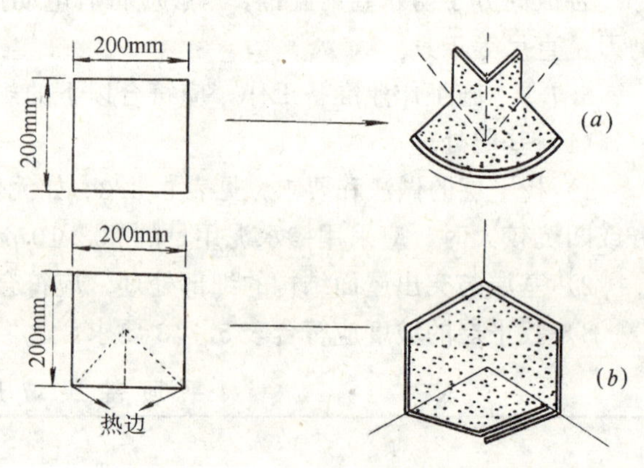

图 5.5.6 阴阳角采用胶粘带作附加增强层

（*a*）阳角；（*b*）阴角

b. 基层表面涂布胶粘剂，用长把滚刷蘸满胶粘剂，均匀涂布在基层处理剂已基本干燥和洁净的表面上。涂布要均匀，切忌在一处反复涂刷，以免将底胶“咬”起。涂布后，待 10～20min 干燥后，指触基本不粘手指时，即可铺设卷材。

4）铺设卷材

《屋面防水工程技术规范》（GB 50207—94）的规定。

合成高分子防水卷材施工时，基层应干燥。板缝应清理干净，浇缝必须密实。板端嵌缝密封材料必须粘结牢固、封闭严密；基层处理剂必须涂刷均匀。

采用多组份涂料应按配合比准确计量，搅拌均匀，已配成的多组份涂料应及时使用。

夹铺胎体增强材料时，应严格控制位于胎体下面的涂层厚度，一般不宜小于 1mm。

①施铺卷材的顺序

施铺卷材应按先高后低、先远后近的顺序进行；施铺防水卷材屋面的防水层时，应先施铺排水比较集中的部位（如排水口、檐口、天沟等处），按标高由低到高的顺序施铺。

②卷材的配置

施铺防水卷材应将卷材顺长方向进行配置，使卷材长向与水流向坡度垂直。卷材的搭接要顺水流坡度方向，严禁与水流成逆向配置。

③卷材的铺贴

卷材的铺贴应根据卷材配置方案，从流水下坡开始，先弹出基准线，将已涂布胶粘剂的卷材圆筒中，插入一根 $\phi 30 \times 1500$mm 的铁管，由两人分别手持铁管两端，将卷材的一端粘贴固定在预定部位，再沿基准线铺展卷材。

施铺时，严禁将卷材拉得过紧，更不允许拉伸卷材，也不允许有皱折现象。铺粘时每间隔 1m 对准标准线粘贴一下，以此顺序，边对线边铺贴，以使施铺卷材平整顺直。

立面与平面相连部位的卷材，应由平面向立面铺贴，并要使卷材紧贴阴角，严禁出现空鼓现象。

卷材铺展后应及时用干净松软的长把滚刷从卷材的一端开始朝卷材的横方向顺序用力滚压一遍，并应认真地排除卷材底下的空气，使卷材铺贴牢固。

滚压。排除空气后，平面部位应用外包橡胶的长 300mm、重 30～40kg 的铁辊滚压一遍，使其粘结牢固，垂直部位（立面）用手压辊滚压粘牢。

④卷材铺展后接缝的粘贴

a. 卷材的接缝宽度一般为 100mm，在搭接缝部位每隔 500～600mm 处，用氯丁系橡胶胶粘剂涂刷一道，基本干燥后，将搭接部位的卷材翻开，先作临时粘结固定。

b. 粘结剂的配制。用丁基橡胶胶粘剂的 *A*、*B* 两个组分，按 1：1 的比例配合搅拌均匀，备用。

c. 接缝粘贴。用油刷均匀地将配合好胶粘剂涂刷在翻开卷材接缝的两个粘结面上，涂胶量以 0.5～0.8kg/m^2 为宜。干燥 20～30min 指感基本不粘时，即可进行粘合。粘合时应从一端开始，一边压合一边驱除空气。粘合后要及时用手持压辊顺序认真地滚压一遍，接缝处不允许有气泡或皱折存在。凡三层重叠处的接缝，都必须填充密封膏进行封闭。

d. 卷材端头收头处理

防水卷材端头收头处理是防水层的关键的环节。为了防止卷材末端收头和搭接缝边缘的剥落或渗漏，在收头部位必须用单组分氯磺化聚乙烯或聚氨酯密封膏封闭严密，并在末端收头处用掺有水泥量 20%107 胶的水泥砂浆进行压缝处理。

⑤保护层涂刷

防水层铺设完经验收合格后，方可进行涂刷着色剂。（验收方法见 5.5.5 节）。

a. 涂刷着色剂前，应将防水卷材表面清扫干净做到无粉尘、杂物等，再用长把滚刷均匀涂布银（绿）色的表面着色剂。

b. 刚性保护层、作法见 5.5.6-（4）、（5）、（6）、（7）。

5.7.5 工程验收

（1）着色剂保护层与卷材粘附必须牢固，覆盖应严密，颜色均匀一致，不得有漏底、脱皮等现象。

（2）其他规定与高聚物改性沥青防水卷材 5.6.8 相同。

5.7.6 施工注意事项

（1）高分子防水卷材以及辅助材料、基层处理剂、胶粘剂、着色剂均属易燃物质。所以，这些物资的存放和施工均应采取防火措施，严禁接近烟火。同时要配备消防器材。

（2）雨天和基层受雨水浸泡后尚未干燥时，严禁施铺防水卷材。

（3）施工操作者必须注意防水层保护工作，以免损坏防水层。

6 涂膜防水施工技术措施

防水涂料是以高分子合成材料为主体，在常温下呈无定型液态，涂布后能在结构物表面结成一道弹性、坚韧的膜薄，具有一定的防水功能。

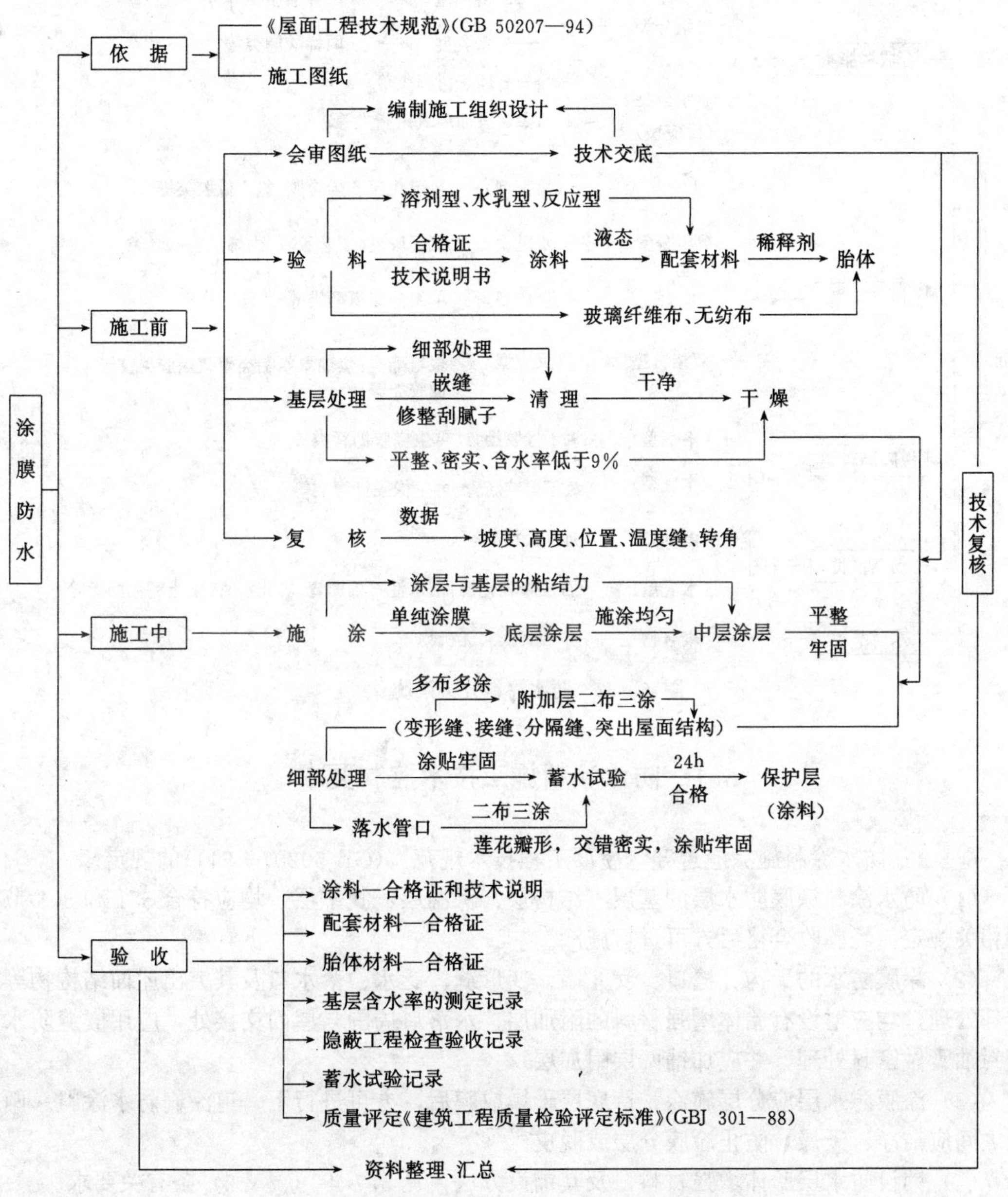

图 6.1.1 屋面涂膜防水工程施工工艺控制程序

涂膜防水施工工艺和施工技术应符合《屋面工程技术规范》(GB 50207—94) 的要求。有关屋面涂膜防水施工工艺的控制见图 5.6.1。

目前研制和应用的防水涂料的主要原料以合成树脂和合成橡胶为主包括有聚氯基甲酸酯橡胶系（反应型)、丙烯酸酯橡胶系（水乳型)、氯丁橡胶系（溶剂型)、丙烯酸树酯系（水乳型）和橡胶沥青系（水乳型）等。

屋面涂膜防水工程施工工艺控制程序如图 6.1.1 所示。

防水涂料种类，见图 6.1.2 所示。

防水涂料体系分类

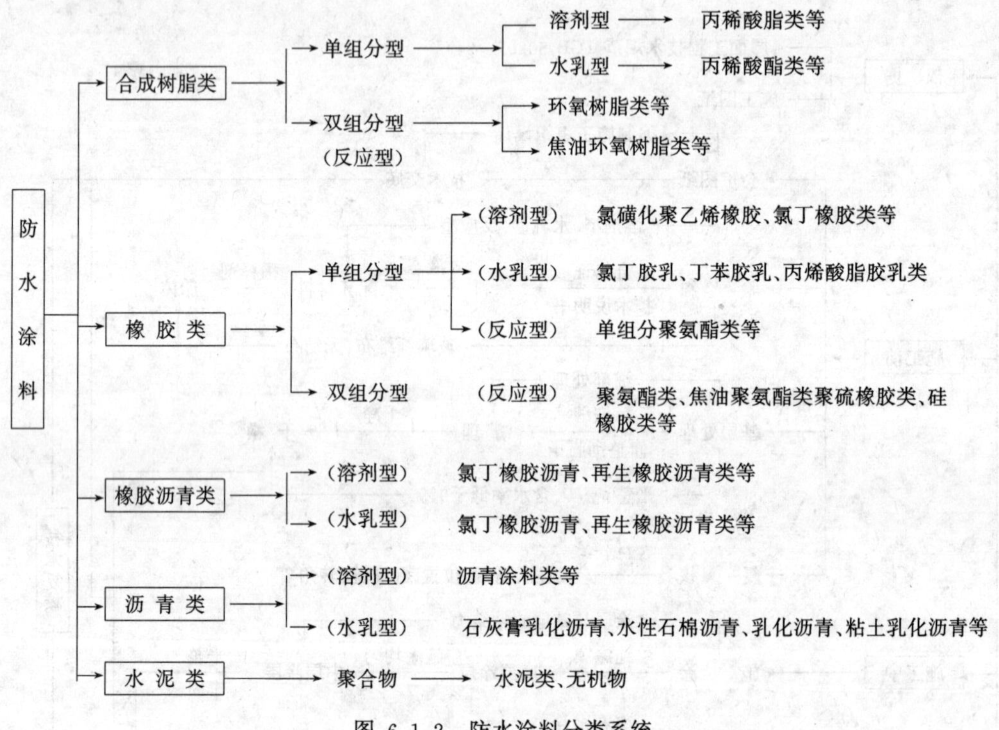

图 6.1.2　防水涂料分类系统

6.1　防水涂料施工技术控制要求

6.1.1　防水涂料施涂应遵守《屋面工程技术规范》(GB 50207—94) 的规定。

(1) 防水涂料涂膜防水层的基层（结构层、保温层、找平层）均应符合 5.1 和 5.3 节的相关规定，经验收合格后方可进行施涂。

(2) 涂膜防水的天沟、檐口、女儿墙、变形缝、泛水、落水口及其突出屋面结构物等细部处理，均应增设有胎体增强材料的附加层，水落口周围与屋面交接处，应用嵌缝防水密封油膏做密封处理，并应加铺两层附加层。

(3) 涂膜防水层应分层施涂，待底层干燥成膜后，方可进行下一道涂刷防水涂料。两层之间应洁净、干燥，防止涂膜分层或脱皮。

(4) 铺设防水层胎体增强材料，及其铺设方法，见 5.7.4-(2)、2) 条有关要求。

(5) 涂膜防水层收头部位，应保证与基层粘结牢固，且宜多遍涂刷或用密封材料封严。

(6) 涂膜防水层厚度，应符合表6.1.1的规定。

涂膜防水层厚度 表6.1.1

涂膜防水层类别	防水层厚度(mm)	
	单独	复合
高聚物改性沥青防水涂料	不应小于3	不应小于1.5
合成高分子涂料	不应小于2	不应小于1

6.1.2 防水涂料的质量应符合以下规定

(1) 防水涂料质量，应符合国家现行技术标准和施工规范的有关的规定。

1)《聚氨酯防水涂料》(JC 500—92) 和《聚氯乙烯防水涂料》(DB 21/T—695—93) 的相关规定。

2)《屋面工程技术规范》(GB 50207—94) 的规定。

沥青基防水涂料的质量应符合表6.1.2 (1) 的要求。

沥青基防水涂料质量要求 表6.1.2 (1)

项目		质量要求
固体含量		≥50%
耐热度 (80℃，5h)		无流淌、起泡和滑动
柔性 (10±1℃)		4mm厚，绕ϕ20mm圆棒无裂纹、断裂
不透水性	压力	≥0.1MPa
	保持时间	≥30min不渗透
延伸 (20±2℃拉伸)		≥4.0mm

高聚物改性沥青防水涂料的质量应符合表6.1.2 (2) 的要求。

高聚物改性沥青防水涂料质量要求 表6.1.2 (2)

项目		质量要求
固体含量		≥43%
耐热度 (80℃，5h)		无流淌，起泡和滑动
柔性 (−10℃)		3mm厚，绕ϕ20mm圆棒无裂纹、断裂
不透水性	压力	≥0.1MPa
	保持时间	≥30min不渗透
延伸 (20±2℃拉伸)		≥4.5mm

合成高分子防水涂料的质量应符合表6.1.2 (3) 的要求。

合成高分子防水涂料质量要求 表6.1.2 (3)

项目		质量要求	
		Ⅰ	Ⅱ
固体含量		≥94%	≥65%
拉伸强度		≥1.65MPa	≥0.5MPa
断裂延伸率		≥300%	≥400%
柔性		−30℃弯折无裂纹	−20℃弯折无裂纹
不透水性	压力	≥0.3MPa	≥0.3MPa
	保持时间	≥30min不渗透	≥30min不渗透

注：Ⅰ类为反应固化型，Ⅱ类为挥发固化型。

胎体增强材料的质量应符合表6.1.2（4）的要求。

胎体增强材料质量要求 **表6.1.2（4）**

项目		质量要求		
		Ⅰ	Ⅱ	Ⅲ
外观		均匀，无团状，平整无折皱		
拉力（宽50mm）	纵向	≥150N	≥45N	≥90N
	横向	≥100N	≥35N	≥50N
延伸率	纵向	≥10%	≥20%	≥3%
	横向	≥20%	≥25%	≥3%

注：Ⅰ类为聚酯无纺布，Ⅱ类为化纤无纺布，Ⅲ类为玻纤网布。

6.1.3 涂膜防水细部构造，应符合表6.1.3节点技术措施的要求。

涂膜防水细部构造节点技术措施 **表6.1.3**

序号	细部构造图示	技术措施
	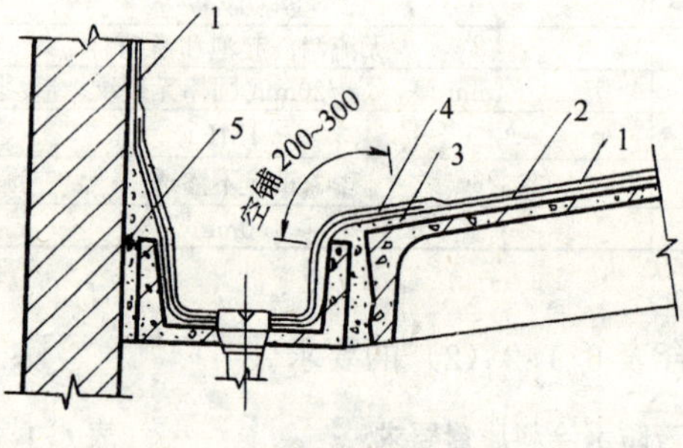 1 5 空铺200~300 4 3 2 1 （1） 天沟、檐沟构造 1—涂膜防水层；2—找平层；3—有胎体增强材料的附加层；4—空铺附加层；5—密封材料	天沟、檐沟与屋面交接处的附加层宜空铺，空铺的宽度宜为200～300mm
	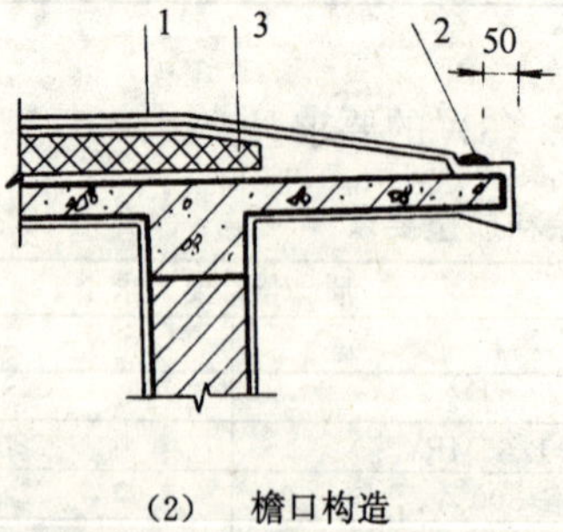 1 3 2 50 （2） 檐口构造 1—涂膜防水层；2—密封材料；3—保温层	檐口处涂膜防水层的收头，应用防水涂料多遍涂刷或用密封材料封严

续表

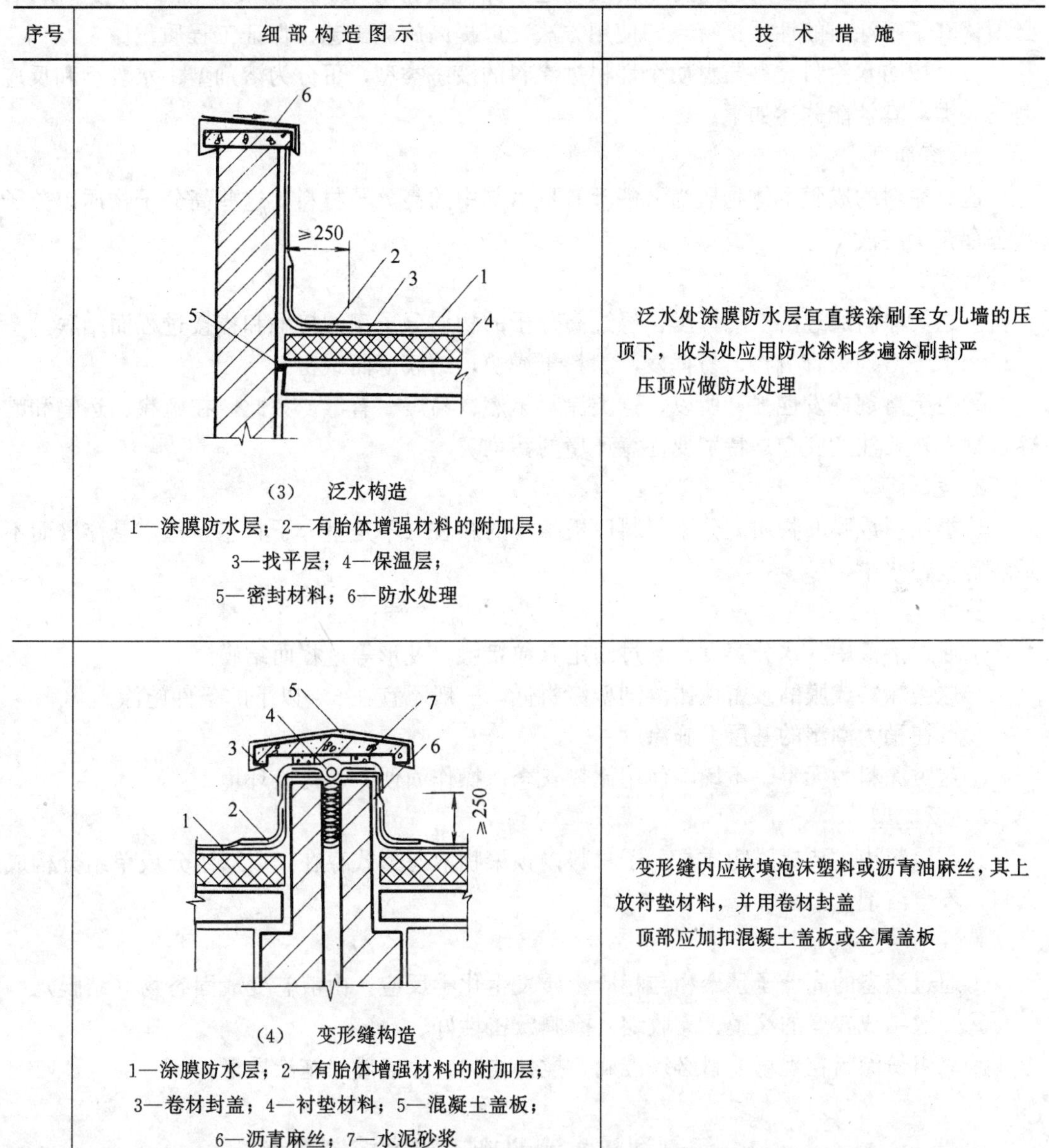

序号	细部构造图示	技术措施
	(3)　泛水构造 1—涂膜防水层；2—有胎体增强材料的附加层； 3—找平层；4—保温层； 5—密封材料；6—防水处理	泛水处涂膜防水层宜直接涂刷至女儿墙的压顶下，收头处应用防水涂料多遍涂刷封严 压顶应做防水处理
	(4)　变形缝构造 1—涂膜防水层；2—有胎体增强材料的附加层； 3—卷材封盖；4—衬垫材料；5—混凝土盖板； 6—沥青麻丝；7—水泥砂浆	变形缝内应嵌填泡沫塑料或沥青油麻丝，其上放衬垫材料，并用卷材封盖 顶部应加扣混凝土盖板或金属盖板

6.1.4　防水涂料的特性

(1) 防水涂料具有以下的共同特点

1）防水涂料在施工固化前呈粘稠状液态，不仅能在水平面上施涂，还能在异形复杂的表面上施涂，形成无接缝的完整的防水膜。

2）防水涂料施涂操作方法简单，可改善劳动条件。形成的防水膜涂层自重小，适用于轻型屋面等防水。

3）形成的防水膜具有较好的延伸性、耐水性和耐候性。

4）涂布的防水涂料，既是防水层的主体材料，又是粘结剂，特别对于治理渗漏是一种良好的防水材料。

5）防水涂料的施涂采用刷子、刮板等逐层涂刷或涂刮，故难以控制涂膜的厚度。所以，必须认真了解涂料的性质、特点和使用方法，以提高施涂工艺、保证工程质量。

（2）按防水涂料类型与材质个性根据涂料的液态类型，可分为溶剂型、水乳型和反应型三大类，其性能分述如下。

1）溶剂型

这类涂料的成膜主体物质为溶解于有机溶剂中的高分子材料，这些高分子物质以分子状态存在于溶液中。

特性

①这类涂料通过溶剂的挥发，经过高分子的物质分子键的接触和搭接过程而结膜。

②由于溶剂为有机物，易挥发，涂料干燥快，结膜薄而致密。

③由于溶剂挥发性强，所以，这类涂料易燃、易爆、有毒。为此，在施涂、运输和贮存过程中，要注意安全。特别要注意环境的污染。

2）水乳型

这类涂料成膜的物质高分子材料以极微小的颗粒（不是呈分子状态）稳定悬浮（而不是溶解）在水中。

特性

①通过溶液中的水分蒸发，经过固定微粒接触，变形等过程而结膜。

②这类涂料成膜的致密性比溶剂型涂料低，一般不宜在5℃以下的条件施涂。

③可在稍为潮湿的基层上施涂。

④这类涂料为无毒、不燃，使用比较安全；操作简便，不污染环境。

3）反应型

这类涂料中主要成膜物质高分子材料以预聚物液态形式存在，以双组分或单组分构成涂料，不含溶剂。

特性

①通过液态的高分子预聚物与相应物质发生化学反应，由液态变成固态物（结膜）。

②一次结成较厚的涂膜，无收缩，涂膜致密性好。

③双组份涂料在现场配料必须准确，搅拌均匀，才能确保施涂质量。

6.2 溶剂型防水涂料施工技术控制要点

6.2.1 溶剂型防水涂料操作方法，应符合以下规定：

（1）涂膜防水应在基层表面干燥后进行施涂。施涂顺序应先处理细部空铺带或附加层，以及找平层裂缝，然后再进行大面积施涂。

（2）涂料以汽油为溶剂，须充分注意安全防火，随用随倒随封，以防挥发。

（3）涂料施涂前必须搅拌均匀，严格控制工作稠度。搅拌时可适当添加一点汽油，降低粘度以利涂刷。

（4）配腻子及有色涂料所用的粉料必须干燥。配制的比例应按重量比计量。

（5）防水涂料的施涂必须做到精心配制和精心操作，严格遵守施工工艺和规范的规定，以保证涂膜防水层的质量。

6.2.2 材料准备工作应符合以下规定

（1）主体材料

溶剂型再生橡胶沥青防水涂料，溶剂型氯丁橡胶沥青防水涂料。

溶剂型氯丁橡胶沥青防水涂料的优缺点。见表 6.2.2（1）。

溶剂型氯丁橡胶沥青防水涂料优缺点 **表 6.2.2**（1）

序号	优　点	缺　点
1	延伸性好，抵抗基层变形能力强，能适应多种复杂的表面，耐候性优良	一次涂刷成膜较薄，难形成厚涂膜
2	涂料成膜较快，涂膜较致密完整	以苯类为溶剂，在生产、贮运过程中有燃爆可能
3	耐水性、耐磨蚀性优良	施工时苯类溶剂的挥发，对环境有污染，操作人员应采取防护措施
4	能在常温及较低温度条件下进行冷施工	造价高

（2）配套材料

1）嵌缝用材料：聚氯乙烯塑料油膏、橡胶沥青油膏。

2）胎体增强材料：玻璃纤维布和无纺布。其玻璃纤维布技术要求，应符合表 6.2.2（2）所示。

玻璃纤维布规格及技术要求 **表 6.2.2**（2）

规 格	原丝支数股数		密度（根/cm）		断裂强度（N/布条 25mm×100mm）		厚　度（mm）	宽　度（mm）	组织	涂复量不少于（g/m²）
	经向	纬向	经向	纬向	经向	纬向				
100D	45s/2	30s/1	14	10	450	250	0.1±0.01	1000±1.5	平纹	—
120D	45s/2	30s/1	14	10	450	250	0.12±0.01	1000±1.5	平纹	4

3）溶剂：甲苯或二甲苯、汽油。

4）保护（覆盖）材料：细砂、云母粉、铝粉及丙烯酸脂浅色隔热涂料。

（3）施工机具准备

施涂用工具有长柄排刷、小毛刷、大小铁桶、大小扫帚、吹尘机、剪刀、橡皮刮板等。

6.2.3 施工作业准备工作，应符合以下的规定

（1）基础和细部处理必须符合设计要求和规范的规定。基层要求平整、密实、干燥、含水率低于 9%，不得有起砂疏松、剥落和凸凹不平现象。排水坡度必须符合设计要求，其阴阳角处应做成圆弧角，并用扫帚或用吹尘机将屋面清理干净。

（2）基层裂缝处理。基层裂缝宽度在 5mm 以下时，先刷涂料一遍，然后用涂料腻子（涂料：滑石粉或水泥＝1：1～1.8）刮填。较大裂缝应采用弹性密封油膏（聚氯乙烯塑料油膏或橡胶沥青油膏）嵌缝，用纤维布增强。

（3）涂布的前一天，对各种接缝、变形缝、分格缝等，均应预先嵌填嵌缝材料，进行加强处理。对天沟、檐口、落水口、女儿墙、山墙边缝等，均应先作加强防水处理，如嵌填嵌缝材料或铺设附加层等。下水口处需加二层附加层，将玻璃纤维布剪成莲花瓣形，交错密实地贴进落水杯口内约 30～40mm，用涂料贴牢。

6.2.4 施涂操作控制要点，应符合以下要求

涂料防水层施涂根据需要可分：一布二涂、二布三涂、多布多涂。

（1）底层涂层施涂

基层处理后，用较稀的涂料（将涂料加入50%汽油稀释）以棕刷用力薄涂一遍，使涂料尽量向基层微孔及发丝裂纹里渗透，以增加涂层与基层的粘结力。不得漏刷，不得有气泡，一般厚为0.2mm。

基层处理剂应涂刷均匀，覆盖完全，干燥后方可进行施涂。

（2）铺设附加层

施涂前，应先对板端（分格缝）接缝处空铺附加层，附加层的每边距板缝边缘不小于80mm。

（3）中间涂层施涂

施涂前先按玻璃纤维布宽度和铺贴顺序在基层上弹线，掌握涂刷宽度。

粘贴玻璃纤维布的作业宜在刷（刮）第一道涂料后进行。具体操作是：先将玻璃纤维布整理好，卷在一根圆轴上，并预先在玻璃纤维布幅的两侧边每隔1m左右剪一小口，以利于铺贴时将布拉平，不出皱折。铺贴后即用排刷刷平，使涂料充分渗透，然后再刷第二幅的第一道涂料，再铺贴玻璃纤维布。如此依次渐进。待第一道涂层表面干燥后，在其上涂刷第二道涂料。涂刷后表面不得露玻璃纤维布胎体。

施涂厚度应符合表6.2.4的规定。

防水涂料涂膜厚度 **表6.2.4**

涂膜防水类别		涂层厚度（mm）（不小于）
一布二涂		1.5
二布三涂	二道涂膜	0.3～0.5
	三道涂膜	1.5
最上层涂层（两遍）		1

每幅玻璃纤维布搭接宽度长边不小于100mm，短边应不小于150mm。

（4）涂层中夹铺胎体增强材料时，宜边涂边铺胎体，胎体应刮平以排除气泡，并与涂料粘牢。在胎体上涂布涂料时，应使涂料浸透胎体，确保涂膜均匀、平整。

（5）最上层涂层的涂刷不应少于两遍，厚度不应小于1mm。屋面转角及立面的涂层，应薄涂多遍，不得有流淌和堆积的现象。

（6）保护层作法：

1）当采用砂、云母、蛭石等撒布材料作保护层时，应筛去粉料。在涂刮最后一遍涂料时，边涂边撒布均匀，不得露底。当涂料干燥后，将多余浮料清除干净。

2）当采用刚性材料作保护层时，作法见5.5.6-（4）、（5）、（6）、（7）条所述。

6.2.5 施涂作业条件应符合以下规定

严禁在雨天、雪天施涂；五级及五级以上大风天不得施涂。溶剂型涂料施涂环境气温为−5～35℃；水乳型涂料施涂环境气温宜为5～35℃。

6.2.6 工程验收

（1）基层处理剂涂刷必须均匀、一致，严禁有漏刷、露底现象。

(2) 玻璃纤维布与基层必须粘结牢固，不得有皱折、气泡、空鼓、脱层、翘边和封口不严等现象。

(3) 保护层必须撒布均匀一致、粘结牢固、撒布的保护材料必须密实。

(4) 涂膜防水层严禁有渗漏现象，其验收方法见 5.5.5 所示。

6.3 水乳型防水涂料施工技术控制要点

水乳型橡胶沥青类防水涂料，又名 JG—2、XL、SR 冷胶料。

水乳型再生橡胶沥青防水涂料由阴离子型再生胶乳液和沥青乳液混合而成，是再生橡胶和石油沥青的微粒借助阴离子型表面活性剂的作用，稳定地分散在水中形成的一种乳状液。

6.3.1 水乳型防水涂料性能

(1) 水乳型再生橡胶沥青防水涂料优缺点，见表 6.3.1。

水乳型再生橡胶沥青防水涂料的优缺点 **表 6.3.1**

序号	优点	缺点
1	能在复杂表面形成无接缝的防水膜，具有一定柔韧性和耐久性	一次涂膜较薄，要经多次刷涂才能达到要求厚度
2	以水作分散介质，属于阻燃物质、无毒性（味），安全可靠，可在常温下冷施工作业	成膜及贮存稳定性易出现波动
3	可在稍潮湿而无积水的表面上涂刷	气温在5℃以下不宜施涂
4	原料来源广泛	价格较低

(2) 氯丁胶乳沥青防水涂料优缺点

氯丁胶乳沥青防水涂料是由氯丁橡胶乳液与乳化沥青混合加工制成。它兼具有橡胶和石油沥青材料双重的优点。

该类防水涂料稳定性好，无毒、不易燃、不污染环境，适宜于冷施涂，成膜性好，涂膜的抗裂性强。

6.3.2 材料准备工作，应符合以下规定

(1) 主体材料

水乳型防水涂料——水乳型橡胶沥青防水涂料。它的主要防水材料为橡胶乳（常规称为 *A* 液）和乳化沥青（常规称为 *B* 液）；使用前必须按产品技术说明书规定的配合比进行混合。

(2) 配套材料

1) 嵌缝用的聚氯乙烯塑料油膏和聚氯乙烯胶泥等。

2) 增强胎体材料。玻璃纤维布（大面积粘贴时宜用 120D 型，不规则部位粘贴时宜用 100D 型）和化纤无纺布等。

3) 溶剂。工业软水或冷开水稀释剂。

4) 表面保护层材料。浅色细砂和浅色的丙烯酸酯类隔热涂料等。

(3) 施工机具准备

施涂用工具有长柄排刷、小毛刷、大小橡皮刮板、大小铁桶、大小扫帚、吹尘机、剪刀等。

6.3.3 施工作业准备工作，应符合以下规定

(1) 基层应干燥，含水率在10%以下。基层的找平层如为现浇乳化沥青珍珠岩，其含水率应低于5%。

(2) 其它有关要求应遵照6.2.3条相关条文所示。

6.3.4 施涂操作控制要点，应符合以下规定

(1) 水乳型橡胶沥青防水涂膜防水层，可根据工程特点和要求为：一布二涂（多用于嵌缝的预制非保温屋面等）、二布三涂（多用于局部嵌缝的屋面）、多布多涂或与其他防水材料构成的复合防水层（多用于局部嵌缝及其他要求更高的防水工程等）。

(2) 涂料的单位面积用量及其相应厚度，见表6.3.4。

水乳型橡胶沥青防水涂料单位面积用量及相应厚度 **表6.3.4**

防水层结构形式	一布二涂	二布三涂	多布多涂
涂料用量（kg/m^2）	>2.5	>3.5	>4
涂层总厚度（mm）	>1.2	>1.7	>2

注：1. 涂层总厚度不包括保护层。

2. 总厚度系依据下列数据推算而得：涂料固体含量50%，涂料的湿比重接近1，涂膜固体物比重接近1，水比重为1。

(3) 施涂水乳型防水涂料，每遍涂刷量不宜超过$0.5kg/m^2$，目的是定量地控制涂膜厚度，避免涂层过厚局部龟裂。

(4) 一道涂层涂膜，必须待其干燥结膜后，方可进行下道涂层的施涂。在涂膜结膜硬化前，不得在其上行走或堆放物品。

(5) 其他的施涂操作方法与溶剂型防水涂料相同。

6.3.5 施涂作业条件，应符合以下规定

施涂作业环境：气温宜在10～30℃，天气以晴朗干爽的日子为佳，雨天应暂停施涂。

6.3.6 工程验收

水乳型防水涂料的防水层验收与溶剂型防水涂料相同，见前6.2.6条所示。

6.4 反应型合成高分子防水涂膜施工技术控制要点

聚氯酯防水涂料，又名聚氨酯涂膜防水材料，是一种化学反应型涂料，多以双组份形成使用。

目前常用的合成高分子防水涂料有两种，一为焦油系列双组分聚氨脂涂膜防水材料，一是非焦油系列双组分聚氨酯涂膜防水材料（水交键型）。这类涂料是借组分间发生化学反应而直接由液态变为固态。这一化学反应不会生产体积收缩，故易形成较厚的防水涂膜。

6.4.1 反应型合成高分子防水涂料的性能

聚氨酯防水涂料的优缺点，见表6.4.1所示。

聚氨酯防水涂料的优缺点 **表 6.4.1**

序号	优点	缺点
1	固化前为无定形粘稠状液态物质，在任何复杂的基层表面均易于施工，对端部收头容易处理，防水工程质量易于保证	原材料属较昂贵的化工材料，成本较高
2	化学反应成膜，几乎不含溶剂，体积收缩小，易做成较厚的涂膜，涂膜防水层无接缝，整体性强	施涂过程中难以使涂膜厚度做到象高分子防水卷材那样均匀一致。 为使防水涂膜的厚度比较均匀一致，必须要求防水基层有较好的平滑度，并要加强施涂技术管理，严格执行操作技术规程和施工工艺
3	冷施涂作业，操作安全	有一定的可燃性和毒性
4	涂膜具有橡胶弹性，延伸性好，抗拉强度和抗撕裂强度均较高，对在一定范围内的基层裂缝有较强的适应性	属双组分反应型，须在施涂前按技术说明的技术数据进行配制，称量配合要准确，用时搅拌要均匀
5	施涂工艺简便	必须分层施涂、上下覆盖、才能避免产生直通的针眼气孔

6.4.2 材料准备工作，应符合以下规定

（1）聚氨酯防水涂料主体材料，见表 6.4.2（1）。

聚氨酯防水涂料主体材料 **表 6.4.2**（1）

序号	材料名称	规格	用途	用量
1	甲组分（预聚体）	$-NCO=3.5\%$	涂膜	$1kg/m^2$
2	乙组分（固化剂）	$-ON=0.8\%$	涂膜	$1.5kg/m^2$
3	底涂乙料	$-ON=0.23\%$	底膜	$0.1\sim0.2kg/m^2$

（2）聚氨酯防水涂料施涂的主要辅助材料，见表 6.4.2（2）。

聚氨脂涂料施涂用主要辅助材料 **表 6.4.2**（2）

序号	材料名称	规格	用途
1	磷酸或苯磺酰氯	化学纯	凝固过快时，作缓凝剂
2	二月桂酸二丁基锡	化学纯或工业纯	凝固过慢时，作促凝剂
3	二甲苯	工业纯	清洗剂
4	乙酸乙酯	工业纯	修补基层用
5	107 胶	工业纯	修补基层用
6	水泥	425#	修补基层用
7	石碴	2mm	粘结过渡层用

（3）施工工具，见表 6.4.2（3）。

聚氨酯涂料主要施工工具 **表 6.4.2**（3）

名称	用途	名称	用途
电动搅拌器	混合甲、乙料用	油漆刷	刷底胶用
拌料桶	混合甲、乙料用	滚动刷	刷底胶用
小型油漆桶	装混合料用	小抹子	修补基层用
塑料刮板	涂刮涂料用	油工铲刀	清理基层用
铁皮小刮板	用于复杂部位涂刮用	墩布	清理基层用
橡胶刮板	涂刮涂料用	扫帚	清理基层用
50kg 磅秤	配料称量用	高压吹风机	清理基层用

6.4.3 施涂操作控制要点，应符合以下规定

(1) 基层的含水率以小于9%为宜。

(2) 施涂前的基层必须清理洁净，基层表面及各部位均应达到光洁、平整。

(3) 聚氨酯防水涂料的防水涂膜构造层及用料，应符合表6.4.3规定。

聚氨酯防水涂层构造及用料 **表6.4.3**

序号	防水构造	材料名称	用量
1	基层	混凝土或砂浆	
2	基层处理剂	聚氨酯底料	0.2kg/m²
3	一度涂层	聚氨酯防水涂料	1.5kg/m²
4	二度涂层	聚氨酯防水涂料	1.0kg/m²
5	保护层	缸砖、水泥砖	

(4) 配料

1) 聚氨酯底胶的配制：将聚氨酯甲料与专供底涂用的乙料按1：3～1：4（重量比）的比例配合，搅拌均匀，及时使用。

2) 防水涂膜防水材料的配制：根据施涂需要的用量，将聚氨酯甲、乙料按1：1.5（重量比）的比例配合后，倒入桶内混合，用转速为100～500r/min的电动搅拌器，搅拌5min左右，即可施涂。

3) 配制涂料的固化时间可用缓凝剂或促凝剂（促凝剂用量不得大于甲料的0.3%）进行调节，故忌混入已固化的涂料。

当涂料粘度过大，可加入少量的二甲苯进行稀释，以降低其粘度，加入量不得大于乙料的10%。

(5) 施涂工艺流程

找平层 $\xrightarrow[9\%]{\text{含水率}}$ 清理基层 → 施涂底胶 $\xrightarrow[24h]{\text{晾干}}$ 施涂第一度涂料 $\xrightarrow[24h]{\text{固化}}$ 施铺玻璃纤维布（化纤无纺布）$\xrightarrow[24h]{\text{固化}}$ 施涂第二度涂料 $\xrightarrow[24\sim72h]{\text{固化}}$ 蓄水试验 $\xrightarrow[\text{无渗漏}]{24h-48h}$ 作保护层（稀撒石碴或做刚性保护层）

(6) 操作方法

1) 涂布底胶：首先对阴阳角和管子根部等复杂部位均匀涂刷一遍。再进行大面积涂布。涂胶要均匀一致。

涂布底胶目的是隔断基层的潮气，防止防水涂膜起鼓和脱落；加固基层，提高涂膜与基层的粘结强度及防止涂膜出现针眼气孔等缺陷。

2) 涂布防水涂料：在底胶固化后，用塑料或橡胶刮板均匀地将涂料涂刮一层，涂布时必须严格控制涂层的厚度。开始刮涂时，应根据施工面积大小，形状和环境，统一考虑施涂作业顺序。

第二度涂层的施涂，应在第一度涂层固化24h后，再施涂第二度涂层，其涂刮的方向必须与第一度的涂刮方向垂直。涂布的间隔时间取决于环境温度和涂膜固化的程度，一般不得小于24h，也不宜大于72h。

3) 涂层中间增加胎体增强材料（玻璃纤维布、化纤无纺布）加强时，在涂刮第二度涂

层前进行粘贴。

(7) 保护层作法，应符合以下规定

1) 稀撒石渣。待第二度涂层尚未固化前，在其表面稀撒干净的石渣（直径为2mm）。对稀撒的石渣必须保证在涂膜固化后牢固的粘结在涂膜表面。

2) 铺贴刚性保护层或饰面材料（如马赛克、瓷砖、缸砖、水泥砖等）时，可采用水泥砂浆为粘结材料；必须在涂膜完全固化后，才可进行面层铺贴。其施工方法与传统的板块地面铺贴相同。

6.4.4 工程验收

反应型防水涂料的防水层验收与溶剂型防水涂料相同。见6.2.6条所示。

6.5 改性煤焦油防水涂料施工技术控制要求

改性煤焦油防水涂料又名聚氯乙烯防水涂料（PVC油膏），它的主体材料是煤焦油、PVC树脂，再掺以适当的增强剂、稳定剂、抗老化剂、填料、溶剂等原材料，在一定的温度下炼制而成。

适用于建筑屋面防水工程和建筑物的防水、防潮、防渗等。

6.5.1 特性

高温条件不流淌，低温条件下柔性好、水密性强、弹塑性好、抗老化、粘结力强、施工工艺简单。

6.5.2 改性煤焦油防水涂料的性能，见附录3-11。

6.5.3 施涂操作控制要点，应符合以下规定

(1) 施涂前，应将液态半成品首先拌合均匀后，定量倒入专用的塑化炉内，用文火慢慢升温，不断的搅拌，升温到135℃～145℃时停火，继续搅拌5～10min即可施涂。

(2) 施涂底层厚度控制在1～1.5mm，随倒随刮，每遍刮完后，在固化前铺增强层，铺完后再滚压一遍。

(3) 涂层厚度不低于3mm（一布二涂）。

(4) 采用热熔法施涂时，热熔温度控制为温度100℃，加温过程不停搅拌。严禁温度过高；烧焦的涂料不能再用。

(5) 其他操作方法和工程验收，可参照1.6.4节相条文进行。

6.6 厚质防水涂料施工技术控制要求

厚质防水涂料为沥青基乳化型涂膜防水材料。这种系列的防水涂料有：石灰膏乳化沥青防水涂料、膨润土乳化沥青涂料、石棉沥青防水涂料及粘土乳化沥青涂料。

6.6.1 厚质屋面防水涂料的质量，应符合以下规定。

(1) 沥青基防水涂料的主要技术性能见表6.6.1 (1)、表6.6.1 (2)、表6.6.1 (3)。

(2) 厚质防水涂料的材料及技术性能

1) 石灰乳化沥青防水涂料

①沥青　应符合《道路石油沥青》(SY1661—85) 中的60号甲或100号甲的要求。其

针入度、延伸度、软化点的技术指标，见附录3-13。

②石灰　煅烧良好的低镁块状石灰，其氧化钙含量不小于70%。

③石棉绒　5～7级石棉、松散、干燥，无结团和杂物。

石棉乳化沥青防水涂料的技术性能　　表6.6.1（1）

项目名称	指标
外观	黑色或黑灰色膏状浆体
pH值	7～8
固体含量	＞50%
沥青颗粒大小	20±10μ
耐热性	100℃，5h无流淌，白铁皮基层
粘结强度	＞0.6MPa
不透水性	动水压0.8Pa×30min不透水（涂膜厚4mm）
柔韧性	4～7℃，φ10mm棒绕不断裂
抗裂性	涂膜4mm，基层裂缝宽4mm，涂膜无断裂
耐碱性	饱和$Ca(OH)_2$溶液浸15d无变化
耐老化性	LH-1型人工老化仪、人工加速老化27周期，无变化（24h为一周期）
贮存期	一年

膨润土沥青防水涂料的技术性能　　表6.6.1（2）

项目名称	指标
外观	棕黑色膏状体
细度	5～20
固体含量	＞50%
耐热性	8℃，5h不流淌
粘结强度	＞0.2MPa（20±2℃）
不透水性	动水压在0.3MPa，120min不透水
抗冻性	－18℃冻4～6h，室温23℃溶18～20h为一循环，20次无变化
抗老化性	40℃～50℃，温度70%～80%，累计光照400h，无明显变化
贮存期	半年以上

石灰乳化沥青防水涂料技术性能　　表6.6.1（3）

项目名称	指标
外观	褐色膏体
耐热度	80℃无流淌
粘结性	粘结强度大于0.1MPa 粘结面积大于50%
低温柔性	直径30mm棒绕180°，无断裂
稠度（圆锥体）	4.5～6.0cm
抗裂性（18℃） （5℃）	混凝土基层开裂0.2mm，涂膜不裂 混凝土基层开裂0.1mm，涂膜不裂
不透水性	静水压15cm水柱，7昼夜不漏水
抗老化性	人工老化36d，无保护层全部开裂，有保护层完整无损

2）石棉沥青防水涂料

①沥青　软化点45℃～52℃、针入度60、延伸度>30cm。

②石棉　6～8级温石棉。

3）膨润土乳化沥青涂料

①沥青　软化点45℃～52℃、针入度60mm、延伸度>30cm。

②膨润土　胶质价60mL，膨胀度大于1.8mL/g。

4）粘土乳化沥青涂料

①沥青　软化点40℃～60℃、针入度（25℃）41～120mm。

②粘土　塑性指数应大于12，不含砂石的粘土。

（3）配制应符合以下的要求

1）配合比　配合比应通过试验确定。以石灰乳化沥青涂料配合比为例、详见表6.6.1（4）所示。

石灰乳化沥青配合比（重量比%）　**表6.6.1**（4）

石油沥青	石灰膏（干石灰重）	石棉绒	水
30～35	14～18	3～5	45～50

2）石灰膏　石灰膏为熟化透的淋制石灰。其含水率（量）为45%～55%，不得有干涸块粒。

3）搅拌机　应采用封闭式保温专用搅拌机。

4）配制方法应符合以下要求：

①沥青加热至温度160℃～180℃。

②拌制时，应事先将开水灌入搅拌机中的保温水套内，预热搅拌筒。

③先将称量好的石灰膏投入搅拌机内再加入用水量的$\frac{1}{2}$。控制拌合温度为80℃，搅拌2～3min。

④然后将称好的热沥青徐徐加入搅拌机内，继续搅拌3～5min。

⑤将称量好的石棉绒加入另一半水中，保持80℃，拌合分散均匀，再投入机内，继续搅拌1～2min即可出料。

⑥配制搅拌全过程，其搅拌机水套内水温必须保持在70℃以上。

⑦配制的石灰乳化沥青涂料稠度为50～100mm。

6.6.2　基层必须符合以下的规定

（1）基层的刚度和强度必须符合设计要求，基层结构稳定牢固，找平层要有一定的强度。表面平整、密实。坡度符合设计要求，含水率不得大于8%～18%。

（2）保温层的作法及施工工艺，详见本章5.1。

（3）找平层的作法及施工工艺，详见本章5.3所示。

（4）分格缝内应清理干净，严禁有杂物和浮灰。

6.6.3　施涂冷底子油，应将基层冲洗干净、晒干，然后施涂与防水涂料同种稀释后涂料的冷底子油一道。春秋季节，可采用汽油沥青冷底子（7∶3）一道。

6.6.4 施涂石灰乳化沥青涂料，应符合以下的规定

(1) 待冷底子油干燥后应立即铺抹石灰乳化沥青，其厚度应控制在5～7mm之间，防水涂膜的涂抹力求均匀。

(2) 配制的热料待冷却到接近常温时方可涂抹。

(3) 施涂铺料时应沿横向间隔一块板面、顺板面纵向前进，以便于投料与抹压操作。

(4) 待表面收水后，用铁抹子压实抹光。

(5) 施涂铺设时一定按应分格一次成活，严禁留置施工缝。

6.6.5 施涂膨润土、粘土乳化沥青、石棉沥青防水涂料，应符合以下的规定

(1) 这类防水涂料对基层的含水率要求并不严格，也可不做冷底子油；只要对装配式板进行油膏嵌缝后即可施涂。施涂方式可以采用涂刷法或抹压法，也可以不加衬布或加衬布。

(2) 不加衬布施涂方法

1) 可在构件自防水的屋面或在找平层上施涂。将涂料搅拌均匀后进行施涂，将涂料均匀地涂刷在基层上。第一道应来回涂刷，将基层上的砂眼封闭，待干燥后，再在垂直方向施涂第二道。每一道涂膜厚度应为2mm，两道成膜厚度为4mm。

2) 泛水的立面施涂涂料时，可采用抹子抹压。

3) 涂膜层干燥之后，方可做保护层。

保护层可以采用乳液水泥砂浆（水泥：乳液：砂＝1：4：8）涂刷一道或在涂刷一道乳液上撒砂即可。

4) 涂膜在干硬结膜前严禁受冻，或受水冲洗。

(3) 加衬布施涂方法

1) 将搅拌均匀的涂料浇洒到基层上，用棕扫把沿前进方向扫开，成长形条，然后将玻璃丝布展开铺在上面，再用棕扫把扫压平整，使其底下乳液挤出到玻璃丝布表面；待第一道干燥后，再贴第二层，干燥之后，表面上再施涂一道乳液，然后做保护层，每道涂料乳液的厚度约为2mm。

2) 保护层做法，见本条（2）—3）

3) 粘贴玻璃丝布的乳液比重约为1.5～1.6。每平方米用量以1.5～2kg为宜。

4) 玻璃丝布铺贴方法，见6.2.4。

5) 天沟、檐口或屋面转角处应加一层附加层玻璃丝布和一道乳液。

6) 板端缝处，宜采用塑料薄膜或油毡空铺一层（或一边粘贴）250～300mm的空铺条。

7　接缝密封防水施工技术措施

为了使操作者和技术管理者对接缝密封防水材料的性能要求和特性，及其施工工艺和施工技术等有所了解，本节进行一扼要介绍。其控制程序见图 5.7.1。

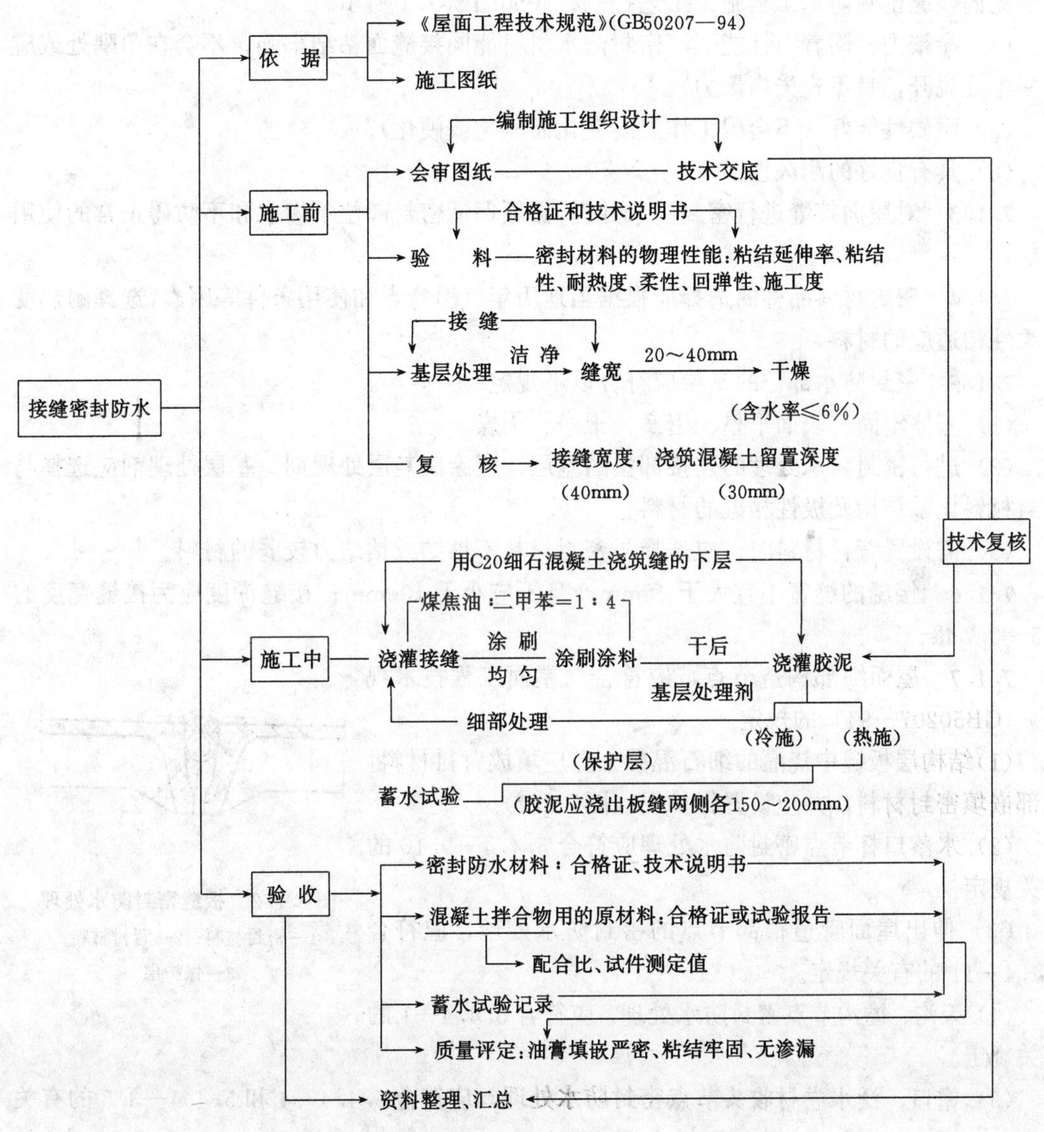

图 5.7.1　屋面接缝密封防水工程施工工艺控制程序

7.1 接缝密封防水一般技术要求

7.1.1 《屋面工程技术规范》(GB50207—92)要求，密封防水接缝材料应具有弹性、粘结性、操作性、耐候性、水密性、气密性和拉伸-压缩循环性。

7.1.2 密封防水材料的技术性能

(1) 密封防水材料应为非渗透性的物质。

(2) 具有抗变形性能。

(3) 能与接缝处的移动量和位移速率相匹配。

屋面接缝密封防水工程施工工艺控制程序如图 5.7.1 所示。

(4) 凝聚力、附着力性能强（密封防水材料能同接缝面粘结牢固，不会在角隅处或应力集中处脱开，且不丧失内聚力)。

(5) 耐候性能好（不会因工作温度变化而软化或硬化)。

(6) 具有良好的耐久性。

7.1.3 对屋面接缝进行密封防水处理,必须保证密封部位不渗水和不防碍正常的使用功能。

7.1.4 密封材料品种的选择应根据当地历年气温特点和使用条件等因素,选择耐热度和柔性相适应的材料。

7.1.5 密封防水部位的基层应符合以下规定

(1) 基体牢固、表面平整、密实、干净、干燥。

(2) 进行密封防水处理的连接部位的基层，应涂刷基层处理剂。基层处理剂应选择与密封材料化学结构及极性相近的材料。

(3) 需设置背衬材料时，应选择与密封材料不粘结或粘结力较弱的材料。

7.1.6 接缝的缝宽不宜大于 40mm，且不应小于 100mm；接缝深度应为接缝宽度的 0.5～0.7 倍。

7.1.7 屋面细部构造节点，应符合《屋面工程技术规范》(GB50207—94) 的规定。

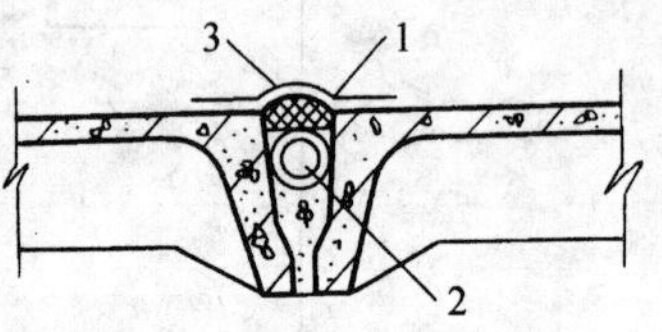

图 5.7.2 板缝密封防水处理
1—密封材料；2—背衬材料；
3—保护层

(1)结构层板缝中浇灌的细石混凝土上应填放背衬材料，上部嵌填密封材料，并应设置保护层（图5.7.2)。

(2) 水落口杯节点密封防水处理应符合 5.4.4—9.10 的有关规定。

(3) 伸出屋面管道根部节点的密封防水处理，应符合 5.4.4—11 的有关规定。

(4) 天沟、檐沟节点密封防水处理，应符合 5.4.4—1 的有关规定。

(5) 檐口、泛水卷材收头节点密封防水处理，应符合 5.4.4—4 和 5.4.4—3.5 的有关规定。

接缝密封防水细部构造节点技术措施

表 7.1.7

序号	细部构造图示	技术措施
	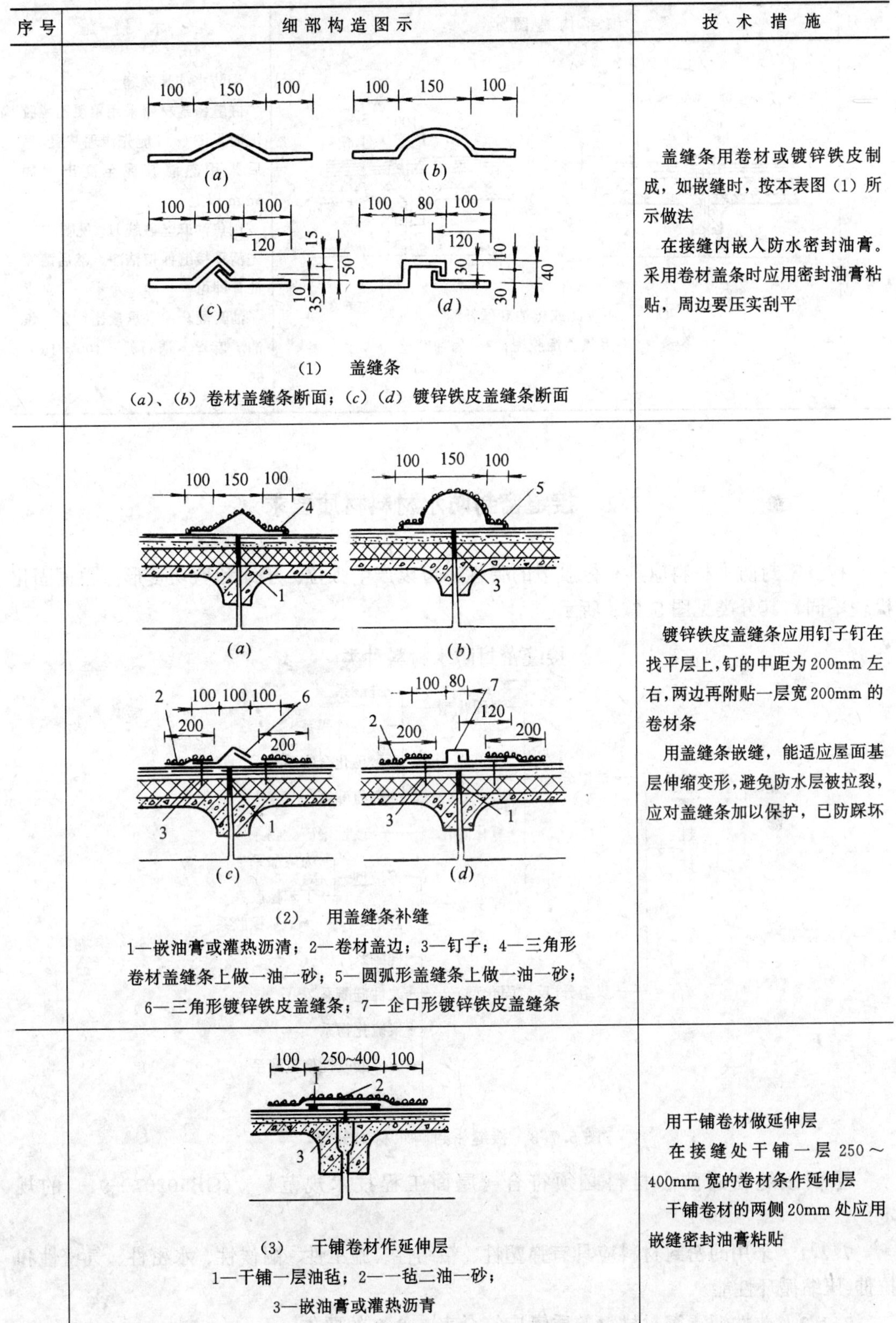 (1) 盖缝条 (*a*)、(*b*) 卷材盖缝条断面；(*c*) (*d*) 镀锌铁皮盖缝条断面	盖缝条用卷材或镀锌铁皮制成，如嵌缝时，按本表图 (1) 所示做法 在接缝内嵌入防水密封油膏。采用卷材盖条时应用密封油膏粘贴，周边要压实刮平
	(2) 用盖缝条补缝 1—嵌油膏或灌热沥清；2—卷材盖边；3—钉子；4—三角形卷材盖缝条上做一油一砂；5—圆弧形盖缝条上做一油一砂；6—三角形镀锌铁皮盖缝条；7—企口形镀锌铁皮盖缝条	镀锌铁皮盖缝条应用钉子钉在找平层上，钉的中距为 200mm 左右，两边再附贴一层宽 200mm 的卷材条 用盖缝条嵌缝，能适应屋面基层伸缩变形，避免防水层被拉裂，应对盖缝条加以保护，已防踩坏
	(3) 干铺卷材作延伸层 1—干铺一层油毡；2—一毡二油一砂； 3—嵌油膏或灌热沥青	用干铺卷材做延伸层 在接缝处干铺一层 250～400mm 宽的卷材条作延伸层 干铺卷材的两侧 20mm 处应用嵌缝密封油膏粘贴

续表

序号	细部构造图示	技术措施
	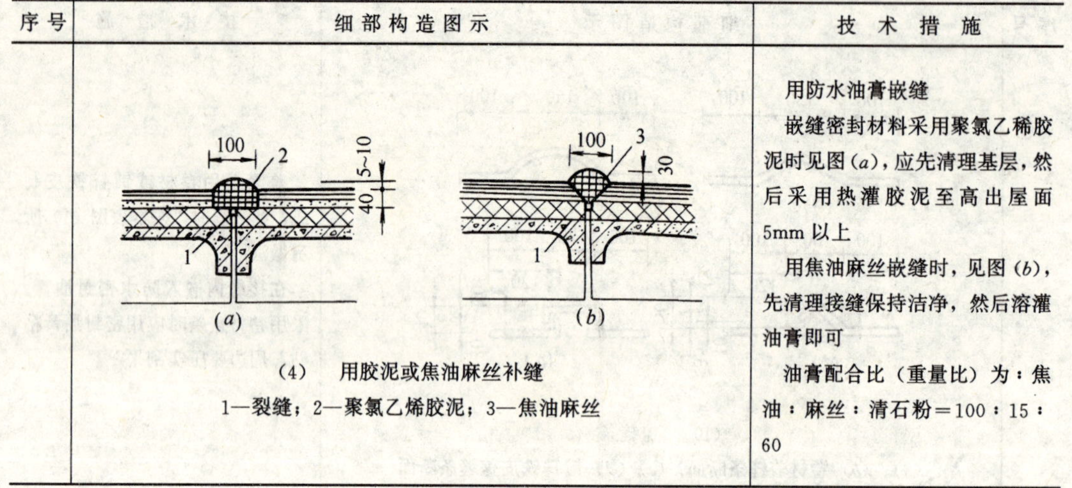 (4) 用胶泥或焦油麻丝补缝 1—裂缝；2—聚氯乙烯胶泥；3—焦油麻丝	用防水油膏嵌缝 嵌缝密封材料采用聚氯乙稀胶泥时见图(*a*)，应先清理基层，然后采用热灌胶泥至高出屋面5mm以上 用焦油麻丝嵌缝时，见图(*b*)，先清理接缝保持洁净，然后溶灌油膏即可 油膏配合比（重量比）为：焦油：麻丝：清石粉＝100：15：60

7.2 接缝密封防水材料材质要求

接缝密封防水材料应具有橡胶般的弹性，可以产生张拉、压缩和剪切变形。根据固化机理不同，其分类见图 5.7.3 所示。

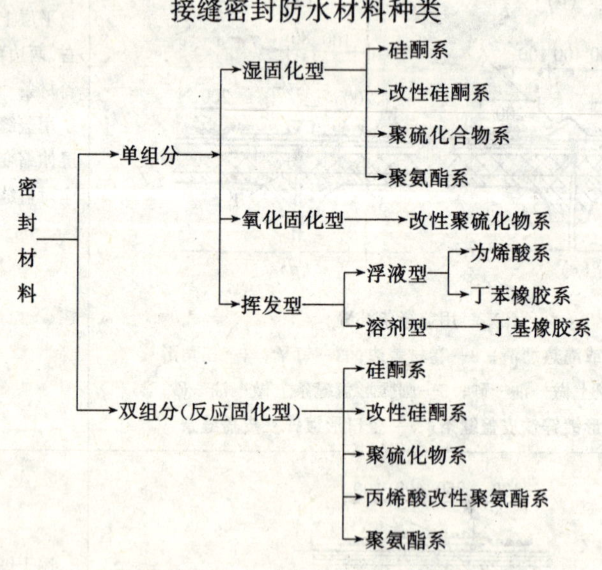

图 5.7.3 接缝密封防水材料分类

屋面接缝密封防水材料必须符合《屋面工程技术规范》（GB50207—94）的规定。

7.2.1 采用的密封材料应具有弹塑性、粘结性、施工性、耐候性、水密性、气密性和拉伸-压缩循环性能。

7.2.2 改性沥青密封材料的质量应符合表 7.2.2 的要求。

改性沥青密封材料质量要求 **表 7.2.2**

项目		质量要求	
		Ⅰ类	Ⅱ类
粘结延伸率	（不浸水）	—	≥250%
	（浸水 24h）	—	≥200%
粘结性（25±1℃拉伸）		≥15mm	—
耐热度（80℃，5h）		下垂值≤4mm	
柔　性		−10℃无裂纹	−20℃无裂纹
回弹率		—	≥80%
施工度（25±1℃，5s）		沉入量≥22mm	—

注：Ⅰ类指改性石油沥青密封材料，Ⅱ类指改性煤焦油沥青密封材料。

7.2.3 合成高分子密封材料的质量应符合表 7.2.3 的要求。

合成高分子密封材料质量要求 **表 7.2.3**

项目		质量要求	
		Ⅰ类	Ⅱ类
粘结性	粘结强度	≥0.1MPa	≥0.02MPa
	延伸率	≥200%	≥250%
柔　性		−30℃无裂纹	−20℃无裂纹
拉伸-压缩循环性能	拉伸-压缩率	≥±20%	≥±10%
	2000 次后破坏面积	≤25%	

注：Ⅰ类指弹性体密封材料，Ⅱ类指弹塑性体密封材料。

7.2.4 密封材料的贮运、保管应符合下列规定：

（1）密封材料的贮运、保管应避开火源、热源，避免日晒、雨淋，防止碰撞，保持包装完好无损。

（2）密封材料应分类贮放在通风、阴凉的室内，环境温度不应高于 50℃。

7.2.5 进场的改性沥青密封材料抽样复验，应符合下列规定：

（1）同一规格、品种的材料应以每 2t 为一批，不足 2t 者按一批进行抽检。

（2）改性石油沥青密封材料应检验施工度、粘结性、柔性和耐热度。改性煤焦油沥青密封材料应检验耐热度、粘结延伸率和柔性。

7.2.6 进场的合成高分子密封材料抽样复验，应符合下列规定：

（1）同一规格、品种的材料应以每 1t 为一批，不足 1t 者按一批进行抽检。

（2）进场的合成高分子密封材料应检验柔性和粘结性。

7.3 改性沥青密封材料防水施工技术控制要点

7.3.1 改性沥青嵌缝密封材料的主体基料，系以石油沥青为基料，掺入适量的废橡胶粉、树脂或油脂类材料、填充剂及其他助剂所制成的膏状体。

(1) 特点：耐候性好，受热不流淌，受寒不脆裂，粘结力强，延伸性、耐久性、弹塑性好，以及常温下方可冷施工。

(2) 适用范围：适用于各种防水工程的嵌缝，以及建筑工程结构节点的防水、防潮及防渗漏处理。

7.3.2 施工作业条件，应符合以下规定：

(1) 改性沥青基嵌缝材料，如施工时气温低，膏体稠度变大，难以作业，则必须以浴热方法加热来调整其工作度，但严禁明火加热。

(2) 施工时除配底涂料外，不得用汽油、煤油等烯释，以防止降低油膏的粘度，亦不得戴粘有滑石粉和机油的湿手套操作。

(3) 施工环境气温宜为0℃～35℃；严禁在雨、雪天和五级及五级以上大风天中施工。

7.3.3 改性沥青密封材料的防水施工顺序和作业方法，应符合以下规定：

(1) 接缝的缝隙处理

1) 施工前，应认真检验接缝尺寸，认为符合设计要求后，方可进行下道工序。

2) 缝宽一般宜在40mm为准，缝内必须洁净、干燥（含水率不得大于6%）。缝的下层先用C20细石混凝土浇筑，上留20～30mm灌注胶泥。胶泥应浇出缝两侧各20mm，在胶泥上加做覆盖层，亦可暴露在外。

(2) 基层处理剂

1) 基层处理剂应配比准确，搅拌均匀。采用多组份基层处理剂时，应根据工程量和有效时间确定使用量。

2) 基层处理剂的涂刷，宜在铺放背衬材料后进行。涂刷应均匀，不得漏涂。基层处理剂干后，应立即嵌填密封材料。

3) 涂料配制的配比为煤焦油：二甲苯＝1：4（重量比）。冬期施工时的底涂料配制的配比如煤焦油：二甲苯＝1：2（重量比）。涂料的混合物均必须搅拌（溶合）均匀。

(3) 浇灌方法

1) 热灌法，由下向上进行，尽量减少接头，垂直屋脊的板缝宜先浇灌。同时在纵横交叉处宜沿平行屋脊两侧的板缝应各延伸浇灌150mm，并留成斜槎。

2) 密封材料熬制及浇灌温度，应按不同材料要求严格控制。一般应控制在40℃～60℃之间。

3) 冷嵌法。先将少量密封材料批刮在缝槽两侧，分次将密封材料嵌填在缝内，用力压嵌密实，并与缝壁粘结牢固。嵌填时，密封材料与缝壁不得留有空隙，并防止裹入空气。接头应采用斜槎。

4) 要对已浇灌的板缝中的胶泥进行检查。胶泥是否与被粘结的混凝土体粘结牢固、密实，如发现有脱开现象，应及时用喷灯、热烙铁修补完好，或用环乙酮等溶剂粘结牢固；也可割去原有胶泥、重新浇灌。

(4) 保护层作法

屋面接缝用密封防水材料嵌缝后，应沿缝做好保护层。保护层的一般做法：

1) 用玛琋脂粘贴油毡条。

2) 用稀释的油膏粘贴玻璃丝布，表面再涂刷稀释油膏。

3) 涂刷水涂料。

4）涂刷稀释的油膏或加铺豆砂或中砂。

7.4　合成高分子密封材料防水施工技术控制要求

7.4.1　合成高分子密封材料属丙烯酸系；它是以丙烯酸树脂为主体成分的单组分乳液。干燥后能固化。

丙烯酸改性聚氨酯系，是以丙烯酸改性聚氨酯为主体的密封材料；是通过基料与固化剂的反应而固化的。

7.4.2　辅助材料是对不定形弹性密封材料起辅助作用的材料，有打底料、隔粘条和衬垫材料等。

7.4.3　施工作业条件应符合以下规定：

（1）密封防水施工前必须按设计图纸核查接缝尺寸，确认符合设计要求及规定后，方可进行密封防水的施工。

（2）接缝内必须清理干净，接缝的缝壁严禁有粉尘，以防化学反应型密封防水材料粘结不牢；应确保密封防水材料与混凝土表面粘接牢固。一般应在干燥条件下施工取得效果最好。

（3）封缝前的检查

放置入衬垫材料、涂刷基层处理剂或敷设密封材料之前，应检查接缝的宽度；一般接缝宽度以 40mm 为宜，混凝土结构件温度（不是气温）以 4℃～32℃为宜。

（4）基层处理剂的配制、涂刷和开始嵌填时间应按 1.7.3.3—（2）条的规定操作。凝胶后的基层处理剂不得使用。

7.4.4　合成高分子密封防水材料施工作业方法，应符合以下规定：

（1）单组分密封材料可直接使用。

（2）多组分密封材料应根据规定的比例计量拌合均匀。拌合量应根据工程量或施工时间确定，并应控制拌合的时间和拌合温度。

（3）施工时一般采用挤压枪嵌填；挤压抢挤出嘴的口径应根据接缝的宽度选用。嵌填时应将密封材料均匀挤出，并应由底部逐渐填满整个接缝。嵌缝应饱满，防止形成气泡或孔洞。

（4）嵌填时应根据密封材料的性能可一次嵌填或分层嵌填。

（5）采用腻子刀嵌填时，应仔细将密封材料嵌填密实平整、饱满，防止有气泡和孔洞。

（6）密封材料嵌填后，应认真检查和修整，并应在嵌填密封材料表面干固前用腻子刀整修。

（7）保护层作法，见 1.7.3.3—（4）条所示。

8 刚性防水施工技术措施

8.1 刚性防水一般技术要求

8.1.1 刚性防水包括普通防水混凝土、外加剂防水混凝土、补偿收缩混凝土及防水砂浆。刚性防水施工工艺和施工技术控制见图 8-1 所示。

8.1.2 防水混凝土的抗渗能力，应比设计抗渗能力提高 0.2MPa。其抗渗等级不应小于 0.6MPa。

防水混凝土的抗渗等级，可根据设计要求，按表 1.8.1.2 选择。根据混凝土质量控制标准 GB50164—92 第 2.3.2 条混凝土抗渗性可划分为 S_4、S_6、S_8、S_{10}、S_{12}，等 5 个等级。

防水混凝土抗渗等级 **表 8.1.2**

最大水头（H）与防水混凝土厚度（h）的比值	设计抗渗等级（MPa）
＜10	0.6
10～15	0.8
15～25	1.2
25～35	1.6
＞35	2.0

注：此表数据选于《地下工程防水技术规范》(GBJ108—87)，供了解抗渗等级参考。

刚性防水屋面施工工艺控制程序如图 5.8.1 所示。

8.1.3 防水混凝土屋面的变形缝、施工缝、穿过防水混凝土层的管、埋件、出入口，及其突出屋面的结构物等特殊部位，应采取止水、加强（增设附加防水层）措施。

8.1.4 对寒冷地区应有防冻措施，以防防水层受冻损坏。

8.1.5 防水混凝土的保护层，应配置 $\phi4@100$～200mm 的双向受力钢筋网片。钢筋网片在分格缝、变形缝处应断开，其保护层厚度不应小于 10～35mm。

8.1.6 细部构造、分格缝、泛水、变形缝、伸出屋面管道防水构造，详见表 8.1.6 所示。屋面泛水与屋面防水层必须一次做成，泛水高度不应低于 250mm。

8.1.7 刚性防水施工温度不得低于 5℃和高于 35℃。

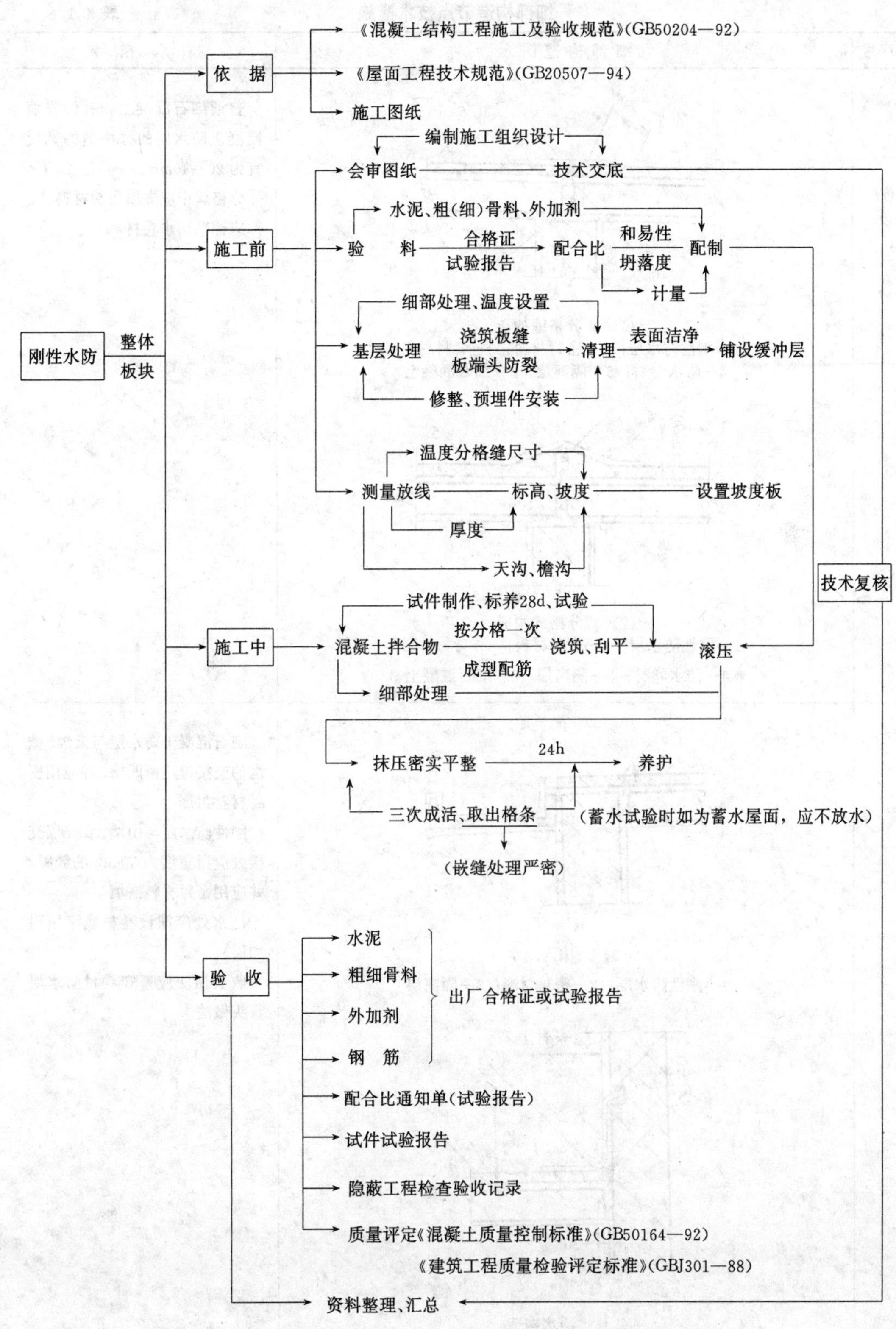

图 5.8.1 刚性防水屋面施工工艺控制程序

细部构造节点技术措施 **表 8.1.6**

序号	细部构造图示	技术措施
	(1) 分格缝构造 1—刚性防水层；2—密封材料；3—背衬材料；4—防水卷材；5—隔离层；6—细石混凝土 (2) 分格缝构造 1—刚性防水层；2—密封材料；3—背衬材料；4—防水卷材；5—隔离层；6—细石混凝土	普通细石混凝土和补偿收缩混凝土防水层的分格缝的宽度宜为 20～40mm。 分格缝中应嵌填密封材料、上部应铺贴防水卷材
	(3) 檐沟滴水 1—刚性防水层；2—密封材料；3—隔离层 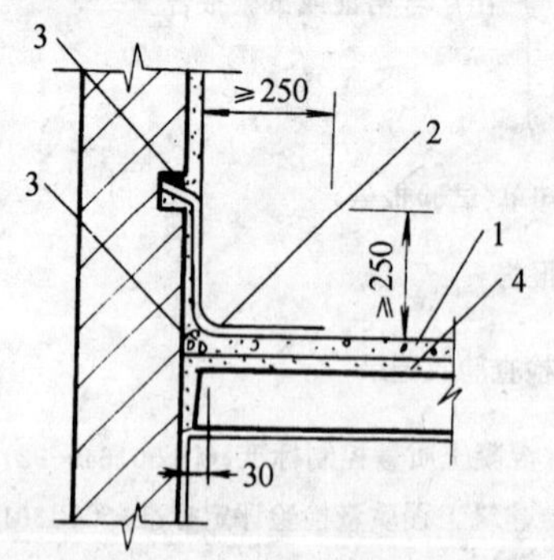 (3) 泛水构造 1—刚性防水层；2—防水卷材或涂膜；3—密封材料；4—隔离层	细石混凝土防水层与天沟、檐沟的交接缝应留凹槽，并应用密封材料封严 刚性防水层与山墙、女儿墙交接处应留宽度为 30mm 的缝隙，并应用密封材料嵌填 泛水处应铺设卷材或涂膜附加层 收头做法应遵守卷材防水层收头做法

续表

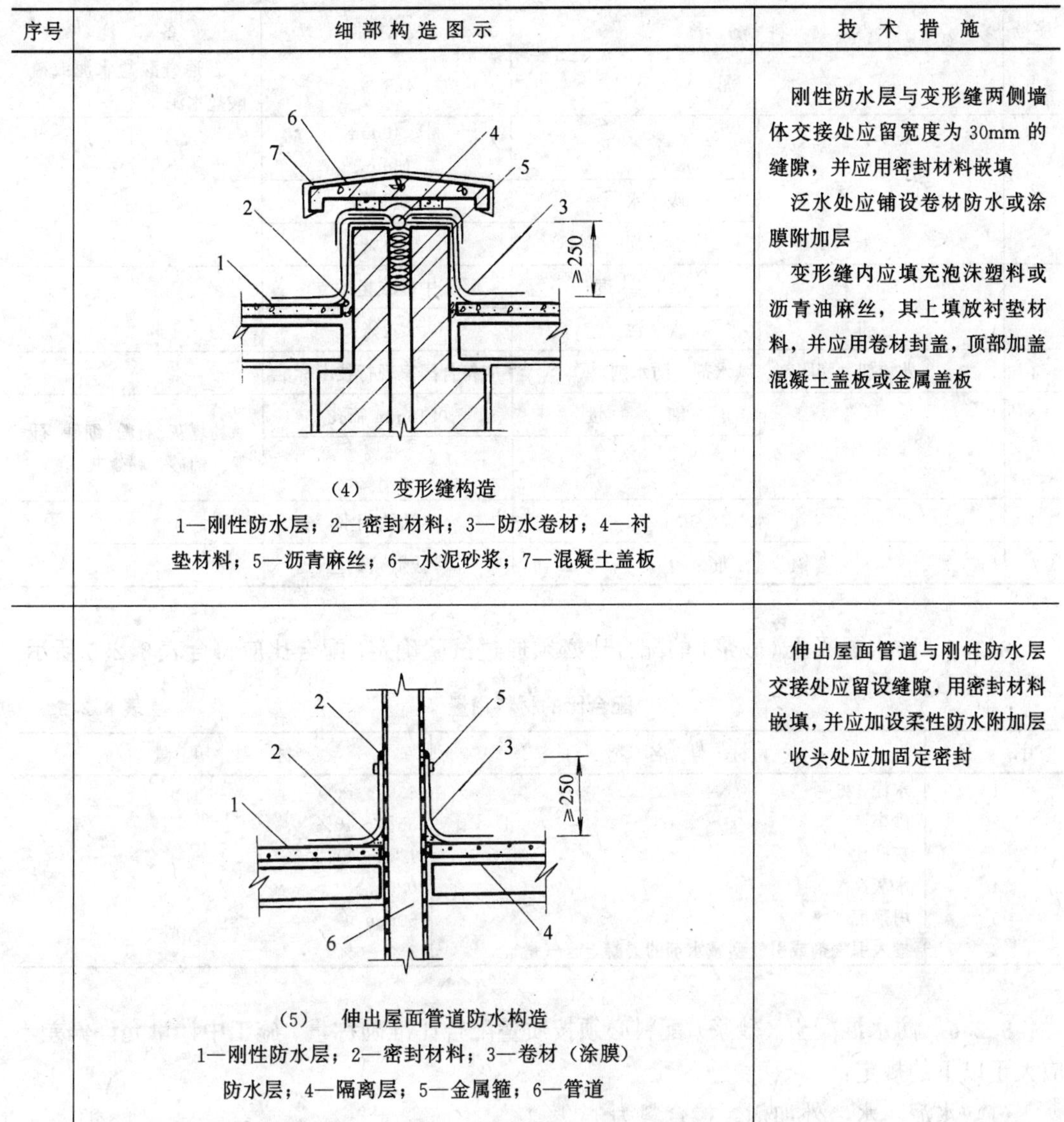

序号	细部构造图示	技术措施
	(4) 变形缝构造 1—刚性防水层；2—密封材料；3—防水卷材；4—衬垫材料；5—沥青麻丝；6—水泥砂浆；7—混凝土盖板	刚性防水层与变形缝两侧墙体交接处应留宽度为30mm的缝隙，并应用密封材料嵌填 泛水处应铺设卷材防水或涂膜附加层 变形缝内应填充泡沫塑料或沥青油麻丝，其上填放衬垫材料，并应用卷材封盖，顶部加盖混凝土盖板或金属盖板
	(5) 伸出屋面管道防水构造 1—刚性防水层；2—密封材料；3—卷材（涂膜）防水层；4—隔离层；5—金属箍；6—管道	伸出屋面管道与刚性防水层交接处应留设缝隙，用密封材料嵌填，并应加设柔性防水附加层 收头处应加固定密封

8.2 刚性防水材料材质要求

8.2.1 刚性防水混凝土（砂浆）的胶结材料水泥品种必须符合设计要求，其强度（标号）和安定性必须符合国家现行技术标准的相关规定。严禁使用过期和不合格的水泥。

8.2.2 在寒冷地区受冻融作用的，应优先选用普通硅酸盐水泥，不宜采用火山灰质硅酸盐水泥和粉煤灰硅酸盐水泥。

8.2.3 粗、细骨料的材质必须符合国家现行的技术标准的规定，详见附录5所示。

8.2.4 防水混凝土（砂浆）用料常规技术数据，必须符合表8.2.4所示。

防水混凝土（砂浆）用料常规技术数据 **表 8.2.4**

序号	材料名称		技术数据	备注
1	水泥		425号	普通硅酸盐水泥或硫酸盐水泥
2	石子	粒径	≤40mm 15mm	
		吸水率	≤1.5%	
		含泥量	<1%	
3	砂子	细度	中砂或粗砂	
		含泥量	≤2%	
4	外加剂（膨胀剂、减水剂、防水剂）		应符合国家现行技术标准	
5	掺合料	细度	0.15mm 筛孔	粉煤灰、石粉、细砂、石粉、细砂、粉煤灰
		掺量	≯5% ≯20%	
6	水		生活饮用水	
7	钢筋		冷拔低碳钢丝	

8.2.5 防水混凝土（砂浆）的配合比必须通过试验确定。配合比应符合表 8.2.5 所示。

配合比的材料用量 **表 8.2.5**

序号	材料名称	材料用量
1	水泥 425 号	330kg/m³
2	砂率	35%～40%
3	灰砂比	1∶2～1∶2.5
4	水灰比	0.55
5	坍落度	50mm
6	掺入引气剂或引气型减水剂的混凝土含气量	3%～6%

8.2.6 防水混凝土（砂浆）配料必须按质量配合比准确称量。施工中计量允许偏差不应大于以下的规定：

（1）水泥、水、外加剂、掺合料为±1%。

（2）砂、石为±2%。

8.2.7 防水混凝土拌合物，必须采用机械搅拌，搅拌的时间不应小于 2min。掺外加剂时，应根据外加剂的技术要求确定搅拌时间如为收缩补偿混凝土时，不应小于 3min。

8.2.8 坍落度应在施工位置防水混凝土铺设之前进行取样测试，测试值进行记录归入技术档案中。

8.2.9 防水混凝土抗渗试件留置的组数、制作、标准养护和试验评定

（1）抗压强度等级评定：必须符合《混凝土结构工程施工及验收规范》（GB50204—92）和《混凝土强度检验评定标准》（GBJ107—87）的规定取样、制作、养护和试验。

（2）抗渗性能试验：必须符合《地下防水工程施工及验收规范》（GBJ208—83）的规定。

1）抗渗试件以 6 块为一组。试件为顶面直径 175m，底面直径 185mm，高 150mm 的圆台体；试件在成型后 24h 拆模，然后分别进行标准养护和同条件养护。养护期不少于 28d。

2）以一组的6块试件中有3块试件端面呈有渗水现象时的水压（H）来计算出的S值进行评定。

3）按抗渗等级（S）评定：试压至s+1，而6个试件均无透水现象时的水压，可评定其抗渗等级＞S。

8.2.10 防水砂浆所用材料、外加剂应符合配合比的有关规定，如配合比无特殊要求时，可按其材料性能和施工方法确定；施工时应符合表1.8.2.10所示。

水泥砂浆配合比　　　　**表8.2.10**

名　　称	配合比		水灰比	稠　度 (mm)
	水　泥	砂		
水泥浆	1	—	0.55～0.6	—
水泥浆	1	—	0.37～0.4	—
水泥砂浆	1	1.5～2.5	0.4～0.5	70～80

掺外加剂或使用膨胀水泥的水泥砂浆，其配合比应按有关技术标准和规定执行。

8.3　刚性防水屋面施工技术控制要点

8.3.1 刚性防水屋面适用于无松散保温材料作保温层的装配式或整体结构钢筋混凝土屋面，或者不受外力冲击的建筑屋面。

8.3.2 刚性防水屋面的混凝土质量，应符合《混凝土质量控制标准》(GB50164—92)的规定。

（1）混凝土拌合物的各项质量指标应按下列规定控制

1）混凝土拌合物的稠度。

2）掺入引气型外加剂的混凝土拌合物含气量。

3）混凝土拌合物的水灰比、水泥含量及其均匀性。

（2）稠度

1）流动性和塑性混凝土拌合物的坍落度大小，可分为四级，如表8.3.2（1）所示。

混凝土按坍落度的分级　　　　**表8.3.2**（1）

级　　别	名　　称	坍落度(mm)
T_1	低塑性混凝土	10～40
T_2	塑性混凝土	50～90
T_3	流动性混凝土	100～150
T_4	大流动性混凝土	≥160

注：根据坍落度检测结果、在分级评定时，可以在其临近的10mm进行取舍。

2）干硬性混凝土拌合物其维勃稠度大小，应符合表8.3.2（2）所示。

混凝土按维勃稠度的分级　　　　**表8.3.2**（2）

级　　别	名　　称	维勃稠度(S)
V_0	超干硬性混凝土	≥31
V_1	特干硬性混凝土	30～21
V_2	干硬性混凝土	20～11
V_3	半干硬性混凝土	10～5

3）坍落度或维勃稠度的允许偏差应分别符合表 8.3.2（3）、（4）所示。

坍落度允许偏差 **表 8.3.2**（3）

坍落度（mm）	允许偏差值（mm）
≤40	±10
50～90	±20
≥100	±30

维勃稠度允许偏差 **表 8.3.2**（4）

维勃稠度（S）	允许偏差值（S）
≤10	±3
11～20	±4
21～30	±6

（3）含气量

掺引气型外加剂混凝土的含气量应满足设计和施工工艺的要求。根据混凝土用粗骨料的最大粒径，其含气量的限值不宜超过表 8.3.2（5）所示。

掺引气型外加剂混凝土含气量的限值 **表 8.3.2**（5）

粗骨料最大粒径（mm）	混凝土含气量（%）
10	7.0
15	6.0

（4）水灰比和水泥含量

混凝土的最大水灰比和最小水泥用量，见表 8.2.5。

（5）均匀性

混凝土拌合物应拌合均匀、颜色一致、不得有离析和泌水现象。

检查混凝土拌合物的均匀性时，采样方法是在搅拌机卸料过程中，从卸料流的 1/4 至 3/4 之间部位采取试样进行试验，其检测结果应符合下列规定：

1）混凝土中砂浆密度两次测值的相对误差不应大于 0.8%。

2）单位体积混凝土中粗骨料含量两次测值的相对误差不应大于 5%。

8.3.3 隔离层设置，应符合下列规定

隔离层是为了减少因温度应力和结构变形，以防止对防水层产生不利的影响。隔离层宜在防水层与基层之间设置。

（1）隔离层的设置是在基层处理、找坡、找平，并经核验符合设计要求后，方进行铺设。

（2）细石混凝土防水层与基层间宜设置隔离层，隔离层可采用纸筋灰或麻刀灰、低强度等级的砂浆，以及干铺卷材等。

（3）当采用补偿收缩混凝土做防水层时，可不做隔离层。

8.3.4 刚性防水层必须设置分格缝，其分格缝应设置在装配式结构屋面板的支承端

部。屋面转折处、防水层与突出结构的交接处，并应与板缝对齐，其纵横间距不宜大于 6m (分格缝截面宜做成上宽下窄)。缝内应嵌填弹性防水密封材料（突出屋面结构，如墙、山墙与防水层交接处分格缝的宽度不应小于 30mm)。

8.3.5 屋面刚性防水节点构造应满足设计要求。

8.3.6 刚性防水层配置的钢筋网片（按分格各成一片）应放在混凝土中的上部。

8.3.7 混凝土必须按分格顺序依次浇筑，每个分格块的混凝土应一次浇筑成型。严禁留施工缝。混凝土经振捣密实后，应用滚筒滚 5～6 遍；待混凝土表面泛浆后，用木抹子进行第一次拍实搓平。混凝土初凝前，用铁抹子进行第二次压实抹光。第三次压平抹光要在混凝土终凝前进行。抹压时不得在其表面洒水、加水泥砂浆或撒干水泥。待混凝土收水后应再进行一次压光。然后取出分格条，同时要注意不要碰坏混凝土的棱角。

8.3.8 养护。在常温情况下，混凝土终凝 24h 后，应及时浇水养护。如果采用微膨胀混凝土，宜采用蓄水养护，养护时间均不应少于 14h。

8.3.9 嵌缝施工作法，详见第 7 部分相关条文。

8.4 工 程 验 收

8.4.1 蓄水试验应符合 5.5.5 要求，以无渗漏为合格。

8.4.2 质量要求

(1) 防水混凝土抗渗能力，必须符合设计要求和规范的规定，并应根据试件的试验报告值确定。

(2) 防水层混凝土表面应平整、压实抹光、无裂缝、起壳、起砂等缺陷。

(3) 坡度、坡向、厚度、泛水、分格缝的设置应符合设计要求和施工规范的规定。

(4) 嵌缝油膏应平整密实。

(5) 细部处理。滴水线和止水线的布局应合理，制作精细、尺寸准确、横平顺直、完整规则。

9　特种屋面施工技术措施

这里介绍四种特种屋面：蓄水屋面、种植屋面、倒置式屋面、架空隔热屋面。

9.0.1　特种屋面的防水层（柔性防水层或刚性防水层），必须确保无渗漏缺陷。

9.0.2　防水层完工后必须经验收认定合格后。方可进行下一道工序。验收前必须有蓄水试验，经蓄水静置 24h 后，检查无渗漏后为合格。

9.0.3　屋面管道、孔洞及其分仓缝必须按设计要求的位置、标高数量、尺寸设置后，再铺设防水层，再将排水管与水落管连接，加防水处理。其与屋面结构节点的处理必须符合表 9.0.3 相关的规定。

蓄水屋面的溢水、排水构造节点　　**表 9.0.3**

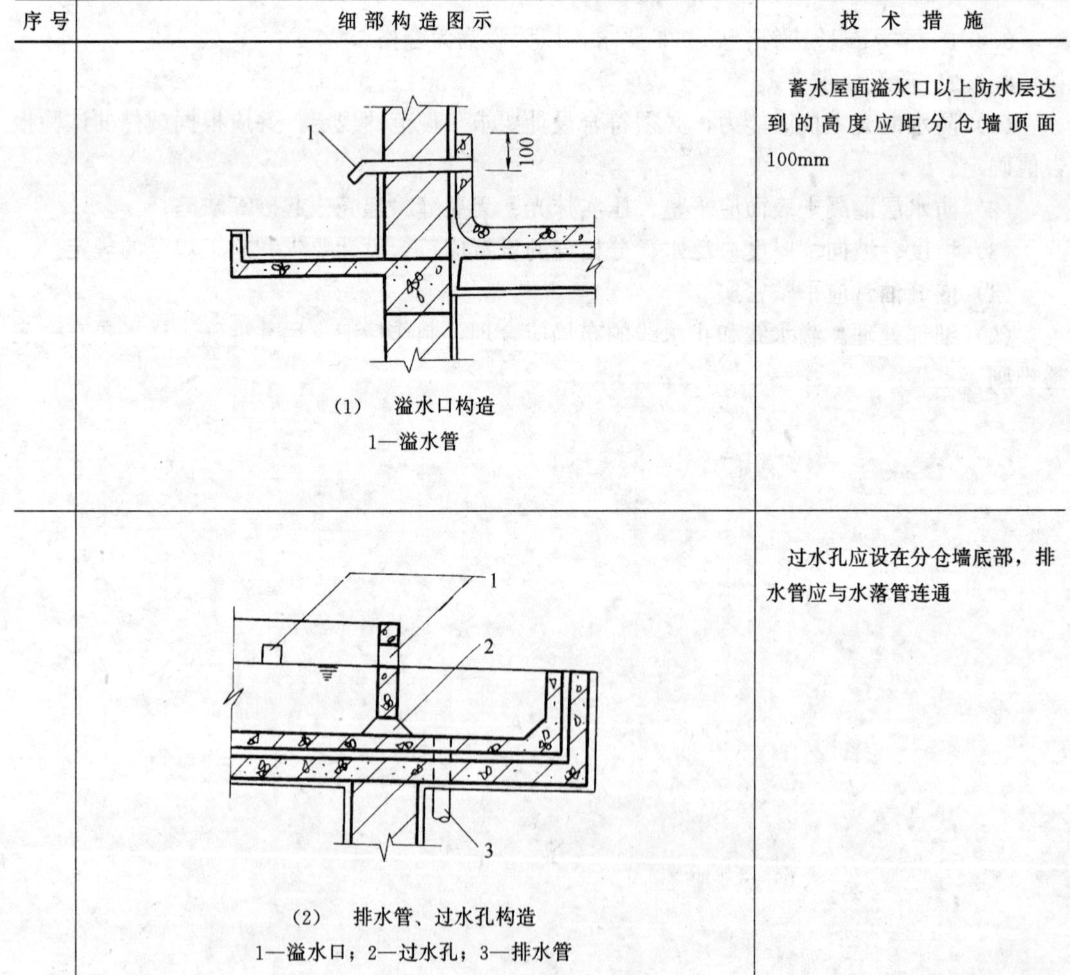

序号	细部构造图示	技术措施
	(1)　溢水口构造 1—溢水管	蓄水屋面溢水口以上防水层达到的高度应距分仓墙顶面 100mm
	(2)　排水管、过水孔构造 1—溢水口；2—过水孔；3—排水管	过水孔应设在分仓墙底部，排水管应与水落管连通

续表

序号	细部构造图示	技术措施
	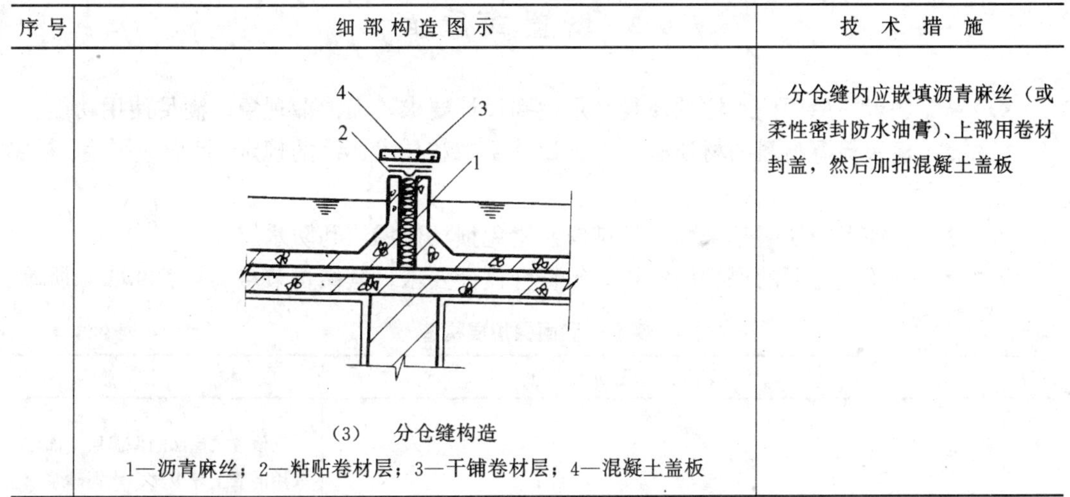 (3)　分仓缝构造 1—沥青麻丝；2—粘贴卷材层；3—干铺卷材层；4—混凝土盖板	分仓缝内应嵌填沥青麻丝（或柔性密封防水油膏）、上部用卷材封盖，然后加扣混凝土盖板

9.0.4 屋面板的强度、刚度、各种构造节点及其结构安装的稳定性必须符合设计要求。

9.1 蓄水屋面

9.1.1 蓄水屋面设置管道及预留孔洞必须符合设计要求，保证使用功能。

9.1.2 浇筑防水混凝土时，每个蓄水区必须一次浇筑完毕，严禁留置施工缝；其立面与平面的防水层必须同时做好。

9.1.3 刚性防水屋面施工作业方法，详见本技术措施 8 节相关规定。

9.1.4 柔性卷材防水屋面施工作业方法，详见本技术措施 5 的相关规定。

9.1.5 刚性防水屋面的防水层完工后应及时养护。蓄水后不得断水。静水的水位必须达到设计要求的高度。

9.2 种植屋面

9.2.1 屋面结构的刚度、和承载力必须符合设计要求。

9.2.2 种植屋面挡土墙的承载力及施工质量应符合设计要求，挡墙下部应设泄水孔，泄水孔留设位置应准确，并不得堵塞。见图 9.1 种植屋面构造所示。

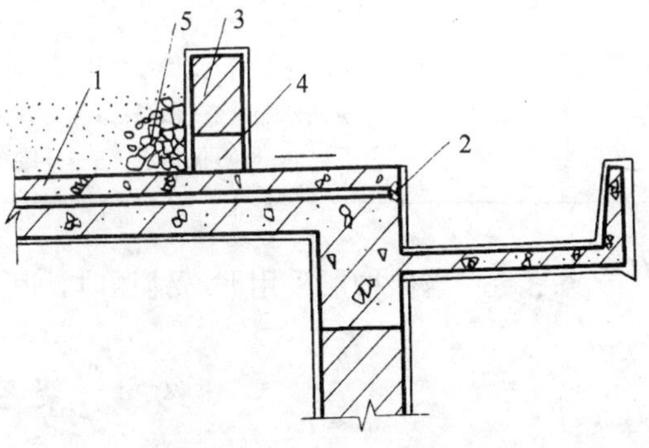

图 5.9.1　种植屋面构造
1—细石混凝土防水层；2—密封材料；3—砖砌挡墙；4—泄水孔；5—种植介质

9.2.3 种植屋面刚性防水层的蓄水试验，经蓄水静置 24h，确认无渗漏后，方可覆盖。

9.2.4 种植覆盖层施工应对防水层加防护措施避免损坏防水层；覆盖材料（最好采用松散腐植土）的厚度、质量、重量必须符合设计要求。

9.3 倒置式屋面

9.3.1 倒置式屋面防水层的质量必须达到设计要求，无渗漏现象、满足使用功能。

9.3.2 板块保温材料的材质必须符合设计要求和技术标准的规定，铺设应平稳、拼缝应严密。

9.3.3 施铺保护层时宜采取防护措施，避免损坏保温层和防水层。

9.3.4 倒置式屋面的保护层结构必须符合设计要求，其结构节点详见表9.3.4所示。

倒置式屋面保护层构造 **表9.3.4**

序号	细部构造图示	技术措施
	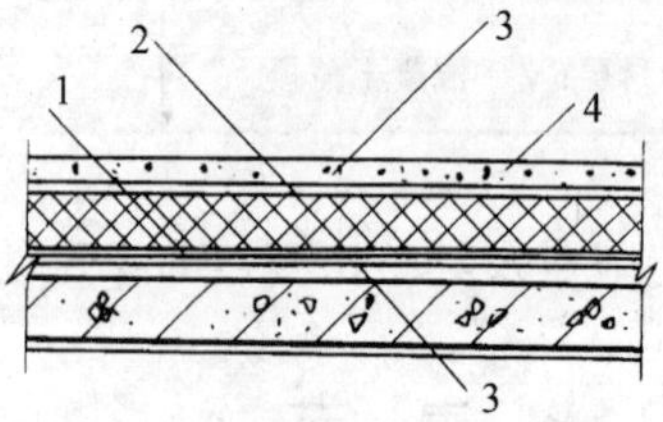 (1) 倒置屋面板材保护层 1—防水层；2—保温层；3—砂浆找平层； 4—混凝土或粘土板材制品 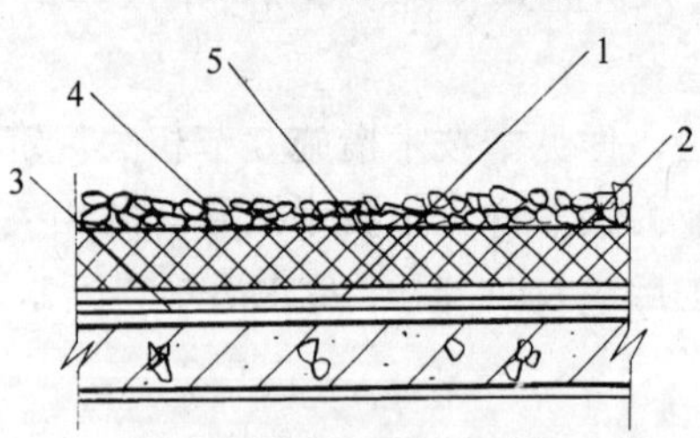 (2) 倒置屋面卵石保护层 1—防水层；2—保温层；3—砂浆找平层； 4—卵石保护层；5—纤维织物	倒置式屋面的保温层上面可采用混凝土等板材、水泥砂浆或卵石做保护层 卵石保护层与保温层之间应铺设纤维织物 板状保护层可干铺、也可用水泥砂浆铺砌

9.3.5 当保护层采用卵石铺压时，其卵石的质量（重量）应符合设计规定。

9.4 架空隔热屋面

架空隔热屋面施工技术措施，见5.2节的规定。

10 水落管施工技术控制要点

水落管系为屋面防、排水工程的重要组成部分。它是将屋面的汇集水通过水落口、水落斗、水落管以至排水口排出屋面及墙外，使屋面和墙体免受雨水的侵蚀，对屋面及墙面起保护作用。为了保证水落管的施工质量和施工工艺达到规范要求，其施工控制程如图5.10.1。

水落管施工工艺控制程序见图5.10.1所示。

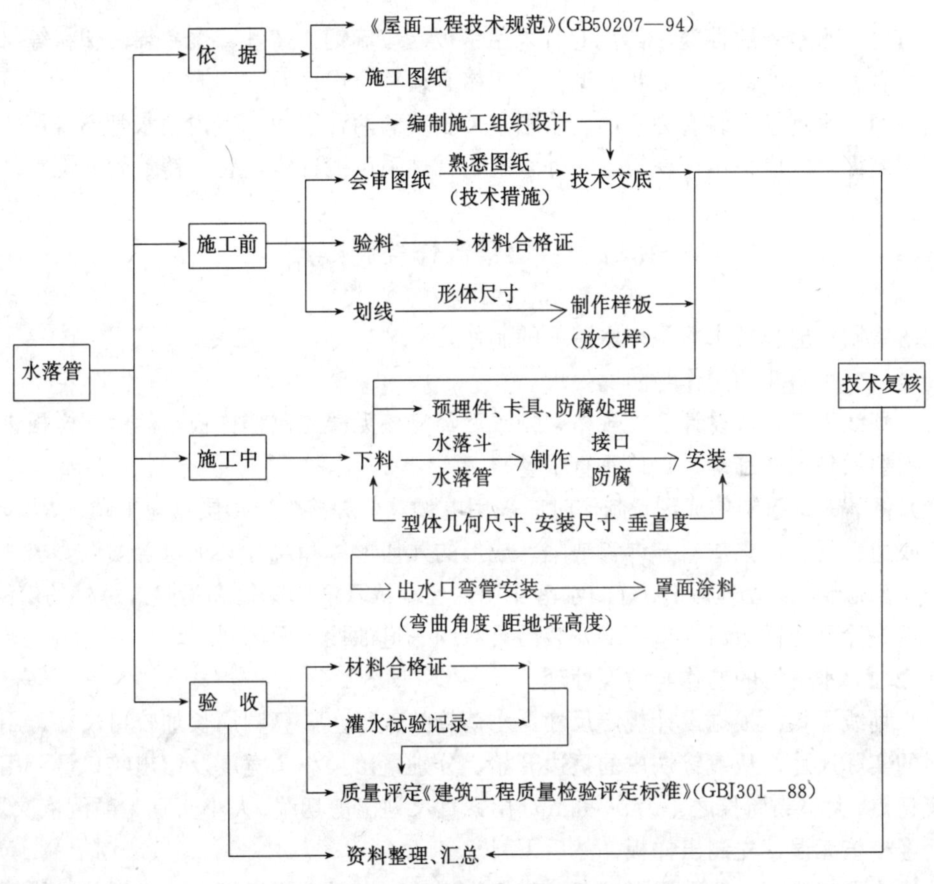

图5.10.1 水落施工工艺控制程序

10.1 水落管施工质量控制要点

水落管和配件的制作、安装质量要求及其使用功能，应符合以下规定：

10.1.1 水落管及其配件制作、安装应具备以下材料及配件。见表10.1.1所示。

常规材料及配件　　表 10.1.1

序号	材料名称	规格、型号	备注
1	镀锌铁皮	$t=0.6\sim1$mm	
2	钢　板	$t=3\sim4$mm	
3	扁　钢	3×20mm	
4	圆　钢	$\phi=6$	
5	螺（母）栓（圆钉）	M6	膨胀螺栓或射钉
6	焊　条	3.2～4mm	
7	焊锡、焊剂		
8	稀盐酸	工业纯	

10.1.2　水落管的种类，常规的有采用钢板、玻璃钢、铸铁、聚乙烯硬塑料等材料制成的水落管。应用的品种、形状、型号、规格必须符合设计要求。

10.1.3　水落管安装有为室内安装和室外安装的两种形式；室内雨水管不得用薄铁板管；穿过屋面板的应采用铸铁管。室外水落管常规采用镀锌铁皮管、铸铁管或钢管。

10.2　水落管制作控制要点

水落管制作应包括水落斗和水落管的制作。

10.2.1　水落斗的制作与防腐处理

(1) 划线下料：按设计要求规格，划线后经复核无误先制作样板，然后照样板进行下料。下料要做到尺寸准确，裁口垂直平整。

(2) 将下料钢板制作成形。制作时应采用电弧对口焊接，焊接质量应平顺、焊波均匀，严禁有咬边、气孔、夹渣、开焊等缺陷。成形的几何形体和尺寸必须符合图纸要求。

(3) 清刷与防腐处理。将制好的水落斗用钢丝刷认真清刷除锈和清除焊缝处的熔渣，保证干净后先涂刷防锈涂料一道。待安装后再涂刷一道油性罩面涂料。

10.2.2　水落管的制作与防腐处理

(1) 划线下料：根据设计规定尺寸，水落管的直径、计算圆周长加咬口尺寸，用尺量出下料的实际尺寸，从镀锌铁皮的短边开始，分别量出大小头宽度及留出咬口量。用钢针划出标记点，大小头周长之差为5～6mm，用钢直尺划出剪切线，大小头互为颠倒依次划线。划线后经校核无误，先制出样板，然后下料。

(2) 成形咬口：一般采用平咬口，先将铁皮的边端对齐于道钢上。推至咬口线，用打板向下轻轻打出单边口，然后将铁皮自身调头，将另一边的单边口敲出来，再依次对准各线打折咬口边，最后将咬口敲紧，然后套在圆管上用手工压成圆形；加压要均匀，不要使管件出现棱角（也用咬口机制作）。为便于套接、大小头直径差应为1.5mm，并应将小头剪出记号，以便于组装。

(3) 防腐处理：水落管内外应清理洁净，然后涂刷锌磺类和磷化类涂料。安装后可涂刷罩面涂料。镀锌铁皮水落管可不作防腐处理，黑铁板制品必须做防腐处理。

10.3 水落管和水落斗安装控制要点

10.3.1 水落斗安装

(1) 水落斗的安装位置应根据屋面结构及防、排水要求的形式决定；水落斗一般是安装在女儿墙或挑檐板，其位置和标高必须符合设计要求。

(2) 水落斗应在墙饰面及找平层施工完成，并经隐蔽工程检查验收合格后，方可安装。

(3) 在女儿墙上安装水落斗：应按设计要求在砌筑女儿墙时，按设计位置和标高预留水落斗孔洞。安装时找出中心线、标高，铺设水泥砂浆将斗座稳，并在其左右两侧及上口用砖和水泥砂浆嵌固。或者在砌筑女儿墙时，弹出中心线、标高，将水落斗随墙砌入，压紧防水层，用水泥砂浆或细石混凝土封口，达到强度后再将篦子安装稳固。

(4) 在挑檐板上安装水落斗：应按设计要求位置预留孔洞，并将其两端的挑檐板钢筋剔出，用$\phi 6$钢筋焊接、支模、补浇C20细石混凝土，达到强度后，将水落斗座浆卧入预留孔内，水落斗的上边与找平层齐平并严密将防水层压紧后，再安装活动钢筋篦子。

10.3.2 水落管安装

(1) 水落管的安装应在外墙装饰前先安装预埋件，并在饰面工程完后，方可安装水落管。

(2) 预埋件（卡扣）的安装应按设计位置，双水落斗中心线定点挂垂线至地坪，然后按间距每1.2m安装一个卡具，但每节不少于一个，并应设在承插口处。如水落管位于混凝土柱时，可采用射钉法安装，但砖墙严禁使用射钉法。砖墙应采用冲击电锤垂直打孔、用M6～M10膨胀螺栓安装（铁脚）卡具。

(3) 水落管安装的数据，应符合表10.3.2所示。

水落管安装常规数据 　　**表10.3.2**

序　号	项　　目	常规数据(mm)
1	卡具露墙面	20
2	水落管上口插入水落斗	50～60
3	卡具的间距	1.200
4	管与管接插长度	≥40
5	排水口距散水坡	200
6	排水弯管的变折角	40°钝角

(4) 水落斗和水落管安装必须牢固，管箍固定的位置和方法必须正确、紧固牢靠、排水通畅、无渗漏。水落管上下管连接应紧密，承插方向正确，长度符合要求，正、侧视应顺直。

(5) 水落管采用成品铸铁管或薄壁钢管时，其预埋件的形式及卡具的结构连接，应按设计要求制作和安装。

11　屋面质量通病及防治

11.1　卷材防水屋面

11.1.1　屋面防水卷材开裂

(1) 酿成原因

1) 卷材防水屋面因温度变化，屋面板产生胀缩、引起板端角变，导致屋面产生有规则的横向裂缝。

2) 卷材和胶结材质质量低，耐候性差，受温度变化卷材防水层易老化、冷脆，降低其韧性和延伸度。

3) 卷材粘结不牢、搭接太小，卷材收缩后接头开裂、翘曲、卷材老化龟裂、鼓泡破裂或外伤等，而导致屋面裂缝。

4) 找平层的分格缝设置不当或处理不好，以及水泥砂浆中的水泥安定性不合格，产生不规则干裂等，也会引起卷材防水层产生无规则的裂缝。

(2) 预控对策

1) 在应力集中部位和基层变形大的部位，如屋面板拼缝和端头等处，先干铺一层卷材条作为缓冲层，使卷材能适应基层伸缩的变化。

2) 屋面防水工程所应用的材料（防水卷材和胶结材料）均应选用合格品。

3) 沥青玛琋脂应经试配，其耐热度、柔韧性和粘结力等技术指标必须符合《屋面工程技术规范》(GB50207—94) 的规定；可参考附录 1 的相关内容。

4) 沥青和玛琋脂必须严格控制熬制和浇注的温度，其熬制脱水后的恒温加热时间以 3h～4h 为宜。应防止损坏沥青玛琋脂的柔韧性、而导致材料的老化，影响防水层使用寿命。

5) 分格缝的设置必须符合技术规范的规定，如设置的部位（应设在屋面板的端头，墙与找平层接触处、有突出屋面结构物处等）、宽度、间距等；施工中均应严格遵照执行。

6) 卷材施铺前，应对基层和卷材表面加以清理，使符合规范的规定。卷材施铺后，不得有粘结不牢或翘边等缺陷。

11.1.2　女儿墙部位漏水

(1) 酿成原因

1) 卷材收头不牢。

2) 卷材收头封闭不严。

3) 女儿墙压顶没做滴水或有开裂现象。

4) 转角处没做成圆弧或钝角。

5) 泛水高度不够。

6) 没做附加层。

（2）预控对策

1）墙体为砖墙时卷材收头可直接铺压在女儿墙压顶下，压顶应做防水处理，也可在砖墙上留凹槽，收头压入凹槽内用水泥钉固定；墙体为混凝土时，接头可采用金属压条用水泥钉钉牢。

2）收头应用1：2或1：2.5水泥砂浆或沥青砂浆等密封材料封固。

3）压顶应做滴水坡向屋面，并用1：2或1：2.5水泥砂浆加10%A型密实剂防水处理，抹严压光。

4）转角处找平层应按规范要求做成圆弧或钝角。

5）泛水高度应高于等于250mm。

6）按规范要求当采用沥青卷材时应增设一层卷材附加层。垂直屋面的垂直面与屋面之间的卷材应分层搭接。

当采用高聚物改性沥青防水卷材或合成高分子防水卷材时宜采用防水涂膜增强层。

11.1.3 天沟漏水

（1）酿成原因

1）坡度不顺，有积水（天沟纵向找坡小于5‰，甚至有倒坡现象，天沟堵塞，排水不畅等）。

2）水落口杯没有紧贴在结构层上。

3）卷材没贴进落水口杯内。

4）天沟、檐沟处的卷材收头不牢、不严。

5）天沟内及落水口杯处没做附加层。

6）水落口处偏高，有积水。

7）天沟与屋面的连接处搭接宽度方法不对。

（2）预控对策

1）天沟坡度应符合设计要求，不应少于1%，沟底水落差不得超过200mm，天沟、檐沟的排水不得流经变形缝和防火墙。

2）水落口杯应紧贴在结构基层上，且周边应填堵严密、牢固，增铺一层附加层，卷材必须贴进落水杯内的四周，涂刷防水胶结材料应均匀，粘贴牢固。

3）天沟、檐沟的卷材收头，应用钢压条用水泥钉钉牢，用防水材料密封。

4）应按规范的规定，不同的卷材应铺贴相应的卷材附加层。

5）水落口周围直径500mm范围内坡度不应小于5%，水落口杯与基层接触处应留宽20mm、深20mm的凹槽，以嵌填防水密封材料。

6）应按规范的规定，做好各层卷材的交叉搭接。

11.1.4 檐口漏水

（1）酿成原因

1）檐口处胶结材料没涂满。

2）檐口收头不牢、不严。

3）檐口下没做滴水。

4）没做附加层。

（2）预控对策

1）在无组织排水的檐口 800mm 范围内卷材应采用满粘法敷设。

2）檐口卷材收头处应用水泥钉钉牢，用玛琋脂或油膏等防水密封材料嵌填严密。

3）檐口下应按规范要求做滴水槽或鹰嘴。

4）应按规范要求，做一层卷材附加层。

11.1.5 突出屋面的立管周边漏水

（1）酿成原因

1）做找平层时，立管根部没做圆弧。

2）没做附加层。

3）泛水高度不够。

4）卷材收头不牢、不严。

5）立管顶端没做防雨罩。

（2）预控对策

1）根部应按规范规定按卷材种类不同做相应的圆弧或圆锥台，立管与找平层的顶端应留凹槽，并嵌填密封材料。

2）首先做一层附加层，再按设计要求层数铺贴。

3）卷材泛水高度应大于等于 250mm。

4）卷材收头应用金属箍箍紧并用密封油膏等密封材料封堵严密。

5）主管顶端应做镀锌薄钢板防雨罩。

11.1.6 变形缝处漏水

（1）酿成原因

1）变形缝处没做附加墙。

2）没按规范要求填塞沥青麻丝等。

3）当用钢筋混凝土预制板压顶时没做附加层及干铺卷材防水层。

4）镀锌薄钢板压顶时，没按流水方向咬口，连接安装不牢。

5）变形缝在屋檐处没断开。

（2）预控对策

1）应做附加层，根部应按规范规定做圆弧。

2）应按规范要求填塞沥青麻丝或泡沫塑料，上部填放衬垫材料。

3）当采用钢筋混凝土预制板压顶时板下应做附加层，一侧干铺贴、一侧点铺。

4）如用薄铁板压顶时，应按流水方向咬口连接，且在两侧面上用水泥钉钉牢。

5）变形缝在檐口处必须断开，卷材在断开处应有弯曲，以适应变形，并在上面加镀锌铁皮压顶。

11.2 涂膜防水屋面

11.2.1 粘结不牢

（1）酿成原因

1）基层表面不平整、表面粉尘清理不干净、涂膜薄厚不均，及涂料厚度不足。

2）过早在基层上涂施涂料或铺贴玻璃纤维布，影响涂料与砂浆之间的粘结。

3）基层潮湿，水分蒸发缓慢、影响胶粒分子键的热运动，不利于成膜。

4）涂料变质失效。

（2）预控对策

1）屋面基层必须平整、密实、洁净、干燥。

2）涂料的施涂一次成膜厚度不宜小于0.3mm，并不得大于0.5mm。在低温环境下或表面光滑的情况下，应增加一道冷底子涂料，以弥补成膜厚度的不足。

3）铺设玻璃纤维布必须在水泥砂浆基层经7d以上龄期，方能铺设增强胎体。

4）施涂应选择晴朗、干燥的天气进行。

5）选用与涂料配套的中碱玻璃布。这类产品表面平整、抗断裂强度高、密度渗透力好，与涂料粘贴牢固，铺贴时布面也不易产生位移。

6）严禁使用已经变质失效的涂料。

11.2.2 涂膜出现气泡或开裂

（1）酿成原因

1）基层清理不干净、有砂粒杂物，乳液中有沉淀物质。施涂时基层潮湿，也会导致涂膜产生气泡，使涂膜防水层与基层脱空。

2）施铺玻璃纤维布时没有拉紧铺平，没有按规定在布幅两侧裁剪小口。

3）施涂作业环境温度过高，或涂膜过厚，表面结膜过厚过密，使内层的水分难以逸出，导致涂膜产生气泡。此时，若涂膜不能适应过大的面积的收缩时，将引起防水层的开裂。

4）基层刚度不足，抗变形能力较差，温度分格缝设置不合理，因应力集中作用引起防水层开裂。

（2）预控对策

1）施涂前基层表面必须清理洁净。

2）乳液在施涂前必须认真搅拌均匀，并采取过滤筛网过滤、将沉淀的沥青粗颗粒清除。

3）施涂时一定要选择晴朗、干燥的气候条件进行作业，并应尽量避开中午炎热高温时施涂；最好充分和用早晚温度较低时进行作业。

4）要严格控制涂膜的厚度、一次成膜的厚度要适量；以湿膜的厚度小于1mm，形成的干膜厚度约为0.5mm为宜。

5）要严格控制预制装配式屋面板的接缝处理，认真进行和检查结构层的灌缝质量；找平层应按规定留置温度分格。

6）对基层表面的凹坑应采用涂料腻子嵌刮平整，并在修补前先涂刷一道冷底子涂料。

7）对找平层裂缝宽度大于0.5mm，且贯穿到基层时，还应加贴一层宽度200mm左右的玻璃纤维布。

11.2.3 保护层脱落

（1）酿成原因

1）砂子清洗的不干净。

2）干撒时未经滚压，与涂料粘结不牢。

（2）预控对策

1）砂子颗粒不宜过粗，以中细砂为宜。使用前应筛去杂质、泥块，必要时还应进行冲洗和烘干。

2）涂刷面层涂料时，应随刷随撒洒一层细砂，然后用表面包胶皮的铁滚轻轻碾压，使砂子嵌入面层涂料中，使与保护层粘结牢固。

11.2.4 涂膜防水层破损

（1）酿成原因

涂膜防水层过薄、施涂作业时未做防护措施。施涂作业程序不当，涂膜遭到破损。

（2）预控对策

1）施涂一定要按施工程序进行操作，待屋面上其他工程全部完工后，方可铺设防水层。

2）当基层强度不足或有酥松、塌陷等现象时，应及时修整，符合要求后方可施涂。

3）防水层施工后 7d 以内严禁上人作业。

11.3 刚性防水屋面

11.3.1 屋面开裂

（1）酿成原因

1）基层结构稳定性差，如结构支座产生角变，屋面结构因温度变化产生结构内应力作用而导致结构裂缝等。

2）屋面未按规定留置温度缝，屋面板端头处设有防裂措施、预制板的拼缝处理不当、因温度变化影响产生温度裂缝。

3）混凝土拌合物中水泥的安定性不合格或水泥在水化学反应中失水严重，使混凝土产生收缩龟裂。

（2）预控对策

1）为减少结构变形对防水层的不利影响，在防水层下面应设置缓冲层（干铺沥青油毡、纸筋灰、麻刀灰、低强度等级的混合砂浆）。

2）装配式预制屋面板拼缝嵌缝用的细石混凝土强度等级，应为 C20；浇灌必须密实牢固，并应及时养护。板的端头应采用柔性材料密封，并填嵌密实。

3）防水层必须设置分格缝。装配式预制板结构屋面应将分格缝设在板的端头处，整体结构屋面应将分格缝设在支座处。如墙根与屋面交接处必须设置温度缝。突出屋面结构物交接部位应纵横设置分格缝。嵌缝应采用接缝密封防水材料，浇灌密封胶料必须密实封严，严防渗漏。

4）严格控制防水层的厚度。其厚度不宜小于 40mm，内配 $\phi4$ 钢筋网片，网片应放置在混凝土防水层的中间或偏上，并应在分格缝处断开。

5）应严格控制防水层的混凝土强度等级和拌合物的水灰比。水灰比以不大于 0.55 为宜，水泥以采用普通硅酸盐水泥为宜，最好采用补偿收缩混凝土，以避免刚性防水屋面产生收缩裂缝。

6）屋面防水层的混凝土应按分格浇筑，每个分格应一次成型，严禁留置施工缝。浇筑时应振捣密实、赶压抹平，收水后应及时抹光。成活 24h 后，应及时洒水养护。养护时间一般控制在 10～14h 左右，视水泥品种和气候条件而定。

11.3.2 刚性防水屋面渗漏

（1）酿成原因

1）易产生渗漏部位

刚性防水屋面渗漏有一定的规律性，易发生渗漏的部位有：山墙、女儿墙、檐口、突出屋面穿过防水层的结构物和管道的根部，以及雨水管的水落口处。

2）渗漏分析

①非承重砖墙与屋面板连接处，因砖墙与屋面板混凝土的导热系数不同，变形量不一致，故在连接处容易拉裂。

②突出屋面的结构物穿过防水层的部位，由于混凝土收缩和温度变形产生拉应力，在分格缝的末端形成应力集中并产生裂缝。

③装配式预制屋面板板缝浇筑不密实，整体性差，相邻两块板受荷载作用产生不同变形，导致防水层开裂。

④檐口天沟和雨水口处的标高及坡度不准确，造成局部积水。雨水口处水落斗弯头安装不到位，未伸到女儿墙内表面，与屋面的防水层不能严密搭接，与屋面防水层连接处不是一次成活，出现施工缝，底层砂浆失水不均而产生裂缝等。

（2）预控对策

1）非承重砖墙与屋面板连接处，应先用细石混凝土（或干硬性砂浆）浇筑接缝，再分二次嵌填接缝防水油膏，嵌压要密实，油膏嵌入深度应为30～40mm，缝宽20～40mm。然后再按常规作法做卷材泛水，并应增设干铺卷材一层。

2）泛水部位和屋面防水层必须一次浇成，严禁留置施工缝。突出屋面穿过防水层的结构的根部应做成圆弧或钝角，泛水的高度应不小于250mm。泛水部位的混凝土应拍打（插捣）密实。表面收水后，应抹压密实，加强养护。防止混凝土干缩裂缝。

3）严格控制水落口处的标高、坡度和坡向，防止水落口处产生积水。水落斗应采用定型的水落斗，安装时其边沿必须压在女儿墙内侧并应贴严，水落斗与防水层之间的接缝采用聚氯乙烯胶泥嵌缝材料填嵌密实。

4）檐口天沟处的坡度和坡向必须符合设计要求。在水落口处应低于檐口天沟50mm，使该口处的集水性好，流水畅通。

5）泛水檐应抹压光滑，坡向应向内坡，避免形成台阶，使雨水停滞。

6）严格控制防水混凝土的水灰比，以0.55为宜，并应采用中、粗砂为佳。

12 工程验收和管理维护

工程验收是施工成果的综性检查。工程正式交工前，应按《建筑安装工程质量检验评定统一标准》(GBJ300—88) 和《建筑工程质量检评定标准》(GBJ301—88) 的规定进行工程质量检验评定，并应严格执行《屋面工程技术规范》(GB50207—94) 的规定。

12.1 质量要求

12.1.1 屋面不得有渗漏和积水现象。

12.1.2 屋面工程所用的材料应符合质量标准和设计要求。

12.1.3 屋面坡度应准确，排水系统应通畅。

12.1.4 找平层表面平整度不应大于 5mm，并不得有酥松、起砂、起皮现象。

12.1.5 节点做法应符合设计要求，封固严密，不得开缝、翘边。水落口及突出屋面设施与屋面连接处，应固定牢靠、密封严实。

12.1.6 松散材料保护层、涂料保护层应覆盖均匀、粘结牢固。刚性整体保护层与防水层间应设置隔离层，其表面分格缝的留设应正确。块体保护层应铺砌平整、勾缝严密，分格缝的留设应正确。

12.1.7 卷材铺贴方法和搭接顺序应符合规定，其搭接宽度应正确，接缝应严密，并不得有皱折、鼓泡和翘边现象。

12.1.8 涂膜防水层不应有裂纹、脱皮、流淌、鼓泡、露胎体和皱皮等现象，厚度应符合设计要求。

12.1.9 密封材料与基层应粘结牢固；密封部位应光滑、平直，尺寸符合设计要求，不得有鼓泡、龟裂等现象。保护层覆盖应严密。

12.1.10 刚性防水层厚度应符合设计要求，其表面应平整，不得起壳、起砂和裂缝。防水层内钢筋位置应准确。分格缝应平直，位置正确。密封材料应嵌填密实，粘结牢固。

12.1.11 架空隔热屋面的架空板不得断裂、缺损；架设应平稳，相邻两块板的高低偏差不应大于 3mm；架空层中不得堵塞。

12.1.12 倒置式屋面的保温层表面应平整；铺压材料应分布均匀。

12.1.13 保温层厚度、含水率和表观密度应符合设计要求。

12.1.14 蓄水屋面、种植屋面的溢水口、过水孔、排水管和泄水孔应符合设计要求。

12.1.15 瓦屋面的基层应平整、牢固，瓦片排列应整齐、平直，搭接合理，接缝严密，并不得有残缺瓦片。

12.2 质量检验

12.2.1 屋面工程施工中应做分项工程的交接检查；未经检查验收，不得进行后续施工。

12.2.2 防水层施工中，每一道防水层完成后，应由专人进行检查，合格后方可进行下一道防水层的施工。

12.2.3 检验屋面有无渗漏和积水、排水系统是否通畅，可在雨后或持续淋水2h以后进行。有可能作蓄水检验的屋面宜作蓄水检验，其蓄水时间不宜小于24h。

12.2.4 卷材防水屋面的节点处理、接缝、保护层等应进行外观检验。

12.2.5 涂膜防水屋面的涂膜厚度，可用针刺等方法进行检验，每 $100m^2$ 的屋面不应少于一处；每一屋面不应少于三处，并取其平均值评定。

12.2.6 找平层和刚性防水层的平整度，应用2m直尺检查；面层与直尺间最大空隙不应大于5mm；空隙应平缓变化，每米长度内不应多于一处。

12.2.7 密封防水处理部位应经检查合格后方可隐蔽。

12.2.8 蓄水屋面、种植屋面应作蓄水检验，其蓄水时间不应小于24h。

12.2.9 瓦屋面的瓦片排列、搭接，节点处理和瓦片的完整程度，应进行外观检验。

12.3 工程验收

12.3.1 屋面工程完工后，应由质量监督部门进行核定，合格后方可验收。

12.3.2 工程验收时，应提交下列技术资料，并应归档：

12.3.2.1 屋面工程设计图、设计变更和工程洽商单。

12.3.2.2 屋面工程施工方案和技术交底记录。

12.3.2.3 材料出厂质量证明文件及复试报告。

12.3.2.4 施工检验记录、淋水或蓄水检验记录、隐蔽工程验收记录、验评报告。

12.4 管理维护

12.4.1 工程竣工验收后，应由使用单位指派专人负责屋面管理。严禁在防水层和保温隔热层上凿孔打洞及以重物冲击；不得任意在屋面上堆放杂物及增设构筑物，并应经常检查节点的变形情况。

12.4.2 在需要增加设施的屋面上，应做好相应的防水处理。

12.4.3 严防水落口、天沟、檐口堵塞，保持屋面排水系统畅通。

12.4.4 管理人员应在每年雨季、冬季前进行检查并清扫，发现问题及时维修，并做出维修保养记录。

12.4.5 蓄水屋面除应执行第1.12.4.1条至第1.12.4.4条外，尚应定期清理杂物，严防干涸。

12.5 质量检验评定标准和检验方法

12.5.1 屋面找平层质量标准及检验方法，应符合表12.5.1的规定。

屋面找平层质量标准和检验方法　　表12.5.1

<table>
<tr><td rowspan="3">保证项目</td><td colspan="5">质量要求</td><td>检验方法</td></tr>
<tr><td colspan="5">1. 制作找平层的原材料及配合比，必须符合设计要求和施工规范的规定</td><td>检查产品出厂合格证、试验报告及配合比通知单</td></tr>
<tr><td colspan="5">2. 屋面（含天沟、檐沟）找平层的坡度必须符合设计要求</td><td>用坡度尺或2m靠尺及水平尺配合检查</td></tr>
<tr><td rowspan="7">基本项目</td><td>项次</td><td colspan="2">项目</td><td>等级</td><td>质量要求</td><td>检验方法</td></tr>
<tr><td rowspan="6">1</td><td rowspan="6">找平层表面质量</td><td rowspan="2">水泥砂浆找平层</td><td>合格</td><td>每处脱皮和起砂的累计面积不超过0.5m²</td><td rowspan="6">观察和脚踩、尺量检查</td></tr>
<tr><td>优良</td><td>无脱皮和起砂等缺陷</td></tr>
<tr><td rowspan="2">沥青砂浆找平层</td><td>合格</td><td>拌合均匀、表面密实</td></tr>
<tr><td>优良</td><td>在合格基础上无蜂窝缺陷</td></tr>
<tr><td rowspan="2">预制找平层</td><td>合格</td><td>紧贴基层、铺平垫稳、每处轻微松动不超过两块</td></tr>
<tr><td>优良</td><td>紧贴基层、铺平垫稳，无松动现象</td></tr>
<tr><td rowspan="5">基本项目</td><td>项次</td><td colspan="2">项目</td><td>等级</td><td>质量要求</td><td>检验方法</td></tr>
<tr><td rowspan="2">2</td><td colspan="2" rowspan="2">找平层与突出屋面结构的连接处和转角处</td><td>合格</td><td>做成圆弧形或钝角</td><td rowspan="2">观察检查</td></tr>
<tr><td>优良</td><td>做成圆弧形或钝角且整齐、平顺</td></tr>
<tr><td rowspan="2">3</td><td colspan="2" rowspan="2">分格缝的留设</td><td>合格</td><td>分格缝的位置应符合设计要求和施工规范的规定</td><td rowspan="2">观察和尺量检查</td></tr>
<tr><td>优良</td><td>分格缝的位置和间距符合设计要求和规范的规定</td></tr>
<tr><td rowspan="3">允许偏差项目</td><td>项次</td><td colspan="2">项目</td><td colspan="2">允许偏差（mm）</td><td>检验方法</td></tr>
<tr><td>1</td><td colspan="2">表面平整度</td><td colspan="2">5</td><td>用2m靠尺和楔形塞尺检查</td></tr>
<tr><td>2</td><td colspan="2">预制找平层接缝高低差</td><td colspan="2">3</td><td>用直尺和楔形塞尺检查</td></tr>
</table>

12.5.2 屋面保温（隔热）层质量标准及检验方法，应符合表12.5.2的规定。

屋面保温（隔热）层质量标准和检验方法 表 12.5.2

	质 量 要 求	检 验 方 法
保证项目	1 保温材料的强度、容重、导热系数和含水率以及配合比，必须符合设计要求和施工规范规定	观察检查和检查产品出厂合格证或试验报告
	2 架空板的强度必须符合设计要求，严禁有断裂和露筋等缺陷	观察检查和检查构件合格证或试验报告

	项 次	项 目		等 级	质 量 要 求	检 验 方 法
基本项目	1	保温层	松散保温材料	合 格	分层铺设，压实适当，表面基本平整、找坡基本正确	观察检查
				优 良	分层铺设，压实适当，表面平整，找坡正确	
			板块保温材料	合 格	紧贴（靠）基层、铺平垫稳，找坡基本正确，板缝填嵌密实	
				优 良	紧贴（靠）基层、铺平整稳，找坡正确、上下层错缝并填嵌密实	
			整体保温层	合 格	拌合均匀、分层铺设、压实适当表面基本平整，找坡基本正确	
				优 良	拌合均匀、分层铺设、压实适当、表面平整、找坡正确	
	2	架空板隔热层的铺设		合 格	架空板铺设平整、牢固稳定、缝隙勾填密实、架空高度及变形缝做法符合设计要求	观察和尺量检查
				优 良	在合格的基础上，边沿顺直，内部无杂物	

	项 次	项 目		允许偏差（mm）	检 验 方 法
允许偏差项目	1	整体保温层表面平整度	无找平层	5	用 2m 靠尺和楔形塞尺检查
			有找平层	7	
	2	保温层厚度	松散材料	+10δ/100 −5δ/100	用钢针插入和尺量检查
			整 体		
			板块材料	±5δ/100 且不大于 4mm	
	3	隔热板相邻高低差		3	用直尺和楔形塞尺检查

12.5.3 屋面卷材防水层质量标准及检验方法，应符合表 1.12.5.3 的规定。

屋面卷材防水层质量标准和检验方法　　表 12.5.3

<table>
<tr><td rowspan="3">保证项目</td><td colspan="5">质量要求</td><td>检验方法</td></tr>
<tr><td colspan="5">1. 卷材和胶结材料的品种、标号及玛琋脂配合比，必须符合设计要求和施工规范的规定</td><td>观察检查和检查产品出厂合格证、配合比及试验报告</td></tr>
<tr><td colspan="5">2. 卷材防水层，严禁有渗漏现象</td><td>雨后或蓄水（泼水）观察检查</td></tr>
<tr><td rowspan="14">基本项目</td><td>项次</td><td colspan="2">项目</td><td>等级</td><td>质量标准</td><td>检验方法</td></tr>
<tr><td rowspan="2">1</td><td colspan="2" rowspan="2">卷材防水层的表面平整度</td><td>合格</td><td>基本符合排水要求，无明显积水现象</td><td rowspan="2">观察检查</td></tr>
<tr><td>优良</td><td>符合排水要求，无积水现象</td></tr>
<tr><td rowspan="2">2</td><td colspan="2" rowspan="2">卷材铺贴的质量</td><td>合格</td><td>冷底子油涂刷均匀，铺贴方法、压接顺序和搭接长度基本符合规定，粘贴牢固，无滑移，翘边缺陷</td><td rowspan="2">观察检查</td></tr>
<tr><td>优良</td><td>冷底子油涂刷均匀、铺贴方法、压接顺序和搭接长度符合规定，粘贴牢固，无滑移，翘边起泡等缺陷</td></tr>
<tr><td rowspan="2">3</td><td colspan="2" rowspan="2">泛水、檐口及变形缝的做法</td><td>合格</td><td>粘贴牢固、封盖严密，卷材附加层、泛水立面收头等做法基本符合规定</td><td rowspan="2">观察检查</td></tr>
<tr><td>优良</td><td>粘贴牢固、封盖严密、卷材附加层，泛水立面收头等做法符合规定</td></tr>
<tr><td rowspan="3">4</td><td rowspan="3">保护层</td><td rowspan="2">绿豆砂保护层</td><td>合格</td><td>粒径 3～5mm，筛洗干净，撒铺均匀，粘结牢固</td><td rowspan="2">观察和手拨检查</td></tr>
<tr><td>优良</td><td>在合格的基础上、预热干燥、表面洁净</td></tr>
<tr><td>板块和整体保护层</td><td colspan="2">按“整体地面”和“板块地面”质量标准执行</td><td>观察和尺量检查</td></tr>
<tr><td rowspan="2">5</td><td colspan="2" rowspan="2">排气屋面孔道的留设</td><td>合格</td><td>排气道纵横贯通，排气孔安装牢固、封闭严密</td><td rowspan="2">观察检查</td></tr>
<tr><td>优良</td><td>排气道纵横贯通、无堵塞；排气孔安装牢固，位置正确，封闭严密</td></tr>
<tr><td rowspan="2">6</td><td colspan="2" rowspan="2">水落口及变形缝、檐口等处薄铁板的安装</td><td>合格</td><td>各种配件均应安装牢固，并应涂刷防锈涂料</td><td rowspan="2">观察和手扳检查</td></tr>
<tr><td>优良</td><td>安装牢固、水落口平正、变形缝檐口等处薄铁板的安装顺直，防锈涂料涂刷均匀</td></tr>
<tr><td rowspan="3">允许偏差项目</td><td>1</td><td colspan="2">卷材搭接宽度</td><td colspan="2">−10</td><td>用尺量检查</td></tr>
<tr><td>2</td><td colspan="2">玛琋脂软化点</td><td colspan="2">±5℃</td><td>检查铺贴时的测温记录</td></tr>
<tr><td>3</td><td colspan="2">沥青胶结材料使用温度</td><td colspan="2">−10℃</td><td>检查铺贴时的测温记录</td></tr>
</table>

12.5.4 屋面涂膜防水层和油膏嵌缝质量标准及检验方法、应符合表 12.5.4 的规定。

涂膜防水层和油膏嵌缝质量标准和检验方法 表 12.5.4

<table>
<tr><td></td><td colspan="4">质量要求</td><td>检验方法</td></tr>
<tr><td rowspan="3">保证项目</td><td colspan="4">1. 嵌缝油膏和防水涂料的质量，必须符合设计要求和施工规范规定</td><td>检查出厂合格证、配合比和试验报告</td></tr>
<tr><td colspan="4">2. 油膏嵌缝必须填嵌严密，粘结牢固，无开裂，油膏的覆盖宽度超出板缝两边各不少于 20mm</td><td>观察和尺量检查</td></tr>
<tr><td colspan="4">3. 涂料防水层必须平整、均匀、无脱皮、超壳裂缝、鼓泡等缺陷</td><td>观察和尺检查</td></tr>
<tr><td rowspan="5">基本项目</td><td>项次</td><td>项目</td><td>等级</td><td>质量标准</td><td>检验方法</td></tr>
<tr><td rowspan="2">1</td><td rowspan="2">油膏嵌缝的板缝基层</td><td>合格</td><td>板缝做法符合施工规范规定，板缝表面平整密实，干燥洁净，并涂刷冷底子油</td><td rowspan="2">观察检查及检查施工记录</td></tr>
<tr><td>优良</td><td>在合格的基础上，冷底子油涂刷均匀，无松动、露筋、起砂、起皮等缺陷</td></tr>
<tr><td rowspan="2">2</td><td rowspan="2">保护层</td><td>合格</td><td>粘结牢固，覆盖严密</td><td rowspan="2">观察和尺量检查</td></tr>
<tr><td>优良</td><td>在合格的基础上，保护层盖过嵌缝油膏两边各不少于 20mm</td></tr>
</table>

12.5.5 细石混凝土防水层质量标准及检验方法，应符合表 12.5.5 的规定。

屋面细石混凝土防水层质量标准和检验方法 表 12.5.5

<table>
<tr><td></td><td colspan="4">质量要求</td><td>检验方法</td></tr>
<tr><td rowspan="3">保证项目</td><td colspan="4">1. 原材料、外加剂、混凝土防水性能及强度，必须符合施工规范的规定</td><td>检查产品出厂合格证、配合比和试验报告</td></tr>
<tr><td colspan="4">2. 钢筋的品种、规格、位置及保护层厚度，必须符合设计要求和施工规范规定</td><td>观察检查和检查钢筋隐蔽工程验收记录</td></tr>
<tr><td colspan="4">3. 细石混凝土防水层的坡度、必须符合设计要求</td><td>用坡度尺检查</td></tr>
<tr><td rowspan="5">基本项目</td><td>项次</td><td>项目</td><td>等级</td><td>质量标准</td><td>检验方法</td></tr>
<tr><td rowspan="2">1</td><td rowspan="2">防水层的
外观质量</td><td>合格</td><td>防水层表面平整、压实抹光、无裂缝</td><td rowspan="2">观察检查</td></tr>
<tr><td>优良</td><td>防水层厚度均匀一致，表面平整、压实抹光、无裂缝、起壳、起砂等缺陷</td></tr>
<tr><td rowspan="2">2</td><td rowspan="2">泛水、檐口、分格</td><td>合格</td><td>泛水、檐口做法正确、分格缝的设置位置和距离做法基本符合规定，缝格和檐口顺直</td><td rowspan="2">观察检查</td></tr>
<tr><td>优良</td><td>泛水、檐口做法正确、分格缝的设置位置和间距做法符合规定，缝格和檐口平顺</td></tr>
<tr><td rowspan="2">允许偏差项目</td><td>1</td><td>表面平整度</td><td colspan="2">5</td><td>用 2m 靠尺和楔形塞尺检查</td></tr>
<tr><td>2</td><td>泛水高度</td><td colspan="2">≥120</td><td>尺量检查</td></tr>
</table>

12.5.6 水落管制作、安装质量标准及检验方法，应符合表12.5.6的规定。

水落管制作安装质量标准和检验方法　　表12.5.6

<table>
<tr><td rowspan="3">保证项目</td><td colspan="4">质量要求</td><td>检验方法</td></tr>
<tr><td colspan="4">1. 水落斗和水落管的制作必须符合设计要求，接缝无开焊，咬口无开缝</td><td>观察和尺量检查</td></tr>
<tr><td colspan="4">2. 水落斗和水落管的安装必须牢固，管箍固定方法正确、排水畅通、无渗漏</td><td>观察检查</td></tr>
<tr><td rowspan="7">基本项目</td><td>项次</td><td>项目</td><td>等级</td><td>质量标准</td><td>检验方法</td></tr>
<tr><td rowspan="2">1</td><td rowspan="2">水落管的连接</td><td>合格</td><td>上下节管连接紧密、承插方向、长度和管箍间距符合规定；水落管正视顺直</td><td rowspan="2">观察和尺量检查</td></tr>
<tr><td>优良</td><td>在合格的基础上，排水口距地面高度符合规定；弯管的结合角度成钝角，水落管正、侧视顺直</td></tr>
<tr><td rowspan="2">2</td><td rowspan="2">水落斗和水落管等涂料</td><td>合格</td><td>除锈干净、涂刷防锈涂料和两度罩面涂料；如用薄钢板制作时，两面均涂刷防锈涂料、无漏涂</td><td rowspan="2">观察检查和检查施工记录</td></tr>
<tr><td>优良</td><td>在合格的基础上，罩面应经二度涂料；涂料的颜色均匀、无脱皮、漏涂</td></tr>
<tr><td rowspan="2">3</td><td rowspan="2">阳台、雨篷出水管</td><td>合格</td><td>出水管的长度和坡度适宜、无存水。</td><td rowspan="2">观察检查</td></tr>
<tr><td>优良</td><td>出水管的长度和坡度正确，上下位置对齐，无存水</td></tr>
</table>

附录1　沥青玛瑅脂的选用、调制和试验

1.1　标号的选用及技术性能

1.1.1　粘贴各层卷材及粘结绿豆砂保护层采用的沥青玛瑅脂的标号，应根据屋面的使用条件、坡度和当地历年极端最高气温，按表1.1.1的规定选用。

1.1.2　沥青玛瑅脂的质量要求，应符合表1.1.2的规定。

沥青玛瑅脂选用标号　　　**附表1.1**

材料名称	屋面坡度	历年极端最高气温	沥青玛瑅脂标号
沥青玛瑅脂	1%～3%	小于38℃ 38℃～41℃ 41℃～45℃	S—60 S—65 S—70
	3%～15%	小于38℃ 38℃～41℃ 41℃～45℃	S—65 S—70 S—75
	15%～25%	小于38℃ 38℃～41℃ 41℃～45℃	S—75 S—80 S—85

注：1. 卷材层上有块体保护层或整体刚性保护层，沥青玛瑅脂标号可按表1.1降低5号；

2. 屋面受其他热源影响（如高温车间等）或屋面坡度超过25%时，应将沥青玛瑅脂的标号适当提高。

沥青玛瑅脂的质量要求　　　**附表1.2**

标号 指标名称	S—60	S—65	S—70	S—75	S—80	S—85
耐热度	用2mm厚的沥青玛瑅脂粘合两张沥青油纸，于不低于下列温度（℃）中，在1∶1坡度上停放5h的沥青玛瑅脂不应流淌，油纸不应滑动					
	60	65	70	75	80	85
柔韧性	涂在沥青油纸上的2mm厚的沥青玛瑅脂层，在18±2℃时，围绕下列直径（mm）的圆棒，在2s时间内以均衡速度弯成半周，沥青玛瑅脂不应有裂纹					
	10	15	15	20	25	30
粘结力	用手将两张粘贴在一起的油纸慢慢地一次撕开，从油纸和沥青玛瑅脂的粘贴面的任何一面的撕开部分，应不大于粘贴面积的1/2					

1.2 配 合 成 分

1.2.1 配制沥青玛𤥻脂用的沥青，可采用10号、30号的建筑石油沥青和60号甲、60号乙的道路石油沥青或其熔合物。

1.2.2 选择沥青玛𤥻脂的配合成分时，应先选配具有所需软化点的一种沥青或两种沥青的熔合物。当采用两种沥青时，每种沥青的配合量，宜按下列公式计算：

$$\text{石油沥青熔合物}\ B_g = \left(\frac{t - t_2}{t_1 - t_2}\right) \times 100 \quad (1\text{-}1)$$

$$B_d = 100 - B_g \quad (1\text{-}2)$$

式中 B_g——熔合物中高软化点石油沥青含量，%；

B_d——熔合物中低软化点石油沥青含量，%；

t——沥青玛𤥻脂熔合物所需的软化点，℃；

t_1——高软化点石油沥青的软化点，℃；

t_2——低软化点石油沥青的软化点，℃。

1.2.3 在配制沥青玛𤥻脂的石油沥青中，可掺入10%～25%的粉状填充料或掺入5%～10%的纤维填充料。填充料宜采用滑石粉、板岩粉、云母粉、石棉粉。填充料的含水率不宜大于3%。粉状填充料应全部通过0.21mm（900孔/cm²）孔径的筛子，其中大于0.085mm（4900孔/cm²）的颗粒不应超过15%。

1.3 调 制 方 法

1.3.1 将沥青放入锅中熔化，应使其脱水并不再起沫为止。

当采用熔化的沥青配料时，可采用体积比；当采用块状沥青配料时，应采用质量比。

当采用体积比配料时，熔化的沥青应用量勺配料，石油沥青的密度，可按1.00计。

1.3.2 调制沥青玛𤥻脂时，应在沥青完全熔化和脱水后，再慢慢地加入填充料，同时不停地搅拌至均匀为止。填充料在掺入沥青前，应干燥并宜加热。

1.4 试 验 方 法

1.4.1 沥青玛𤥻脂的各项试验，每项应至少3个试件，试验结果均应合格。

1.4.2 耐热度测定：应将已干燥的110mm×50mm的350号石油沥青油纸，由干燥器中取出，放在瓷板或金属板上，将熔化的沥青玛𤥻脂均匀涂布在油纸上，其厚度应为2mm，并不得有气泡。但在油纸的一端应留出10mm×50mm空白面积以备固定。以另一块100mm×50mm的油纸平行地置于其上，将两块油纸的三边对齐，同时用热刀将边上多余的沥青玛𤥻脂刮下。将试件置放于15℃～25℃的空气中，上置一木制薄板，并将2kg重的金属块放在木板中心，使均匀加压1h，然后卸掉试件上的负荷，将试件平置于预先已加热的电烘箱中（电烘箱的温度低于沥青玛𤥻脂软化点30℃）停放30min，再将油纸末涂沥青玛𤥻脂的一端向上，固定在45角的坡度板上，在电烘箱中继续停放5h，然后取出试件，并仔细察看有无沥青玛琋脂流淌和油纸下滑现象。如果未发生沥青玛琋脂流淌或油纸下滑，应认为沥青玛琋脂的耐热度在该温度下合格。然后将电烘箱温度提高5℃，另取一试件重复以上步骤，直至出现沥青玛琋脂流淌或油纸下滑时为止，此时可认为在该温度下沥青玛琋脂的耐热度不合格。

1.4.3 柔韧性测定：应在100mm×50mm的350号沥青油纸上，均匀地涂一层厚约2mm的沥青玛琋脂（每一试件用10g沥青玛琋脂），静置2h以上且冷却至温度为18±2℃后，将试件和规定直径的圆棒放在温度为18±2℃的水中浸泡15min，然后取出并在2s时间内以均衡速度弯曲成半周。此时沥青玛琋脂层上不应出现裂纹。

1.4.4 粘结力测定：将已干燥的100mm×50mm的350号石油沥青油纸，由干燥器中取出，放在成型板上，将熔化的沥青玛琋脂均匀地涂在油纸上，厚度宜为2mm，面积80mm×50mm，并不得有气泡，但在油纸的一端应留出20mm×50mm的空白，以另一块100mm×50mm的沥青油纸平行地置于其上，将两块油纸的四边对齐，同时用热刀把边上多余的沥青玛琋脂刮下。试件置于15℃～25℃的空气中，上置木制薄板，并将2kg重的金属块放在木板中心，使均匀加压1h，然后除掉试件上的负荷，将试件置于18±2℃的电烘箱中30min再取出，用两手的拇指与食指捏住试件未涂沥青玛琋脂的部分一次慢慢地揭开，若油纸的任何一面被撕开的面积不超过原粘贴面积的1/2时，应认为合格。

附录2 国家现行技术标准及规范

2.1 防水工程国家现行技术标准及规范

序 号	现行规范标准号	常用规范标准名称
1	GB50207—94	屋面工程技术规范
2	GB50204—92	混凝土结构工程施工及验收规范
3	GB50164—92	混凝土质量控制标准
4	JGJ107—87	混凝土强度检验评定标准
5	JGJ63—89	混凝土拌合用水标准
6	GBJ119—88	混凝土外加剂应用技术规范
7	GBJ81—85	普通混凝土力学性能试验方法
8	GBJ80—85	普通混凝土拌合物性能试验方法
9	GBJ321—90	预制混凝土构件质量检验评定标准
10	GBJ300—88	建筑安装工程质量检验评定统一标准
11	GBJ301—88	建筑工程质量检验评定标准

2.2 防水工程常规应用材料国家技术标准

序 号	国家技术标准号	常用标准名称
1	GB494—85	建筑石油沥青
2	SY1665—77	普通石油沥青
3	GB326—89	石油沥青级胎油毡油级
4	DB21/T—715—93	三元乙丙橡胶防水卷材
5	DB21/T—703—93	APP 改性沥青卷材
6	JC206—76	再生胶防水卷材
7	DB21/T—700—93	三元丁橡胶防水卷材设计与施工规程
8	DBJ05—02—91	OMP 改性沥青卷材
9	JC500—92	聚氨脂防水涂料
10	DB21/T—695—93	聚氯乙烯防水涂料设计施工规程
11	SY1616—85	道路石油沥青
12	GB175—92	硅酸盐水泥、普通硅酸盐水泥
13	GB 1344—92	矿渣、火山灰质及粉煤灰硅酸盐水泥
14	JG416—91	快硬高强铝酸盐水泥
15	GB200—89	中热硅酸盐水泥、低热矿渣硅酸盐水泥
16	GB199—90	快硬性硅酸盐水泥
17	GB12958—91	复合硅酸盐水泥
18	GB1596—91	用于水泥和混凝土中的粉煤灰
19	JGJ52—92	普通混凝土用砂质量标准及检验方法
20	JGJ53—92	普通混凝土用碎石或卵石质量标准及检验方法

续表

序　号	国家技术标准号	常 用 标 准 名 称
21	GBJ119—88	混凝土外加剂应用技术规范
22	JG475—92	混凝土防冻剂标准
23	JC209—77	膨胀珍珠岩及其制品
24	GB 11835—89	绝热岩棉、矿渣棉及其制品
25	GB 10800—89	建筑物隔热用硬质聚氨脂泡沫塑料
26	GB 10801—89	隔热用聚苯乙烯泡沫塑料
27	GB 207—92	建筑防水沥青嵌缝油膏
28	建标 39—61	防水剂
29	SYB 2801—77	石油沥青软化点延度、针入度、脆点测定法
30	GBA507～4510—89	石油沥青延度测定法
31	JC 84—74	沥青玻璃布油毡
32	GB 328.1～7—89	沥青防水卷材试验方法

附录3 防 水 材 料

3.1 建筑石油沥青（GB 494—85）

本标准适用于天然原油的减压渣油经氧化而得的石油沥青。本产品用于建筑屋面和地下防水的胶结料、油纸和防腐材料等。建筑石油沥青按针入度不同分为10号、30号两个牌号。建筑石油沥青技术标准，应符合附表3.1的规定。

建筑石油沥青质量标准 **附表3.1**

项目	质量指标		试验方法
	10号	30号	
针入度（25℃、100g），$\frac{1}{10}$mm	10～25	25～40	GB4509
延度（25℃）（cm）不小于	1.5	3	GB4508
软化点（环球法）（℃）不低于	95	70	GB4507
溶解度（三氯甲烷/三氯乙烯/四氯化碳或苯）（%）不小于	99.5	99.5	SY2805
蒸发损失（160℃5h）（%）不大于	1	1	SY2808
蒸发后针入度比（%）不小于	65	65	注
闪点（开口）（℃）不低于	230	230	GB267
脆点（℃）	报告	报告	GB4510

注：测定蒸发损失后样品的针入度与原针入度之比乘以100后，所得的百分比，称为蒸发后针入度比。

3.2 普通石油沥青（SY 1665—77）

普通石油沥青主要技术质量指标见附表3.2。

附表3.2

项目	质量指标			试验方法
	75号	65号	55号	
软化点（环球法）（℃）不低于	60	80	100	GB4507—84
延度（25℃）（cm）不小于	2	1.5	1	GB4508—84
针入度（25℃）（10g/10mm）不大于	75	65	55	GB4509—84
溶解度（三氯甲烷，四氯化碳或苯）（%）不小于	98	98	98	SY2805
闪点（开口）（℃）不低于	230	230	230	GB267
水分（%）不大于	痕迹	痕迹	痕迹	GB260

3.3 石油沥青纸胎油毡（GB 326—89）

3.3.1 石油沥青纸胎油毡技术指标（见附表 3.3）

附表 3.3

标号 等级		200 号			350 号			500 号		
		合格	一等	优等	合格	一等	优等	合格	一等	优等
单位面积浸涂材料总量（g/m^2）		600	700	800	1000	1050	1110	1400	1450	1500
不透水性	压力（MPa）不小于	0.05			0.10			0.15		
	保持时间（min）不小于	15	20	30	30	30	45	30		
吸水率（%）（真空法）不大于	粉毡	1.0			1.0			1.5		
	片毡	3.0			3.0			3.0		
耐热度（℃）		85±2		90±2	85±2		90±2	85±2		90±2
		受热 2h 时涂盖层应无滑动和集中性气泡								
拉力（N）25±2℃纵向不小于		240	270		340	370		440	470	
柔度		18±2℃			18±2℃	16±2℃	14±2℃	18±2℃		14±2℃
		绕 ϕ20mm 圆棒或弯板无裂纹						绕 ϕ25mm 圆棒或弯板无裂纹		

3.3.2 石油沥青纸胎油纸技术指标（见附表 3.4）

附表 3.4

指标名称	标号	200 号	350 号
浸渍材料占干原纸重量（%）	不小于	100	
吸水性（%）（真空法）	不大于	25	
拉力（N）25±2℃时纵向	不小于	110	240
柔度在 18±2℃时		围线 ϕ10mm 棒或弯板无裂纹	

3.4 三元乙丙橡胶防水卷材（DB 21/T—715—93）

3.4.1 三元乙丙橡胶卷材性能

三元乙丙橡胶卷材是用石油化工的乙烯、丙烯和少量的双环戊二烯共聚合成的，并掺入适当的丁基橡胶、硫化剂、促进剂、软化剂和补强剂等，经过密炼、拉片、过滤、挤出（或压延）成型、硫化、检验和分卷等工序加工制成的一种防水卷材。

三元乙丙橡胶卷材用于屋面或地下、水池等工程中，具有重量轻（$2kg/m^2$），使用温度范围广（在－40～＋80℃范围可以长期使用），耐久性能优异，抗拉强度高，延伸率大等特点，对结构变形或开裂适应性强。

3.4.2 三元乙丙橡胶卷材检验标准

三元乙丙橡胶卷材技术检验　　附表 3.5

指　标　名　称	指　标
厚　度	1.5±0.2
抗拉强度（MPa）≥	7.5
撕裂强度（MPa）≥	3
延伸率（%）≥	450
300%定伸强度（MPa）>	2.5

3.4.3 三元乙丙橡胶卷材取样方法

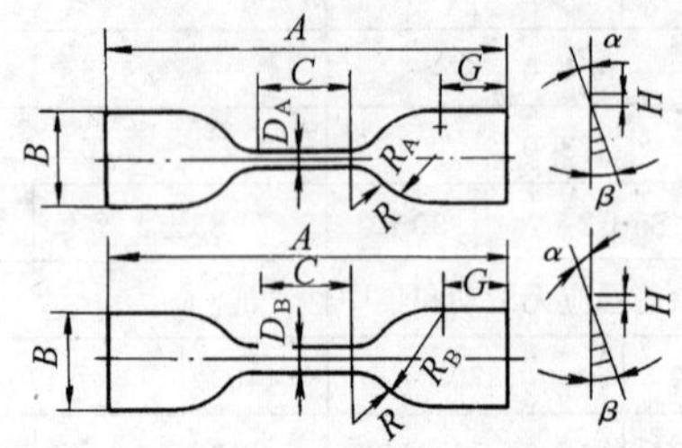

附图 5.3.1　B 型

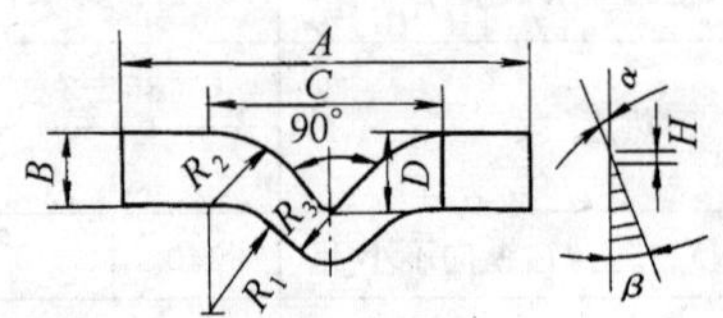

附图 5.3.2

哑 状 试 样 尺 寸　　附表 3.6

代　号	尺寸（mm）	代　号	尺寸（mm）	代　号	尺寸（mm）	代　号	尺寸（mm）
A	110	D_B	6.5	G	17.5	α	32±2
B	25	R	14.1	H	0.5	β	20±1
C	25	R_A	20.0				
D_A	3.2	R_B	24.3				

注：每种试样数量不应少于 5 个。

抗撕裂试样各部位尺寸　　附表 3.7

代　号	尺寸（mm）	代　号	尺寸（mm）	代　号	尺寸（mm）	代　号	角　度
A	100	D	20	R_3	128	α	32±2
B	20	R_1	25	H	0.5	β	20±1
C	56.6	R_2	20				

注：每试样数量不应少于 5 个。

3.4.4 三元乙丙橡胶抗拉强度、延伸率检验

用卡尺量卷材的厚度，测量部位不少于 3 点，取其最低值，划试件标距。将试件对称并垂直地夹在拉伸试验机的上、下夹持器上，以 500±10mm/min 的速度拉伸长试样，并测量试样工作部分的伸到拉断为止。

根据试验要求记载试样被拉伸到规定伸长时的负荷。

试样如在标线以外拉断或断面上有直接可看到的缺陷或杂质时，其试验结果作废。

抗拉强度和定伸强度计算

$$\delta = \frac{P}{bh}$$

式中 δ——抗拉强度或定伸强度（Pa）；

P——试样破坏荷载（N）；

b——试验前试样工作部分宽度（以裁刀实际宽度计算）（mm）；

h——试验前试样工作部分最小厚度（mm）。

延伸率计算：

$$\varepsilon = \frac{L_1 - L_0}{L_0} \times 100\%$$

式中 ε——延伸率（%）；

L_0——试验前试样工作标距（采用标准试样时以 25mm 计算）（mm）；

L_1——试验后破坏时的标距（mm）。

（注：试验结果均以 5 个试件平均值计）。

3.4.5 三元乙丙橡胶抗撕裂检验

将直角试样在拉力机上的一定牵引速度进行拉伸（N），直到试样撕断为止，测量所需的最高负荷。

用卡尺测量试样直角部位的厚度，把试样对称并垂直地夹在试样机上。用 500±10mm/min 的速度拉伸试样到完全撕断为止。撕裂强度计算：

$$\varphi_R = \frac{P}{h}$$

式中 φ_R——抗撕裂强度（MPa）；

P——试样撕断时负荷（N）；

h——试样直角部位的厚度（mm）。

（注：试验结果以 5 个试件平均值计）。

3.5 APP 改性沥青卷材（DB 21/T—703—93）

3.5.1 定义与适用范围

3.5.1.2 APP 改性沥青卷材是利用无规聚丙烯（APP）等高分子聚合物和其它化工原料与沥青，按照严格的工艺、科学的配方，在高温状态下制成的均匀混合物，并采用聚酯或玻纤毡做基胎，双面均匀浸渍 APP 改性沥青复合物，表层分别再用聚乙烯膜和细砂或滑石粉覆面等工艺过程制成的一种新型防水卷材。

3.5.1.3 适用于工业与民用建筑物、构筑物的屋面、地面、地下防水工程。

3.5.2 卷材分类及性能

3.5.2.1 APP 改性沥青卷材具有较高的抗拉强度和延伸率，良好的耐高低温性和抗老化性，与混凝土、木材、砖石、塑料、金属等表面均可形成良好的粘结力。

3.5.2.2 卷材可采用焰炬热熔法施工。操作方便、安全、无环境污染。

3.5.2.3 APP 改性沥青卷材按所使用的基胎可分为聚酯基胎和玻纤基胎两个系列 6 个品种（见表）。

3.5.3 卷材质量要求

3.5.3.1 卷材的外观质量和规格应符合附表 3.8 和 3.9 的要求。

3.5.3.2 改性沥青的物理性能应符合附表 3.10 的要求。

APP 改性沥青卷材外观质量 **附表 3.8**

项目	标准
孔洞、断裂、剥离	不允许
胎体未浸透、露胎	不允许
边缘不整齐、覆膜覆砂不均匀	无明显差异
涂盖不均匀	不允许

APP 改性沥青卷材规格 **附表 3.9**

厚度 (mm)	宽度 (mm)	长度 (m)
2.0±0.2	1000±10	20±0.2　10±0.1
3.0±0.3		10±0.1
4.0±0.4		
5.0±0.5		5±0.05　7.5±0.075

APP 改性沥青卷材物理性能 **附表 3.10**

产品系列		聚酯纤维系列			玻璃纤维系列		
		JG	JZ	JD	BG	BZ	BD
抗拉强度	纵向 (N/5cm)	800	600	400	800	500	350
	横向 (N/5cm)	700	500	300	700	400	250
延伸率	纵向 (%)	40	34	20	3		
	横向 (%)						
低温柔度		0℃、−5℃、−10℃、−20℃、−30℃					
耐热度		120℃ 2h 不流淌，不变形					
不透水性 (MPa/30min)		不小于 0.3		不大于 0.1			
抗老化值		经老化仪测试 2500h 仍不透水					
耐酸碱性		在 30% 硫酸及在 30% 氢氧化钠溶液中浸泡 90 天表面无明显变化					

注：表中 J、B 与 G、Z、D 分别代表卷材为聚酯基胎、玻纤基胎与高、中、低强度。

3.5.4 卷材运输和贮存

3.5.4.1 卷材运输时不得挤压，装卸要轻搬轻放，不得摔扔。贮存时要单层垂直立放在通风干燥的地方，防止日晒、雨淋。因特殊情况必须两层存放时，层与层之间需加垫板分配重量，但不得超过两层。卷材不得交叉堆放和平放。

3.6 再生胶防水卷材（JC 206—76）

3.6.1 规格尺寸

再生胶油毡规格尺寸见附表 3.11。

再生胶油毡规格尺寸 **附表 3.11**

厚 度 (mm)	幅 度 (mm)	卷 长 (m)
1.2±0.2	1000±10	20±0.3

注：如需特殊规格，可由用货单位与生产厂双方协议。

3.6.2 外观质量

3.6.2.1 成卷油毡应卷紧，两端平齐。

3.6.2.2 表面无孔洞、皱折或刻痕等缺陷。

3.6.2.3 每 m^2 油毡上，直径为 3～5mm 的疙瘩不得超过三个，直径为 3～5mm 的气泡或因气泡破裂而造成的痕迹不得超过三个。

3.6.2.4 每卷油毡接头不得超过一个，短的一块不得小于 3m，并应比规格长 15cm。

3.6.2.5 撒布材料应均匀，油毡铺开后不应有粘结现象。

3.6.3 物理性能

物理性能应符合附表 3.12。

再生胶油毡物理性能 **附表 3.12**

项 目	指 标
抗拉强度（N）20±2℃时纵向不小于	79
延伸率（%）20±2℃纵向不小于	120
低温柔性：−20℃时，1h，ϕ1mm 金属丝对折	无裂纹
不透水性（MPa）动水压法，保持 90min 不小于	0.3
耐热度：在 120℃下加热 5h	不起泡、不发粘
吸水性（%）18±2 时，24h 不大于	0.5

3.6.4 检验方法（略）

3.6.5 验收规则

3.6.5.1 同一规格的产品，以 100 卷为一批，少于 100 卷亦按一批算；生产厂以一个班的产量为一批。在该批产品中任取一卷检查外观质量，全部指标达到要求即为合格；若其中有一项指标未达到要求时，应从该产品中再任取一卷检查，全部指标达到要求时亦为合格；若仍有一项指标未达到要求时，应由原生产单位进行开卷整理后任取 2 卷，全部指标达到要求时即为合格；若仍有一项指标不合格，则该批产品为不合格品。

3.6.5.2 将外观检查合格的一卷作为物理性能检验的试样，检验结果符合各项指标时，该批产品即为合格品，若有一项指标不符合要求时，应在该批产品中再取一卷进行单项复验，达到指标要求即为合格；若仍未达到指标要求时，则该批产品为不合格品。

3.7 三元丁橡胶防水卷材（DB 21/T—700—93）

卷材：系指以废丁基橡胶为主，加入其它辅助材料制成的非硫化型再生橡胶防水卷材。三元丁粘合剂（简称粘合剂）系指由橡胶、溶剂、填料和填加剂组成，常温下呈黄色粘稠液体。适用于防水等级Ⅰ—Ⅳ级的屋面地下防水建筑工程。

3.7.1 卷材主要性能应符合附表3.13的要求。

附表3.13

指标名称	性能
抗拉强度（MPa）	≥0.8
延伸率（%）	≥150
耐热性	120℃～250℃5h不流淌、不起泡、不发粘
不透水性	动水压0.4MPa 90min不透水
柔性	−30℃对折不裂

3.7.2 外观质量和规格应符合附表3.14和附表3.15的要求。

附表3.14

项目	判断标准
成品包装	卷材应卷紧，两端平齐
孔洞、皱折、刻痕	不允许
疙瘩、气泡	每平方米内直径3～5mm的疙瘩、气泡不超过3个
接头	每卷不允许超过一处，短的一块不小于3m，并应比规格要求长150mm

附表3.15

厚度（mm）	幅度（mm）	卷长（m）
1.2±0.2	1000±10	20±0.3

3.7.3 辅助材料

粘合剂主要技术性能指标应符合附表3.16要求。

附表3.16

指标名称	性能
粘度（CP）	500～1200
剥离强度（N/cm）	≥8.5
表干20±2℃（S）	25～50
含固量（%）	12～15

3.7.4 卷材和粘合剂包装、贮存、运输

3.7.4.1 外包装上应注明：

a）生产厂名；

b）商标；

c）产品名称、产品标号、制造日期；

d）标准编号；

e）质量等级标志；

f）保管与运输注意事项。

3.7.4.2 保管与运输

a）应避免雨水淋，并要注意通风；

b）卷材必须平放，堆放高度不宜超过1m；

c）粘合剂应远离火源。

3.8 OMP改性沥青卷材（DBJ 05—02—91）

3.8.1 卷材的分类及性能、特点

3.8.1.1 OMP改性沥青卷材产品，因对石油沥青基料改性方法不同而分为三个系列。符号“O”代表氧化改性沥青，是在石油沥青中加入适量增塑剂、催化剂，采用独特的氧化工艺而制得；符号“M”代表橡塑改性沥青，它是在催化氧化沥青的基础上，再加入丁苯胶乳改性而成；符号“P”代表聚合物改性沥青，它是用无规聚丙烯（APP）或乙丙橡胶（EPDM）等高分子聚合物对石油沥青进行改性而成。

3.8.1.2 OMP改性沥青卷材是以O、M、P三种改性沥青做基料分别采用高密度聚乙烯膜，无纺聚酯毡和玻纤毡等做胎体，上下再用聚乙烯膜覆面，经滚压水冷成型的一种新型沥青防水卷材。因采用的沥青基料、胎体覆面材料不同，可分为三个系列21个品种，见附表3.17。

3.8.1.3 OMP改性沥青防水卷材具有良好的防水性能，抗拉性能和延伸性能，耐高、低温、抗老化，且可以单层防水和多层防水。施工方法简单，其规格与各项技术性能见附表3.18。

改性沥青防水卷材施工采用焰炬烘烤热熔法及冷粘法施工。施工简便、安全、减少对环境的污染。

3.8.2 卷材配套材料

3.8.2.1 改性沥青卷材配套使用三各沥青制品：1.改性沥青粘结剂；2.橡胶沥青嵌缝膏；3.橡胶沥青乳液。

3.8.2.2 改性沥青卷材铺设时，按不同使用部门应选用相应的卷材配套材料。其性能和选用要点见附表3.19。

3.8.3 卷材的运输和保管

3.8.3.1 卷材运送要小心轻放，不得抛扔，不得翻斗卸车，不得重压。不得紧捆卷材吊运，应用专用托架吊运。堆放时要平行卧放，不得立放，不得交叉堆放，每垛勿高于五层。通常存放在库棚内。保存期为一年，施工前抬出的卷材不允许有折裂和粘连。

OMP 改性沥青卷材产品分类表 附表 3.17

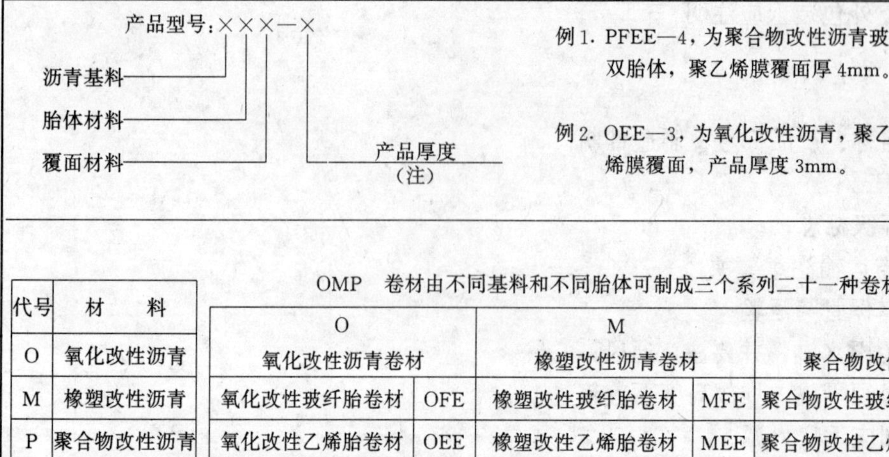

例 1. PFEE—4，为聚合物改性沥青玻纤毡和聚乙烯膜双胎体，聚乙烯膜覆面厚 4mm。

例 2. OEE—3，为氧化改性沥青，聚乙烯膜胎体，聚乙烯膜覆面，产品厚度 3mm。

代号	材料
O	氧化改性沥青
M	橡塑改性沥青
P	聚合物改性沥青
E	聚乙烯膜
F	玻纤毡
W	无纺聚酯毡
AL	压纹铝箔
R	再生胶面

OMP 卷材由不同基料和不同胎体可制成三个系列二十一种卷材

O 氧化改性沥青卷材		M 橡塑改性沥青卷材		P 聚合物改性沥青卷材	
氧化改性玻纤胎卷材	OFE	橡塑改性玻纤胎卷材	MFE	聚合物改性玻纤胎卷材	PFE
氧化改性乙烯胎卷材	OEE	橡塑改性乙烯胎卷材	MEE	聚合物改性乙烯胎卷材	PEE
氧化改性复合胎卷材	OFEE	橡塑改性复合胎卷材	MFEE	聚合物改性复合胎卷材	PFEE
氧化改性铝箔面卷材	OEAL	橡塑改性铝箔面卷材	MEAL	聚合物改性铝箔面卷材	PEAL
氧化改性聚酯胎卷材	OWE	橡塑改性聚酯胎卷材	MWE	聚合物改性聚酯胎卷材	PWE
氧化改性无胎铝箔面卷材	OAL	橡塑改性无胎铝箔面卷材	MAL	聚合物改性无胎铝箔面卷材	PAL
氧化改性再生胶面卷材	OFR	橡塑改性再生胶面卷材	MFR	聚合物改性再生胶面卷材	PER

注：产品厚度为 2mm、3mm、4mm、5mm 按设计需要可生产不同厚度的卷材。

OMP 改性沥青卷材主要技术指标 附表 3.18

产品系列		氧化改性沥青卷材						橡塑改性沥青卷材						聚合物改性沥青卷材					
产品名称		OEE	OFB	OFE	DWB	OEAL	OAL	MEE	MFE	MFEE	MWB	MEAL	MAL	PEE	PFE	PFEE	PWE	PEAL	PAL
主要材料成分		三氯化铁、石油沥青						丁苯胶乳、石油沥青						EPDM（乙丙橡胶）石油沥青					
低温柔韧性（ϕ25mm 圆棒无裂纹）								−5℃						−10℃					
耐高温性（2h 不流淌）		80℃						85℃						90℃					
抗拉强度（23℃拉伸速度 100mm/min N/2.5cm）	纵向 >	70	110	110	200	110	110	70	140	140	200	110	110	70	140	140	200	110	110
	横向 >	60	70	70	180	110	110	60	90	90	180	110	110	60	90	90	180	110	110
23℃断裂延伸率%>		300	—	30		—	—	300	—	30		—	—	300	—	30		—	—
沥青基料	25℃100g 针入度（$\frac{1}{10}$mm）	45～60						45～60						45～60					
	软化点（℃）（环球法）	>85						>90						>110					

续表

产品系列		氧化改性沥青卷材	橡塑改性沥青卷材	聚合物改性沥青卷材
热老化70℃168h之后	抗拉强度保持率	80%		
	低温柔韧性	+5℃	0℃	−5℃
耐久年限		有保护的上人屋面使用寿命10年以上		
不透水性		在0.3MPa压力下作开缝水压试验持90分钟不渗漏		
施工后正常使用气温		−45～50℃		
耐抗酸碱盐性能		良 好 | 差	良 好 | 差	良 好 | 差
外形尺寸	每卷长度（m）	10	10	10
	卷材宽度（m）	1.1 | 1.0 | 1.1 | 1.0 | 1.1 | 1.1	1.1 | 1.0 | 1.1 | 1.0 | 1.1 | 1.1 | 1.1	1.0 | 1.1 | 1.0 | 1.1 | 1.1
	厚度（mm）	2～5	2～5	2～5

卷材配套材料性能及使用要点 **附表3.19**

用法 \ 用法	改性沥青粘结剂	橡胶沥青嵌缝膏（密封膏）	橡胶沥青乳液
产品概要与适用范围	属溶剂型改性沥青粘结剂，具有极好的粘附力和抗老化性，是OMP防水卷材配套的专用粘结剂，可牢固地将卷材粘结到混凝土、陶瓦、木材等基面上	属沥青橡胶基嵌缝膏，能在各种气候条件下使用，具有极好的延伸、粘附、密封和持久性能，它适用于各种建筑物的伸缩缝、穿墙管、水池、挡水墙等的密封防水	属水溶性沥青橡胶防水涂料，具有很高的粘度，能够厚质施工，干燥后可形成一层高质量的弹性防水膜，可以单独用作隔墙、水池、卫生间的防水，也可用作基层冷底子油和隔潮层
粘度（CPS） 固体含量（110℃） 耐高温性能 低温柔韧性	1000～9000 32±5% 90℃时不流淌 −18℃绕ϕ10mm圆弧无裂纹	（针入度：120）$\frac{1}{10}$mm 60±5% 100℃时不流淌 −10℃无裂纹	1000～10000 50±5% 100℃时不流淌 −20℃不变脆
对粘附基层的要求	对于铺设防水卷材的基层，一般是在基底上做20mm厚的水泥砂浆找平层。要求表面平整干燥，含水率≤9%，不允许有松动、起砂、掉灰等现象	对于混凝土、水泥砂浆、陶瓦等都有很好的粘附性，基面上的油污、尘土要清除干净，为了保证粘附，最好先涂一层改性沥青粘结剂打底	对于混凝土、砖石、金属陶瓦、木材等，只要表面平整，即使稍湿也可很好粘附，但一定要清除油污尘土，去掉基面上松动颗粒
施工方法	用专用滚刷、将粘结剂涂在基面和卷材上，风干20～30min，等手按不粘时，将卷材展放到涂好粘结剂的基面上，然后赶平压实即可	先涂一层改性沥青粘结剂打底，待干燥后（约需20～30min）用手和专用工具配合，将橡胶沥青嵌缝膏嵌入缝隙内，并压实粘牢	先涂一层乳水比为1∶3的稀释乳液打底，待干燥后再涂纯乳液2～3层，干燥时间取决于环境湿度，一般需2～3h（湿度较大时约需24h）

续表

用法	改性沥青粘结剂	橡胶沥青嵌缝膏（密封膏）	橡胶沥青乳液
用　量	0.5kg/m²	取决于密封部门尺寸	1.5～2kg/m²（作冷底子油用0.5kg/m²）
安全卫生	含可燃溶剂、注意通风防火、防毒	不含可燃溶剂，不易燃	不含可燃溶剂，不易燃
包装储存	桶装、库内储存期限一年	桶装、库内储存期限半年	桶装、库温＞0℃储存，期限半年

3.8.4 改性沥青卷材的选用

3.8.4.1 OMP改性沥青卷材三个系列的产品根据各地区不同的室外气温，选用时宜按附表3.20进行。

改性沥青卷材的选用 **附表3.20**

卷材系列类别	适用地区（年最冷月平均温度）	施工最低温度	施工最高温度	适用工程部位
氧化改性沥青卷材	高于－5℃的地区	室外气温宜在5℃以上	不大于35℃	屋面工程、地下工程及室内楼地面、厨房、厕浴间、储水池等
橡塑改性沥青卷材	高于－10℃的地区	室外气温宜在0℃以上	不大于35℃	
聚合物改性沥青卷材	全国各地区	室外气温宜在－5℃以上	不大于35℃	耐久性较高的重要工程各部位

注：适用地区温度系指累年最冷月平均温度。全国各地累年最冷月平均温度可查有关资料。

3.8.4.2 改性沥青卷材在各类水压下宜选用胎体及厚度见附表3.21。

附表3.21

最大计算水头（m）	卷材所受常压（MPa）	胎体种类	卷材厚度（mm）	层数
＜3	0.01～0.05	聚乙烯胎或聚酯胎	3～4	1
3～6	0.05～0.10	聚乙烯胎或聚酯胎	4～5	1
6～12	0.10～0.20	双胎体或乙烯胎＋玻纤胎	4～5或3～4＋3	1或2
＞12	0.20～0.50	聚酯胎或乙烯胎＋玻纤胎	3～5＋3～4	2

3.8.4.3 改性沥青卷材由于胎体和覆面不同，其特点各异，使用时可按附表3.22选用。

附表3.22

卷材类别	卷材特点	适用范围
聚乙烯膜覆面聚乙烯膜胎体（OEE、MEE、PEE）	具有不透水性和大的断裂延伸率，耐腐蚀性能好。但需防止阳光直接照射	广泛应用于各类建筑的防水工程。尤其适用于受变形和振动较大的部位

续表

卷材类别	卷材特点	适用范围
聚乙烯膜覆面玻纤毡胎体（OFE、MFE、PFE）	抗拉强度比乙烯胎高，但延伸率差。耐腐蚀性能好，卷材尺寸稳定性好	宜和聚乙烯胎卷材配合使用。适用于各类地下防水工程
聚乙烯膜覆面复合胎体卷材（OFEE、MFEE、PFEE）	综合聚乙烯胎，玻纤胎卷材的特点，有良好的耐撕裂、耐穿刺、抗水压性能	适用于宜受到剧烈触动的较恶劣环境和较高水压等重要部位的防水；需防化学腐蚀的工程。地下工程
聚乙烯膜覆面聚酯毡胎体（OWE、MWE、PWE）	抗拉、抗压性能好，耐穿刺、抗撕裂、抗水压能力高，还有较大的延伸率	适用于各种重要工程以及受较大外力触动部位的防水。如立交桥、水坝、水池等
压纹铝箔覆面聚乙烯膜胎体（OEAL、MEAL、PEAL）	卷材面层光亮美观，能反射阳光，有利降低屋面温度。但不适用于有酸、碱、盐溶液或有化学腐蚀的环境中使用	适用于不上人的屋面工程

注：在地下工程中选用OMP卷材时宜作双层防水。

3.9 冷防水涂料

3.9.1 防水冷胶结料性能

防水冷胶料是改变热作业为冷作业施工和减轻屋面重量，有利于防水施工，具有良好防水性能的材料。防水冷胶料有JG—1（油溶型）和JG—2（水乳型）两种。一般施工气温0℃以上或地下室内防水用JG—2；0℃以下（最低为－10℃）屋面或地下室的外包防水用JG—1较为适宜，和玻璃布一起粘帖。永久性建筑物可采用二布三油一砂作法，小面积屋面和25%以上的大坡度屋面可采用一布二油一砂作法。

3.9.1.1 JG—1 防水冷胶结料：

3.9.1.1.1 呈黑色油亮糊状液体，略有汽油味，无毒。

3.9.1.1.2 均匀细腻，无明显颗粒或块状物。

3.9.1.1.3 耐热性：温度＋80℃垂直不流淌。

3.9.1.1.4 有效贮存期为三个月（按出厂日期）。

3.9.1.2 JG—2 防水冷胶结料——由*A*液和*B*液配制而成。

*A*液：

3.9.1.2.1 呈黑色无光泽糊状液体，略有橡胶味，无毒。

3.9.1.2.2 均匀细腻，无明显颗粒或块状物。

3.9.1.2.3 有效贮存期为三个月（按出厂日期）。

*B*液：

3.9.1.2.4 呈黑褐色，无光泽糊状液体，无味，无毒。

3.9.1.2.5 均匀细腻，无颗粒或块状物。

3.9.1.2.6 粘度要求在8～10s。

3.9.1.2.7 有效贮存期为三个月（按出厂日期）

3.9.2 防水冷胶料检验

3.9.2.1 JG—1 防水冷胶结料：

3.9.2.1.1 用玻璃棒将 JG—1 薄而均匀地涂刷在玻璃板上，肉眼观察其颜色及颗粒含量。

3.9.2.1.2 用沥青粘度标准测试仪，室温在 25℃时测其粘度。

3.9.2.1.3 粘结性：用 150mm×100mm×10mm 的水泥砂浆板两块和 100mm×50mm 油毡条两块相粘，7 天后入 80℃烘箱，垂直悬挂实测，7 小时不下垂即合格。

3.9.2.2 JG 2 防水冷胶结料：

A 液：

3.9.2.2.1 用玻璃棒将 *A* 液薄而均匀地涂刷在玻璃板上，肉眼观察其颗粒，然后再取少许 *A* 液轻轻与净软水盆的水面接触，若很快均匀在水面展开，呈悬浮状，无颗粒即为合格。

3.9.2.2.2 用沥青标准粘度仪，在 25℃时测其粘度。

3.9.2.2.3 铁桶容器打开后，检查如表层有结膜物，将物体取少许，如为有弹性的软膜，将其放入水中，若能溶于水则为合格。若不溶于水或为固体状态不溶于水则不合格。若有沉淀物或表面有析离水则为不合格。

B 液：

3.9.2.2.4 用玻璃棒将 *B* 液薄而均匀地涂刷在玻璃板上，肉眼观察其颗粒，然后取少许 *B* 液轻轻与净水盆中的水面接触观察，若很快溶于水，呈悬浮状，无颗粒即为合格。

3.9.2.2.5 用沥青标准粘度仪在 25℃温度下测其粘度。

3.9.2.2.6 用离心机测试其含水率在 25%以下，即为合格。

3.9.2.2.7 耐热度：JG—2 冷胶料将 *A*、*B* 液按要求混合后测其耐热性，标准同 JG—1。

玻璃丝布：中碱玻璃丝布（120—D 型为中碱涂复玻璃纤维布、100D 型为中碱布）。

规格要求：见附表 3.23。

玻璃丝布规格要求 **附表 3.23**

品名	原丝支数（股数）		密度（根/cm）		断裂强度（不小于 MPa）		宽度（cm）	厚度（mm）	组织	涂复量（不小于 g/m²）
	经向	纬向	经向	纬向	经向	纬向				
120—D	45s/2	30s/1	14	10	4.5	2.5	100 ±1.05	0.12 ±0.01	平纹	4
100—D	45s/2	30s/1	14	10	4.5	2.5	100 ±1.05	0.12 ±0.01	平纹	

注：玻璃丝布不得受潮，潮湿的玻璃丝布不得用火烤，必须晾干后方可使用。

3.9.3 防水冷胶结料使用与配制

3.9.3.1 JG—1：成品铁桶施工时用多少倒多少，施工过程中，容器内的次胶料也应加盖密封。收工时须倒回原桶内，加盖密封贮存，以免汽油挥发变稠，影响施工操作。

3.9.3.2 JG—2：由 *A* 液和 *B* 液现场进行配制，底层和玻璃丝布与玻璃丝布之间配合比

A 液 ∶ B 液 = 0.5 ∶ 1

表层（即粘结保护层的一层）的配合比

A 液 ∶ B 液 = 1 ∶ 1

使用前按配合比将二者混合搅拌均匀，随配随用，应当天用完。存放容器内一定加盖密封，以免其中水份蒸发，形成结膜和干固，影响工程质量。若因未密封好而表面结膜，则将膜除掉再用，绝不能将膜混入液体中使用，应先过滤后再使用。

3.10 聚氨酯防水涂料（JC 500—92）

3.10.1 主题内容与适应范围：本标准规定了双组分型聚氨脂防水涂料的产品标记、技术要求、检验规则和包装、标志、贮存与运输。

本标准适用于钢筋混凝土建筑防水工程的双组分型聚氨酯防水涂料。

3.10.2 质量等级与标记方法：产品按技术要求分为一等品（B），合格品（C）二个等级。产品标记顺序为：名称、聚氨酯预聚体与固化剂的质量比、等级、本标准号。例如：甲组分（聚氨酯预聚体）与乙组分（固化剂）的比重为 1 ∶ 1.5 的双组分型聚氨酯防水涂料合格品标记为：双组分型聚氨酯防水涂料 1—1.5CJC500

3.10.3 双组分型聚氨酯防水涂料性能应满足附表 3.24 要求。

附表 3.24

序号	试验项目	指标要求	一等品	合格品
1	拉伸强度(MPa)	无处理	>2.45	>1.65
		加热处理	无处理值的 80%～150%	不小于无处理值的 80%
		紫外线处理	同上	同上
		酸处理	同上	同上
		碱处理	无处理值的 60%～150%	不小于无处理值的 60%
2	断裂时的延伸率（%）大于	无处理	450	350
		加热处理	300	200
		紫外线处理	300	200
		碱处理	300	200
		酸处理	300	200
3	加热伸缩率（%）小于	伸长	1	
		缩短	4	6
4	拉伸时的老化	加热老化	无裂缝及变形	
		紫外线老化		
5	低温柔性	无处理	－35℃无裂纹	－30℃无裂纹
		加热处理	－30℃无裂纹	－25℃无裂纹
		紫外线老化		
		碱处理		
		酸处理		

续表

序号	试验项目	指标要求	一等品	合格品
6	不透水性（0.3MPa，30min）	不渗漏		
7	固体含量	≥94		
8	适用时间（min）	≥20 粘度不大于 10^5mpa·s		
9	涂膜表干时间（h）	≤4 不粘手		
10	涂膜实干时间（h）	≤12 无粘着		

3.10.4 检验规则：

3.10.4.1 出厂检验项目包括附表3.24中1、2、5项的无处理试验及6、7、8、9、10项试验。型式检验项目按技术要求逐项进行。

3.10.4.2 出厂检验甲组分比5t为一批，不足5t也按一批计，乙组分按产品重量配比相应增加批量。

3.10.4.3 出厂和型式检验，其产品取样按GB3186中5.3条规定进行，按产品的配比取样，甲、乙组分样品总量为2kg。

3.10.4.4 每个试验项目以全部试件合格为合格。若有某项不合格，就应双倍抽样重检，若仍不合格，则判该项技术要求不合格。

3.10.5 运输与贮存：运输中严防日晒雨淋，应密封贮放在库内，于通风阴凉处，禁止接近火源。

3.11 聚氯乙烯防水涂料（PVC）（DB 21/T—695—93）

3.11.1 涂料的组成与适用范围

3.11.1.1 本节适用于以煤焦油为主要原料，以聚氯乙烯树脂为改性材料，添加增塑剂、稳定剂等其它原料在常温下混合，现场塑化而成的聚氯乙烯防水涂料适用于屋面、地下防水工程。

3.11.1.2 聚氯乙烯防水涂料施工时，有关安全技术，劳动保护，防火等除按本规程要求外，还必须依照国务院颁发的《建筑安装工程和安全技术规程》和国家，省其它有关现行专门规定执行。

3.11.1.3 防水工程必须由专业施工队伍施工，操作人员应经专业培训，考试合格后持专业上岗证操作。

3.11.2 材　　料

3.11.2.1 聚氯乙烯防水涂料的性能及特点。

3.11.2.2 聚氯乙烯防水涂料的性能应符合附表3.25要求。

附表3.25

耐热度		低温柔性		延伸率（%）	浸水延伸率（%）	回弹率（%）	挥发率（%）
温度（℃）	下垂值(mm)	温度（℃）	柔性				
80	≤4	−30	不裂	≥250	≥200	≥80	≤3

3.11.2.3　聚氯乙烯防水涂料采用热涂法施工，施工安全简便，对基层有较高的粘结性和延伸性。

3.11.3　配套材料

聚氯乙烯防水涂层应配有加强层，加强层应采用无碱和中碱玻璃纤维布，或涤纶，锦纶为主要原料的无纺布。

无纺布应符合附表3.26的要求，玻璃纤维布应符合附表3.27的要求。

附表3.26

重　量　(g/m)	拉　力　(N/50mm)		伸长率　(%)
	径　向	纬　向	
40～60	100	70	不小于10

附表3.27

股数 \ 原丝支数		密　度　根/cm		断裂强度不小于 (N/25×100mm布条)	
径　向	纬　向	径　向	纬　向	径　向	纬　向
225×2	325×1	10	8	370	240

3.11.4　材料的运输和保管

聚氯乙烯防水涂料在运输和保管过程中严禁与明火接触，装料桶要密闭，不得进水。贮存期为一年。

3.11.5　有关技术要求：

3.11.5.1　聚氯乙烯防水涂料适用温度为－40～80℃范围内。

3.11.5.2　聚氯乙烯防水涂料与卷材复合使用时，为了发挥涂料的抗裂性和卷材的耐老化性能，应将涂料放在防水层的下部，卷材放在防水层的上部。

3.11.5.3　根据建筑物防水层的使用年限，可以按附表3.28确定防水层的厚度和构造。

附表3.28

防水耐用年限	二十年	十五年	十年	五年
防水层的厚度和构造	应与高分子卷材，高聚物改性沥青卷材复合使用	二布三油、厚度不低于6mm，或与高分子卷材，高聚物改性沥青卷材复合使用	二布三油、厚度不低于4mm	一布二油，厚度不低于3mm

3.12　PVC防水油膏

3.12.1　组成成分与适用范围

PVC防水油膏是一种新型弹塑性高分子防水材料。由煤焦油、PVC树脂、增塑剂、稳定剂、抗老化剂、填料、熔剂等原料，在一定温度下炼制而成。适用于工业与民用建筑屋面、地下工程的防水、防潮、防渗及缝隙防水、防渗处理部位。

3.12.2 技术性能

特点是：炎夏不流淌，低温柔性好，防水防渗性强，弹塑性好，老化缓慢，粘结力强，施工简单等优点，其技术性能指标见附表 3.29。

附表 3.29

性能名称	试验条件	测试结果	性能名称	试验条件	试验结果
干燥性	温度 20±2℃，湿度 65±5%	表干 2h	耐酸性	3%硫酸溶液浸泡 7 天	涂膜状况正常
耐热度	80℃45℃角 5h	下滑<4mm	耐碱性	饱和氢氧低钙水溶液 7 天	涂膜状况正常
挥发率	80℃5h	<1.7%	粘结性	十字变叉法	$2kg/cm^2$
低温柔性	−25>5h 弯曲	涂膜状况正常	不透水性	静水压法	无渗水现象

3.12.3 储存与验收标准

3.12.3.1 储存：PVC 防水油膏存放应远离高温和火源，以阴凉干燥处为宜，存放期为 2 年。

3.12.3.2 用量：涂层=1.36T/m³×面积×厚度　嵌缝=1.36T/m³×缝隙体积。

3.12.3.3 验收标准。

3.12.3.3.1 平整光滑、无明显汽泡和起鼓及脱层。

3.12.3.3.2 用拇指侧擦不得与基层脱壳。

3.12.3.3.3 净水压法，24h 内应无渗漏。

3.13 道路石油沥青（SY 1661—85）

道路石油沥青标准见附表 3.30。

附表 3.30

项目	质量指标						
	200 号	180 号	140 号	100 号甲	100 号乙	60 号甲	60 号乙
针入度(25℃,100g)1/10(mm)不小于	201～300	161～200	121～160	91～120	81～120	51～80	41～80
延伸度（25℃）(cm) 不小于	…	100	100	90	60	70	40
软化点（环球法）(℃) 不低于	30	35	35	42～50	42	45～50	45
溶解度（三氯甲烷、四氯化碳或苯）(%) 不小于	99	99	99	99	99	99	99
蒸发损失（160℃5h)%，不小于	1	1	1	1	1	1	1
蒸发后针入度比（%）不小于	50	60	60	65	65	70	70
闪点（开口）(℃) 不低于	180	200	230	230	230	230	230

附录4　保温隔热材料

4.1　膨胀蛭石、珍珠岩及其制品

4.1.1　膨胀蛭石及其制品

4.1.1.1　水泥、水玻璃膨胀蛭石制品的技术性能见附表4.1。

4.1.1.2　其它膨胀蛭石制品的名称、用料和技术性能见附表4.2。

4.1.2　膨胀珍珠岩及其制品

4.1.2.1　膨胀珍珠岩分类见附表4.3。

4.1.2.2　膨胀珍珠岩制品的性能见附表4.4。

水泥、水玻璃膨胀蛭石制品的技术性能　　**附表4.1**

品　　种	容　　重 (kg/m^3)	抗压强度 MPa (kgf/cm^2)	导热系数 (W/m·k)	耐热温度 (℃)
水玻璃膨胀蛭石制品	300 350 400	0.35 (3.5) 0.55 (5.5) 0.65 (6.5)	0.079 0.081 0.084	<900 <900 <900
水泥膨胀蛭石制品	300 400 500	0.20 (2.0) 0.55 (5.5) 1.00 (10.0)	0.076 0.087 0.105	<600 <600 <600

其他膨胀蛭石制品的名称、用料和技术性能　　**附表4.2**

制品名称	用料配合比 (重量比)	容　重 (kg/m^3)	强　度 (MPa)	导热系数 (W/m·k)	耐热度 (℃)	注
石棉硅藻土水玻璃蛭石制品	膨胀蛭石(粒径1～7mm)：Ⅳ级石棉：硅藻土：氟硅酸钠：水玻璃(比重1.42)：水=80：10：10：10：50：286	≤400	<0.4 (抗压)	0.105 (50℃时)	<900	
耐火粘土水玻璃蛭石制品	水玻璃：膨胀蛭石：耐火粘土=1：0.4：5.2或=1：0.4：13.2	620 760	0.8 (抗压) 2.3 (抗压)	— —	<800 <800	容重为110℃烘干后之值 强度为800℃加热4h后之值
石棉蛭石制品	膨胀蛭石：Ⅴ级石棉：膨胀润土：淀粉=17：5：6：1	≤300	≮0.15 (抗拉)	0.093	<600	膨胀蛭石容重不得大于120kg/m^3粒径为1～7mm含水量不小于10%

膨胀珍珠岩产品分类　附表 4.3

指标名称	单位	产品分类		
		Ⅰ	Ⅱ	Ⅲ
容重	kg/m²	<80	80～150	150～250
粒度	重量百分比	粒径大于 2.5mm 的不超过 5%，粒径小于 0.16mm 的不大于 8%	粒径小于 0.16mm 的不大于 8%	粒径小于 0.16mm 的不大于 8%
常温导热系数	W/m·k ($t=25$℃)	0.052	0.052～0.064	0.064～0.076
含水率	重量百分比	<2%	<2%	2%

注：1. 本规定适用于粒径小于 2.5mm，在－200～800℃范围内作保温隔热用途的膨胀珍珠岩。

2. Ⅰ类用于松散填充；Ⅱ类用于生产容重较小的制品；Ⅲ类用于生产制品或用于建筑上。

膨胀珍珠岩制品的性能　附表 4.4

名称	容重 (kg/m³)	抗压强度 (MPa)	导热系数 (W/m·k)	抗折强度 (MPa)	吸湿率 (%)	吸水率 (%)	软化系数	使用温度 (℃)
水泥膨胀珍珠岩制品①	300～400	0.5～1.0	常温：0.058～0.087 低温：0.088～0.12 高温：0.067～0.15	>0.3	0.87～1.55 (24h)	110～130 (24h)	0.70～0.74	≤600
水玻璃膨胀珍珠岩制品	200～300	0.6～1.2	常温：0.053～0.065	—	17～23②	120～180 (96h)	—	650
磷酸盐膨胀珍珠岩制品	200～250	0.6～1.0	常温：0.044～0.052	—	—	—	—	1000
沥青膨胀珍珠岩制品	400～500	0.7～1.0	常温：0.07～0.08	—	—	—	—	常温和负温

注：1. 采用 425 号普通水泥配制；

2. 是在相对湿度为 93～100%中，20 天的吸湿率。

4.2 建筑物隔热用硬质聚氨酯泡沫塑料（GB 10800—89）

本标准参照采用 ISO4898—1984《泡沫塑料——建筑物隔热用硬质材料规范》。

4.2.1 主题内容与适用范围

本标准规定了建筑物隔热用硬质聚氨酯泡沫塑料（以下简称 PM/PUR）的技术要求、试验方法、检验规则和标志、包装、运输、贮存。

本标准适用于以多元醇/多异氰酸酯为主要原料生产的平板或异形板状 PC/PUR，也可用于箔、金属膜或片、涂料、纸或其他材料层压或贴面的 PC/PUR。

本标准不适用于管道和容器的隔热保温材料及吸收冲击声的消音材料。

4.2.2 引用标准

GB 3399 塑料导热系数试验方法　护热平板法；

GB 8810 硬质泡沫塑料吸水率试验方法；

GB 6343 泡沫塑料和橡胶　表观密度的测定；

GB 8811 硬质泡沫塑料尺寸稳定性试验方法；

GB 8332 泡沫塑料燃烧性能试验方法　水平燃烧法；

GB 8813　硬质泡沫塑料压缩试验方法；

GB 8333　泡沫塑料燃烧性能试验方法　垂直燃烧法；

GB 390 硬质泡沫塑料水蒸汽透过量试验方法。

4.2.3 产品分类

4.2.3.1 分　类

按用途分为两种种类型：

类型Ⅰ适于承受轻负载，如建筑物屋顶、地板下隔层及类似的用途。

类型Ⅱ适于承受重负载，如衬填材料，冷冻室地板等。

4.2.3.2 分　级

按导热系数值不同分为 A、B 二级。

根据使用要求，燃烧性能分为三级。

4.2.4 技术要求

4.2.4.1 板材长度，宽度应符合附表 4.5 规定。

附表 4.5

基本尺寸 (mm)	尺寸偏差 (mm)	对角线差 (mm)
<100	±5	5
1000～2000	±7	7
2000～4000	±10	13
>4000	+不限 −10	—

4.2.4.2 厚度应符合附表 4.6 规定。

附表 4.6

厚　度	偏　差
<50	±2
50～75	±3
75～100	
>100	供需双方商定

4.2.4.3 外观：板材表面基本平整，无严重凹凸不平。

4.2.4.4 物理机械性能应符合附表 4.7 规定。

<table>
<caption>物理机械性能　附表 4.7</caption>
<tr><td colspan="4" rowspan="3">指标　分类
项目</td><td rowspan="3"></td><td colspan="4">类　型</td></tr>
<tr><td colspan="2">Ⅰ</td><td colspan="2">Ⅱ</td></tr>
<tr><td>A</td><td>B</td><td>A</td><td>B</td></tr>
<tr><td colspan="4">密度（kg/m³）</td><td>不小于</td><td>30</td><td>30</td><td>30</td><td>30</td></tr>
<tr><td colspan="4">压缩性能　屈服点时或形变10%时的压缩应力（kPa）</td><td>不小于</td><td>100</td><td>100</td><td>150</td><td>150</td></tr>
<tr><td colspan="4">导热系数（W/m·K）</td><td>不大于</td><td>0.022</td><td>0.027</td><td>0.022</td><td>0.027</td></tr>
<tr><td colspan="4">尺寸稳定性（70℃，48h）（%）</td><td>不大于</td><td>5</td><td>5</td><td>5</td><td>5</td></tr>
<tr><td colspan="4">水蒸气透湿系数（23±2℃至85%RH）（ng/Pa·m·s）</td><td>不大于</td><td colspan="2">6.5</td><td colspan="2">6.5</td></tr>
<tr><td colspan="4">吸水率 V/V（%）</td><td>不大于</td><td colspan="2">4</td><td colspan="2">3</td></tr>
<tr><td rowspan="5">燃烧性</td><td rowspan="2">1 级</td><td rowspan="2">垂直燃烧法</td><td>平均燃烧时间（s）</td><td>不大于</td><td colspan="2">30</td><td colspan="2">30</td></tr>
<tr><td>平均燃烧高度（mm）</td><td>不大于</td><td colspan="2">250</td><td colspan="2">250</td></tr>
<tr><td rowspan="2">2 级</td><td rowspan="2">水平燃烧法</td><td>平均燃烧时间（s）</td><td>不大于</td><td colspan="2">90</td><td colspan="2">90</td></tr>
<tr><td>平均燃烧范围（mm）</td><td>不大于</td><td colspan="2">50</td><td colspan="2">50</td></tr>
<tr><td>3 级</td><td colspan="3">非阻燃型</td><td colspan="2">无要求</td><td colspan="2">无要求</td></tr>
</table>

4.2.5　试验方法（略）

4.2.6　检验规则

4.2.6.1　出厂检验项目和形式检验项目

4.2.6.1.1　规格、尺寸、外观、密度、压缩性能和燃烧性能为出厂检验项目。

4.2.6.1.2　尺寸稳定性，导热系数每月至少检验一次。

4.2.6.1.3　水蒸气透湿系数、吸水率每年至少检验一次。

4.2.6.2　凡有下列情况之一时应进行型式检验：

a）改变工艺和配方时；

b）新产品鉴定时；

c）停产三个月后再生产时；

d）质量监督机构提出进行型式检验的要求时。

4.2.6.3　产品经生产厂检验合格，并附有合格证方可出厂。

4.2.6.4　判定规则

4.2.6.4.1　同一配方、同一工艺条件生产的产品每批不超过 500mm³。

4.2.6.4.2　尺寸公差和外观每批抽检 20 块，其中二块以上（包括二块）不合格时，应重新从原批中双倍取样复验，四块以上（包括四块）不合格则该批为不合格。

4.2.6.4.3　物理机械性能，每批抽取二块进行检验，如其中任何一项不合格时，应重新从原批中双倍取样，对不合格项目复验，复验结果按双倍样的算术平均值计算，仍不合格时，则整批为不合格。

4.2.6.4.4　用户在到货三个月内可按本标准进行验收。

4.2.6.4.5　供需双方对产品质量发生异议时，按本标准进行仲裁检验。

4.2.7　标志、包装、运输、贮存

4.2.7.1　每件包装应附有产品标志和合格证，注明产品名称、商标、规格，净重或体

积，生产日期、厂名、检验员章。

4.2.7.2 产品运往外埠，外包装应符合交通运输要求。

4.2.7.3 产品应贮存在干燥、通风、干净的库房内、不得接近热源，不得与化学药品接触。

4.2.7.4 在运输和保管中应平整堆放，严禁烟火，防止日晒雨淋和机械损伤。

4.3 隔热用聚苯乙烯泡沫塑料（GB 10801—89）

本标准参照采用ISO4898《泡沫塑料建筑物隔热用硬质材料规范》。

4.3.1 主要内容与适用范围

本标准规定了隔热用聚苯乙烯泡沫塑料的分类，技术要求，试验方法，检验规则和标志、包装、运输、贮存。

本标准适用于可发性聚苯乙烯珠粒经加热预发泡后，在模具中加热成型而制得的具有闭孔结构的聚苯乙烯泡沫塑料，也适用于大块料切割而成的材料。

4.3.2 引用标准

GB 2406 塑料燃烧性能试验方法氧指数法；

GB 2918 塑料试样状态调节和试验的标准环境；

GB 3399 塑料导热系数试验方法护热平板法；

GB 6343 泡沫塑料和橡胶表观密度的测定 GB8810 硬质泡沫塑料吸水率的测定；

GB 8811 硬质泡沫塑料尺寸稳定性试验方法；

GB 8812 硬质泡沫塑料弯曲试验方法；

GB 8813 硬质泡沫塑料压缩试验方法；

GB 390 硬质泡沫塑料水蒸汽透过量试验方法。

4.3.3 产品分类

4.3.3.1 隔热用聚苯乙烯泡沫塑料按用途分为三类：

第Ⅰ类　应用时不承受负荷，如作为屋顶、墙壁及其他隔热材料。

第Ⅱ类　承受有限负荷，如地板隔热等。

第Ⅲ类　承受较大载荷，如停车平台隔热等。

4.3.3.2 隔热用聚苯乙烯泡沫塑料分为普遍型 PT 和阻燃型 ZR 两种。

4.3.4 技术要求

4.3.4.1 长度、宽度、厚度及偏差应符合附表 4.8 要求。

附表 4.8

厚度（mm）	偏差（mm）	长度、宽度（mm）	偏差（mm）
<50	±2	<1000	±5
50～70	±3	1000～2000	±8
>75～100	±4	>2000～4000	±10
>100	买卖双方决定	>4000	正偏差不限，－10

4.3.4.2 外观应符合附表4.9要求。

附表4.9

项　　目	要　　求	
	普　通　型（PT）	阻　燃　型（ZR）
色　　泽	白　　色	混有颜色的颗粒
外　　形	基本平整，无明显膨胀和收缩变形	同　左
熔　　结	熔结良好，无明显掉粒	同　左
杂　　质	无明显油渍和杂质	不准有油渍和杂质

4.3.4.3 物理机械性能应符合附表4.10要求。

附表4.10

项　　目			单　　位	性　能　指　标		
				Ⅰ	Ⅱ	Ⅲ
表现密度		不小于	kg/m^3	15.0	20.0	30.0
压缩强度（即在10%形变下的压缩应力）		不小于	kPa	60	100	150
导热系数		不大于	W/m·K	0.041	0.041	0.041
70℃48h后尺寸变化率		不大于	%	5	5	5
水蒸气透湿系数		不大于	ng/Pa·m·s	9.5	4.5	4.5
吸水率		不大于	%（V/V）	6	4	2
熔结性①	断裂弯曲负荷	不小于	N	15	25	35
	弯曲变形	不小于	mm	20	20	20
氧指数②		不小于	%	30	30	30

①断裂弯曲负荷或弯曲变形有一项能符合指标要求即为合格。

②普通型聚苯乙烯泡沫塑料板材不要求。

4.3.5 试验方法

4.3.5.1 规格尺寸：长度、宽度和厚度用精度1mm卷尺测量，也可使用精度1mm的专用测量工具，长、宽、厚各测三点。

4.3.5.2 外观在正常光线下目测。

4.3.5.3 物理机械性能检测方法。

4.3.5.3（1）　在正常生产情况下从产品中采集有代表性的样品。

4.3.5.3（2）　试样状态调节和试验的标准环境：

按GB 2918规定，在温度23±2℃、相对湿度45%～55%的条件下进行16h状态调节。

4.3.5.3（3）　表观密度的测定：

按GB 6343规定进行，试样尺寸100mm×100mm×50mm，试样数量3个。

4.3.5.3（4）　压缩强度的测定：

按GB8813规定进行，试样尺寸100mm×100mm×50mm，试样数量5个。

4.3.5.3（5）　热系数的测定：

按 GB3399 规定进行，试样厚度 15～25mm，温差 15～20K（15℃～20℃），平均温度 30±2K（30±2℃）。

4.3.5.3（6） 水蒸气透湿系数的测定：

按 SG390 规定进行，试样厚度 25mm，温度 23℃，相对湿度梯度 0%～50%，$\Delta P=1404.4$Pa。

4.3.5.3（7） 吸水率的测定：

按 GB8810 规定进行，试样尺寸 100mm×100mm×50mm，时间 96h。

4.3.5.3（8） 尺寸稳定性的测定：

按 GB8811 规定进行，温度 70℃，时间 48h。试样数量 3 个。

4.3.5.3（9） 熔结性的测定：

按 GB 8812 规定进行，试样尺寸 250mm×100mm×20mm，跨距为 200mm，试验速度 50mm/min。

4.3.5.3（10） 氧指数的测定：

按 GB2406 规定进行，样品陈化 28 天，样品尺寸 150mm×12.5mm×12.5mm。

4.3.6 检验规则

4.3.6.1 同一配方，同一种规格的产品数量不超过 200m^3 为一批。

4.3.6.2 产品经生产厂检验部门检验合格并附有合格证方可出厂。

4.3.6.3 检验分类

出厂检验项目包括尺寸、外观、密度、压缩强度、熔结性、氧指数。

型式检验项目包括导热系数、尺寸变化率、水蒸气透湿系数、吸水率，在正常生产时每半年至少检验一次。

4.3.6.4 判定规则

4.3.6.4（1） 尺寸偏差及外观任取二十块进行检验，其中二块以上不合格时，整批剔出不合格品双倍抽样检验。四块以上不合格时，该批为不合格。

4.3.6.4（2） 物理机械性能从该批产品中随机取样，任何一项不合格时应重新从原批中双倍取样，对不合格项目进行复验，复验结果取双倍试样的算术平均值，仍不合格时整批为不合格。

4.3.6.4（3） 用户在到货三个月内可按本标准进行验收。

4.3.6.4（4） 供需双方对产品质量发生异议时，按本标准进行仲裁检验，仲裁单位应会同有关单位重新在该批中取样，对有争议项目进行试验。

4.3.7 标志、包装、运输、贮存

4.3.7.1 每个包装内附有产品标志和合格证，注明产品名称、商标、规格、型号、批号、生产日期、生产厂名称、检验员章。

4.3.7.2 产品厚度 250mm 以下用编织袋或草席等包装，在捆扎角处须衬垫硬质材料，运往外埠包装应符合运输要求。

4.3.7.3 在运输和保管中严禁烟火，不可重压猛摔或与锋利物品碰撞。

4.3.7.4 贮存应放在干燥通风处，不宜露天长期曝晒，远离火源，不能与化学药品接触。

附录5 粗细骨料

5.1 普通混凝土用砂质量标准及检验方法（JGJ 52—92）

5.1.1 砂的三个级配区、颗粒级配应符合附表5.1的规定。

砂颗粒级配区 **附表5.1**

累计筛余（%）/级配区 筛孔尺寸（mm）	Ⅰ区	Ⅱ区	Ⅲ区
10.0	0	0	0
5.00	10～0	10～0	10～0
2.50	35～5	25～0	15～0
1.25	65～35	50～10	25～0
0.630	85～71	70～41	40～16
0.315	95～80	92～70	85～55
0.160	100～90	100～90	100～90

5.1.2 中砂含泥量应符合附表5.2的规定。

砂中含泥量限值 **附表5.2**

混凝土强度等级	大于或等于C30	小于C30
含泥量（按重量计%）	<3.0	<5.0

5.1.3 砂中的泥块含量应符合附表5.3的规定。

砂中的泥块含量 **附表5.3**

混凝土强度等级	大于或等于C30	小于C30
泥块含量（按重量计）	<1.0%	<2.0%

5.1.4 砂的坚固性应符合附表5.4的规定。

砂的坚固指标　　附表 5.4

混凝土所处的环境条件	循环后的重量损失（%）
在严寒及寒冷地区室外使用，并经常处于潮湿或干湿交替状态下的混凝土	＜8
其他条件下使用的混凝土	＜10

5.1.5 砂中含有机物和有害物质应符合附表 5.5 的规定。

砂中的有害物质限值　　附表 5.5

项　　目	质　量　指　标
云母含量（按重量计%）	＜2.0
轻物质含量（按重量计%）	＜1.0
硫化物及酸盐含量（折算成 SO_3 按重量计%）	＜1.0
有机物含量（用比色法试验）	颜色不应深于标准色，如深于标准色，则应按水泥胶砂强度的方法，抗压强度比不应低于 0.95

5.2 普通混凝土用碎石或卵石质量标准及检验方法（JGJ 53—92）

5.2.1 碎石或卵石的颗粒级配，应符合附表 5.6 的要求。

单粒级宜用于组合成具有要求级配的连续粒级，也可与连续粒级混合使用，以改善其级配或配成较大粒度的连续粒级。不宜用单一的单粒级配制混凝土。如必须单独使用，则应作技术经济分析，并应通过试验证明不会发生离析或影响混凝土的质量。

颗粒级配不符合附表 5.6 要求时，应采取措施并经试验证实能确保工程质量，方允许使用。

5.2.2 碎石或卵石中针、片状颗粒含量应符合表 5.7 的规定。

碎石或卵石的颗粒级配范围　　附表 5.6

级配情况	公称粒级（mm）	累计筛余　按重量计（%）											
		筛孔尺寸（圆孔筛）（mm）											
		2.5	5	10	16	20	25	31.5	40	50	63	80	100
连续粒级	5～10	95～100	80～100	0～15	0	—	—	—	—	—	—	—	—
	5～16	95～100	90～100	30～60	0～10	0	—	—	—	—	—	—	—
	5～20	95～100	90～100	40～70	—	0～10	0	—	—	—	—	—	—
	5～25	95～100	90～100	—	30～70		0～5	0	—	—	—	—	—
	5～31.5	95～100	90～100	70～90	—	15～45	—	0～5	0	—	—	—	—
	5～40	—	95～100	75～90	—	30～60	—	—	0～5	0	—	—	—

续表

级配情况	公称粒级（mm）	累计筛余　按重量计（%）											
		筛孔尺寸（圆孔筛）（mm）											
		2.5	5	10	16	20	25	31.5	40	50	63	80	100
单粒级	10～20	—	95～100	85～100	—	0～15	0	—	—	—	—	—	—
	16～31.5	—	95～100	—	85～100	—	—	0～10	0	—	—	—	—
	20～40	—	—	95～100	—	85～100	—	—	0～10	0	—	—	—
	31.5～63	—	—	—	95～100	—	—	75～100	45～75	—	0～10	0	—
	40～80	—	—	—	—	95～100	—	—	70～100	—	30～60	0～10	0

注：公称粒级的上限为该粒级的最大粒径。

针、片状颗粒含量　　**附表 5.7**

混凝土强度等级	大于或等于 C30	C25～C15
针、片状颗粒含量，按重量计（%）	<15	<25

等于及小于 C10 级的混凝土，其针、片状颗粒含量可放宽到 40%。

5.2.3　0.3 碎石或卵石中的含泥量应符合附表 5.8 的规定。

碎石或卵石中的含泥量　　**附表 5.8**

混凝土强度等级	大于或等于 C30	小于 C30
含泥量按重量量（%）	<1.0	<2.0

对有抗冻、抗渗或其它特殊要求的混凝土，其所用碎石或卵石的含泥量不应大于 1.0%。如含泥基本上是非粘土质的石粉时，含泥量可由附表 5.8 的 1.0%、2.0%，分别是提高到 1.5%、3.0%。等于及小于 C10 级的混凝土用碎石或卵石，其含泥量可放宽到 2.5%。

5.2.4　碎石或卵石中的泥块含量应符合表 5.9 的规定。

碎石或卵石中的泥块含量　　**附表 5.9**

混凝土强度等级	大于或等于 C30	小于 C30
泥块含量按重量计（%）	<0.50	<0.70

有抗冻、抗渗和其它特殊要求的混凝土，其所用碎石或卵石的泥块含量应不大于 0.50%。对等于或小于 C10 级的混凝土用碎石或卵石其泥块含量可放宽到 1.00%。

5.2.5　碎石的强度可用岩石的抗压强度和压碎指标值表示。

岩石强度首先应由生产单位提供，工程中可采用压碎指标值进行质量控制，碎石的压碎指标值宜符合附表 5.10（1）的规定。混凝土强度等级为 C60 及以上时应进行岩石抗压强度检验，其他情况下如有怀疑或认为有必要时也可进行岩石的抗压强度检验。岩石的抗压强度与混凝土强度等级之比不应小于1.5，且火成岩强度不宜低于80MPa，变质岩不宜低于60MPa，水成岩不宜低于30MPa。

碎石的压碎指标值 **附表5.10（1）**

岩石品种	混凝土强度等级	碎石压碎指标值（%）
水成岩	C55～C40 <C35	<10 <16
变质岩或深成的火成岩	C55～C40 <C35	<12 <20
火成岩	C55～C40 <C35	<13 <30

注：水成岩包括石灰岩、砂岩等。变质岩包括片麻岩、石英岩等。深成的火成岩包括花岗岩、正长岩、闪长岩和橄榄岩等。喷出的火成岩包括玄武岩和辉绿岩等。

卵石的强度用压碎指标值表示。其压碎指标值宜按附表5.10（2）的规定采用。

卵石的压碎指标值 **附表5.10（2）**

混凝土强度等级	C55～C40	<C35
压碎指标值（%）	<12	<16

5.2.6 碎石和卵石的坚固性用硫酸钠溶液法检验，试样经5次循环后，其重量损失应符合附表5.11的规定。

碎石或卵石的坚固性指标 **附表5.11**

混凝土所处的环境条件	循环后的重量损失（%）
在严寒及寒冷地区室外使用，并经常处于潮湿或干湿交替状态下的混凝土	<8
在其它条件下使用的混凝土	<12

有腐蚀性介质作用或经常处于水位变化区的地下结构或有抗疲劳、耐磨、抗冲击等要求的混凝土用碎石或卵石，其重量损失应不大于8%。

5.2.7 碎石或卵石中的硫化物和硫酸盐含量，以及卵石中有机杂质等有害物质含量应符合附表5.12的规定。

碎石或卵石中的有害物质含量 **附表5.12**

项目	质量要求
硫化物及硫酸盐含量（折算成SO_3，按重量计（%）	<1.0
卵石中有机质含量（用比色法试验）	颜色应不深于标准色。如深于标准色，则应配制成混凝土进行强度对比试验，抗压强度比应不低于0.95

如发现有颗粒状硫酸盐或硫化物杂质的碎石或卵石，则要求进行专门检验，确认能满足混凝土耐久性要求时方可采用。

5.2.8 对重要工程的混凝土所使用的碎石或卵石应进行碱活性检验。

进行碱活性检验时，首先应采用岩相法检验碱活性集料的品种、类型和数量（也可由地质部门提供）。若集料中含有活性二氧化硅时，应采用化学法和砂浆长度法进行检验；若含有活性碳酸盐集料时，应采用岩石柱法进行检验。

经上述检验，集料判定为有潜在危害时，属碱-碳酸盐反应的，不宜作混凝土集料，如必须使用，应以专门的混凝土试验结果作出最后评定。

潜在危害属碱-硅反应的，应遵守以下规定方可使用：

(1) 使用含碱量小于0.6%的水泥或采用能抑制碱—集料反应的掺合料；

(2) 当使用含钾、钠离子的混凝土外加剂时，必须进行专门试验。

附录6　砖

6.1　烧结普通砖（GB 5101—85）

6.1.1　规格和部位名称

6.1.1.1　规　　格

砖的外形为矩形体，长240mm，宽115mm，厚53mm。

6.1.1.2　部位名称

240mm×115mm的面称为大面，240mm×53mm的面称为条面，115mm×53mm的面称为顶面。

6.1.2　强度等级

砖按力学强度分为MU7.5和MU20四个强度等级。

6.1.3　分　　等

根据标号、耐久性能和外观指标将砖分为特等、一等和二等三个等。

6.1.4　技术要求

6.1.4.1　强度等级

砖的强度等级按附表6.1中抗压、抗折强度确定。

附表6.1

砖的强度等级（MU）	抗压强度（MPa）		抗折强度（MPa）	
	五块平均值不小于	单块最小值不小于	五块平均值不小于	单块最小值不小于
20	19.62	13.73	3.92	2.55
15	14.72	9.81	3.04	1.96
10	9.81	5.89	2.26	1.28
7.5	7.36	4.41	1.77	1.08

注：试验结果的四项数值，按全部能达到强度指标者确定强度等级。

6.1.4.2　耐久性能

6.1.4.2（1）　砖经耐久性试验后必须符合附表6.2各项要求。

6.1.4.2（2）　欠火砖、酥砖和螺旋纹砖不得作为合格品出厂。

6.1.4.3　分　　等

砖的分等按附表6.3确定

6.1.5　检验方法

6.1.5.1　取　　样

附表 6.2

项目	鉴别指标
抗冻试验	每块砖样均须符合下列要求： （1）干重损失不大于 2%。 （2）被冻裂砖样的裂纹长度不大于附表 6.3 中（6）款的二等砖规定。
泛霜试验	每块砖样不应出现起砖粉、掉屑和脱皮现象
石灰爆裂试验	各等砖试验后每块砖样外观指标应符合附表 6.3 的（4）、（5）、（6）款规定，同时每组砖样的表面必须符合下列要求： （1）特等砖 *a*. 具有最大直径为 2～5mm 的爆裂点不超过两处的砖样不得多于 2 块，但爆裂点不得在同一条面或顶面上。 *b*. 具有最大直径不大于 10mm 的爆裂点一处者不得多于 1 块。 *c*. 在各面上不允许有最大直径大于 10mm 的爆裂点。 （2）一等砖 *a*. 具有最大直径大于 5 不大于 10mm 的爆裂点不超过两处的砖样不得多于 2 块，但爆裂点不得在同一条面或顶面上。 *b*. 在各面上不允许有最大直径大于 10mm 的爆裂点。 （3）二等砖 在条面和顶面上不得具有最大直径大于 10mm 的爆裂点。
吸水率试验	每组砖样的平均吸水率 特等砖：不大于 25% 一等砖：不大于 27% 二等砖：无要求

附表 6.3

项目		特等	一等	二等
MU	强度等级不低于（MU）	15	10	7.5
耐久性能	抗冻、泛霜、石灰爆裂和吸水率试验	按表附表 6-2 的规定		
外观指标	（1）尺寸偏差不超过（mm） 长　度 宽　度 厚　度	 ±4 ±3 ±2	 ±5 ±4 ±3	 ±6 ±5 ±3
	（2）两个条面的厚度相差不大于（mm）	2	3	5
	（3）弯曲不大于（mm）	2	3	5
	（4）杂质在砖面上造成的凸出高度不大于（mm）	2	3	5
	（5）缺棱掉角的三个破坏尺寸不得同时大于（mm）	20	20	30
	（6）裂纹长度不大于（mm） *a*. 大面上宽度方向及其延伸到条面的长度 *b*. 大面上长度方向及其延伸到顶面上的长度或条顶面上水平裂纹的长度	 70 100	 70 100	 110 150
	（7）颜色（一条面和一顶面）	基本一致	—	—
	（8）完整面不得少于	一条面和一顶面		—
	（9）混等率（指本等中混入该等以下各等产品的百分数）不得超过（%）	5		10

注：完整面：宽度大于 1mm 的裂纹长度不得超过 30mm，缺棱掉角雨淋沾底等缺欠在条顶面上造成的破坏面不得同时大于 10mm×20mm。

6.1.5.1（1） 外观检查的砖样，在成品堆垛中按机械抽样法取得。抽样前预先确定好抽样方案，如每隔几垛，在垛上的那一部分，取某一个位置上的几块，使所取的砖样能均匀分布于该成品的堆垛范围中，并具有代表性，然后抽取之。

6.1.5.1（2） 抗压、抗折强度试验和耐久性试验的砖样，自外观检查后合格的砖样中，仍按机械抽样法进行。

6.1.5.1（3） 外观检查的砖样为200块。力学强度试验和耐久性试验为40块，其中力学强度试验10块，抗冻试验5块，泛霜试验10块，石灰爆裂试验5块，吸水率试验5块，备用5块。试件取定后应在每块砖样上注明试验内容和编号，不允许随便更换砖样或改变试验内容。

6.1.5.2 外观检验方法

按《GB2542—81 砌墙砖检验方法》第5、6、7、8进行。其中厚度只在两条面的中间处测量。

6.1.6 质量验收

6.1.6.1 生产厂向供购货单位供应产品时，必须提供质量合格证明书。

6.1.6.2 产品质量合格证明书应注明厂名、证书字号，发证日期，砖等级、标号，耐久性试验是否符合要求，试验报告的字号，并由检验科（股）长签章。

6.1.6.3 砖厂在正常生产情况下每一成品车间在下列规定时间内至少对产品抽样返霜试验一次。

外观检查		每d
吸水率试验		7d
强度等级	年产砖达1000万块以上时	半月
	年产砖小于1000万块时	1月
石灰爆裂试验	年产1000万块以上	半月
	年产1000万块以下	1月
泛霜试验	年产1000万块以上	1月
	年产1000万块以下	3月
抗冻试验		1年

6.1.6.4 砖厂在生产工艺或原料发生变化时，应及时进行6.3的试验。

6.1.6.5 如购货单位对质量提出异议时，可会同生产厂委托质量监督检验单位进行复试。

6.1.6.5（1） 外观质量的复验应在砖厂内进行，按5.1取样，将200块砖样分两组（每组100块）进行检查。两组砖样中检出的不合格砖数之差，在特等砖中不得超过4块，一等砖中不得超过5块，二等砖中不得超过7块，否则须再检查一次。然后将两组或四组检查结果进行平均，作为该批砖的混等率。

6.1.6.5（2） 物理力学性能的复试，砖厂可与用户共同取样委托检验单位进行。复验工作中，若对取样的代表性和试验结果有怀疑，允许再进行一次复验，抽样数量加倍，作为最后判定量的依据。

6.2 蒸压灰砂砖（GB 11945—89）

外观质量应符合附表 6.4 的规定。

力学性能符合附表 6.5 的规定。

抗冻性应符合附表 6.6 的规定。

灰砂砖外观质量 **附表 6.4**

项目		指标		
		优等品	一等品	合格品
(1) 尺寸偏差（mm） 长　度 宽　度	不超过	 ±2 ±2	 ±2	 ±3
高　度	不超过	±1		
(2) 对应高度差（mm）	不大于	1	2	3
(3) 缺棱掉角的最小破坏尺寸（mm）	不大于	10	15	25
(4) 完整面	不少于	2 个条面和 1 个顶面或 2 个顶面和 1 个条面	1 个条面和 1 个顶面	1 个条面和 1 个顶面
(5) 裂缝长度（mm）	不大于			
a. 大面上宽度方向及其延伸到条面的长度		30	50	70
b. 大面上长度方向及其延伸到顶面上的长度或条、顶面水平裂纹的长度		50	70	100

注：凡有以下缺陷者，均为非完整面：

①缺棱尺寸或掉角的最小尺寸大于 8mm；

②灰球粘土团、草根等杂物造成破坏面的两个尺寸同时大于 10mm×20mm；

③有气泡、麻面、龟裂等缺陷。

灰砂砖力学性能 **附表 6.5**

强度级别	抗压强度（MPa）		抗折强度（MPa）	
	平均值不小于	单块值不小于	平均值不小于	单块值不小于
25	25.0	20.0	5.0	4.0
20	20.0	16.0	4.0	3.2
15	15.0	12.0	3.3	2.6
10	10.0	8.0	2.5	2.0

注：优等品的强度级别不得小于 15 级。

灰砂砖的抗冻性指标　　附表 6.6

强度级别	抗压强度（MPa）其平均值不小于	单块砖的干质量损失（%）
25	20.0	2.0
20	16.0	2.0
15	12.0	2.0
10	8.0	2.0

注：优等品的强度级别不得小 15 级。

6.3 粉煤灰砖（JC 239—91）

外观质量　　附表 6.7

项目		指标		
		优等品	一等品	合格品
尺寸允许偏差（mm）				
长		±2	±3	±4
宽		±2	±3	±4
高		±2	±3	±3
对应高度差（mm）	不大于	1	2	3
每一缺棱掉角的最小破坏尺寸（mm）	不大于	10	15	25
完整面	不少于	二条面和一顶面或二顶面和一条面	一条面和一顶面	一条面和一顶面
裂纹长度（mm）	不大于			
a. 大面上宽度方向的裂纹（包括延伸到条面上的长度，mm）		30	50	70
b. 其他裂纹（mm）		100	50	70
层裂		不允许		

注：在条面或顶面上破坏面的两个尺寸同时大于 10mm 和 20mm 者为非完整面。

粉煤灰砖强度指标　　附表 6.8

强度级别	抗压强度（MPa）		抗折强度（MPa）	
	10 块平均值不小于	单块值不小于	10 块平均值不小于	单块值不小于
20	20.0	15.0	4.0	3.0
15	15.0	11.0	3.2	2.4
10	10.0	7.5	2.5	1.9
7.5	7.5	5.6	2.0	1.5

注：强度级别以蒸汽养护后一天的强度为准。

粉煤灰砖抗冻性指标 **附表 6.9**

强度级别	抗压强度（MPa）平均值不小于	砖的干质量损失（%），单块值不大于
20	16.0	2.0
15	12.0	2.0
10	8.0	2.0
7.5	6.0	2.0

6.4 烧结多孔砖（GB 13544—92）

6.4.1 主题内容与适用范围

本标准规定了烧结多孔砖的产品分类、技术要求、试验方法、检验规则、产品合格证、堆放和运输等。

本标准适用于以粘土、页岩、煤矸石为主要原料，经焙烧而成的主要用于承重部位的多孔砖（以下简称砖）。

6.4.2 引用标准：GB/T2542 砌墙砖试验方法

6.4.3 产品分类：

6.4.3.1 规格：砖的外形为直角六面体，其规格尺寸见附表 6.10。

附表 6.10

代号	长（mm）	宽（mm）	高（mm）
M	190	190	90
P	240	115	90

圆孔直径	非圆孔内切圆直径	手抓孔
≤22	≤15	(30～40)×(75～85)

6.4.3.2 孔洞：砖的孔洞尺寸应符合附表 6.10 的规定。

6.4.3.3 等级：

6.4.3.3（1） 分级：根据抗压强度、抗折荷重分为 30，25，20，15，10，7.5 六个强度等级。

6.4.3.3（2） 分等：根据尺寸偏差、外观质量、强度等级和物理性能分为优等品（A）、一等品（B）和合格品（C）。

6.4.3.4 产品标记：砖的标记按产品名称、规格代号、强度等级、产品等级和国家标准编号顺序编写。

例：规格代号 M、强度等级 25；优等品砖的标记为：烧结多孔砖 M—25A—GB13544

6.4.4 技术要求：

6.4.4.1 尺寸允许偏差：尺寸允许偏差应符合附表 6.11 的规定。

6.4.4.2 外观质量：外观质量应符合附表6.11的规定。

附表6.11

1. 尺寸	尺寸允许偏差（mm）		
	优等品	一等品	合格品
240，190	±4	±5	±7
115	±3	±4	±5
90	±3	±4	±4

项目	优等品	一等品	合格品
2. 颜色（一条面和一顶面）	基本一致	—	—
3. 完整面不得少于	一条面和一顶面	一条面和一顶面	—
4. 缺棱掉角的三个破坏尺寸不得同时大于	15	20	30
5. 裂纹长度不大于			
a. 大面上深入孔壁15mm以上宽度方向及其延伸到条面的长度	80	100	120
b. 大面上深入孔壁15mm以上长度方向及其延伸到顶面的长度	80	120	140
c. 条、顶面上的水平裂纹	100	120	140
6. 杂质在砖面上造成的凸出高度不大于	3	4	5
7. 欠火砖和酥砖	不允许	不允许	不允许

注：凡有下列缺陷之一者，不能称为完整面：

1. 缺损在条面或顶面上造成的破坏面尺寸同时大于20mm×30mm。
2. 条面或顶面上裂纹宽度大于1mm，其长度超过70mm。
3. 压陷、焦花、粘底在条面或顶面上的凹陷或凸出超过2mm，区域尺寸同时大于20mm×30mm。

6.4.4.3 强度：强度应符合附表6.12（A）的规定。

附表6.12（A）

产品等级	强度等级	抗压强度（MPa）		抗折荷重（kN）	
		平均值不小于	单块最小值不小于	平均值不小于	单块最小值不小于
优等品	30	30.0	22.0	13.5	9.0
	25	25.0	18.0	11.5	7.5
	20	20.0	14.0	9.5	6.0
一等品	15	15.0	10.0	7.5	4.5
	10	10.0	6.0	5.5	3.0
合格品	7.5	7.5	4.5	4.5	2.5

6.4.4.4 物理性能　砖的物理性能应符合附表6.12（B）的规定。

附表 6.12（B）

项　目	鉴　别　指　标
冻　融	1．干质量损失不大于 2%　　2．冻裂长度不大于附表 6.11 中 5 的合格品规定
泛　霜	1．优等品：不允许出现轻微泛霜　　2．一等品：不允许出现中等泛霜 3．合格品：不允许出现严重泛霜
石灰爆裂	试验后的每块砖样应符合表附表 6.11 中 5 的规定，同时每组砖样必须符合下列要求： 1．优等品 *a*．最大直径为 2～5mm 的爆裂区域不超过两处的砖样不得多于 2 块，且爆裂区域不得在同一条面或顶面上出现 *b*．最大直径大于 5mm，不大于 10mm 的爆裂区域一处的砖样不得多于 1 块 *c*．在各面上不得出现最大直径大于 10mm 的爆裂区域 2．一等品 *a*．最大直径大于 5mm，不大于 10mm 的爆裂区域不超过两处的砖样不得多于 2 块，且爆裂区域不得在同一条面或顶面上出现 *b*．在各面上不得出现最大直径大于 10mm 的爆裂区域 3．合格品 在条面和顶面上不得出现最大直径大于 10mm 的爆裂区域
吸水率	1．优等品：不大于 22%　　2．一等品：不大于 25%　　3．合格品：不要求

6.5　混凝土小型空心砖块（GB 8239—87）

6.5.1　强度等级：

砌块的抗压强度应符合附表 6.13 的规定。

6.5.2　外观质量：

砌块的外观质量应符合附表 6.14 的规定。

6.5.3　含水率：

砌块的相对含水率应符合附表 6.15 的规定。

砌块的抗压强度　　**附表 6.13**

强度等级	抗压强度 ≥	
	五块平均值	单块最小值
3.5	3.5	2.8
5.0	5.0	4.0
7.5	7.5	6.0
10.0	10.0	8.0
15.0	15.0	12.0

注：非承重砌块在有试验数据的条件下，强度等级可降低到 2.8。

砌块的外观质量 **附表 6.14**

检验项目		合格指标	
		一等品	二等品
尺寸的允许偏差（mm）			
长　度		±3	±4
宽　度		±3	±4
高　度		±3	+3　−4
最小外壁厚（mm）		30	30
最小肋厚（mm）		25	25
弯　曲（mm）	≤	2	3
缺棱掉角：			
个数	≤	2	2
三个方向投影尺寸之最小值（mm）	≤	20	30
裂纹延伸的投影尺寸累计（mm）	≤	20	30

注：非承重砌块在有试验数据的条件下，最小外壁厚的最小肋厚可不受本表限制。

砌块的相对含水率 **附表 6.15**

级别	相对含水率三块平均值		
	使用块点的年平均湿度		
	＞75％	50％～75％	＜50％
M	≤45％	≤40％	≤35％
P	—	—	—

附录7　水　　泥

7.1　硅酸盐水泥、普通硅酸盐水泥（GB 175—92）

普通硅酸盐水泥

凡由硅酸盐水泥熟料、6％～15％混合材料和适量的石膏磨细制成的水硬性胶凝材料，称为普通硅酸盐水泥（简称普通水泥），代号P.O。

活性混合材料的最大掺量不得超过15％；其中允许采用不超过水泥重量5％的窑灰，或不超过水泥重量10％的非活性混合材料来代替。

非活性混合材料的最大掺量不得超过水泥重量10％。

7.1.1　标号

硅酸盐水泥分425R，525，525R，625，625R，725R六个标号。

普通水泥分325，425，425R，525，525R，625，625R七个标号。

7.1.2　技术要求

7.1.2.1　不溶物

Ⅰ型硅酸盐水泥中不溶物不得超过0.75％。

Ⅱ型硅酸盐水泥中不溶物不得超过1.50％。

7.1.2.2　氧化镁

水泥中氧化镁的含量不得超过5.0％。如果水泥经压蒸安定性试验合格，则水泥中氧化镁的含量允许可放宽到6.0％。

7.1.2.3　三氧化硫

水泥中三氧化硫的含量不得超过3.5％。

7.1.2.4　烧失量

Ⅰ型硅酸盐水泥中烧失量不得大于3.0％，Ⅱ型硅酸盐水泥中烧失量不得大于3.5％。普通水泥中烧失量不得大于5.0％。

7.1.2.5　细度

硅酸盐水泥比表面积大于$300m^2/kg$，普通水泥80μm方孔筛筛余量不得超过10.0％。

7.1.2.6　水泥

硅酸盐水泥初凝不得早于45min，终凝不得迟于390min。普通水泥初凝不得早于45min，终凝不得迟于10h。

7.1.2.7　安定性

用沸煮法检验必须合格

7.1.2.8　强度

水泥标号按规定龄期的抗压强度和抗折强度来划分，各标号水泥的各龄期强度不得低于附表7.1数值。

附表7.1

品种	标号	抗压强度（MPa）		抗折强度（MPa）	
		3d	28d	3d	28d
硅酸盐水泥	425R	22.0	42.5	4.0	6.5
	525 525R	23.0 27.0	52.5 52.5	4.0 5.0	7.0 7.0
	625 625R	28.0 32.0	62.5 62.5	5.0 5.5	8.0 8.0
	725R	37.0	72.5	6.0	8.5
普通水泥	325	12.0	32.5	2.5	5.5
	425 425R	16.0 21.0	42.5 42.5	3.5 4.0	6.5 6.5
	525 525R	22.0 26.0	52.5 52.5	4.0 5.0	7.0 7.0
	625 625R	27.0 31.0	62.5 62.5	5.0 5.5	8.0 8.0

7.1.2.9 碱

水泥中碱含量按$Na_2O+0.658K_2O$计算值来表示，若使用活性骨料，用户要求提供低碱水泥时，水泥中碱含量不得大于0.60%或由供需双方商定。

7.2 快硬硅酸盐水泥（GB 199—90）

7.2.1 定义与标号

7.2.1.1 定义　凡以硅酸盐水泥熟料和适量石膏磨细制成的，以3d抗压强度表示标号的水硬性胶凝材料，称为快硬硅酸盐水泥（简称快硬水泥）。

注：①采用工业副产石膏，必须经过试验，呈报省、市、自治区建材主管部门批准。

②磨制水泥时允许加入不损害水泥性能的非促硬性助磨剂，其加入量不得超过水泥重量的1.0%。

7.2.1.2 标号　快硬水泥的标号以3d抗压强度来表示，分为325、375和425三个标号。

7.2.2 技术要求

7.2.2.1 氧化镁

熟料中氧化镁含量不得超过5.0%。如水泥压蒸安定性试验合格，则熟料中氧化镁的含量允许放宽到6.0%。

7.2.2.2 三氧化硫

水泥中三氧化硫的含量不得超过4.0%。

7.2.2.3 细度

0.080mm方孔筛筛余量不得超过10%。

7.2.2.4 凝结时间

初凝不得早于45min，终凝不得迟于10h。

7.2.2.5 安定性

用沸煮法检验合格。

7.2.2.6 强度

各龄期强度均不得低于附表7.2中的数值。

附表7.2

标号	抗压强度（MPa）			抗折强度（MPa）		
	1d	3d	28d	1d	3d	28d
325	15.0	32.5	52.5	3.5	5.0	7.2
375	17.0	37.5	57.5	4.0	6.0	7.6
425	19.0	42.5	62.5	4.5	6.4	8.0

注：供需双方参考指标。

7.3 快硬高强铝酸盐水泥（JC 416—91）

7.3.1 定义

凡以铝酸钙为主要成分的熟料，加入适量的硬石膏，磨细制成具有快硬高强性能的水硬性胶凝材料，称为快硬高强铝酸盐水泥。

7.3.2 品质指标

7.3.2.1 比表面积：水泥比表面积不得低于400m^2/kg。

7.3.2.2 凝结时时间：初凝不得早于25min，终凝不得迟于3h。

7.3.2.3 三氧化硫：水泥中三氧化硫的含量不得超11.0%。

7.3.2.4 强度：各龄期强度不得低于附表7.3的数值。

各龄期强度值 **附表7.3**

水泥标号	抗压强度（MPa）		抗折强度（MPa）	
	1d	28d	1d	28d
625	35.3	62.5	5.5	7.8
725	45.1	72.5	6.0	8.6
825	54.9	82.5	6.5	9.4
925	64.7	92.5	6.7	10.2

注：若用户需要小时（h）强度，则6h抗压强度不得低于20MPa。

7.3.3 标号

中热水泥分425、525两个标号；低热矿渣水泥分325、425两个标号。

7.3.4 技术要求

7.3.4.1 铝酸三钙和硅酸三钙

熟料中的铝酸三钙含量对于中热水泥不得超过6%，对于低热矿渣水不得超过8%；熟料中硅酸三钙含量对于中热水泥不得超过55%。

7.3.4.2　氧化镁

熟料中氧化镁含量不得超过5%。如水泥经压蒸安定性试验合格，允许放宽到6%。

7.3.4.3　游离氧化钙

生产中热水泥时，熟料中游离氧化钙含量不得超过1.0%；生产低热矿渣水泥时，熟料中游离氧化钙含量不得超过1.2%。

7.3.4.4　碱

碱含量由供需双方商定。当水泥在混凝土中和骨料可能发生有害反应并经用户提出低碱要求时，中热水泥熟料中的碱含量以Na_2O（$Na_2O+0.658K_2O$）当量表示不得超过0.6%，低热矿渣水泥熟料中的碱含量不得超过1.0%。

7.3.4.5　三氧化硫

水泥中的三氧化硫含量不得超过3.5%。

7.3.4.6　细度

0.080mm 方孔筛筛余不得超过12%。

7.3.4.7　凝结时间

初凝不得早于60min，终凝不得迟于12h。

7.3.4.8　安定性

水泥安定性必须合格。

7.3.4.9　强度

各龄期强度值不得低于附表7.4中的数值。

附表 7.4

品种	标号	抗压强度（MPa）			抗折强度（MPa）		
		3d	7d	28d	3d	7d	28d
中热水泥	425	15.7	24.5	42.5	3.3	4.5	6.3
	525	20.6	31.4	52.5	4.1	5.3	7.1
低热矿渣水泥	325	—	13.7	32.5	—	3.2	5.4
	425	—	18.6	42.5	—	4.1	6.3

7.3.4.10　水化热

各龄期水化热不得超过附表7.5数值。

附表 7.5

水泥标号	中热水泥（KJ/kg）		低热矿渣水泥（KJ/kg）	
	3d	7d	3d	7d
325			188	230
425	251	293	197	230
525	251	293		

7.4 复合硅酸盐水泥（GB 12958—91）

7.4.1 标号

分 325、425、525 三个标号。

7.4.2 技术要求

7.4.2.1 氧化镁

熟料中氧化镁的含量不得超过5.0%。如水泥经压蒸安定性试验合格，则熟料中氧化镁的含量允许放宽到6.0%。

7.4.2.2 三氧化硫

水泥中三氧化硫的含量不得超过3.5%。

7.4.2.3 细度

80μm 方孔筛筛余不得超过10%。

7.4.2.4 凝结时间

初凝不得早于 45min，终凝不得迟于 12h。

7.4.2.5 安定性

用沸煮法检验必须合格。

7.4.2.6 强度

425 和 525 号水泥按早期强度分两种类型。各标号、各类型水泥的各龄期强度不得低于附表 7.6 中的数值。

附表 7.6

标号	抗压强度（MPa）			抗折强度（MPa）		
	3d	7d	28d	3d	7d	28d
325	—	18.5	32.5	—	3.5	5.5
425	—	24.5	42.5	—	4.5	6.5
425R	21.0	—	42.5	4.0	—	6.5
525	—	31.5	52.5	—	5.5	7.0
525R	26.0	—	52.5	5.0	—	7.0

7.5 矿渣硅酸盐水泥、火山灰质硅酸盐水泥及粉煤灰硅酸盐水泥（GB 1344—92）

7.5.1 标号

矿渣水泥、火山灰水泥、粉煤灰水泥分 275，325，425，425R，525，525R，625R 七个标号。

7.5.2 技术要求

7.5.2.1 氧化镁

熟料中氧化镁的含量不得超过5.0%，如果水泥经压蒸安定性试验合格，则熟料中氧化镁的含量允许放宽到6.0%。

注：熟料中氧化镁的含量为5.0%～6.0%，如矿渣水泥中混合材料总掺加量大于40%或火山灰水泥和粉煤灰水泥中混合材料总掺加量大于30%，制成的水泥可不作压蒸试验。

7.5.2.2 三氧化硫

矿渣水泥中三氧化硫含量不得超过4.0%。

火山灰水泥、粉煤灰水泥中三氧化硫不得超过3.5%。

7.5.2.3 细度

80μm 方孔筛筛余不得超过10.0%。

7.5.2.4 凝结时间

初凝不得早于45min，终凝不得迟于10h。

7.5.2.5 安定性

用沸煮法检验必须合格。

7.5.2.6 强度

水泥标号按规定龄期的抗压强度和抗折强度来划分。各标号水泥的各龄期强度不得低于附表7.7中的数值。

MPa　　附表7.7

标号	抗压强度 N/mm²			抗折强度，N/mm²		
	3d	7d	28d	3d	7d	28d
275	—	13.0	27.5	—	2.5	5.0
325	—	15.0	32.5	—	3.0	5.5
425	—	21.0	42.5	—	4.0	6.5
425R	19.0	—	42.5	4.0	—	6.5
525	21.0	—	52.5	4.0	—	7.0
525R	23.0	—	52.5	4.5	—	7.0
625R	28.0	—	62.5	5.0	—	8.0

7.5.2.7 窑灰

水泥中碱含量用$Na_2O+0.658K_2O$计算值来表示，若使用活性骨料需要限制水泥中碱含量时由供需双方商定。

附录8　外加剂、防冻剂

8.1　混凝土外加剂（GB 8076－87）

本标准适用于评定在水泥混凝土中掺用的普通减水剂、高效减水剂、早强减水剂、缓凝减水剂、缓凝减水剂、引气减水剂、早强剂、缓凝剂和引气剂八种混凝土外加剂的质量。

8.1.1　定义

8.1.1.1　外加剂

混凝土外加剂的定义见《混凝土外加剂分类、命名与定义》GB8075—87。

8.1.1.2　基准水泥

符合本标准附录A“混凝土外加剂性能检验用基准水泥技术条件”要求的、专门用于检验混凝土外加剂性能的水泥。

8.1.1.3　基准混凝土

按照本标准试验条件规定配制的不掺外加剂的混凝土。

8.1.2　技术要求

8.1.2.1　掺外加剂混凝土性能指标

掺外加剂混凝土性能指标应符合附表8.11中的要求。

附表8.1

试验项目 \ 性能指标 \ 外加剂种类		普通减水剂		高效减水剂		早强减水剂		缓凝减水剂		引气减水剂		早强剂		缓凝剂		引气剂	
		一等品	合格品	一等品	合格品	一等品	合格品	一等品	合格品	一等品	合格品	一等品	合格品	一等品	合格品	一等品	合格品
减水率（%）		≥8	≥5	≥12	≥10	≥8	≥5	≥8	≥5	≥10	≥10	—	—	—	≥6	≥6	≥6
泌水率比（%）		≤95	≤100	≤100	≤100	≤95	≤100	≤95	≤100	≤70	≤80	≤100	≤100	≤100	≤110	≤70	≤80
含气量（%）		≤3.0	≤4.0	≤3.0	≤4.0	≤3.0	≤4.0	≤3.0	≤4.0	3.5～5.5	3.5～5.5	—	—	—	—	3.5～5.5	3.5～5.5
凝结时间之差（min）	初凝	−60～+90	−60～+120	−60～+90	−60～+120	−60～+90	−60～+120	+60～+210	+60～+210	−60～+90	−60～+120	−60～+90	−120～+120	+60～+210	+60～+210	−60～+60	−60～+60
	终凝	−60～+90	−60～+120	−60～+90	−60～+120	−60～+90	−60～+120	≤+210	≤+210	−60～+90	−60～+120	−60～+90	−120～+120	≤+210	≤+210	−60～+60	−60～+60

续表

试验项目 \ 性能指标 \ 外加剂种类		普通减水剂		高效减水剂		早强减水剂		缓凝减水剂		引气减水剂		早强剂		缓凝剂		引气剂	
		一等品	合格品	一等品	合格品	一等品	合格品	一等品	合格品	一等品	合格品	一等品	合格品	一等品	合格品	一等品	合格品
抗压强度比（%）	1D	—	—	≥140	≥130	≥140	≥130	—	—	—	—	≥140	≥125	—	—	—	—
	3D	≥115	≥110	≥130	≥125	≥135	≥120	≥110	≥100	≥115	≥110	≥130	≥120	≥100	≥90	≥95	≥80
	7D	≥115	≥110	≥125	≥120	≥120	≥115	≥110	≥110	≥110	≥110	≥115	≥110	≥100	≥90	≥95	≥80
	28D	≥110	≥105	≥120	≥115	≥110	≥105	≥110	≥105	≥110	≥110	≥100	≥95	≥100	≥90	≥90	≥80
	90D	≥100	≥100	≥100	≥100	≥100	≥100	≥100	≥100	≥100	≥100	≥95	≥95	≥100	≥90	≥90	≥80
收缩率比(%)90D		≤120		≤120		≤120		≤120		≤120		≤120		≤120		≤120	
相对耐久性指标（%）										200次≥80	≥300					200次≥80	≥300
钢筋锈蚀		应说明对钢筋有无锈蚀危害															

注：1 除含气量外，表中所列数据为掺外加剂混凝土与基准混凝土的差值或比值。

2 凝结时间指标"－"号表示提前，"＋"号表示延缓。

3 相对耐久性指标一栏中，"200 次＞80"表示将 28d 龄期的掺外加剂混凝土试件冻融循环 200 次后，动弹性模量保留值≥80%："≥300"表示 28 天龄期的试件经冻融后，动弹性模量保留值等于 80%时掺外加剂混凝土与基准混凝土冻融次数的比值≥300%。

4 对于可以用高频振捣排除的、由外加剂所引入的气泡的产品，允许用高频振捣。达到某类型性能指标要求的，可按本表进行命名和分类，但须在产品说明书和包装上注明"用于高频振捣的××剂"。

8.1.2.2 匀质性指标

匀质性指标应符合附表 8.2 中的要求。

附表 8.2

试验项目	指标
固体含量或含水量	*a*. 对液体外加剂，应在生产厂所控制值的相对量的 3%内 *b*. 对固体外加剂，应在生产厂所控制值的相对量的 5%之内
密度	对液体外加剂，应在生产厂所控制值的±0.02 之内
氯离子含量	应在生产厂所控制值相对量的 5%之内
水泥净浆流动度	应不小于生产控制值的 95%

8.1.3 试验方法（略）

8.1.4 检验规则

8.1.4.1 取样及编号

8.1.4.1（1）试样分点样和混合样，点样是在一次生产的产品所得试样，混合样是三个或更多的点样等量均匀混合而取得的试样。

8.1.4.1（2）生产厂应根据产量和生产设备条件，将产品分批编号，同一编号的产品必须是混合均匀的。

8.1.4.1（3）每一编号取样量不少于 0.5t 水泥所需用的外加剂量。

8.1.4.2　试样及留样

每一编号取得的试样应充分混合均匀，分为两等份，一份按本标准规定方法与项目进行试验。另一份要密封保存半年，以备有疑问时提交国家指定的检验机关进行复验或仲裁。如生产和使用单位同意，复验或仲裁也可使用现场取样。

8.1.4.3　检验分类

8.1.4.3（1）　出厂检验：每编号外加剂检验项目按附表 8.3 进行。

附表 8.3

外加剂品种 / 测定项目	普通减水剂	高效减水剂	早强减水剂	缓凝减水剂	引气减水剂	早强剂	缓凝剂	引气剂	备注
固体含量	✓	✓	✓	✓	✓	✓	✓	✓	
密　度						✓			液体外加剂必测
细　度						✓			粉状外加剂必测
pH 值	✓	✓	✓		✓				
表面张力		✓							
泡沫性能					✓			✓	
氯离子含量	✓	✓	✓	✓	✓	✓	✓	✓	
硫酸钠含量									含有硫酸钠的早强减水剂或早强剂必测
还原糖份				✓			✓		木质素磺酸钙减水剂必测
水泥净浆流动度	✓	✓	✓	✓	✓				两种任选一种
水泥砂浆流动度	✓	✓	✓	✓	✓	✓	✓		

8.1.4.3（2）型式检验：型式检验项目包括匀质性指标和混凝土性能指标；有下列条件之一者，应进行型式检验。

a）新产品或老产品转厂生产的试制或将进行技术鉴定的产品。

b）当原料、工艺在生产过程中改变时的产品。

c）每年至少向专门的检验机构，送两次样品，进行周期性检验。

d）产品连续停产三个月或以上，重新恢复生产时的产品。

e）出厂检验结果和前次型式检验结果有较大差异（相对误差大于 5%）时的产品。

f）质量监督机构提出检验要求时。

g）当生产和使用单位对性能有争议需复验或仲裁时。

8.1.4.4　产品出厂

凡有下列情况之一者，不得出厂：无性能检验合格证，技术文件不全，包装不符，质量不足，产品受潮变质，以及超过有效期限。

每个产品均应由生产厂随货提供，包括有如下内容的技术文件或说明书：产品名称及型号，出厂日期，主要特性及成分，适用范围及适宜掺量，性能检验合格证（匀质性指标及混凝土性能指标），贮存条件及有效期，使用方法及注意事项。

8.1.4.5 复验规则

复验及仲裁以封存样进行。如使用单位要求以现场样时，可在现场取平均样，并按型式检验项目检验。

8.1.4.6 判定规则

产品经检验应全部符合本标准技术要求的性能指标，否则作为不合格品。

8.1.5 包装、贮存及退货

8.1.5.1 包装

粉状外加剂应采用有塑料袋衬里的编织袋作为包装，每袋重20kg～50kg。液体外加剂应采用塑料桶或有塑料袋内衬的金属桶。

所有包装上均应在明显位置注明以下内容：产品名称、型号、净重或体积（包括含量或浓度）、推荐掺量范围、毒性、腐蚀性、易燃性状况、生产厂家、生产日期及出厂编号。

8.1.5.2 贮存

外加剂应存放在专用仓库或固定的场所妥善保管，以易于识别，便于检查和提货为原则。

8.1.5.3 退货

8.1.5.3（1）使用单位在规定的存放条件和有效期限内，经复验发现外加剂性能与本标准任何一条不符时，应予退货或更换。

8.1.5.3（2）实际的质量、体积与规定的质量、体积（按固形物计）有2%的差异时，可以要求退货或补足。粉状的可取5包、液体的可取30桶，称重取平均值计算。

8.1.5.3（3）凡无出厂文件或出厂技术文件不全，以及发现有与出厂技术文件不符合者，可退货。

规范 GB8026—87 的附录 A

混凝土外加剂性能检验用基准水泥技术条件

（补充件）

基准水泥是统一检验混凝土外加剂性能用的材料，是由符合下列品质指标的硅酸盐水泥熟料与二水石膏共同粉磨而成的、标号大于（含）525 的硅酸盐水泥。基准水泥必须由经中国水泥质量监督检验中心确认具备生产条件的工厂供给。

A.1　品质指标（除满足 525 硅酸盐水泥技术要求外）。

A.1.1　铝酸三钙（C_3A）含量 6%～8%。

A.1.2　硅酸三钙（C_3S）含量 50%～55%。

A.1.3　游离氧化钙（f-CaO）含量不得超过 1.2%。

A.1.4　碱（$Na_2O+0.658K_2O$）含量不得超过 1.0%。

A.1.5　水泥比表面积 $3200\pm200cm^2/g$。

A.2　试验方法

A.2.1　游离氧化钙、氧化钾和氧化钠的测定，按 GB176－87《水泥化学分析方法》进行。

A.2.2　水泥比表面积的测定，按 GB207－63《水泥比表面积测定方法》进行。

A.2.3　铝酸三钙和硅酸三钙含量由熟料中氧化钙、二氧化硅、三氧化二铝和三氧化二铁含量，用下式计算而得：

$$C_3S=3.80\cdot SiO_2\cdot(3kH-2)$$

$$C_3A=22.65\cdot(Al_2O_3-0.64\cdot Fe_2O_3)$$

$$KH=\frac{CaO-f\text{-}CaO-1.65\cdot Al_2O_3-0.36\cdot Fe_2O_3}{2.80SiO_2}$$

式中：C_3S、C_3A、SiO_2、CaO、Al_2O_3、Fe_2O_3 和 f-CaO 分别表示该成份在熟料中所占的质量百分数。

A.3　验收规则

A.3.1　基准水泥出厂一吨为一编号。每一编号应取三个有代表性的样品，分别测定比表面积，测定结果均须符合规定。

A.3.2　凡不符合本技术条件第一章中任何一项规定时，均不得出厂。

A.4　包装及贮运

包装袋应结实牢固和密封良好，采用金属桶装或加有塑料袋的纸袋包装。每袋净重 50kg。袋中须有合格证，注明生产日期编号。有效贮存期为半年。

8.2 混凝土防冻剂（JC 475—92）

8.2.4 产品分类

防冻剂按其成分可分为氯盐类、氯盐阻锈类、无氯盐类。

8.2.5 技术要求

8.2.5.1 掺防冻剂混凝土性能

掺防冻剂混凝土性能应符合附表 8.4 的要求。

附表 8.4

<table>
<tr><th colspan="3" rowspan="2">试验项目</th><th colspan="6">性能指标</th></tr>
<tr><th colspan="3">一等品</th><th colspan="3">合格品</th></tr>
<tr><td colspan="3">减水率，(%)，不小于</td><td colspan="3">8</td><td colspan="3">—</td></tr>
<tr><td colspan="3">泌水率比，(%)，不大于</td><td colspan="3">100</td><td colspan="3">100</td></tr>
<tr><td colspan="3">含气量，(%)，不小于</td><td colspan="3">2.5</td><td colspan="3">2.0</td></tr>
<tr><td colspan="2" rowspan="2">凝结时间差 (min)</td><td>初凝</td><td colspan="3" rowspan="2">−120～+120</td><td colspan="3" rowspan="2">−150～+150</td></tr>
<tr><td>终凝</td></tr>
<tr><td rowspan="4">抗压强度比</td><td rowspan="4">(%) 不小于</td><td>规定温度（℃）</td><td>−5</td><td>−10</td><td>−15</td><td>−5</td><td>−10</td><td>−15</td></tr>
<tr><td>R_{28}</td><td colspan="2">95</td><td>90</td><td colspan="2">90</td><td>85</td></tr>
<tr><td>R_{-7+28}</td><td>95</td><td>90</td><td>85</td><td>90</td><td>85</td><td>80</td></tr>
<tr><td>R_{-7+56}</td><td colspan="3">100</td><td colspan="3">100</td></tr>
<tr><td colspan="3">90d 收缩率比，(%)，不大于</td><td colspan="6">120</td></tr>
<tr><td colspan="3">抗渗压力（或高度）比，(%)</td><td colspan="6">不小于 100（或不大于 100）</td></tr>
<tr><td colspan="3">50 次冻融强度损失率比，(%)，不大于</td><td colspan="6">100</td></tr>
<tr><td colspan="3">对钢筋锈蚀作用</td><td colspan="6">应说明对钢筋有无锈蚀作用</td></tr>
</table>

8.2.5.2 匀质性

防冻剂匀质性应符合附表 8.5 的要求。

附表 8.5

试验项目	指　标
固体含量	液体防冻剂：应在生产厂控制值的相对量的 3%之内
含水量	粉状防冻剂：应在生产厂控制值的相对量的 5%之内
密　度	液体防冻剂：应在生产厂控制值的±0.02 之内
氯离子含量	应在生产厂控制值相对量的 5%之内
水泥净浆流动度	应不小于生产厂控制值的 95%
细　度	粉状防冻剂细度应在生产厂控制值的±2%之内

8.2.6 试验方法

8.2.6.1 材料、配合比及搅拌。

按 GB8076 的 3.1、3.2 和 3.3 规定，但混凝土塌落度为 3±1cm。

8.2.6.2 试验项目及试件数量

掺防冻剂混凝土的试验项目及试件数量按附表 8.6 规定。

附表 8.6

试验项目	试验类别	试验所需试件数量			
		混凝土抖合物批数	每批取样数　目	掺防冻剂混凝土取样总数目	基准混凝土取样总数目
减水率	混凝土拌合物	3	1次	3次	3次
泌水率比	混凝土拌合物	3	1次	3次	3次
含气量	混凝土拌合物	3	1次	3次	3次
凝结时间差	混凝土拌合物	3	1次	3次	3次
抗压强度比	硬化混凝土	3	9块	27块	9块
收缩率比	硬化混凝土	3	1块	3块	3块
抗渗压力比	硬化混凝土	3	2块	6块	6块
冻融强度损失率比	硬化混凝土	1	6块	6块	6块
钢筋锈蚀	新拌或硬化砂浆	3	1块	3块	/

8.2.6.3 混凝土拌合物性能

减水率、沁水率比、含气量和凝结时间差按 GB8076 进行测定和计算。

8.2.6.4 硬化混凝土性能

8.2.6.4（1）试件制作

混凝土试件制作及养护参照 GBJ80 进行，但掺与不掺防冻剂混凝土塌落度为 3±1cm，试件制作采用振动台振实，振动时间为 15～20s，环境及预养温度为 20±3℃，掺防冻剂受检混凝土预养 4h［或按 $M=\Sigma(T+10)\Delta t=120$℃h 控制，式中 M—度时积，T—温度，t—温度 T 的持续时间。］后，移入冰箱（或冰室）内并用塑料布覆盖试件，其环境温度应于在 3～4h 内均匀地降至规定温度，养护 7d 后脱模，转标养达到规定龄期进行试验。

8.2.6.4（2）抗压强度比

以受检标养混凝土、受检负温混凝土与基准混凝土抗压强度之比表示：

$$R_{28}\frac{R_{CA}}{R_C}\times 100$$

附录9　混凝土试验

9.1　混凝土试件的留置、制作、养护与抗压强度试验取值

（GB J81—85，GB 50204—92）

本节适用于建筑工程、建筑设备安装工程和市政工程中的普通混凝土工程。

9.1.1　试件取样与留置组数

（1）试件取样：

混凝土试样应在混凝土浇筑地点随机抽取，每组3个试件应在同一盘混凝土中取样制作。

（2）试件的留置：

①每100盘，且不超过100m^3的同配合比的混凝土取样不少于1次。

②每一工作班拌制的同配合比的混凝土不足100盘时其取样不得少于1次。

③每一现浇楼层，同配合比的混凝土其取样不少于1次（基础为一层）。

④现浇结构的同一单位工程每一验收项目中同配合比的混凝土，其取样不得少于一次。

⑤商品预拌混凝土，应在预拌混凝土厂内按上述规定取样留置试件组数。混凝土运到施工现场后，尚应按上述规定留置试件组数。

⑥为了检查结构或构件的拆模、出池、出厂、吊装、张拉、放张及施工期间临时负荷的混凝土强度需要，尚应留置与结构或构件同条件养护的标准尺寸试件，试件的组数可按实际需要确定。

以上每次取样应至少留置一组标准试件，每组为3块。

9.1.2　试件制作

（1）试件规格与每组件数见附表9.1。

混凝土试件规格与每组件数表　　**附表9.1**

序号	试件名称	骨料最大粒径（mm）	标准试件尺寸（mm）		每组件数（件）	与标准试件比值
			形状	规格		
1	混凝土抗压强试验	30	正立方体	100×100×100	3	0.95
		40	正立方体	150×150×150		1
		60	正立方体	200×200×200		1.05
2	混凝土轴心抗压强度试验	40	棱柱体	150×150×300	3	1
3	静力受压弹性模量试验	40	棱柱体	150×150×300	6	1
				100×100×300		0.95

续表

序号	试件名称	骨料最大粒径(mm)	标准试件尺寸(mm)		每组件数(件)	与标准试件比值
			形状	规格		
4	混凝土劈裂抗拉强度试验	20 40	正立方体	100×100×100 150×150×150	3	0.85 1
5	混凝土抗折强度试验	30 40	小梁	100×100×400 150×150×600(550)	3	0.85 1
6	混凝土收缩试验	30	棱柱体	100×100×200	6 图2—1—1	1
			圆柱体	100×100×515	3 图2—1—2	1

注：本说明以混凝土抗压强度试验为主题。

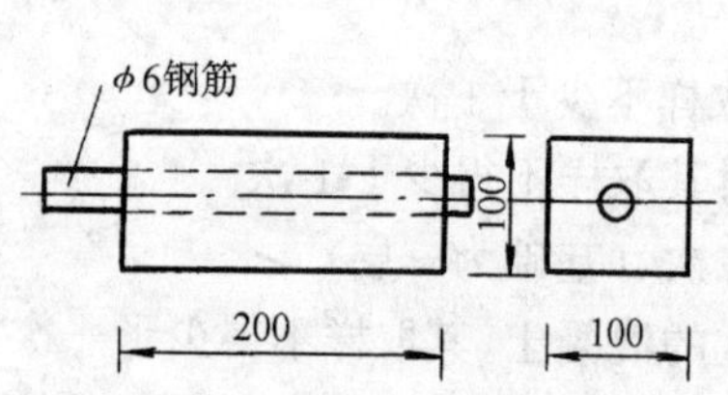

附图 5.9.1　混凝土与钢筋粘结力试件

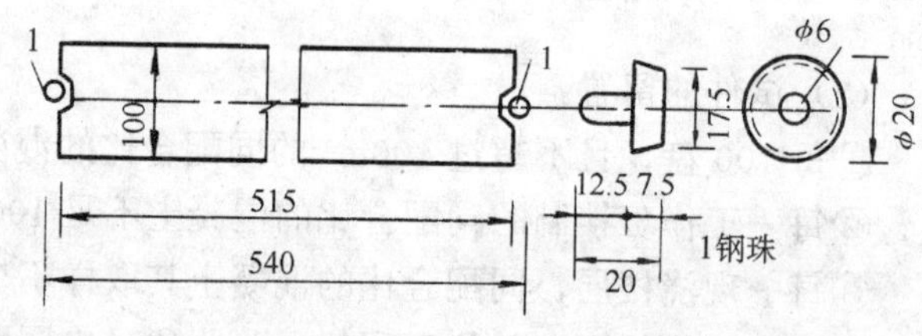

附图 5.9.2　混凝土收缩试验试件

(2) 试块制作方法：

①试件应在取样后立即制作，确定混凝土特征值、强度等级或进行材料性能（骨料最大粒径应符合规范的规定研究，试件成型方法应根据混凝土稠度而定。塌落度≯70mm 宜用振动台捣实（或平板震动器）捣实。大于 70mm 的宜用捣棒人工捣实。检验现浇混凝土工程和预制构件质量的混凝土，试件成型方法应与实际施工采用的方法相同。对棱柱体及小梁试件宜采用卧式成型。

离心法、压浆法、真空作业法及喷射法等特殊方法成型的混凝土，其试件的制作应按相应的规定进行。

②制作试件用的试模由铸铁或钢制成（附图 2.9.3）应具有足够的刚度并拆装方便。试模内表面应经机械加工，其不平度应为每 $100mm^2$ 不超过 0.05mm。组装后各相邻的不垂直度不应超过±0.5 度。

制作试件前应将试模清擦干净，并在其内壁涂上一层矿物油脂或其他脱模剂。

③采用震动台成型时，应将混凝土拌合物一次装入试模，装料时应用抹刀沿试模内壁略加插捣并使混凝土拌合物高出试模上口。振动时应防止试模在震动台上自由跳动。振动应持续到混凝土表面出浆为止，刮除多余的混凝土，并用抹刀抹平。

试验室用震动台的振动频率应为 50±3hz，空载时振幅约为 0.5mm。

④人工插捣时，混凝土拌合物应分2层装入试模，每层的装料厚度大致相等。插捣用的钢制捣棒长为600mm，直径为16mm，端部应磨圆（见附图5.9.4）。插捣应按螺旋方向从边缘向中心均匀进行。插捣底层时，捣棒应达到试模表面，插捣上层时，捣棒应穿入下层深度为20～30mm。插捣时捣棒应保持垂直，不得倾斜（附图5.9.4）。同时，还应用抹刀沿试模内壁插入数次，每层的插捣次数应根据试件的截面而定，一般每100cm^{2}截面积不应少于12次。插捣完后，刮除多余的混凝土，并用抹刀抹平。

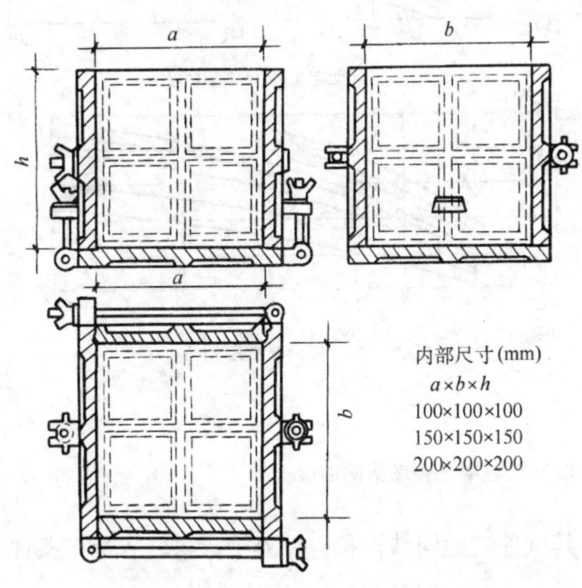

附图5.9.3　混凝土立方体试模

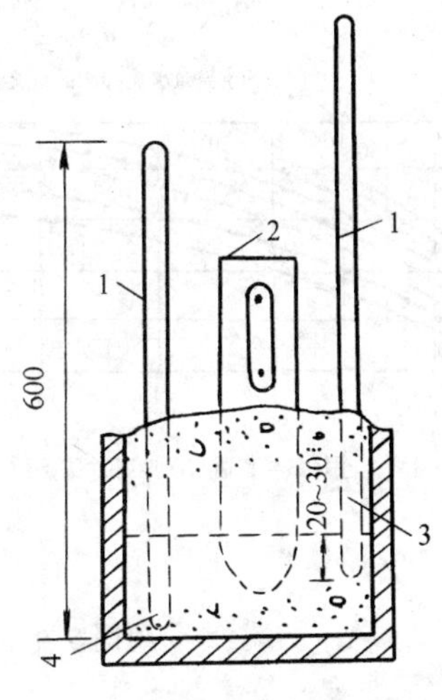

附图5.9.4
1—ϕ16插棒；2—抹刀；
3—插捣上层；4—插捣底层

⑤采用标准养护的试件成型后表面应加覆盖，以防止水分蒸发，并应在温度为20±5℃情况下静置一昼夜至两昼夜，然后编号拆模送入标养室养护。

同条件养护的试件成型后表面应加覆盖。试件的拆模时间可与实际构件的拆模时间相同，拆模后，试件仍需保持同条件养护。

9.1.3　试件养护

根据试验目的不同，试件可采用标准养护、不流动水中养护、或与构件同条件养护。

（1）确定混凝土特征值、验收的强度等级或进行材料性能研究时，应采用标准养护。

检验现浇混凝土工程或预制构件中混凝土拆模、出池、吊装等强度时，试件应采用同条件养护。

（2）试件一般养护到28d龄期（由成型时算起）进行试验。但也可按要求（如需确定拆模、起吊、张拉或承受施工荷载等时的力学性能）养护到所需龄期进行试验。

（3）拆模后的试件应立即放在温度为20±3℃、湿度为90%以上的标准养护室内养护。在标准养护室内的试件应放在架上，彼此间隔为10～20mm，并应避免用水直接冲淋试件。

当无标准养护室时，混凝土试件可在温度为20±3℃的不流动水中养护。水的pH值不应小于7，池水约一个月更换一次。

（4）同条件养护的试件，可称为自然养护，养护期中应按时记录每天日、夜平均温度。在不同温度、不同龄期可能达到的强度百分比（与标准条件养护的试件相比）可参用附图

5.9.5。如试验结果与图中数值相差较大，则应检查原因，确定处理办法。

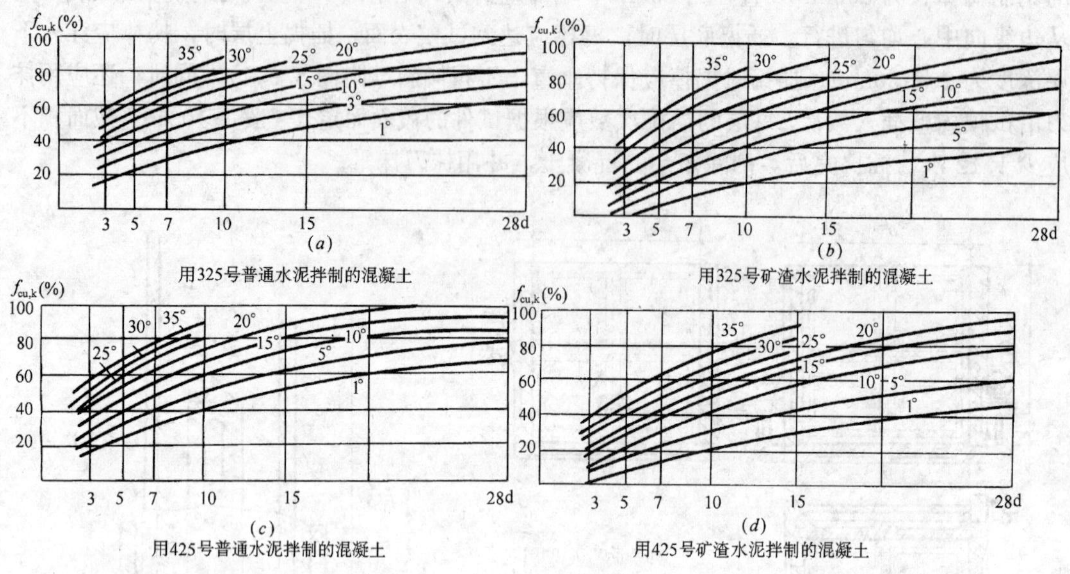

附图 5.9.5 温度、龄期对混凝土强度影响曲线

（5）蒸气养护的混凝土结构和构件，其试件应随同结构和构件养护，再转入标准条件下养护共 28d。

9.1.4 立方体试件的抗压强度试验与取值

（1）试件抗压强度试验：

①试验所采用的试验机的精度（示值的相对误差）至少应为±2%，其量程应能使试件的预期破坏荷载值不小于全量程的 20%，也不大于全量程的 80%。

试验机上、下压板及试件之间可各垫以钢垫板。钢垫板的承压面均应机械加工。与试件接触的压板或垫板的尺寸应大于试件的承压面，其不平度应为每 100mm 不超过 0.02mm。

②试件从养护地点取出后，应尽快进行试验，以免试件内部的温湿度发生显著变化。混凝土立方体抗压强度试验程序如下：

a）先将试件擦拭干净，测量尺寸，并检查其外观。试件尺寸测量精确至 1mm，并据此计算试件的承压面积。如实测尺寸与公称尺寸之差不超过 1mm，可按公称尺寸进行计算。

试件承压面的不平度应为 100mm 不超过 0.05mm，承压面与相邻面不垂直度不应超过±1 度。

b）将试件安放在试验机的下压板上，试件的承压面应与成型时的顶面垂直。试件的中心应与试验机下压板中心对准。开动试验机，当上压板与试件接近时，调整球座，使接触均衡。

c）试件的试验应连续而均匀的加荷，加荷速度应为：混凝土强度等级低于 C30 时，取 0.3～0.5MPa/s；高于或等于 C30 时，取 0.5～0.8MPa/s。当试件接近破坏而开始迅速变

形时，停止调整试验机油门，直至试件破坏。然后记录破坏荷载“P”。

(2) 试件试验取值与每组代表值：

①混凝土立方体试件抗压强度应按下式计算（精确至 0.1MPa）：

$$f_{cu}=\frac{P}{A}$$

式中 f_{cu}——混凝土立方体试件抗压强度（MPa）；

P——破坏荷载（N）或（kN）；

A——试件承压面积（mm^2）

②取 150mm 的立方体试件的抗压强度为标准值，当采用其他尺寸的试件时，应将测得的强度值乘以尺寸换算系数，其值为：

边长 100mm 的立方体试件——0.95；

边长 200mm 的立方体试件——1.05。

③每组 3 个试件，当分别在试验机试验计算取值后，对这一组的强度代表值的确定，应符合下列规定：

a）取 3 个试件强度的算数平均值作为每组试件的强度代表值；

b）当一组试件中强度的最大值或最小值与中间值之差超过中间值的 15%时，取中间值作为该组试件的强度代表值；

c）当一组试件中强度的最大值和最小值与中间值之差均超过中间值的 15%时，该组试件的强度不应作为评定的依据。

例 1：

$$f_{cu1}=21.0 \qquad f_{cu2}=19.8 \qquad f_{cu3}=23.0$$

中间值 21.0 与最大值 23.0、最小值 19.8 之差均未超过 15%。

所以 $$f_{cu}=\frac{21.0+19.8+23.0}{3}=21.3\text{N/mm}^2$$

例 2：

$$f_{cu1}=20.8 \qquad f_{cu2}=16.5 \qquad f_{cu3}=25.0$$

中间值为 20.8，最小值为 16.5，最大值为 25.0 与中间值之差均大于 15%，所以试验结果不能作为强度评定依据。其计算是：

$$100\%\times\frac{20.8-16.5}{20.8}=20.7\%>15\%$$

$$100\%\times\frac{25.0-20.8}{20.8}=20.2\%>15\%$$

例 3：

$$f_{cu1}=20.8 \qquad f_{cu2}=19.5 \qquad f_{cu3}=25.0$$

最大值为 25.0 与中间值 20.8 之差大于 15%，最小值与中间值之差小于 15%。所以该组强度取值：$f_{cu}=20.8\text{N/mm}^2$

即 $$\frac{25.0-20.8}{20.8}\times100\%=20.2\%>15\%$$

9.2 混凝土强度检验评定（GBJ 107—87，GB 50204—92）

按《混凝土强度检验评定标准》检验

9.2.1 统计方法评定

（1）当混凝土的生产条件在较长时间内能保持一致，且同一品种混凝土的强度变异性能保持稳定时，应由连续的三组试件组成一个验收批，其强度应同时满足下列两式：

$$m_{fcu} \geqslant f_{cu,k} + 0.7\sigma_o \tag{9.2.1}$$

$$f_{cu,min} \geqslant f_{cu,k} - 0.7\sigma_o \tag{9.2.2}$$

当混凝土强度等级低于或等于C20时，强度最小值尚应满足下式：

$$f_{cu,min} \geqslant 0.85 f_{cu,k} \tag{9.2.3}$$

当混凝土强度等级高于C 20时，强度的最小值尚应满足下式：

$$f_{cu,min} \geqslant 0.90 f_{cu,k} \tag{9.2.4}$$

式中 m_{fcu}——同一验收批混凝土强度的平均值（N/mm^2）；

$f_{cu,k}$——混凝土立方体标准抗压强度（N/mm^2），即设计的混凝土强度标准值；

σ_o——同一验收批混凝土强度的标准差（N/mm^2）；

$f_{cu,min}$——同一验收批混凝土强度的最小值（N/mm^2）。

验收批混凝土强度的标准差，应根据前一个检验期间的同一品种混凝土试件的强度数据，按下式确定：

$$\sigma_o = \frac{0.59}{m}\sum_{i=1}^{m}\Delta f_{cui} \tag{9.2.5}$$

式中 Δf_{cui}——前一检验期内第 i 批试件强度中最大值和最小值之差；

m——用以确定该验收批混凝土强度标准的数据的总批数。

注：上述检验期不应超过三个月，且在该期间内强度数据的总批数不得少于15组。

（2）当混凝土的生产条件在较长时间内不能保持基本一致，混凝土强度变异性不能保持稳定时，或由于前一个检验期内的同一品种混凝土没有足够的混凝土强度数据藉以确定验收批混凝土强度的标准差时，应由不少于10组的试件组成一个验收批，其强度应同时符合下列两式的规定：

$$m_{fcu} - \lambda_1 S_{fcu} \geqslant 0.9 f_{cu,k} \tag{9.2.6}$$

$$f_{cu,min} \geqslant \lambda_2 f_{cu,k} \tag{9.2.7}$$

式中 S_{fcu}——同一验收批混凝土强度的标准差（N/mm^2），如 S_{fcu} 的计算值小于 $0.06f_{cu,k}$ 时，则取 $S_{fcu}=0.06f_{cu,k}$；S_{fcu} 可按下式计算

$$S_{fcu} = \sqrt{\frac{\sum_{i=1}^{n} f_{cu,i}^2 - n m_{fcu}^2}{n-1}} \tag{9.2.8}$$

式中 $f_{cu,i}$——验收批内第 i 组混凝土试件的强度（N/mm^2）；

n——一个验收批混凝土试件的组数；

λ_1，λ_2——合格判定系数，按附表9.2取用。

混凝土强度合格判定系数 **附表 9.2**

试 件 组 数	10～14	15～24	≥25
λ_1	1.70	1.65	1.60
λ_2	0.9	0.85	

9.2.2 非统计方法评定

按非统计方法评定混凝土强度时，其强度应同时满足下列两式：

$$m_{fcu} \geqslant 1.15 f_{cu,k} \quad (9.2.9)$$

$$f_{cu,min} \geqslant 0.95 f_{cu,k} \quad (9.2.10)$$

注：对零星生产的预制构件的混凝土或现场搅拌批量不大的混凝土，可采用非统计法评定。

9.2.3 试块外形或试验方法不符合标准要求者，其试验结果不应采用。

9.2.4 混凝土强度按单位工程同一验收批评定，但单位工程中仅有一组试块时，其强度不应低于 $1.15f_{cu,k}$。在特殊情况下有抗渗要求的混凝土，还必须符合抗渗标号等要求。

9.2.5 如果根据试验确定的混凝土强度不能符合要求，还可以采用非破损检验或从结构中钻取混凝土试样的检验方法进行检查，并查明原因，采取措施，如继续浇筑时，对混凝土的配合比作适当的修正；对已完成的结构，应推迟加荷日期，并按实际条件验算结构的安全度，或采取必要的补强措施。

注：预拌混凝土厂、预制混凝土构件厂和采用现场集中搅拌混凝土的施工单位，应定期对混凝土强度进行统计分析，控制混凝土质量，确定混凝土生产质量水平。

(1) 混凝土生产质量水平，可依据统计周期内混凝土强度标准差和试件强度等于或高于要求强度等级的百分率按附表 9.3 划分。

混凝土生产质量水平 **附表 9.3**

评定指标		优良		一般		差	
		低于C20	≥20	低于C20	≥20	低于C20	≥20
混凝土强度标准差 σ (N/mm²)	预拌混凝土和预制混凝土构件厂	≤3.0	≤3.5	≤4.0	≤5.0	>4.0	>5.0
	集中搅拌混凝土的施工现场	≤3.5	≤4.0	≤4.5	≤5.5	>4.5	>5.5
强度等于或高于要求强度等级的百分率（%）	预制混凝土厂预制混凝土构件厂及集中搅拌混凝土的施工现场	≥95		>85		≤85	

预拌混凝土厂和预制混凝土构件厂的统计周期可取一个月；在现场集中搅拌混凝土的施工单位，其统计周期可根据实际情况确定。

(2) 在统计周期内混凝土强度标准差及等于或高于规定强度等级的百分率，可按下列两式计算：

$$\sigma=\sqrt{\frac{\sum_{i=1}^{N}f_{cu,i}^{2}-N\mu_{f_{cu}}^{2}}{N-1}}$$

$$P=\frac{N_0}{N}\times 100\%$$

式中 $f_{cu,i}$——统计周期内第 i 组混凝土试件的强度（N/mm^2）；

N——统计周期内相同强度等级的混凝土试件组数（$N\geqslant 25$）；

μ_{fcu}——统计周期内 N 组混凝土试件强度的平均值；

N_0——统计周期内试件强度等于和高于规定等级的组数。

（3）盘内混凝土强度的变异系数不宜大于 5%，其值可按下式确定：

$$\sigma_b=\frac{\delta_b}{\mu_{f_{cu}}^{2}}\times 100\%$$

式中 δ_b——盘内混凝土强度的变异系数；

σ_b——盘内混凝土强度的标准差（N/mm^2）。

（4）盘内混凝土的标准差可按下列规定确定：

在混凝土搅拌地点连续从 15 盘混凝土中分别取样，每盘混凝土试样各成型一组试件，根据试件强度按下式计算：

$$\delta_b=0.04\sum_{i=1}^{15}\Delta_{fcu,i}$$

式中 $\Delta_{fcu,i}$——第 i 组三个试件强度中最大值与最小值之差（N/mm^2）。

当不能连续从 15 盘混凝土中取样时，盘内混凝土强度标准差可利用正常生产连续积累的强度资料进行统计，但试件组数不应少于 30 组，其值可按下式计算：

$$\sigma_b=\frac{0.59}{n}\sum_{i=1}^{n}\Delta_{fcu,i}$$

式中 n——试件组数。

9.2.6 混凝土抗压强度评定举例

例 1：某六层住宅楼，混凝土设计强度等级 C20，现浇混凝土每层留有一组试件均同一配合比；七组试件强度如下：

$f_{cu1}=21.0$　$f_{cu2}=23.0$　$f_{cu3}=17.8$　$f_{cu4}=22.0$

$f_{cu5}=21.0$　$f_{cu6}=20.8$　$f_{cu7}=19.1$

评定：（1）共六层，每层均有一组试件（包括基础），符合规定要求组数。

（2）因 $f_{cu,min}=17.8<0.95f_{cu,k}$，按公式（1－2－10）判定：不必验算 m_{fcu}，就可以判定该单位工程混凝土强度不合格。

例 2：某高层建筑，现浇 C30 混凝土计 20 组试件，配合比相同，评定该分项混凝土强度是否合格？其试验抗压强度分别如下：

$f_{cu1}=30.8$　$f_{cu2}=31.8$　$f_{cu3}=33.0$　$f_{cu4}=29.8$　$f_{cu5}=32.0$

$f_{cu6}=31.2$　$f_{cu7}=34.0$　$f_{cu8}=29.0$　$f_{cu9}=31.5$　$f_{cu10}=32.3$

$f_{cu11}=28.8$　$f_{cu12}=32.8$　$f_{cu13}=31.7$　$f_{cu14}=31.0$　$f_{cu15}=32.3$

$f_{cu16}=30.7$　$f_{cu17}=31.7$　$f_{cu18}=30.5$　$f_{cu19}=31.2$　$f_{cu20}=30.0$

评定：

$$m_{fcu}=\frac{30.8+31.8+33.0+\cdots+30.0}{20}=31.395$$

$$s_{fcu}=\sqrt{\frac{\sum_{i=1}^{n}f_{cui}^{2}-nm_{fcu}^{2}}{n-1}}$$

$$=\sqrt{\frac{30.8^{2}+31.8^{2}+33^{2}+\cdots+30^{2}-20\times31.4^{2}}{20-1}}$$

$$=\sqrt{\frac{19751.95-1971292}{19}}=\sqrt{\frac{37.03}{19}}=1.43$$

$f_{cu,min}=28.8>\lambda_2 f_{cu,k}=0.85\times30=25.5$（公式 9.2.7）

$m_{fcu}-\lambda_1 S_{fcu}=31.4-1.65\times1.43=29.04>0.9f_{cu,k}$（公式 9.2.6）

所以判定该工程混凝土分项强度合格

例 3：某桥梁混凝土工程，按规定留足够试块组数共 3 组，均为同一配比，设计强度等级 C25，每组中试压值如下。试判定其强度是否合格？

第一组　26.1　25.1　26.5（N/mm^2）

第二组　27.6　23.5　22.5（N/mm^2）

第三组　26　25　24（N/mm^2）

评定：(1) 计算各组代表值

第一组 $f_{cu1}=\frac{26.1+25.1+26.5}{3}=25.9N/mm^2$（各件试压值差小于 15%）

第二组因　$\frac{27.6-23.5}{23.5}\times100\%=17.47\%$，最大值（一件）大于中间值 15%

所以　取 $23.5N/mm^2$

第三组(1) f_{cu3}取中间值$=25N/mm^2$（三件平均值）

(2) $f_{cu,min}=23.5<0.95f_{cu,k}$（公式 9.2.10）

(3) $m_{fcu}=\frac{25.9+23.5+25.0}{3}=24.8<1.15f_{cu,k}$（公式 9.2.9）

判定：该桥梁混凝土工程强度不合格

9.3 混凝土抗渗、抗折试件留置、制作、养护及其强度检验评定（GBJ 82—85）

防水混凝土是指以本身的密实性而具有一定防水能力的整体式混凝土或钢筋混凝土结构。它兼有承重和抗渗的功能，还可满足一定的耐冻融及耐侵蚀要求。为此防水混凝土浇筑中要留置 3～4 种试件，即：混凝土抗压强度试件，混凝土抗渗试件、抗折强度试件（在有侵蚀性介质中使用时）及抗冻融试件（在有冻融变化频繁部位使用时）。这里只介绍前 3 种试件的制作、养护等。

混凝土抗压强度试件的留置组数、制作、养护、试压计算取值等与普通混凝土相同，应按第附录 9.2 要求实施。

9.3.1 抗渗、抗折试件留置组数

试件的留置组数可视工程量的规模和要求而定，但每个单位工程不得少于2组。抗渗试件每组为6件；抗折试件每组为3件（有要求时作）。

9.3.2 试件制作

（1）抗渗试件

①试件采用钢模或铸铁模，尺寸为顶面直径175mm、底面直径185mm，高度150mm的圆台体，或直径与高度均150mm的圆柱体试件（视抗渗设备要求而定），见附图5.9.6所示。

②试件的混凝土浇筑方法和步骤与混凝土抗压强度试件的制作规定相同。

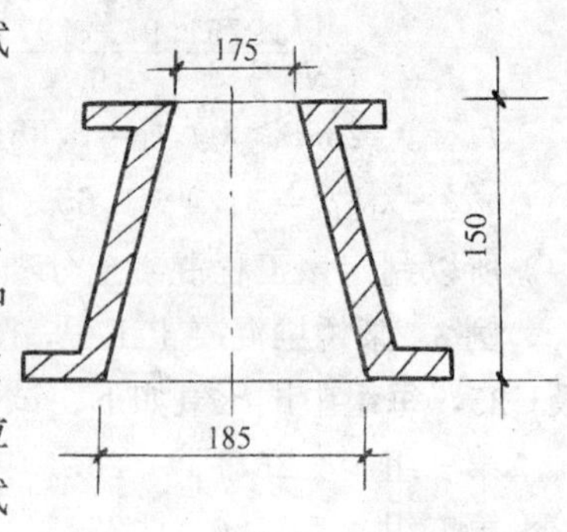

附图5.9.6 混凝土抗渗试模

（2）抗折试件

①混凝土抗折强度采用的试模为150mm×150mm×600（或500）mm小梁式试模，制作标准试件所用混凝土中骨料的最大粒径不应大于40mm。必要时可采用100mm×100mm×400mm试件（模），此时，混凝土中骨料的最大粒径不应大于30mm，其试验熔化的密封材料（可用黄腊），试模见附图5.9.7。

②试件混凝土浇筑程序与前相同。

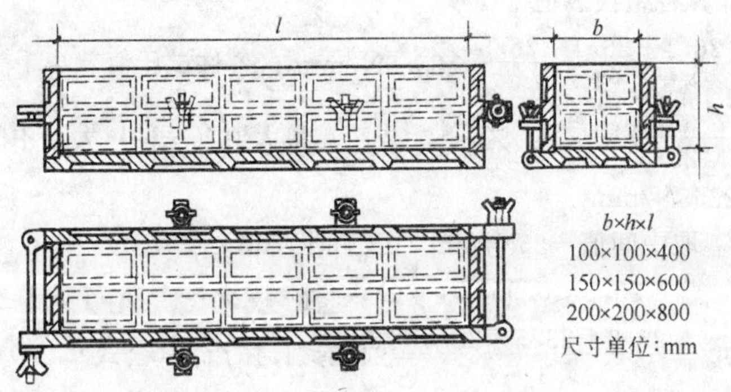

附图5.9.7 混凝土抗折试模

9.3.3 试件拆模与养护

抗渗试件成型后24h拆模，用钢丝刷刷去两端面水泥浆膜，然后送入标准养护室养护。

抗折试件拆膜时间可酌量延长，避免损坏。

两者养护方法均与混凝土抗压强度试件养护方法相同，一般养护至28d龄期进行试验，如有特殊要求，抗渗试件可在其他龄期进行，但最多不得超过90d。

9.3.4 试件试验与取值

（1）抗渗试验与取值

①试件养护至试验前一天取出将表面凉干，然后在其侧面涂一层熔化的密封材料（可用黄腊），随即在螺旋或其他加压装置上，将试件压入经烘箱预热过的试件套中，稍加冷却后，即可解除压力、连同试件套装在抗渗仪（附图5.9.8）上进行试验。

②试验从水压为0.1MPa开始。以后每隔8h增加水压0.1MPa，并且要随时注意观察

试件端面的滤水情况。

③当6个试件中有3个试件端面呈有渗水现象时，即可停止试验，记下当时的水压。

④在试验过程中，如发现水从试件周边渗出，则应停止试验，重新密封。

⑤防水混凝土抗渗等级以符号(S_x)标记，如S_4、S_6、S_8、S_{12}…等，表示混凝土试件在抗渗仪上作抗渗试验时，试件未发现渗水现象的最大水压值。例如S_8表示试件能在0.8N/mm²(0.8MPa)的水压力下不出现渗水现象。

⑥混凝土的抗渗等级以每组6个试件中4个试件未出现渗水时的最大水压力计算，其计算式为：

$$S=10H-1$$

式中 S——抗渗等级；

H——6个试件中3个渗水时的水压力(MPa)。

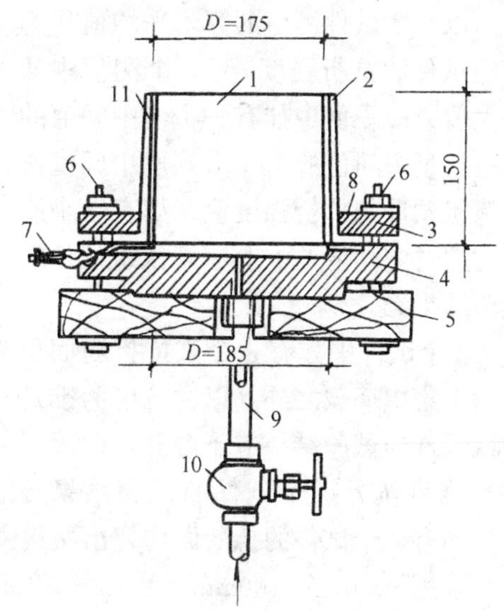

附图 5.9.8 混凝土抗渗仪装置图

1—试件；2—套模；3—上法兰；4—固定法兰；5—底板；6—固定螺栓；7—排气阀；8—橡皮垫；9—分压 水管；10—阀门；11—填充物

(2) 抗折强度试验与取值

试件从养护地点取出后应及时进行试验。试验前，试件应保持与原养护地点相似的干湿状态。其试验步骤如下：

①先将试件擦试干净，量测尺寸，并检查其外观。试件尺寸测量精确至1mm，并据此进行强度计算。

试件不得有明显缺损。在跨中1/3深的受拉区内，不得有表面直径超过7mm并深度超过2mm的孔洞。试件承压区及支承区接触线的不平度应为每100mm²不超过0.05mm。

②按附图5.9.9的要求调整支承架及压头的位置，其所有间距的尺寸偏差不应大于±1mm。

将试件在试验机的支座上放稳对中，承压面应选择试件成型时的侧面。开动试验机，当加压头与试件快接近时，调整加压头及支座，使接触均衡。如加压头及支座均不能前后倾斜，各接触不良之处应予以垫平。

试件的试验应连续而均匀地加荷，其加荷速度应为：混凝土强度等级低于C30时，取0.02MPa/s～0.05MPa/s；强度等级高于或等于C30时，取0.05MPa/s～0.08MPa/s。当试件接近破坏时，应停止调整油门，直至试件破坏，汇录破坏荷载及破坏位置。

③试件破坏时如折断面位于2个集中荷载之间时，抗折强度应按下式计算：

$$f_i=\frac{PL}{bh^2}$$

式中 f_i——混凝土抗折强度(MPa)；

p——破坏荷载(N)；

L——支座间距，即跨度(mm)；

b——试件截面宽度(mm)；

h——试件截面高度（mm）。

以 3 个试件测值的算术平均值作为该组试件的抗折强度值。3 个测值中的最大值或最小值中如有一个与中间值的差值超过中间值的 15%，则取中间值作为该组试件的抗折强度值。如有 2 个测值均超过中间值差 15%，则该组试件的试验结果无效。

3 个试件中如有一个其抗折断面位于两个集中荷载之外（以受拉区为准），则该试件的试验结果应予舍弃，混凝土抗折强度按另两个试件的试验结果计算。如有 2 个试件的折断面均超出两集中荷载之外，则该组试验无效。

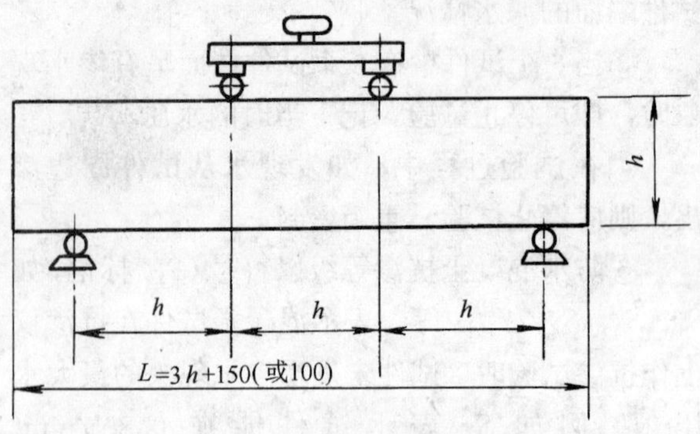

附图 5.9.9　抗折试验示意图

采用 100mm×100mm×400mm 非标准试件时，取得的抗折强度值应乘以尺寸换算系数 0.85。

9.4　砌筑砂浆试件留置、制作、养护与抗压强度试验、取值及其强度检验评定（GBJ 203—83，JGJ 70—90）

适用于以水泥、砂、石灰和掺合料等为主要材料，用于房屋建筑、市政工程及一般构筑物中砌筑、抹灰等用途的建筑砂浆。

9.4.1　砂浆试件留置组数与取样

(1) 建筑工程的每一楼层或每 250m³ 砌体中的各种强度等级的砂浆，每台搅拌机应至少检查一次，每次至少应制作一组试件（每组 6 块）。如砂浆强度等级或配合比变更时，还应制作试件（基础砌体可按一个楼层计）。

(2) 地面与楼面工程，每 500m² 地面与楼面不应少于一组，不足 500m² 按 500m² 计算。

(3) 市政工程的桥梁、供热管网、排水管渠等工程，每个构筑物或每 50m³ 砌体中的各种强度等级的砂浆试件不得少于一组。如砂浆配合比变更时，也应制作一组试件。

(4) 砂浆在施工中的取样，应在使用地点的砂浆槽、砂浆运送车或搅拌机出料口，至少从三个不同部位集取。所取试样的数量应多于试验用料的 1～2 倍。

砂浆拌合物取样后，应尽快进行制作，在制作前应经人工再翻拌，以保证其质量均匀。

9.4.2　试件模具与试件制作

(1) 试件模具

①试模为 70.7mm×70.7mm×70.7mm 立方体，由铸铁或钢制成（附图 5.9.10），应具有足够的刚度并拆装方便。试模的内表面应机械加工，其不平度应为每 100mm，不超过 0.05mm。组装后各相邻面的不垂直度不应超过±0.5。

②捣棒：直径 10mm，长 350mm 的钢棒，端部应磨圆。

(2) 试件制作

①制作砂浆试件时，先将无底试模放在预先铺有吸水性较好的纸的普通粘土砖上（砖的吸水率不小于10%，含水率不大于20%），试模内壁事先涂刷薄层机油或脱模剂；

②放于砖上的湿纸，应为湿的新闻纸(或其他未粘过胶凝材料的纸)，纸的大小要以能盖过砖的四边为准，砖的使用面要求平整，凡砖四个垂直面粘过水泥或其他胶结材料后，不允许再使用；

③向试模内一次注满砂浆，用捣棒均匀地由外向里按螺旋方向插捣25次；为了防止低稠度砂浆插捣后，可能留下孔洞，允许用油灰刀沿模壁插数次；注砂浆时应使砂浆高出试模顶面6～8mm；

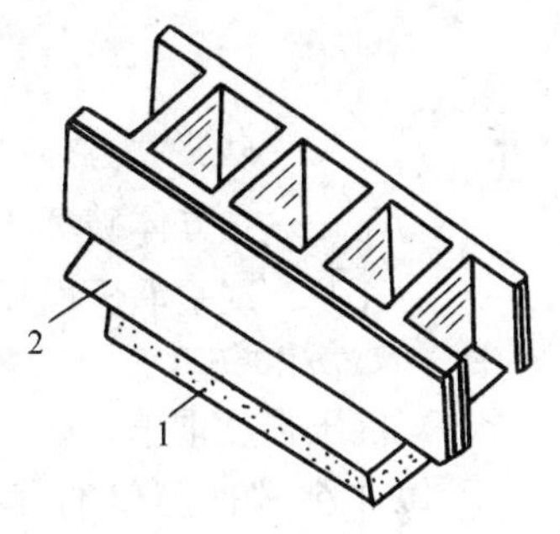

附图 5.9.10
1—粘土砖；2—湿的新闻纸

④当砂浆表面开始出现麻斑状态时(约15～30min)将高出部分的砂浆沿试模顶面削去抹平。

9.4.3 试件养护

(1) 试件制作后应在20±5℃温度环境下停置一昼夜(24±2)，当气温较低时，可适当延长时间，但不应超过两昼夜，然后对试件进行编号并拆除。试件拆模后，应在标准养护条件下，继续养护至28d，然后进行试压；

(2) 标准养护的条件

①水泥混合砂浆应为温度20±3℃，相对湿度60%～80%；

②水泥砂浆和微沫砂浆应为温度20±3℃，相对湿度90%以上；

③养护期间，试件彼此间隔不少于10mm。

(3) 自然养护

当无标准养护条件时，可采用自然养护。

①水泥混合砂浆应在正温度，相对湿度为60%～80%的条件下（如养护箱中或不通风的室内）养护；

②水泥砂浆和微沫砂浆应在正温度并保持试件表面湿润的状态下（如湿砂堆中）养护；

③养护期间必须作好温度计录；有争议时，以标准养护条件为准。

9.4.4 砂浆抗压强度试验与取值

(1) 砂浆立方体抗压强度试验应按下列步骤进行：

①试件从养护地点取出后，应尽快进行试验，以免试件内部的温湿度发生显著变化。试验前先将试件擦拭干净，测量尺寸，并检查其外观。试件尺寸测量精确至1mm，并据此计算试件的承压面积。如实测尺寸与公称尺寸之差不超过1mm可按公称尺寸进行计算。

②将试件安放在试验机的下压板上（或下垫板上），试件的承压面应与成型时的顶面垂直，试件中心应与试验机下压板（或下垫板）中心对准。开动试验机，当上压板（或上垫板）与试件接近时，调整球座，使接触面均衡受压。承压试验应连续、均匀地加荷，加荷速度应为0.5kN/s～1.5kN/s（砂浆强度5MPa及5MPa以下时，取下限为宜，砂浆强度5MPa以上时取上限为宜）。当试件接近破坏而开始迅速变形时，停止调整试验机油门，直至试件破坏，然后记录破坏荷载。

(2) 砂浆立方体抗压强度应按下列公式计算：

$$f_{m,cu}=\frac{N_u}{A}$$

式中 $f_{m,cu}$——砂浆立方体抗压强度（MPa 或 N/mm^2）；

N_u——立方体破坏压力（N）；

A——试验承压面积（mm^2）。

注：砂浆立方体抗压强度计算应精确至 0.01MPa

（3）抗压强度取值

①以 6 个试件测值的算术平均值作为该组试件的抗压强度值，平均值计算精确至 0.1MPa。

②当 6 个试件的最大值或最小值与平均值的差超过 20％时，以中间 4 个试件的平均值作为该组试件的抗压强度值。

例：某一组砂浆试件经试压后分别为：

9.4.5.1　5.3　4.9　5.8　6.0　4.1　（N/mm^2）

则 $f_{m,cu}=\frac{5.1+5.3+4.9+5.8+6.0+4.1}{6}=5.2N/mm^2$

其中最大值差$\frac{6.0-5.2}{5.2}\times100\%=15\%<20\%$

其中最小值差$\frac{5.2-4.1}{5.2}\times100\%=21.2\%>20\%$

所以　$f_{m,cu}=\frac{5.1+5.3+4.9+5.8}{4}=5.28=5.3N/mm^2$

结论：该组试件抗压强度值 $f_{m,cu}=5.3N/mm^2$

5　砂浆强度检验评定

（1）按《建筑安装工程质量检验评定标准》规定评定。

①同品种、同强度等级砂浆各组试件的平均强度不小于 $f_{m,k}$

②任意一组试件的强度不小于 $0.75f_{m,k}$。

③单位工程中同品种、同强度等级仅有一组试件时，其强度不应低于 $f_{m,k}$

注：砂浆强度按单位工程内同品种、同强度等级为同一验收批评定。

（2）按《市政工程质量检验评定标准》规定评定。

①砂浆各组试件平均强度不低于设计规定 $f_{m,k}$。

②任意一组试件的强度最低值不低于设计规定的 85％（$0.85f_{m,k}$）。

注：上述各项中的 $f_{m,k}$ 为砂浆立方体标准抗压强度（N/mm^2）

（3）当自然养护与标准温度不同时，应按附表 9.4、附表 9.5、附表 9.6 进行换算后，再与试验抗压强度值对比进行检验评定。

用 325 号、425 号普通硅酸盐水泥拌制的砂浆强度增长表　　**附表 9.4**

龄期	不同温度下的砂浆强度百分率（以在 20℃时养护 28d 的强度为 100％）							
(d)	1℃	5℃	10℃	15℃	20℃	25℃	30℃	35℃
1	4	6	8	11	15	19	23	25
3	18	25	30	36	43	48	54	60
7	38	46	54	62	69	73	78	82
10	46	55	64	71	78	84	88	92
14	50	61	71	78	85	90	94	98
21	55	67	76	85	93	98	102	104
28	59	71	81	92	100	104	—	—

用 325 号普通矿渣硅酸盐水泥拌制的砂浆强度增长表 **附表 9.5**

龄期(d)	不同温度下的砂浆强度百分率（以在 20℃时养护 28d 的强度为 100%）							
	1℃	5℃	10℃	15℃	20℃	25℃	30℃	35℃
1	3	4	5	6	8	11	15	18
3	8	10	13	19	30	40	47	52
7	19	25	33	45	59	64	69	74
10	26	34	44	57	69	75	81	88
14	32	43	54	66	79	87	93	98
21	39	48	60	74	90	96	100	102
28	44	53	65	83	100	104	—	—

用 425 号普通矿渣硅酸盐水泥拌制的砂浆强度增长表 **附表 9.6**

龄期(d)	不同温度下的砂浆强度百分率（以在 20℃时养护 28d 的强度为 100%）							
	1℃	5℃	10℃	15℃	20℃	25℃	30℃	35℃
1	3	4	6	8	11	15	19	22
3	12	18	24	31	39	45	50	56
7	28	37	45	54	61	68	73	77
10	39	47	54	63	72	77	82	86
14	46	55	62	72	82	87	91	95
21	51	61	70	82	92	96	100	104
28	55	66	75	89	100	104	—	—

(4) 按上述检验评定不合格或留置组数不足时，可经法定检测单位鉴定，采用非破损或截取墙体检验等方法检验评定后，作出相应处理。

9.4.6 砂浆强度检验评定举例

例 1：某工程二层砌砖 14d 自然养护砂浆试件强度值为 2.6N/mm²，其测温记录见附表 9.7。砂浆设计强度等级 M5，龄期 14d，用 425# 矿渣硅酸盐水泥配制。试判断该组试件强度是否合格？

附表 9.7

日期	4.18	4.19	4.21	4.22	4.23	4.25	4.26	4.27	4.28	4.29	4.30	5.2	5.1	5.3
气温测值（℃）	1.5	7.5	5.5	5.5	4.5	9	9	10	9	9	14	15	12.5	18

计算平均气温 $\bar{t}=10.26$℃取 $t=10$℃

查附表 9.7 得试件抗压强度应为标准强度的 62%，将 14d 自然养护试件强度换算为相当于 20±3℃下 28d 标养强度值：$2.6\text{N/mm}^2\div62\%=4.2\text{N/mm}^2$

$$\frac{4.2}{5.0}\times100\%=84\%$$

判断：二层砂浆试件达设计强度的84%>82%（表中值）。

例2：某六层住宅楼，设计均采用M5水泥混合砂浆砌筑，基础用M5水泥砂浆砌筑，共留有七组试件，其抗压强度分别是：$f_{m,cu}$，基础为5N/mm²。

$f_{m,cu}$一层=5.1N/mm²，$f_{m,cu}$二层=5.1N/m²

$f_{m,cu}$三层=4.9N/mm²，$f_{m,cu}$四层=5.8N/mm²

$f_{m,cu}$五层=5.8N/mm²，$f_{m,cu}$六层=4.1N/mm²。

请评定该单位工程砂浆强度是否合格？

评定：①水泥砂浆只一组，$f_{m,cu}=5.8>M5$，合格

②$f_{m,cu,min}=4.1>0.75M5$ 合格

③$\frac{5.1+5.3+4.9+5.8+6.0+4.1}{6}=5.2N/mm^2>M5$

④砂浆组数符合要求。

判断：单位工程砂浆强度合格。

例3：某一排水管渠工程，其砌砖240m³，采用M7.5水泥砂浆砌筑，请评定此工程砂浆强度是否合格？

各级抗压强度代表值是：（单位N/mm²）

$f_{m,cu_1}=7.8$，　$f_{m,cu_2}=7.6$　$f_{m,cu_3}=7.1$

$f_{m,cu_4}=7.2$，　$f_{m,cu_5}=8.0$　$f_{m,cu_6}=7.5$

评定：①按市政工程规定所留组数应不少于5组，符合要求。

②$f_{mcu,min}=7.1>0.85M7.5$，合格

③$\frac{7.8+7.6+7.1+7.2+8.0+7.5}{6}=7.53>M7.5$，合格

判定：此排水管渠工程砂浆强度合格。

6　建筑装饰工程

1 总　　则

(1) 为了合理选择先进的施工工艺和施工技术，严格遵守操作规程，保证房屋建筑装饰工程的质量，特制定本技术措施。

(2) 本技术措施所阐述的内容是根据《建筑装饰工程施工及验收规范》(JGJ73—91) 提出的。

(3) 本技术措施适用于公共建筑和民用建筑的室内、外装饰工程的施工及验收。

(4) 执行本技术措施时，应严格遵守国家现行有关技术标准和规范的相关规定。

(5) 本技术措施所引用的装饰材料应符合现行的国家和有关材料技术标准的规定。进场材料均应具有出厂合格证，并经验收合格后，方可使用。各种材料配制所用的计量器具应经校验，保证准确。

(6) 装饰工程必须在基体或基层的质量检验合格后，方可施工。

(7) 高级装饰工程施工前。应预先做样板（样品、样板间标准间、标准墙），并应经质量检查部门认可后，方可进行施工。

(8) 室内装饰工程的施工，必须待屋面防水工程完工，并应在不致被后继工程所损坏和玷污的条件下进行。

(9) 装饰工程必须作好成品保护；施工用水和管道设备试压的水，不得污损装饰工程。

(10) 施工时的安全技术、劳动保护和防火、防毒的要求，必须符合国家现行的有关技术标准。

(11) 装饰工程施工技术控制要点，详见图 2-1-1 所示。

(12) 室内装饰工程的施工顺序、应符合表 1.1 的规定。

施工顺序的作业条件　　　　**表 1.1**

施工项目名称	施工顺序应符合的作业条件
抹灰、饰面、吊顶、隔断	应待隔墙、门窗柜、各种暗配管道、预埋件、预制板缝灌缝等完工后进行
铝合金、塑料、涂色镀锌钢板门窗及其玻璃安装	宜在湿作业完工后进行。 如需在湿作业前进行，必须采用保护措施
钢木门窗及玻璃安装	根据抹灰工程和地区气候条件的要求，可在湿作业前进行
饰面板、吊顶、花饰安装	应待湿作业完成后进行
涂料、刷浆、吊顶（隔断）罩面板装饰	应在装饰性地面面层及明配电线施工前进行，管道试压后进行。 木质地板面层的最后一道涂料，应待裱糊完工后进行
裱　　糊	应全部湿作业完工，门窗、设备要装并涂料完工后进行

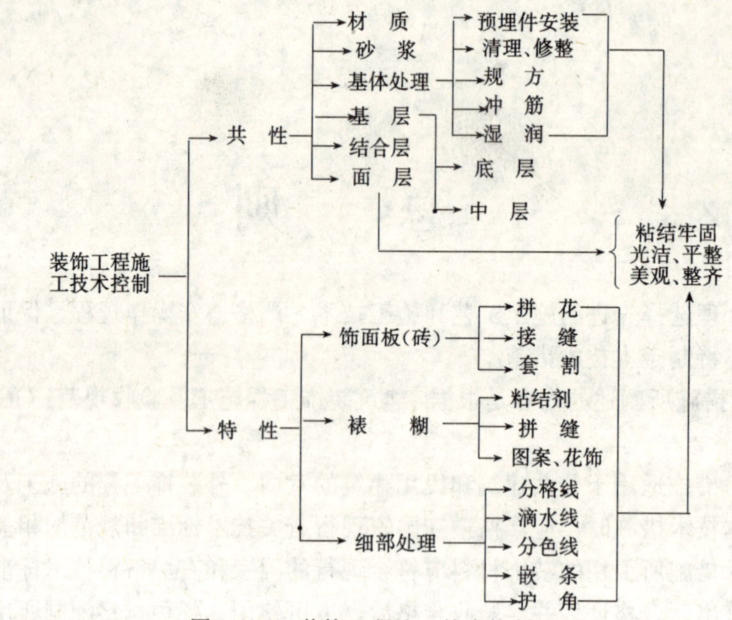

图 6.1.1 装饰工程施工技术控制要点

(13) 室内外装饰工程施工环境温度，应符合表 1.2 所示有关规定。

常规施工环境温度 **表 1.2**

序号	工 程 项 目	施工环境	建筑装饰工程施工及验收规范（JGJ73—91）规定：施工环境温度（℃）
1	饰面、刷浆、花饰、溶剂型涂料及其高级抹灰	室内、外	不应低于 5℃
2	普通和中级抹灰、玻璃安装	室内外	0℃以上
3	裱 糊	室 内	不应低于 10℃
4	外墙涂料	室 外	不应低于 3℃
5	油性涂料	室内外	不应低于 8℃
6	胶粘剂粘饰	室内外	不应低于 10℃

注：1. 环境温度系指施工现场最低温度。

2. 室内温度应为在靠近外墙离地面高 500mm 处的量测值。

2 技术术语

（1）灰浆　指由胶凝材料与水混合而成的浆状混合物。

（2）灰泥　指由粉状材料与水混合形成具有一定塑性的膏状混合料。

（3）粘结石膏　以半水石膏为主要材料，掺加胶料等外加剂制成。

（4）石灰膏　在熟石膏中掺入石灰膏及纤维材料（如纸筋、麻刀、玻璃纤维等）调制而成。

（5）纸筋灰　以纸筋作为增强材料掺入石灰膏中拌制而成。

（6）麻刀灰　以麻刀作为增强材料掺入石灰膏中拌制而成。

（7）灰泥浆　在粘土中掺入一定数量石灰和稻草秸加水拌制而成。

（8）砂浆　由胶凝材料、细集料和水配制而成。

（9）装饰砂浆　指用于室外内装饰以增加建筑物美观的砂浆。

（10）水泥砂浆　指由水泥、砂和水按适当比例调制而成的砂浆。

（11）石灰砂浆　指由石灰膏、砂和水按适当比例调制而成的砂浆。

（12）混合砂浆　是在水泥和石灰砂浆中掺以适量混合材料的统称。掺入混合材料的目的在于节约水泥或石灰，并改善砂浆的塑性。

（13）水灰比　指水泥浆、砂浆混合料中拌合水与水泥的重量比值。

（14）配合比　指砂浆各组成材料的重量或体积之比。

（15）大理石板材　指大理石荒料经锯切、研磨、抛光及切割而成的装饰性的板材。

（16）花岗石板材　指用花岗石荒料加工制成的板状产品。如剁斧石板、抛光石板具有良好的装饰板材。

（17）饰面砖　指用于外墙装饰的块状陶瓷建筑材料。

（18）釉面砖　指用于内墙装饰的薄片状精陶建筑材料。

（19）锦砖　指用于建筑物上组成各种装饰图案的片状小形异型瓷砖。

（20）安定性：反映水泥浆在硬化后因体积膨胀不均匀而变形的情况。

（21）凝结时间　指水泥从和水开始到失去流动性，即从可塑性状态发展到较致密的固体状态所需要的时间；凝结时间又分初凝时间和终凝时间。

（22）膨胀珍珠岩砂浆　指以水泥或石膏为胶凝材料，膨胀珍珠岩砂为集料，按一定比例拌合而成的砂浆。

（23）膨胀蛭石砂浆　指以水泥、石灰膏、石膏等为胶凝材料、膨胀蛭石为集料、加水按一定比例拌制而成的砂浆。

（24）水磨石　由水泥（普通水泥、白水泥或彩色水泥）、彩色理石渣和水，按适当比例掺入适量颜料、经拌合，铺抹、养护、硬化和表面磨光而成。

（25）水刷石：指由水磨石水泥石渣浆抹在装饰墙面上，待涂抹成形且表面收水稍凝固后，立即喷水洗去面层水泥浆，露出石渣，所构成的假石饰面。

(26) 斩假石（剁斧石） 其原料和做法同水磨石，但石渣粒径稍小。凝结硬后采用斧刃将表面剁成条毛，使类似于剁毛的花岗石。

(27) 彩色砂浆：在水泥砂浆、混合砂浆或石灰砂浆中掺入一定数量的颜料或用彩色水泥拌制而成。

(28) 护角：在室内墙面或柱面的阳角和门窗口的阳角，为防止碰掉棱，将阳角的两个面抹上水泥砂浆以起防护作用，称为护角。

(29) 滴水线、滴水槽：为防止雨水污染墙面，在凡可能产生爬水的部位，如：外墙、窗台、窗楣、雨棚、阳台、压顶和突出墙面的腰线等下部，作成带有一定坡度的尖嘴或凹槽，使雨水从嘴尖滴下或不能爬过凹槽，其中尖嘴称为滴水线（俗称鹰嘴），凹槽称为滴水槽。

(30) 花饰：是指镶贴在墙壁上的建筑装花饰品。

(31) 壁纸：是指以纸基、布基、石棉纤维基的面层涂塑性颜色花纹图案质感丰富、弹性好，装饰性的粘贴材料。

3 施工前期工作

建筑装饰是建筑工程的重要组成部分。装饰工程涉及面广、范围大、直接影响建筑物的工程质量。重视装饰工程施工前期的工作，是确保装饰工程充分达到装饰本身作用的前题。

3.1 图 纸 会 审

3.1.1 装饰工程质量管理是建筑工程的质量管理的一部分，应通过图纸会审全面熟悉整个工程的设计意图和装饰风貌和风格的要求。

3.1.2 施工图基本内容

建筑图的设计说明、平面图、立面图、剖面图及节点详图等。

3.1.3 图纸会审

通过图纸会审的四个阶段（学习、初审、会审、综合会审），在施工前必须认真学习、熟悉图纸，了解设计意图及施工应达到的技术标准。

3.1.4 图纸会审的重点

通过图纸会审，进一步了解装饰设计的功能处理与艺术处理所赋予建筑师的性质、风格，与所要表达的建筑精神风貌，以便保证工程质量的前提下，根据图纸涉及的各种技术和美学问题作出重要技术措施。

3.1.5 装饰工程的范围

通过图纸会审了解建筑涉及的装饰范围及其相关条件，概括如图 6.3.1：

图纸会审或审核记录，详见表 3.1.5（1）。

施工技术问题核定单、详见表 3.1.5（2）。

图纸会审记录格式 **表 3.1.5（1）**

图纸会审或审核记录 年 月 日					
工程名称		设计单位		建设单位	
图纸名称 图 号	主 要 问 题		解 决 意 见		
建设单位签章		设计单位签章			
施工单位签章					
				填表	

装饰工程图纸会审的范围

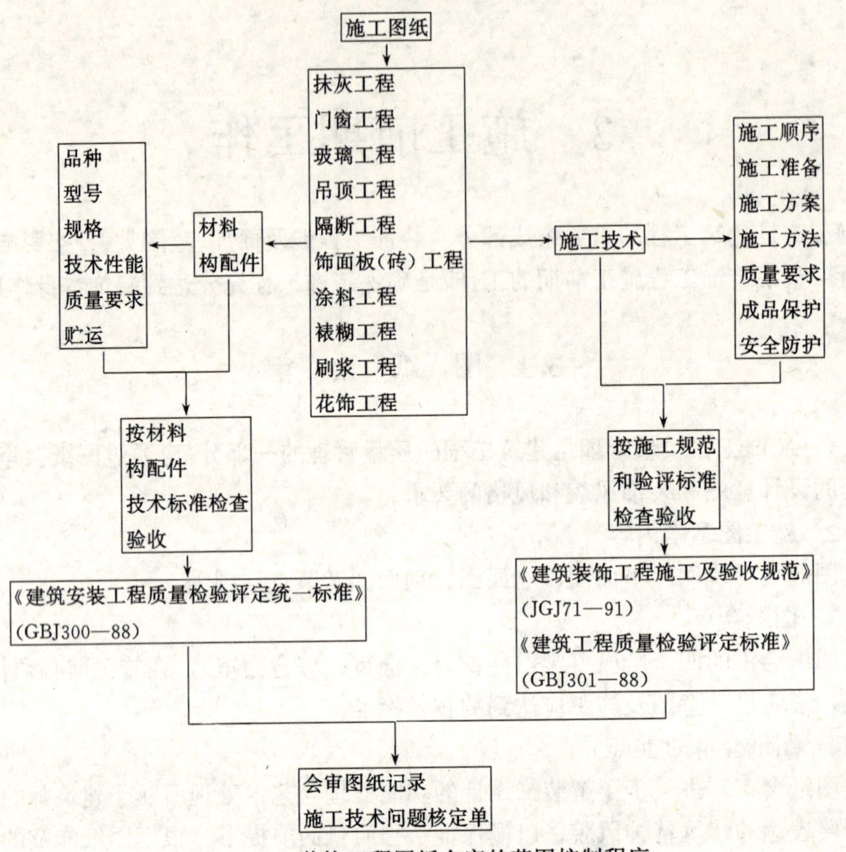

图 6.3.1 装饰工程图纸会审的范围控制程序

施工技术核定单格式 **表 3.1.5**（2）

施工技术问题核定单

年 月 日

建设单位		施工单位	
单位工程名称		设计单位	

一、内容

二、设计单位或建设单位意见

规定单位 技术负责人 核定人

3.1.6 在施工过程中，由于发现图纸中的设计问题或与实际情况不符，或施工条件、材料规格、品种、质量不能完全符合设计要求和规范的规定，以及提出合理化建设等原因，需要进行施工图修改时，必须严格执行设计变更签证，见表3.1.6。

设计变更通知单格式 **表3.1.6**

设计变更通知单					
工程名称		施工单位		变更单编号	
主送单位		抄送单位			
图　　号					
内容					
设计单位意见	签章：　　　年　月　日				
建设单位（公章）				建设单位代表	

3.2 技 术 交 底

为了使参与施工任务的工程技术人员和施工人员明了所担负工程的特点、技术要求、施工工艺和质量标准等、做到心中有数，有计划、有组织地完成施工任务，必须在装饰工程正式施工以前认真做好技术交底工作。

3.2.1 技术交底的内容

(1) 施工图交底：明确装饰工程设计特点，施工做法，与要求达到保护主体、改善功能和美化空间的三大目的。

(2) 施工组织设计交底：工程特点、施工部署、任务划分、施工方法、施工进度及施工安全防护工作。

(3) 设计变更交底：设计变更结果及洽商事项等。

(4) 分项工程技术交底：施工工艺、技术措施及操作方法，质量标准和规范要求以及安全防护技术措施。

(5) 新技术交底：明确本工程采用的新工艺、新材料的特殊工艺操作要求。

3.2.2 技术交底分工

技术交底重点在于明确关键性的施工技术问题、主要项目的施工工艺以及对特殊工程的技术、材料提出试验项目、技术要求和注意事项等。

（1）重点工程、大型工程和技术复杂的工程，应由企业总工程师向分公司经理、主任工程师、技术主任、技术队长及有关职能部门负责人等进行交底工作。

（2）一般工程，应由分公司技术经理、主任工程师，遵照技术交底内容，向分公司有关职能人员及项目经理进行交底工作。

（3）技术项目经理应向施工员、技术员、质量检查员、安全员以及班组长就本项目工程进行图纸、施工方法、技术措施、操作方法等方面的技术交底。

（4）由单位工程技术负责人组织班（组）工人进行交底工作；这是各级技术交底的关键。

向班组交底时，要结合具体操作部位，贯彻落实施工技术措施，并指导班组明确关键部位的质量要求、操作要点及注意事项。对关键性项目、部位，新技术、新材料的推广项目和部位，应反复、细致地向班组工人进行技术交底，必须作出文字交底、样板交底和示范操作交底。

（5）技术交底必须填写技术交底单，见表3.2.2。技术交底单应归入工程档案，由施工单位保存备查。

技术交底单格式 **表3.2.2**

技术交底单

编号

工程名称	
参加交底人员	

技术交底内容：

技术交底人： 年 月 日

3.3 材料检验

装饰材料随着建材工业和建筑技术的发展，品种繁多，应用范围广泛。装饰材料的应用，直接影响建筑装饰产品质量的好坏。正确合理使用材料，是确保装饰工程质量的关键一切装饰材料必须经过检验。

3.3.1 装饰材料检验，必须严格遵守国家现行有关的技术标准、规范的规定和设计要求。

3.3.2 凡用于装饰工程的材料，必须由供应部门提供合格证。对那些没有合格证明材料，必须对其材料质量进行试验，提出准确可靠的数据，证明合格后才能使用。

3.3.3 凡在现场配制的材料，均需按试验部门确定的配合比和操作方法配制。

3.3.4 对于初次采用的新型材料或特殊材料、代用材料必须经过试验，试制和鉴定，制定出质量标准和操作规程后，才能在工程上应用。

3.3.5 装饰材料的分类，见图 6.3.2 所示。

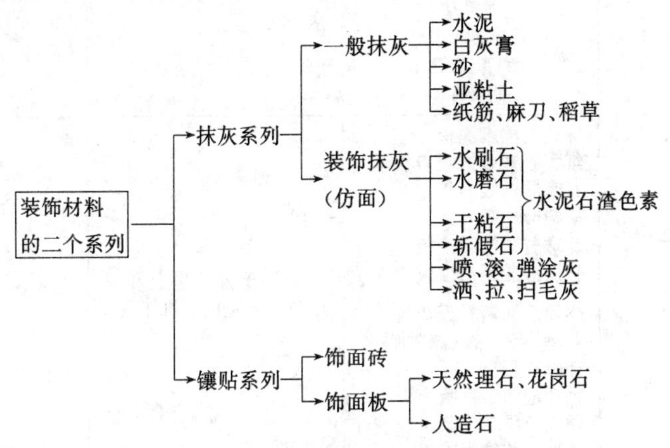

图 6.3.2 装饰材料按系列分类图示

3.3.6 装饰工程中常用的材料主要技术要求。见表 3.3.6。

常规性材料项目表 **表 3.3.6**

序号	类别		材料名称	用途	技术规定
1	胶结材料	水硬性胶结材料	硅酸盐水泥 普通硅酸盐水泥 矿渣硅配盐水泥 火山灰硅酸盐水泥 粉煤灰硅酸盐水泥 白色硅酸盐水泥	1. 本身的胶凝固结； 2. 胶凝材料与基层、砂浆各层之间凝结合成牢固的整体	拉压、抗折、凝结时间，安定性
		气硬性胶结材料	石灰 石膏	本身的胶凝固结	氧化钨、氧化镁含量， 未消化残渣含量稠度、抗拉强度、抗折强度、细度凝结时间
2	骨料		砂、米粒石、理石渣蛭石、珍珠岩、瓷粒	1. 起骨架作用； 2. 装饰效果	颗粒级配、含泥量、表观密度、堆积密度、空隙率、细度模数，有害物质含量
3	纤维材料		麻刀、纸筋、草秸、玻璃纤维丝	增强砂浆的整体性	
4	胶料		107 胶	增强砂浆强度和各层之间的粘结力	
5	颜料		无机砂物质颜料	增强装饰效果	
6	憎水剂掺合料			增强装饰面的耐久性	

续表

序号	类别		材料名称	用途	技术规定
7	裱糊材料	壁纸	普通壁纸 塑料壁纸 复合纸质壁纸 纺织纤维壁纸 金属面壁纸 木片壁纸	应用于公共建筑和及用建筑的室内装饰工程	厚度、透气度、抗拉强度、平均断裂长度、耐折、湿强度
		壁布	玻璃纤维墙布 无纺贴墙布 装饰墙布 化纤装饰墙布 锦缎墙布		
8	装饰板材	无机材质	穿孔石棉水泥板 纸面石膏装饰吸声板 石膏装饰吸声板 矿棉装饰吸声板 珍珠岩装饰吸声板 轻质硅酸钙吊顶板	应用于公共建筑和民用建筑的室内装饰工程	
		有机材质	聚氯乙烯塑料天花板 聚苯乙烯汽沫塑料装饰吸声板 钙塑泡沫装饰吸声板 硬质纤维装饰吸声板 玻璃棉装饰吸声板		
9	涂料	水性涂料	聚乙烯醇系涂料（内墙） 硅溶胶无机涂料（外墙）	涂料对建筑构件的表面具有保护功能、装饰功能以及改善建筑构件的使用功能	固体含量、遮盖力、粘结强度、耐候性、耐洗刷性、透水性、抗裂性
		乳液型涂料	聚醋酸乙烯涂料 丙烯酸酯涂料 水乳性环氧树脂涂料		
		溶剂型涂料	油性涂料 环氧树脂涂料 聚氨脂系涂料		
10	喷涂		彩砂	增强装饰效果	耐冻融、耐污染、耐碱、耐洗净性、粘结强度
11	饰面板（砖）	理石	天然大理石 天然花岗石 人造石饰面板	适用于室内外装饰工程，增强装饰效果	外观质量、几何尺寸、变形、吸水率、急冷急热、弯曲强度
		面砖	外墙釉面砖 无釉面砖		
		锦砖	陶瓷锦砖 玻璃锦砖		
		金属	铝合金饰面板 不锈钢饰面板		
12	玻璃		普通平板玻璃 采光夹层玻璃 钢化玻璃 夹丝玻璃 中空玻璃 彩色玻璃 压花玻璃 玻璃砖		

3.3.7 常用装饰材料试验取样方法及数量，详见表3.3.7所示。

材料取样方法 表3.3.7

材料名称	取样单位	取样数量	取样方法
水泥	同厂家、品种、标号的水泥每400t为一批，不足者也按一批	总量（从一批水泥中选取平均试样）12～20kg	取样应有代表性，可连续取，应从20个以上部位取等量样品。试样应充分拌合，并用64孔/cm^2筛除去一次
砂	收每100m^3为一批，不足者亦为一批	鉴定砂总量为30～50kg	分别在砂堆上、中、下三个部位抽取若干数量、拌合均匀，按四分法缩分提取。
石灰	以同一生产厂、同一批出厂产品数量不超过100t为一批	取不少于50kg试样	从石灰堆不同的25个部位选取有代表性的试样，制成1～2cm碎块，并用四分法缩分提取试验用量
石膏	以同一生产厂、同一批出厂产品数量不超过60t为一批	取样数量为5kg	用10m×10m到40m×40m方格法从不同的堆放部位进行取样
釉面陶瓷墙地砖	同一厂家、品种、规格每50～500m^2为一个检验批	取样数量50块	取样应在10～20箱中取有代表性的试样

3.4 构件、配件检验

适用于民用建筑铝合金门窗、涂色镀锌钢板门窗、钢门窗、塑料门窗的验收。

3.4.1 凡由生产厂提供的构件、配件不参加分部工程质量评定，但构件、配件必须符合国家现行技术标准的规定，检查产品出厂合格证件。

3.4.2 《建筑装饰工程施工及验收规范》(JGJ73—91）规定，门窗安装前应按下列要求进行检查。

根据门窗图纸，检查门窗的品种、规格、型号、开启方向、组合杆、附件、外形尺寸及平整度，经检查校正，合格后方可安装。

3.4.3 外观质量应表面洁净、无划痕、碰伤，无锈蚀；涂膜表面光滑、平整，厚度均匀，无气孔。

3.4.4 组合杆及附件除为不锈钢件外，钢件均应进行表面热浸镀锌处理。

3.4.5 塑料门窗不得有开焊、断裂等损坏现象，如有损坏，不得使用和安装。

3.4.6 门窗用五金配件，要求材质优良、功能可靠，且符合现行技术标准规定。

3.4.7 门窗验收的依据应符合以下标准的规定。

(1) 铝合金门窗GB8478—8482—87。

(2) 空腹钢窗GB5827.2—86。

(3) 实腹钢窗GB5827.1—86。

(4) 空腹钢门GB9155—88。

(5) 实腹钢门GB9156—88。

（6）塑料窗力学性能、耐候技术条件GB11793.2—89。

3.5 技术复核记录

在施工过程中，对重要部位或影响工程的技术工作，必须在分项工程正式施工前应进行复核，以免发生质量事故或重大差错，影响工程的质量和使用功能。

3.5.1 装饰工程复核内容应符合以下要求：

（1）基体、基层的强度及稳定性。

（2）装饰用砂浆的配合比、水灰比和稠度。

（3）装饰板（天然理石、花岗石）的纹理和花纹图案。

（4）门窗洞口、预埋件的几何尺寸。

（5）砖墙上的连接件严禁使用射钉进行固定。

3.5.2 技术复核的依据应符合《建筑装饰工程施工及验收规范》（JGJ73—91）和《建筑工程质量检验评定标准》（GBJ301—88）的规定。

3.5.3 技术复核记录填写内容，见表3.5.3。

技术复核记录表格 **表3.5.3**

<table>
<tr><td colspan="4">技术复核记录</td></tr>
<tr><td>工程名称</td><td></td><td>施工部位</td><td></td></tr>
<tr><td colspan="4">复核内容及存在问题：</td></tr>
<tr><td colspan="4">处理意见：</td></tr>
<tr><td colspan="4">核定结论：</td></tr>
<tr><td colspan="4">单位工程技术负责人： 质检人员： 班（组）长：</td></tr>
</table>

3.6 控制装饰工程质量的主要因素

影响装饰工程质量的五大主要因素：人、环境、机具、材料和方法，它们之间是互相联系、互相制约不可分割的一个有机整体。控制影响质量的因素，是将“事后把关”转为“事前预防”，提高施工质量的手段之一。对影响装饰工程质量主要因素的控制程序，见图6.3.3所示。

3.6.1 工作质量

施工工作质量的关键是提高作业人员的素质，提高作业人员的素质，首先是提高人的主观能动性和质量意识，树立“质量第一、用户至上”的职业道德，增强搞好工程质量的自觉性和责任感。

3.6.2 机具设备

影响装饰工程质量主要因素控制程序

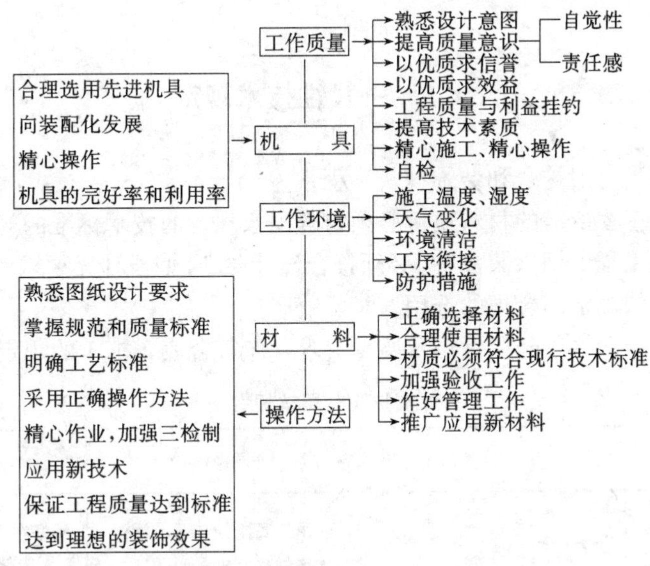

图 6.3.3　影响装饰工程质量主要因素的控制程序

机具设备是保证工程质量基础，先进的施工技术，必须配备先进的机具设备。合理选用先进的机具，确保生产顺利进行。对机具设备必须加强维修保养工作，保证机具的完好率，提高机具的利用率。

3.6.3 工作环境

装饰工程施工作业环境的温度、湿度、天气状况（风、雨、阴、晴的变化）、周围的洁净或污染，以及工艺的顺序与交叉等对装饰工程质量影响很大，必须严格控制。

3.6.4 材料质量

装饰材料是装饰工程的物质基础，正确选择和合理使用材料是保证装饰工程质量的重要条件之一。材料的选择必须符合设计要求，材质必须符合国家现行技术标准的规定。必须加强材料技术管理和验收工作。

3.6.5 操作方法

装饰工程必须根据工作环境和施工部位不同，采用相应的正确操作方法。

作业人员必须熟悉设计意图和规范、质量标准的规定，及其工艺标准，应用先进的施工方法。

4 抹灰工程施工技术措施控制要点

4.1 一般性技术规定

4.1.1 适用于一般抹灰和装饰抹灰工程。

4.1.2 抹灰工程所需的材料质量必须符合国家现行的技术标准的规定。

4.1.3 抹灰工程所用砂浆品种，必须符合设计要求，如设计无要求时，应符合表 4.1.4 和 4.1.5、4.1.6 的规定、合理的选用。

4.1.4 外墙饰面抹灰分层做法及质量要求，应符合表 4.1.4 的规定。

外墙抹灰分层常规做法 **表 4.1.4**

序号	灰浆种类	适用范围	分层做法	施工要点
1	石灰粘土砂浆	土坯（砖）墙、板条墙	1. 草泥打底，分二遍成活； 2. 1∶3 石灰粘土罩面	最好在土坯墙砌好 7 天内抹灰为佳
2	混合砂浆	砖墙基层	1. 底层 1∶1∶6 或 1∶2∶9 2. 面层 1∶1∶6 或 1∶2∶9	底层一遍刮成，压实、刮平；面层也可用石粉代替砂子，要求平整、色泽一致，无明显接痕，无起壳
3	水泥砂浆	砖墙或混凝土墙基层	1. 底层 1∶2.5 或 1∶3 2 面层 1∶2 或 1∶2.5	底层分为二遍成活，头遍要压实，表面扫毛，待有 5～6 成干时抹第二遍，混凝土基层抹灰时应先刷一道素水泥浆后马上打底灰
4	石灰砂浆	砖墙基层 加气混凝土砖块或条板基体	1. 底层 1∶3 或 1∶2.5 2. 面层 1∶1（石灰膏：草纸）	门窗口处必须做水泥砂浆护角
5	水刷石	砖墙基层 混凝土墙体基层	1. 底层 1∶2.5 或 1∶3（水泥砂浆两遍成活） 2. 中层 纯水泥浆结合层 3. 面层 1∶1.25 或 1∶1.5（石子水泥浆）	基层应涂刷一道 15%～20%的 107 胶水泥素浆，随即抹上石子浆，压实压平。当手指捺上去无痕、刷石子不掉下来时，即可用刷子蘸水刷掸面层灰浆，使石子外露，再用喷雾器喷水，将表面水泥浆冲洗干净。表面要求石子均匀、清晰、无脱粒现象

续表

序号	灰浆种类	适用范围	分层做法	施工要点
6	干粘石	砖墙基层 混凝土基层	1. 底层 1∶3（水泥砂浆） 2. 中层 1∶3（水泥砂浆） 3. 结合层　纯水泥浆 4. 面层　3号石子干粘	石子要用水洗净、晒干后甩粘石子要均匀密实、压实拍平，使石子嵌入粘结层深度不小于1/2，待面层有一定强度后洒水养护。要求不露浆、不脱落
7	斩假石	砖墙基层 混凝土基层	1. 底层　1∶3（水泥砂浆） 2. 中层　水泥浆结合层 3. 面层　1∶2或1∶2.5石子水泥浆（内掺30%石屑）	应在润湿的基层上嵌分格木条，抹水泥浆一遍，即罩面层，抹平压实，不要压光。用毛刷带水顺剁纹方向轻刷一次，流水养护3～5天。用剁斧将面层斩毛，剁的方向要一致、剁纹要均匀，深浅一致、边条宽窄一致。一般两遍成活
8	水磨石	砖墙基层 混凝土基层	1. 底层　1∶3（水泥砂浆） 2. 中层　水泥浆结合层 3. 面层　1∶2.5石子水泥浆	嵌条排列必须整齐、规整，面层平整光滑、养护必须适当，达到强度后试磨、无掉粒时，方可开磨。

4.1.5 内墙饰面抹灰分层做法及质量要求，应符合表4.15的规定。

内墙抹灰分层常规做法　　**表4.1.5**

序号	灰浆种类	适用范围	分层做法	施工要点
1	石灰砂浆	纸灰浆面层	1. 底层1∶3石灰砂浆 2. 面层　纸筋灰	底灰层平整、牢固、无裂缝，待底灰收水后。即可罩面，要求饰面层表面光滑、平整。墙角必须做水泥砂浆护角
2	混合砂浆	砖墙基层和混凝土基层涂刷面层	1. 底层1∶1∶6或1∶2∶9 2. 面层1∶0.5∶5	表面层必须用铁抹压光，要求平整光洁，无裂缝和起壳
3	水泥砂浆	涂饰、裱糊、踢脚线	1. 底层　1∶2.5或1∶3 2. 面层　1∶2	同混合砂浆
4	纸（麻刀）筋灰砂浆	板条墙	1. 底层　1∶2.5 2. 面层细纸（麻刀）筋灰	底层抹灰必须压实，使灰浆嵌入板条缝内。要求平整、结合牢固，表面层抹压光滑平整，无接茬巴痕、气泡和龟裂
5	混合砂浆	贴砖墙面	1. 底层　1∶0.5∶4 2. 中底　1∶0.5∶2.5（纸筋、麻刀） 3. 结合层：水泥浆	在湿润的基层上弹线规方，在湿润的面砖背面满刮水泥浆、按线粘贴，用木铲轻敲砖面，使灰浆挤满、铺平，用靠尺靠紧。要求粘紧牢固，接缝平直整齐，表面洁净

续表

序号	灰浆种类	适用范围	分层做法	施工要点
6	水泥砂浆	钢网墙面	1. 底层 1∶0.5∶3 3. 中层 1∶2.5或1∶3 3. 面层 1∶2	第一遍要挤入钢网中，并紧跟二遍抹灰、24小时后进行罩面。要求抹灰平整、光滑、无龟裂和起壳
7	混合砂浆	钢网墙面	1. 底层 1∶1∶6 2. 中层 1∶1.5∶7.5 3. 面层 1∶0.5∶4	做法与水泥砂浆相同
8	石膏灰	墙　面	1. 底层 1∶2.5或1∶3（麻刀） 2. 面层 1∶0.5或1∶0.6（石膏掺入白灰）	底层要抹刮平整、底层末干即可罩面，要求光滑不露底、不见有接茬的疤痕
9	石灰泥浆	墙　面	1. 底层 1∶3（石灰浆泥100kg白灰加入8kg（稻草） 2. 面层 纸筋灰浆	做法同白灰饰面要求

4.1.6 顶棚平顶饰面抹灰分层做法及质量要求，应符合表4.1.6的规定。

平顶抹灰分层常规做法 **表4.1.6**

序号	灰浆种类	适用范围	分层做法	施工要点
1	白灰砂浆	板条顶棚	1. 底层 1∶2纸筋（麻刀）灰砂浆 2. 面层 细纸筋（麻刀）灰压光	底层要平整，不能有波浪形和裂缝。 面层要平整光洁，接茬的疤痕、接痕、气泡和龟裂
2	混合砂浆	混凝土顶棚	1. 底层 1∶2或1∶3（水泥麻刀灰刮底） 2. 中层 1∶2粗纸筋灰砂浆 3. 面层 细纸（麻刀）筋灰压光	同板条顶棚做法
3	水泥砂浆	混凝土顶棚	1. 底层 1∶0.5∶3（水泥纸（麻刀）筋灰浆 2. 面层 细纸（麻刀）筋灰压光	先将板缝刮平、再采用底层灰浆刮抹平整，然后饰面压光密实平整。要求无龟裂和气泡
4	白灰浆	钢网平顶	1. 底层 1∶1∶4水泥、麻刀、灰砂浆 2. 中层 1∶2麻刀灰砂浆 3. 面层 细纸（麻刀）灰浆压光	先挂好麻丝，再刮头遍，嵌入金属网中，接着抹二遍灰，然后罩面

4.1.7 饰面砂浆配合比及每立方米砂浆材料用量，见表4.1.7所示。

抹灰砂浆配合比及每立方米砂浆材料用量 **表 4.1.7**

序号	砂浆名称（体积配合比）	水泥（kg）	石灰（kg）	石灰膏（kg）	砂（kg）	纸筋（麻）（kg）	备注
1	水泥砂浆1∶1.0	754			860		
	1∶1.5	635			715		
	1∶2	542			622		
	1∶2.5	443			540		
	1∶3	375			458		
2	混合砂浆1∶0.3∶4	282	53	95.85	1.824		
	1∶0.5∶5.5	815	255	459	656		
	1∶1∶6	187	118	212	1.808		
	1∶2∶9	122	158	284	1.760		
3	石灰砂浆1∶2		312	562	1.616		
	1∶2.5		266	479	1.712		
	1∶3		231	416	1.760		
	1∶4		179	323	1.840		
4	纸筋白灰砂浆 1∶2		313	563	1.616	24	
5	纸筋混合砂浆	80	750	1.364	—	58	
6	纸筋灰浆		758	1.364	—	58	
7	石灰麻刀砂浆1∶3		233	419	1.760	17	
8	水泥白石渣 1∶1.5	750			1.346		
	1∶2	640			1.553		
9	水泥白石子 1∶1	913			1.072		
	1∶1.5	750			1.304		
	1∶2	640			1.505		
10	纯水泥素浆	1.494					
11	水泥白灰白石渣1∶1∶6	187	118	212	1.695		
12	柴泥石灰浆		49	88		稻草 29.4	1188kg（亚粘土）
13	石膏灰浆	石膏 817kg、纸筋 26.4kg					
14	金属屑砂浆 1∶0.3∶1.5	水泥 1.089kg、金属屑 1.660kg、砂子 416kg					
15	耐热砂浆 1∶1.5	矿渣水泥 760kg，耐火砖末 1160kg					
16	耐碱砂浆 1∶1	水泥 914kg、石英砂 950kg					
17	耐油砂浆 1∶2.0∶0.015∶0.0015	水泥 553kg、砂 1760kg、三氧化铁 8.7kg，木醣浆 0.9kg					

4.1.8 饰面喷涂用聚合物水泥砂浆，应符合表 4.1.8 的规定。

喷涂用聚合物水泥砂浆配合比 **表 4.1.8**

饰面做法		水泥	颜料	细骨料	甲基硅醇钠	木质素磺酸钠	107 胶	石灰膏	砂浆稠度（cm）
白水泥砂浆	波面	100	试配定	200	4～6	0.3	10～15	—	13～14
	粒状	100	试配定	200	4～6	0.3	10	—	10～11
混合砂浆	波面	100	试配定	400	4～6	0.3	20	100	13～14
	粒状	100	试配定	400	4～6	0.3	20	100	10～11

注：本表配合比为重量比。

4.1.9 饰面弹涂用聚合物水泥砂浆配合比，应符合表4.1.9（1）、（2）的规定。

弹涂用聚合物水泥砂浆配合比　　表4.1.9（1）

名称		白水泥	普通水泥	颜料	107胶	水
白水泥	刷底色水泥浆	100		试配定	13	80
	弹花点	100		试配定	10	45
普通水泥	刷底色水泥浆		100	试配定	20	90
	弹花点		100	试配定	10	55

注：1. 本表配合比为重量比。
2. 颜料重量不得超过水泥用量的5%。
3. 107胶系为聚乙烯醇缩甲醛。

弹涂聚合物水泥砂浆面罩面溶液配合比　　表4.1.9（2）

罩面溶液	缩丁醛	甲基硅树脂	乙醇（工业纯）		
			冬季	夏季	作用
缩丁醛溶液	1		15	17	溶剂
甲基硅树脂溶液		1000	2～3	常温	固化剂

4.1.10 饰面滚涂用聚合物水泥砂浆，应符合表4.1.10（1）、（2）的规定。

滚涂用聚合物水泥砂浆配合比　　表4.1.10（1）

砂浆颜色	425# 白色水泥	425# 普通水泥	石灰膏	细砂	107胶	稀释20倍六偏磷酸钠	颜料	水
本色砂浆		100	150	80	20	0.1		42
彩色砂浆	100		80	55	20	0.1	3～6	40

注：本表配合比为重量比。

滚涂用聚合物水泥砂浆配合比　　表4.1.10（2）

砂浆颜色	425# 白水泥	矿渣水泥	细砂	107胶	氧化铬绿	木质素磺酸钠	白石英砂	水
灰色	100	10	110	22		0.3		33
绿色	100		30～100	20	2	0.3		20～33
白色	100			20		0.3	100	20～33

注：1. 本表配合比为重量比。
2. 砂浆稠度为11～12cm。
3. 涂完后宜用有机硅憎水剂罩面。

4.1.11 抹灰工程技术要求、数据，应符合表4.1.11的有关规定。

抹灰工程技术数据 表 4.1.11

序号	施工部位、项目			技术数据规定值
1	不同材料基体相交接处			应用金属网片与各基体的搭接宽度不应小于 100mm，铺钉要牢固
2	室内墙面、柱面、门洞口的阳角			应采用 1：2 水泥砂浆做护角，高度不应低于 2m，每侧宽度不应小于 50mm
3	外墙窗台、窗楣、阳台、雨篷、压顶和突出腰线			上面应做流水坡度、下面应做滴水线和滴水槽滴水槽的深度和宽度均不应小于 10mm
4	抹灰层厚度	顶棚	板条、空心砖、现浇混凝土	15mm
			预制混凝土	18mm
			金属网片	20mm
		内墙	普通抹灰	18mm
			中级抹灰	20mm
			高级抹灰	25mm
		外墙	外墙饰面	20mm
			勒脚、突出墙面部位	25mm
		石　墙		35mm
		混凝土大板、楼板底面		2～3mm
		涂抹层	水泥砂浆	5～7mm
			石灰砂浆	7～9mm
			混合砂浆	7～9mm
		面层抹灰	麻刀石灰	3mm
			纸筋石灰	2mm
			石膏灰	2mm
		水泥砂浆或混合砂浆饰面层		7～8mm
		聚合物水泥砂浆、膨胀珍珠岩水泥砂浆		3～5mm
5	板条金属网棚墙	底层和中层麻刀（纸筋）石灰砂浆每层厚度		3～6mm
		顶棚高级抹灰		应加钉长 350～450mm 的麻束，间距为 400mm
		金属网		抹灰砂浆中掺入水泥时，应有试验配合比
6	罩面石膏灰（灰线）			掺入缓凝剂的用量应通过配合比确定，凝结时应控制在 15～20min
7	机械喷涂	砂浆稠度	混凝土面	90～100mm
			砖墙面	100～120mm
		用手工涂抹时		宜先凿毛刮水泥浆（水灰比为 0.37～0.40）洒水泥砂浆或用界面处理剂
8	加气混凝土			抹灰前，应清扫表面去掉浮着物，并应涂刷一道聚乙烯醇缩甲醛胶水溶剂封闭

续表

序号	施工部位、项目			技术数据规定值
9	装饰抹灰	中间面层刮水泥浆		水灰比 0.37～0.40
		干粘石	水泥浆	水灰比 0.40～0.50
			石　粒	粒径 4～6mm
			粘结层	厚度 4～6mm 稠度 80mm
			石粒嵌入量	不得小于粒径的$\frac{1}{2}$
		喷（弹）涂	喷涂厚度	3～4mm
			弹涂厚度	2～3mm
10	石灰	石灰膏	淋灰筛	过滤筛孔径不大于 3×3mm
			熟化时间	常温不少于 15d 罩面不少于 30d
		灰粉	细　度	4900 孔/cm^2
			罩面熟化	不少于 3d
11	抹灰用的膨胀珍珠岩			宜采用中级粗细粒径混合级配，堆积密度宜为 80～150kg/m^3
12	稻草、麦秸、麻刀			长度不得大于 30mm
13	粘土、炉渣			亚粘土、炉渣粒径不应大于 3mm

4.1.12 抹灰工程施工前的基层应符合以下要求（图 6.4.1 所示）。

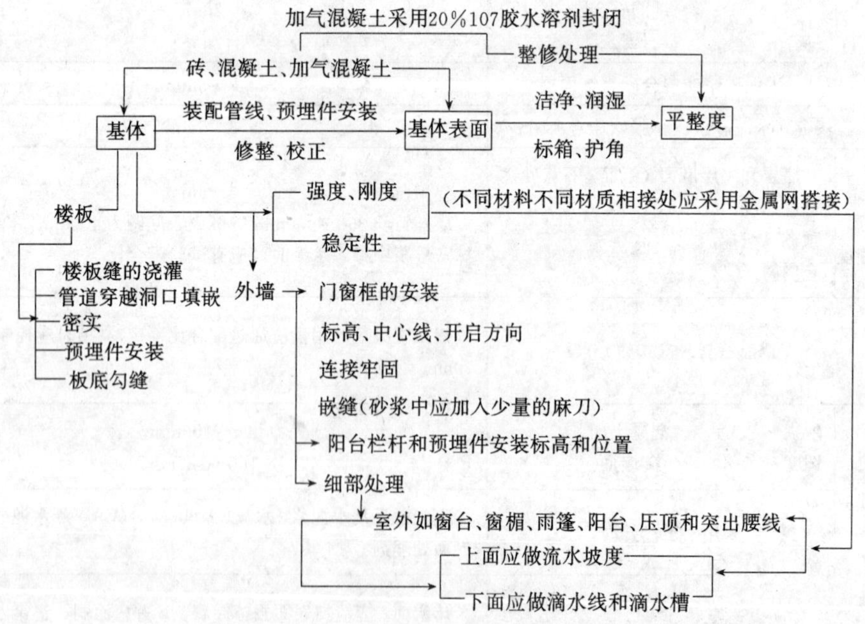

图 6.4.1　抹灰基层处理控制程序

4.2 材料质量控制

抹灰工程采用的材料质量直接影响工程质量。对抹灰材料的材质控制是保证工程质量的关键。

4.2.1 抹灰工程选用的材料材质应符合表 4.2.1 的规定。

材料质量技术规定 **表 4.2.1**

<table>
<tr><th>序号</th><th>材料名称</th><th>技 术 规 定</th></tr>
<tr><td>1</td><td>水 泥</td><td>品种、标号应符合设计要求；
安定性必须符合现行国家技术标准的规定</td></tr>
<tr><td>2</td><td>石 灰 膏</td><td>淋制灰应用孔径不大于 3mm×3mm 的筛子过筛
熟化时间：常温条件一般不少于 15d
用于罩面时不应少于 30d
石灰膏内不得有未熟化的颗粒和杂质
石灰粉的细度：应通过筛孔为 4900 孔/cm² 的筛子过筛
熟化时间不小于 3～7d、用水浸泡细腻洁白的石灰膏
严防熟化石灰膏失水干燥、冻结、风化和干硬</td></tr>
<tr><td>3</td><td>石 膏</td><td>建筑石膏凝结时间（min）
<table>
<tr><th rowspan="2">项 次</th><th rowspan="2">模 型</th><th colspan="3">凝 结 时 间</th></tr>
<tr><th>一等</th><th>二等</th><th>三等</th></tr>
<tr><td>初凝不早于</td><td>4</td><td>5</td><td>4</td><td>3</td></tr>
<tr><td>终凝不早于</td><td>6</td><td>7</td><td>6</td><td>6</td></tr>
<tr><td>终凝不迟于</td><td>20</td><td>30</td><td>30</td><td>30</td></tr>
</table>
注：使用时可掺入缓凝剂和掺合剂以调整凝结时间；一般用石灰膏作缓凝剂，用生石膏粉作促凝剂</td></tr>
<tr><td>4</td><td>砂</td><td>砂粒应坚硬洁净，粘土、泥灰、粉末等含量不得超过 3%，过筛后不得含有杂物</td></tr>
<tr><td>5</td><td>石粒、砾石
（彩色米粒石）</td><td>应坚硬、耐光，使用时必须冲洗干净
干粘石用的石粒应干燥；
彩色石粒与水泥的粘结力较强，硬度较低，经研磨抛光，可露出作为饰面；主要用于水磨石、干粘石、水刷石
彩色石粒规格、粒径与适用范围
<table>
<tr><th>规 格</th><th>粒 径 （mm）</th><th>适 用 范 围</th></tr>
<tr><td>大二分</td><td>约 20</td><td>水磨石</td></tr>
<tr><td>一分半</td><td>15</td><td>水磨石</td></tr>
<tr><td>大八厘</td><td>8</td><td>水磨石</td></tr>
<tr><td>中八厘</td><td>6</td><td>水磨石、干粘石、水刷石</td></tr>
<tr><td>小八厘</td><td>4</td><td>水磨石、干粘石、水刷石</td></tr>
<tr><td>米粒石</td><td>2～6</td><td>干粘石、水刷石、斩段石</td></tr>
</table></td></tr>
</table>

续表

序号	材料名称	技术规定
6	膨胀珍珠岩	采用中级粗细粒径混合级配、质量密度为80～150kg/m^3
7	粘土、炉渣	粘土应选用亚粘土，并加水浸透，使用前应过筛 炉渣经过筛，粒径不应大于3mm，并加水焖透，一般焖15d左右
8	麻刀	麻刀以均匀、坚韧、纤维长度为20～30mm的麻丝制成松散状；掺入量为石灰膏重量的1%；白灰饰面应用漂白细麻刀
9	纸筋、稻草	在淋制石灰时先将纸筋撕碎，除去尘土，用清水浸透，然后按100：2.75重量比加入淋灰池中。使用时先搅拌打细，并用3mm孔径的筛子过滤成纸筋灰；一般应存放30d后再使用 稻草或麦秸，切成不长于50mm并用石灰水浸泡15d后使用较好。也可用石灰浆（或火碱）浸泡软化后，轧磨成纤维质当纸筋使用
10	界面处理剂	在光滑的混凝土表面或加气混凝土表面抹灰时，为了提高抹灰层与基层的粘结能力，常使用界面处理剂。界面处理剂应具有产品合格证及使用技术说明
11	107胶聚乙烯醇缩甲醛	107胶是抹灰工程中一种较经济适用的有机聚合物无色水溶性胶结剂，其固体含量10～12%，比重1.05，pH值7～8 在素水泥浆中掺入适量的107胶，便于涂刷，且颜色均匀。其作用主要是：提高涂膜强度和附着力，不致粉酥掸面；增加涂膜的柔韧性，减少开裂的现象；增强涂层与基层之间的粘结性能，不易脱皮剥落 107胶的掺量不宜超过水泥重量的40%，贮存温度不应低于0℃，以防受冻变质
12	二元乳液 醋酸乙烯和顺丁烯二酸二丁酸共聚乳液	二元乳液是一种白色水溶性胶结剂，其性能和耐久性均较107胶为好，可用于装饰工程

4.2.2 掺入装饰砂浆的颜料，应采用矿物质无机耐碱、耐候、耐光的颜料。

4.2.3 抹灰工程中常用的无机胶凝材料，按凝结硬化过程，可分为气硬性胶凝材料与水硬性胶凝材料。气硬性胶凝材料通常用于燥环境中，一般仅用室内装饰。水硬性胶凝材料可用干燥或潮湿环境中，一般用于室外装饰。

4.2.4 装饰工程配料必须严格执行重量比，认真按配合比投料，不得任意增减材料的数量。机械搅拌时间不宜少于2min。

4.2.5 装饰抹灰工程常用材料技术性能、见附件4.1～4.7。

附件4.1 水　　泥

常用水泥的品种：

《硅酸盐水泥、普通硅酸盐水泥》（GB175—92）；

《矿渣、火山灰质及粉煤灰硅酸盐水泥》（GB1344—92）。

（1）水泥质量划分办法见附表4.1的规定。

（2）各标号水泥的强度数值：

1）硅酸盐水泥、普通硅酸盐水泥各标号、各龄期强度不低于屋面工程施工技术措施附录7附表7.1的规定。

附表 4.1

等级项目	优等品		一等品	合格品
	硅酸盐水泥、普通硅酸盐水泥	矿渣硅酸盐水泥、火山灰硅酸盐水泥、粉煤灰硅酸盐水泥、复合硅酸盐水泥		
水泥标号	425 及 425 以上		425 及 425 以上	符合通用水泥标准的技术要求
3d 抗压强度不小于（MPa）	0	26	同标准要求	
28d 抗压强度变异系数不大于	3.5		4.0	
初凝时间不大于（h：min）	3：30	4：30	4：30	
终凝时间不大于（h：min）	6：30	8：30	同标准要求	

2）矿渣硅酸盐水泥、火山灰硅酸盐水泥、粉煤灰硅酸盐水泥各标号水泥各龄期强度不低于屋面工程施工技术措施附录 7 附表 7.7 的数值。

附件 4.2 建筑生石灰（JC/T 479—92）
建筑消石灰粉（JC/T 481—92）

1. 适用范围：本标准适用于以碳酸钙为主要成份的原料、在低于烧结温度下烧成的建筑工程用生石灰。其他用途的生石灰也可参考使用。以建筑生石灰为原料再经水化和加工即制成建筑消石灰粉。

2. 分类与等级：按化学成份钙质生石灰氧化镁含量小于等于 5%；镁质生石灰氧化镁含量大于 5%。

3. 技术要求：建筑生石灰技术指标应符合附表 4.2（1）的规定。

建筑生石灰主要技术指标 **附表 4.2**（1）

项目	钙质生石灰			镁质生石灰		
	优等品	一等品	合格品	优等品	一等品	合格品
CaO+MgO 含量，%不小于	90	85	80	85	80	75
CO_2，%不大于	5	7	9	6	8	10
未消化残渣含量（5mm）圆孔筛的筛余不大于（%）	5	10	15	5	10	15
产浆量，L/kg 不小于	2.8	2.3	2.0	2.8	2.3	2.0

注：建筑生石灰的取样按日产量决定批量，每批量不少于 100t，从整物料的不同部位选取，取样不少于 25 个，每个点的取样量不少于 2kg 装入密封容器内。试验结果，应符合相应等级要求，有一项指标低于合格品要求时，判为不合格品。

4. 建筑消石灰粉技术指标：

消石灰粉技术指标应符合附表 4.2（2）的规定。

建筑消石灰粉主要技术指标 附表 4.2（2）

项目		钙质消石灰粉			镁质消石灰粉			白云石水石灰粉		
		优等品	一等品	合格品	优等品	一等品	合格品	优等品	一等品	合格品
（CaO+MgO）含量不小于（%）		65	60	55	60	55	50			
游离水（%）		4	4	4	4	4	4			
细度	0.9mm 方孔筛的筛余不大于（%）	0	0	0.5	0	0	0.5	0	0	0.5
	0.125mm 方孔筛的筛余不大于（%）	3	10	15	3	10	15	3	10	15
体积安定性		合格	合格	—	合格	合格	—	合格	合格	—

附件 4.3 砂

执行《普通混凝土用砂质量标准及检验方法》(JGJ52—92)。

（1）砂颗粒级配区如屋面工程施工技术措施附录 5 中附表 5.1 的规定

（2）砂中含泥量应符合屋面工程施工技术措施附录 5 中附表 5.2 的规定

（3）砂中的泥块含量应符合表屋面工程施工技术措施附录 5 中附表 5.4 的规定。

（4）砂的坚固性用硫酸钠溶液检验，试样经 5 次循环后其重量损失应符合屋面工程施工技术措施附录 5 中附表 5.4 的规定。

（5）砂中如含有云母、轻物质、有机物、硫化物及硫酸盐等有害物质，其含量应符合屋面工程施工技术措施附录 5 中附表 5.5 的规定。

附件 4.4 建筑装饰常用胶粘剂

（1）聚乙烯醇缩甲醛胶（107 胶）

为透明水溶性胶体，无臭、无毒、无味，在水泥砂浆中加入适量 107 胶、少量附加剂及颜料，能配制成彩色聚合物水泥砂浆，可涂刷、喷涂、滚涂于墙上，再涂刷或喷罩甲基硅醇钠憎水剂，可形成外墙饰面层。

107 胶具有良好的粘结性能，不易脱皮、剥落；能提高面层强度，不致粉酥、掉面；而且还能增加涂层柔韧性，减少开裂现象。

（2）聚醋酸乙烯胶（白乳胶）

在常温下固化较快，粘结强度、韧性和耐久性比 107 胶更好，多用于高级装饰工程。

（3）YJ—302 型界面处理剂

是一种水乳型胶液处理剂，具有粘接性能高、耐水、耐湿热、耐冻融以及耐老化性能，其测试数据见表附 4.4。

性能试验比较表（MPa）　　附表 4.4

试验条件 / 粘结强度 / 处理方法	常温下	冻融（−15℃，75 次）	耐水（−7℃，相对湿度 95%，一周湿热）
经 YJ—302 处理的混凝土基层与水泥砂浆粘结	1.27～1.47	0.49～0.59	1.47
未经处理的混凝土与水泥砂浆粘结	0.032～0.069	0	—
凿毛处理	≑0.4～0.6	—	—
107 胶白乳胶处理	—	—	0

使用时在现场用重量比甲组份 100：乙组份 250～300：石英粉（60～120 目）700～900，随用随配，有效使用时间为 60～90min；涂刷时直接用毛刷将配制好的处理剂均匀涂刷于基层上，趁其未干，即抹水泥砂浆；操作简单、处理效果显著。

附件 4.5　装饰抹灰用的骨料（石粒、砾石等）

是用天然大理石或其他天然石材破碎加工而成，且具有多种颜色，也称色石渣、石子等，应是颗粒坚硬、有楞角且耐光，不含风化石渣或其他杂物。按颗粒大小可分为：

（1）大二分　粒径约为 20mm；

（2）一分半　粒径约为 15mm；

（3）大八厘　粒径约为 8mm；

（4）中八厘　粒径约为 6mm；

（5）小八厘　粒径约为 4mm；

（6）米粒石　粒径约为 0.3～1.2mm。

石子进场应按石子的颜色、品种、规格，分类保管和存放。使用前应过筛、冲洗干净，并晾干。

附件 4.6　颜　　料

（1）掺入装饰砂浆中的颜料，应用耐碱、耐光的矿物颜料。常用颜料性能见附表 4.6。

常用颜料性能表　　附表 4.6

材料名称（颜色）	性　　能
氧化铁黄（黄色）	遮盖力、着色力强，耐光、耐大气影响、耐污浊气体以及耐碱性都比较强
氧化铁红（红色）	除具备上述性能外，还能耐高温
群　青（兰色）	耐光、耐风雨、耐热，但不耐碱
氧化铁黑（黑色）	遮盖力、着色力很强，耐光、耐一切碱类，且对大气影响也很稳定
松　烟（黑色）	遮盖力及着色力均好

（2）各种颜料色调的深浅有很大变化，因此，在同一工程、同一房间或同一墙面中，要特别注意用同一生产单位的同一产品，还要作到统一进行一次配料，以保色泽一致。

附件 4.7 建筑用熟石膏的技术指标

熟石膏的技术指标应符合附表 4.7 的规定。

建筑用熟石膏的技术指标 **附表 4.7**

项目	内容	建筑石膏			模型石膏
		一等	二等	三等	
凝结时间（min）	初凝不早于 终凝不早于 终凝不迟于	5 7 30	4 6 30	3 6 30	4 6 20
细度（筛余量%）	64 孔/cm^2 筛子 900 孔/cm^2 筛子	2 25	8 35	12 40	0 10

4.3 一般抹灰施工工艺、操作方法及质量控制

一般抹灰工程划分三个等级，即普通抹灰、中级抹灰、高级抹灰。不同等级的抹灰，要求采取不同的施工方法，其主要工序见图 6.4.2 所示。

工艺流程控制程序

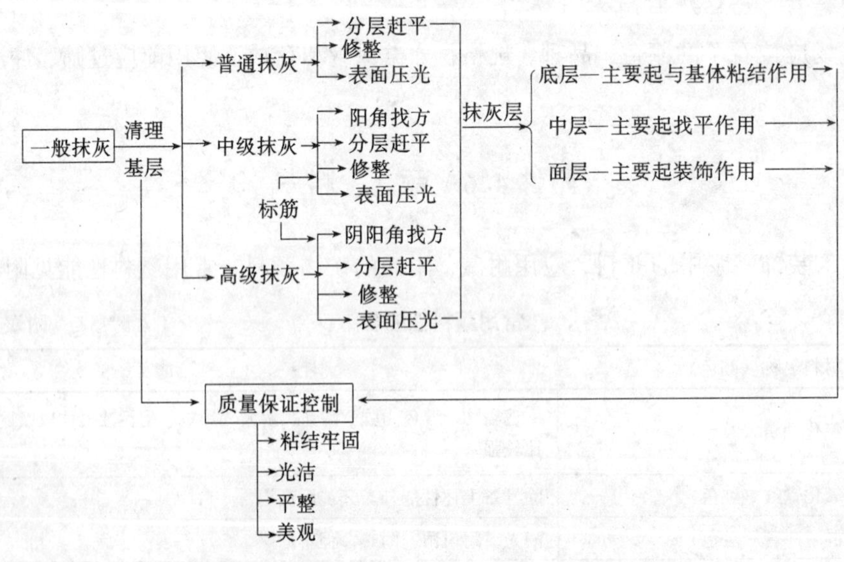

图 6.4.2 一般抹灰工程主要工序控制程序

4.3.1 抹灰工艺流程控制程序，见图 6.4.3 所示。

工艺流程控制程序

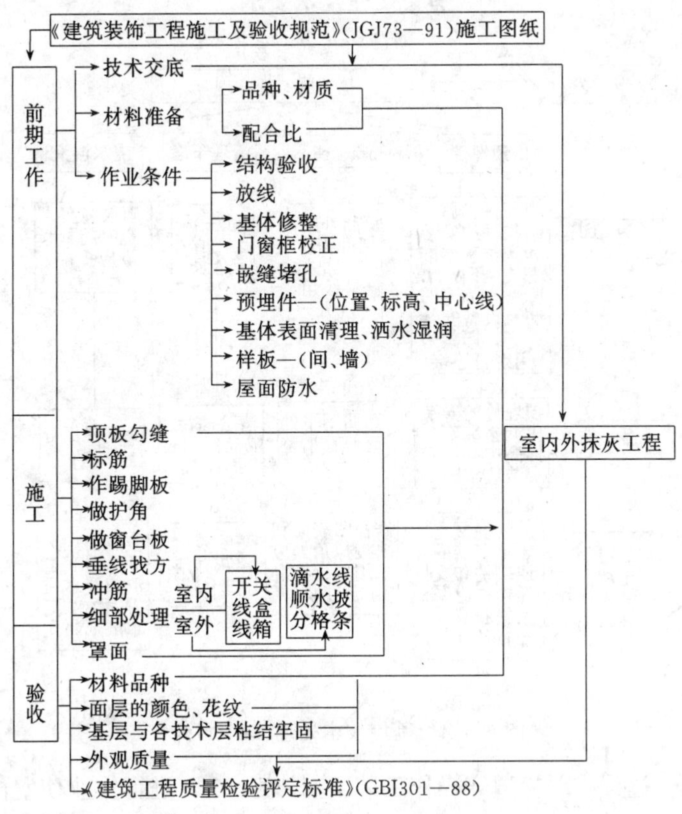

图 6.4.3 抹灰工艺流程控制程序

4.3.2 施工前必须做好作业条件，保证工作。

(1) 依据《建筑工程质量检验评定标准》(GBJ301—88) 的规定，对基体结构工程进行核查验收，合格后方可进行抹灰工程。

(2) 根据施工图中设计的技术数据，进行放线抄平，并弹出基准水平线 (即+500 线)。放线抄平时，应严格控制规方。

(3) 检查安装的门窗框的位置、开启方向标高、中心线是否正确：应根据检查结果，进行校正；门窗框与墙的连接必须牢固。

(4) 对基体上存在的孔洞、凸凹不平等缺陷必须易凿和修补平整，孔洞应堵严堵实。

(5) 预埋 (设) 件、管道应在抹灰前安装好。其位置和标高应准确无误，并应做好防腐处理。

(6) 基体表面必须进行清理，确保洁净，并应洒水湿润。

(7) 应先行制作样板间 (墙)，经鉴定符合标准后再正式施工。

(8) 对安装的构配件要做好防护工作，防止湿作业时污染构配件；室内抹灰前应做好屋面防水工程。

4.3.3 抹灰工程基层处理应符合图 6.4.4 的规定。

4.3.4 抹灰工程采用的砂浆品种、饰面层表面材料，必须符合设计要求，并应按设计达到质感、线型、色泽的要求。

基层处理技术要求

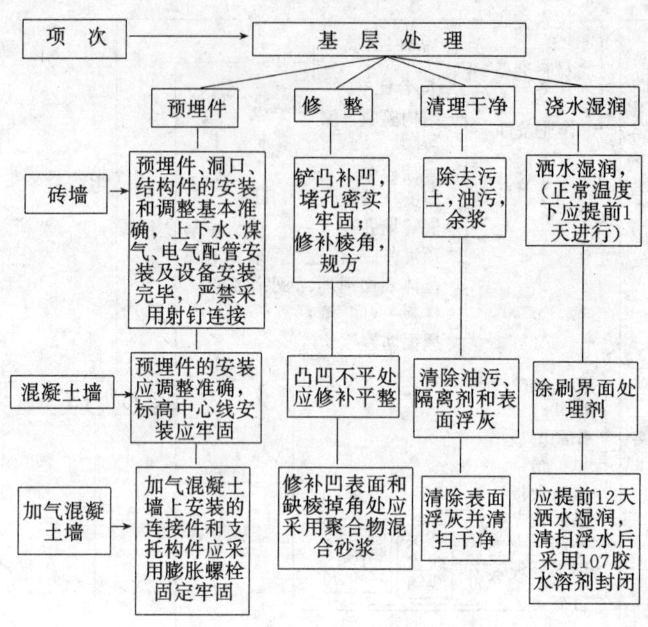

图 6.4.4 基层技术处理控制程序

4.3.5 抹灰全过程应严格遵守操作工艺、应按表 4.3.5 进行作业使室内外抹灰达到预期的目的。

墙面抹灰操作工艺控制要点 表 4.3.5

工 序	内 墙 抹 灰	外 墙 抹 灰
基层处理	各种材料基体的基层技术处理方法见 4.3.1 条的有关规定	
标筋	应采用冲筋控制抹灰层的平整度和垂直度	
抹灰层	底层抹灰用杠尺刮平、应分层作业、一遍刮平，最后一遍压实	底层抹灰应按分层做法，并用杠尺刮平；一遍刮平、二遍压实
护角	室内门窗口、墙面和柱的阳角处均应做护角，采用 1∶2 水泥砂浆，阳角两侧不少于 50mm，高度不少于 2m。护角必须顺直、光滑、与大面抹灰接茬平整	
面层	底层砂浆达到六、七成干后即可抹面层。 罩面时用铁板抹子压光一次，必须在终凝前压光一遍，达到光滑、洁净、接槎平整。 预留的孔、洞、槽盒位置要正确、方正、整齐、光滑，管道后面的抹灰表面应平顺	待底层达到六、七成干、表面发白后，即可罩面、砂浆应用木抹子抹平、并用铁抹子压光。 如水泥砂浆表面不要求光滑，也可用刷子带出毛面或用木抹子搓毛，做成毛面

续表

工 序	内 墙 抹 灰	外 墙 抹 灰
滴水线（槽）		外墙窗台、窗楣、雨篷、阳台、压顶和突出腰线等，上面应做流水坡度； 下面应做滴水线或滴水槽和止水线。 滴水线（或称鹰嘴）是将下口边沿抹成锐角，使雨水顺立面流下。滴水线槽宽度、深度均应不少于10mm且应整齐一致、顺直、美观，起到挡水的作用。见图流水坡度、滴水线（槽）示意图2-4-5
规方	四角规方、横线找平、立线吊垂，弹出基准线和水平线，以控制几何形体尺寸	
阴阳角找方	首先对墙面的阴阳角规方、设置标筋（冲筋）。房间应在墙面一侧做基准线进行测量放线规方；大房间，以地面上弹出的十字线作为基准线，在离墙角约100mm左右。采用吊线方法，在墙上弹出立线，按地面上的十字线及墙面平整程度向里反线，弹出基准点（线），并在基准点的上下两端挂通线，做标准灰饼及标筋。 阴阳角用方尺规方。阳角抹灰先用靠尺靠在墙角一面用线坠投直，然后在墙角的另一面顺着靠尺抹灰。使阴阳角处方正、清晰美观。	吊线坠垂线、套方找规矩：按墙上已弹的基准线，分别在门窗口的角、垛、墙面等处吊垂直线。套方冲筋和标筋。
踢脚板（墙裙）	按设计要求弹出上口的水平线，用1∶3水泥砂浆或水泥混合砂浆抹底找平，隔1天后，用1∶2水泥砂浆抹面层，在收水终凝前压光，比墙面的抹灰层凸出或凹进3～5mm，上口齐、压实抹平。	
窗台板	先将窗台基体清理洁净、并将松动部位修整好，深划砖缝，用水冲洗透，然后用细石混凝土铺实，其厚度控制为25mm，24h以后用10%的107胶水泥素浆刷匀，接着用1∶2.5水泥砂浆抹面层，窗台板下口要求平直，不得有毛刺。 待面层脱水、颜色开始变白时、浇水养护3～4d	室外窗台板做法与室内窗台板相同。 室外窗台板施工操作应注意解决以下的几个问题： ①室外窗台板必须低于室内窗台板10mm左右； ②室外窗台板必须有顺水坡，防止倒泛水； ③窗台板的下口要制作滴水线，要求整齐顺直、不得有毛刺。 ④及时覆盖和浇水养护、防止日晒失水、干裂
中层灰		中层灰抹灰操作方法与内墙面相同；为提高与其面层的附着力应将其灰面用木抹子搓平后扫毛或用铁抹子顺手划毛
弹分格线		待中层灰收水至6、7成干时，按要求弹出分格线，必须规整
嵌分格条		分格条两侧用粘稠素水泥浆与墙面抹成45°角；分格条布置应横平竖直。
拆除分格条、勾缝		面层灰抹好后即可拆除分格条，并用素浆把分格缝勾平压实

4.3.6 面抹灰层应在踢脚板、门窗贴脸板和挂镜线、安装前进行。安装后与抹灰面相接处如有缝隙，应用面层砂浆或腻子填补平顺。

4.3.7 严禁将水泥砂浆涂抹在石灰砂浆层上。罩面石膏灰则不得涂抹在水泥砂浆层上。

4.3.8 加气混凝土墙面抹灰工艺的控制要点和操作顺序，应符合以下规定。

(1) 基层处理

1) 加气混凝土墙面的浮着物和松散加气混凝土颗粒应清扫干净。

2)在抹灰前2d即行浇水,将墙板洇透、使水浸入加气块（板）达到10mm为宜。

3)浇水后采用20%107胶水溶剂(107胶：水=1：4) 涂刷一道，封闭层面的孔隙。

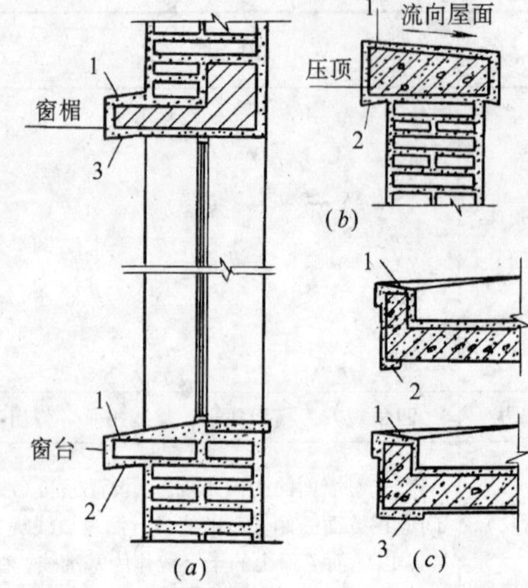

图6.4.5 流水坡度、滴水线（槽）示意图

(a) 窗洞；(b) 女儿墙；(c) 雨篷、阳台、檐口

1—流水坡度；2—滴水线；3—滴水槽

4) 在基层表面涂刷一掺107胶的水泥素浆一道，以提高基层与过渡层的附着力。107胶掺入量应为水泥重量的15%～20%。

(2) 过渡层

过渡层砂浆为混合砂浆1：3：9或石灰砂浆1：3，过渡层是在涂刷107胶素水泥浆后接着施抹的。

(3) 加气混凝土砌块缺棱掉角等缺陷，应用水泥：石灰膏：加气混凝土颗粒=1：1：3素混凝土颗粒修补，稠度应控制在80mm以下为宜。

(4) 底层砂浆

底层砂浆应采取配合比1：1：6的混合砂浆分层用木杠刮平并用木抹子抹平搓毛；在终凝后开始养护2～3天。若采用粉煤灰砂浆其配合比应为1：0.5：0.5：6，即水泥：石灰：粉煤灰：砂。

(5) 面层

面层砂浆采用配合比为1：1：5混合砂浆，分两次抹并分格条抹平，再横竖刮平、木抹子搓毛、铁抹子压实压光；待表面失水后，用水刷子蘸水按垂直于地面方向轻刷一遍，使其面层颜色均匀一致。

(6) 吊垂直、套方找规矩、分格条和滴水线做法见表4.3.4相关的规定。

4.4 装饰抹灰施工工艺、操作方法及其质量控制

装饰抹灰工程有仿石和彩色抹灰、形成花纹图案等多种工艺，其主要工艺流程是：基层→底层→中层→结合层→面层 ，但面层的用材及操作方法各异。

（底层→中层→结合层：分层操作）

装饰面层的材料丰富多彩、操作容易，成型后的饰面可得到满意的色调和质感性能，线

型美观，不仅增加墙体的耐久性，而且具有较强的装饰效果。所以，装饰抹灰普及性，应用性较为广泛。

4.4.1 装饰抹灰工程面层的品种、厚度、颜色、图案应符合设计要求。

4.4.2 装饰抹灰面层应做在已硬化、粗糙而平整的中层面上，涂抹面层前应浇水湿润，并先扫作为结合层的素水泥浆。

4.4.3 面层有分格要求时、先在墙面上吊垂直线、找方、弹出基准线，分格条应规方，粘贴应横平竖直，格角规整，交接严密。

4.4.4 结合层素水泥浆的水灰比为0.37～0.40）其中水内应掺有20%107胶水溶液；即配制时的用胶量为水泥重量的20%。

4.4.5 石渣的级配，应按设计要求的色彩，统一配料，干拌均匀。

4.4.6 装配式混凝土外墙板，经对板缝空腔处理并经淋水试验合格后，方可进行装饰抹灰。

4.4.7 装配式混凝土外墙大板的接缝和凸凹不平处，以及缺棱掉角处，应先用水泥砂浆或聚合物水泥砂浆修补，然后再直接进行喷涂、滚涂和弹涂。

4.4.8 装饰抹灰饰面层的施工缝，应预留在分格缝、墙面的阴角、水落管背后或者独立装饰组成部分的边缘处。

4.4.9 装饰抹灰工程工艺流程控制程序，详见图6.4.6所示。

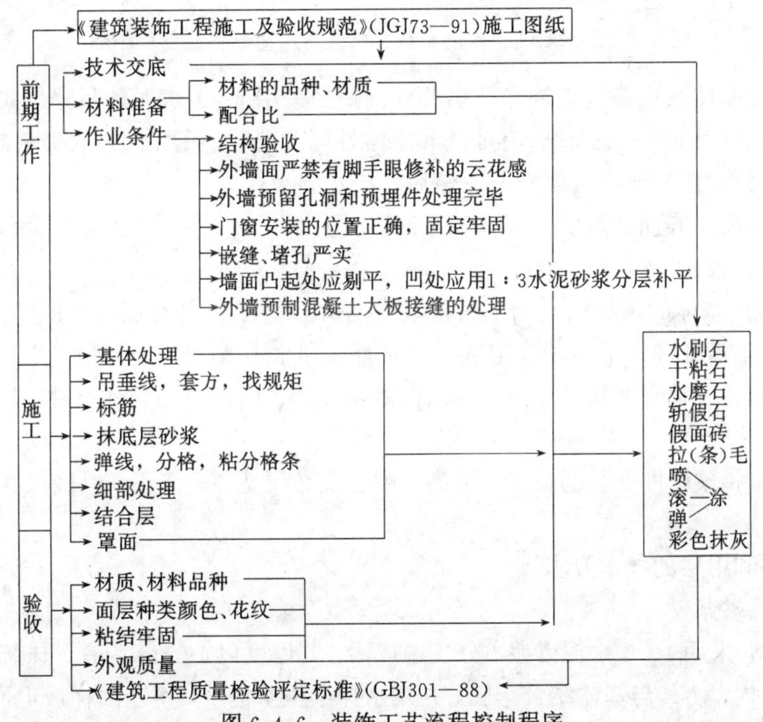

图6.4.6 装饰工艺流程控制程序

4.4.10 水刷石、水磨石、斩假石施工工艺流程，见图6.4.7所示。

4.4.11 水刷石操作工序应符合以下规定

施工要精心操作，选择正确的操作方法，是保证工程质量的重要措施，具体的介绍工艺操作方法控制。

(1) 基层处理

1) 砖墙基体应清除表面的灰尘和多余的灰浆，预留孔洞堵好，并充分浇水湿润；

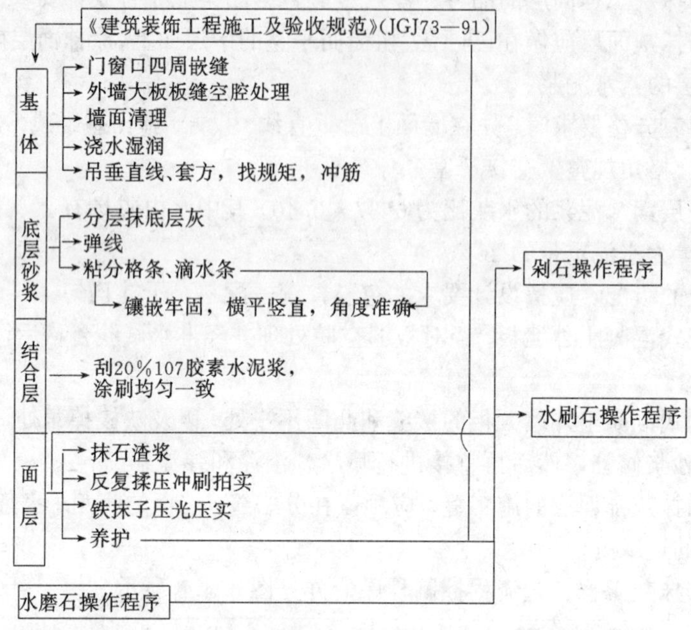

图 6.4.7 水刷石、水磨石斩、斩假石工艺流程控制程序图

2) 混凝土基体表面修整，剔平凸出部分、凹处采用1∶3水泥砂浆分层找平。光滑的表面应凿毛或者涂刷界面处理剂；有油渍和水溶性隔离剂时，可用10%火碱稀溶液冲洗，再用清水刷净，然后用钢丝刷满刷一遍，最后，浇水湿润；

3) 加气混凝土表面抹灰前，应清扫干净，并宜采用107胶水溶液封闭后，随即抹灰。

(2) 规方、校正

1) 首先应由基体的顶部从上向下吊坠垂线，弹出垂直线，并在墙面和四角弹线找规矩，在门窗口的上下沿处弹水平线，确定基准的垂直线和水平线；

2) 根据墙面的垂直度和平整度，在墙面的阴阳角、门窗口的两侧及柱（垛）子等部位冲筋；

3) 对门窗和预埋件安装的位置、标高、中心线必须复核、修正，以确保其数据的准确性。

(3) 底层和中层的技术要求

1) 抹底层砂浆

①砖基体：采用1∶3水泥砂浆、分二遍成活，其厚度以12mm为宜。抹灰时应将水泥砂浆压入砖缝内，使其与基体结合牢固，并用水抹子压实楼平，将表面楼成毛面，成活24h后浇水养护；

②混凝土基体：首先涂刷一道掺107胶素水泥浆（15%～20%水重的107胶），即可抹混合砂浆（配合比为：水泥∶石灰膏∶砂=1∶0.5∶3），表面应扫毛，24h后浇水养护。

2) 抹中层砂浆

底层砂浆达到强度后，上下拉垂直线、拉水平线、套方、冲筋，即采用1∶3的水泥砂浆刮平，搓平压实。

(4) 贴分格条

中间层砂浆达到强度后，按照设计要求或规定的数据弹线，确定分格条的位置。木质分格条应在粘贴前放入水中浸透。粘贴时应在分格条两侧用素水泥浆以45°抹成八字形。分格条的粘贴应横平竖直，交接紧密平顺。

(5) 抹罩面石渣浆

1) 分格条粘贴完毕后，抹灰前应认真检查几何尺寸和完整性。经检查合格后，浇水湿润。底层的干湿程度应严格控制；

2) 基层湿润后涂刷一道素水泥浆（内掺水重5%～10%的107胶），要求刮满、刮匀，厚度以1mm左右为宜；

3) 水泥石渣浆配合比为：水泥：石灰膏：石渣=1：0.5：3；如果纯水泥石渣浆，其配合比为：1：1水泥大八厘石渣浆或1：1.25水泥中八厘石渣浆，以及1：1.5水泥小八厘石渣浆；

4) 按分格抹罩面层水泥石渣浆，在分格内应从下而上随抹随揉平、压实，每做完一块分格内的罩面层应用靠尺检查，及时修补抹平压实，并应将露出的石渣尖棱轻轻拍平，以使表面压出水泥浆为度。

待水泥石渣浆稍收水后，用钢抹子溜一遍，将小孔洞分层压实、挤严，分格条边的石渣浆要略高出1～2mm，然后用刷子带水刷去表面浮浆，拍平压光一遍，再刷再压，应反复做三遍。在刷压拍平过程中，应使石渣大面朝外，石子面排列紧密、均匀。

(6) 滴水线（槽）、止水线

外墙面的窗台、阳台、雨蓬、挑檐、腰线等突出部位，上面应做顺水坡度，下边应做滴水线（鹰咀）或者滴水槽，并应做止水线。滴水线要求顺直，滴水槽的深度、宽度均不少于10mm，并整齐一致，既能挡水又要美观。

4.4.12 水刷石面层的喷刷施工，应符合以下规定。

(1) 水刷石面层必须分遍拍平压实，石渣颗粒应分布均匀、紧密。

(2) 洗刷操作工艺要求

1) 凝结前应用清水自上而下洗刷，并采取措施防止沾污墙面。

2) 待面层开始凝结，指捺无痕，用刷子带水刷石渣不掉时刷去面层灰浆，紧跟着用喷雾水将四周相邻部位喷湿，然后按由上往下的顺序喷水冲洗，喷头离墙面100～200mm，喷洗要均匀，一般以喷洗到石子露出灰浆面的1～2mm为宜。

3) 冲洗阳角时、喷头应骑角喷洗；表面灰浆冲洗干净，使石渣显露清晰，分布均匀即可。

4) 在冲洗表面灰浆时，若面层出现局部石渣颗粒不均匀现象，应用铁抹子轻轻拍压，以达到表面石渣颗粒均匀一致。如有干裂、风裂，要用铁抹子抹压，以防止裂缝渗水造成坍塌。

(3) 将表面的水泥灰浆冲洗干净后，石渣露出均匀，随即起出分格条，用素浆将缝勾好。最后用清水由上而下冲洗使石渣清晰，分布均匀即可。

4.4.13 水磨石操作工艺流程图，如图6.4.8所示。

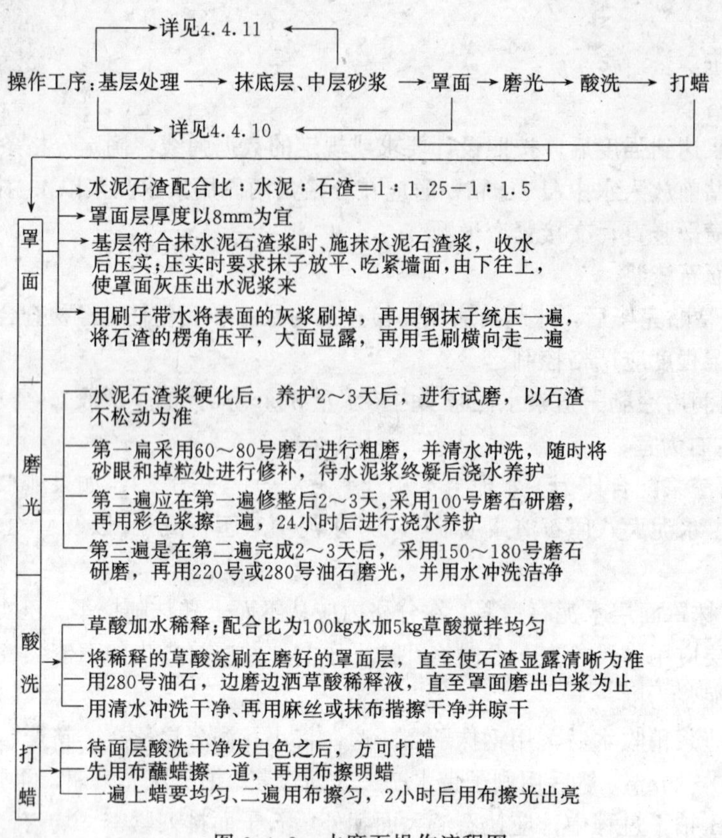

图 6.4.8 水磨石操作流程图

4.4.14 斩假石（剁斧石）操作工艺流程，见图 6.4.9。

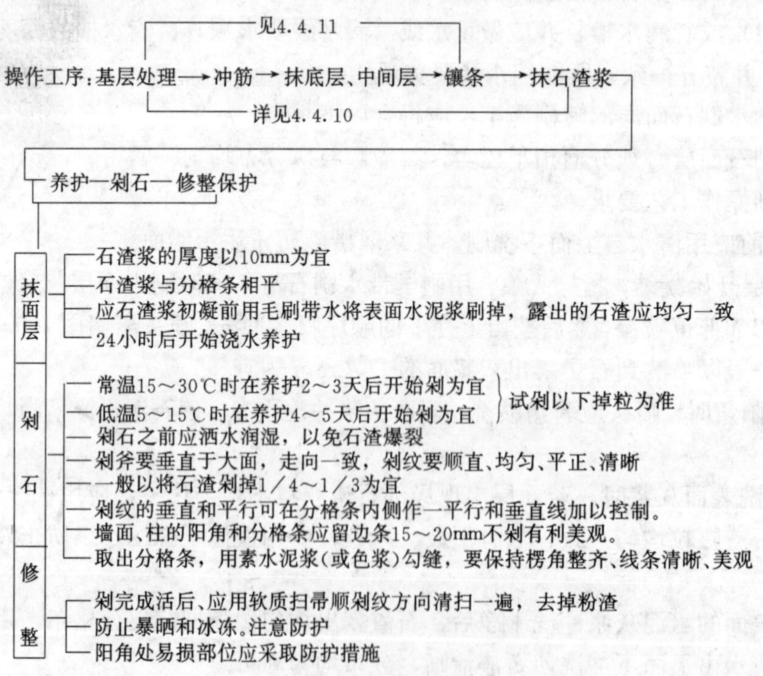

图 6.4.9 斩假石操作工序图

4.4.15 干粘石施工操作工艺流程，如图 6.4.10。

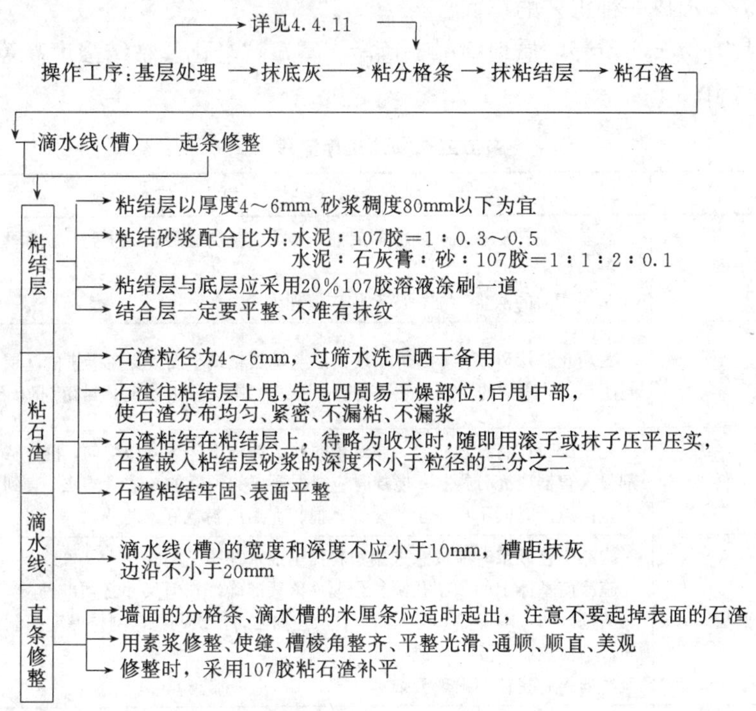

图 6.4.10 干粘石施工工艺流程

4.4.16 假面砖、喷涂、滚涂、弹涂操作工艺流程，如图 6.4.11。

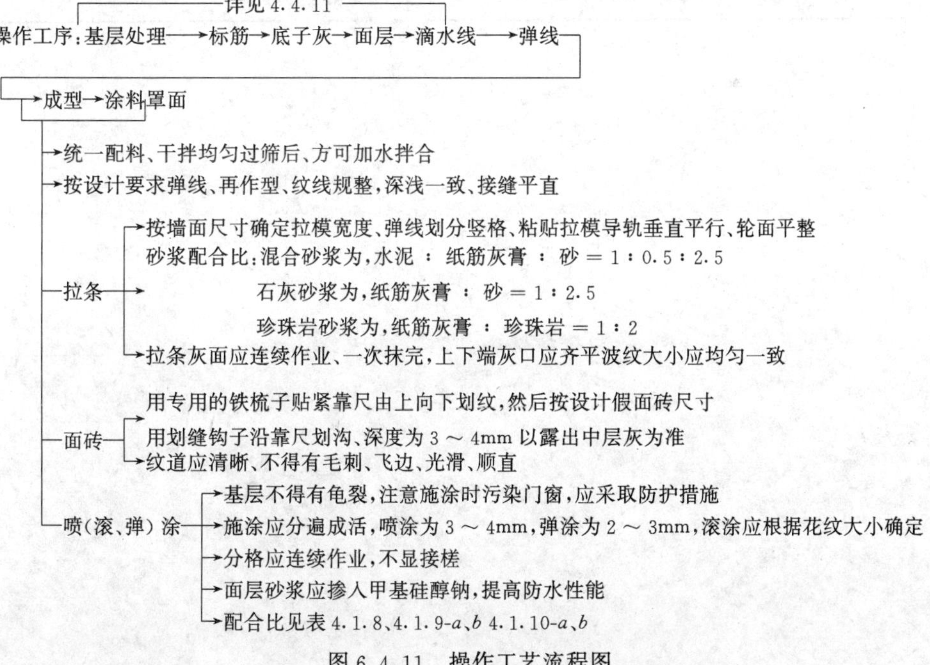

图 6.4.11 操作工艺流程图

4.4.17 涂抹彩色砂涂料操作工序，应符合表 4.4.17 规定。

彩色砂浆涂料，是以合成树脂乳液为主要粘结剂，以天然彩色石渣或天然砂为骨料，掺入具有金属光泽的填料和各种助剂，均匀混合。而成抹灰中的乳剂干缩成透明涂膜后，显露出彩色的石渣，形成一种工艺的饰面。

彩砂涂料具有仿石的质感，质地细腻，色泽丰富，抗老化及粘结强度高等性能，是一种新型的装饰材料。

施工工艺操作工序流程　　表 4.4.17

序号	操作工序	操作技术措施
1	基层清理	在基体上抹底灰后，施涂面层前，必须使基层达到表面平整、立面垂直、阴阳角方正等的要求 基层表面的灰尘、油污等杂物应清理干净
2	封闭基层	为防止基层砂浆早期脱水，使面层与基层粘结牢固，要在干燥的基层表面涂刷一道封闭剂，封闭剂的涂刷必须均匀、一致；涂刷后3～5小时，封闭剂晾干，即可抹面层
3	配　料	先按配合比将配料掺合，并专用的粘结剂将掺合料搅拌均匀，再将掺合好的骨料助剂投入容器内充分搅拌；搅拌时应根据要求的稠度加入适量的水，直到符合涂抹稠度为止；搅拌时间不应少于5分钟，搅拌完后应封盖好，防止污染
4	施涂面层	施涂彩色砂浆时应注意选用塑料抹子或木抹子 施涂前基体上的预留孔洞和预埋件留置准确，几何尺寸必须准确 从基体的一端开始，由上而下，从左向右，依次刮抹，刮抹厚度控制在1～3mm之间，不得透底，要一次成活 严禁事后找补，出现云杂
5	赶平压光	彩色砂浆结膜前，按抹面层的顺序，赶平压光，赶压1～2遍；赶压时手要稳，用劲要均匀，使表面平整、光洁、色泽一致，严禁反复赶压 砂浆结膜后严禁补修，防止翻砂、脱落、颜色不匀，以及被污染等

5 饰面工程施工技术措施控制要点

5.1 一般性技术规定

5.1.1 本规定适用于饰面板（砖）工程的施工。

5.1.2 饰面工程的材料品种、规格、图案、固定方法和砂浆品种，应符合设计要求。各类材料性能指标必须符合国家现行的技术标准。

5.1.3 基体、基层必须具有足够的强度、刚度、其表面的平整度和垂直度应符合——验评标准的规定。

5.1.4 饰面材料安装和镶贴的工艺应具实用性、完整性并便于操作。饰面必须结合牢固、密实、平整。接缝处理和细部构造处理应合理、可靠，满足于使用功能。

5.1.5 突出墙体部位的饰面，必须有流水坡度和滴水线（槽）。

5.1.6 外墙饰面砖必须严格控制吸水率和急冷急热的技术指标，并符合国家现行技术标准的规定。

5.1.7 变形缝处镶贴饰面板（砖）的留缝宽度，应符合设计要求。装配式挑檐、托座的根部与墙体、柱相接处，镶贴饰面板（砖）时应留有适量的缝隙。

5.1.8 釉面砖和天然大理石板一般不宜用于外墙装饰。

5.1.9 暑期、冬期饰面工程施工，应采取防护措施，严禁暴晒和受冻，施工环境的温度不得低于5℃；砂浆硬化前应采取防冻技术措施。

5.1.10 饰面工程工艺流程控制程序，见图6.5.1。

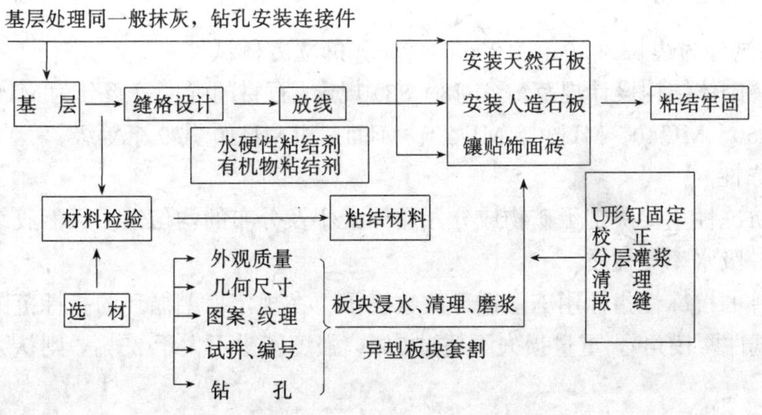

图6.5.1 饰面工程工艺流程控制程序

5.2 饰面材料质量控制

饰面是在墙体的基层上，镶贴既具保护功能，又具装饰功能的各种板材和块材所形成的饰面。

常用的饰面材料通常分四大类，见表5.2。

饰面贴面材料及特点　　表5.2

类别	贴面材料名称	特点
天然石材	花岗石 大理石 青石板	表面纹理清晰，色泽自然、质感效果好
人造石材	磨石 有机聚合板材	具有仿石质感表面，施工工艺简易可行
烧结板块	面　砖 锦　砖 玻璃砖	耐污染，易清洗，吸水率低，色彩鲜艳。质地细腻，型状丰富，规格多样
金属板	不锈钢板 铝合金 铜 塑料复合钢板	具有高度的金属光泽，耐久性强，色彩鲜艳，易于加工，施工方便

5.2.1 建筑饰面用石材的技术性能

(1) 表观密度

按表观密度大小。天然石材分为轻石与重石两类。表观密度大于1800kg/m^{3}者为重石，表观密度不大于1800kg/m^{2}者为轻石。

(2) 抗压强度

1) 标准试件为边长为20cm×20cm×20cm的立方体试件。

2) 根据《砌体结构设计规范》(GBJ3—88)规定：石材的强度等级分为MU100、MU80、MU60、MU50、MU40、MU30、MU20、MU15和MU10共9个等级。

(3) 抗冻性

石材的抗冻性主要决定于矿物成分，晶体大小及分布的均匀性，天然胶结物的胶结性质，孔隙率，吸水率等性质。

石材试件的抗冻性指标用冻融循环次数表示。在规定冻融循环的指标范围内，无贯穿裂缝（穿过试件两棱角），重量损失不超过5%，强度减少不大于25%，则认为抗冻性为合格。

(4) 耐水性

石材的耐水性按软化系数应符合表5.2.1的规定。

耐水性软化系数 表5.2.1

石材的耐水性等级	软化系数
高	大于0.9
中	0.7～0.9
低	0.6～0.7
一般	低于0.75

5.2.2 石材的选用必须根据其岩种的性能慎重确定，以符合下述的工程使用要求：

（1）经济性

（2）耐久性：根据建筑物的性质和使用部位考虑。

（3）色彩：根据装饰用的部位、环境协调性而定。

（4）强度：与要求的耐久性、耐磨性、耐冲击性能等有关。

5.2.3 石料板材应符合表5.2.3（1）的规定。

饰面板的种类及适用范围 表5.2.3（1）

饰面板名称类别	属性	规格	适用范围
天然理石	汉白玉、大理石、玉白色、显杂点和纹理	厚度为20mm 宽度为150～600mm 长度为300～900mm	用于室内装饰
花岗石	按质感分有剁斧石、蘑菇石，和磨光三种为火成岩，强度高、耐久性好。呈淡灰、淡红或微黄色		用于室内、外装饰
青　石	为水成岩，属于软质石材，易风化。具有自然纹理、色彩丰富，形成自然风格		用于室内外、特别是园林的装饰

注：天然大理石、光面花岗岩饰面板镶贴后，如有轻微损坏处，经有关单位同意，可用胶粘剂或腻子修补。胶粘剂和腻子配合比应作试验，下列内容配比供参考：

①环氧树脂胶粘剂

6101环氧树脂	100
乙二胺	6～8
邻苯二甲酸二丁脂	20
颜料（与大理石或花岗岩颜色相同）适量	

②环氧树脂腻子

6101环氧树脂	100
乙二胺	10
邻苯二甲酸二丁脂	10

③水泥 100～200

颜料（与大理石或花岗岩颜色相同）适量。

（1）大理石板材物理性能及外观质量要求，应符合表5.2.3（2）的规定。大理石板材规格尺寸、平面度、角度允许偏差，应符合表5.2.3（3）的规定。

大理石板材物理性能及外观质量要求（JC79—92）　　**表 5.2.3**（2）

类别	名称	优等品	一等品	合格品
物理性能	❶ 镜面光泽度（抛光面具有镜面光泽。能清晰地反映出景物）（光泽单位）	60～90	50～80	40～70
	表观密度不小于（g/cm³）		2.60	
	吸水率不大于（%）		0.75	
	干燥抗压强度不小于（MPa）		20.00	
	抗弯强度不小于（MPa）		7.00	
正面外观缺陷	翘曲 裂纹 砂眼 凹陷 色斑 污点	不充许	不明显	有，但不影响使用
	正面棱缺陷长≤8mm 宽≤3mm			1处
	正面角缺陷长≤3mm 宽≤3mm			1处

大理石板材规格尺寸、平面度、角度允许偏差（JC79—92）　　**表 5.2.3**（3）

类别	分类等级		优等品	一等品	合格品
规格尺寸（mm）	长、宽度		0 −1.00	0 −1.00	0 −1.50
	厚度	≤15	±0.50	+0.80 +	±1.00
		＞15	−0.50 −1.50	+1.00 −2.00	±2.00
平面度极限偏差（mm）	板材长度范围	≤400	0.20	0.30	0.50
		＞400～＜800	0.50	0.60	0.80
		≥800～＜1000	0.70	0.80	1.00
		≥1000	0.80	1.00	1.20
角度极限偏差（mm）	板材宽度范围	≤400	0.30	0.40	0.60
		＞400	0.50	0.60	0.80

注：异形板材规格尺寸允许偏差由供需双方商定。

（2）花岗石板材物理性能及外观质量要求，应符合表 5.2.3（4）规定。花岗石普通型

❶ 镜面光泽按板材化学成分控制。

板材允许偏差应符合表5.2.3（5）规定。

花岗石板材物理性能及外观质量（JC205—92）　　　　**表5.2.3**（4）

<table>
<tr><th>类别</th><th>名称</th><th>规定内容</th><th>优等品</th><th>一等品</th><th>合格品</th></tr>
<tr><td rowspan="5">物理性能</td><td>镜面光泽度</td><td>正面应具有镜面光泽，能清晰地反映出景物</td><td colspan="3">光泽度值应不底于75光泽单位或按供需双方协议样板执行</td></tr>
<tr><td>表观密度不小于（g/cm²）</td><td></td><td colspan="3">2.50</td></tr>
<tr><td>吸水率不大于（%）</td><td></td><td colspan="3">1.0</td></tr>
<tr><td>干燥抗压强度不小于（MPa）</td><td></td><td colspan="3">60.0</td></tr>
<tr><td>抗弯强度不小于（MPa）</td><td></td><td colspan="3">8.0</td></tr>
<tr><td rowspan="6">正面外观缺陷</td><td>缺棱</td><td>长度不超过10mm（长度小于5mm不计），周边每m长（个）</td><td rowspan="6">不允许</td><td rowspan="4">1</td><td rowspan="4">2</td></tr>
<tr><td>缺角</td><td>面积不超过5mm×2mm（面积小于2mm×2mm不计）每块板（个）</td></tr>
<tr><td>裂纹</td><td>长度不超过两端顺延至板边总长的1/10（长度小于20mm的不计），每块板（条）</td></tr>
<tr><td>色斑</td><td>面积不超过20mm×30mm（面积小于15mm×15mm不计）每块板（个）</td></tr>
<tr><td>色线</td><td>长度不超过两端顺延至板边总长度的$\frac{1}{10}$（长度小于40mm的不计），每块板（条）</td><td>2</td><td>3</td></tr>
<tr><td>坑窝</td><td>粗面板材的正面出现坑窝</td><td>不明显</td><td>出现，但不影响使用</td></tr>
</table>

普型花岗石板材规格尺寸平面度、角度允许偏差（JC205—92）　**表 5.2.3（5）**

<table>
<tr><td rowspan="2">类　别</td><td colspan="2">分　类</td><td colspan="3">细面和镜面板材</td><td colspan="3">粗面板材</td></tr>
<tr><td colspan="2">等　级</td><td>优等品</td><td>一等品</td><td>合格品</td><td>优等品</td><td>一等品</td><td>合格品</td></tr>
<tr><td rowspan="3">规格尺寸
（mm）</td><td colspan="2">长度、宽度</td><td>0
−1.0</td><td>0
−1.5</td><td>0
−1.5</td><td>0
−1.0</td><td>0
−2.0</td><td>0
−0.3</td></tr>
<tr><td rowspan="2">厚
度</td><td>≤15</td><td>±0.5</td><td>±1.0</td><td>+1.0
−2.0</td><td>—</td><td>—</td><td>—</td></tr>
<tr><td>>15</td><td>±1.0</td><td>±2.0</td><td>+2.0
−3.0</td><td>+1.0
−2.0</td><td>+2.0
−3.0</td><td>+2.0
−4.0</td></tr>
<tr><td rowspan="3">平面度极限公差
（mm）</td><td rowspan="3">板材长
度范围</td><td>≤400</td><td>0.20</td><td>0.40</td><td>0.60</td><td>0.80</td><td>1.00</td><td>1.20</td></tr>
<tr><td>>400～
<1000</td><td>0.50</td><td>0.70</td><td>0.90</td><td>1.50</td><td>2.00</td><td>2.20</td></tr>
<tr><td>≥1000</td><td>0.80</td><td>1.00</td><td>1.20</td><td>2.00</td><td>2.50</td><td>2.80</td></tr>
<tr><td rowspan="2">角度极限公差
（mm）</td><td rowspan="2">板材宽
度范围</td><td><400</td><td rowspan="2">0.40</td><td rowspan="2">0.60</td><td>0.80</td><td rowspan="2">0.60</td><td>0.80</td><td>1.00</td></tr>
<tr><td>>400</td><td>1.00</td><td>1.00</td><td>1.20</td></tr>
</table>

5.2.4 人造石材应用较为广泛，它的花色鲜艳、质量轻、强度高、耐腐蚀、耐污染、方便施工。按其使用的原材料分为四类：水泥型人造大理石、聚酯型人造大理石、复合型人造大理石，烧结型人造大理石。

5.2.5 人造理石技术性能，应符合以下的规定。

（1）装饰性

表面光泽度高，花色（或模仿天然大理石、花岗石）美观、大方、富有装饰性能。

（2）物理性能

人造理石的物理性能，见表 5.2.5（1）所示。

人造大理石性能　**表 5.2.5（1）**

抗折强度（MPa）	抗压强度（MPa）	冲击强度（J/cm^2）	表面硬度（巴氏）	表面光泽（度）	密　度（g/cm^2）	吸水率（%）	线膨胀系数 $\times10^{-5}$
38.0	>100	15	40	>100	2.1	<0.1	2—3

（3）耐久性

1）急冷、急热（0℃15min 与 80℃15min）交替 30 次，表面无裂纹，颜色无变化。

2）80℃烘 100h，表面无裂缝、色泽略微变黄。

3）室外暴露 300 天，表面无裂纹，色泽略微变黄。

4）人工老化试验结果，见表 5.2.5（2）所示。

人工老化试验　**表 5.2.5（2）**

树　脂	项　目	时　间　（h）		
		0	200	1000
306—2#	光泽度 色　差	80 43.6	63 0.0	26.7 41.3

续表

树脂	项目	时间 (h)		
		0	200	1000
196#	光泽度 色差	86 43.8	74 0.0	29 41

5.2.6 饰面板应表面平整，几何尺寸准确、边缘整齐；棱角不得损坏，并应具有产品合格证。天然大理石及花岗石饰面板的表面不得有稳伤、风化等缺陷。

5.2.7 安装饰面板用的连接锚固件，均应镀锌或经防锈处理。饰面板应采用铜或不锈钢制的连接件。

5.2.8 饰面板在安装前浸水时严禁将包装材料带入水中，以防饰面板的板面被污染，或褪色。

5.2.9 常用的外墙面砖种类、规格、性能和质量要求，见表5.2.9。

外墙面砖种类、规格、性能和质量要求 **表5.2.9**

名称	色种	规格	性能	质量要求
无釉外墙砖	白、浅黄、深黄、红、绿等	200mm×100mm×12mm 150mm×75mm×12mm 75mm×75mm×8mm 108mm×108mm×8mm	质地坚硬、色调柔和、耐水抗冻、耐候性好。吸水率不大于8%。寒区建筑物外墙饰面砖必须严格控制急冷急热的技术指标	表面平整、边角整齐规整
有釉外墙砖（彩釉砖）	粉红、兰、绿、金砂釉、黄、白等			
线砖	表面有突出起线纹，有釉、并有黄、绿、白等			
外墙立体贴面砖（又名：立体釉面砖）	表面有釉，做成各种立体图案			

5.2.10 釉面砖色调丰富、花纹图案千姿百态，洁净、美观，一般多用于室内饰面、常规种类及特点见表5.2.10

釉面砖的种类、特点、适用范围 **表5.2.10**

种类		特点	适用范围
白色釉面砖		白色、釉面光亮、洁净	室内、外墙面装饰
彩色釉面砖	有光彩色釉面砖	釉面光亮晶莹、色彩丰富雅致	室内饰面
	无光	釉面半无光、色泽一致、色调柔和	
装饰釉面砖	花釉砖	施以多种彩釉、经高温烧成。色釉互相渗透、花纹千姿百态	室内饰面
	结晶釉砖	晶花、纹理之多	
	斑纹釉砖	斑纹、丰富多彩	
	理石釉砖	具有天然理石花纹、颜色丰富、美观大方	

续表

种类		特点	适用范围
瓷砖画及色釉陶瓷字	瓷砖画	以各种釉面砖拼成各种花饰图案砖画，洁净美观	室内、外装饰
	色釉陶瓷字	以各种彩釉烧制而成的字样形体、丰富多彩、色彩美观，永不褪色	
图案砖	白地砖	色彩明快，纹理清晰，清洁优美	用以地面装饰
	色地图案砖	图案真实、浮雕、绒毛等效果	内墙饰面

5.2.11 釉面砖的技术性能，见表5.2.11（1）。白色釉面砖标准尺寸的允许公差，见表5.2.11（2）。仿花岗石砖的主要技术指标，见表5.2.11（3）。

釉面砖的技术性能 **表5.2.11**（1）

项目	要求	单位	指标	备注
密度		g/cm³	2.3～2.4	
吸水率		%	<10	
抗折强度	用30g钢球从300mm高处落下三次	MPa	2.0～4.0	
冲击强度	由140℃至常温剧变次数	—	不碎	
热稳定性		次	≮3	
硬度		度	85～87	指白色釉面砖
白度		%	>78	指白色釉面砖

白色釉面砖标定尺寸的允许公差及技术要求 **表5.2.11**（2）

项目	公差值（mm）	主要技术要求
长度	±0.5	①白度不低于78度
宽度	±0.5	②吸水率不大于21%（适用室内墙饰面砖）
厚度	+0.3 −0.2	③耐急冷急热性能150℃至19±1℃热交换一次不裂
圆弧半径	±0.5	

仿花岗石砖的主要技术指标 **表5.2.11**（3）

项目	技术指标
吸水率（%）	0～3
抗折强度（MPa）	≥30
表面划痕硬度（莫氏度）	>7
纵深耐磨性（mm³）	≤205
耐热性（温差130℃时）	三次不裂
抗冻性（常温～−15℃）	20次不裂

附件5.1 彩色釉面陶瓷墙地砖 （GB 11947—89）

1 主题内容与适用范围

本标准规定了彩色釉面陶瓷墙地砖的规格尺寸，等级划分，技术要求，试验方法，检验规则和标志，包装等要求。

本标准适用于建筑物墙面、地面装饰用的彩色釉面陶瓷墙地砖（以下简称彩釉砖）。无釉陶瓷墙地砖可参照执行。

2　产品等级、规格尺寸

2.1　产品按表面质量和变形允许偏差分为优等品、一级品、合格品三级。

2.2　主要产品规格尺寸列于附表5.1（1）。

彩釉砖的主要规格尺寸　（mm^2）　**附表5.1**（1）

100×100	300×300	200×150	115×60
150×150	400×400	250×150	240×60
200×200	150×75	300×150	130×65
250×250	200×100	300×200	260×65

其他规格和异形产品，可由供需双方商定。

3　技术要求

3.1　尺寸允许偏差

尺寸允许偏差必须符合附表5.1（2）的规定。

尺寸允许偏差　（mm）　**附表5.1**（2）

基本尺寸		允许偏差
边长	＜150	±1.5
	150～250	±2.0
	＞250	±2.5
＜12	±1.0	±1.0

3.2　表面与结构质量要求

3.2.1　表面质量

表面质量应符合附表5.1（3）的规定。

表面质量要求　**附表5.1**（3）

缺陷名称	优等品	一级品	合格品
缺釉、斑点、裂纹、落脏、棕眼、熔洞、釉缕、釉泡、烟熏、开裂、磕碰、波纹、剥边、坯粉	距离砖面1m处目测，有可见缺陷的砖数＜5%	距离砖面2m处目测，有可见缺陷的砖数＜5%	距离砖面3m处目测，缺陷不明显
色差	距离砖面3m目测不明显		

在产品的侧面和背面，不准许有妨碍粘结的明显附着釉及其他影响使用的缺陷。

釉面上的人为装饰效果不算缺陷。

3.2.2 变形

彩釉砖的最大允许变形应符合附表5.1（4）的规定。

最大允许变形（%） **附表5.1**（4）

变形种类	优等品	一级品	合格品
中心弯曲度	±0.50	±0.60	+0.80 −0.60
翘曲度	±0.50	±0.60	±0.70
边直度	±0.50	±0.60	±0.70
直角度	±0.60	±0.70	±0.80

3.2.3 分层

各级彩釉砖均不得有结构分层缺陷存在。

注：坯体里有夹层或有上下分离现象称为分层。

3.2.4 背纹

凸背纹的高度和凹背纹的深度均不小于0.5mm。

3.3 理化性能

3.3.1 吸水率；吸水率不大于10%。

注：吸水率越小，抗冻性越好，寒冷地区应选用吸水率较低的产品。

3.3.2 耐急冷急热性：经20次冻融循环不出现破裂、剥落或裂纹。

3.3.4 弯曲强度：弯曲强度平均值不低于24.5MPa。

3.3.5 耐磨性

只对铺地的釉面砖进行耐磨试验。依据釉面出现磨损痕迹时的研磨转数将砖分为四类。

3.3.6 耐化学腐蚀性能

耐酸、耐碱性能各分为AA、A、B、C、D五个等级。

4 检验规则

4.1 检验分类

4.1.1 型式检验

型式检验项目包括本标准技术要求的全部项目。

4.1.2 出厂检验

出厂检验包括尺寸偏差、表面质量和变形、吸水率、耐急冷急热性、弯曲强度。

4.2 组批与抽样规则

4.2.1 组批

每50～500m^2为一个检验批，不足50m^2时，按一个检验批算。

4.2.2 抽样

按GB3810规定随机抽样，一次抽取满足附表5.1（5）规定的规格尺寸和表面质量检验所需要的试样。

样本大小及合格判定数 **附表 5.1（5）**

项目	样本大小（n）	合格判定数（Ac）
规格尺寸	60	6
表面质量	$1m^2$ 或 25	按附表 5.1（3）要求
分层	50	0
变形	10	2
吸水率	5	0
耐急冷急热性	10	0
抗冻性	5	0
弯曲强度	10	—
耐磨性	8	—
耐酸性	5	—
耐碱性	5	—

注：检验规格尺寸抽样时，供需双方也可另行商定 P0、P1 值。按 GB3810 确定样本大小（n）及合格判定数（Ac）。

4.2.3 变形、吸水率、耐急冷急热性、抗冻性、耐磨性、耐碱性所需样本，可从尺寸偏差、表面质量检验合格的试样中抽取。非破坏性试验项目的试样可用于其他项目检验。

4.3 判定规则

4.3.1 各级产品尺寸偏差合格判定数均为 6。超过 6 则判这批产品不符合该级要求，但可降级检验再行判定。

4.3.2 各级产品经抽样作表面质量检验，其缺陷砖数的百分比超过附表 5.1（3）的规定，则判这批产品不符合该级要求，可作降级检验再行判定。

4.3.3 变形级别的判定：单块产品变形级别依其中最大一项变形尺寸确定；一批产品则依其中最大变形的两块砖确定；超过规定变形值者则判这批产品不符合该级要求，可再行降级检验判定。

4.3.4 一批产品级别的判定，依尺寸偏差、表面质量、变形尺寸检验后其中最低一级作为该批产品的级别。

4.3.5 吸水率、耐急冷急热性、抗冻性经试验后，不合格砖数超过附表 5.1（5）规定的合格判定数及弯曲强度试验值低于 24.5MPa 者，即判该批产品不合格。

4.3.6 经检验样本，出现有分层的砖时，则认为该批产品为不合格。分层不合格的砖经生产厂逐块检选后，可重新提交检验。

4.3.7 产品耐磨性、耐化学腐蚀性可按供需双方商定的类别、级别验收。

耐化学腐蚀性的级别由 5 块试样中最低的一级确定。

5.2.12 陶瓷（玻璃）锦砖的技术要求应符合以下规定：

（1）质地坚硬、耐磨、不吸水、易清洗。抗冻性好，有较高的耐酸、耐碱、耐火等性能，面釉透明光亮美观。

（2）规格符合：18.5mm×18.5mm、39mm×39mm、39.0mm×18.5mm、边长 25mm 的六角形。

(3) 颜色丰富、色泽稳定、耐候性好、耐污染。

附件5.2 玻璃马赛克（玻璃锦砖）（GB 7697—87）

1 尺寸及允许偏差

1.1 单块玻璃马赛克的尺寸及允许公差应符合附表5.2（1）的规定。

1.2 每联玻璃马赛克的线路、联长和周边距的尺寸及允许公差应符合附表5.2（2）的规定。

单块玻璃马赛克的尺寸及允许偏差（单位：mm） **附表5.2**（1）

尺寸			允许公差
边长	20.0	25.0	±0.5
厚度	4.0	4.2	±0.3

注：允许按用户和生产厂协商生产其他形状和尺寸的产品，但其边长不得超过45mm。

每联玻璃马赛克的线路、联长和周边距的尺寸及允许偏差 **附表5.2**（2）

尺寸 (mm)		允许公差
线路	2	±0.3
联长	327、321	±2
周边距	2～7	

注：线路、联长尺寸可按用户和生产厂协商作适当调整，但其允许公差不变。

2 外观质量

2.1 单块玻璃马赛克正面的外观质量应符合附表5.2（3）的规定。在整联上具有附表5.2（3）所列缺陷的单块玻璃马赛克数不大于5%。

单块玻璃马赛克正面的外观质量（mm） **附表5.2**（3）

缺陷名称		表示方法	缺陷允许范围	
变形	凹陷	深度	不大于0.2	
	弯曲	弯曲度	不大于0.5	
缺角		损伤长度	3.0～4.0允许一处	
缺边		长度	3.0～4.0	允许一处
		宽度	1.0～2.0	
疵点			不允许存在	
裂纹			不允许存在	
皱纹			不允许密集	
开口式气泡		长度	不大于1	

注：单块玻璃马赛克缺角边不能同时存在。

2.2 单块玻璃马赛克的背面应有锯齿状或阶梯状的沟纹。

2.3 每批玻璃马赛克的色泽应基本一致。

3 理化性能

3.1 玻璃马赛克的理化性能应符合附表5.2（4）规定。

4 其他

4.1 所用粘接剂除保证粘接强度外，还应从玻璃马赛克上擦洗掉。所用粘接剂不能损坏纸或使玻璃马赛克变色。

4.2 所用铺贴纸应在合理搬运和正常施工过程中不发生撒裂。

玻璃马赛克理化性能 **附表 5.2.（4）**

试验项目	条件	指标
玻璃马赛克与铺贴纸粘合牢固度	直立平放法卷曲摊平法	均无脱落
脱纸时间	水浸	5min 时，无单块脱落。40min 时，有 70% 以上单块脱落
热稳定性	90℃水（3min），18～25℃水 10（min）循环 5 次	全部试样均无裂纹、破损
化学稳定性	1mol/L 盐酸溶液，100℃，（4h），	k≥99.90，且外观无变化
	1mol/L 硫酸溶液，100℃，（4h），	k≥99.93，且外观无变化
	1mol/L 氢氧化钠溶液，100℃，（4h），	k≥99.88，且外无观无变化
	蒸馏水，100℃，（4h）	k≥99.96，且外观无变化

5.2.13 装饰饰面工程常用贴面材料施工方法，见表 5.2.13 所示。

贴面常用材料施工方法 **表 5.2.13**

项目	施工工序作法	厚度（mm）	备注
大理石、预制水磨石饰面的墙面	①钻孔剔槽预埋 φ6、长 150mm 钢筋 ②绑扎 φ6 双向钢筋网（间距按板材尺寸） ③穿铜丝牢固的连接 ④灌缝用 1∶2.5 水泥砂浆 ⑤107 胶素水泥浆擦缝	20 50	擦缝要保持洁净
面砖墙面	①1∶3 水泥砂浆打底扫毛 ②刷素水泥浆一道（20%107 胶水溶液） ③1∶0.2∶2 水泥混合砂浆结合层 ④贴面砖 ⑤1∶1 水泥砂浆（勾缝）	6 — 12 12	分格缝的宽度及颜色按设计要求施工
釉面砖墙面	①1∶2 水泥砂浆打底扫毛 ②1∶0.1∶2.5 混合砂浆结合层（掺入水泥重 15% 的石灰膏） ③贴面砖 ④水泥浆擦缝	7～12 8 5	擦缝用料的颜色应与釉面砖的颜色相同
锦砖墙面	①1∶3 水泥砂浆打底扫毛 ②刷素水泥浆一道（20% 的 107 胶） ③1∶1∶2 纸筋白灰膏水泥混合砂浆结合层 ④贴锦砖 ⑤水泥擦缝	12 3 5	分格缝宽度和颜色按设计和锦砖的色调的要求施工

5.3 饰面板安装工艺、操作方法及质量控制

饰面板安装包括天然石材的大理石、花岗石和青石板，以及人造石材，如水硬性胶凝

材料的水磨石和合成石饰面板等。

饰面板安装一般有粘贴和镶嵌两种施工工艺。

5.3.1 按施工图和技术交底提出施工工艺及操作程序；根据基体的几何形体面安装饰面板，首先应抄平、分块弹线，并应按弹线尺寸及花纹图案预拼和编号。

5.3.2 饰面板的安装应根据饰面板块的大小和安装板块的高度，确定饰面板安装施工工艺。饰面板用的连接网、件，应与锚固件连接牢固。锚固施工法一般有钢筋网片和膨胀螺丝两种。锚固件宜在结构施工时埋设。

固定饰面板的连接件，其直径或厚度大于饰面板的接缝宽度时，应凿槽埋置。预留孔洞不得大于设计孔径 2mm；砖墙则严禁采用射钉固定。

5.3.3 饰面板安装的施工工艺和操作程序，见图 6.5.2。

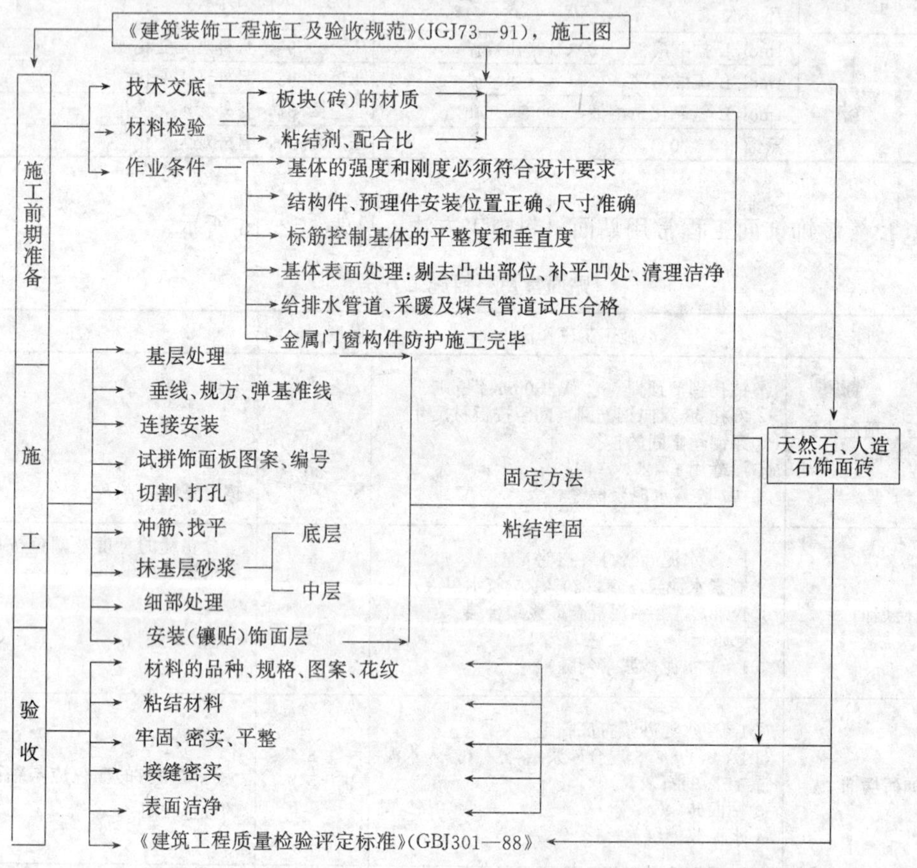

图 6.5.2 饰面板安装工艺和操作流程

5.3.4 饰面板安装前，应按厂牌、品种、规格和颜色分类选配，将选定饰面板的侧面和背面清扫干净，并进行打孔。每块板材上、下边打孔数量均不得少于两个，并应采用铜丝或不锈钢丝穿入孔内，以作固之用。

5.3.5 在墙面上镶贴或安装饰面板时，其按缝应填嵌密实，横平竖直、宽窄一致、颜色一致；保持整体性、防止渗水、外观整洁。饰面板的接缝宽度如设计无要求时，应符合表 5.3.5 的规定。

饰面板接缝要求　　表 5.3.5

项次	名称		缝宽（mm）	嵌缝要求
1	天然石	光面、镜面	1	室内：干接、用于饰面板相同颜色水泥浆填抹 室外：可以干接或在水平缝中垫铅条，在饰面板安装后及时将铅条修理平整；干接缝则应用干性油腻子填平
2		粗磨面、麻面、条纹面	5	接缝和勾缝应用水泥砂浆
3		天然面	10	
4	人造石	水磨石	2	应干接，水泥砂浆的颜色应与饰面板颜色一致
5		水刷石	10	用水泥砂浆热缝和勾缝
6		大理石、花岗石	1	光面、镜面要求相同

5.3.6　安装饰面板工艺的工序多，操作复杂，其锚固件连接的工艺流程，见图 6.5.3。

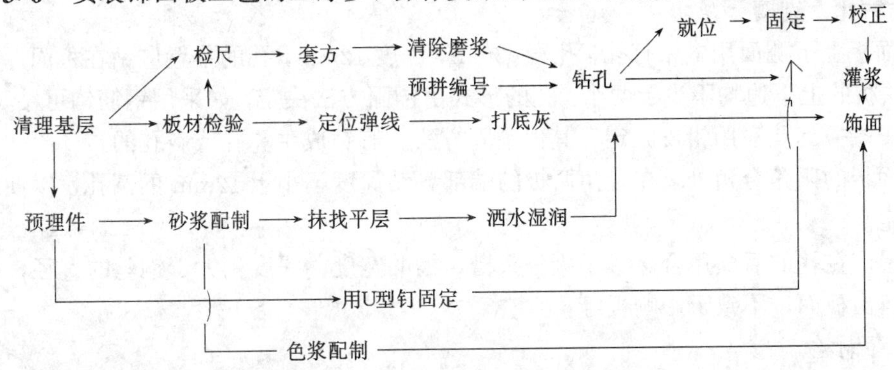

图 6.5.3　装饰板材安装的工艺流程

5.3.7　饰面板安装工艺和操作流程应符合以下的规定。

（1）施工准备

1）工具：板块切割机、冲击电钻、金刚石割刀、水平尺、直角尺、靠尺、墨斗、木棰、尼龙线等。

2）备料：饰面板板材（品种、规格、性能、图案、色泽）。

水硬性胶凝材料，107 胶、细骨料。

有机胶合剂。

金属丝：铜丝、不绣钢丝、膨胀螺栓。

（2）操作程序

1）清理基层

清除基层的灰尘和浮物，表面凸凹部位剔补平整，浇水湿润。

2）定位弹线

按图纸要求和实际形体部位几何尺寸，根据饰面板的实际尺寸，弹出水平线和垂直线、找方。

3）抹底（找平）灰

用 1∶3 水泥砂浆打底找平，规方，厚度约 12mm，用木杠刮平、扫毛。

4）选材、预拼、编号

①饰面板必须经过认真选择，按规格、品种、颜色、纹理图案，并逐块量度其几何尺寸，严格选用。

②对经过选择的板材、按其天然的花纹、图案进行预排拼配后进行编号，使其整体花纹协调、图案自然。

5）锚固件连接

板材与基体均用锚固件连接。锚固件分线形、圆杆形、扁形，板材上所作锚接口的形状、尺寸应与锚固件相适应。板材与基体的连接锚固应采用镀锌或不锈钢的锚固件。

采用钢筋网时在结构基体面上的纵、横向均应绑扎 $\phi6$ 钢筋形成钢筋网，钢筋间距为 300～500mm，水平钢筋应与板板的行数一致并平行。基体上的预埋件必须牢固，以保证钢筋网片与结构连接牢固。

常用的扁形锚件厚度为 3、5、6mm；宽度 25、30mm；圆杆形锚件用 $\phi6$、$\phi8$mm；线形件用 $\phi3$～$\phi15$ 钢丝。

6）钻孔、剔槽

饰面板上下侧面用电钻打孔，孔径 $\phi5$mm，深度 12mm，孔的位置应钻在板面厚度的中心。每块板的上下边均不少于两个。孔的形式由锚固方法决定，如采用钢筋钩可钻竖向孔，将铜丝一端插到孔底用铅皮固定。其他锚固方法。有钻成牛鼻孔或斜孔的。

饰面板的阳角合角处，在合角两板的端部各钻深度不小于 12mm 的圆孔，以便装设铁销子固定。

剔槽，在孔的后面用合金錾子剔一条槽，槽的宽度、深度稍大于铜丝的直径，以备卧铜丝不露出板面，不致于影响板缝。

7）穿铜丝

将长 200mm 铜丝的一端插到孔底并用铅皮固定牢固，然后顺槽弯曲卧入槽内，不得突出板的端面，以使相邻板的接缝严密。如板材较小，可钻成牛鼻孔，用铜丝或镀锌铅丝穿入孔内，用铁皮或木楔把铜丝或镀锌铅丝塞紧加以固定。

8）饰面板安装

安装前应找好水平线和垂直线。先在基体下面两端找水平基准线，找平后拉横线。安装时先装中间或角部的饰面板，依次向中间或两侧排板，用连接件（扣挂件）将板块连接在钢筋网上。板的内侧与基体表面距离以 30mm 为宜。

板块就位后用托线板靠平，用水平尺校正，阴阳角用方尺找方。以活动木楔调整缝宽，用石膏封严作为临时固定措施，垫好托板，以防石膏掉进板块与墙面的缝隙内。

9）灌浆

饰面板固定就位后，采用 1∶2.5 水泥砂浆分层灌浆，每层为 150～200mm，且不得大于板高的⅓；将砂浆插捣密实，待其初凝后，检查板面位置，如有错位应拆除重新安装。若无移动、方可灌注上层砂浆。施工缝应留在饰面板水平接缝以下 50～100mm 处。

注意：灌注砂浆时，应先在竖缝内填塞 15～20mm 的麻丝或泡沫塑料条，以防止漏浆。

10）擦缝

饰面板全部安装完毕后，应清除所有的石膏和余浆痕迹，用湿布擦洗干净，并按板材的颜色调制色浆嵌缝，边嵌边擦干净，使缝隙密实，干净、颜色一致。擦缝时必须防止色浆污染板面。

5.3.8 饰面板安装技术措施，见图 6.5.4。

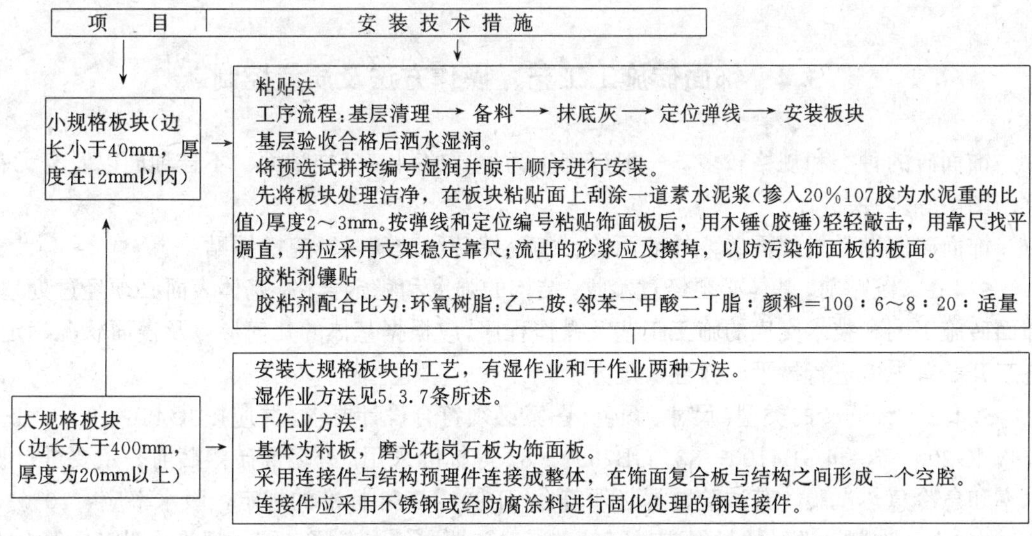

图 6.5.4（1）　饰面板安装技术措施

项　目	安装技术措施
青石板安装	青石板以采用粘贴法安装为宜。 青石板的规格尺寸，颜色搭配及排板组合应按设计要求确定。 基体处理、抹底层和找平层与装饰抹灰方法相同。 将验收合格的青石板清扫干净，放入水中浸泡，浸透后，取出阴干备用。 粘结砂浆应采用聚合物水泥砂浆，配合比为1：2水泥砂浆，掺入水泥量10～15%的107胶。 结合层粘结砂浆厚度应控制在4～5mm。 安装青石板时要控制板块的平整、接缝清晰、均匀一致。 饰面板全部粘贴完后，应清理板面，并按板材的颜色调制水泥色浆嵌缝，边嵌边擦净。要求嵌缝密实、颜色一致
预制水磨石饰面板、合成石饰面板安装	为了防止在人造石板上打孔，应在加工时事先预设铁环或埋设件，以备与钢筋网片连接固定。 对验收后的板块进行预排、编号、安装、临时固定、灌浆、清理、嵌缝、上蜡抛光等。 砂浆应采用聚合物水泥砂浆；掺水泥重20%107胶的1：2或1：2.5水泥砂浆。 结合层粘结砂浆厚度一般不小于5mm。 大块板材应采用扣挂方法连接，并分层灌浆固定。 饰面板安装后去污清理洁净。嵌缝、上蜡抛光，(采用汽车上光蜡)

图 6.5.4（2）　饰面板安装技术措施

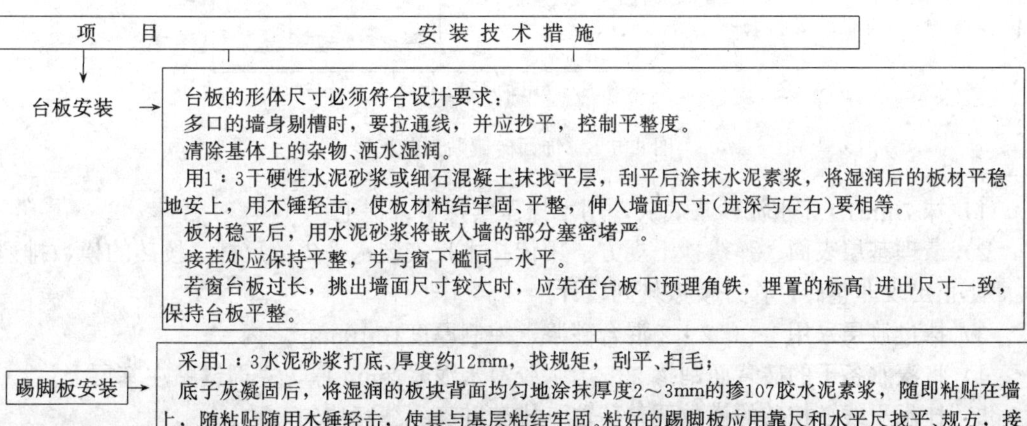

图 6.5.4（3）　饰面板安装技术措施

5.4 饰面砖施工工艺、操作方法及质量控制

饰面砖的种类和规格较多，一般以陶土为主要原料，分挂釉面、不挂釉面以及有无花纹、图案等多种。

饰面砖镶贴是指釉面砖、外墙面砖、陶瓷锦砖和玻璃马赛克的镶贴

5.4.1 镶贴前，基体必须经过验收，结构的强度和稳定合格，基体表面必须经过处理。饰面砖施工图和技术交底的施工工艺及操作程序，应根据基体的几何形体及表面状况确定。施工开始首先应进行抄平、弹性、规方。

5.4.2 饰面砖的类型、尺寸、颜色、图案必须符合设计要求，并应按JG456—92(201—75)、JG200—75和GB4100—83、GB7697—87等标准采用。外墙面砖镶贴前一定要进行吸水率和急冷急热试验，其试验数据必须符合GB8917—88标准的规定，吸水率应<10%。

5.4.3 选料；进场的材料应进行精选，选砖要求统一色泽、统一规格；图案应符合设计要求。外观质量应为表面平整、边缘整齐，楞角完整。

5.4.4 应用在异形基体和管道、埋设件的砖必须进行改形；用整砖套割至与基体吻合，边缘整齐，割口光滑平顺。

5.4.5 饰面砖镶贴工艺和施工工序流程，见图6.5.5。

5.4.6 饰面砖镶贴施工工艺操作流程，应符合以下的规定。

(1) 施工准备

1) 工具：瓷砖切割机、金刚石割刀、水平尺、直角尺、墨斗、小线、靠尺木（胶）锤、毛刷、油刀、刮板等。

2) 备料：普通水泥、白色水泥、精砂、107胶、色料等。

(2) 操作程序

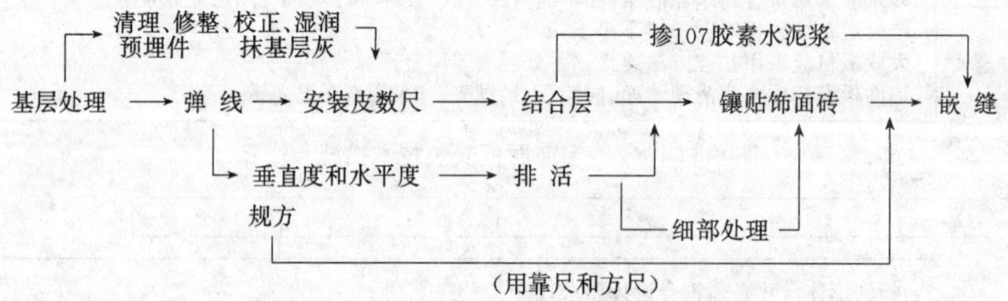

图6.5.5 饰面砖镶贴工艺流程

1) 抹7mm1∶3水泥砂浆底灰，用木抹压实抹平，槎毛。

2) 清理基层表面、弹线抄平规方、用依托木尺安装水平皮数尺杆，按砖的模数排列，大面防止出现非整砖，作好模数排列设计。

3) 抹过渡层采用1∶0.2∶2混合砂浆，控制厚度在10mm之内。

4) 将浸水备干的砖背面刮掺20%107胶素水泥浆2mm厚，立即镶贴在基层上。

5) 挂水平线，按砖的模数调整砖位、排砖准确、缝行均匀一致。

6) 用素水泥浆擦缝，嵌入密实，并应清理表面。

(3) 镶贴饰面砖施工质量控制，见表5.4.6。

表 5.4.6

质量标准	施工质量控制技术措施
镶贴牢固	不空鼓、不起壳 将基层认真清理，保持洁净并浇水湿润 将面砖浸水后备干待用 结合层砂浆应抹平，面砖的结合面素灰要刮满，贴砖要平稳；镶贴后用橡皮锤轻击，将结合层砂浆挤实压严，使面砖粘贴牢固
表面平整	砖的规格必须统一 严格控制砖的尺寸、厚度、表面平整度，边角应整齐，楞角不得损坏；严禁使用变形的面砖
接缝平直	严格控制结合层的平整度。砖的粘贴必须平整，相邻面砖接缝表面应平整 嵌缝应严密，线条清晰，接缝平直，光洁整齐，色泽深浅一致，不得有错缝 灰缝的垂直和平顺应以垂直线和皮数尺为准，务必按基准线走向定位保持灰缝均匀，头角齐直、缝宽一致
细部处理	室外突出的部位、檐口、腰线、窗台、雨蓬、阳台等贴面均应作滴水线 在变形缝处镶嵌面砖时，一定要按图纸要求处理，应根据变形缝封闭要求进行贴砖、保证缝的宽度整齐一致 组合式的檐板、托座等下部与墙或柱相接处，应预留适量温度缝

5.4.7 锦砖粘贴施工工艺和施工工序流程，见图 6.5.6。

5.4.8 粘贴锦砖施工工艺操作流程，应符合以下规定。

(1) 施工顺序

1) 按墙面的总体高度，自上而下逐仓流水作业。

2) 在一仓内，由右下角开始，由左至右、自下而上逐张粘贴。

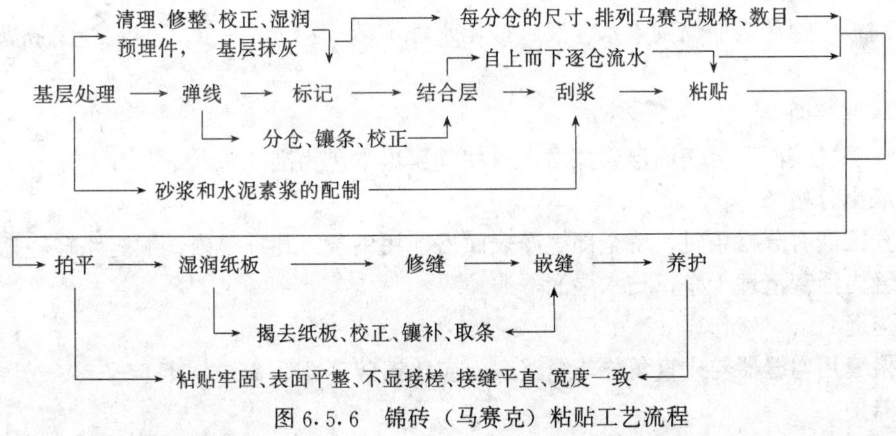

图 6.5.6 锦砖（马赛克）粘贴工艺流程

(2) 施工操作控制要点

1) 结合层

将找平层上浮浆清理干净后，洒水湿润。结合层水泥砂浆为 1∶2（水泥∶砂），并掺入水泥重 5～10%的 107 胶，厚度 5～6mm。

2) 弹线、规方

按照锦砖纸板的模数尺寸和基体的实际尺寸，弹出纵向分格线和竖直控制线，用依托木尺作水平皮数杆，确保分格平直；水平面则应拉通线。

3）标记

依据皮数杆上每张锦砖板联的模数作为基准标记，也可直接再划在分格线上。

4）填缝、刮浆

将锦砖纸板朝下铺在托盘上，然后用素水泥浆填缝，填缝后用刮板刮净，再在上面普遍刷素水泥一道、厚度1～2mm。

素水泥浆的稠度为50～60mm。

5）粘贴锦砖

待结合层适当收水，达到以手指按时不析出水分为度，即可进行粘贴。粘贴时应先对齐下口的镶贴线往上铺贴，然后用双手按平。

6）拍平

铺好后，用拍板轻轻拍平，以调整两张锦砖之间接缝的平整度，并保证与结合层粘结密实牢固。

7）湿润纸板

用1～2：10＝水泥：水的稀水泥浆湿润纸板；一般刷3～4遍即可。

8）拨缝校正

湿润纸板时，如相邻两缝路未对齐，不直，应立即用拨缝刀拨正。

9）揭去纸板

纸板润透后，先用手试揭，感到无阻力时再普通揭（一般刷浆25～30min后即可）。揭时用力要轻而均匀，顺板面平行撕揭，不要垂直硬扯，以免带动颗粒。

10）修缝和镶补

出现缝路不齐、不直时，可用拨缝刀拨正；有掉粒、缺角时应及时镶补整齐。

11）嵌缝

用钢刮板沿锦砖表面满刮素水泥浆（或用水泥：砂＝2：1）一道，使粒缝间挤满、塞实。

12）清理擦面

用棉纱擦拭表面，将表面浮浆擦净，以使其露出本色为准。

13）取出分格条

如分仓镶嵌有分格条时，待全部擦净表面后，用钢条刀扎进缝内，顺缝路轻轻把它取出，并将缝内浮灰清理干净，扫水湿润一遍。

14）勾缝

将分格缝用勾缝器勾成直角缝，缝路表面应比锦砖表面低2mm，且应平整、光洁。

15）养护

镶嵌24h后，应连续洒水养护3～4d。洒水要适度，防止浇水过量，影响其他工序进行。

（3）细部处理

滴水线要采用双引条施工工艺。引条1的厚度等于马赛克的厚度，粘贴时与结合层面齐平；引条2伸出墙面的长度等于马赛克厚度，既保证马赛克下口齐平，也起扶托作用。将两根引条取下后，再在引条1的位置处粘贴1～2颗宽的马赛克。

5.5 装饰混凝土板施工工艺、操作方法及质量控制

装饰混凝土板有二种：现制饰面板和预制饰面板。现制饰面板可用于各种混凝土墙体，预制饰面板只能用于装配式建筑。

装饰混凝土板的装饰性能、线型、质感与色彩等均应满足装饰的目的。

预制混凝土饰面板的制作工艺有两种，即正打成型和反打成型。正打成型饰面板有：干粘石、抹灰、陶瓷锦砖、砖、缸砖饰面等；反打成型饰面板有：仿大理石、假石、青石板、陶瓷锦砖等。

5.5.1 装饰混凝土板的制做质量除应符合现行《混凝土结构工程施工及验收规范》(GB50204—92)、《预制混凝土构件质量检验评定标准》(GBJ321—90) 及《混凝土质量控制标准》) (GB50164—92)、《装配式大板居住建筑结构设计和施工规程》(JGJ1—91) 的规定外，尚应符合《建筑装饰工程施工及验收规范》(JGJ73—91) 的有关的规定。

(1) 正打印花或压花外墙板、阳台栏板的涂抹必须平整，边棱要整齐，表面不显接茬。

(2) 反打外墙板、阳台栏板的花纹、线条应与墙板、阳台栏板一同浇筑成型，其质感应清晰，表面不得有酥皮、麻面和缺棱掉角等缺陷。

(3) 外墙板外立面突出的檐口、窗套和腰线，应留有流水坡和滴水槽，槽的深浅、宽窄应一致。

(4) 连接件（锚固件）的位置、几何尺寸、数量必须符合设计要求。

(5) 装饰混凝土板的强度、连接节点以及外形尺寸必须符合设计要求外，还必须充分考虑装饰效果。

(6) 以墙板表面形成线型与质感时，其凸凹程度和色彩纯属装饰性，故决定线型、质感效果的另一重要因素是比例关系恰当。

(7) 为了保证装饰后墙面颜色一致。在混凝土外墙板饰面时，应先喷一道1∶3的107胶水溶液以降低墙面的吸水率，为了改变清水装饰混凝土颜色采取了两项主要技术措施：一是换用白色水泥或掺入无机颜料；二是外罩涂料。颜色均匀的首要因素是所用原材料的均一性和配制。包括加水量的准确性等。

5.5.2 正贴、反打带饰面砖的外墙板，饰面砖与墙体必须粘结牢固，不得有空鼓，不得有开裂及缺棱掉角现象，板面平整垂直；接缝尺寸符合设计要求，横平竖直，板面洁净。

5.5.3 正贴、反打的锦砖外墙板，饰面层与墙体板必须结合牢固，不得有脱层、皱折现象，缝路平直，不显接茬，砖的表面应清洗干净，不得有胶痕，污物，颜色均匀一致。

5.5.4 减轻污染的措施，首先是立面细部构造做法要合理。突出墙面部位要设置适当的滴水线、泛水坡度、泄水孔道，设计好排水流向，使落在建筑物上的雨水能立即排除、不致污染表面。其次是墙板面力求垂直，并尽量采用竖线条，利于顺水。

5.6 金属饰面板安装工艺、操作方法及质量控制

建筑装饰金属外墙板以铝合金板材应用较为广泛，其他还有以不锈钢板和钢板加工处理的彩色镀锌板、搪瓷板、镀锌板、镀塑板，及铜板。这些饰面板按包含材料可分为单一

材料板和复合材料板。根据形式可分为光面平板、纹面平板、压型板、波纹板等。

金属饰面板所具有的坚固、质轻、耐久、易安装的特点，一般多用于预制装配结构，要求施工精度高，必须具备技术措施和科学的操作方法。

5.6.1 金属饰面板的品种、质量、颜色、花纹、线条应符合设计要求，并应具备产品合格证。

5.6.2 金属饰面板安装操作工艺和技术措施，应符合以下规定。

（1）施工准备

1）材料

①板型材

选用各种定型产品的规格、形状应符合设计要求，并应进行除锈、防腐处理。

②承重骨架

饰面板要采用支承骨架与结构构件或围护构件进行连接。支承骨架有各种规格的角钢、槽钢、V型轻金属制成的骨架。

③连接构件

铁制连节件、铁钉、木螺钉、镀锌自攻螺丝、螺栓或膨胀螺栓、抽芯铝铆钉。

2）工具

型材切割机、电锤、电钻、风动拉铆枪、射钉枪、锤子、扳手、螺丝刀等。

（2）操作方法

金属外墙板的材料和施工工艺方法很多，这里仅以铝合金饰面板为主，介绍其施工方法。

铝合金饰面板是以横向骨架、竖向骨架（即墙筋）固定在承重结构基体上的。骨架与墙体连接时，先在墙体上预埋连接件，再设骨架（立筋）、然后安装板材和进行板材接缝处理。

1）预埋件

在主体结构墙体施工时即埋入带有螺栓的埋设件，也可埋入带锚固筋的铁板。预埋铁件的间距、标高均应符合设计要求。

2）骨架安装

按照施工图设计要求和金属饰面板的模数在墙上进行抄平弹线、规方，并确定水平基准线和垂直线。根据预埋件的位置统一水平垂直度。骨架中竖筋和横筋的间距应根据模数而定。施工时要保证骨架与埋件连接牢靠，在墙角、门、窗口等部位必须设骨架墙筋，以免端部板悬空。

3）饰面板安装

①安装饰面板时要按照节点详图的设计，骨架墙筋的位置、板块的模数、接缝的宽度，进行排板、定位划线。

②安装突出墙面的窗台、窗套凸线等部位的金属饰面板时，裁板尺寸应准确，边角要整齐光滑，搭接长度及方向应准确。

③金属饰面板的安装，板与支承骨架的连接宜用抽芯铝铆钉进行，铆钉与被连接件之间必须加垫橡胶垫圈。抽芯铝铆钉间距以控制在100～150mm为宜。也可采用铁钉、螺钉及卡条连接。

安装板的要求按节点连接做法，沿一个方向顺序安装，严禁采用对接。搭接长度应符合设计要求，不得有透缝现象。饰面板的安装应表面平整、垂直，线条通顺、清晰。

④阴阳角应采预制成型的角板安装，角板与大面搭接方向应与主导风向一致；严禁逆向安装。

⑤板缝处理必须具备防水功能，板缝内应填防水材料，严禁变形和渗漏。

⑥保温处理所采用的保温材料品种、堆集密度应符合设计要求，并应填塞饱满，不留空隙。

6 门窗工程施工技术措施控制要点

适用于建筑工程铝合金门窗，涂色镀锌钢板门窗、钢门窗、塑料门窗的安装技术措施。

6.1 一般性技术规定

6.1.1 门窗安装前应按下列要求进行检查验收：

（1）根据门窗图纸检查门窗的品种、规格、型号、开启方向、组合杆、附件，并对其外形及平整度进行检查校正，合格后方可安装；

（2）按设计要求检查洞口尺寸，如与设计不符应予以纠正。

6.1.2 门窗的存放、运输应符合下列规定：

（1）门窗的包装箱应具有足够的强度，整体性好；严防搬运过程中产生变形；

（2）门窗应放在防风、防晒、防雨淋的库内，竖直排放，严禁倾斜，并应垫好枕木，保证产品平稳；

（3）库内应清洁、干燥、通风；塑料门窗应与热源隔开，以免受热变形。

（4）运输时，应竖立排放并固定牢靠；樘与樘之间应用非金属软质材料隔开，防止相互磨损及压坏玻璃和五金件；

（5）运输、存放中严禁损坏包装；门窗饰面应粘贴胶带保护层，并应用塑料膜、包装纸、麻布带卷捆扎结实，防止饰面受损。

6.1.3 门窗柜扇安装施工中，应符合下列规定：

（1）严禁在门窗框扇上加荷。（如安放脚手架、悬挂重物或在框扇内穿吊等），以防门窗变形和损坏；

（2）起吊就位时，吊点的表面应加非金属软质材料衬垫，并选择牢靠平稳的着力点，以免门窗变形和擦伤饰面。

6.1.4 安装门窗必须采取预留洞口的方法，严禁采取压口砌筑或先安装后砌口的方法等。

6.1.5 门窗框的固定可采用焊接、膨胀螺栓或射钉等方法连接，但砖墙严禁用射钉固定，见表6.1.5。

（1）安装门窗框时应严格控制洞口的标高、中心线、水平线，水平线应以室内500mm线为基准。水平标高控制值同层误差不得超过±2.5mm，洞全高的垂直位移量为±5mm，安装后同边预留缝隙一般为20mm。

固定节点连接方法 **表 6.1.5**

节点示意图	技术说明
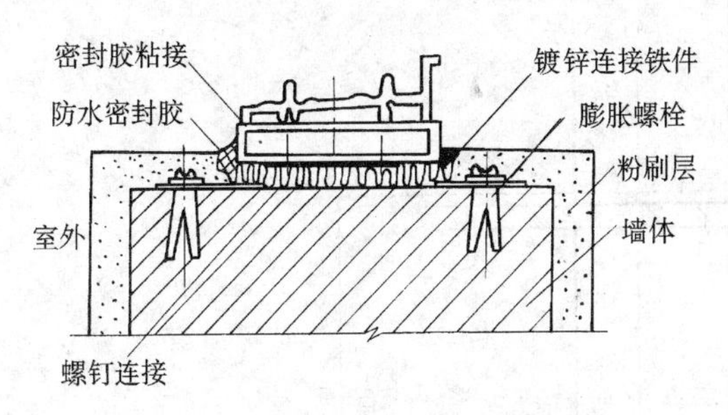 (1) 膨胀螺栓紧固连接件	门窗洞口墙体为砖结构时，应用冲击电钻钻入不小于 ϕ10mm 的深孔，用膨胀螺栓将连接件紧固。严禁采用射钉连接
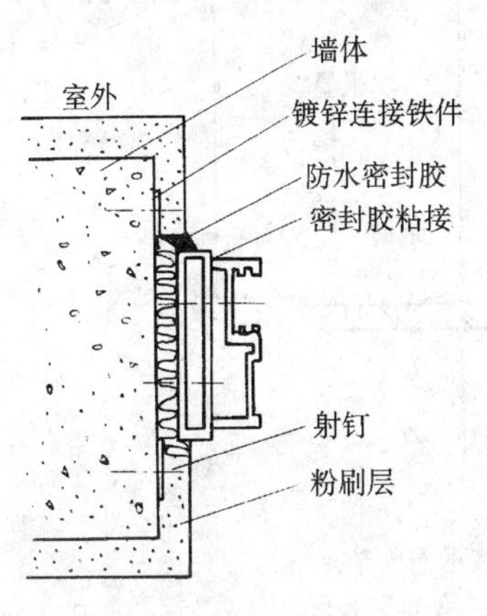 (2) 铝框连接件射钉锚固示意	门窗洞口为混凝土墙体但未预埋铁件或预留槽口时，其连接件可用射钉枪射入 $\phi4 \sim \phi5$mm 射钉紧固
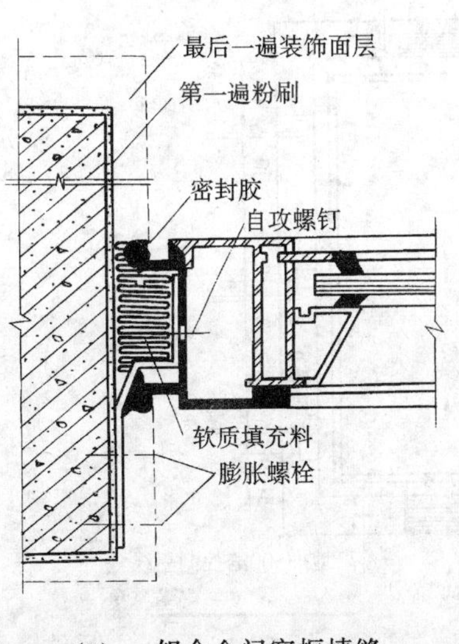 (3) 铝合金门窗框填缝	门窗与洞口墙体应用弹性连接。框的周边缝隙宽度应在 20mm 以上。缝内应分层填入矿棉或玻璃棉毡条等软质填料。框边须留 5～8mm 深的槽口，最后灌注防水密封胶

（2）门窗框就位后，应先用线坠、靠尺等调整框的垂直度，用水平尺（气泡型）调整下框的水平度，再做临时固定。

（3）临时固定位置的调整见图 6.6.1 所示。

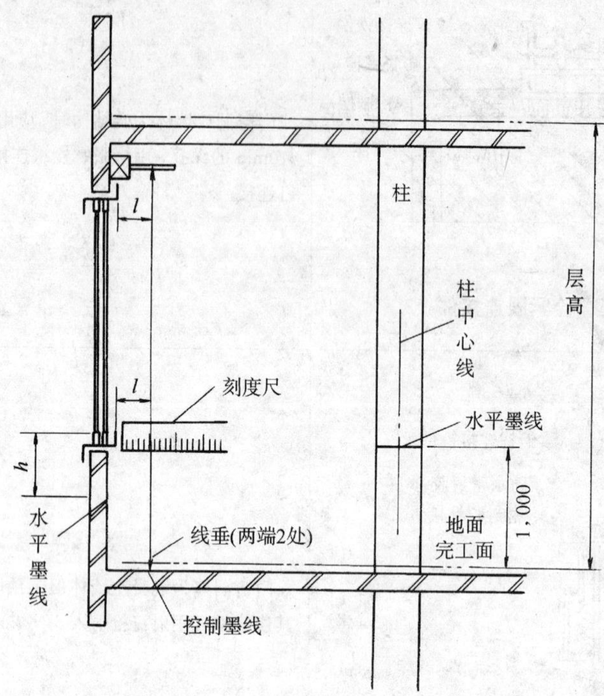

图 6.6.1 固定位置调整示意

（4）临时垫小木楔固定开口部正确位置上，见图 6.6.2 所示。

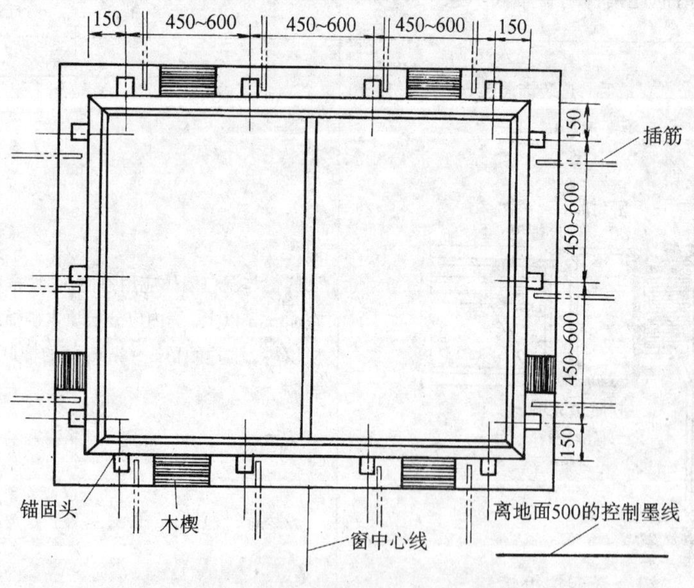

图 6.6.2 临时固定示意

6.1.6 洞口预埋件的间距必须与门窗框上设置连接件（铁脚）配套。门窗框上连接件（铁脚）间距一般为500mm；设置在框转角处的铁脚位置，距离转角边缘100～200mm。

预埋件的中心线定位控制；距内墙面38～60系列为100mm，90～100系列为150mm，见图6.6.3。

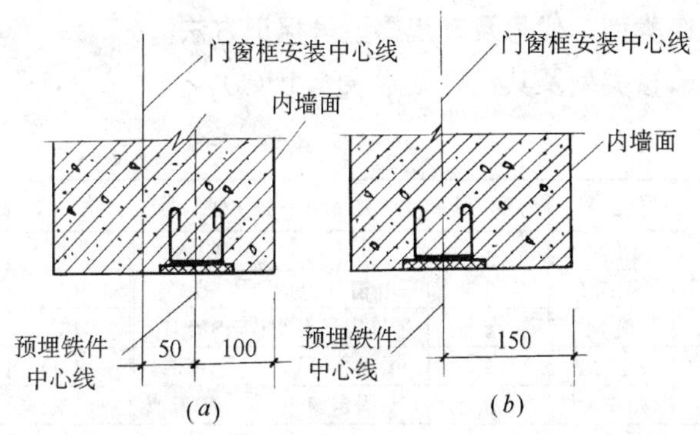

图6.6.3　铝门窗洞口预埋铁件安装中心线

(*a*) 38、60系列铝窗安装中心线；

(*b*) 90～100系列铝门窗安装中心线

6.1.7 安装过程中应及时清理门窗表面的水泥砂浆、密封膏等，以保护表面质量。

6.2　门窗质量控制

6.2.1 门窗及零附件质量均应符合国家现行技术标准和行业标准的规定，按设计要求选用，不得使用不合格产品。

6.2.2 各类门窗名称、适用范围、标准编号，见表6.2.2。

门窗名称、适用范围、标准编号　　**表6.2.2**

序　号	门窗名称	适 用 范 围	标 准 编 号
1.	平开铝合金门	适于建筑用，代号为PLM，也适用带纱扇门SPLM	GB8478—87
2.	推拉铝合金门	适于建筑用，代号为TLM，也适用于带纱扇门STLM	GB8480—87
3.	铝合金地弹簧门	适于建筑用，代号为LPHM，也适用于固定门GLM	GB8482—87
4.	平开铝合金窗	适于建筑用，代号为PLC，也适用于滑轴平开窗HPLC、固定窗GLC、上悬窗SLC、中悬窗XLC等	GB8479—87
5.	推拉铝合金窗	适于建筑用，代号为TLC，也适用于带纱扇窗ATLC	GB8481—87
6.	空腹钢门	适用于普通空腹钢门框扇	GB9155—88
7.	实腹钢门	适用于普通平开实腹钢门框扇	GB9156—88
8.	实腹钢纱门窗	适用于为普通钢门窗配套使用的实腹钢纱门窗	GB9157—88
9.	实腹钢窗检验规则	用于普通实腹钢窗框扇的检查和验收	GB58271—86
10.	空腹钢窗检验规则	用于普通空腹钢窗框扇的检查和验收	GB58272—86
11.	PVC塑料窗力学性能	用硬质聚氯乙烯塑料型材制成，窗的机械力学性能	GB11793.2—89

6.2.3 铝合金门窗技术标准，应符合（GB8478—8472—87）的相关规定。

附件 6.1 铝合金门窗（GB 2478～8482—87）

1 铝合金门、窗类型、代号及其规格型号标记方法。

1.1 铝合金门、窗类型及其代号见附表 6.1（1）。

附表 6.1（1）

序号	类型	代号	序号	类型	代号	序号	类型	代号
1	平开门	PLM	6	固定门	GLM	11	上悬窗	SLC
2	带沙扇平开门	SPLM	7	平开窗（包括）	PLC	12	下悬窗	CLC
3	推拉门	TLM	8	带纱扇平开窗	SPLC	13	立转窗	LLC
4	带纱扇推拉门	STLM	9	滑轴平开窗	APLC	14	推拉窗	TLC
5	地弹簧门	LDHM	10	固定窗	GLC	15	带纱扇推拉窗	STLC

1.2 铝合金门窗的厚度基本尺寸系列见附表 6.1（2）。

门窗厚度基本尺寸系列 **附表 6.1**（2）

门的类型	厚度系列（mm）										备注
PLM. SPLM	40	45	50	55	60	70	80	90	100		
TLM. STLM	—	—	—	—	—	70	80	90	—		
LDHM. GLM	—	45	—	55	—	70	80	—	100		
PLC 及上表中序号 8～13	40	45	50	55	60	70	—	—	—	65	
TLC. STLC	40	—	—	55	60	70	80	90	—	—	

1.3 铝合金门窗的宽度、高度的构造尺寸，主要根据门框、窗框的厚度构造尺寸和洞口安装要求确定。其本门洞口的规格型号见附表 6.1（3），窗的洞口规格型号见附表 6.1（4）。

附表 6.1（3）

洞口型号 洞宽（mm）/洞高（mm）	800	900 ③	1000	1200 ②	1500	1800 ①	2100 ③	2400	3000
2100	0821	0921	1021	1221	1521	1821	2121	2421	3021 ②
2400	0824	0924	1024	1224	1524	1824	2124	1414	3024
2700	0827	0927	1027	1227	1527	1827	2127	2427	3027
① 3000		0930	1030	1230	1530	1830	2130	2430	3030
3300		0933	1033	1233	1533	1833	2133	③	

注：表中①—①范围用于平开门，②—②用于推拉门，③—③用于地弹簧门的规格型号

附表 6.1（4）

洞宽（mm）/ 洞口型号 / 洞高（mm）	600	900	1200	1500	1800	2100	2400	2700	3000
600	0606	0906	1206	1506	1806	2106	2406	2706	3006
900	0609	0909	1209	1509	1809	2109	2409	2709	3009
1200	0612	0912	1212	1512	1812	2112	2412	2712	3012
1500	0615	0915	1215	1515	1815	2115	2415	2715	3015
1800	0618	0918	1218	1518	1818	2118	2418	2718	3018
2100	0621	0921	1221	1521	1821	2121	2421	2721	3021

注：表中①—①范围用于平开铝合金窗，②—②用于推拉窗。

1.4 除附表 6.1（3）及 6.1（4）规定外，允许门与门之间、窗与窗之间任意组合，组合后的洞口尺寸应符合 GB5824—86 的规定。铝合金门还有密封型与非密封型的。门和窗还有按性能、空气隔声性能、保温性能和表面处理方法等对产品进行区分。

1.4.1 密封型门是用于对空气渗透性能、雨水渗漏性能有要求的门；而非密封型门，是对前述性能无要求的门。

1.4.2 按性能区分的门、窗，依据不同建筑物的使用要求，按抗风压强度、空气渗透和雨水渗透的 3 项性能指标，将产品划分为 *A*、*B*、*C* 三类（见附表 6.1（5））。

1.4.3 按空气声隔声性能对产品区分：凡空气声计权隔声量≥52dB 时为隔声门，见附表 6.1（6）。

1.4.4 按保温性能对产品区分：凡传热阻值≥0.25m^2K/W 时为保温门，见附表 6.1（7）。

1.4.5 按表面处理方法区分：有阳极氧化法处理（附表 6.1（8））；阳极氧化复合表膜法处理（表 6.1（9））两种。

风压强度、空气渗透和雨水渗漏性能 附表 6.1（5）

类别	等级	综合性能指标值		
		风压强度性能 Pa≥	空气渗透性能 $m^3/m\cdot h$（10Pa）≤	雨水渗透性能 Pa≥
A 类高性能门（窗）	优等品（A1 级）	30000（3500）	1.0（0.5）	300（500） 350（400）
	一等品（A2 级）	3000（3500）	1.5（0.5） 1.0 1.0	300（450） 400
	合格品（A3 级）	2500（3000）	1.5（1.0）	250（450） 300 350

续表

类别	等级	综合性能指标值		
		风压强度性能 Pa≥	空气渗透性能 $m^3/m \cdot h$ (10Pa) ≤	雨水渗透性能 Pa≥
B 类中性能门(窗)	优等品（B1级）	2500 (3000)	2.0 (1.0) 1.5 1.5	250 (400) 350
	一等品（B2级）	2500 (3000) 2500	2.0 (1.5)	200 (400) 250 300
	合格品（B3级）	2000 (2500)	2.5 (1.5) 2.0 2.0	200 (350) 250
C 类低性能门(窗)	优等品（C1级）	2000 (2500)	2.5 (2.0)	150 (350) 200 200
	一等品（C2级）	2000 (2500) 2000	3.0 (2.0) 2.5 2.5	150 (250) 150
	合格品（C3级）	1500 (2000) 1500	3.5 (2.5) 3.0 3.0	100 (250) 150 100

注：表中不包括地弹簧门，非括弧中并列数值用于推拉门，括号中列于下方的数值用于推拉窗。未并列出的为共用。除等级栏外有括号者均为窗的数值。

隔声门、窗的空气声隔声性能分级值　　附表 6.1（6）

级　别	Ⅱ	Ⅲ	Ⅳ	Ⅴ
空气声计权隔声量（dB）≥	40	35	30	25

注：表中不包括地弹簧门。

保温门、窗的保温性能分级　　附表 6.1（7）

级　别	Ⅰ	Ⅱ	Ⅲ
传　热　阻　值 (m^2K/W)	0.50	0.33	0.25

注：表中不包括地弹簧门。

铝合金型材表面阳极氧化膜厚度分级　　附表 6.1（8）

级　别	Ⅰ	Ⅱ	Ⅲ
阳极氧化膜厚度≥	20	15	10

型材表面阳极氧化复合表膜厚度分级　　附表 6.1（9）

级　别	TⅠ	TⅡ
阳极氧化复合表膜厚度≥	12	7

1.5 标记示例

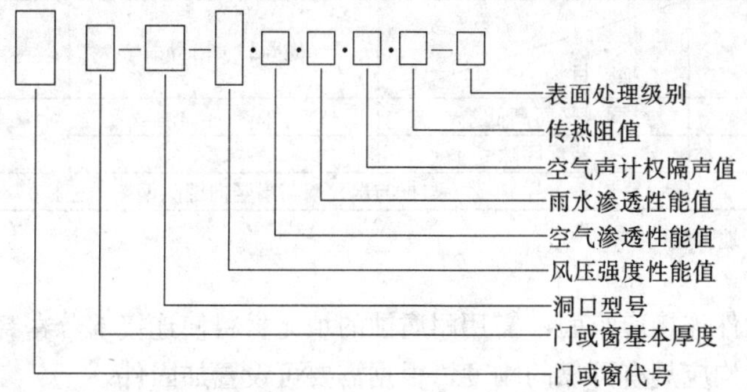

例 1：PLM70—1521—2500·2.0.300.25.0.33—Ⅲ。

即：平开铝合金门，框厚度 70mm，洞口宽 1500mm、高 2100mm，风压强度性能值 2500Pa，空气渗透性能值 2.0m^3/mh，雨水渗透性能值 300Pa，空气声计权隔声值为 25dB，传热阻值 0.33m^2K/W，阳极氧化膜厚度Ⅲ级。

例 2：PLC55—1509—300·1.50·350.25.0.33—Ⅱ。

即：平开铝合金窗，窗厚度 55mm，洞口宽 1500mm、高 900mm，风压强度 3000Pa，空气渗透 1.50m^3/mh，雨水渗透 350Pa，空气声计权隔声值 25dB，传热阻值 0.33m^2K/W，阳极氧化膜厚度为Ⅱ级。

2 技术要求

2.1 门、窗用材料及附件应符合现行国家标准、专业标准或部标准的规定。

2.2 选用的附件材料除不锈钢外，应经防腐蚀处理，要求与铝合金型材不发生接触腐蚀。

2.3 表面处理铝合金型材表面阳极氧化膜厚度分级见附表 6.1（8）。表面阳极氧化复合表膜厚（阳极氧化复合表膜厚指阳极氧化膜表膜厚度）。及分极见附表 6.1（9）。

3 装配要求

3.1 门、窗框尺寸偏差要求见附表 6.1（10）。

附表 6.1（10）

项　　目	门、窗框尺寸（mm）	等　　级		
		优等品	一等品	合格品
门框槽口宽度	≤2000	±1.0	±1.5	±2.0
高度允许偏差	＞2000	±1.5	±2.0	±2.5
门框槽口对边	≤2000	≤1.5	≤2.0	≤2.5
尺寸之差	＞2000	≤2.5	≤3.0	≤3.5
门框槽口对角	≤3000	≤1.5	≤2.0	≤2.5
线尺寸之差	＞3000	≤2.5	≤3.0	≤3.5

3.2 门窗框、扇各相邻构件装配间隙及同一平面高低差要求见附表 6.1（11）。

附表 6.1.（11）

序　号	等级 / 项目	优等品　一等品	合格品
1	同一平面高低差≤	0.3　0.4	0.5
2	装配间隙≤	0.3	0.5
3	框与扇、扇与扇竖向缝隙偏差　±1.0		

注：序号 3 只用于地弹簧门。

3.3　门窗构件连接应牢固，需用耐腐蚀的填充材料使连接部分密封、防水。

3.4　门窗结构应具有可靠的刚度，根据需要可设置加固件。

3.5　门框、扇四周搭接的宽度应均匀，窗框、扇配合要严密、间隙均匀。框与扇的搭接宽度允许偏差为±1mm。

3.6　门窗用附件安装的位置应正确、齐全、牢固，起到各自的作用，具有足够的强度，启闭灵活，无噪声；承受反复运动的附件，在结构上应便于更换。

3.7　门窗用玻璃、五金、密封等附件，其质量应与门、窗的质量等级相适应。

3.8　门在装配后，不应有防碍启闭、插销、上锁的下垂、翘曲或扭曲变形等现象。

3.9　门（不包括地弹簧门）窗玻璃与玻璃的配合：平板玻璃与门窗玻璃槽的配合尺寸、名称见附图 6.6.1 及附表 6.1（12）。

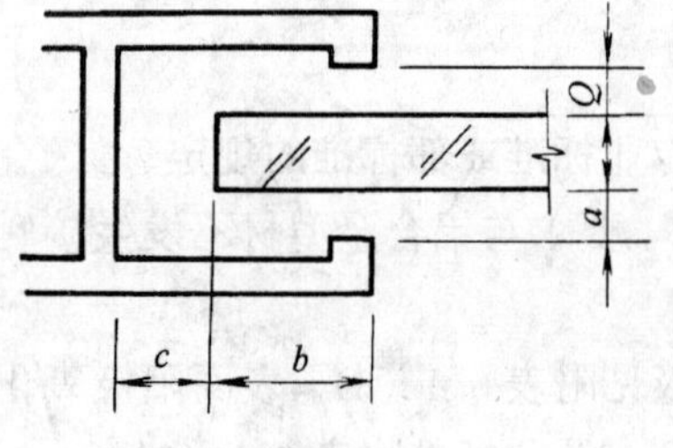

附图 6.6.1

a—镶嵌口净宽；b—镶嵌深度；c—镶嵌槽间隙

(mm)　　附表 6.1（12）

玻璃厚度	a≥	b≥	c≥
5.6	2.5	6	4
8	3	8	5

3.10　中空玻璃与门玻璃槽的配合尺寸、名称见附图 6.6.2，附表 6.1（13）。

3.11　装配后应保证玻璃与镶嵌槽间的间隙，并在主要部位装有减震垫块，使能缓冲启闭等力的冲击。

附表 6.1（13）

中空玻璃	固定部分					可动部分				
玻璃＋A＋玻璃 (mm)	a (mm) ≥	b (mm) ≥	c (mm) ≥			a (mm) ≥	b (mm) ≥	c (mm) ≥		
			下边	上边	两侧			下边	上边	两侧
3＋A＋3	5	12	7	6	5	5	12	7	3	3
4＋A＋4		13					13			
5＋A＋5		14					14			
6＋A＋6		15					15			

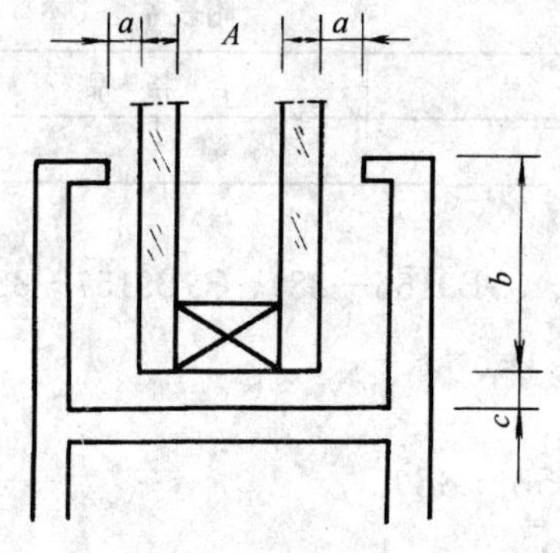

附图 6.6.2
a—镶嵌口净宽；b—镶嵌深度，
c—镶嵌槽间隙；A—空气层厚度

3.12 地弹簧门的平板玻璃与门玻璃槽的配合尺寸、名称见附图 6.6.1 及附表 6.1（14）。

附表 6.1（14）

玻璃厚度（mm）	a（mm）≥	b（mm）≥	c（mm）≥
5	2.5	6	5
6	3	6	6
8	3	8	8

4 表面质量

4.1 门窗装饰表面不应有明显的损伤，每樘门窗局部擦伤、划伤的规定见附表 6.1（15）。

附表 6.1（15）

项目 \ 等级	优等品	一等品	合格品
擦伤、划伤深度	不大于氧化膜厚度	不大于氧化膜厚度的 2 倍	不大于氧化膜厚度的 3 倍
擦伤总面积≤（mm）	500	1000	1500
划伤总长度≤（mm）	100	150	200
擦伤或划伤处数≤	2	4	6

4.2 门窗上相邻构件的着色表面不应有明显的色差。

4.3 门窗表面不应有铝屑、毛刺、油斑或其他污迹，装配连接处不应有外溢的胶粘剂。

5 门窗的性能（5.1～5.3 项不包括地弹簧门）

5.1 风压强度、空气渗透和雨水渗漏性能见附表 6.1（5）。

5.2 隔声门的空气声隔声性能分级值见附表 6.1（6）。

5.3 保温门的保温性能分级见附表 6.1（7）。

5.4 启闭性能：启闭力应不大于 50N。

5.5 地弹簧门门扇卸载后下垂最大值应符合附表 6.1（16）规定。门窗耐冲击试验，应符合下列要求：

5.5.1 门扇无变形，连接处无松动现象。

5.5.2 插销、门锁等附件，应完整无损，启闭正常。

5.5.3 玻璃受规定冲击力后无破损。

下 垂 最 大 值　　　　附表 6.1（16）

等　级	优 等 品	一 等 品	合 格 品
下垂量（mm）≤	1	2	3

6.2.4　钢门、钢窗技术标准，应符合（GB9155—88）、（GB9156—88）、（GB9157—88）、（GB5827.1—86）、（GB5827.2—86）的规定。

附件 6.2　空腹钢门（GB 9155—88）

1　钢门材质与外形尺寸允许偏差及框扇配合带

1.1　主要型材采用GB716 规定的1.2 和1.5mm 厚钢带制造。钢门高度及宽度尺寸应符合GB5824 的要求。

1.2　门框的高度、宽度尺寸的允许偏差见附表 6.2（1）。

1.3　门框两对角线允许长度差见附表 6.2（2）。

附表 6.2（1）

项　目	允许偏差（mm）	
	一级品	二级品
高度 A	+3 −2	+4 −2
宽度 B	±2	+3 −2

附表 6.2（2）

允许长度差（mm）	一级品	二级品
ΔL	≤4	≤6

1.4　门框分格尺寸相差≯2mm。门扇分格尺寸相差≯3mm。相邻两门芯位置的偏移量≯3mm。

1.5　框扇配合中框扇搭接量见附图 6.6.3 和附表 6.2(3)。框扇配合间隙见附图 6.6.4 和附表 6.2（4）。门扇启闭应灵活，不应有阻滞、回弹和倒翘等缺陷。

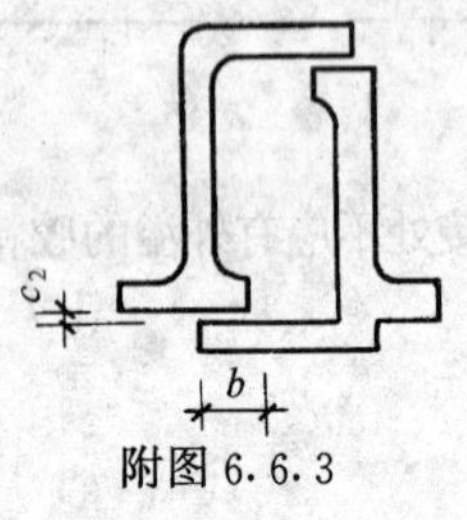

附图 6.6.3

附表 6.2（3）

搭 接 量	一 级 品	二 级 品
b（mm）	≥4	≥3

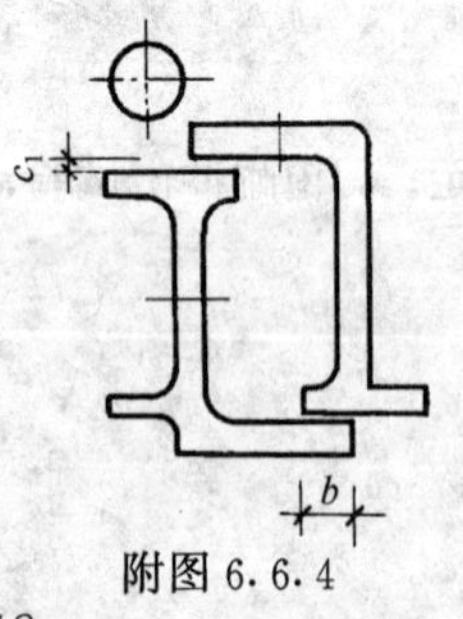

附图 6.6.4

附表 6.2（4）

配 合 间 隙	一 级 品	二 级 品
合页的框扇配合间隙 c_1	≤1.5	≤2
其他面的框扇配合间隙 c_2	≤1	≤2

1.5 压纱孔孔距≯200mm，试装窗纱时压合紧密。

1.6 纱扇的直线度在1m长度内≯1mm，其长边不应内凹。

1.7 纱窗扇的平面度≯1.5mm，纱门扇的平面度≯2mm。

2 外观要求

2.1 纱门窗表面应平整，不应有毛刺、焊渣、焊丝及明显锤痕等外观缺陷

2.2 纱门窗在涂防锈漆前，应除油、除锈；涂层应均匀、牢固，不应有明显堆漆、漏漆等缺陷。

附件6.5 实腹钢窗（GB 5827.1—86）

1 材质与技术要求

1.1 钢窗型材应符合GB2597《热轧窗框钢》的规定。

1.2 钢窗基本尺寸系列应符合GB5826.2—86(25mm实腹料)、GB5826.3—86(32mm实腹料）的规定。

1.3 钢窗框的宽度、高度尺寸允许偏差见附表6.5（1)。两对角线允许长度差见附表6.5（2)。

附表6.5（1）

宽度（B）及高度（A）mm	≤1500		>1500	
	一 级 品	二 级 品	一 级 品	三 级 品
允 许 偏 差	±2	±3	±3	±4

附表6.5（2）

对角线实测长度（L）mm	≤2000		>2000	
	二 级 品	一 级 品	二 级 品	一 级 品
允 许 长 度 差	≤3	≤5	≤4	≤6

2 框扇配合

2.1 框扇搭接量b见附表6.5（3）和图6.6.7。

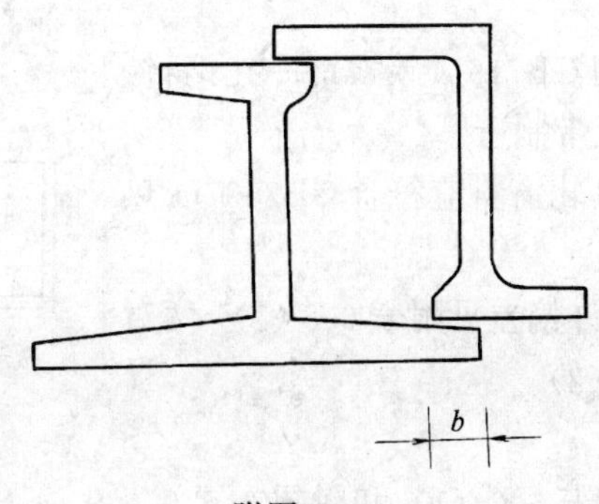

附图6.6.7

附表 6.5（3）

框扇搭接量	一　级　品	二　级　品
b（mm）	≥3	≥2

2.2　合页（铰链）面的框扇配合间隙 c_1 和其他面框扇的配合间隙 c_2 见附表 6.5（4）和附图 6.6.8。

附表 6.5（4）

配合间隙（mm）	一　级　品	二　级　品
c_1	≤1.5	≤2
c_2	≤1	≤1.5

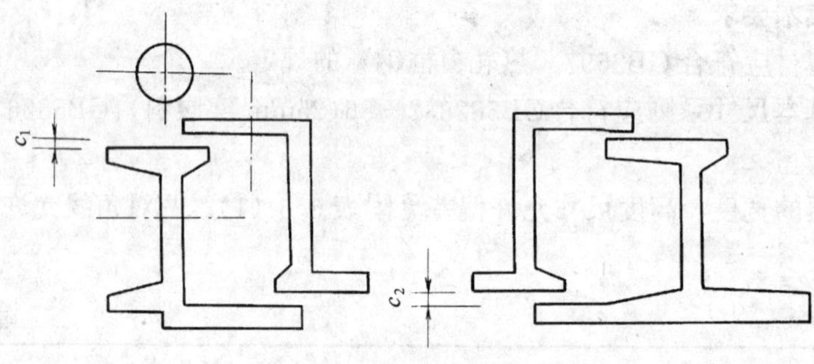

附图 6.6.8

3　连接与外观

3.1　各铆、焊连接应牢固，不应有假焊、断裂、松动等缺陷。各螺栓连接应牢固，不应有松动现象。

3.2　窗芯分格尺寸相差应≤3mm。窗框分格尺寸相差应≤2mm。相邻两窗芯位置的偏移量应≤3mm。

3.3　钢窗表面应平整，不应有毛刺、焊渣及明显锤痕等外观缺陷。

3.4　钢窗在浸、涂防锈漆前，应除油、除锈，漆层应厚薄均匀，不应有明显的堆漆、漏漆等缺陷。

附件 6.6　空腹钢窗（GB 5827.2—86）

1　材质与技术要求

1.1　空腹钢窗型材采用 GB716《碳素钢冷扎钢材》规定的 1.2 和 1.5mm 厚钢板带制造。

1.2　空腹钢窗配用的热轧窗料应符合 GB2597《热轧窗框钢》的规定。

1.3　宽度、高度尺寸允许偏差见附表 6.5（1）。两对角线允许长度差见附表 6.5（2）。

2　框扇配合

2.1　框扇搭接量 b 见附表 6.6（1）和附图 6.6.9。

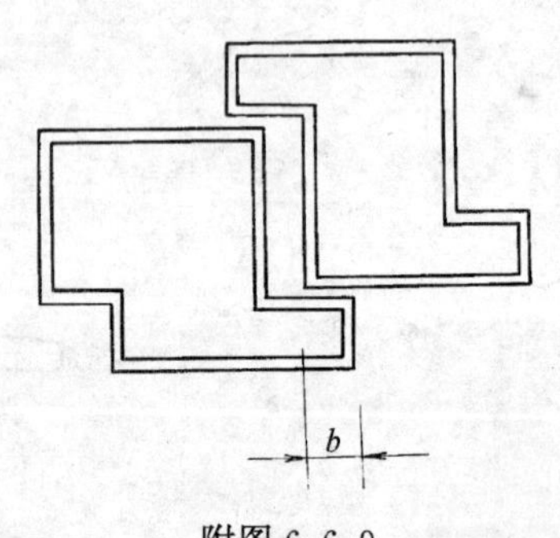

附图 6.6.9

附表 6.6（1）

框扇搭接量（mm）	一　级　品	二　级　品
b（mm）	≥5	≥4

2.2　合页（铰链）面的框扇配合间隙 c_1 和其他面框扇的配合间隙 c_2 见附表 6.6（2）和附图 6.6.10。

附表 6.6（2）

配合间隙（mm）	一　级　品	二　级　品
c_1	≤1.5	≤2
c_2	≤1	≤1.5

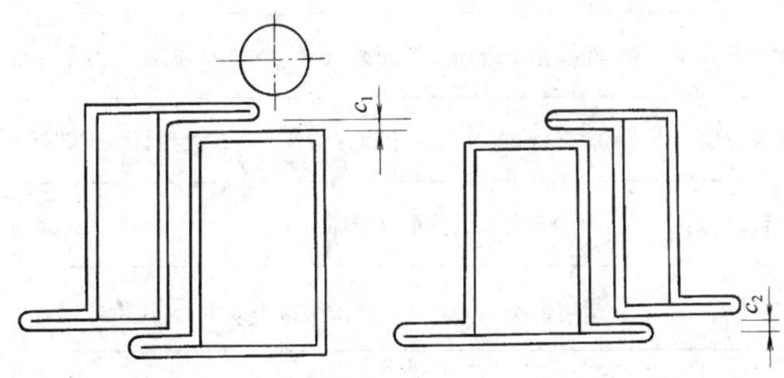

附图 6.6.10

2.3　窗扇启闭应灵活，不应有阻滞、倒泛水、回弹等缺陷。

2.4　钢窗五金零件安装孔的位置应准确，使五金零件能安装平整、牢固，达到使用要求。

2.5　钢窗应设有排水孔及披水板。

3　连接与外观

内容与实腹钢窗相同，见附件 6.5 第 3 条。

6.2.5　塑料门窗技术标准，应符合 GB11793、2—89 的规定。

附件 6.7　塑料窗力学性能、耐候技术条件（GB 11793.2—89）

1　技术要求

1.1　窗用型材应符合 GB8814 门、窗框用硬聚氯乙烯（PVC）型材的要求。

1.2　各类窗的力学性能应满足附表 6.7（1）的要求。

附表 6.7（1）

序　号	性　能　项　目	技　术　要　求
1	窗开关过程中移动窗扇的力	不大于 50N
2	悬端吊重	在 500N 力作用下，残余变形应不大于 3mm，试件应不损坏，仍保持使用功能。

续表

<table>
<tr><th>序号</th><th colspan="2">性能项目</th><th>技术要求</th></tr>
<tr><td>3</td><td colspan="2">翘曲或弯曲</td><td>在300N力作用下，允许有不影响使用的残余变形，试件不允许破裂，仍保持使用功能</td></tr>
<tr><td>4</td><td colspan="2">扭　曲</td><td rowspan="2">在200N力作用下，试件不允许损坏，不允许有影响使用功能的残余变形</td></tr>
<tr><td>5</td><td colspan="2">对角线变形</td></tr>
<tr><td rowspan="2">6</td><td rowspan="2">开关疲劳</td><td>平开窗</td><td>开关速度为10～20次/min，经不少于一万次的开关，试件及五金不应损坏，其固定处及玻璃压条不应松脱</td></tr>
<tr><td>推拉窗</td><td>开关速度为15m/min，开关不应少于一万次，试件及五金不应损坏</td></tr>
<tr><td>7</td><td colspan="2">大力开关</td><td>经模拟7级风连续开关10次，试件不损坏，仍保持原有开关功能</td></tr>
<tr><td>8</td><td colspan="2">窗撑试验</td><td>能支持200N力，不允许移位，连接处型材不应破裂</td></tr>
<tr><td>9</td><td colspan="2">开启限位器</td><td>10N10次，试件不应损坏</td></tr>
<tr><td>10</td><td colspan="2">角强度</td><td>平均值不低于3000N，最小值不低于平均值的70%</td></tr>
</table>

1.3　耐候性　试验方法分三类：人工老化试验、自然耐候性试验以及整樘塑料窗耐候性试验。一般情况下，进行人工加速老化或自然耐候性试验即可，当需检验具体使用条件下的耐候性时，则做整窗试验。

1.3.1　人工加速老化：外窗用型材人工老化应不少于1000h；内窗用型材人工老化应不少于500h；老化后外观、变退色及冲击强度应符合附表6.7（2）要求。

老化后型材外观、变退色及冲击强度要求　　**附表6.7**（2）

项　　目	技术要求
外　　观	无气泡、裂纹等
变　退　色	不应超过3级灰度
冲击强度保留率	简支梁冲击强度保留率不低于70%

1.3.2　自然老化性能方法按GB3681，曝晒两年后其性能应符合附表6.7（2）要求。

1.3.3　在实际使用条件下整窗自然耐候性，是将窗在建筑物上使用两年后，其性能应符合附表6.7（2）的要求。

6.2.6　涂色镀锌钢板门窗技术性能、应符合以下规定。

（1）涂色镀锌钢板门窗类型代号，见表6.2.6（1）。

涂色镀锌钢板门窗类型代号表 **表 6.2.6（1）**

类　　别	类　　型	代　　号
门	平　开　门 双面弹簧门 附纱推拉门 带遮阳防护卷帘门	SPM SPY SGMT SCM
窗	固定窗 平开窗 附纱平开窗 中悬窗 立转窗 下悬窗 上悬窗 附纱推拉窗 带遮阳防护卷帘窗	SPG SPP SPB SPZ SPL SPX SPS SGCT SCC

（2）涂色镀锌钢板门窗技术性能，见表 6.2.6（2）。

涂色镀锌钢板门窗技术性能 **表 6.2.6（2）**

性能项目 / 系　列	气　密　性	水密性（Pa）	抗风性能（Pa）	其　　他
SP 系列	压力差 $\Delta P=100$Pa $a<7\text{m}^3/\text{h}\cdot\text{m}^2$ $a<2\text{m}^3/\text{h}\cdot\text{m}$	＞500	2250	盐雾试验 480h，添层不起泡、无锈蚀
SG 系列	压力差 $\Delta P=100$Pa $a<7\text{m}^3/\text{h}\cdot\text{m}^2$ $a<2\text{m}^3/\text{h}\cdot\text{m}$	＞150 ＜300	1350	

（3）涂色镀锌钢板门窗洞口尺寸，见表 6.2.6（3）。

涂色镀锌钢板门窗洞口尺寸 **表 6.2.6（3）**

类　　别		洞口宽度（mm）	洞口高度（mm）	附　　注
门	SP 系列 M 型	900 1200～1800	2100～2400 2400 2400～3000	平开门、落地门扇离地面 5mm
	SP 系列 Y 型、单、双扇，双扇弹簧门	900～1200 1500～2100 2700～3600 3600～4200	2100～2400 2400～3000	弹簧门
	SG 系列 MT 型、附纱推拉门	1500～1800	1800～2100	纱推拉门

续表

类别		洞口宽度（mm）	洞口高度（mm）	附注
窗	SP系列 G型	600～1800 1200～2400 1800～3000	600～1800 1200～2400 2700～3000	固定窗
	SP系列 P型	600～900 900～1500 1800～2100 1800～2400	600～1500 1800～2400	平开窗
	SP系列 Z型	900～1500	900～1500	中悬窗
	SP系列 L型	900～1500	900～1500	立转窗

6.2.7 铝合金门窗选用的零附件及固定件，除不锈钢外，均应经防腐蚀处理。

6.2.8 门窗安装施工准备如图6.6.4。

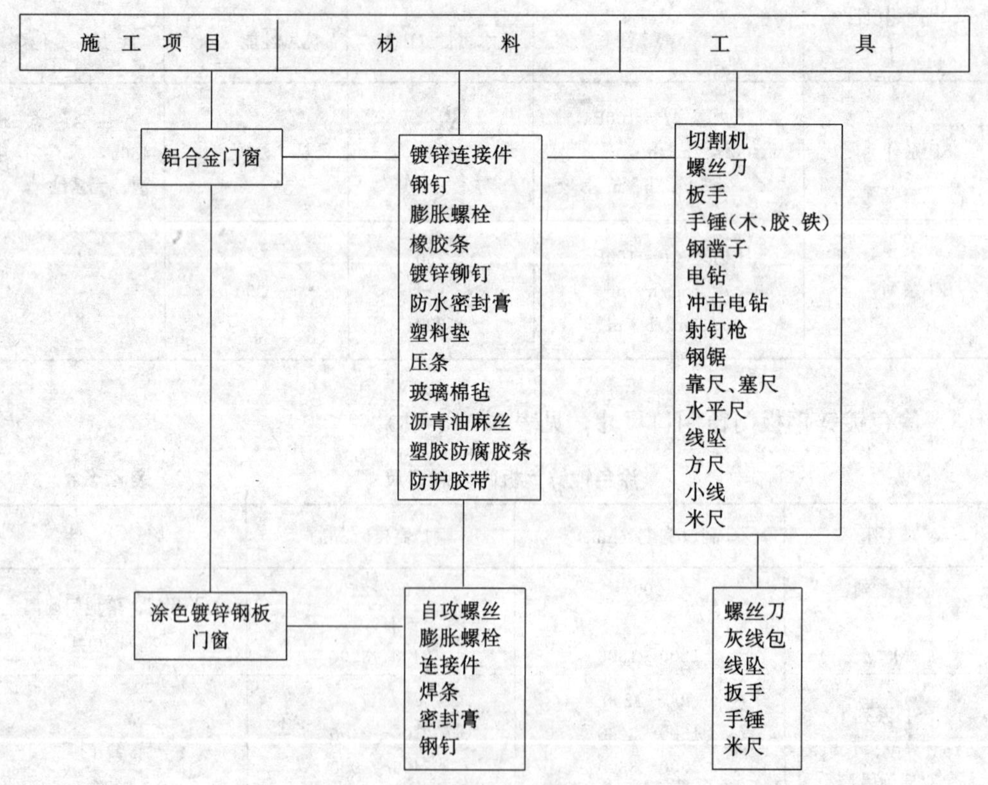

图6.6.4（1） 施工准备（料，具）

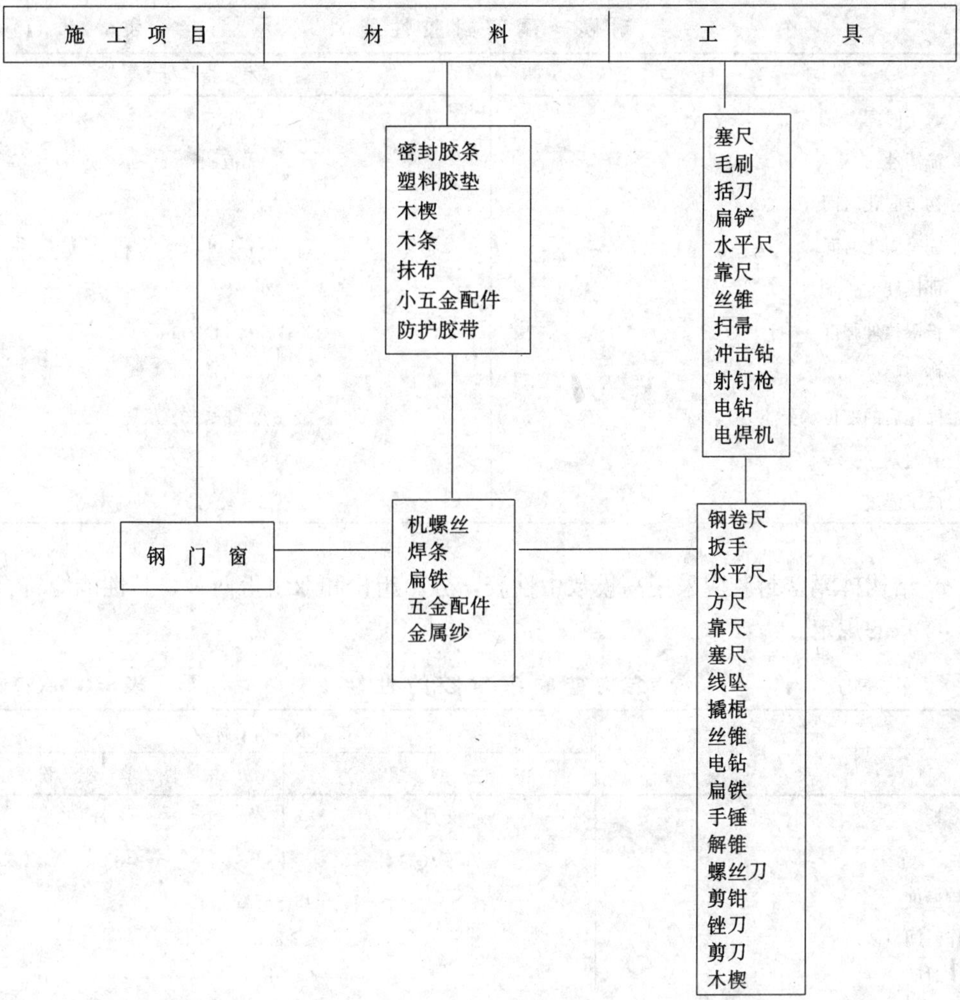
施 工 项 目
材 料
工 具
密封胶条
塑料胶垫
木楔
木条
抹布
小五金配件
防护胶带
塞尺
毛刷
括刀
扁铲
水平尺
靠尺
丝锥
扫帚
冲击钻
射钉枪
电钻
电焊机
钢 门 窗
机螺丝
焊条
扁铁
五金配件
金属纱
钢卷尺
扳手
水平尺
方尺
靠尺
塞尺
线坠
撬棍
丝锥
电钻
扁铁
手锤
解锥
螺丝刀
剪钳
锉刀
剪刀
木楔

图 6.6.4（2） 施工准备（料、具）

施 工 项 目
材 料
工 具
塑料门窗
∅8尼龙胀管螺栓
自攻螺丝
密封膏
软填料
木螺丝
木楔
钢钉
抹布
附件
线坠
灰线包
水平尺
托线尺
手锤
扁铲
米尺
螺丝刀
冲击电钻
电钻
射钉枪

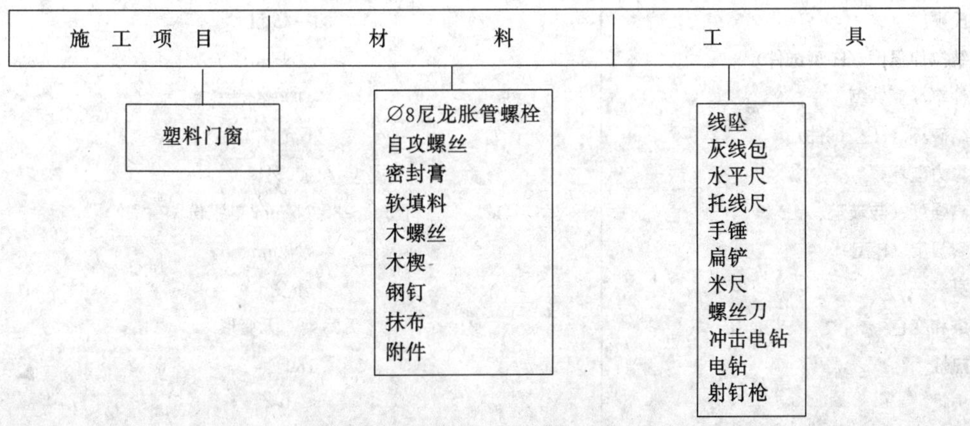

图 6.6.4（3） 施工准备（料、具）

6.2.9 门窗安装密封材料的技术性能、应符合以下规定。

（1）耐候硅酮密封胶应采用中性胶，其性能应符合表 6.2.9（1）的规定。

耐候硅酮密封胶性能 表 6.2.9（1）

项目	技术指标
表干时间	1～1.5h
流淌性	无流淌
初步固化时间（25℃）	3d
完全固化时间	7-14d
邵氏硬度	20～30 度
极限拉伸强度	0.11～0.14N/mm²
撕裂强度	3.8N/mm
固化后的变位承受能力	2.5%≤δ≤50%
有效期	9～12 月
施工温度	5～48℃

（2）结构硅酮密封胶应采用高模数中性胶，分单组份和双组份两种，其性能应符合表6.2.9（2）的规定。

结构硅酮密封胶的性能 表 6.2.9（2）

项目	技术指标	
	中性双组份	中性单组份
有效期	9 月	9～12 月
施工温度	10～30℃	5～48℃
使用温度	－48～88℃	
操作时间	≤30min	
表干时间	≤3h	
初步固化时间（25℃）	7d	
完全固化时间	14～2/d	
邵氏硬度	35～45 度	
粘结拉伸强度（H 型试件）	≥0.7N/mm²	
延伸率（亚铃型）	≥100%	
粘结破坏（H 型试件）	不允许	
内聚力破坏率	100%	
剥离强度（与玻璃、铝）	5.6～8.7N/mm 单组份	
撕裂强度（B 型）	4.7N/mm	
抗臭氧	不变	
污染和变色	无污染、无变形	
耐热性	150℃	
热失重	≤10%	
流淌性	≤2.5mm	
冷变形	不明显	
外观	无龟裂、无变色	
完全固化后的变位承受能力	1.25%≤δ≤50%	

6.2.10 门窗安装宜采用矿棉条，玻璃棉毡等不燃烧性或难燃性隔热保温材料。其中以聚乙烯发泡材料作为填充材料，密度不应大于 $0.037g/cm^3$。聚乙烯发泡填充材料的性能应符合表 6.2.10 的规定。

聚乙烯发泡填充材料性能 **表 6.2.10**

项　　目	直　　径		
	10mm	30mm	50mm
拉伸强度（N/mm^2）	0.35	0.43	0.52
延伸率（%）	46.5	52.3	64.3
压缩后变形率（纵向）（%）	4.0	4.1	2.5
压缩后恢复率（纵向）（%）	3.2	3.6	3.5
永久压缩变形率（%）	3.0	3.4	3.4
25%压缩时、纵向变形率（%）	0.75	0.77	1.12
50%压缩时、纵向变形率（%）	1.35	1.44	1.65
75%压缩时、纵向变形率（%）	3.21	3.44	3.70

6.3 门窗安装工艺、操作方法及质量控制

门窗为建筑工程主要组成部分，具有保温、隔音、防尘、采光、通风、密封等功能，并起装饰美化的作用。随着新型轻质，高强材料的发展，门窗的型式多种多样，，而且色泽美观、功能较齐全。发展迅速之快。目前以铝合金门窗，用得较多。

铝合金（涂色镀锌钢板、塑料）门窗适用于有密封、保温、隔声和装饰要求，具有现代建筑的效果。其安装工艺比过去的木门窗复杂，操作要求精度高。关于门窗安装工艺及操作工序控制程序，见图 6.6.5。

6.3.1 按照图纸和技术交底的要求，在洞口套抹好后先行核定洞口尺寸和预埋件的位置、再行抄平、弹线、确定水平标高、中心线和垂直线，以控制门窗安装的位置。

6.3.2 按照设计图纸检查核对门窗的型号、规格、开启形式、开启方向、安装孔方位及组合杆和附件等。严禁门窗构件有变形和坏损的缺陷。

6.3.3 为防止门窗表面污染和磨擦，就位前必须贴好塑料胶带。

6.3.4 组装：门窗配件应放置于平整、柔软的垫子上进行组装，以防碰伤和走形、以免碰伤面部保护层。组装时应注意附件、配件位置的准确性，上下、左右、正反零件要对号就位，严防错位、走形。

6.3.5 立框：按照弹线、规方的位置将门窗框准确就位，再用检测工具校正就位门窗框的水平度、垂直度，调整正确后用木楔临时固定，以达到设计要求和技术标准。

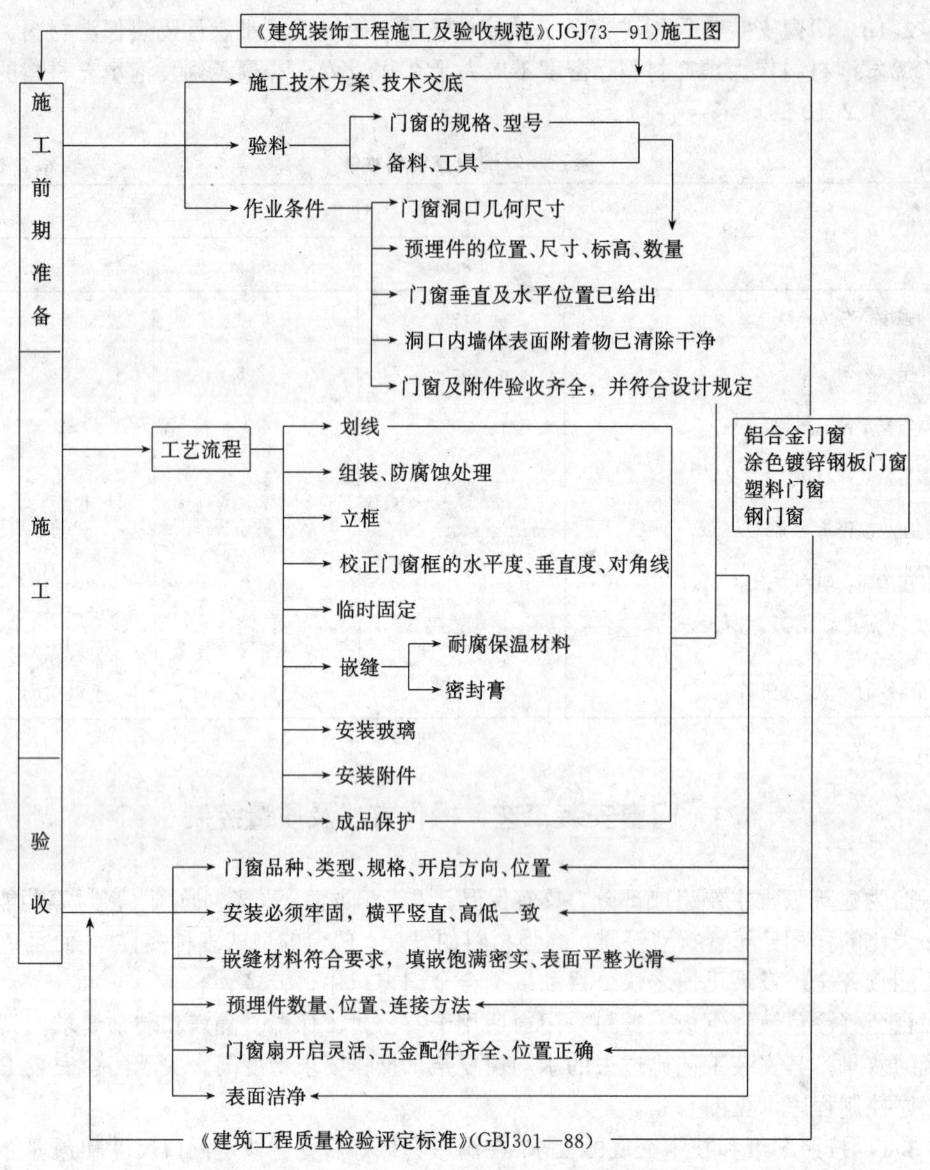

图 6.6.5　门窗安装工艺流程控制程序

6.3.6　连接固定：按照设计要求和施工规范的规定进行固定，凡经化学处理、加有防护膜的门窗装饰面框均不得采用焊接连接。连接件材质应符合设计要求和施工规范的规定。连接件和预埋件连接必须牢固。安装稳固后门窗框体的位置必须准确，周边缝隙要均匀。

6.3.7　嵌缝：用轻质防腐材料，自下而上、自左而右分层嵌塞，填嵌要求饱满、密实，距框表面内外两侧均应预留 5～8mm 嵌口槽，作嵌缝膏嵌填层。嵌缝膏必须嵌填密实、表面平整、光滑。

6.3.8　门窗五金配件安装齐全、牢固、启闭灵活、使用功能完好。

6.3.9　门窗安装技术措施，见图 6.6.6。

项目	安装技术措施
钢门窗	门窗的品种、型号符合设计要求，并应有出厂合格证。 按设计要求尺寸、标高和方向、画出门窗口位置线立钢门窗、先临时固定，安好铁脚(埋设件见表6.3.9之图(1)、(2)、(3))后拉水平通线进行调整。立框校正后严禁移动门窗位置。立好的门窗框上下层应在同一垂直上。 焊接门窗框时，严禁在门窗框上打火。焊前应再将门窗框位置检查调整一次，然后将铁脚与连接预埋件焊接固定；也可采用1：3水泥砂浆(细石混凝土)堵实固定。 堵孔砂浆固定后，再用砂浆抹好门窗四周边缝，使边缝嵌填密实。 五金件安装应齐全牢固，开启灵活 钢门窗下框抹灰、做法见表6.3.9之图(4)
铝合金门窗	门窗的品种、型号、规格、开启形式、开启方向、安装的孔位、组合杆和附件等必须符合设计要求。 门窗装入洞口应按弹出的基准线就位、应横平竖直。 外框与洞口应采用弹性连接牢固，严禁将门窗框直接埋入墙体。 门窗安装节点见表6.3.9之图(1)。 横向及竖向组合时，应采用套插，搭接长度以10mm为宜，并用密封膏密封。 组合方法见表6.3.9之图(2)。 安装密封条时应留有伸缩余量，一般应比门窗的装配边长20～30mm，转角处应斜面断开，并用胶粘剂粘贴牢固。 若门窗为明螺丝连接，应用与门窗颜色相同的密封材料将其掩盖密封。 安装后的门窗必须有可靠的强度和刚性。 门窗外框与墙体的缝隙填塞，应采用矿棉条或玻璃毡条分层填塞，缝隙外表应留5～8mm深的槽口，填嵌密封材料。 严禁有水泥砂浆污染铝合金型材表面
涂色镀锌钢板门窗	涂色镀锌钢板门窗有带副框和不带副框两种。 采用的五金配件铰链均为喷塑件。 密封采用橡胶密封胶条；连接采用塑料插件螺丝。 安装方法： 带副框的门窗，应用自攻螺丝将连接件固定在副框上。然后将副框装入洞口并用木楔临时固定，调整至横平竖直，再将连接件与预埋件焊接牢固。 门窗与副框连接应采用螺丝紧固，并应用密封胶条粘贴密封。 推拉门窗安装时应调整好滑块，并在下框滑轨两端打排水孔。 洞口与副框、副框与门窗框拼接处的缝隙，应采用密封膏封严。 带副框的门窗安装节点，见图6.3.9—7 不带副框门窗安装节点，见图6.3.9—8 安装不带副框的门窗时，门窗与洞口直采膨胀螺栓连接。框与洞口的缝隙应用密封膏密封
塑料门窗	塑料门窗的安装连接均应采用自攻螺丝，但严禁直接用锤击将螺丝钉入；应预先钻孔再拧入自攻螺丝。 门窗框与墙体连接的固定件应用自攻螺丝紧固。 门窗框装入洞口内按弹线位置定位调整至横平竖直后，用木楔临时固定。 固定件与墙体宜用尼龙胀管螺栓连接牢固。 塑料门窗安装节点，见图6.3.9—9和6.3.9—10。 门窗洞口的间隙应采用泡沫塑料条或油毡卷材条填塞，填塞不宜过紧、以免框架变形。 门窗四周的内外接缝应采用密封膏嵌填严密
木门窗安装	安装前应检查门窗的尺寸、标高(开启)方向在门窗洞口处弹出位置线及定位中心线。 安装时先在对准木砖处钻孔。每块木砖应钉两个钉子；钉帽砸扁打入框挺内。 门窗框就位(后塞口)后，应控制水平度、垂直度和开启方向。 门扇安装 检查门口是否串角和各部的尺寸，以及定位点线，并确定门的开启方向、装锁位置是否正确。 安装门扇时，上下合页都要先拧一枚螺丝，然后关上门检查缝隙是否合适，口与扇是否平整，门扇有无下坠，检查合格后，应将其余的螺丝拧上，木螺丝拧人深度不应少于全长的2/3。 五金件安装应按设计图纸要求，不得遗漏。 窗扇安装 根据设计图纸要求确定开启方向；对扇以检查人面对窗口站立时右手的一扇为盖扇。 量出窗口尺寸(量上、下、左、右四点及串角)、把量得的尺寸标在窗扇上，经修整合适后再拧紧木螺丝。 五金件应符合设计要求，不得遗漏

图 6.6.6　门窗安装技术措施

钢门窗安装节点示意图　　表 6.3.9

节点示意图	技术说明
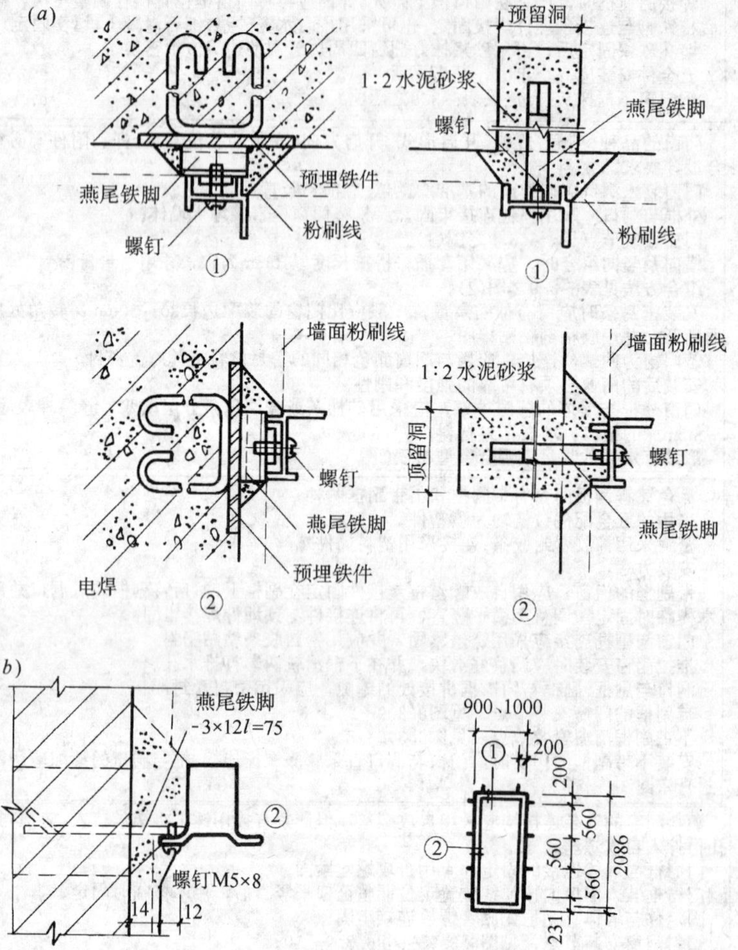 (*a*) 燕尾铁脚　预埋铁件　螺钉　粉刷线　① 预留洞　1:2水泥砂浆　燕尾铁脚　螺钉　粉刷线　① 墙面粉刷线　螺钉　燕尾铁脚　预埋铁件　电焊　② 墙面粉刷线　1:2水泥砂浆　预留洞　螺钉　燕尾铁脚　② (*b*) 燕尾铁脚 -3×12*l*=75　②　螺钉M5×8　14　12 900、1000　①　200　200　②　560　560　560　2086　231 M6膨胀螺栓　L型铁脚-3×20　②　螺钉M5×8　14　12 3　14　12　预埋铁件 -6×70×70　L型铁脚-3×20　① (1)　钢门铁脚固定 (*a*) 实腹钢门；(*b*) 空腹钢门	钢门铁脚固定方式见本表图（1）

续表

节 点 示 意 图	技 术 说 明
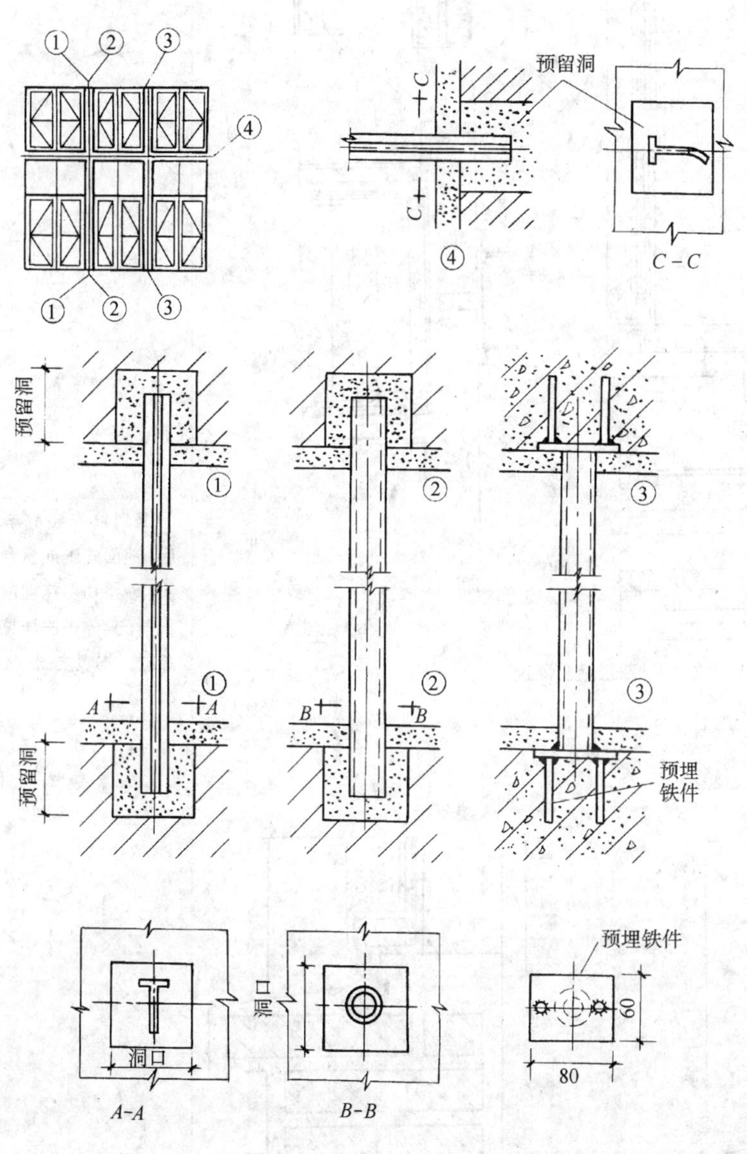 (2) 组合钢窗固定	组合钢窗和双层钢窗固定方式，见本表之图 (2)、(3)

续表

<table>
<tr><th>节 点 示 意 图</th><th>技 术 说 明</th></tr>
<tr><td>

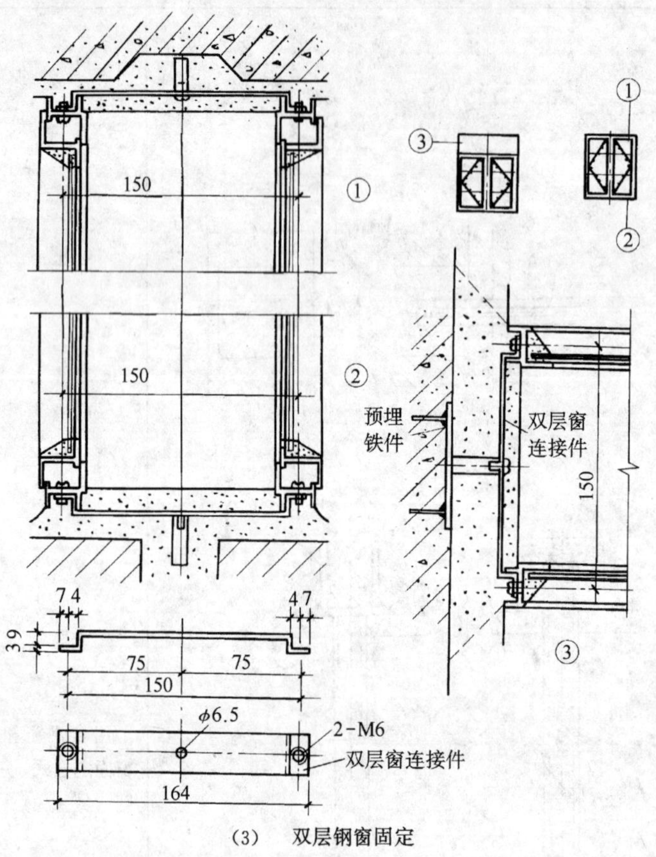

(3)　双层钢窗固定

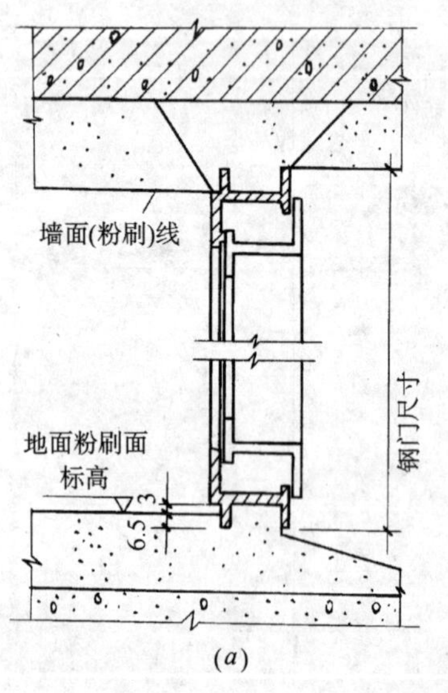

(a)

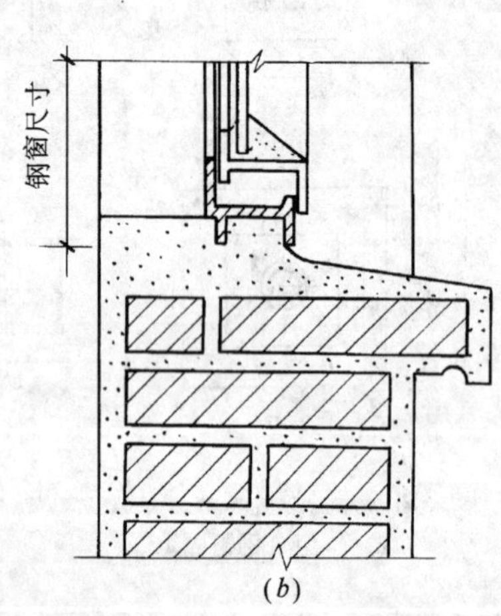

(b)

(4)　钢门窗下框抹灰做法

(a) 钢门框下框；(b) 钢窗下框

</td><td>钢门窗安装完毕之后，地面施工或窗台抹灰，砂浆切勿掩埋门窗下框，具体做法详见示意图。本表之图 (4)</td></tr>
</table>

节 点 示 意 图	技 术 说 明
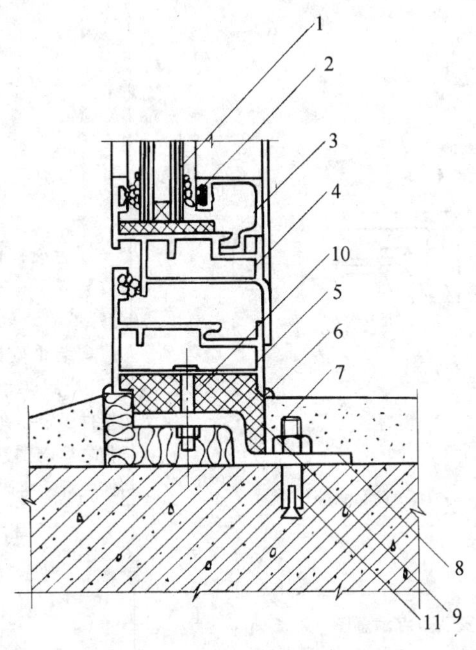 (5)　铝合金门窗安装节点及缝隙处理示意 1—玻璃；2—橡胶条；3—压条；4—内扇；5—外框；6—密封胶；7—砂浆；8—地脚；9—软填料；10—塑料垫；11—膨胀螺栓	铝合金门窗安装节点，见本表图 (5) 外框与洞口应采用弹性连接牢固，严禁将门窗外框直接埋入墙体内
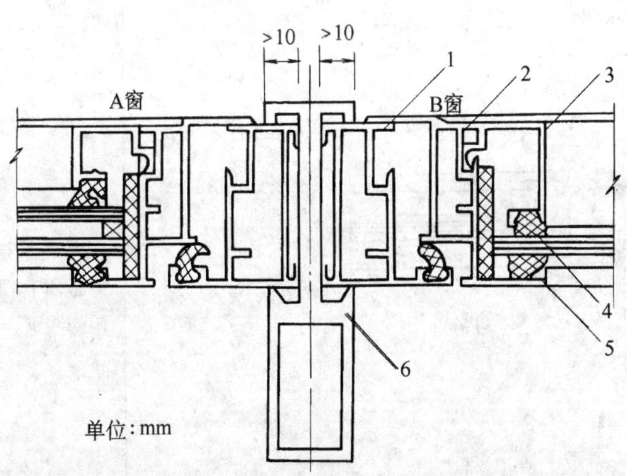 (6)　铝合金门窗组合方法示意 1—外框；2—内扇；3—压条；4—橡胶条；5—玻璃；6—组合杆件	组合门窗框拼樘料如需加强，应采用套插，搭接长度宜为10mm，并应用密封膏密封，见本表图 (6) 加固型材应经防腐处理。连接部位应采用镀锌螺钉固定

节点示意图	技术说明
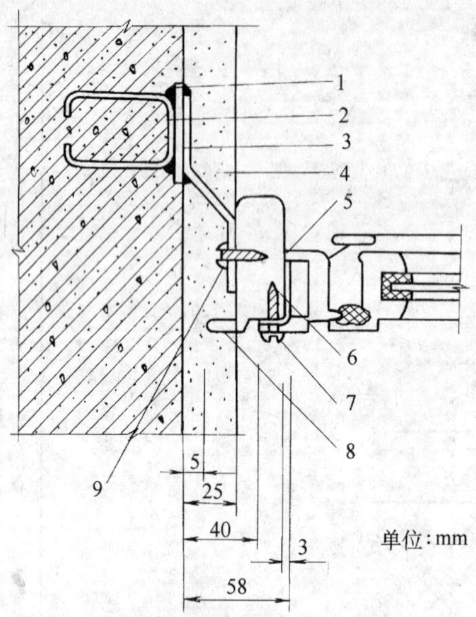 （7）　带副框涂色镀锌钢板门窗安装节点示意图 1—预埋铁板；2—预埋件 $\phi10$ 圆铁；3—连接件；4—水泥砂浆；5—密封膏；6—垫片；7—自攻螺钉；8—副框；9—自攻螺钉	涂色镀锌钢板门窗安装节点，详见本表图(7) 安装带副框的门窗时，应用自攻螺钉将连接件固定在副框上，调整之后，连接件与预埋件应焊接牢固
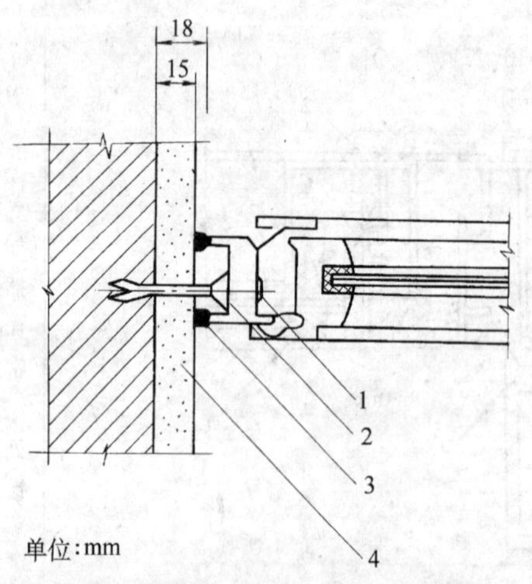 （8）　不带副框涂色镀锌钢板门窗安装节点示意图 1—塑料盖；2—膨胀螺钉；3—密封膏；4—水泥砂浆	安装不带副框的门窗时，门窗与洞口宜采用膨胀螺栓连接

节　点　示　意　图	技 术 说 明
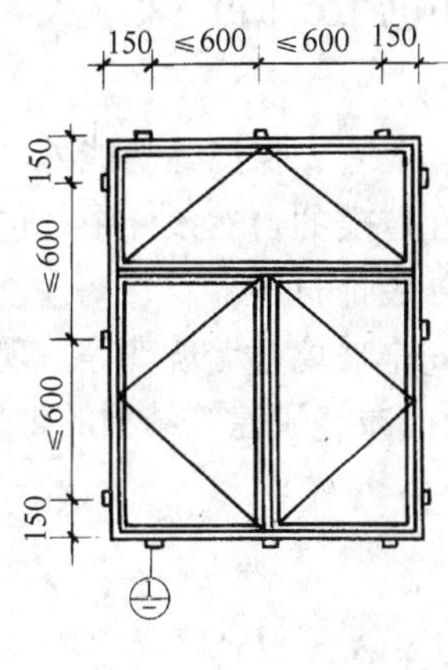 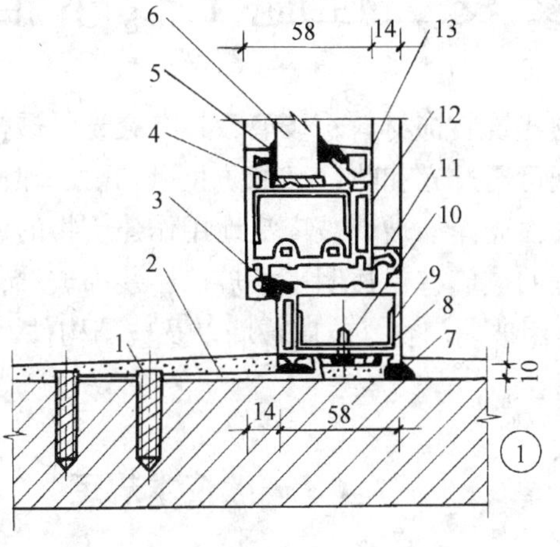 （9）　塑料门窗安装节点示意图 1—ϕ8 尼龙膨胀螺栓；2—连接铁件；3—O 型密封条；4—玻璃垫片；5—△型密封条；6—多层或单层玻璃；7—丙烯酸密胶；8—发泡材料；9—衬筋；10—$\phi4\times15$ 自攻螺钉；11—窗框；12—窗扇；13—玻璃压条	塑料门窗安装节点，见本表图（9）、（10） 固定件与墙体宜用尼龙膨胀螺栓连接牢固 与墙体连接的固定件应用自攻螺钉紧固于门窗框上
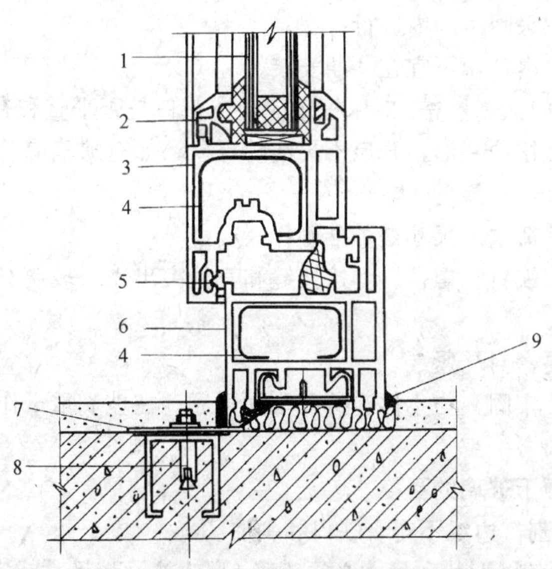 （10）　塑料门窗安装节点示意图 1—玻璃；2—玻璃压条；3—内扇；4—内钢衬；5—密封条 6—外框；7—地脚；8—膨胀螺栓；9—密封膏	

7 玻璃安装工程施工技术措施控制要点

玻璃是一种重要的建筑装饰材料。玻璃除具有透光、透视、隔音、保温等功能外，并有艺术装饰作用。它既可通过光和热，又能防止风和雨，即使在严酷的自然条件中，也几乎不会老化，永远不失去光泽。玻璃被广泛地用作建筑物的内外装饰材料。

一般用于建筑工程的玻璃有：透明平板玻璃、装饰玻璃、安全玻璃幕墙玻璃等。现代建筑中，愈来愈多地应用玻璃门窗、玻璃幕墙以及玻璃构件，从而减轻了建筑结构的重量，改善建筑中的采光条件。

7.1 一般技术规定

7.1.1 玻璃安装工程采用的玻璃品种、规格必须符合设计要求，安装及验收均应符合规范的规定。

7.1.2 玻璃安装工程应在框/扇校正、五金件安装完毕，以及框/扇最后一遍涂料涂刷前进行。

7.1.3 冬期施工中，应将玻璃和镶嵌用的合成橡胶、腻子放在暖和处，待其温暖后方可进行裁割和安装。

(1) 预装门窗玻璃时，宜在采暖房间内进行；

(2) 外墙铝合金、塑料框、扇玻璃不宜在冬期安装。

7.1.4 安装玻璃前应对框扇认真检查，对木框扇应检查裁口是否平直和有无毛茬、戗刺；对金属框扇应检查，是否有扭曲变形，开启不灵活的现象，如有缺陷应及时修理。

检查部位：

(1) 门窗扇是否能承受设计荷重、尺寸是否准确；

(2) 镶嵌玻璃的槽内不得有铆钉、螺栓、焊接接缝和其他突出物，玻璃安装前应仔细将玻璃槽清除干净。

(3) 角部、部件接合部等要密封严紧。

(4) 门窗的安装必须正确、牢固，与主体连接要牢固可靠，在玻璃重量作用下不变形等。

(5) 门窗框扇的构造必须便于玻璃的更换。

7.1.5 玻璃宜集中下料裁割，边缘不得有缺口和斜曲。

木制门窗和钢门窗玻璃的裁割、形状和尺寸必须正确，且应按设计尺寸或实测尺寸，在长度和宽度上各缩小一个裁口宽度的1/4。

铝合金及塑料框/扇玻璃的裁割尺寸应符合国家现行技术标准对玻璃与玻璃槽之间配合尺寸的规定，并满足设计安装的要求。

7.1.6 平板玻璃长度和宽度的允许偏差，见表7.1.6所示

长度和宽度的容许偏差值（mm）　　表 7.1.6

平板玻璃的厚度	2、3、4	5、6、6、8	8、10	12、15	19
允许偏差	±1.5	±2.0	±2.5	±3.0	±5.0

7.1.7 玻璃安装时的朝向应符合设计要求。

7.1.8 当焊接、切割、喷砂等作业可能损伤玻璃时，应采取措施予以保护。严禁焊接等火花溅到玻璃上。

7.1.9 玻璃安装后，应对玻璃与框扇同时进行清洁工作。严禁用酸性洗涤剂或含研磨粉的去污粉清洗热反射玻璃的镀膜面层。

7.2 玻璃安装材料质量控制

7.2.1 玻璃和玻璃砖的品种、规格和颜色应符合设计要求；质量应符合国家现行有关技术标准的规定。其常用的玻璃品种及性能，见表 7.2.1。

玻璃品种及性能　　表 7.2.1

序号	材料名称	技术性能
1	平板玻璃	门窗用平板玻璃的透光率高达85%左右，透视好，能隔音，略有保温性，具有一定机械强度，但性脆，紫外线透过率低
2	吸热玻璃	是在普通平板玻璃生产中，加入吸热和着色的氧化物，或在玻璃表面喷涂氧化物，因而具有多种颜色且经久不变；有吸收太阳辐射热、紫外线并防止眩目光线的特点；其透光率为70%～75%，但太阳辐射热仅能通过20%～30%左右，其生产成本与普通玻璃基本相同
3	热反射玻璃	是在玻璃表面喷涂金属氧化物或粘贴有机薄膜等制成，热反射玻璃有良好隔热性能，避免日晒时眩光；镀金属膜的热反射玻璃还有单向透像作用（即迎光面具有镜子的效果，背光面又如玻璃般透明）。因此，亦称镀膜玻璃、镜面玻璃 热反射玻璃与吸热玻璃，可按下列方式划分： $S=\frac{A}{B}$ 式中 A——玻璃整个光通量的吸收系数； B——玻璃整个光通量的反射系数。 当$S>1$时，称为吸热玻璃； $S<1$时，称为热反射玻璃
4	中空玻璃	中空玻璃是以双层或多层一级品平板玻璃（或其他玻璃）组成的，四周边缘用胶接等办法加以密封，中间充以干燥空气、其他惰性气体，或颜色，或镀以不同性能的薄膜，具有保温、隔热、隔音、透明、不产生凝结水、不结霜（中空玻璃的露点可达−40℃以下）等特点 适用于寒冷地区，有空调、防噪音、结露以及需要无直射阳光和特殊光的建筑物上，如织布、恒温恒湿、精密等车间，广播室，以及高档住宅、饭店、宾馆、商店和医院

续表

序号	材料名称	技术性能
5	夹丝玻璃	夹丝玻璃也称防碎玻璃，是在平板玻璃生产过程中夹入金属网制成，由于金属网的增强作用，其抗折强度、耐温度剧变的性能高，不易破碎，即使破碎，其碎片仍附着在金属网上，不易脱落伤人，也是一种安全玻璃。适用于建筑物中需要采光，而又要求安全性较高的门窗玻璃，如厂房天窗、阳台外窗、防火门窗以及地下采光窗等
6	夹层玻璃	将两片或两片以上的平板玻璃、磨光玻璃或钢化玻璃之间，嵌夹透明塑料薄片，经热压粘合而成的平面或曲面的复合玻璃制品；抗冲击强度高，用0.8kg重钢球，在1m距离自由落下，试品只有辐射状裂纹和微量的玻璃碎屑（重量不超过试体重的0.5%），最大长度不超过1.5mm。因此，安全性和防范性均好；生产中用不同玻璃原片和中间夹层材料制成的夹层玻璃，即可具有耐光、耐热、耐湿及耐寒的各种性能。这种安全玻璃可用于高层建筑门窗、工业厂房天窗以及有特殊防范（防震、防冲击等）要求的地方如商品陈列柜、厨窗、水槽用玻璃和防弹用玻璃等
7	磨砂玻璃	又称毛玻璃。将玻璃用金钢砂、石榴石粉等加水研磨制成的为磨砂玻璃；用压缩空气将细砂喷射到玻璃表面而制成的为喷砂玻璃；用酸溶液将玻璃表面酸蚀处理的为酸蚀玻璃 经加工后玻璃表面成均匀粗糙毛面，透光不透视，室内光线不刺眼，一般用于卫生间、浴室、办公室等门窗、黑板面及灯罩等
8	磨光玻璃	将平板玻璃经抛光制成，有单面和双面磨光两种，又称镜面玻璃。表面平整光滑，有光泽，物像透过玻璃不变形，透光率大于84%。常用于高级建筑的门窗、橱窗及车船的风窗玻璃
9	彩色玻璃	又名有色玻璃、饰面玻璃，分透明及不透明两种。具有耐腐蚀、抗冲刷、易清洗等特点，适用于公共建筑的内外墙面、门窗装饰以及对光波有特殊要求的采光部位
10	钢化玻璃	钢化玻璃是加热到一定温度后迅速冷却，或用化学方法进行特殊钢化处理的玻璃；除具有与普通平板玻璃同样的透明度外，还有很高的温度急变抵抗性、耐冲击性和机械强度高，且破碎后碎片小而无锐角，故也称安全玻璃；主要作为高层建筑的门窗、隔断、幕墙、橱窗、桌面用的玻璃，军舰、轮船舷窗、汽车车窗的玻璃等 钢化玻璃不能切割、磨削，边角不能碰击，只有按现产尺寸选用和单独订货
11	压花玻璃	压花玻璃又称花纹玻璃或滚花玻璃，是在玻璃液冷却过程中压制成带有花纹的图案，再对其进行喷涂处理制成，不仅有色彩且可提高强度50%～70%，具有良好的艺术装饰效果。多用于办公室、会议室、宾馆、酒吧、浴池、游泳池、卫生间以及公共场所分隔等的门窗和隔断中。由于压花玻璃的压花面凹凸不平，易积灰尘，沾上水则会透亮，有些菱形和方形的压花玻璃靠近时即可穿过玻璃看见室内，因此在使用时要恰当选择；安装时宜将压花面处于房间的内侧

续表

序号	材料名称	技术性能
12	光变致色玻璃	光变致色玻璃是在玻璃中加入感光化合物（如卤化银类），使之获得光致变色性；其特点是当受太阳或其他光线照射，颜色随光线的增强而逐渐变暗，照射停止又恢复原来颜色。多用于幕墙、墙面、门窗装饰等
13	釉面玻璃	釉面玻璃也是一种饰面玻璃，系在玻璃表涂敷一层彩色易熔性色釉，加热至熔融与玻璃牢固结合，经退火或钢化等处理而成。钢化釉面玻璃板材强度高，破碎时不致伤人，具有化学稳定性和装饰性；用作食品工业、化学工业、商业、公共建筑的室内饰面和建筑物的室外饰面
14	有机玻璃	有机玻璃是甲基丙烯酸甲脂经过聚合制成的热塑性塑料。有良好的光学性能，其透光率为91%左右，紫外光的透光通过率为75%；其质地比无机玻璃强韧，不易破碎，有一定耐热性，但易溶于苯、甲苯、二氯乙烷、丙酮等有机溶剂中。有色有机玻璃用于墙（柱）面、扶手栏板及吊顶等部位的饰面
15	玻 璃 砖	玻璃砖又名特厚玻璃。实心玻璃砖是用机械压制而成；空心玻璃砖是两块玻璃，通过模具加热熔接压制成中空的整体，在中间充以干燥空气而成，也有在其内侧做成不同花纹、颜色，而使外来光线扩散或向指定方向折射的。 具有强度高、透明度好、隔热、隔声、耐水、耐火等特性，因而被称为透光墙体，适用于非承重内外隔断、淋浴间隔、门厅、通道，以及高级建筑、体育馆、图书馆等，以控制透光、眩光和太阳光

7.2.2 玻璃安装在框、扇上，必须采用有以下功能的安装材料。

(1) 把玻璃牢靠地固定在框、扇上的同时，能防止玻璃和框扇的直接接触，保护玻璃周边的材料。这类材料有定位块、支撑材料或橡胶衬垫。

(2) 能保持玻璃安装部位的水密性和气密性的材料。例如，常用的玻璃油灰、垫圈、抛光绒布、压边材等均同时具有这两种特性。

7.2.3 油灰应用熟桐油等天然干性油拌制，用其他油料拌制的油灰，必须经试验合格后方可使用。

(1) 油灰应具有塑性，嵌抹时不断裂。不出麻面，在常温下，应在20天内硬化。

(2) 用于钢门窗玻璃的油灰，应具有防锈性能。

(3) 现场拌制油灰的配合比，见表7.2.3。

玻璃工程常用油灰配合比（重量比） **表7.2.3**

材料名称	配料重量(kg)
碳酸钙	100
混合油	13～14
其中混合油配合比：	
三线脱蜡油	63
熟桐油	30
硬脂油	2.1
松 香	4.9

为了达到水密性、气密性的目的，玻璃和框要很好粘结，应该选择粘着性、耐候性长期不失效的品种。

7.2.4 夹丝玻璃的裁割边缘上宜刷涂防锈涂料。

7.2.5 镶嵌条、定位垫块和隔片、填充材料、密封膏等的品种、规格、断面尺寸、颜色、物理及化学性质均应符合设计要求。

上述材料配套使用时，其相互间的材料性质必须相容。

安装中空玻璃或夹层玻璃时，上述材料与中空玻璃的密封膏或玻璃的夹层材料，之间相互的材料性质必须相容。

安装中空玻璃使用的橡胶定位垫块，其硬度宜为邵氏硬度 80 度以上。

7.2.6 玻璃安装材料（辅助材料）的种类和特性。见表 7.2.6 所示。

玻璃安装材料的种类和特性 **表 7.2.6**

序号	材料名称	技术特性
1	油性嵌缝材料	比玻璃油灰具有更好的粘结性，长期不会失去柔软性。施工后 1～7 天，表面能生成薄的氧化膜，防止内部被氧化
2	聚硫化合物系密封胶	主要原料是聚硫橡胶，通常由基料和硬化剂两种成分混合而成。施工前，把两种成分充分混合，在常温下就会发生硬化的化学反应，形成稳定的橡胶状的弹性体
3	硅酮系密封胶	有单液型和双液型；由于空气中的湿度，引起表面急剧的脱乙酸反应（或脱胶反应）而形成硬化的橡胶状弹性体。耐热性、耐寒性、耐药品性、耐候性好
4	带状嵌缝材料	呈带状、条状的非弹性密封材料，也叫油灰绳、密封带。有油性嵌缝系、聚丁烯系、丁基橡胶系、含浸沥青的聚胺脂发泡品等数种。可用作衬垫和密封的辅助材料
5	嵌　　条	一种用合成橡胶（氯丁橡胶、乙烯—丙烯—双茂三聚物“合成橡胶”等）和合成树脂，根据用途挤出成型的密封材料
6	定位垫块	硬度为 90°的氯丁二烯或优质合成树脂
7	垫　　片	硬度为 40～60°的氯丁三烯橡胶或采用（发泡聚乙烯）制作的软的衬垫。起承受风压荷载的缓冲作用；应具有弹性密封性能并经久耐用
8	木压条	应按设计要求自行加工制做。其尺寸大小和宽度应一致；并有 45°的标准斜口
9	钢丝卡	由钢门窗生产厂配套供应的附件之一
10	玻璃钉	为国家标准定型产品

7.3 玻璃安装施工工艺、操作方法及质量控制

7.3.1 玻璃安装工艺流程控制程序、见图 6.7.1。

工艺流程控制程序

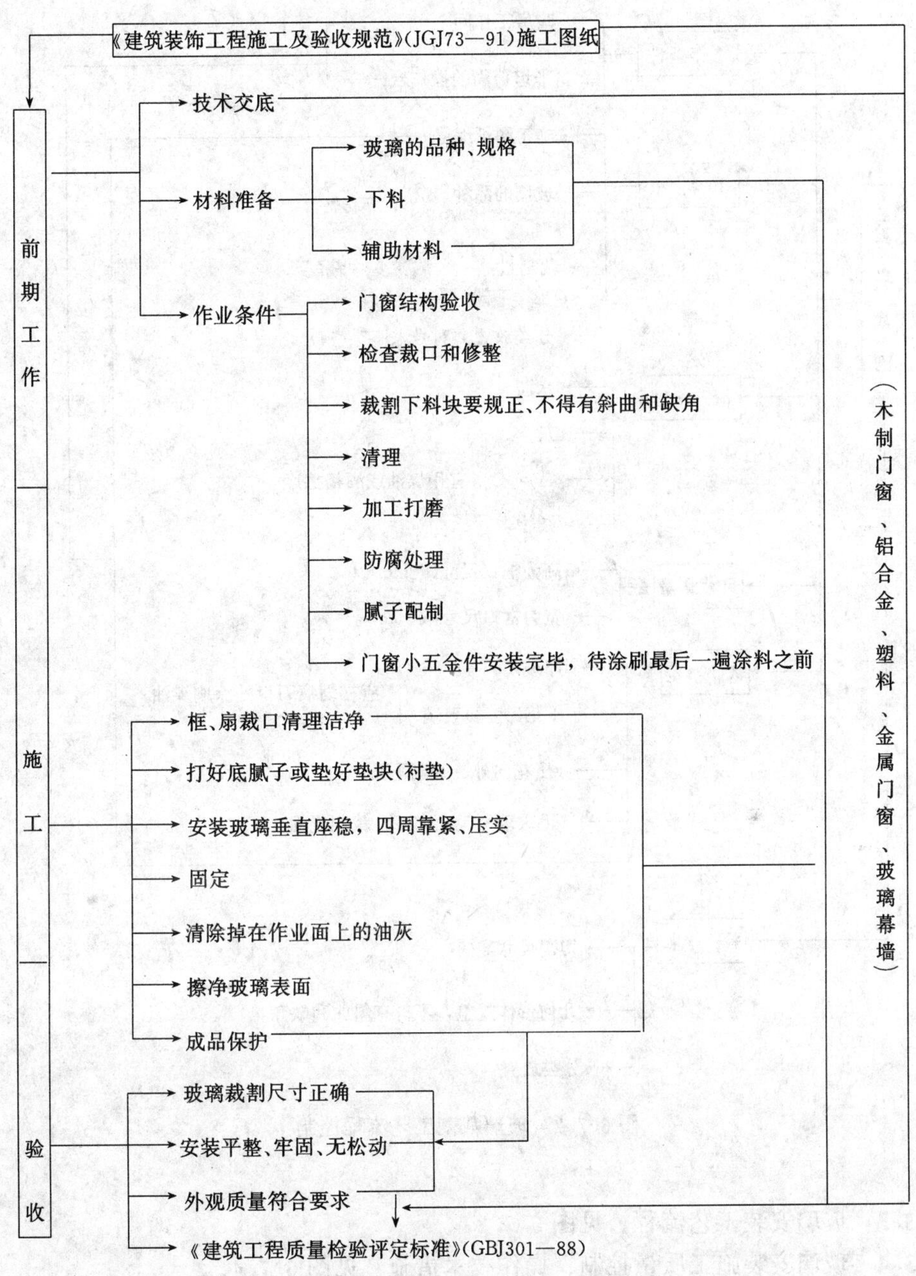

图 6.7.1 玻璃安装工艺流程控制程序

7.3.2 玻璃裁割操作工艺，见图 6.7.2。

玻璃裁割工艺流程控制

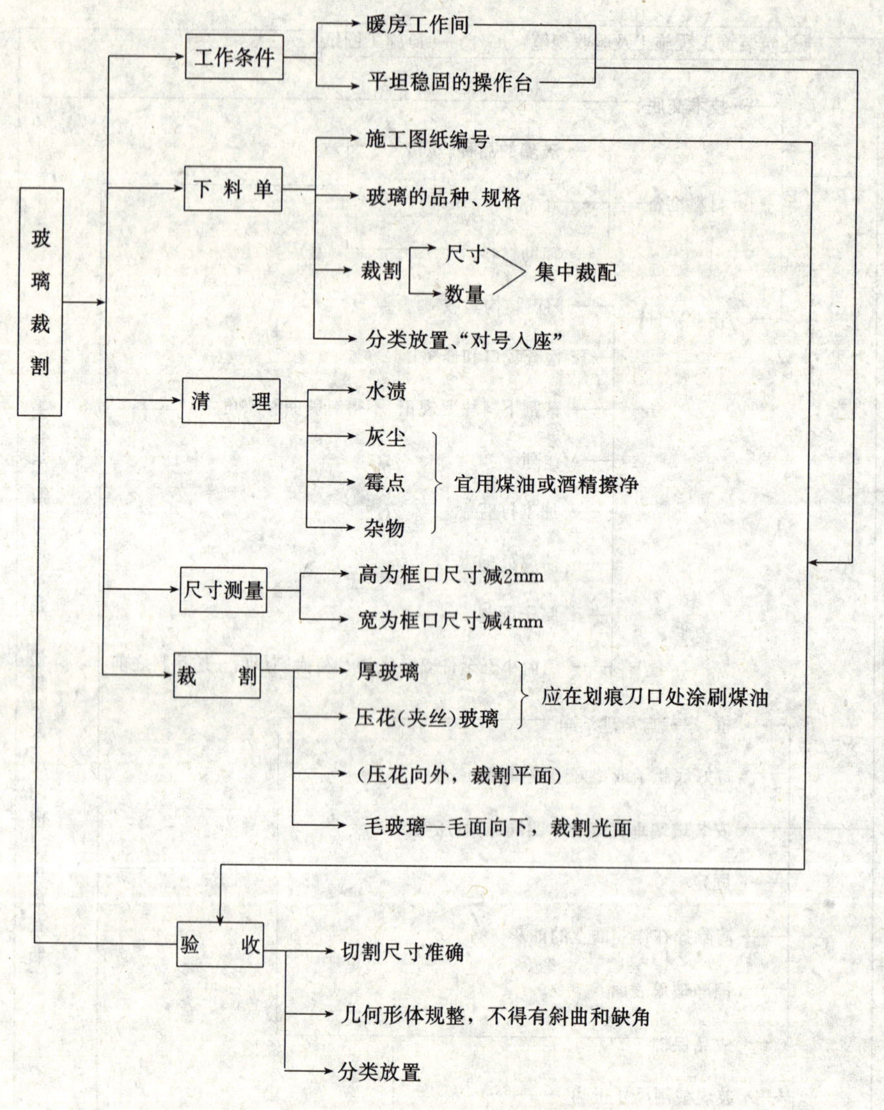

图 6.7.2 玻璃裁割工艺流程控制

7.3.3 玻璃安装工艺流程，见图 6.7.3。

7.3.4 玻璃安装施工质量控制、操作技术措施，见图 6.7.4。

玻璃安装工程工艺流程、施工质量控制，以及操作技术措施，应严格遵照《建筑装饰工程施工及验收规范》(JGJ73—91) 的规定。

本节适用于各种门窗及框格的玻璃安装工程和室内装饰玻璃安装工程，不包括玻璃幕墙的玻璃安装工程。

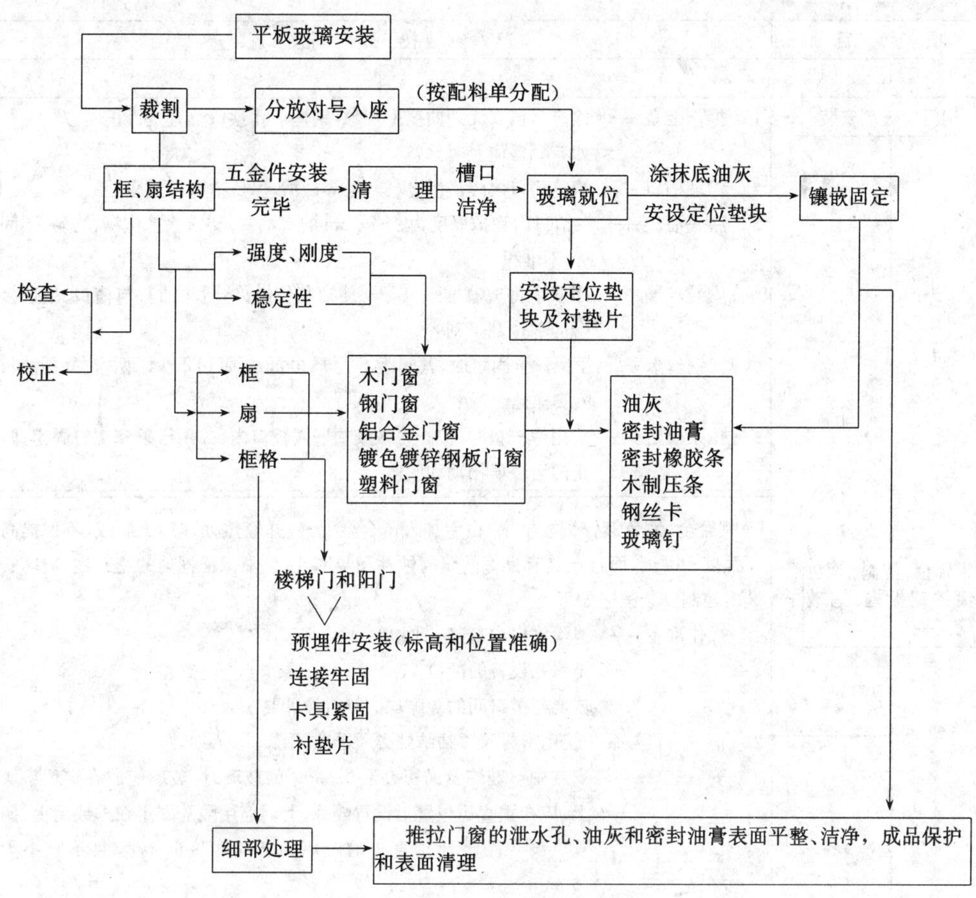

图 6.7.3　玻璃安装工艺流程

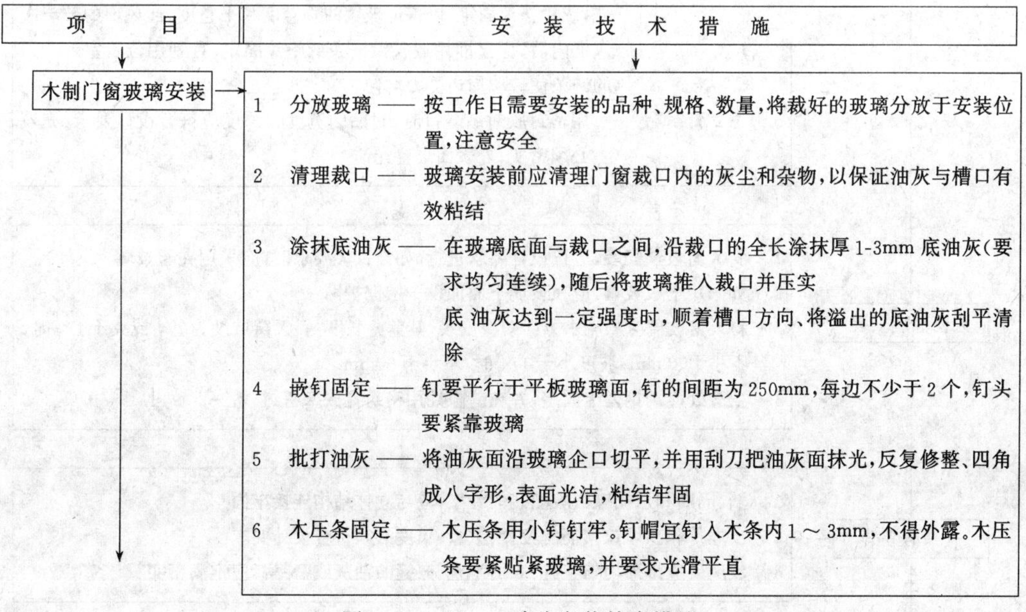

图 6.7.4 (1)　玻璃安装技术措施

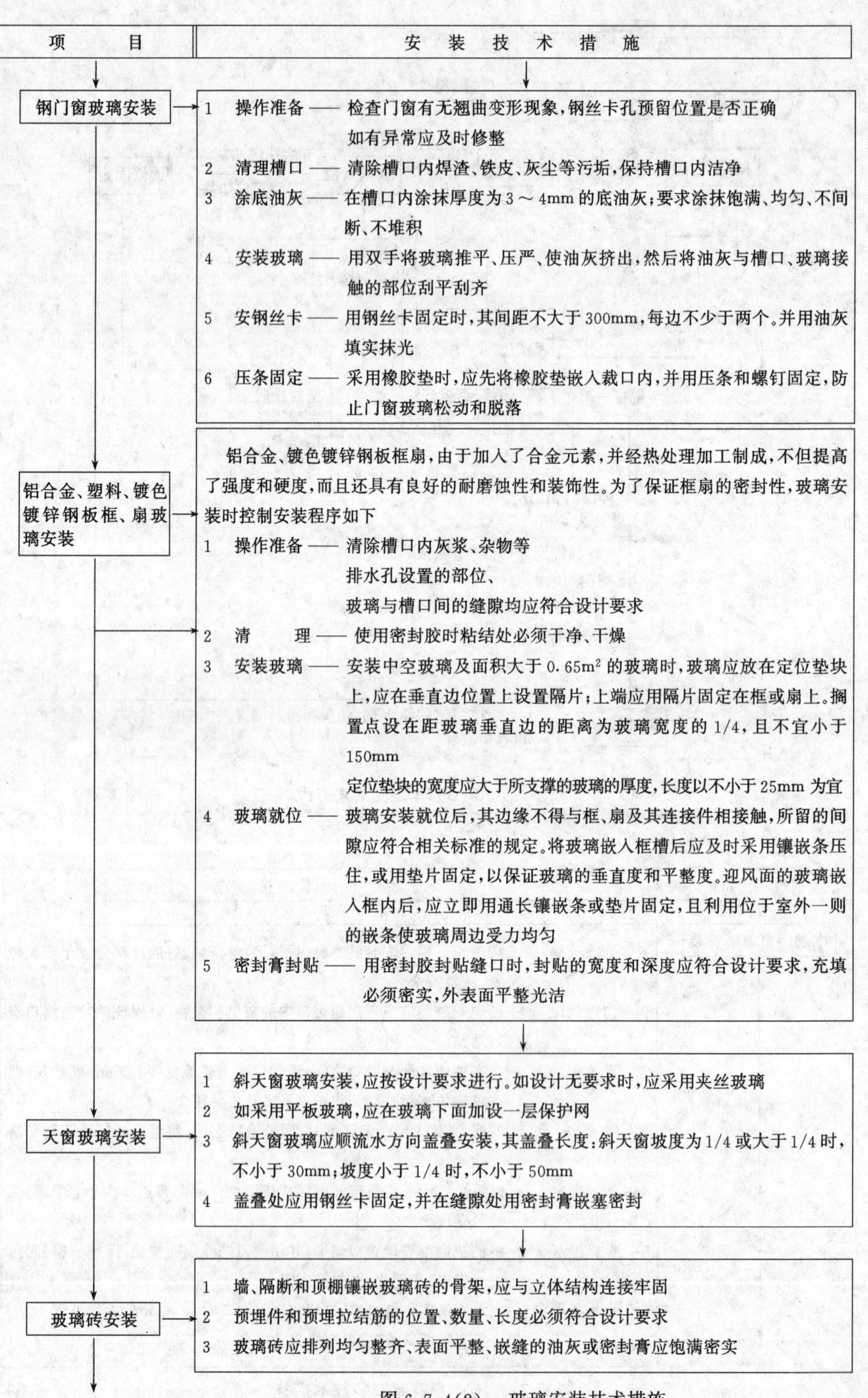

项　目 | 安装技术措施

钢门窗玻璃安装

1　操作准备 —— 检查门窗有无翘曲变形现象，钢丝卡孔预留位置是否正确；如有异常应及时修整

2　清理槽口 —— 清除槽口内焊渣、铁皮、灰尘等污垢，保持槽口内洁净

3　涂底油灰 —— 在槽口内涂抹厚度为 3～4mm 的底油灰；要求涂抹饱满、均匀、不间断、不堆积

4　安装玻璃 —— 用双手将玻璃推平、压严、使油灰挤出，然后将油灰与槽口、玻璃接触的部位刮平刮齐

5　安钢丝卡 —— 用钢丝卡固定时，其间距不大于 300mm，每边不少于两个。并用油灰填实抹光

6　压条固定 —— 采用橡胶垫时，应先将橡胶垫嵌入裁口内，并用压条和螺钉固定，防止门窗玻璃松动和脱落

铝合金、塑料、镀色镀锌钢板框、扇玻璃安装

铝合金、镀色镀锌钢板框扇，由于加入了合金元素，并经热处理加工制成，不但提高了强度和硬度，而且还具有良好的耐磨蚀性和装饰性。为了保证框扇的密封性，玻璃安装时控制安装程序如下

1　操作准备 —— 清除槽口内灰浆、杂物等；排水孔设置的部位、玻璃与槽口间的缝隙均应符合设计要求

2　清　　理 —— 使用密封胶时粘结处必须干净、干燥

3　安装玻璃 —— 安装中空玻璃及面积大于 0.65m² 的玻璃时，玻璃应放在定位垫块上，应在垂直边位置上设置隔片；上端应用隔片固定在框或扇上。搁置点设在距玻璃垂直边的距离为玻璃宽度的 1/4，且不宜小于 150mm

定位垫块的宽度应大于所支撑的玻璃的厚度，长度以不小于 25mm 为宜

4　玻璃就位 —— 玻璃安装就位后，其边缘不得与框、扇及其连接件相接触，所留的间隙应符合相关标准的规定。将玻璃嵌入框槽后应及时采用镶嵌条压住，或用垫片固定，以保证玻璃的垂直度和平整度。迎风面的玻璃嵌入框内后，应立即用通长镶嵌条或垫片固定，且利用位于室外一则的嵌条使玻璃周边受力均匀

5　密封膏封贴 —— 用密封胶封贴缝口时，封贴的宽度和深度应符合设计要求，充填必须密实，外表面平整光洁

天窗玻璃安装

1　斜天窗玻璃安装，应按设计要求进行。如设计无要求时，应采用夹丝玻璃

2　如采用平板玻璃，应在玻璃下面加设一层保护网

3　斜天窗玻璃应顺流水方向盖叠安装，其盖叠长度：斜天窗坡度为 1/4 或大于 1/4 时，不小于 30mm；坡度小于 1/4 时，不小于 50mm

4　盖叠处应用钢丝卡固定，并在缝隙处用密封膏嵌塞密封

玻璃砖安装

1　墙、隔断和顶棚镶嵌玻璃砖的骨架，应与立体结构连接牢固

2　预埋件和预埋拉结筋的位置、数量、长度必须符合设计要求

3　玻璃砖应排列均匀整齐、表面平整、嵌缝的油灰或密封膏应饱满密实

图 6.7.4(2)　玻璃安装技术措施

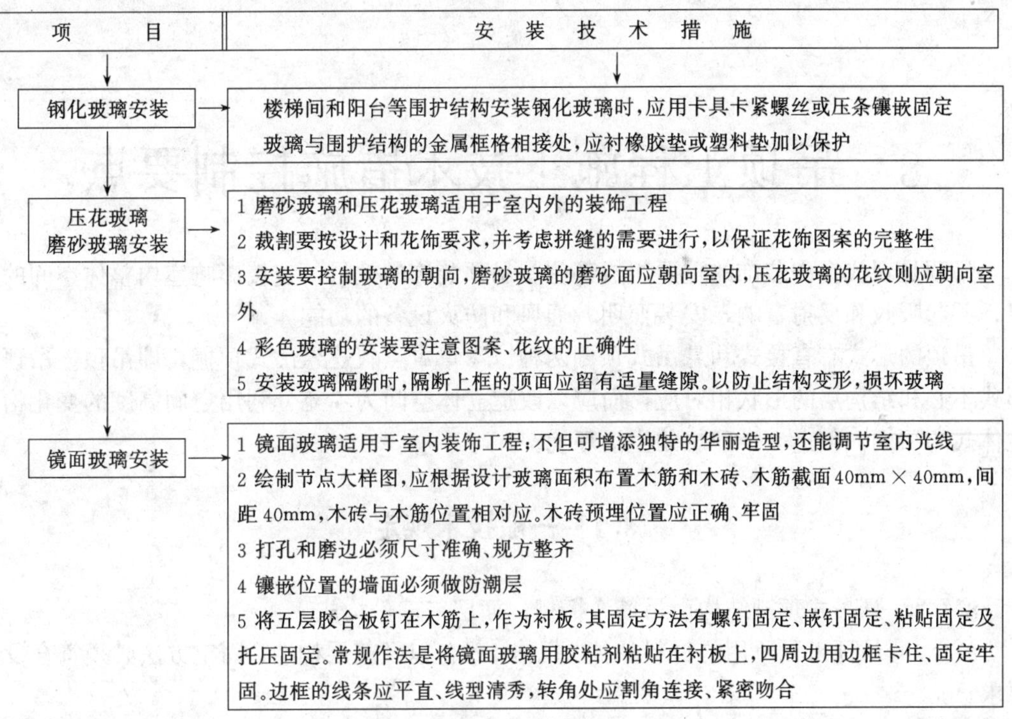

图 6.7.4（3）　玻璃安装技术措施

8 吊顶工程施工技术措施控制要点

吊顶是现代室内装饰的重要组成部位。吊顶装饰的效果，直接影响室内整体空间的效果，并起吸收和反射音响，安装照明、通风和防火设备的功能。

吊顶的形式有直接式和悬吊式顶棚两种。本章重点叙述悬吊式顶棚，即吊顶。吊顶的形式不必和结构层的形状相对应，而应以改造立体空间为主充分利用空间高度的变化构成立体式的顶棚，创造一个理想的生活环境。

8.1 一般技术规定

8.1.1 悬吊式顶棚结构由吊筋、榈栅、面层三部份构成。

8.1.2 吊顶工程所用的材料品种、规格、颜色以及基层构造、固定方法必须符合设计要求。

8.1.3 吊顶的龙骨和配件严禁扔摔、碰撞；防止变形和生锈。

8.1.4 预埋件安装的位置应按设计规定的尺寸距离设置，并应做好防腐处理。

8.1.5 吊顶内的隐蔽工程项目（通风、水暖、电气管道、上人行走的通道、重型灯具、电扇悬挂的预埋件等）应安装完毕，水暖，管道还应通过试压后，方可进行吊顶的组装。

8.1.6 面层罩面板安装前，应根据设计要求和吊顶的构造分块弹线。分块的罩面板应根据装饰图案预先拼配编号，安装时对号入座，以保证符合设计要求。

8.1.7 罩面板与四周墙面应交圈，与墙面窗帘盒、灯具等交接处应严密，不得有漏缝现象。搁置式的轻质罩面板，应设置压卡装置。严禁罩面板有悬臂现象。

8.1.8 施工设置的马道应架设或吊挂在结构受力构件上，严禁以吊顶龙骨作为支撑点。

8.1.9 吊顶施工过程中，应与其他工种（专业工种）密切配合作业，确保施工质量的完好和施工安全。

8.2 吊顶材料质量控制

8.2.1 各类罩面板应表面平整、边缘整齐、图案清晰、色泽一致，不得有气泡、起皮、裂纹、缺角、污垢和图案不完整等缺陷。穿孔板的孔距应排列整齐；暗装的吸声材料应有防散落措施；胶合板、木质纤维板不应脱胶、变色和腐朽。

各类罩面板的质量均应符合现行国家标准和行业标准的规定。普通纸面石膏板技术标准，见附件8.1；装饰石膏板技术标准，见附件8.2。

附件8.1 普通纸面石膏板（GB 9775—88）

1 产品分类代号

1.1 产品分类代号见附表8.1（1）。

普通纸面石膏板分类代号 附表8.1（1）

形状名称	矩形棱边	45°倒角棱边	楔形棱边	半圆形棱边	图 形
代 号	PJ	PD	PC	PB	PY

普通纸面石膏板主要用作室内墙体和吊顶，在厨房、厕所以及空气相对湿度经常大于70％的潮湿环境中使用时，必须采用相应的防潮措施。

2 外观质量

2.1 普通纸面石膏板表面应平整，对于波纹、沟槽、污痕和划伤等缺陷，按规定方法检测时，应符合附表8.1（2）的规定。

普通纸面石膏板外观质量 附表8.1（2）

波纹、沟槽、污痕和划伤等缺陷		
优 等 品	一 等 品	合 格 品
不允许有	允许有，但不明显	允许有，但不影响使用

3 尺寸允许偏差、楔形边的深度和宽度

3.1 尺寸允许偏差、楔形棱边的深度和宽度应符合附表8.1（3）的规定。

允许偏差与楔形棱边尺寸（mm） 附表8.1（3）

项 目	优 等 品	一 等 品	合 格 品
长 度	0 −5	0 −6	
宽 度	0 −4	0 −6	0 −6
厚 度	±0.5	±0.6	±0.8
楔形棱边深度	0.6～2.5		
楔形棱边宽度	40～80		

4 含水率

4.1 板材的含水率不大于附表8.1（4）规定的数值。

普通纸面石膏板材含水率（％） 附表8.1（4）

优 等 品 一 等 品		合 格 品	
平 均 值	最 大 值	平 均 值	最 大 值
2.0	2.5	3.0	3.5

5 单位面积重量

5.1 板材单位面积重量不大于附表8.1（5）规定的数值。

普通纸面石膏板单位面积重量（kg/m²）　　**附表8.1**（5）

板材厚度（mm）	优等品		一等品		合格品	
	平均值	最大值	平均值	最大值	平均值	最大值
9	8.5	9.5	9.0	10.0	9.5	10.5
12	11.5	12.5	12.0	13.0	12.5	13.5
15	14.5	15.5	15.0	16.0	15.5	16.5
18	17.5	18.5	18.0	19.0	18.5	19.5

6 护面纸与石膏芯粘结

纸面石膏板护面纸与石膏芯的粘结，按规定的方法测定时，优等品与一等品石膏芯的裸露面积不得大于零，合格品不得大于3.0cm²。

7 断面荷载

7.1 板材的断面荷载平均值及最小值不低于附表8.1（6）及附表8.1（7）规定的数值。

普通纸面石膏板纵向断裂荷载　　**附表8.1**（6）

板厚（mm）	优等品		一等品	
	平均值	最小值	平均值	最小值
	N（kgf）		N（kgf）	
9	392 (40.0)	353 (36.0)	353 (36.0)	318 (32.4)
12	530 (55.0)	485 (49.0)	490 (50.0)	441 (44.8)
15	686 (70.0)	617 (63.0)	637 (65.0)	573 (58.5)
18	833 (85.0)	750 (76.5)	784 (80.0)	706 (72.0)

普通纸面石膏板横向断裂荷载　　**附表8.1**（7）

板厚（mm）	优等品		一等品合格品	
	N		N	
	平均值	最小值	平均值	最小值
9	167	150	137	123
12	206	186	176	159
15	255	229	216	194
18	294	265	255	229

8 验收规则

8.1 出厂必须检验的项目包括外观、尺寸偏差、单位面积重量、含水率、断面荷载和护面纸与石膏芯的粘结

8.2 对于板材的外观、长度、宽度、厚度、楔形棱边的深度和宽度，以及护面纸与石膏芯的粘结性能等质量指标，其中有一项不合格，即为不合格。五张板材中不合格板多于一张时，则该批产品为不合格。

8.3 对于板材的单位面积重量、含水率和断裂荷载等质量指标，五张板材需全部合格，否则该批产品为不合格。

8.4 对于按（8.2）和（8.3）判为不合格的批，允许重新复验。

8.5 用户有权按本节规定对产品质量进行复验。对于板材的外观、长度、宽度、厚度，楔形棱边的深度和宽度，以及护面纸现与石膏芯的粘结性能等指标，应在生产厂内进行复验；对于板材的单位面积重量、含水率和断面荷载等质量指标，可以在生产厂内也可在买方处进行复验。复验应在购货合同生效后或买方收到货后十天内进行。

8.6 买卖双方如对复验结果有争议，应以仲裁试验为依据。

附件 8.2 装饰石膏板（GB 9777—88）

1 产品分类代号

1.1 根据板材正面形状和防潮性能的不同，其分类及代号附表 8.2（1）。

装饰石膏板材分类代号 **附表 8.2（1）**

分类	普通板			防潮板		
	平板	孔板	浮雕板	平板	孔板	浮雕板
代号	P	K	D	FP	FK	FD

2 规格尺寸及偏差

2.1 板材尺寸允许偏差、不平度和直角偏离度应不大于附表 8.2（2）的规定。

板材尺寸允许偏差、不平度和直角偏离度（mm） **附表 8.2（2）**

项目	规格	优等品	一等品	合格品
边长	500×500 600×600	0、−2	+1、−2	+1、−2
厚度	9 11	±0.5	±1.0	±1.0
不平度		1.0	2.0	3.0
直角偏离度		1	2	3

3 单位重量

3.1 板材单位面积重量应不大于附表 8.2（3）的规定。

板材单位面积重量（kg/m²） **附表 8.2（3）**

板材代号	厚度（mm）	优等品		一等品		合格品	
		平均值	最大值	平均值	最大值	平均值	最大值
P、K、FP、FK	9	8.0	9.0	10.0	11.0	12.0	13.0
	11	10.0	11.0	12.0	13.0	14.0	15.0
D、FD	9	11.0	12.0	13.0	14.0	15.0	16.0

注：D 和 FD 的厚度系指棱边厚度。

4 含水率

4.1 板材的含水率应不大于附表8.2（4）的规定。

板材含水率（%） **附表8.2**（4）

优等品		一等品		合格品	
平均值	最大值	平均值	最大值	平均值	最大值
2.0	2.5	2.5	3.0	3.0	3.5

5 吸水率

5.1 防潮板的吸水率应不大于附表8.2（5）的规定。

板材吸水率（%） **附表8.2**（5）

优等品		一等品		合格品	
平均值	最大值	平均值	最大值	平均值	最大值
5.0	6.0	8.0	9.0	10.0	11.0

6 断裂荷载

6.1 板材的断裂荷载应不小于附表8.2（6）的规定。

板材断裂荷载 **附表8.2**（6）

板材代号	优等品		一等品		合格品	
	平均值	最小值	平均值	最小值	平均值	最小值
	N					
P、K、FP、FK	175	159	147	132	118	106
D、FD	186	168	167	150	147	132

7 受潮挠度

7.1 防潮板的受潮挠度值应不大于附表8.2（7）的规定。

板材受潮挠度（mm） **附表8.2**（7）

优等品		一等品		合格品	
平均值	最大值	平均值	最大值	平均值	最大值
5	7	10	12	15	17

8 验收规则

8.1 出厂必检项目有：外观、尺寸偏差、不平度、直角偏离度、单位面积重量、含水率和断裂荷载，对于防潮板应另增加吸水率和受潮挠度二项。

8.2 对于板材的外观、边长、厚度、不平度、直角偏离度指标，其中有一项不合格，即为不合格板。三块板中不合格板多于一块时，该批产品为不合格。

8.3 对于板材的单位面积重量、含水率、吸水率、断面荷载和受潮挠度指标，三块板均需全部合格，否则该批产品为不合格。

8.4 对于（8.1）和（8.2）项判为不合格的批，允许重新抽取试样，对不合格的项目进行重检，重检结果的判定规则同（8.2）和（8.3）。如该两组试样均合格，则判为批合格；如仍有一组试样不合格，则判为批不合格。

8.5 用户有权按本节规定对产品进行复验。对于板的外观、边长、厚度、直角偏离度指标，应在生产厂内进行复验；对于板材的单位面积重量、含水率、吸水率、断裂荷载和受潮挠度指标，可以在生产厂内也可以在买方处进行复验。复验应在购货合同生效后或买方收到货后十天内进行。

8.6 双方对复验结果有争议时，可送到仲裁机构进行仲裁试验。

附件 8.3 吊顶材料技术性能

纸面石膏装饰吸声板品种及规格 **附表 8.3（1）**

名　称	规　格（mm）	名　称	规　格（mm）
圆孔型纸面石膏装饰吸声板（龙牌）	600×600×9、12 孔径：6 孔距：18 开孔率：8.7% 表面可喷涂或油漆各种花色	长孔型纸面石膏装饰吸声板（龙牌）	600×600×9、12 孔长：70 孔宽：2 孔距：13 开孔率：5.5%
一般纸面天花板（龙牌）	900×450×9、12	防火纸面天花板（龙牌）	900×450×9、12

注：生产单位为北京新型建筑材料总厂。

穿孔吸声石棉水泥板规格及性能 **附表 8.3（2）**

规格与公差（mm）						主要技术性能		
项　目	尺　寸	公　差	项　目	尺　寸	公　差	项　目	单　位	指　标
长　度 宽　度 厚　度	985 985 4、5、6	±5 ±5 ±0.5	孔　距 孔　距 开孔率（%）	18.7 10 19.2	±0.3 ±0.3	抗折力 吸声系数 含水率 吸水率 密　度 耐　热	N % % g/cm³ 次	≥250 ≥0.70 ≤15 ≤24 ≤1.8 经 80～90℃25 次加热循环不分层，不龟裂

纸面装饰吸声板的性能 **附表 8.3（3）**

名　称	技术指标			备　注
板　厚（mm）	9	12	25	
单位面积重量（kg/m²）	≤9.0	≤12.0	≤25.0	
挠度（⊥纤维）（mm） 挠度（∥纤维）（mm）	— —	≤0.8 ≤1.0	— —	支座间距 40*d* （*d* 为板厚）
断裂强度（⊥纤维）（N） 断裂强度（∥纤维）（N）	≥400 ≥150	≥600 ≥180	≥500 ≥180	支座间距 40*d* （*d* 为板厚）
耐火极限	纸面石膏板 5～10min 防火纸面石膏板>20min			
燃烧性能	A_2 级不燃			
含水率（%）	≤2			

续表

名　　称	技　术　指　标		备　注
导热系数（W/m·K）	0.190～0.209		
隔声性能（dB）	26	28	—
钉入强度（MPa）	1.0	2.0	—

石膏装饰吸声板规格性能表　　　　**附表 8.3**（4）

名　　称	规　格（mm）	技　术　性　能
平面石膏装饰吸声板 压花石膏装饰吸声板 平面钻孔石膏装饰吸声板 压花钻孔石膏装饰吸声板 油漆钻孔石膏装饰吸声板 印花石膏装饰吸声板 深浮雕式石膏装饰板	300×300×9 400×400×9 500×500×9 600×600×9 亦可按设计要求 生产异型规格	密度（kg/m³）：850 断裂荷载（N）：200～280 挠度（mm）：（相对湿度 92%，跨距 580mm）0.5 软化系数：＞0.8 导热系数（W/m·K）：0.15 防水性能（%）：24h＜2.5 耐火度（℃）：1150～1320 吸声系数（Hz/吸声系数）：$\frac{250}{0.08\sim0.14}$、$\frac{500}{0.50\sim0.82}$、$\frac{1000}{0.30\sim0.48}$、$\frac{2000}{0.34}$
高效防水石膏吸声装饰板 抗水防潮石膏装饰板	300×300×9 500×500×9 600×600×11 900×900×12～20	密度（kg/m³）：750～800 断裂荷载（N）：＞200 挠度（mm）：1 （相对湿度 95%，跨距 580mm）（防水石膏板） 软化系数：＞0.72 导热系数（W/m·K）：＜0.1 防水性能（%）：24h＜2.5（高效防水板） 耐火度（℃）：1200～1300 吸声系数（Hz/吸声系数）：$\frac{250}{0.08\sim0.14}$、$\frac{500}{0.6}$、$\frac{1000}{0.4}$、$\frac{2000}{0.34}$

矿棉装饰吸声板规格及性能　　　　**附表 8.3**（5）

名　　称	规　格（mm）	技　术　指　标
矿棉装饰吸声板	596×596×（12、15、18） 496×496×（12、15）	密度（kg/m³）：450～600 抗弯强度（MPa）：≥1.5 导热系数（W/m·K）：0.0488 吸湿率（%）：≤5 防火：自熄 吸声系数（Hz/吸声系数）：0.2～0.3
	500×500（12～20）	密度（kg/m³）：300～400 抗弯强度（MPa）：≥0.8 导热系数（W/m·K）：0.0523 吸湿率（%）≤2 防火：自熄 吸声系数（Hz/吸声系数）：0.49（平均）

珍珠岩装饰吸声板规格及性能　　　　**附表 8.3**（6）

规　格 （mm）	密　度 （kg/m³）	吸声系数 （Hz/吸声系数）	抗折强度 （MPa）	导热系数 （W/m·K）	防　潮
500×500×20	330～400	$\frac{250}{0.15}$、$\frac{500}{0.25}$	≥0.8	0.7	—
500×500×35		$\frac{1000}{0.30}$、$\frac{2000}{0.40}$		（0.08）	

续表

规格（mm）	密度（kg/m³）	吸声系数（Hz/吸声系数）	抗折强度（MPa）	导热系数（W/m·K）	防潮
500×500×（10～15） 600×600×（10～15）	650～850	$\frac{100\sim1000}{0.2\sim0.3}$	0.6～1.0	—	—
300×300×10	500～600	—	3.8	0.093 （0.108）	浸水24h干湿循环系数为：1～0.95

聚氯乙烯塑料天花板规格及性能　　附表 8.3（7）

名称	规格（mm）	技术性能
聚氯乙烯塑料天花板	500×500×0.5 颜色：乳白、米黄、湖蓝等 图案：昙花、蟠桃、熊竹、云龙、格花、拼花等	密度（g/cm³）：1.3～1.6 抗拉强度（MPa）：28.0 延伸率（%）：100 吸水性（%）：<0.2 耐热性（℃）：60（不变形） 阻燃性：离火自熄 导热系数（W/m·K）：0.174
聚乙烯塑料天花板	500×500×0.5	密度（g/cm³）：≤0.25 抗拉强度（MPa）：≥0.8 延伸率（%）：30 吸水性（%）：<0.2 耐热性（℃）：30～60 阻燃性：氧指数40 导热系数（W/m·K）：0.071～0.139
聚氯乙烯塑料天花板CPVC和PS复合板	500×500×16	吸水性（%）：≤0.2 耐热性（℃）：60（不变形） 阻燃性：离火自熄

轻质硅酸钙吊顶板规格及性能　　附表 8.3（8）

规格（mm）	板材厚度（mm）	重量（kg/m²）	密度（kg/m³）	导热系数（W/m·K）
500×500	15	6	400	0.105
500×500	15	7	500	0.116
500×500	12	7	600	0.128
500×500	10	7	700	0.151
500×500	10	8	800	0.174

硬质纤维装饰吸声板规格及性能　　附表 8.3（9）

名称	规格（mm）	技术性能
硬质纤维装饰吸声板	1000×1000×1 500×500×1 具有多种多样钻孔图案	密度（kg/m³）：≥900 静曲强度（MPa）：≥40 吸水率（%）：≤20 导热系数（W/m·K）：0.093～0.116 吸声系数（Hz/吸声系数）： $\frac{125}{0.02}$、$\frac{250}{0.05}$、$\frac{500}{0.30}$、$\frac{1000}{0.32}$、$\frac{2000}{0.20}$

玻璃棉装饰吸声板规格及性能 **附表 8.3**（10）

名　称	规　格 (mm)	密　度 (kg/m³)	抗折强度 (MPa)	吸 声 系 数 (Hz/吸声系数)
硬质玻璃棉装饰吸声板	300×400×16 400×400×16 500×500×30	300	1.6	$\frac{250}{0.13}$、$\frac{500}{0.30}$、$\frac{1000}{0.59}$、$\frac{2000}{0.78}$
半硬质玻璃棉装饰吸声板	500×500×（40、50）	100		$\frac{250}{0.29}$、$\frac{500}{0.62}$、$\frac{1000}{0.74}$、$\frac{2000}{0.71}$

钙塑泡沫装饰吸声板规格及性能 **附表 8.3**（11）

名　　称	规　格 (mm)	技　术　指　标
钙塑板（一般板）有各种花色图案	500×500×（4～7）	密度（g/cm³）：≤0.25 抗拉强度（MPa）：≥0.8 断裂伸长率（%）：≥50 导热系数（W/m·K）：0.074 耐温（℃）：－30～60 吸水性（kg/cm²）：≤0.05 吸声系数（Hz/吸声系数）： （7952-1 板：凹凸表面，穿孔、ϕ7、98 孔） $\frac{125}{0.08}$、$\frac{250}{0.16}$、$\frac{500}{0.34}$、$\frac{1000}{0.16}$、$\frac{2000}{0.14}$、$\frac{4000}{0.17}$ （7952-1 板，容腹内放厚 30mm 超细玻璃棉） $\frac{125}{0.19}$、$\frac{250}{1.03}$、$\frac{500}{0.42}$、$\frac{1000}{0.32}$、$\frac{2000}{0.21}$、$\frac{4000}{0.07}$
钙塑板（难燃板）	500×500×（4～7）	密度（g/cm³）：≤0.3 抗拉强度（MPa）：≥1.0 断裂伸长率（%）：≥60 导热系数（W/m·K）：0.081 耐温（℃）：－30～80 自熄性（s）：预燃 10s，离火自熄时间≯25 氧指数：＞30

聚苯乙烯泡沫塑料装饰吸声板规格及性能 **附表 8.3**（12）

规　格 (mm)	技　术　性　能							
	密　度 (g/cm³)	抗拉强度 (MPa)	吸水率 (kg/m²)	导热系数 (W/m·K)	耐热 (℃)	耐低温 (℃)	吸声系数 $\left(\frac{\text{Hz}}{\text{吸声系数}}\right)$	24h 吸水性 (g/cm²)
300×300×15 500×500×（15～20） 600×600×20 有各种图案	0.02～0.04	0.2～0.24	＜0.05	0.035～0.047	70	－80	$\frac{700-2000}{0.3\sim0.80}$	≤0.02

8.2.2 铝合金吊顶饰面板技术性能应符合以下要求：

铝合金板用于吊顶饰面，由于这种金属材料特有的质感极有特色，表面平、挺，线条刚劲、明快，铝合金穿孔板的孔径、孔距可根据需要加工，其不同布置与排列，可组成各种图案，上置吸音材料后，形成既可吸音也是饰面的艺术处理。铝合金板可与铝合金龙骨配套使用。铝合金穿孔板具有材质轻、耐高温、耐高压、耐腐蚀、防火、防潮、防震、化学稳定性好，且造型美观、立体感强，装饰效果好而且施工组装又简便，只是这种高档装饰材料价格较贵。如铝合金穿孔平面式吸声板，采用防锈铝、板厚1mm、规格为495×495×（50～100）、孔径ϕ6、孔距10mm、降噪声系数1.16、工程使用降噪声效果4～8dB。吸声吊顶墙面穿孔护面板的性能和特点，与前者基本相同，但其材质、规格、孔型及穿孔率均可根据需要加工生产。

在检查、验收以及使用、保管中，要特别注意保护铝合金板表面的彩色阳极氧化膜（室内最低厚度不宜低于6μm，室外多在10～25μm）、复合膜或漆膜。这是一道带色彩的膜，也是一道防止侵蚀的保护膜，如果有缺陷或者有损坏，就起不到保护膜的作用。

8.2.3 吊顶工程所用的木龙骨、轻钢龙骨、铝合金龙骨及其配件应符合有关现行国家标准。轻钢龙骨主件，见表8.2.2（1）、（2）；铝合金龙骨系列，见表8.2.2（3）、（4）、（5）。

8.2.4 安装罩面板的紧固件，宜采用镀锌制品，预埋的木砖应做防腐处理。

吊顶U型轻钢龙骨主件 **表8.2.2**（1）

代号名称	简图	重量(kg/m)	长度(m)	备注	代号名称	简图	重量(kg/m)	长度(m)	备注
UC38主龙骨	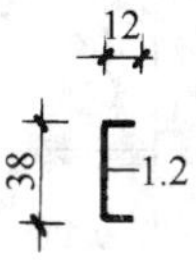 12; 38; 1.2	0.56	3	UC38系列	U25龙骨	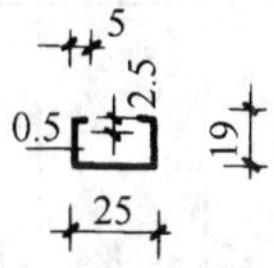 5; 2.5; 0.5; 19; 25	0.132	3 4	通用
UC50主龙骨	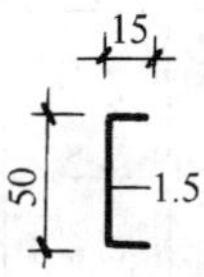 15; 50; 1.5	0.92	2	UC50系列	U50龙骨	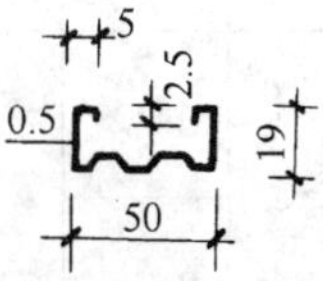 5; 2.5; 0.5; 19; 50	0.41	3 4	通用
UC60主龙骨	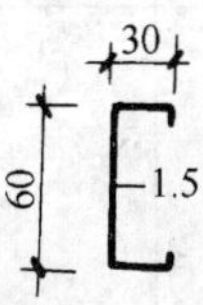 30; 60; 1.5	1.53	2	UC60系列	U35异形龙骨	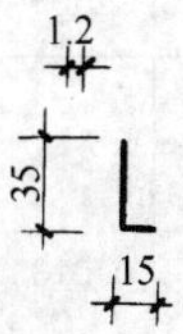 1.2; 35; 15	0.46	3	

注：表面处理镀锌或涂防锈漆。

U 型轻钢龙骨配件　　表 8.2.2（2）

代号名称	简图	重量(kg/件)	厚度(mm)	备注	代号名称	简图	重量(kg/件)	厚度(mm)	备注
UC38主龙骨吊件	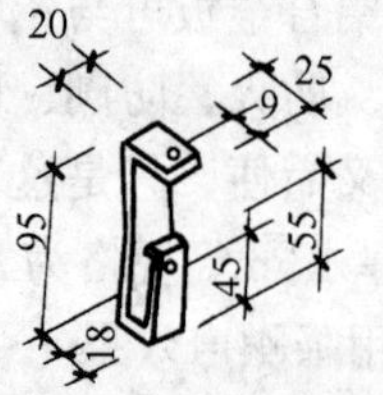	0.062	2	UC38系列	U25龙骨支托	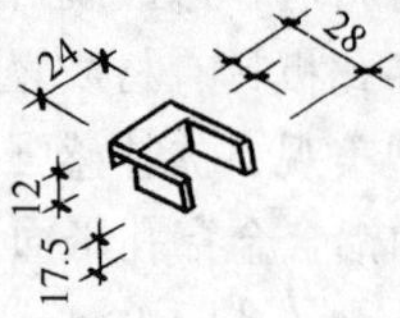	0.009	0.75	通用
UC50 UC60主龙骨吊件	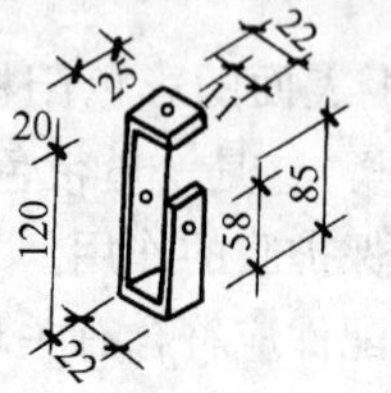	0.138	3	UC50系列	U50龙骨连接件	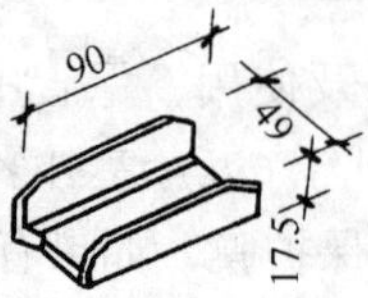	0.08	0.5	通用
		0.169		UC60系列					
UC60主龙骨吊件	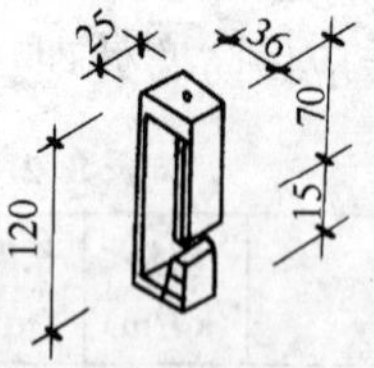	0.091	2	UC60系列	U25龙骨连接件	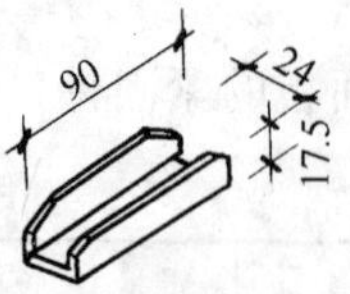	0.02	0.5	通用
U50龙骨吊挂	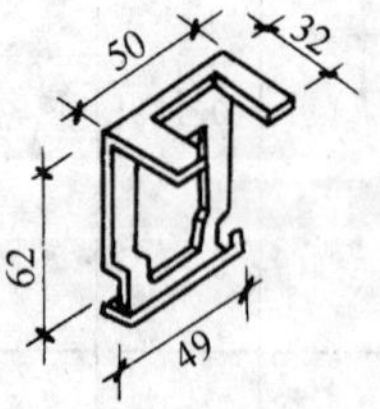	0.04	0.75	UC60系列	UC60 龙骨连接件	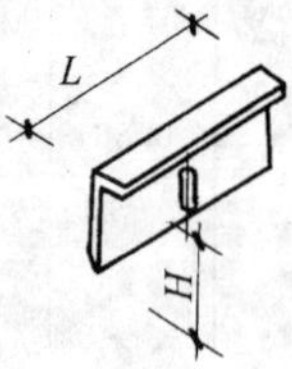	0.019	1.2	$L=100$ $H=60$
		0.024		UC50系列	UC50 龙骨连接件		0.06		$L=100$ $H=50$
		0.02		UC38系列	UC38 龙骨连接件		0.03		$L=82$ $H=39$
U25龙骨吊挂	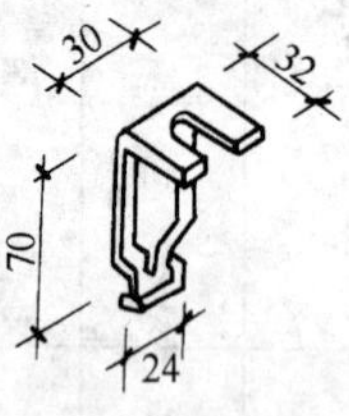	0.025	0.75	UC60系列	UC60 龙骨连接件	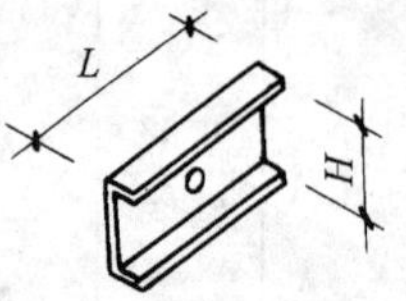	0.101	1.2	$L=100$ $H=56$
		0.015		UC50系列	UC50 龙骨连接件		0.067		$L=100$ $H=47$
		0.013		UC38系列	UC38 龙骨连接件		0.041		$L=82$ $H=35.6$
U50龙骨支托	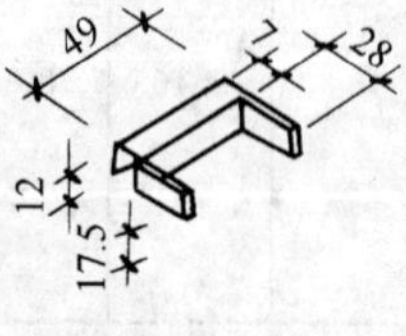	0.0135	0.75	通用					

注：零件表面镀锌。

LT 铝合金龙骨系列 **表 8.2.2（3）**

	主龙骨	主龙骨吊件	主龙骨连接件	LT-23 LT 异形 吊件	异形吊钩	三个系列通用件
TC60系列	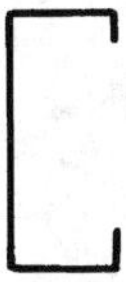		$L=100$ $H=60$	$A=31$ $B=70$	$A=31$ $B=75$	 LT-23 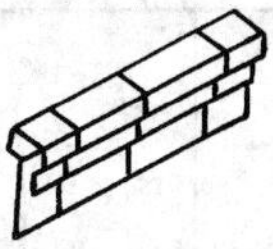　LT-23 LT-异形连接件
TC50系列			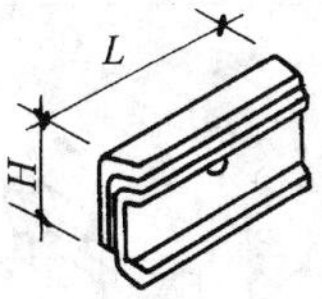 $L=100$ $H=50$	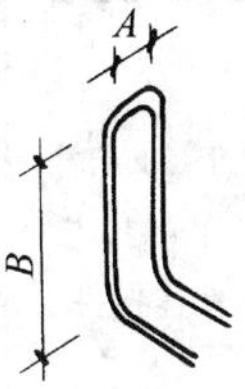 $A=16$ $B=60$	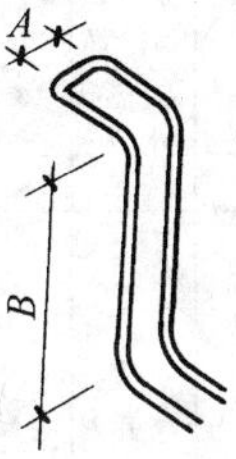 $A=16$ $B=65$	 LT-23横撑  LT-异形龙骨 　LT-23横撑连接钩
TC38系列			$L=82$ $H=39$	$A=13$ $B=48$	$A=13$ $B=55$	LT-边龙骨

注：主龙骨、吊件、连接件与 U 型三个系列通用。

LT 型铝合金龙骨零件 **表 8.2.2（4）**

代号名称	简　图	重量(kg/件)	厚度(mm)	备注	代号名称		简　图	重量(kg/件)	厚度(mm)	备　注
LT-23龙骨	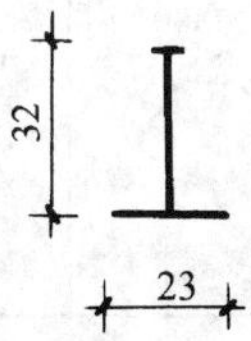 32　23	0.2	1.2		TC23吊钩	LT-23 龙骨 LT-异形龙骨吊钩	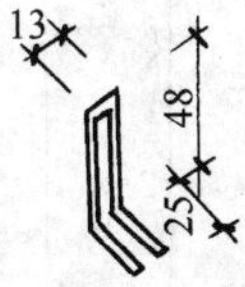 13　48　25	0.012	$\phi3.5$	10# 铅丝用于铅龙骨与主龙骨垂直时
LT-23横撑龙骨	 23	0.135	1.2		TC50吊钩	LT-23 龙骨 LT-异形龙骨吊钩	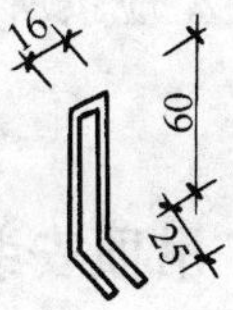 16　60　25	0.014	$\phi3.5$	

续表

代号名称	简图	重量(kg/件)	厚度(mm)	备注	代号名称	简图	重量(kg/件)	厚度(mm)	备注
LT-边龙骨	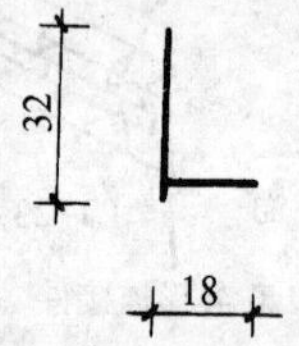 32; 18	0.15	1.2		LT 异形龙骨吊挂钩	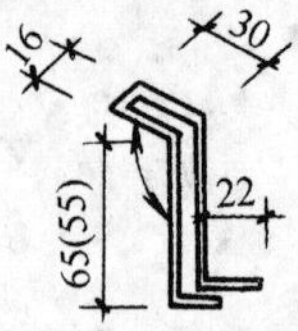 16; 30; 65(55); 22	0.019(0.017)	ϕ3.5	
					LT-23 龙骨 LT 异形龙骨连接件	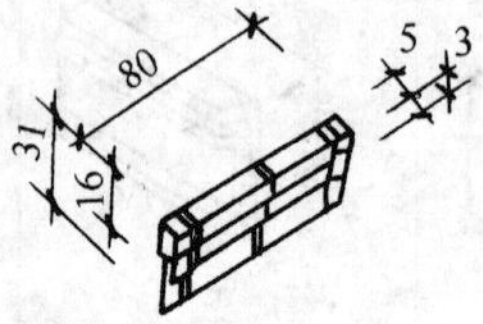 80; 5; 3; 31; 16	0.025	0.8	10# 铅丝用于铅龙骨与主龙骨垂直时
LT 异形龙骨	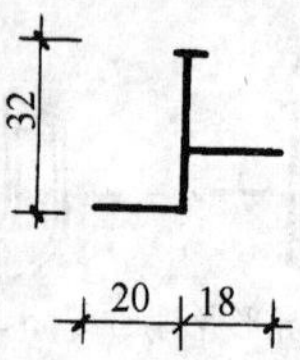 32; 20; 18	0.25	1.2		LT-23 横撑龙骨连接钩	 16; 14; 8	0.0007	0.8	

JX 型击芯铝铆钉规格及性能 表 8.2.2 (5)

简图	规格(mm) D	规格(mm) L	钻孔直径(mm)	E	W	ϕ_A	ϕ_B	铆接厚度(mm)	抗拉极限(N/只)	抗剪极限(N/只)
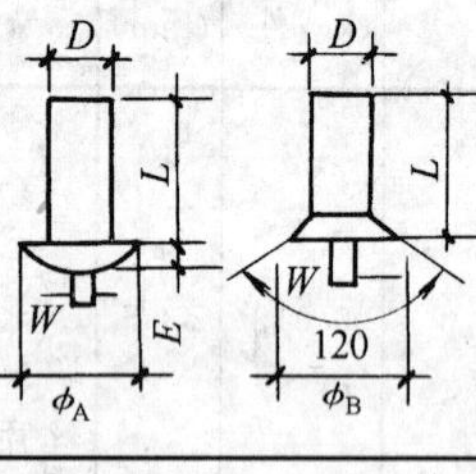 D; L; W; E; ϕ_A; D; L; W; 120; ϕ_B	2	7 9 11 13 15 17 19 21	5.1	1.8	2.8	10	9.5	4~5 6~7 8~9 10~11 12~13 14~15 16~17 18~19	3000	5000

8.2.5 胶粘剂的类型应按所用罩面板的品种配套选用。现场配制的胶粘剂，其配合比应试验确定。

8.3 吊顶安装施工工艺、操作方法及质量控制

8.3.1 吊顶安装工程施工工艺流程及操作质量控制，见图 6.8.1。

吊顶工程施工工艺流程控制程序

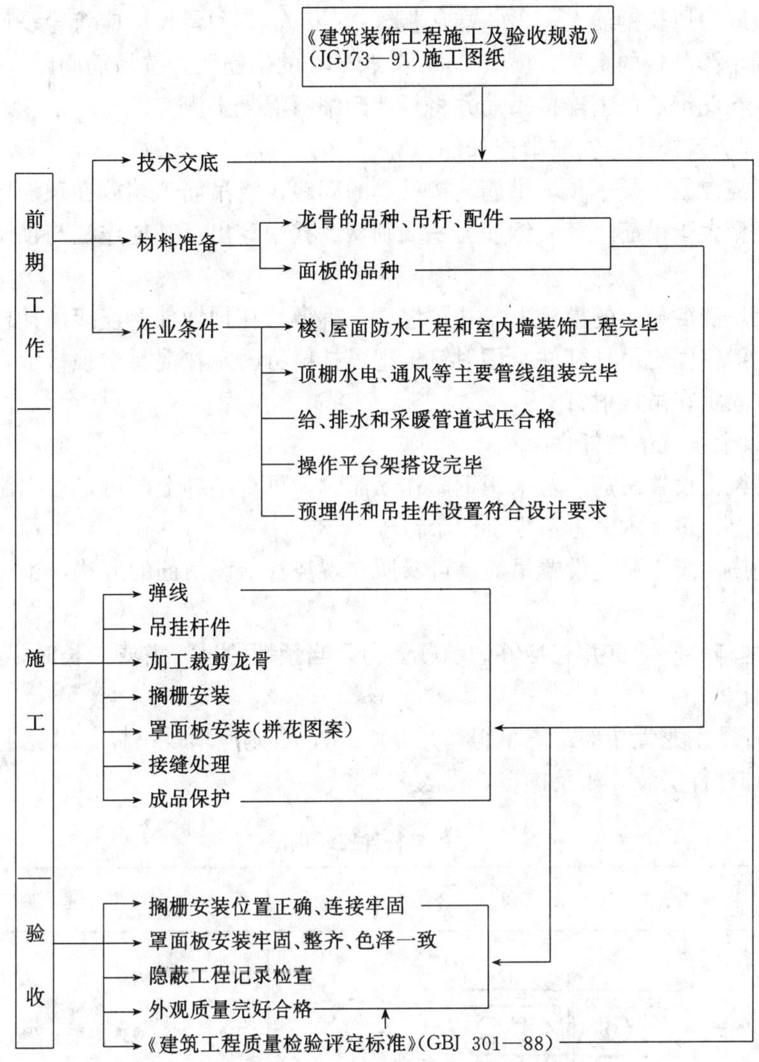

图 6.8.1 吊顶工程施工工艺流程控制程序

8.3.2 吊顶工程施工技术要点及操作方法、质量控制应符合以下规定：

(1) 弹线

用水准仪在房间内每个墙（柱）角上抄出水平点（若墙体较长，中间也应适当抄几个点），弹出水准线（水准线距地面一般为500mm），从水准线量至吊顶设计高度加上12mm（一层石膏板的厚度），用粉线沿墙（柱）弹出水准线，即为吊顶次龙骨的下皮线。同时，按吊顶平面图，在混凝土顶板上弹出主龙骨的位置线。主龙骨应从吊顶中心向两边分，最大间距为1.100mm。

(2) 固定吊挂杆件

吊挂杆件是连接搁栅与楼板的承重构件，吊挂杆件的形式与选用的楼板和搁栅的形式及材料有关，也与吊顶重量有关，常见的施工安装方式有以下几种：

1）预制板缝中安装吊挂杆件

①在预制板板缝中浇灌细石混凝土时，沿板缝通长设置 $\phi 8 \sim \phi 12$ 钢筋，将吊筋一端打弯，勾于板缝中通长钢筋上，吊一端从板缝中抽出，其预留长度应符合设计要求。

②在两个预制板的板顶，横放 400mm 长 $\phi 12$ 的钢筋段，按吊筋间距，每 1.100mm 左右放一个。在此钢筋段上连接吊筋并将板缝用细石混凝土灌实。

2）在现浇筑楼板上安放吊挂杆件

①在现浇混凝土板中预埋吊筋。按吊筋的间距，将吊筋一端放在现浇层中，在横板上钻孔，孔径稍大于吊筋直径，钢筋另一端则从此孔中穿出。其他作法与预制板中吊筋的相同。

②先在现浇混凝土的模板上放置预埋件，拆模后在预埋件上连接吊挂杆件。

③采用射钉固定吊挂杆件。用射钉枪把吊挂射钉固定在混凝土顶板上，然后把带有 T 形吊挂铁件固定在吊挂射钉上。

3）在梁上设置吊挂杆件

①木制梁上设置吊筋，若采用钢筋作吊筋时，可直接绑上即可，若木制吊筋，可用铁钉将吊筋钉上，每个木吊上不少于两个钉子。

②在钢筋混凝土梁上设置吊筋，可参照在现浇板上设吊筋的方法，也可采用射钉方法设置吊挂杆件。

4）吊挂杆件应通直并有足够的承载能力。当预埋的吊杆需要接长时，必须搭接焊牢，焊缝要均匀饱满。

5）吊杆距主龙骨端部距离不得超过 300mm，否则应增设吊杆，以免主龙骨下坠。

6）吊挂杆件安装方法及构造，见表 8.3.2。

吊挂杆件安装构造 **表 8.3.2**

节 点 图 示	技 术 说 明
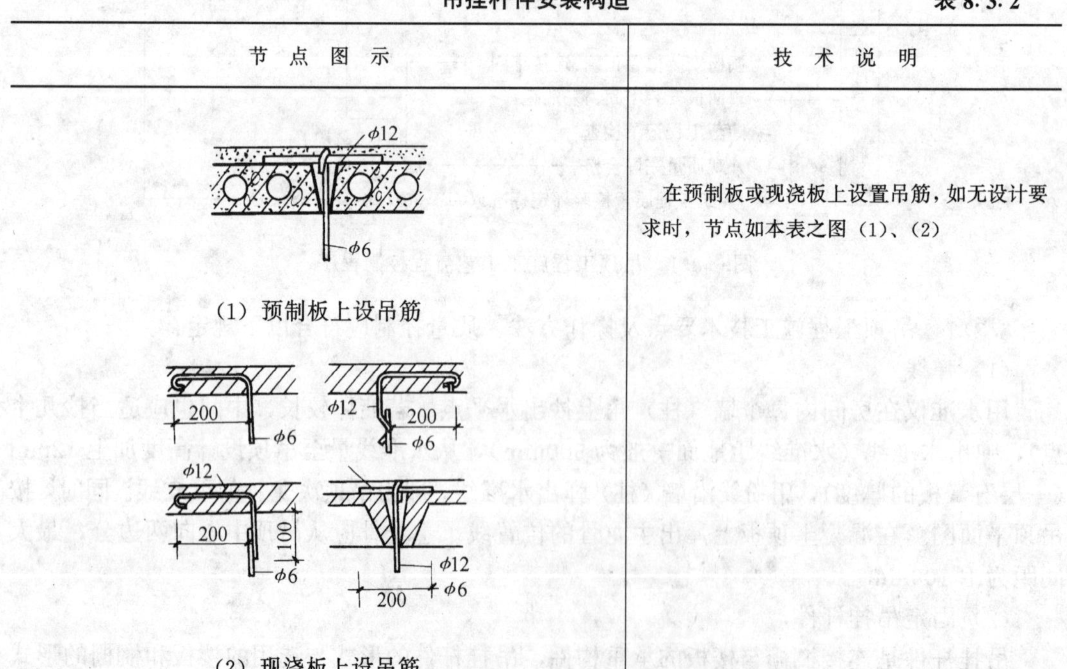 （1）预制板上设吊筋 （2）现浇板上设吊筋	在预制板或现浇板上设置吊筋，如无设计要求时，节点如本表之图（1）、（2）

续表

节点图示	技术说明
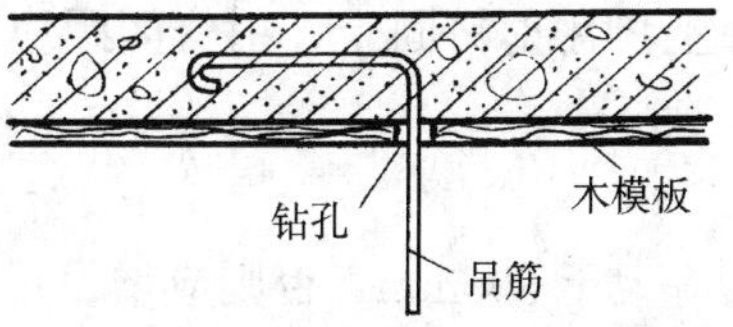 钻孔 木模板 吊筋 (3) 吊筋伸出模板方法	在现浇板上安放吊筋 (1) 在现浇混凝土楼板时，按吊筋间距，将吊筋一端放在现浇层中，在木模板上钻孔，孔径稍大于钢筋直径，钢筋另一端从此孔中穿出。其他与在预制板中设吊筋方法相同，见本表图 (3)
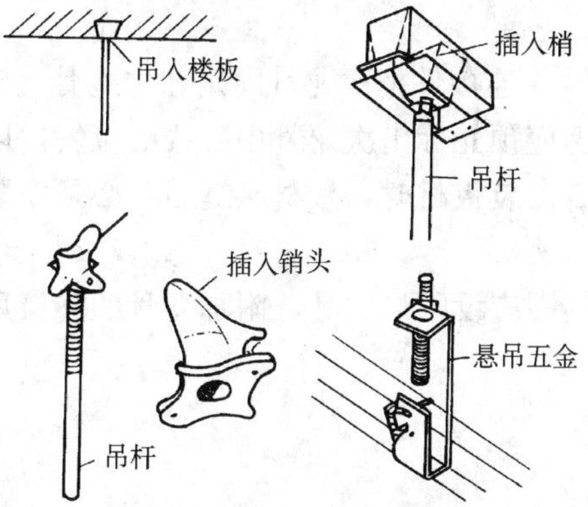 吊入楼板 插入梢 吊杆 插入销头 悬吊五金 吊杆 (4) 吊顶埋件	(2) 在现浇混凝土时，先在模板上放置预埋件，拆模后，在埋件上连接吊筋见本表图 (4) (3) 用射钉枪将射钉打入板底，在射钉上穿铜丝绑扎龙骨或射钉上焊接吊筋，但对于荷载较大的顶棚应谨慎选用
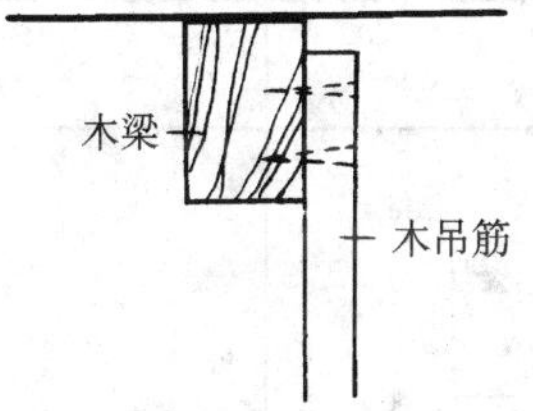 木梁 木吊筋 (5) 木梁上吊筋	在梁上设吊筋 (1) 在木梁或木条上设吊筋，若采用钢筋作吊筋，可直接绑上即可，若为木吊筋，可用铁钉将吊筋钉牢，每个木吊筋不少于两个钉子，见本表图 (5)
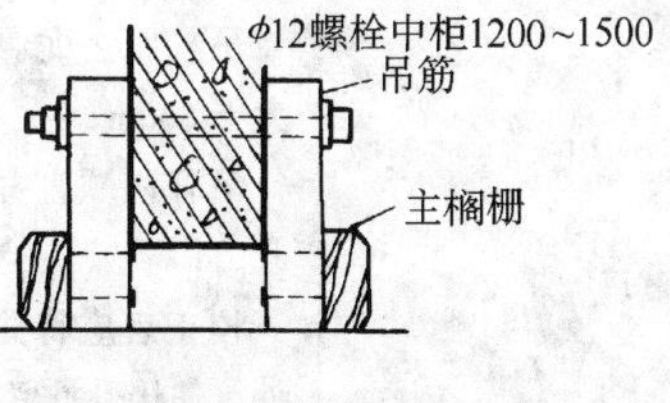 ϕ12螺栓中柜1200~1500 吊筋 主搁栅 (6) 钢筋混凝土梁上吊筋	在钢筋混凝土梁上设吊筋，可参照在现浇板上设吊筋方法。也可在梁中设横向螺栓固定木吊筋见本表图 (6)

(3) 搁栅安装

搁栅是吊顶中“承上启下”的构件，它与吊挂杆件连接，并为面层装饰板提供安装节点。普通的不上人吊顶一般用木、型钢、轻钢作搁栅，或铝合金搁栅；上人的吊顶，则要用型钢或大断面木搁栅，然后在搁栅上做人行通道。

1）安装边龙骨

边龙骨的安装应按设计要求弹线，沿墙（柱）上的水平龙骨线把∟形镀锌轻钢条用自攻螺丝固定在预埋木砖上；如为混凝土墙（柱）上可用射钉固定，射钉间距应不大于吊顶次龙骨的间距。

2）安装主龙骨

主龙骨应吊排在吊杆上。主龙骨的悬臂段不应大于300mm，否则应增设吊杆，以免主龙骨下坠。主龙骨的接长应采取对接，相邻龙骨的对接接头要相互错开。主龙骨挂好后应基本调平。

3）安装次龙骨

次龙骨应紧贴主龙骨安装。用T形镀锌铁片连接件把次龙骨固定在主龙骨上时，次龙骨的两端应搭在∟形边条的水平翼缘上。墙上应预先标出次龙骨中心线的位置，以便安装罩面板时找到次龙骨的位置。当用自攻螺丝钉安装板材时，板材接缝处，必须安装在宽度不小于40mm的次龙骨上。

次龙骨不得搭接。在通风、水电等洞口周围应设附加龙骨，附加龙骨的连接用拉铆钉铆固。

4）吊顶安装构造节点

附件8.4　吊顶安装构造示意图

附表8.4

图　　示	技术说明
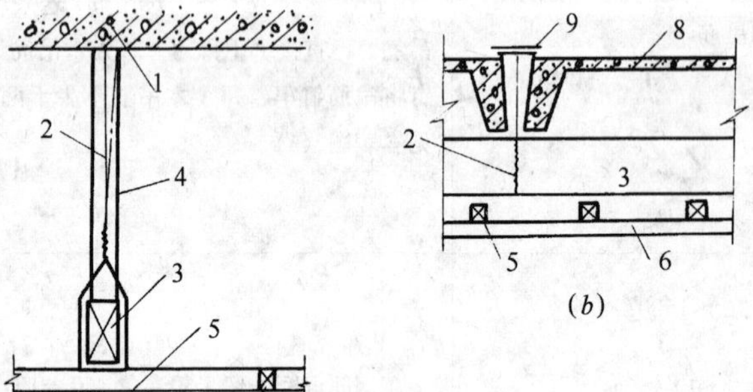 (a)　(b) （1）在混凝土楼板下用铁丝吊挂的吊顶 (a) 现浇楼板；(b) 预制屋面板 1—板内主筋；2—8号铁丝；3—大吊顶搁栅； 4—立撑木（40×40@1200）；5—吊顶搁栅；6—吊顶面层； 7—横撑；8—屋面板；9—固定钢筋（ϕ8×80）	在混凝土楼板下采用8号镀锌铁丝吊挂吊顶的结构形式。 吊杆距主龙骨端部距离不得大于300m； 吊杆应顺直并应有足够的承载力； 校正后应将龙骨的所有吊挂件、连接件拧紧或夹紧

续表

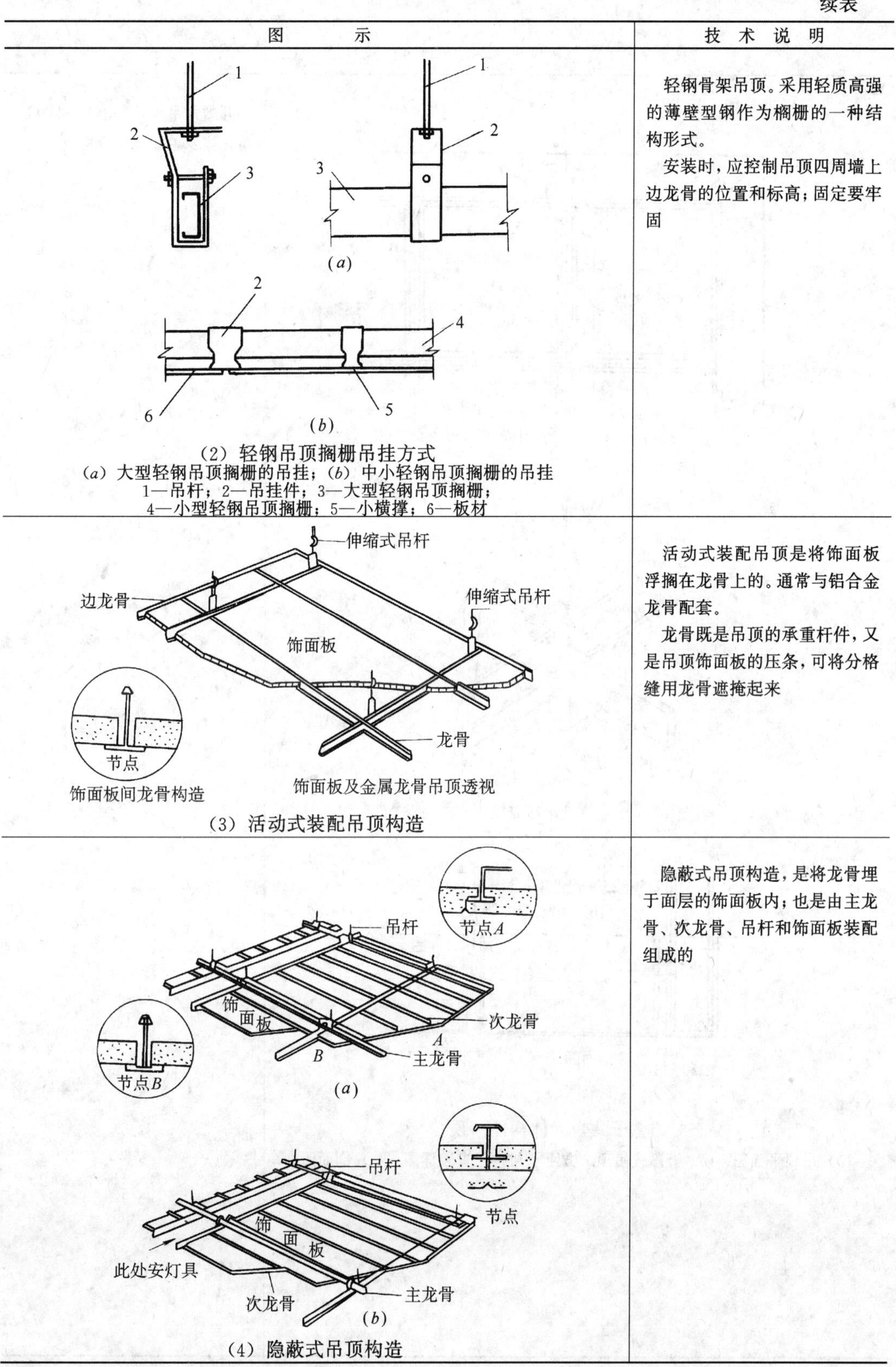

图　　示	技 术 说 明
(2) 轻钢吊顶搁栅吊挂方式 (a) 大型轻钢吊顶搁栅的吊挂；(b) 中小轻钢吊顶搁栅的吊挂 1—吊杆；2—吊挂件；3—大型轻钢吊顶搁栅； 4—小型轻钢吊顶搁栅；5—小横撑；6—板材	轻钢骨架吊顶。采用轻质高强的薄壁型钢作为搁栅的一种结构形式。 安装时，应控制吊顶四周墙上边龙骨的位置和标高；固定要牢固
(3) 活动式装配吊顶构造	活动式装配吊顶是将饰面板浮搁在龙骨上的。通常与铝合金龙骨配套。 龙骨既是吊顶的承重杆件，又是吊顶饰面板的压条，可将分格缝用龙骨遮掩起来
(4) 隐蔽式吊顶构造	隐蔽式吊顶构造，是将龙骨埋于面层的饰面板内；也是由主龙骨、次龙骨、吊杆和饰面板装配组成的

续表

<table>
<tr><th>图　示</th><th>技术说明</th></tr>
<tr><td>
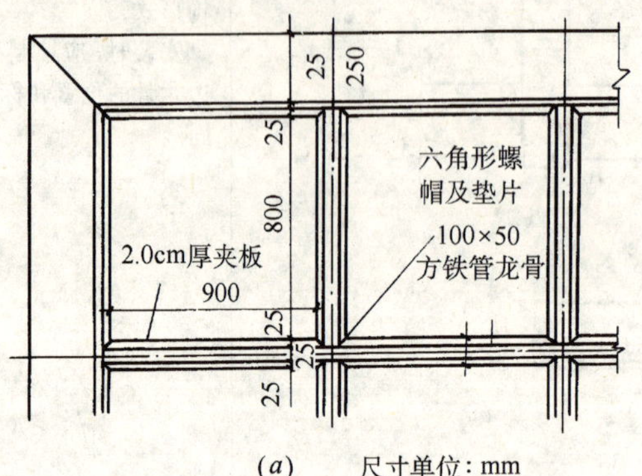

(a)　尺寸单位：mm

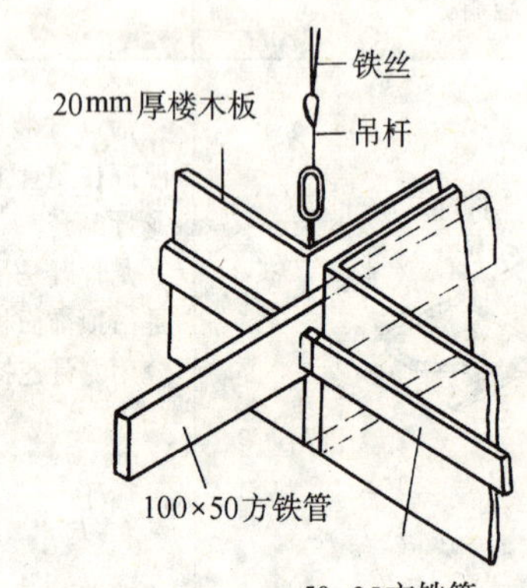

(b)

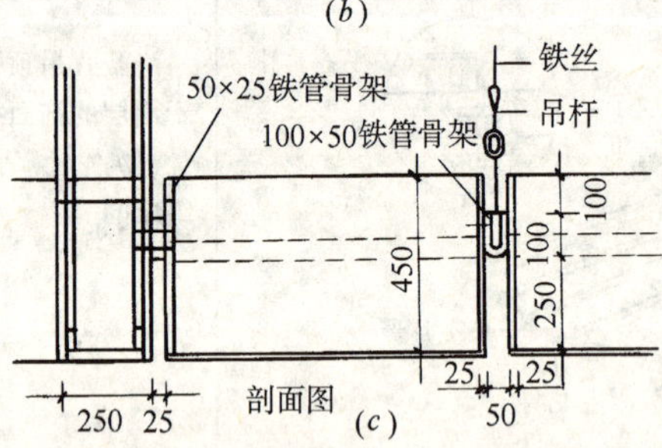

(c)

（5）方盒子式单元体构件吊顶

(a) 吊顶平面图；(b) 开敞式吊顶、方匣子与构架安装详图；(c) 剖面图
</td><td>开敞式吊顶，是由特定形状的单元体及单元体组合构成</td></tr>
</table>

续表

图示	技术说明
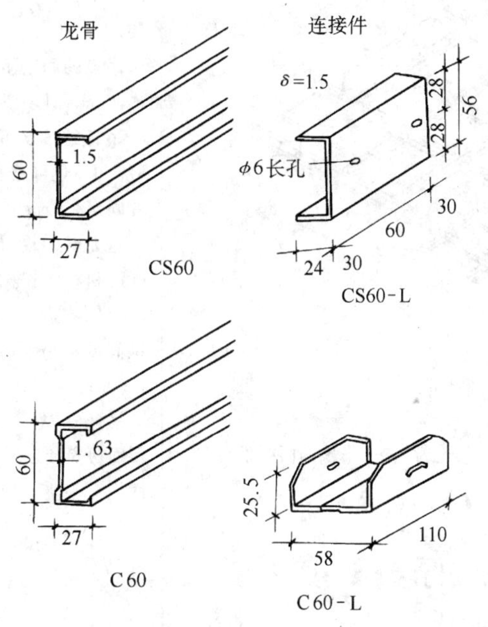 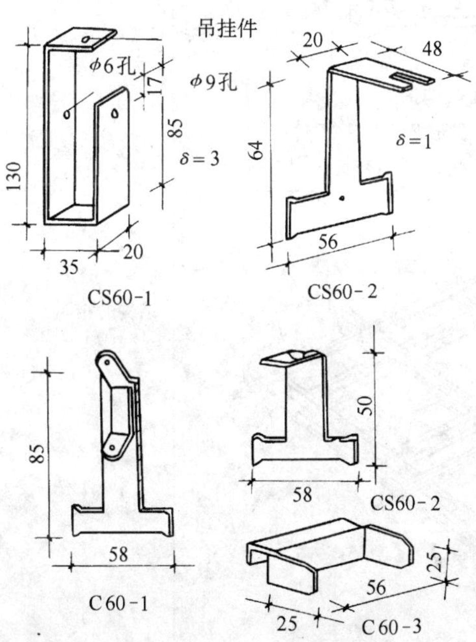 (6) 轻钢吊顶龙骨及配件	金属龙骨分有薄壁型龙骨钢和镀锌铁皮挤压成型的轻钢龙骨。也包括主龙骨、次龙骨和连接件 龙骨的断面几何形体可分为“⊥”形和“匚”形两种 配件包括吊挂件、接插件、挂插件、沉头自攻螺钉等，均为镀锌件

续表

图　　示	技 术 说 明
(7) U 型龙骨吊顶构造 1—主龙骨；2—主龙骨吊件；3—主龙骨连接件；4—龙骨吊挂；5—龙骨连接件；6—龙骨支托连接；7—横撑龙骨；8—吊顶饰面板板材 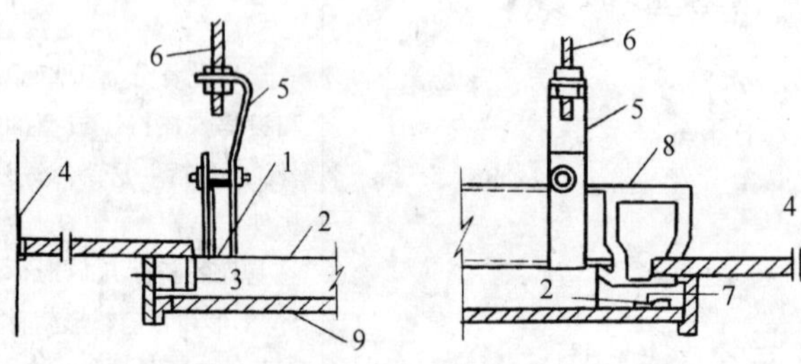 (8) U 型龙骨吊顶的节点构造 1—主龙骨；2—次龙骨；3—横撑；4—异形龙骨；5—吊件；6—吊杆；7—自攻螺丝钉；8—吊挂；9—石膏板	U 型龙骨吊顶，应根据设计标高和墙面四周的控制线进行安装； 吊点的间距不上人为 1200～1500mm，上人为 900～1200mm 吊杆的吊点可埋置在楼板混凝土中，也可用射钉将吊杆连接片固定在楼板上。 边龙骨的设置必须严格控制标高和水平平整度。 龙骨调平时，应考虑顶棚的起拱高度不小于房间短向跨度的 1/200； 吊杆、主龙骨、次龙骨及配件、罩面板安装必须牢固可靠，整体性强
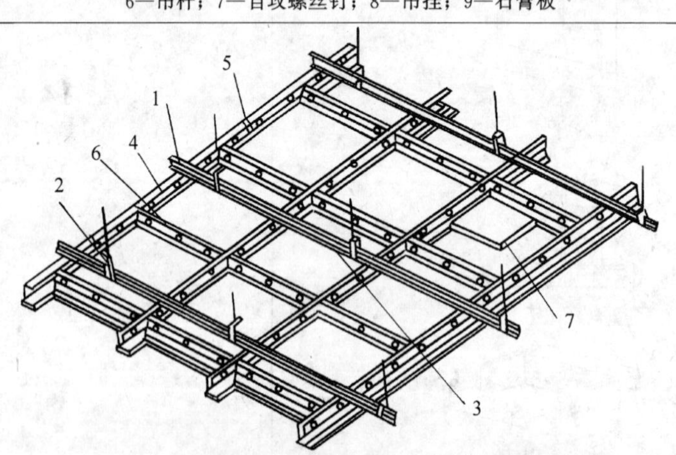 (9) T 型龙骨吊顶构造 1—主龙骨；2—主龙骨吊件；3—主龙骨连接件；4—次龙骨；5—龙骨连接件；6—横撑龙骨；7—吊顶饰面板板材	T 型龙骨吊顶节点构造及其安装的工序、工艺与 U 型龙骨结构的相同

续表

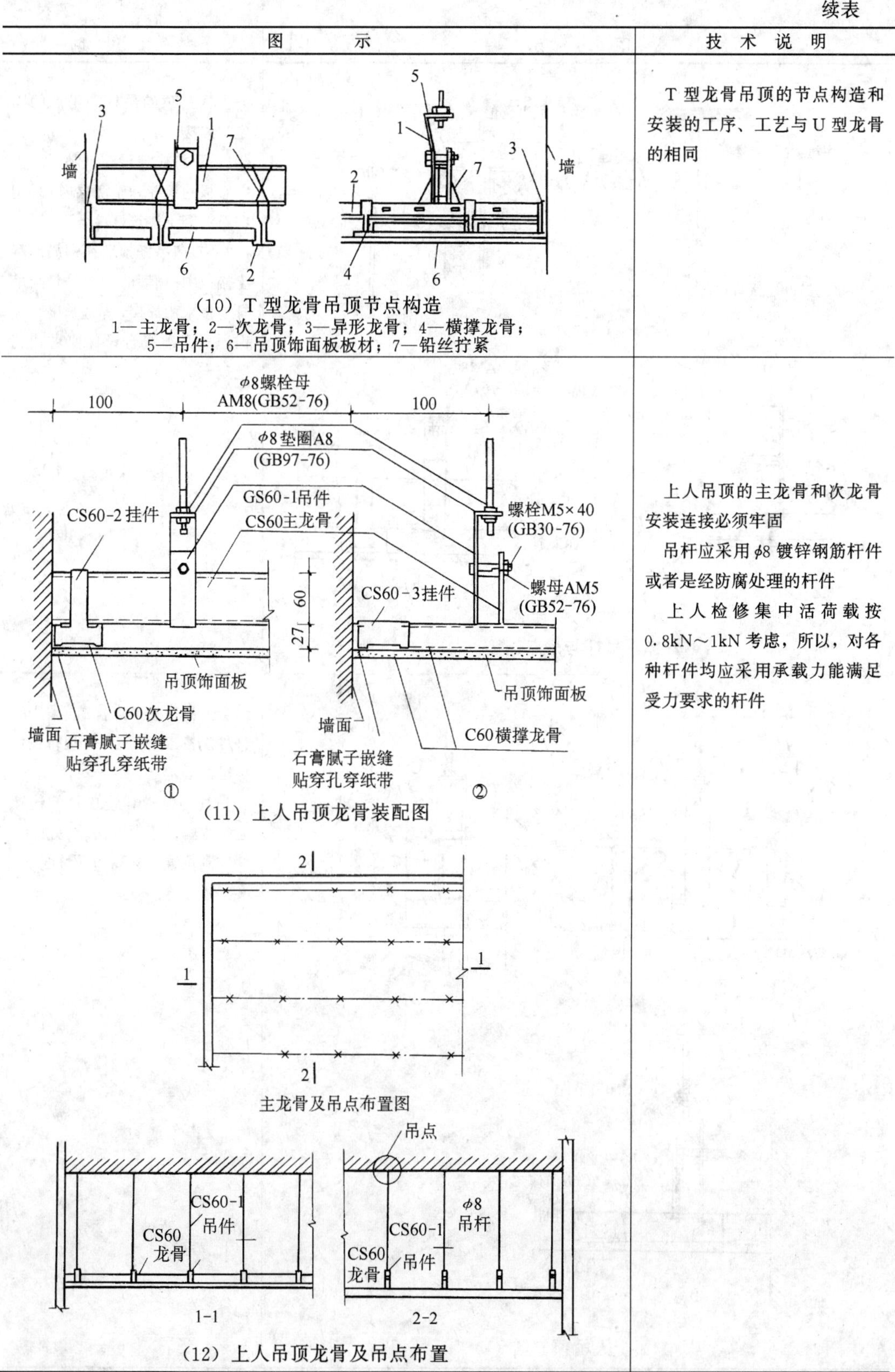

图　　　示	技 术 说 明
（10）T型龙骨吊顶节点构造 1—主龙骨；2—次龙骨；3—异形龙骨；4—横撑龙骨；5—吊件；6—吊顶饰面板板材；7—铅丝拧紧	T型龙骨吊顶的节点构造和安装的工序、工艺与U型龙骨的相同
（11）上人吊顶龙骨装配图 （12）上人吊顶龙骨及吊点布置	上人吊顶的主龙骨和次龙骨安装连接必须牢固 吊杆应采用φ8镀锌钢筋杆件或者是经防腐处理的杆件 上人检修集中活荷载按0.8kN～1kN考虑，所以，对各种杆件均应采用承载力能满足受力要求的杆件

续表

<table>
<tr><th>图 示</th><th>技 术 说 明</th></tr>
<tr><td>
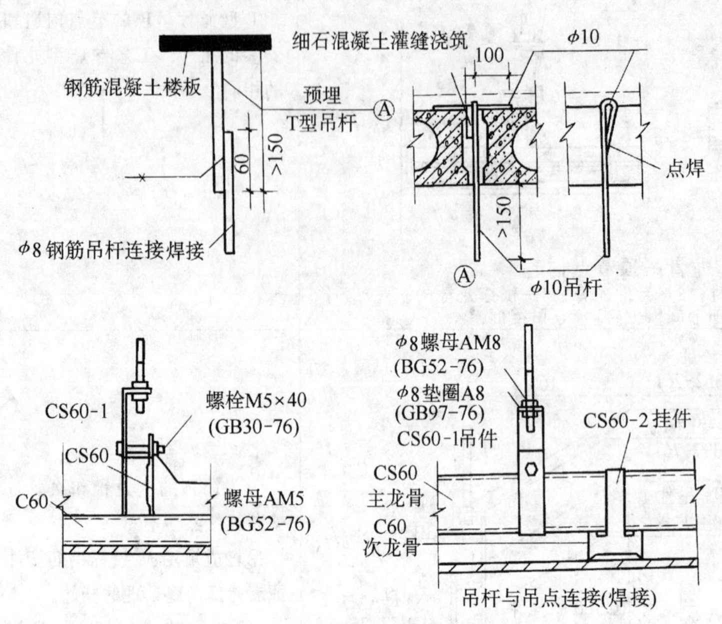

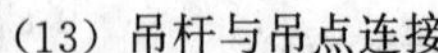
(13) 吊杆与吊点连接
</td><td>
上人吊顶的吊杆和吊点的固定与连接

1 吊杆应埋设在预制混凝土空心板的板缝和整浇层内(采用细石混凝土浇筑);

2 T型吊杆预埋在钢筋混凝土楼板中;预埋的T型吊杆与吊杆连接采用焊接,焊缝长度和焊肉质量必须符合设计要求和规范规定
</td></tr>
<tr><td>
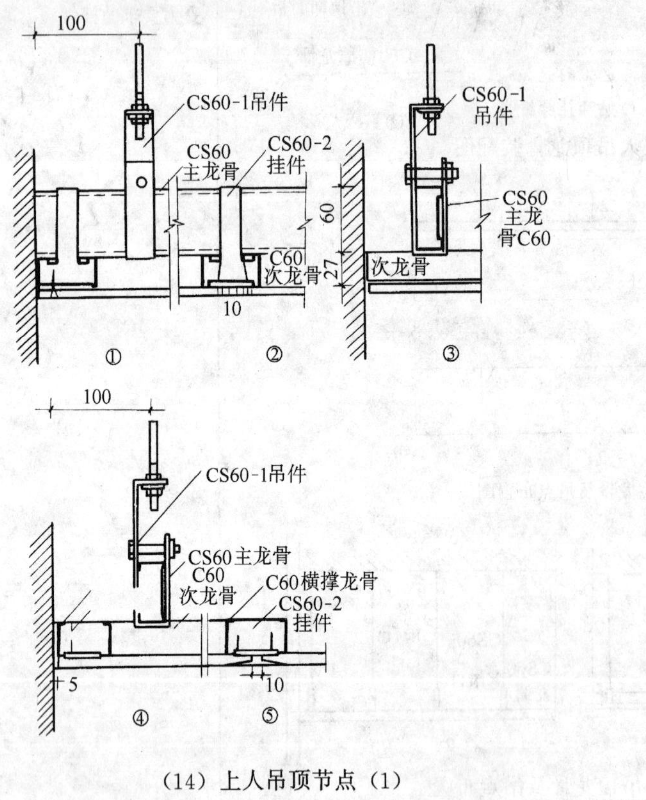

(14) 上人吊顶节点 (1)
</td><td>
上人吊顶的节点构造。采用的杆件规格、型号应符合现行技术标准的规定

吊杆与龙骨和连接件的连接必须牢固,不得有松动现象;

控制位置、标高和平整度
</td></tr>
</table>

续表

<table>
<tr><th>图　　示</th><th>技 术 说 明</th></tr>
<tr><td>
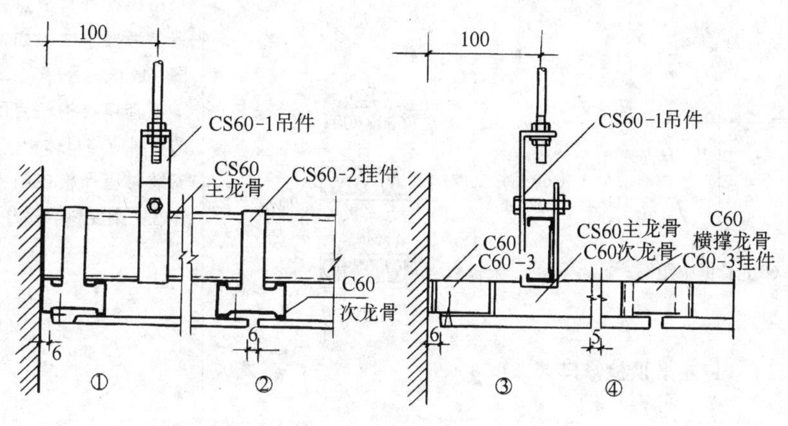

（15）上人吊顶节点（2）
</td><td>
上人吊顶的节点构造。采用的杆件规格、型号应符合现行技术标准的规定

吊杆与龙骨和连接件的连接必须牢固，不得有松动现象；

控制位置、标高和平整度
</td></tr>
<tr><td>
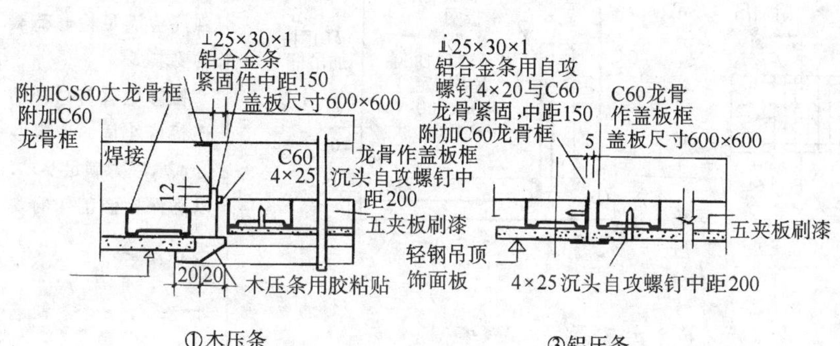

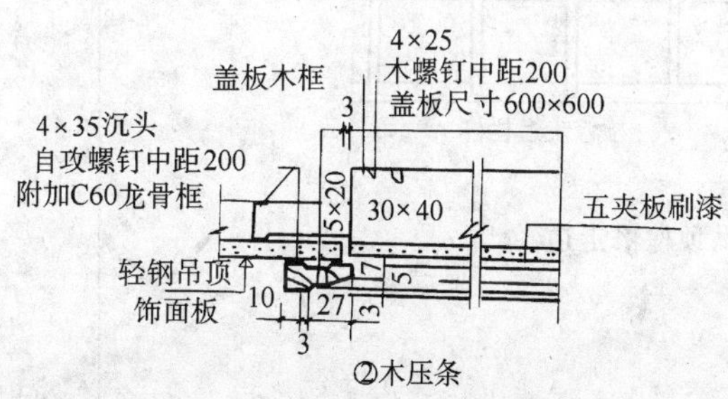

（16）吊顶检修口（一）
</td><td>
吊顶检查口节点构造参考要求之一，如本图所示。

检查口结构和使用的材料应与母体相同，安装时应严格控制整体性、刚度和承载力
</td></tr>
</table>

图示	技术说明
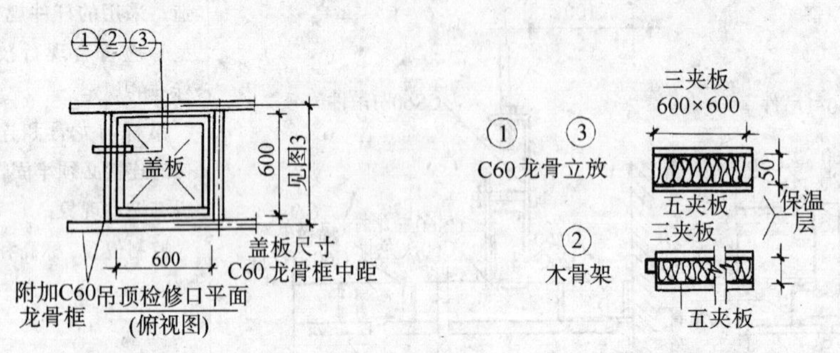 (17) 吊顶检修口(二)	吊顶检查口节点构造参考要求之二如本图(17)所示, 检查口结构和使用的材料应与母体相同,安装时应严格控制整体性、刚度和承载力
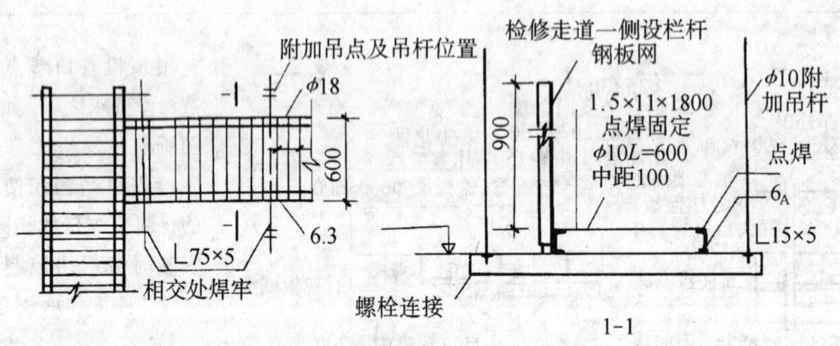 吊顶夹层检修走道平面示意图 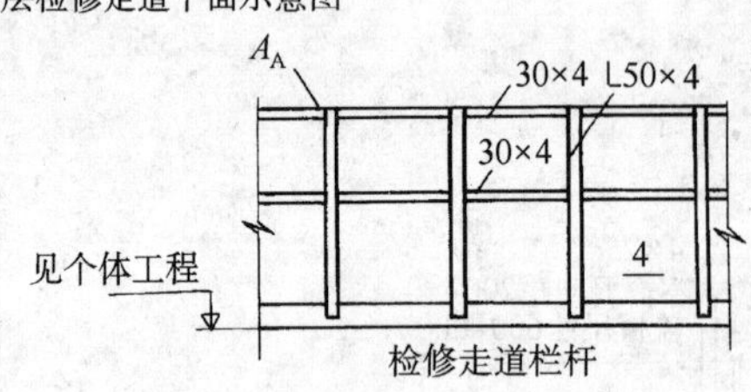 (18) 吊顶检修走道	吊顶检修走道的结构必须牢固,其焊点的强度应满足检修荷载的要求。 检修走道与栏杆的连接应牢固,稳定性好,承载力满足要求,以确保检修工作的安全

续表

<table>
<tr><th>图示</th><th>技术说明</th></tr>
<tr><td>
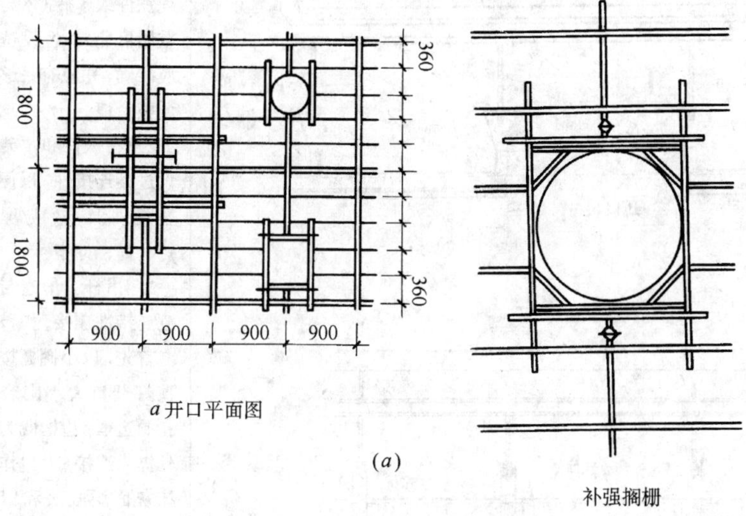

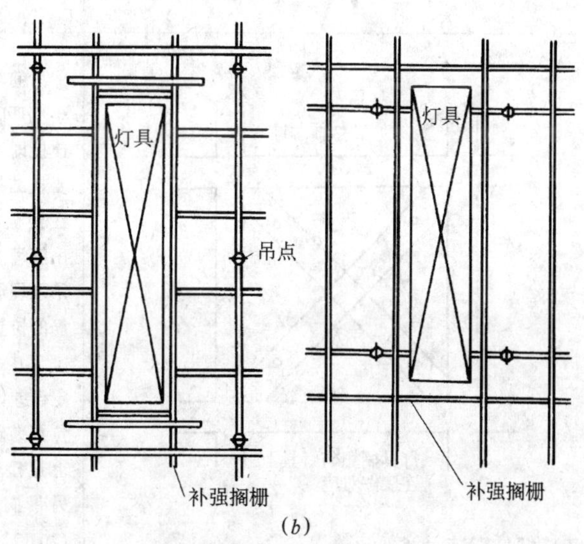

(19) 吊顶灯具开口示意
</td><td>
1 先在结构层中预埋铁件或木砖（木材承重层可免）。埋设位置应准确，并应有足够的调整余地。

2 在铁件和木砖上设过渡连接件，以便调整埋件误差，与埋件钉、焊、拧牢。

3 吊杆、吊索与过渡连接件连接。

首先，以小搁栅按吸顶灯开口大小围合成孔洞边框；边框既为灯具提供连接点，也作为抹灰面层收头和罩面面层的连接点。边框一般为矩形。大的吸顶灯可在局部补强部位加斜撑做成圆开口或方开口
</td></tr>
</table>

续表

图示	技术说明
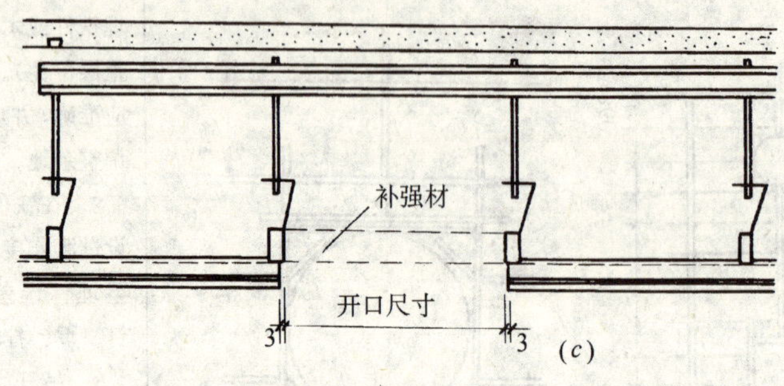 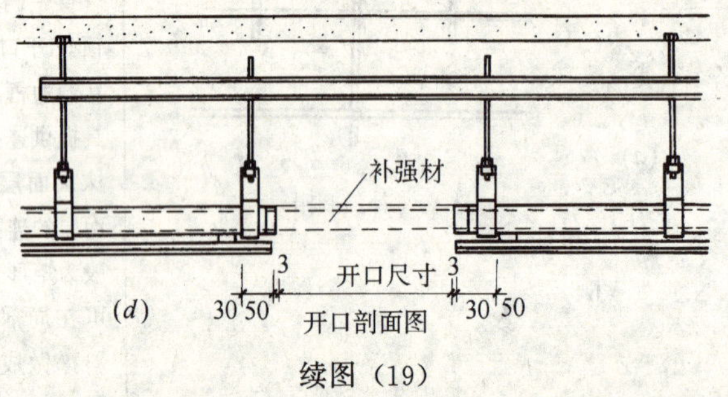 续图（19）	1　先在结构层中预埋铁件或木砖（木材承重层可免）。埋设位置应准确，并应有足够的调整余地。 2　在铁件和木砖上设过渡连接件，以便调整埋件误差，与埋件钉、焊、拧牢。 3　吊杆、吊索与过渡连接件连接。 首先，以小搁栅按吸顶灯开口大小围合成孔洞边框；边框既为灯具提供连接点，也作为抹灰面层收头和罩面面层的连接点。边框一般为矩形。大的吸顶灯可在局部补强部位加斜撑做成圆开口或方开口
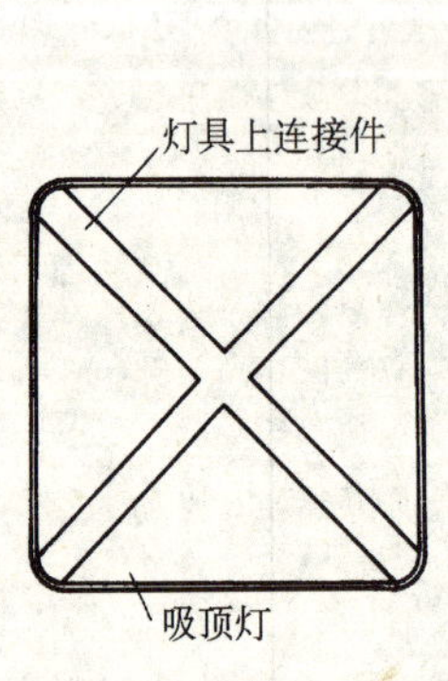 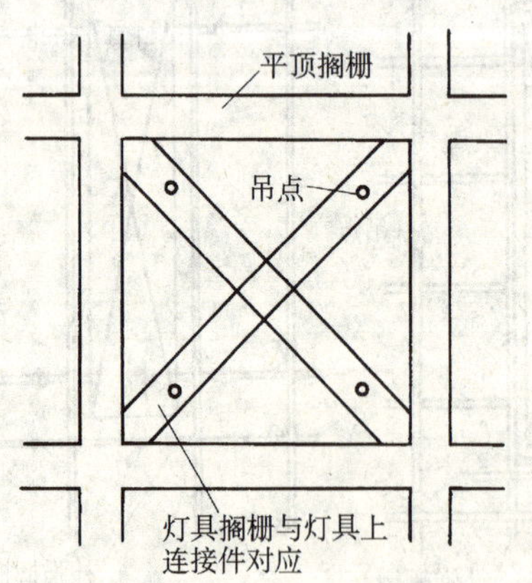 （20）灯具安装示意	吊筋与灯具的连接：小型吸顶灯只与搁栅连接即可。大型吸顶灯要从结构层单设吊筋，在楼板施工时就应把吊筋埋上，埋设方法与吊顶埋筋方法相同。埋筋的位置要求准确，但施工中不可避免有一定误差，为使灯具安装位置准确，应在与灯具上连接件相同的位置另吊搁栅，见本表图（20）

(4) 罩面板安装

吊挂顶棚罩面板常用的板材有纤维板、胶合板、塑料板、石膏板、矿棉吸音板、金属板等。选用板材应考虑牢固可靠，装饰效果好，便于施工和维修，也要考虑重量轻、防火、吸音、隔热、保温等要求。

1）面层的接缝

罩面板板材的接缝根据榈栅形式和面层材料特性决定。

①对（并）缝

面与面板在榈栅处对接。对接的罩面板板材多为采用粘结剂粘结或钉子钉结在榈栅上，接缝处当产生不平现象。除需粘紧或控制钉子的钉距不超过200mm外，还需对不平处进行修整。例如，石膏板对缝不平，可用刨子刨平等。对缝作法多用于裱糊、喷涂的面板。

②凹缝

在面板接缝处和用面板的形状和长短做出凹缝，凹缝的形式有V形和矩形两种。由面板形状形成的凹缝可不必另加处理，利用板的厚度形成的凹缝可涂刷颜色，以强调顶棚的线条和立体感，也可加金属饰板增强装饰效果。

③盖条

板缝不暴露，用次龙骨或压条将板缝盖住，避免显露接缝有宽窄不均缺陷，使板面线型更加强烈。

2）面板与龙骨的连接

①钉

用铁钉和自攻螺钉将面板固定于龙骨上。如为木龙骨时一般用铁钉固定；如为型钢龙骨用自攻螺钉固定；钉距视面板材料而异。适用于钉接的板材有石棉水泥板、钙塑板、胶合板、纤维板、铝板、木板、矿棉吸音板、石膏板等。

②粘

用各种粘结剂将饰面板板材粘结于龙骨或其他板材底层上。

矿棉吸音板采用1∶1水泥石膏粉加适量的107胶随调随用。

钙塑板可用401胶粘贴在石膏板基层上。若采用粘结再用钉结合的方式，则连接更为牢靠。

③搁

将面板直接搁于龙骨翼缘上，采用这种做法的多为薄壁轻钢龙骨榈栅、铝合金榈栅等，各种饰面板板材均可采用这种做法。

④卡

用榈栅本身或另用卡具将饰面板板材卡在榈栅上；采用这种做法的多用轻钢或型钢的榈栅。

⑤挂

利用金属挂钩将饰面板板材挂于榈栅下。采用这种做法的板材多为金属板材。

3）吊顶罩面板安装技术措施，见图6.8.2。

4）吊顶罩面板的安装构造节点，见附件8-5。

吊顶罩面板安装技术措施

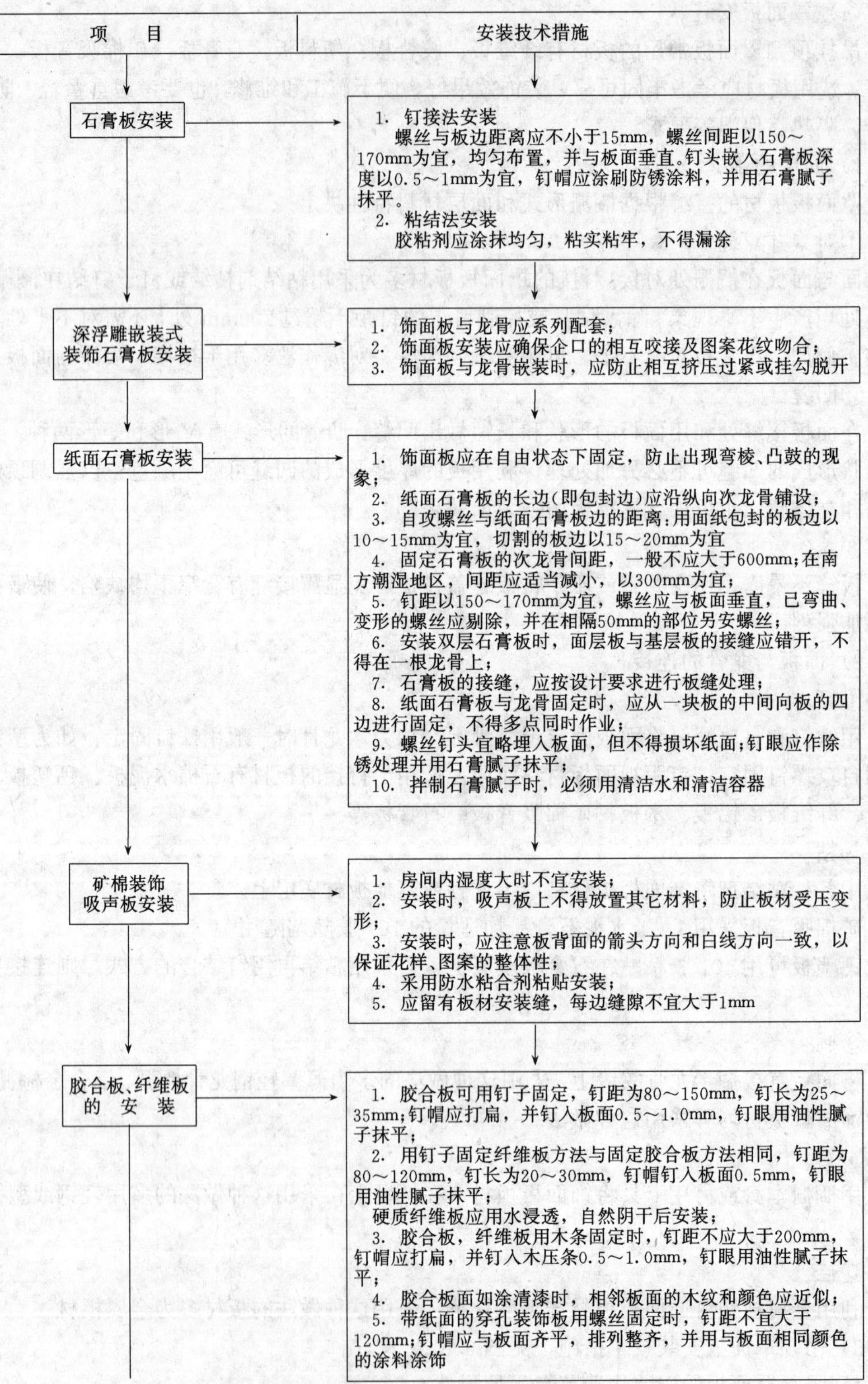

图 6.8.2　吊顶罩面板安装技术措施（一）

项　目	安装技术措施
钙塑装饰板安　　装	1. 胶粘剂粘贴时，涂胶应均匀；粘贴时，应采用临时固定措施，并应及时擦去挤出的胶液； 2. 用钉固定时，钉距不宜大于150mm，钉帽应与板面齐平，排列整齐，并用与板面颜色相同的涂料涂饰； 3. 装饰板的交角处，用塑料装饰小花固定时，应使用木螺丝，并在小花之间沿板边按等距离加钉固定 用压条固定时，压条应平直且接口严密，不得翘曲
塑料板安装	安装塑料贴面复合板时，应先钻孔，后用木螺丝和垫圈或金属压条固定 用木螺丝时，钉距一般为400～500mm，钉帽应排列整齐； 用金属压条时，先用钉将塑料贴面复合板临时固定，然后加盖金属压条，压条应平直且接口严密
纤维水泥加压板　安　装	1. 龙骨间距、螺丝与板边的距离，及螺丝间距等应满足设计要求和有关产品的要求； 2. 纤维水泥加压板与龙骨固定时，所用手电钻钻头的直径应比选用螺钉直径小0.5～1.0mm；固定后，钉帽应作防锈处理，并用油性腻子嵌平； 3. 用密封膏、石膏腻子或掺聚乙烯醇缩甲醛(107)胶的水泥砂浆嵌涂板缝并刮平，硬化后用砂纸磨光，板缝宽度应小于50mm； 4. 板材的开孔和切割，应按产品的有关要求进行
金属装饰板安　　装	1. 条板式吊顶龙骨一般可直接吊挂，也可以增加主龙骨，主龙骨间距不大于1200mm，条板式吊顶龙骨形式应与条板配套； 2. 方板吊顶次龙骨分明装T型和暗装卡口两种，可根据金属方板式样选定；次龙骨与主龙骨间用固定件连接； 3. 金属格栅的龙骨可明装也可暗装，龙骨间距由格栅做法确定； 4. 金属板吊顶与四周墙面所留空隙，用露明的金属压缝条或补边吊顶找齐，金属压缝条的材质应与金属面板相同

图 6.8.2　吊顶罩面板安装技术措施（二）

附件 8.5　罩面板安装构造节点示意图

附表 8.5

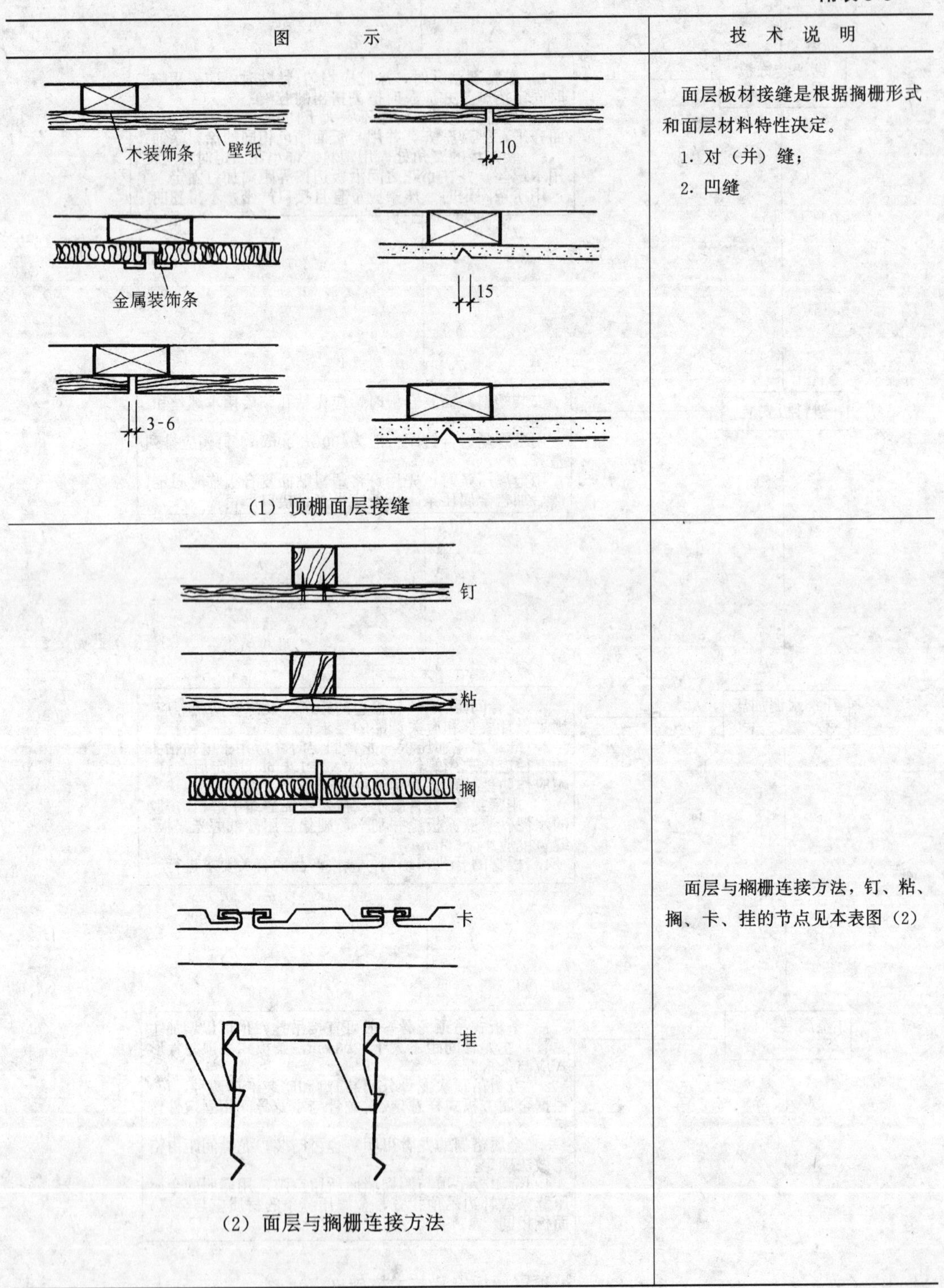

(1) 顶棚面层接缝

面层板材接缝是根据搁栅形式和面层材料特性决定。

1. 对（并）缝；

2. 凹缝

(2) 面层与搁栅连接方法

面层与搁栅连接方法，钉、粘、搁、卡、挂的节点见本表图（2）

图　　示	技 术 说 明
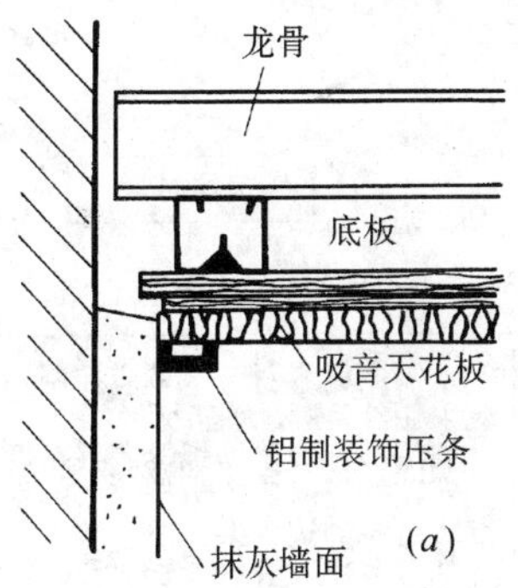 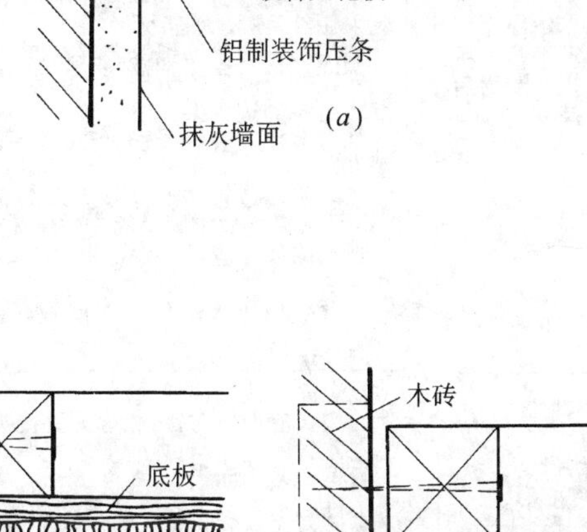 （3）顶棚装饰压条	在顶棚与墙体交接处，边缘线条的处理应加注意。边缘线条一般为另加装饰压条或由顶棚边缘凹入形成。装饰压条可与搁栅也可与墙内预埋件连接，一般在板面安装后再加装饰压条，但也有先装装饰压条，后装饰面板的，所以，应参照施工图节点，确定施工顺序

8.4　吊顶工程常见质量通病及预控对策

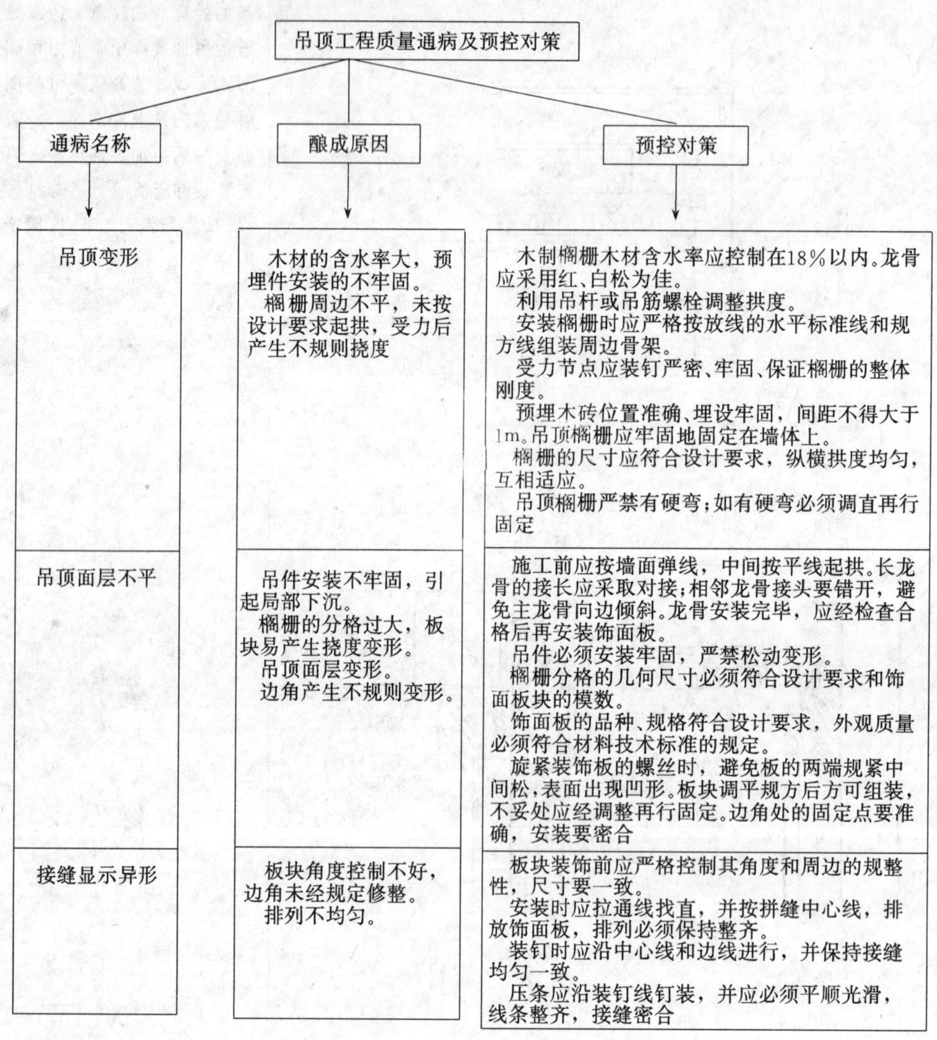

吊顶工程质量通病及预控对策

通病名称	酿成原因	预控对策
吊顶变形	木材的含水率大，预埋件安装的不牢固。 搁栅周边不平，未按设计要求起拱，受力后产生不规则挠度	木制搁栅木材含水率应控制在18%以内。龙骨应采用红、白松为佳。 利用吊杆或吊筋螺栓调整拱度。 安装搁栅时应严格按放线的水平标准线和规方线组装周边骨架。 受力节点应装钉严密、牢固、保证搁栅的整体刚度。 预埋木砖位置准确、埋设牢固，间距不得大于1m。吊顶搁栅应牢固地固定在墙体上。 搁栅的尺寸应符合设计要求，纵横拱度均匀，互相适应。 吊顶搁栅严禁有硬弯；如有硬弯必须调直再行固定
吊顶面层不平	吊件安装不牢固，引起局部下沉。 搁栅的分格过大，板块易产生挠度变形。 吊顶面层变形。 边角产生不规则变形。	施工前应按墙面弹线，中间按平线起拱。长龙骨的接长应采取对接；相邻龙骨接头要错开，避免主龙骨向边倾斜。龙骨安装完毕，应经检查合格后再安装饰面板。 吊件必须安装牢固，严禁松动变形。 搁栅分格的几何尺寸必须符合设计要求和饰面板块的模数。 饰面板的品种、规格符合设计要求，外观质量必须符合材料技术标准的规定。 旋紧装饰板的螺丝时，避免板的两端规紧中间松，表面出现凹形。板块调平规方后方可组装，不妥处应经调整再行固定。边角处的固定点要准确，安装要密合
接缝显示异形	板块角度控制不好，边角未经规定修整。 排列不均匀。	板块装饰前应严格控制其角度和周边的规整性，尺寸要一致。 安装时应拉通线找直，并按拼缝中心线，排放饰面板，排列必须保持整齐。 装钉时应沿中心线和边线进行，并保持接缝均匀一致。 压条应沿装钉线钉装，并应必须平顺光滑，线条整齐，接缝密合

图 6.8.3　吊顶工程质量通病及预控对策

9 隔断工程施工技术措施控制要点

隔断是分隔建筑物内部空间的非承重构件，隔断（墙）要求：自重轻，以减轻楼板的荷载；厚度薄，以增加房间的有效面积；此外还要求便于拆移和具有一定的刚度。某些隔断（墙）还有对隔声、耐火、耐腐蚀以及通风、透光等要求。

隔断（墙）的类型很多，按使用状况可分：永久性隔断、可折叠隔断、可拆装隔断等。隔断的结构如下：

隔断(墙) 的结构——由木骨架、板条和抹灰层组成。
└─由龙骨(架) 与板材组成。有木龙骨、石膏龙骨、轻钢龙骨等几种，其尺寸应在满足受力要求的前提下，与所用板材规格相适应。

9.1 一般性技术规定

9.1.1 隔断工程所用材料的品种、规格、颜色以及隔断的构造、固定方法，均应符合设计要求。

9.1.2 隔断的龙骨和罩面板必须完好，不得有损坏、变形弯折、翘曲、边角缺损、生锈等现象；并应注意被碰撞和受潮。

9.1.3 电器配件的安装，应嵌装牢固，表面应与罩面的底面齐平。

9.1.4 门窗框与隔断相接处应符合设计要求。

9.1.5 隔断的下端如用木踢脚板覆盖，隔断的罩面板下端应离地面 20～30mm；如用大理石、水磨石踢脚时，罩面板下端应与踢脚板上口齐平，接缝要严密。

9.1.6 隔断安装后，应采取保护措施，防止损坏。

9.2 材料质量控制

9.2.1 罩面板应表面平整、边缘整齐，不应有污垢、裂纹、缺角、翘曲、起皮、色差、图案不完整等缺陷。胶合板、木质纤维板不应脱胶、变色和腐朽。

9.2.2 各类龙骨、配件和罩面板材料的材质均应符合现行国家标准、行业标准的规定。

9.2.3 罩面板的安装宜使用镀锌的螺丝、钉子。接触砖石、混凝土的木龙骨和预埋的木砖应作防腐处理。

9.2.4 通常隔墙使用的轻钢龙骨为C型隔墙龙骨，其中分为三个系列，经与轻质板材组合即可组成隔断墙体。

C 型装配式龙骨系列：

(1) C50 系列可用于层高 3.5m 以下隔墙；

(2) C75 系列可用于层高 3.5～6m 的隔墙；

(3) C100 系列可用于层高 6m 以上的隔墙。

其主件及配件的尺寸及性能见表 9.2.4 (1) 和表 9.2.4 (2)。

C 型轻钢龙骨主件 **表 9.2.4** (1)

名称	沿顶沿地龙骨			加强龙骨			竖向龙骨				横撑龙骨	
简图	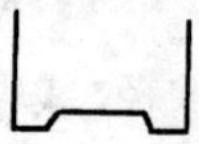			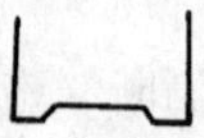			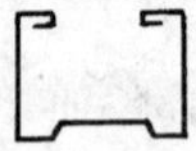					
断面 (mm)	52×40 ×0.8	76.5×40 ×0.8	102×40 ×0.8	50×40 ×1.5	75×40 ×1.5	100×40 ×1.5	50×50 ×0.8	75×50 ×0.5	75×50 ×0.8	100×50 ×0.8	20×12 ×1.2	38×12 ×1.2
重量 (kg/m)	0.82	1.00	1.13	1.5	1.77	2.06	1.12	0.79	1.26	1.44	0.41	0.58

C 型轻钢龙骨配件 **表 9.2.4** (2)

名称	支撑卡			卡托		
	50 系列	75 系列	100 系列	50 系列	75 系列	100 系列
简图	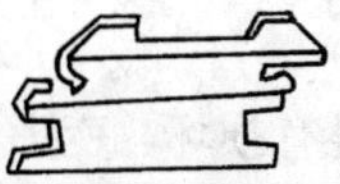			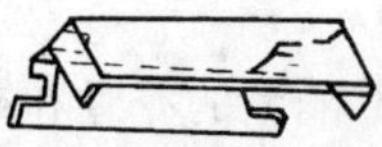		
厚度(mm)	0.8			0.8		
重量(kg/件)	0.041	0.021	0.026	0.024	0.035	0.048
用途	竖向龙骨加强卡;竖向龙骨与通贯横撑连接件			竖向龙骨开口面与横撑连接		

名称	角托			横撑连接件			加固龙骨固定件		
	50 系列	75 系列	100 系列	50 系列	75 系列	100 系列	50 系列	75 系列	100 系列
简图	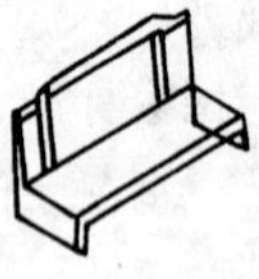			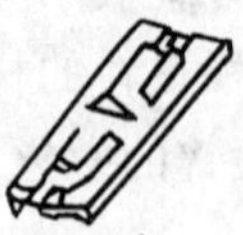					
厚度(mm)	0.8			1			1.5		
重量(kg/件)	0.017	0.031	0.048	0.016	0.016	0.049	0.037	0.106	0.106
用途	竖向龙骨背面与横撑连接			通贯横撑连接			加强龙骨与主体结构连接		

铝合金压型板的规格及性能 表 9.2.4 (3)

名称	规格尺寸 (mm)			技术性能		备注
	长	宽	厚	项目	指标	
铝及铝合金压型条板	≤2500	100 140 295 570	0.6～0.9	铝 L1～L6： 抗拉强度(MPa) 延伸率(%)	100～190 3～4	西南铝加工厂
	2000～2600	870 1170	0.6～0.9	铝合金 LF21： 抗拉强度(MPa) 延伸率(%)	150～220 2～6	
	2000～2600	862	0.9～1.2			

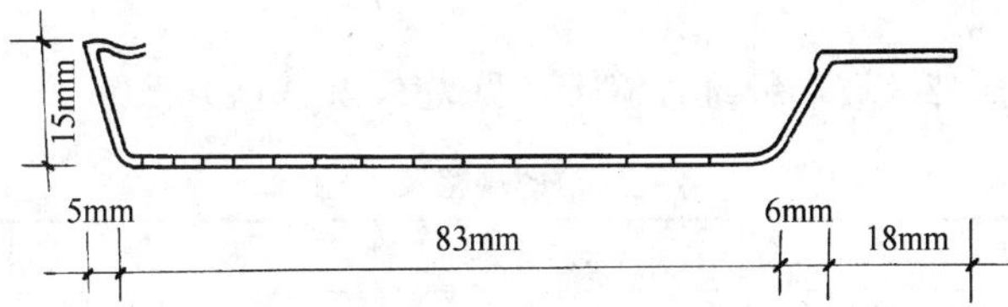

铝合金压型板截面形式

9.2.5 隔断墙饰面板性能，见表 9.2.5 所示。

石膏龙骨的规格及性能 表 9.2.5

名称	断面	规格尺寸 (mm)	技术性能		备注
		长×宽×厚	项目	指标	
矩形龙骨		2400 2500 68 25 2750 3000	破坏荷重(kg) 破坏弯矩(N·m) 最大应力(MPa) 重量(kg/m)	32 5600 2.75 1.5	
工字形龙骨		2400 2500 92 2750 3000 68 3500 4000 118	破坏荷重(kg) 破坏弯矩(N·m) 最大应力(MPa) 重量(kg/m)	160～230 28000～40300 3.00～3.95 3	

9.2.6 罩面板嵌缝腻子的技术性能见表 9.2.6。

嵌缝腻子 (KF80) 技术性能 表 9.2.6

项次	项目	指标
1	抗折强度(MPa)	>3
2	抗压强度(MPa)	>5
3	抗剥强度(N/5cm)	>20
4	凝结时间(min)初凝 终凝	>30 <70

续表

项次	项　　目	指　　标
5	筛　余(%)1.25mm 0.2mm	0 <2
6	纸带与嵌缝腻子的粘结面积(%)	90～100
7	裂纹试验(在风速1.8～2.3m/s、温度21～29℃、相对湿度45%～55%条件下)	经16h试验无任何裂缝
8	嵌缝腻子与纸带粘合体边缘上的裂缝(在温度24～32℃、相对湿度26%～28%、风速1.8～2.3m/s的条件下经过1h)	无
9	腐败试验(在29～35℃及相对湿度85%～95%时)	经10d试验不腐败

9.2.7 饰面穿孔带及玻璃纤维接缝带，见表9.2.7（1）及9.2.7（2）。

穿孔纸带的规格及性能　　**表9.2.7**（1）

规格尺寸(mm) 宽×厚	技术性能		备　注
	项　目	指　标	
50×0.2	横向抗张强度(kg/15mm)	>8	接缝纸带外观为浅褐色,表面有微细绒毛及不规则分布针孔,每盘卷纸长150m
	纵向挺度(mg)	<700	
	湿变形(%)纵　向	<0.4	
	横　向	<2.5	
	与嵌缝材料粘结面积(%)	>90	
	与嵌缝材料粘结边缘裂缝(%)	<10	
	与嵌缝材料粘结剥离强度(N/50mg)	10～30	

玻璃纤维接缝带的规格及性能　　**表9.2.7**（2）

规格尺寸(mm) 宽×厚	技术性能		备　注
	项　目	指　标	
50×0.2	密度(目/25.4mm)	10～14	
	横向抗张强度(kg/15mm)	>8	
	湿变形(%)纵　向	<0.4	
	横　向	<1.2	
	与嵌缝材料粘结面积(%)	100	
	与嵌缝材料粘结边缘裂缝(%)	无	
	与嵌缝材料粘结剥离强度(N/50mm)	>30	
	与嵌缝材料的粘附力(N)	>10	

9.2.8 胶粘剂和防潮剂的配方及制备方法见表9.2.8。

胶粘剂和防潮剂配方及制备方法 **表 9.2.8**

名称	名称种类	配比和制备方法	备注
胶粘剂	石膏型胶粘剂	石膏:6%~7%聚乙烯醇液:缓凝剂:消泡剂 (100:45~50:0~3:0~0.12)	重量比
	水泥型胶粘剂	水泥:107胶:水:细砂 (100:100~120:适量:200)	
	水泥素浆胶粘剂	水泥:107胶:水 (100:80~100:适量)	
防潮剂	乳化光油	熟桐油:水:硬脂酸:肥皂 (30:70:0.5:1~2) 作法:先将肥皂溶于开水中,将硬脂酸混入桐油中,将水加热至70~80℃,边搅拌,边倒入肥皂水中,即可	重量比
	中性甲基硅醇钠	将水解法生产的甲基硅醇钠(含量30%左右),用硫酸铝溶液(3%~4%)中和至pH值为8。 作法:先将硫酸铝溶于相当甲基硅醇钠量10倍体积的水中,边搅拌边倒入一定量的甲基硅醇钠,即配成含量3%左右的中性甲基硅醇钠	
	氯乙烯 偏氯乙烯共聚乳液	将原乳液经中和、增稠即成。 作法:用10%磷酸三钠溶液中和至pH值为7~8,再加偏氯乳液量5%的107胶搅拌均匀,进行增稠	

9.2.9 粘结砂浆和石膏腻子配比,见表9.2.9。

粘结砂浆及石膏腻子配比 **表 9.2.9**

名称	参考配比(重量比)	用途
粘结砂浆	107胶水:水泥:砂=1:1:3或1:2:4	粘结
石膏腻子	石膏:珍珠岩=1:1	嵌缝

9.2.10 胶粘剂应按罩面板的品种选用。现场配制胶粘剂时其配合比应由试验确定。

9.3 隔断安装的施工工艺、操作方法及质量控制

9.3.1 隔断安装施工工艺流程见图6.9.1。

安装工艺流程:

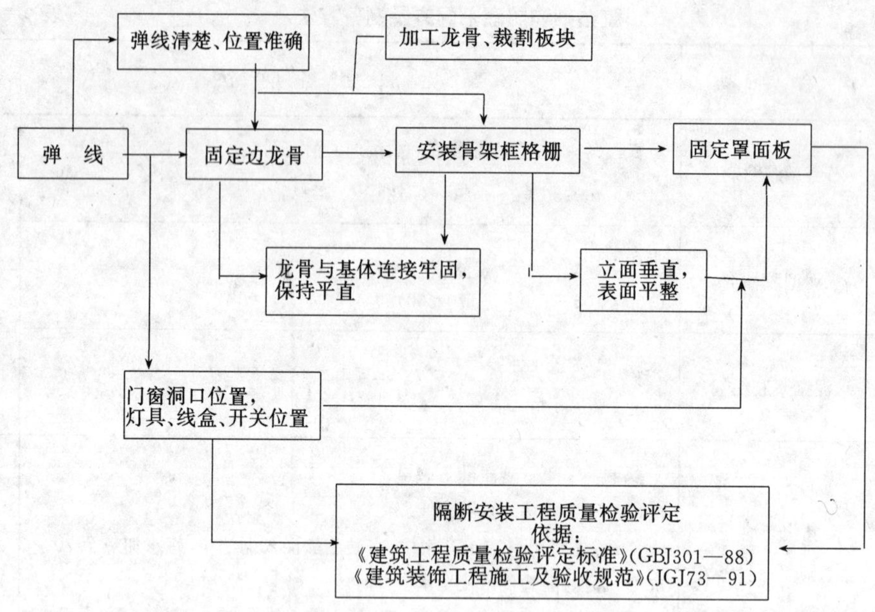

图6.9.1　隔断工程安装工艺流程的控制

9.3.2　隔断施工技术要点、操作工艺、质量控制应符合以下规定：

（1）基体验收

安装隔断龙骨的基体质量，应符合现行国家标准的规定。基体的强度、刚度符合设计要求，基体结构应稳定。

（2）弹线

在基体上弹出水平线和竖向垂直线，以控制隔断龙骨安装的位置、榈栅的平直度和固定点。

（3）隔断龙骨的安装

1）沿弹线位置固定沿顶和沿地龙骨，各自交接后的龙骨，应保持平直。固定点间距应不大于1m，龙骨的端部必须固定，固定应牢固。边框龙骨与基体之间，应按设计要求安装密封条。

2）当选用支撑卡系列龙骨时，应先将支撑卡安装在竖向龙骨的开口上，卡距为400～600mm，距龙骨两端的距离为20～25mm。

3）选用通贯系列龙骨时，高度低于3m的隔断安装一道；3～5m时安装两道；5m以上时安装三道。

4）门窗或特殊节点处，应使用附加龙骨，其安装应符合设计要求。

5）骨架安装的允许偏差，应符合表9.3.2的规定。

隔断骨架允许偏差　　**表9.3.2**

项次	项　　目	允许偏差 (mm)	检　验　方　法
1	立面垂直	3	用2m托线板检查
2	表面平整	2	用2m直尺和楔形塞尺检查

6）隔断墙安装节点构造，见附件9-1。

（4）罩面板安装

1）石膏板安装

①安装石膏板前，应对预埋隔断中的管道和附于墙内的设备采取局部加强措施；

②石膏板宜竖向铺设，长边接缝宜落在竖向龙骨上。但隔断为防火墙时，石膏板应竖向铺设；

③双面石膏罩面板安装，应与龙骨一侧的内外两层石膏板应错缝排列，接缝不得落在同一根龙骨上；

④石膏板应采用自攻螺丝固定。周边螺丝的间距不应大于200mm，中间部分螺丝的间距不应大于300mm，螺丝与板边缘的距离应为10～16mm；

⑤安装石膏板时，应从板的中部开始向板的四边固定。钉头略埋入板内，但不得损坏纸面；钉眼应用石膏腻子抹平；

⑥石膏板应按框格尺寸裁割准确；就位时应与格框靠紧，但不得强压；

⑦隔断端部的石膏板与周围的墙或柱应留有3mm的槽口。施铺罩面板时，应先在槽口处加注嵌缝膏，然后铺板并挤压嵌缝膏使面板与邻近表层接触紧密；

⑧在丁字形或十字形相接处，如为阴角应用腻子嵌满，贴上接缝带，如为阳角应做护角；

⑨石膏板的接缝，应按设计要求进行板缝处理。

2）胶合板和纤维板安装

①安装胶合板的基体表面，用油毡、油纸防潮时，应铺设平整，搭接严密，不得有皱折、裂缝和透孔等。胶合板的含水率不得大于18%。

②胶合板如用钉子固定，钉距为80～150mm，钉帽应打扁并钉入板面0.5～1mm；钉眼用油性腻子抹平。

③胶合板如涂刷清油等涂料时，相邻板面的木纹和颜色应近似。

④纤维板如用钉子固定，钉距80～120mm，钉长20～30mm，钉帽宜钉入板面0.5mm，钉眼用油性腻子抹平。硬质纤维板应用水浸透，自然阴干后安装；

⑤墙面用胶合板、纤维板装饰时，阳角处宜做护角；

⑥胶合板、纤维板用木压条固定时，钉距不应大于200mm，钉帽应打扁，并钉入木压条0.5～1mm，钉眼用油性腻子抹平。

⑦用胶合板，纤维板作罩面时，应符合防火的有关规定，在湿度较大的房间，不得使用未经防水处理的胶合板和纤维板。

3）石膏条板安装

①目前石膏条板是用石膏骨架和石膏面板组成的盒子或石膏空心条板，有普通空心条板和防潮空心条板之分。

②由于石膏空心条板厚度较大，拼装时可不用龙骨，也不会有因喷涂等饰面施工而产生变形等问题，适用于工业和民用建筑的内隔墙。

③石膏条板系用粘结下楔法施工，通常采用的以聚醋酸乙烯脂和建筑石膏调制而成的—SG791建筑轻板胶粘剂，价格低、粘结强度高，但需要在现场调制，并要控制在20分钟内使用完毕，否则，到30分钟后，胶粘剂即凝固而无法使用。目前，已有SG792胶粘剂，

不需在现场调制即直接使用，操作更为方便。

④ 石膏条板在安装前，应进行合理选配，将厚度误差大、受潮变形的石膏条板挑出，以保证隔断（墙）的质量。

⑤ 墙位放线位置应准确、弹线清楚。隔断下端光滑的地（楼）面表面应先凿毛，再填细石混凝土，并在填细石混凝土前应将杂物、尘土、油渍等清除干净并洒水湿润。

⑥ 在粘结前，如使用SG791胶尚须与建筑石膏在现场配制，石膏用量一般为石膏用量的60%左右。如粘结缝大时，可加入1～2倍石膏量的中砂。胶粘剂的调制量以一次不超过20分钟的用量为准。

使用下楔法立条板时，应使板垂直向上挤压严实。即在条板的上顶部及一侧涂上已调制好的SG791-石膏胶粘剂后，使条板对准预先弹在楼（地）面上的边线就位，一人在另一侧向前推，一人用撬棍在条板底部向上顶，一人在下打木楔使条板挤紧，以用手推板不再移动为准。与此同时，还应有一人用靠尺检测墙面的平整并用托线板检测立面的垂直，以便及时校正。如需调整，则必须在胶粘剂未凝固前调整完毕。

⑦ 按照现行《装饰工程施工及验收规范》JGJ73—91的规定，“安装门窗必须采用预留洞口的方法，严禁边安装边砌口或安装后砌口”据此，条板墙在施工中，也必须预留门窗框尺寸，先立条板后塞口，如条板与框之间空隙超过3mm时，则应加木垫片过渡。

⑧ 嵌缝、接缝均应按设计要求。

4）塑料板罩面安装

塑料板罩面安装方法，一般有粘接和钉接两种。

① 粘接

聚氯乙烯塑料装饰板用胶粘剂粘接。

a 胶粘剂

聚氯乙烯胶粘剂（601胶）或聚醋酸乙烯胶。

b 操作方法

用刮板或毛刷同时在墙面和塑料板背面涂刷，不得有漏刷。涂胶后见胶液流动性显著消失，用手接触胶层感到粘性较大时，即可粘贴。粘贴后，应采取临时固定措施，同时将挤压在板缝中的多余胶液刮除、将板面擦净。

② 钉接

安装塑料贴面复合板，应预先钻孔，再用木螺丝加垫圈紧固。也可采用金属压条固定。木螺丝的钉距一般为400～500mm，排列应一致整齐。

加金属压条时，应拉横竖通线找直，并应先用钉子将塑料贴面复合板临时固定，然后加盖金属压条，用垫圈找平固定。

5）铝合金装饰板安装

用铝合金条板装饰墙面时，可用螺钉直接固定在结构层上，也可用锚固件悬挂或嵌卡的方法，将板固定在轻钢龙骨上，或将板固定在墙筋上。

6）细部处理

① 墙面安装胶合板时，阳角处应做护角，以防板边角损坏，并可增加装饰。

② 墙面安装胶合板时，阴角的处理应采用刨光起线的木质压条，以增加装饰。

隔断墙罩面板安装节点构造见附件9.2。

附件 9.1　隔断墙安装节点构造示意图　　**附表 9.1**

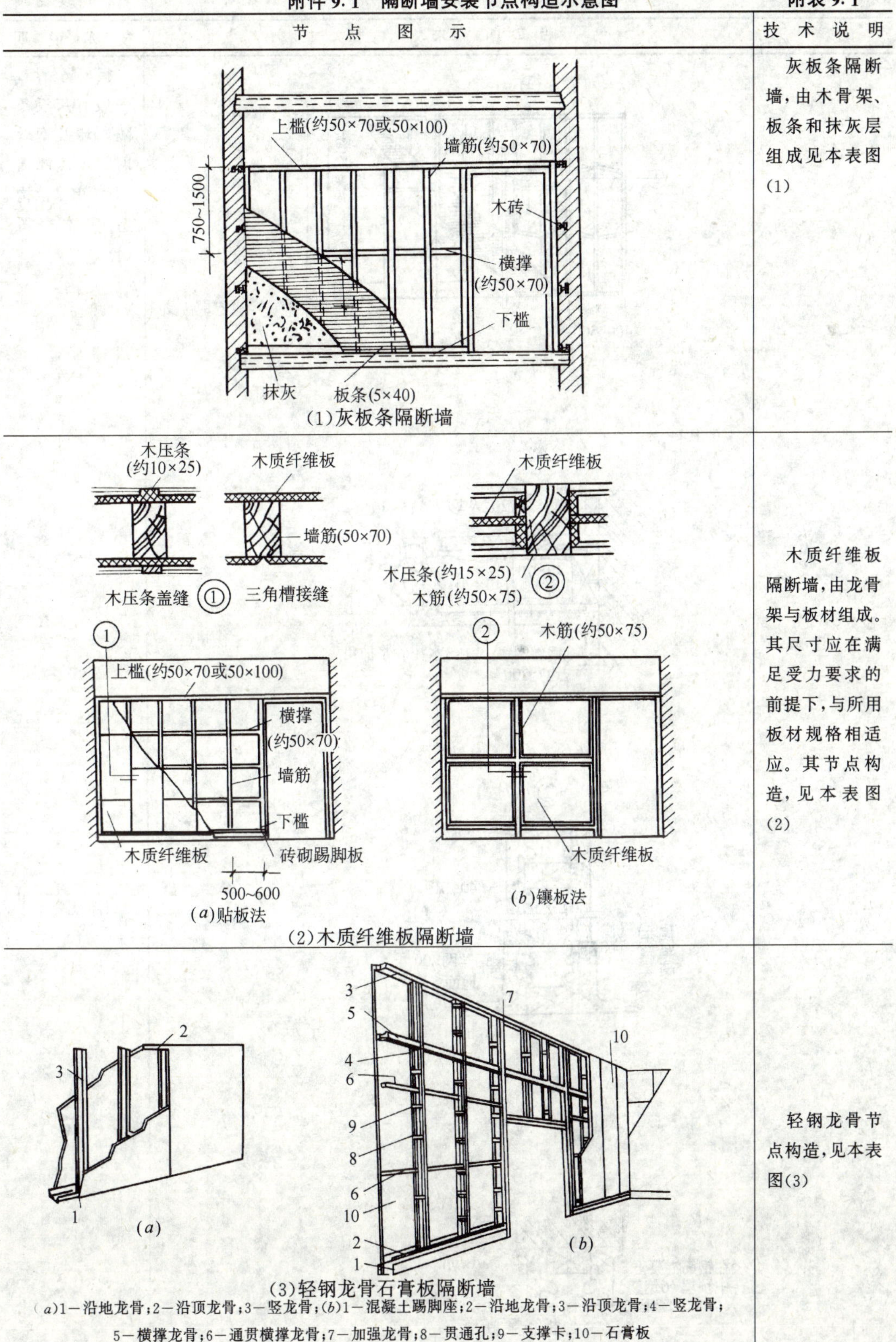

节点图示	技术说明
(1)灰板条隔断墙	灰板条隔断墙，由木骨架、板条和抹灰层组成见本表图(1)
(a)贴板法 (b)镶板法 (2)木质纤维板隔断墙	木质纤维板隔断墙，由龙骨架与板材组成。其尺寸应在满足受力要求的前提下，与所用板材规格相适应。其节点构造，见本表图(2)
(3)轻钢龙骨石膏板隔断墙 (a)1—沿地龙骨；2—沿顶龙骨；3—竖龙骨；(b)1—混凝土踢脚座；2—沿地龙骨；3—沿顶龙骨；4—竖龙骨；5—横撑龙骨；6—通贯横撑龙骨；7—加强龙骨；8—贯通孔；9—支撑卡；10—石膏板	轻钢龙骨节点构造，见本表图(3)

续表

节 点 图 示	技 术 说 明
③ ① ④ ≤3500 400~500 (*a*) 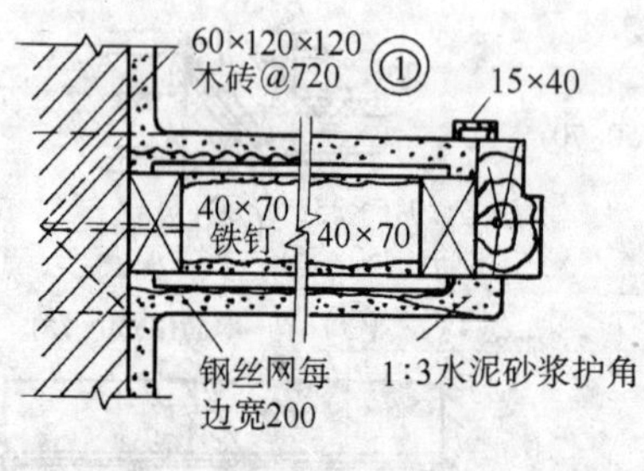 (*b*) ② 40×70 踢脚板高度按设计 钢丝网200 地面 40×70 (*c*) 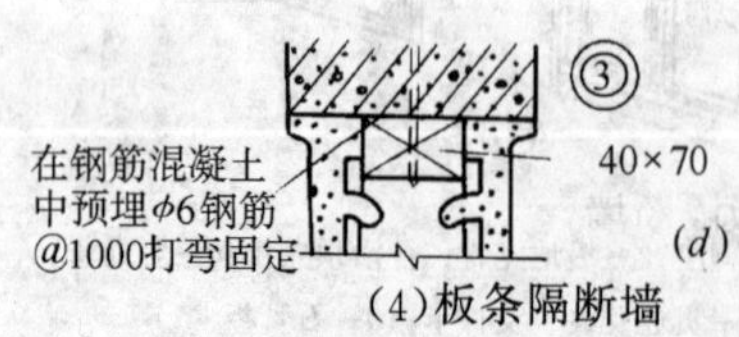 (*d*) (4)板条隔断墙	板条隔断墙，一般有灰板条隔断墙及钢丝网板条隔断墙两种。其节点构造，见本表图(4)

节 点 图 示	技 术 说 明
≤3500 400~650 (*a*) 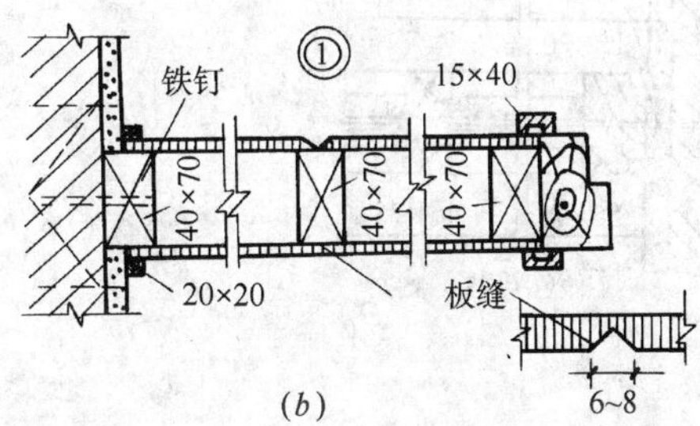 (*b*) 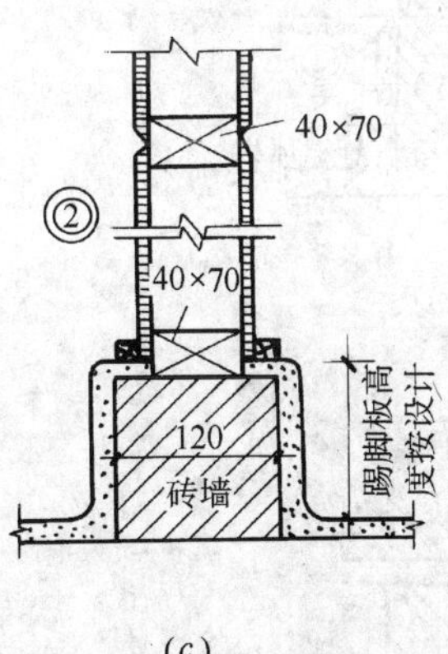 (*c*) 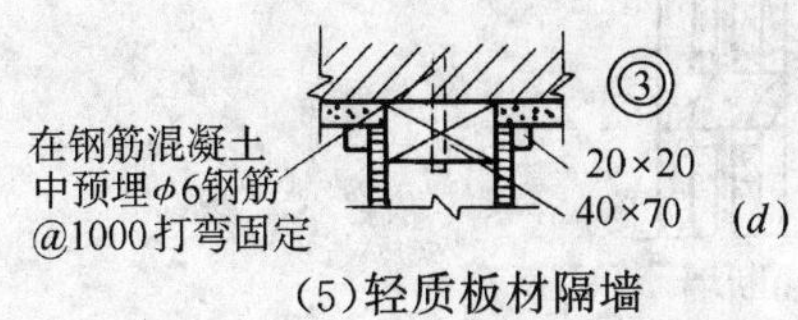 (*d*) (5)轻质板材隔墙	轻质板材隔断墙、纤维板隔断墙和刨花板隔断墙，其节点构造，见本表图(5)

续表

节　点　图　示	技 术 说 明
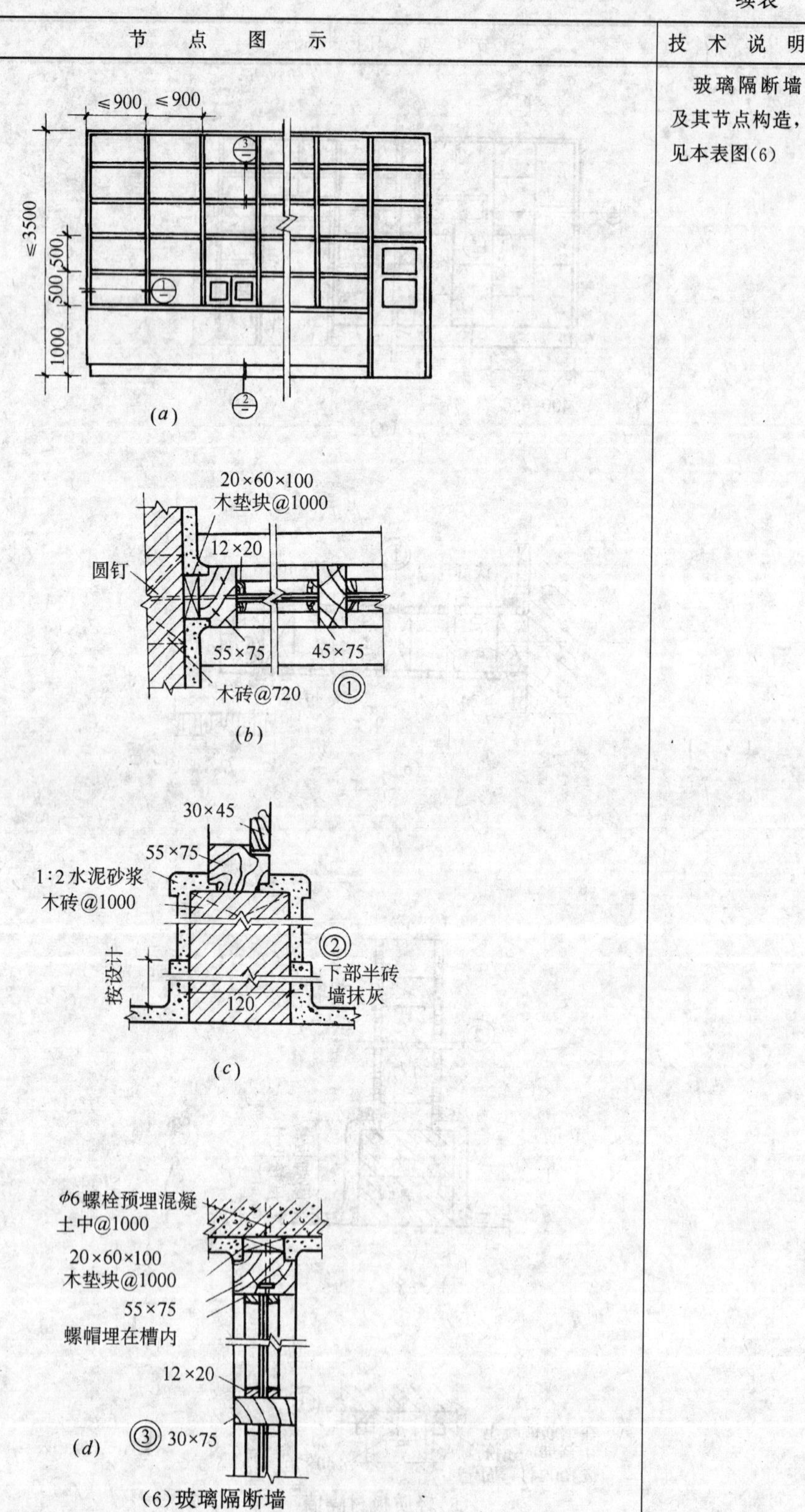(6)玻璃隔断墙	玻璃隔断墙及其节点构造，见本表图(6)

续表

节点图示	技术说明
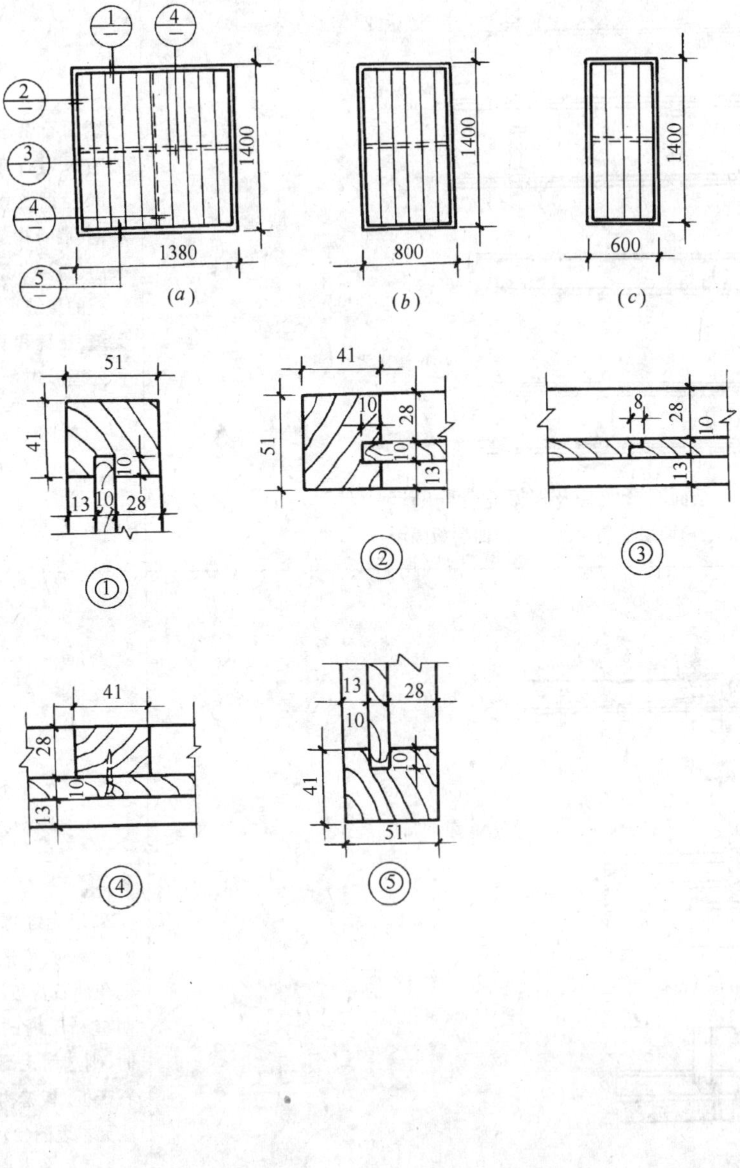 (a) (b) (c) ① ② ③ ④ ⑤ (7)木隔断墙	木隔断墙主要用于厕所、淋浴间的隔断。其节点构造，见本表图(7)

附件 9.2　隔断墙罩面板安装节点构造示意图　　　　附表 9.2

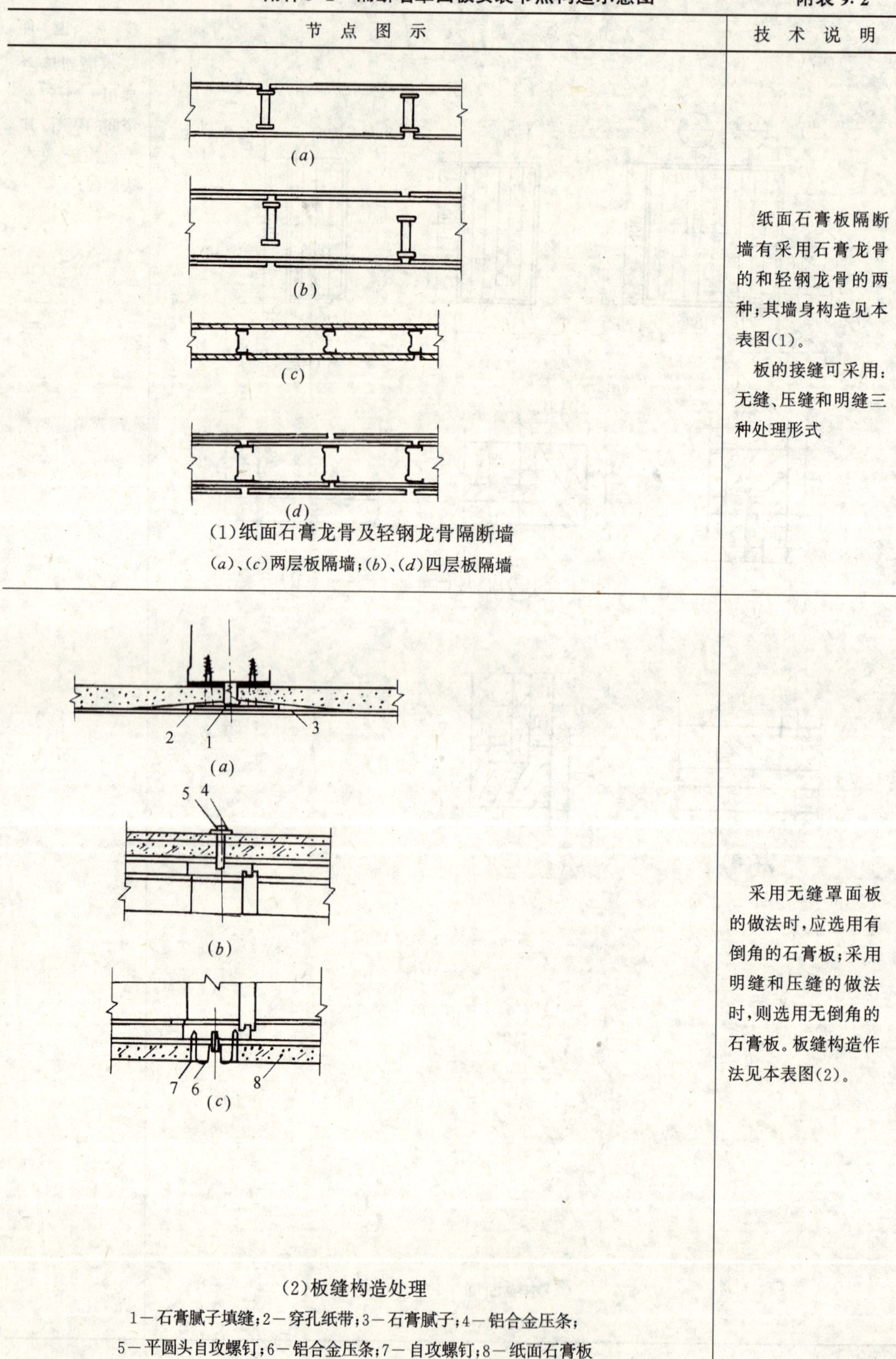

节点图示	技术说明
(1)纸面石膏龙骨及轻钢龙骨隔断墙 (*a*)、(*c*)两层板隔墙;(*b*)、(*d*)四层板隔墙	纸面石膏板隔断墙有采用石膏龙骨的和轻钢龙骨的两种;其墙身构造见本表图(1)。 板的接缝可采用:无缝、压缝和明缝三种处理形式
(2)板缝构造处理 1—石膏腻子填缝;2—穿孔纸带;3—石膏腻子;4—铝合金压条; 5—平圆头自攻螺钉;6—铝合金压条;7—自攻螺钉;8—纸面石膏板	采用无缝罩面板的做法时,应选用有倒角的石膏板;采用明缝和压缝的做法时,则选用无倒角的石膏板。板缝构造作法见本表图(2)。

续表

节点图示	技术说明
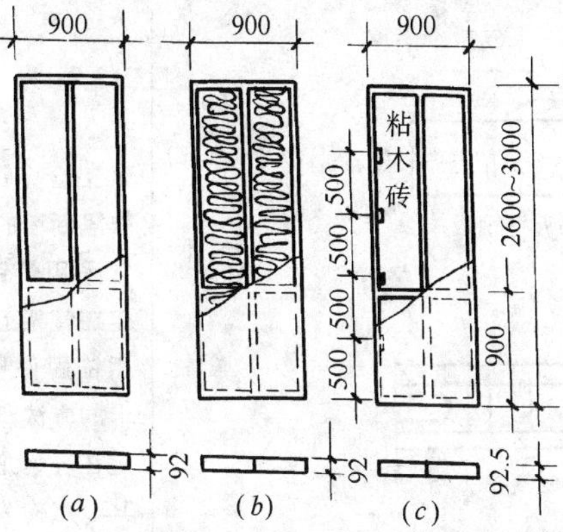 900 900 900 粘木砖 500 500 500 500 2600~3000 900 92 92 92.5 (*a*) (*b*) (*c*) (3)石膏板复合板隔断墙 (*a*)一般复合板;(*b*)填芯复合板;(*c*)固定门框用复合板	石膏板复合板隔断墙有单层复合板和两层复合板的。两层复合板时中间设空气层。 墙板构造见本表图(3)
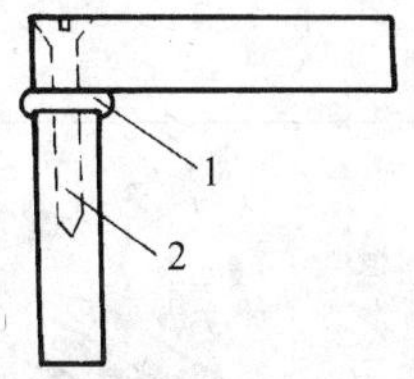 1 2 (4)粘钉水泥刨花板隔断墙 1—胶粘剂;2—定位钉	水泥刨花板隔断墙,以轻钢龙骨、水泥刨花板粘接龙骨或木龙骨作骨架,两面粘钉水泥刨花板构成。其粘钉节点见本表图(4)
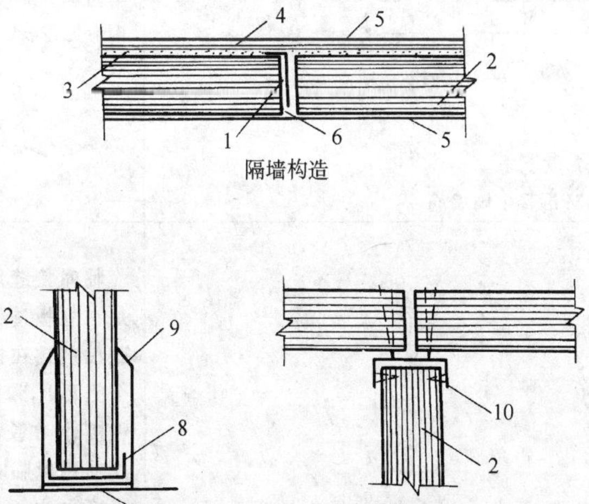 4 5 3 2 1 6 5 隔墙构造 2 9 8 7 隔墙下部连接 10 2 隔墙上部连接 (5)稻草板隔断墙 1—∟57×25×1.5竖龙骨;2—58厚稻草板;3—粘结石膏;4—9厚石膏板;5—塑料壁纸;6—刮腻子;7—60宽防潮油毡;8—[60×25×1.5沿地龙骨,射钉固定;9—踢脚板;10—[60×25×1.5沿顶龙骨	稻草(麦秸)板隔断墙由单层或双层稻草板与轻钢龙骨或木龙骨组装而成;其节点构造,见本表图(5)

续表

节点图示	技术说明
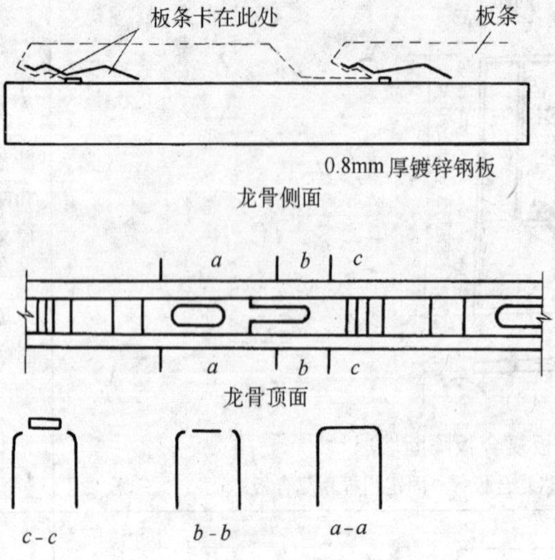 板条卡在此处　板条 0.8mm厚镀锌钢板 龙骨侧面 a　b　c 龙骨顶面 c-c　b-b　a-a (6)铝合金压型条板隔断墙	铝合金压型条板作隔断墙的墙面，通常采用螺钉直接固定在骨架上，也可采用锚固件悬挂或嵌卡的方法，将条板固定在轻钢龙骨架上；其节点构造，见本表图(6)
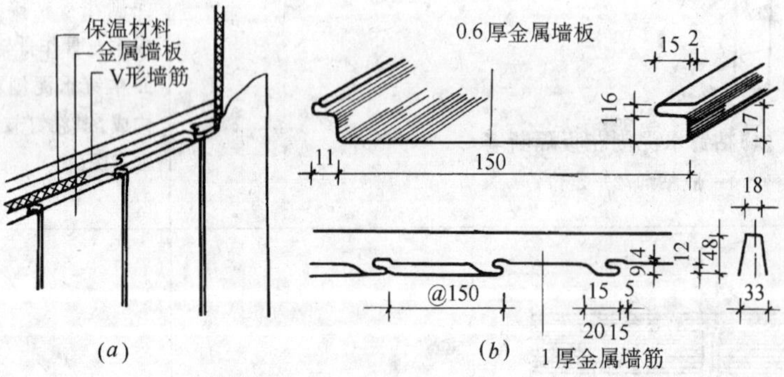 保温材料 金属墙板 V形墙筋 0.6厚金属墙板 15　2　116　17　11　150　18　12　48　9　4　@150　15　5　20　15　33 (a)　(b)　1厚金属墙筋 (7)铝合金条板安装 (a)轻金属墙面；(b)V形轻金属墙筋	采用嵌卡将板条卡在龙骨顶面上的方法组装墙板，施工简便可靠，其节点构造见本表图(7)
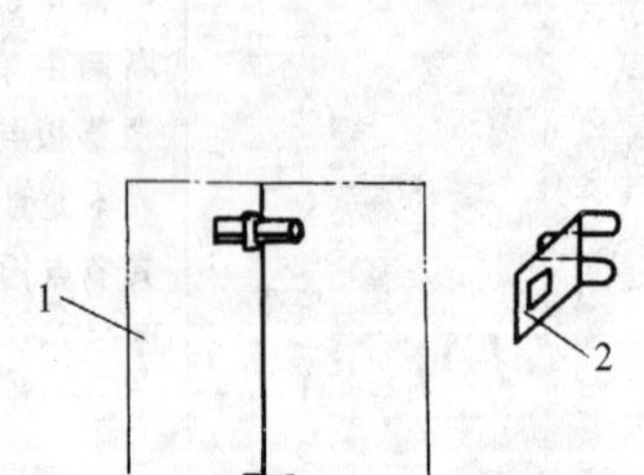 1　2　3 (8)临时接缝加固卡 1—稻草板；2—卡片(t=1mm的铁片)；3—木楔	临时接缝加固卡是在立板过程中将胶粘剂抹在板的一个侧面上，和另一块粘接时，在胶粘剂凝固前用以临时加固接缝的，加固卡包括卡片、螺栓或木楔组成，见本表图(8) (一般缝宽约3mm，断面呈三角形)

9.4 隔断墙常见质量通病及预控对策

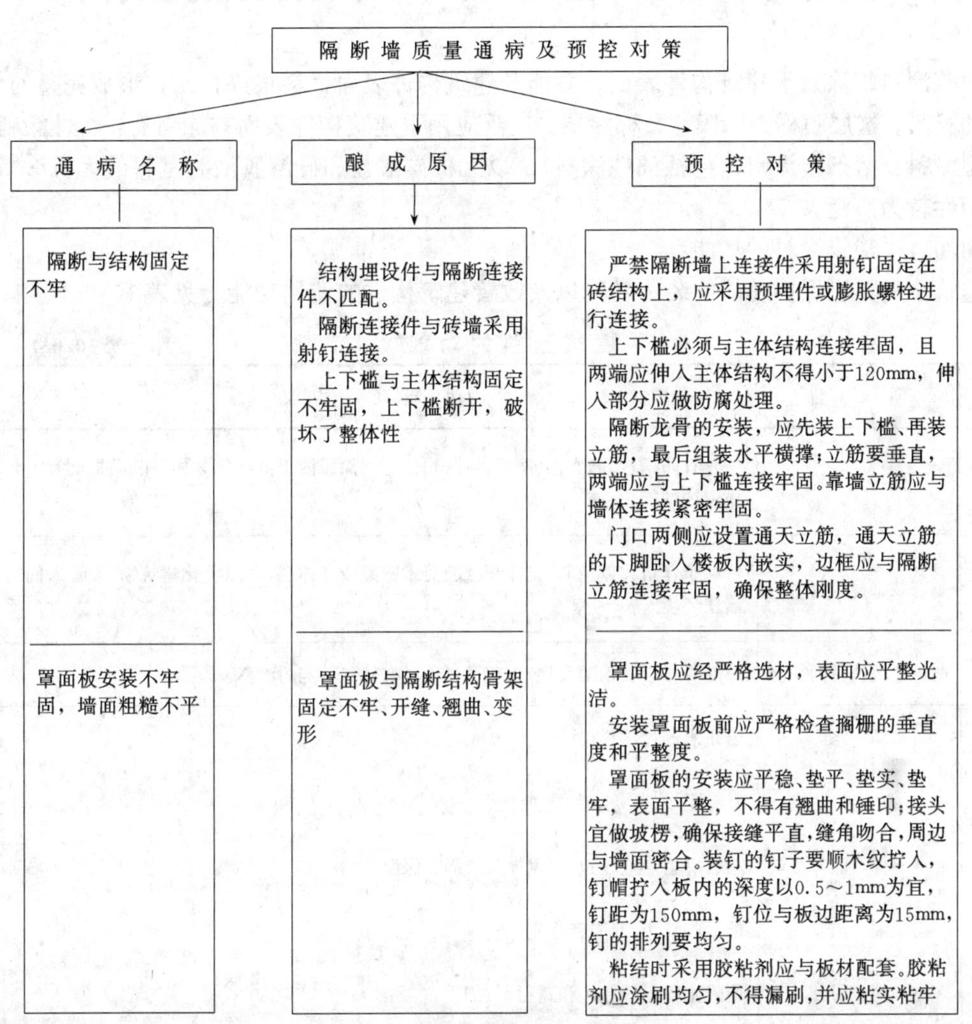

图6.9.2　隔断墙质量通病及预防对策

10 涂料工程施工技术措施控制要点

建筑涂料指涂敷于建筑构件表面，并能与建筑构件表面材料很好粘结，形成完整的保护膜的材料。这层膜称为涂膜，又称涂层。广泛应用于建筑构件表面的涂料有：水性涂料、乳液型涂料、溶剂型涂料（包括油性涂料）、以无机硅酸盐和硅溶胶液为基料的无机涂料。其应用性较为广泛。

10.0.1 建筑涂料的功能

建筑涂料具有保护功能、装饰功能以及改善建筑构件的使用功能，见表10.0.1。

建筑涂料的功能 **表10.0.1**

项次	项目	功能的含义
1	保护建筑物	具有防锈性、耐水性、防腐蚀性、耐候性。涂膜能提高建筑物构件表面抵抗有害介质侵蚀的能力
2	装饰建筑物	赋予建筑物以色彩、光泽、花纹、美术图案或立体感，可以美化建筑物，改善人们的居住环境
3	改善建筑构件的功能	随着科学技术的发展，出现了各种具有特殊功能的涂料
	1 防水	阻止水透过涂料层
	2. 防火	具有阻燃性
	3 保温	具有反射热量、阻止热量损失的隔热保温性能
	4 隔声	能吸收波声，起隔音作用
	5 防辐射	能阻止辐射线侵入和透射
	6 防结露	即具有保温性能
	7 防霉	
	8 杀虫	可以杀虫、防蛀
	9 发光	含有萤光物质，能在夜晚发光起标志作用

10.0.2 建筑涂料的组成

(1) 建筑涂料的组成见图6.10.1所示。

(2) 建筑涂料分类，见图6.10.2。

涂　料
主要成膜物质
（胶粘剂、固着剂）
次要成膜物质
辅助成膜物质
油　性
树　脂
水性
天然树脂
人造树脂
合成树脂
颜　料
辅助材料
溶　剂
固体成分
（固体含量）
挥发性

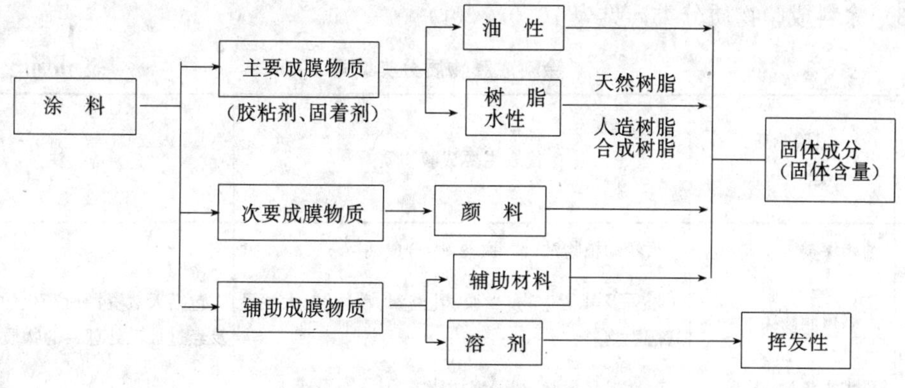

图6.10.1　涂料的组成

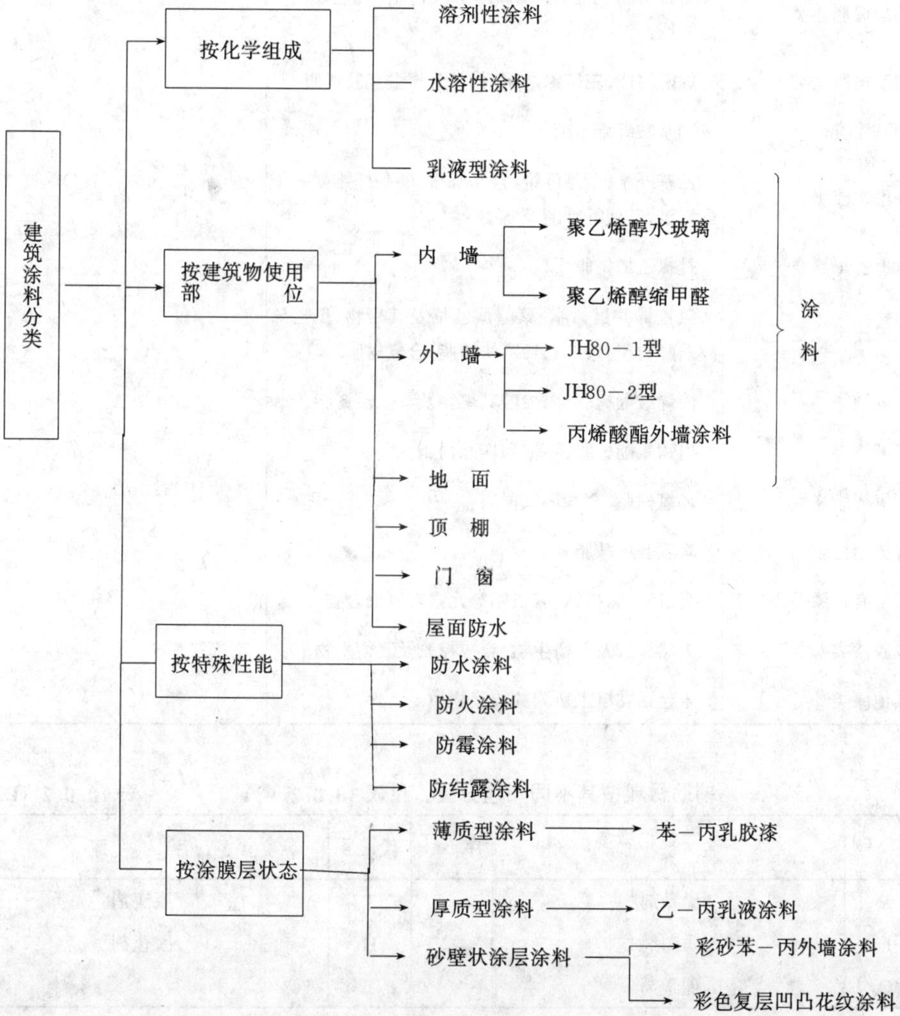
建筑涂料分类
按化学组成
溶剂性涂料
水溶性涂料
乳液型涂料
按建筑物使用部位
内　墙
聚乙烯醇水玻璃
聚乙烯醇缩甲醛
外　墙
JH80－1型
JH80－2型
丙烯酸酯外墙涂料
涂
料
地　面
顶　棚
门　窗
屋面防水
按特殊性能
防水涂料
防火涂料
防霉涂料
防结露涂料
按涂膜层状态
薄质型涂料
苯－丙乳胶漆
厚质型涂料
乙－丙乳液涂料
砂壁状涂层涂料
彩砂苯－丙外墙涂料
彩色复层凹凸花纹涂料

图6.10.2　建筑涂料分类

(3) 涂料成膜物质分类，见表10.0.2（1）

涂料成膜物质分类编号　　表10.0.2（1）

序号	代号	成膜物质类别	代表主要成膜物质	备注
1	Y	油脂漆类	天然动植物油、清油(热油)合成油	包括天然资源所产生的物质，以及经过加工处理后的物质
2	T	天然树脂漆类	松香及其衍生物、虫胶、乳酪素、动物胶、大漆及其衍生物	
3	F	酚醛树脂类	改性酚醛树脂、纯酚醛树脂	
4	L	沥青漆类	天然沥青、石油沥青、煤焦沥青	
5	C	醇酸树脂漆类	甘油醇酸树脂、季戊四醇醇酸树脂、其他改性醇酸树脂	
6	A	氨基树脂漆类	脲醛树脂、三聚氰胺甲醛树脂、聚酰亚胺树脂	
7	Q	硝基漆类	硝基酸纤维素酯	
8	M	纤维素漆类	乙基纤维、苄基纤维、羟基纤维、醋酸纤维醋酸丁酸纤维，其他纤维酯及醚类	
9	G	过氯乙烯漆类	过氯乙烯树脂	
10	X	乙烯漆类	氯乙烯共聚树脂、聚醋酸乙烯及其聚物，聚乙烯醇缩醛树脂、聚二乙烯乙炔树脂，合氟树脂	
11	B	丙烯酸漆类	丙烯酸酯树脂、丙烯酸其聚物及其改性树脂	
12	Z	聚酯漆类	饱和聚酯树脂、不饱和聚酯树脂	
13	H	环氧树脂漆类	环氧树脂、改性环氧树脂	
14	S	聚氨酯树脂	聚氨基甲酸脂	
15	W	元素有机漆类	有机硅、有机钛、有机铝等元素有机聚合物	
16	J	橡胶漆类	天然橡胶及其衍生物、合成橡胶及其衍生物	
17	E	其他漆类	未包括在以上所列的成膜物质	

辅助材料按其不同用途分类。见表10.0.2（2）　　表10.0.2（2）

序号	代号	名称	序号	代号	名称
1	X	稀释剂	4	T	脱漆剂
2	F	防潮剂	5	H	固化剂
3	C	催干剂			

(4) 涂料的成分及要求，见表10.0.2（3）。

涂料的成分及要求　　表 10.0.2（3）

项次	项　目	主要成分	要　　求	作　　用
1	主要成膜物质	油脂、天然树脂、人造树脂、合成树脂	1）具有较好的耐碱性。 2）在常温下能成膜，一般要求在5℃～35℃环境中干燥硬化。 3）有良好的耐水性。 4）能适应各种气候，并抵抗日光、雨水及有害物质的侵蚀。 5）具有良好的混溶性。 6）具有良好的溶解性	成膜物质是形成涂膜的基础，也是决定涂膜主要性能的成分。 例如能使涂膜具有光泽、硬度、柔韧性、耐冲击性、耐候性
2	次要成膜物质	无机颜料，有机颜料	1）耐碱性 2）耐候性 （耐光和耐老化性）	1. 颜料可使涂膜呈现各种颜色，具有遮盖力，增强机械性能、耐候性、防锈蚀性等。 2. 填料可调整涂料某些性能，如流平性、粘度、涂膜光泽、涂膜机械性能等
3	辅助成膜物质（助剂）	催干剂 固化剂 增塑剂 防霉剂 杀虫剂 防污剂	1）与基料有较好的互溶性。 2）低挥发性，低温韧性好。 3）耐水性。 4）对热和光稳定。 5）迁移性少、无色、无味。 6）抑制霉菌发展	1. 可改善涂料的分散效果，使涂料稳定性好。 2. 促使涂料干燥、固化。 3. 改善涂膜性能，赋予涂膜特殊功能
4	辅助成膜物质（溶剂）	有机溶剂、水等	1）溶解能力强。 2）挥发速度快。 3）适用范围广。 4）污染环境性小、毒性小。 5）着火点高、不易爆炸	将涂料溶解或稀释成液体状态。 利于涂料的涂饰施工和干燥固化

油漆基料的油脂分类、见图 6.10.3。

树脂掺入油性涂料中可以提高油性涂料涂膜的硬度、光泽、耐水性、耐磨性、耐酸碱化学性和耐候性能。树脂一般分为天然树脂和合成树脂两大类。树脂品种分类，见图 6.10.4。

着色颜料，具有良好的遮盖性、使涂膜提高耐晒性、耐久性和耐候性。着色颜料分料见图 6.10.5。

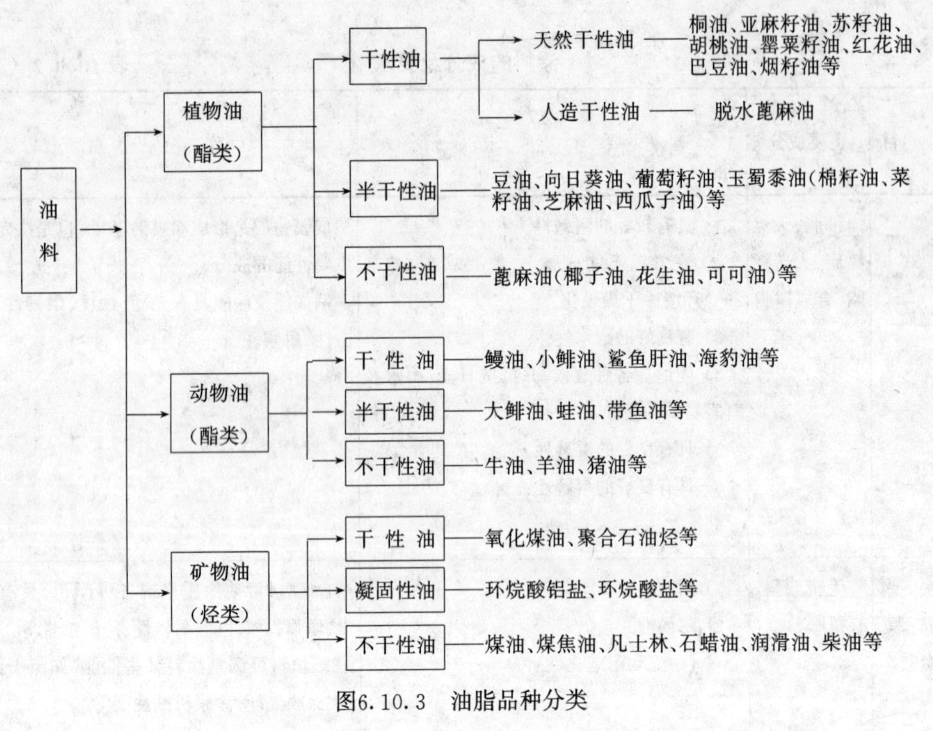

图6.10.3　油脂品种分类

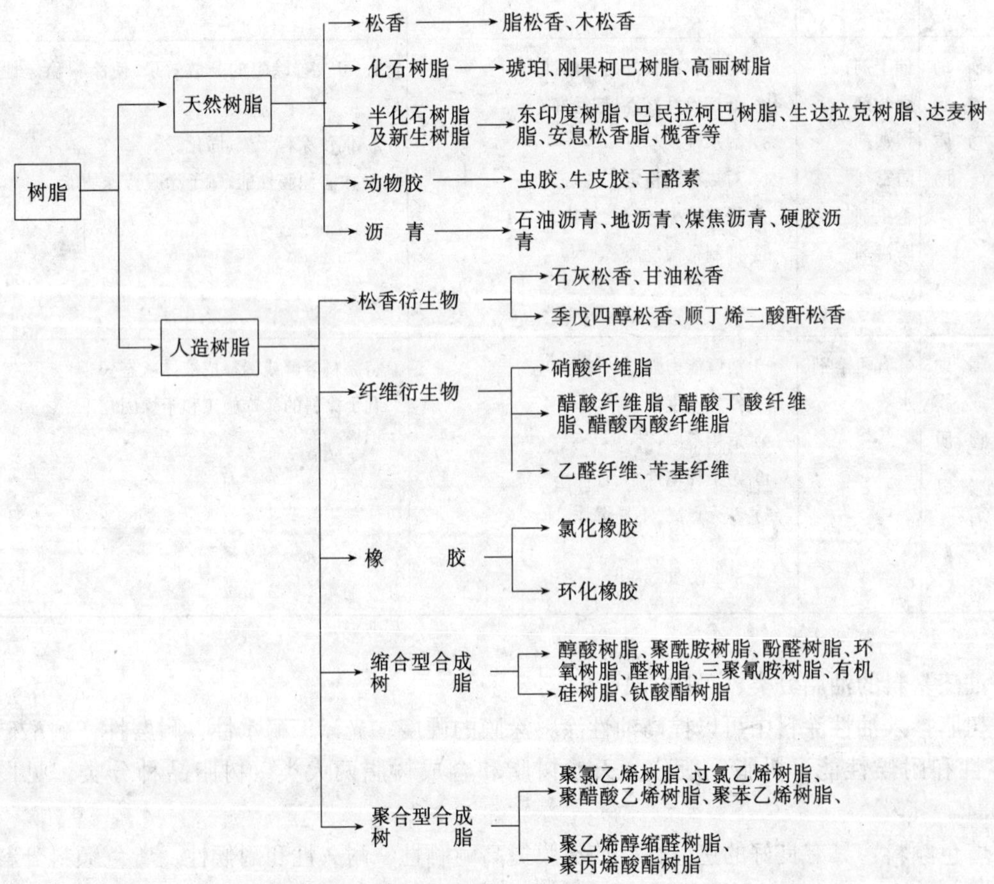

图6.10.4　树脂品种的分类

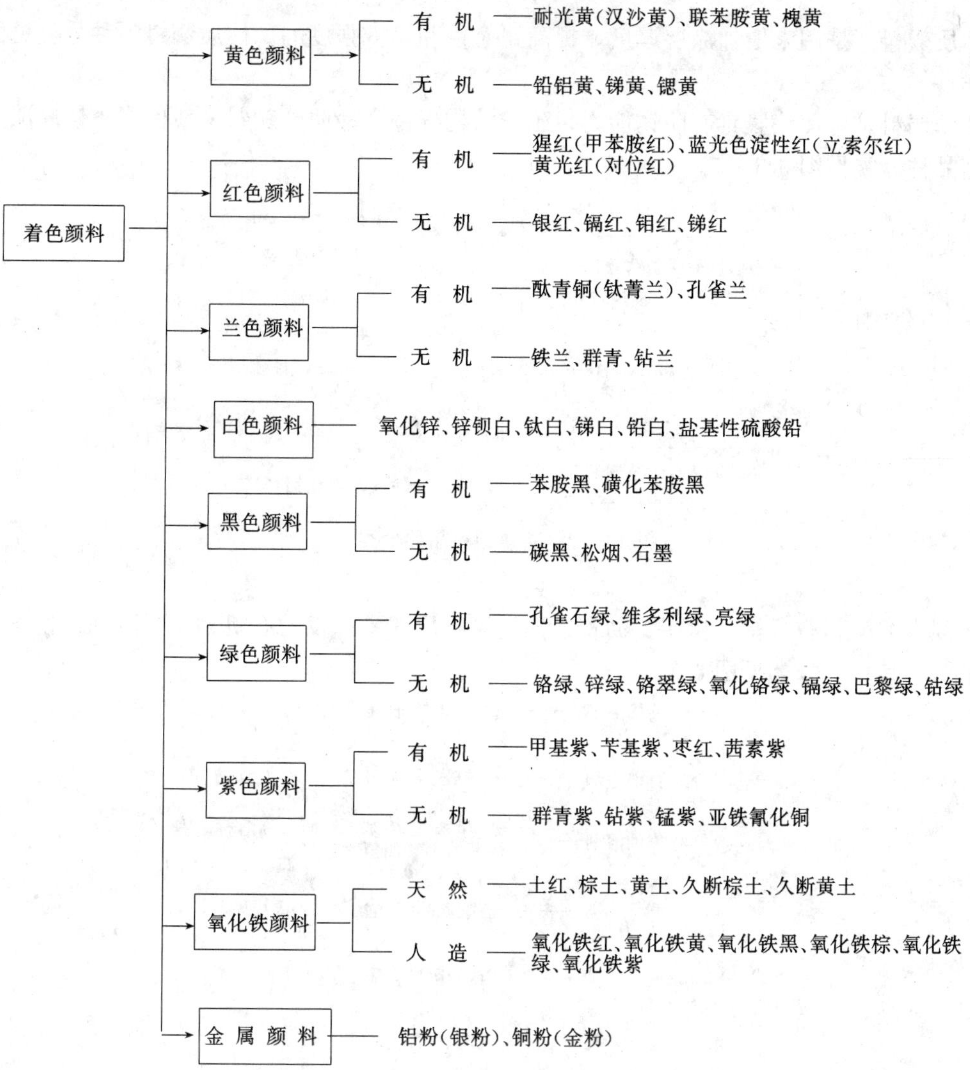
着色颜料
黄色颜料
有 机
耐光黄(汉沙黄)、联苯胺黄、槐黄
无 机
铅铝黄、锑黄、锶黄
红色颜料
有 机
猩红(甲苯胺红)、蓝光色淀性红(立索尔红)
黄光红(对位红)
无 机
银红、镉红、钼红、锑红
兰色颜料
有 机
酞青铜(钛菁兰)、孔雀兰
无 机
铁兰、群青、钴兰
白色颜料
氧化锌、锌钡白、钛白、锑白、铅白、盐基性硫酸铅
黑色颜料
有 机
苯胺黑、磺化苯胺黑
无 机
碳黑、松烟、石墨
绿色颜料
有 机
孔雀石绿、维多利绿、亮绿
无 机
铬绿、锌绿、铬翠绿、氧化铬绿、镉绿、巴黎绿、钴绿
紫色颜料
有 机
甲基紫、苄基紫、枣红、茜素紫
无 机
群青紫、钴紫、锰紫、亚铁氰化铜
氧化铁颜料
天 然
土红、棕土、黄土、久断棕土、久断黄土
人 造
氧化铁红、氧化铁黄、氧化铁黑、氧化铁棕、氧化铁绿、氧化铁紫
金 属 颜 料
铝粉(银粉)、铜粉(金粉)

图6.10.5 着色颜料品种分类

体质颜料
碱土金属盐
硫酸钡(重晶石粉)
碳酸钙(石粉、太白粉、白垩)
硫酸钙(石膏)
硅 酸 盐
滑石粉
石棉粉
云母粉
石英粉
硅藻粉
镁、铝轻金属化合物
碳酸镁、氧化镁
氢氧化铝

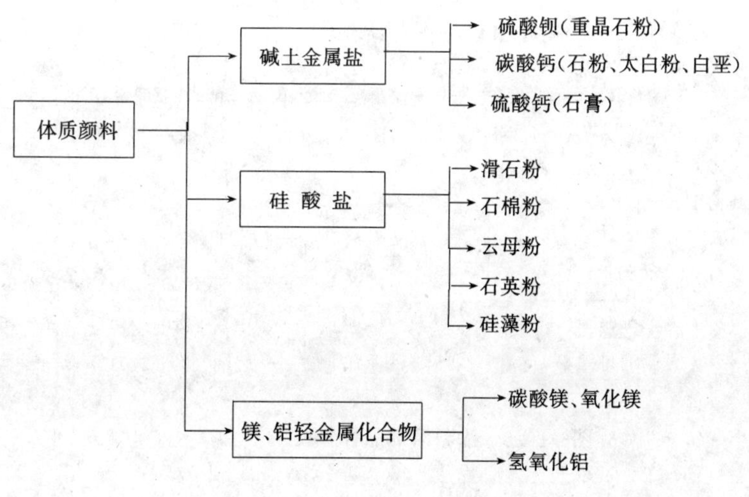

图6.10.6 体质颜料品种分类

体质颜料，是用来增加涂层厚度，提高耐磨性和机械强度的。体质颜料品种分类见图6.10.6。

防锈颜料，可使涂膜具有防锈能力，延长结构杆件寿命防锈颜料一般做成防锈底漆应用，其品种分类见图6.10.7。

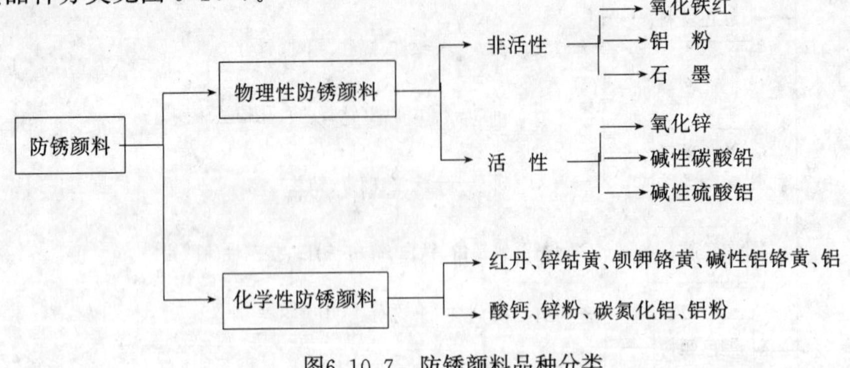

图6.10.7　防锈颜料品种分类

溶剂为溶解脂肪、蜡、树脂、沥青、油类等物质的易挥发的有机物质。溶剂按化学成分和来源，其品种分类见图6.10.8。

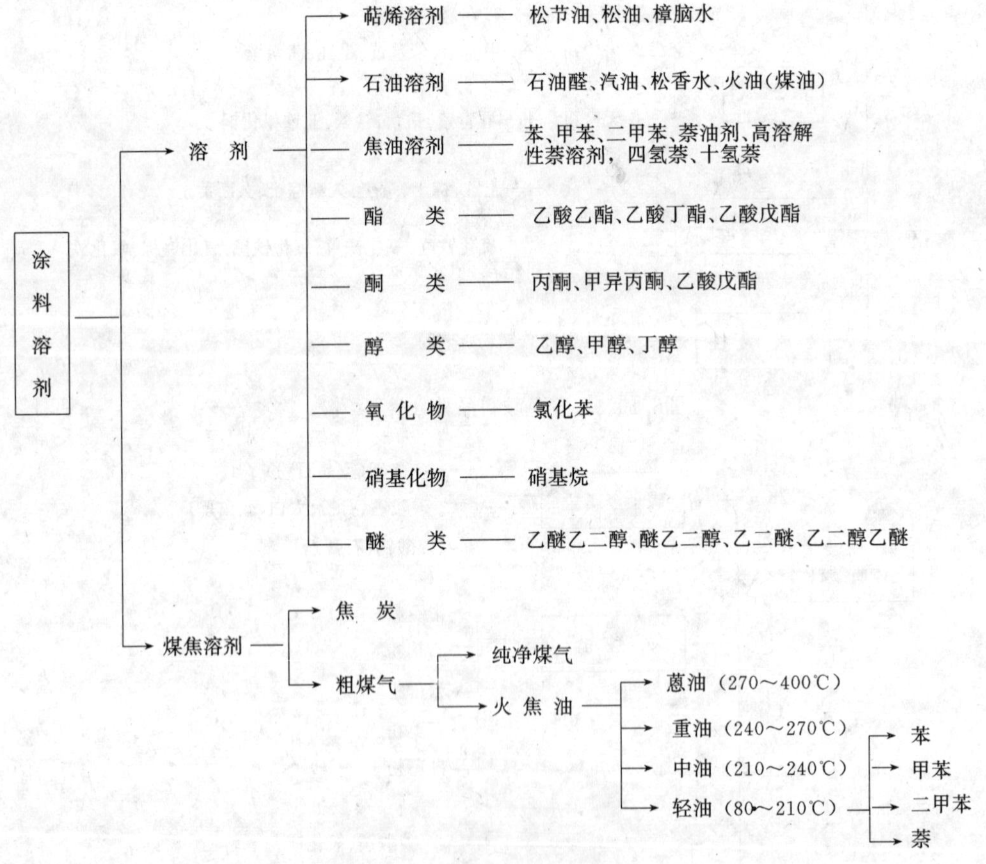

图6.10.8　涂料溶剂品种分类

10.1 一般性技术规定

10.1.1 涂料工程的等级和产品的品种应符合设计要求和国家现行有关技术标准的规定。

10.1.2 涂料工程基体或基层的含水率：混凝土和抹灰表面施涂溶剂型涂料时，不得大于8%；施涂水性和乳液涂料时，大于10%；木料制品，不得大于12%。

10.1.3 涂料干燥前，应防止雨淋、污染。

10.1.4 涂料工程使用的腻子，应坚实牢固，不得粉化，起皮和裂纹。腻子干燥后，应打磨平整光滑，并清理干净。

有水房间应采用具有耐水性能的腻子。

10.1.5 涂料的工作粘度或稠度，必须加以控制，使其在涂料施涂时不流坠、不显刷纹。

10.1.6 双组份或多组份涂料在施涂前，应按产品说明规定的配合比，根据使用情况分批混合，并在规定的时间内用完。所有涂料在施涂前和施涂过程中均应充分搅拌。

10.1.7 施涂溶剂型涂料时，后一遍涂料必须在前一遍涂料干燥后进行；施涂水性和乳液的涂料时，后一遍涂料必须在前一遍涂料表面干燥后进行。每一遍涂料应施涂均匀，各层必须结合牢固。

10.1.8 水性和乳液涂料施涂时的环境温度，应按产品说明书的温度控制。冬期室内施涂涂料时，应在采暖条件下进行，室温应保持均衡，不得突然变化。

10.1.9 建筑物中的细木制品或金属构件和制品，如由工厂制作组装，其涂料宜在生产制作阶段施涂，最后一遍涂料宜在安装后施涂。如在现场制作组装，组装前应先施涂一遍底子油（干性油、防锈涂料），安装后再施涂涂料。

10.1.10 采用机械喷涂涂料时，应将不喷涂的部位遮盖，以防玷污。

施涂工具使用完毕后应及时清洗或浸泡在相应的溶剂中。

10.2 涂料材料质量控制

10.2.1 涂料工程所用的涂料和半成品（包括施涂现场配制的），均应有品名、种类、颜色、制作时间、贮存有效期、使用说明和产品合格证。

10.2.2 外墙涂料应使用具有耐碱和耐光性能的颜料。

10.2.3 我国对涂料已有的基本名称和数量较多。为便于识别，按00至99两位数字作为代号，其中：00～09代表基础品种；10～19代表美术漆；20～29代表轻工用漆；30～39代表绝缘漆；40～49代表船舶漆；50～59代表防腐蚀漆。见表10.2.3（1）及表10.2.3（2）

涂料基本名称及代号 表10.2.3（1）

代　号	基本名称	特　性　和　用　途
00	清　油	干燥快，但漆膜柔软，易发粘。主要用于调和厚漆和红丹防锈漆，也可单独刷在物体表面
01	清　漆	不含颜料的透明漆，漆膜坚硬光亮，适用于木制家具、门窗等的涂层及金属表面罩光

续表

代　号	基本名称	特　性　和　用　途
02	厚　漆	即铅油，使用前须加干性油、催干剂或稀释剂调稀，用于一般建筑及木材表面打底
03	调合漆	干燥慢、漆膜软，适于涂刷室内外一般金属、木质物体及建筑物表面
04	磁　漆	种类多，性能各异，一般附着力强，耐火性较好，能自然干燥，可分别用于室内外金属和木材的表面及罩光
05	烘　漆	漆膜坚硬，耐容性好，附着力强，多用于金属表面（如为底漆则防锈用）和作为木材表面的底漆
06	底　漆	对金属表面附着力强，防锈、耐水，一般自干（少数需加热）；如为环氧缩醛底漆可直接涂刷在带锈钢铁表面
07	腻　子	用以填平金属及木质表面的凹坑、钉孔及裂纹，耐候、耐潮，坚硬、平滑，易打磨
08	水溶漆、乳胶漆	以水为分散介质，涂刷方便，干燥快速，干燥后有耐曝晒、抗水性能，用于涂饰混凝土、砂浆和木质表面
09	大　漆	由漆树液加工而成，漆膜坚硬富有光泽，耐火、耐磨、耐油、耐水、耐热（≤250℃），耐腐蚀性独特且结合力强，但性脆、抗曲性差，不耐阳光直射，有毒，粘度高不易施工

涂料基本名称及代号　　表 10.2.3（2）

代　号	基本名称	代　号	基本名称	代　号	基本名称	代　号	基本名称
10	锤纹漆	35	硅钢片漆	52	防腐漆	82	锅炉漆
11	皱纹漆	36	电容器漆	53	防锈漆	83	烟囱漆
12	裂纹漆	37	电阻漆	54	防油漆	84	黑板漆
14	透明漆		电位器漆	55	防水漆	85	调色漆
20	铅笔漆	38	半导体漆	60	防火漆	86	标志漆
22	木器漆	40	防污漆、防蛆漆	61	耐热漆	87	路线漆
23	罐头漆	41	水线漆	62	变色漆	98	胶　膝
30	（浸渍）绝缘漆	42	甲板漆	63	涂布漆	99	其　他
31	（覆盖）绝缘漆		甲板防滑漆	64	可剥漆		
32	（磁烘）绝缘漆	43	船壳漆	65	粉末涂料		
33	（粘合）绝缘漆	50	耐酸漆	80	地板漆		
34	漆包线漆	51	耐碱漆	81	渔网漆		

10.2.4　涂料的命名及编号

（1）涂料的命名

根据有关部规定：涂料命名原则为：

（1）全名＝颜料或颜色名称＋成膜物质名称＋基本名称。

如：红醇酸磁漆、锌黄酚醛防锈漆；

（2）对于某些有专业用途及特性的产品，必要时在成膜物质后面加以说明。

如：硝基木器清漆、醇酸导电磁漆。

（2）涂料的编号

全国统一编号方法为：

（1）涂料：型号分三个部分，第一部分是成膜物质用汉语拼音字母表示，第二部分是基本名称，用两位数字表示，第三部分是序号。如：

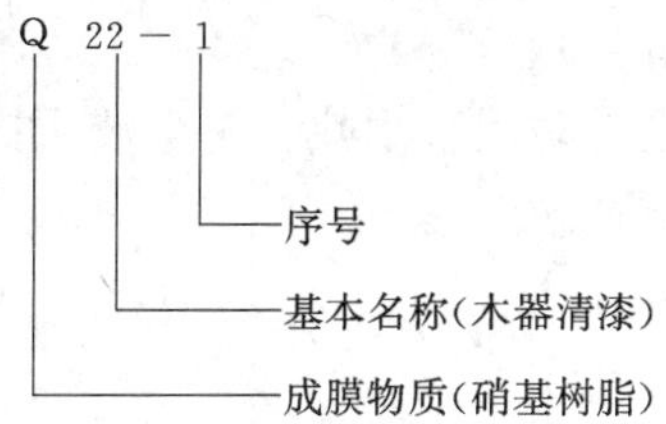

(2) 辅助材料：型号分两个部分，第一部分是辅助材料种类，第二部分是序号。如：

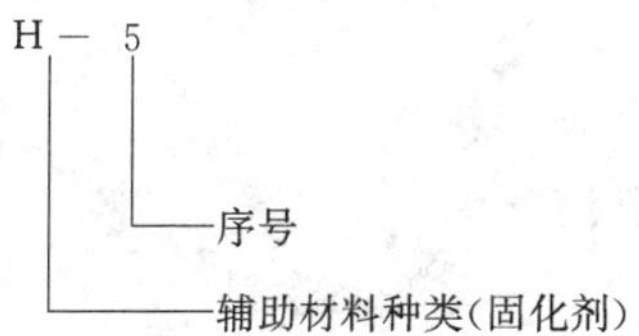

10.2.5 建筑涂料的分类：

(1) 按化学组成可分为：

1) 有机涂料

① 溶剂型涂料

主要成膜物质是有机高分子合成树脂，用有机溶剂稀释，再加入颜料及各类助剂加工而成。其优点是涂膜细致而坚韧，有耐水性和耐老化性并可在0℃时使用。其缺点主要是：易燃、挥发后污染环境并对人的健康有损，不能在潮湿基层（体）上施工，（否则起皮，脱落），价格还较贵；

② 水溶性涂料

主要成膜物质是水溶性合成树脂，用水稀释，加入颜料及助剂加工而成。

水溶性涂料不易燃，无毒无异味，施工时不要求很干的基层：价格比较便宜，但施工温度不得低于10℃。在潮湿地区易发霉（使用时要加防霉剂），且耐水和耐污染性能差，需另行掺入有机高分子材料才可改善。

③ 乳胶涂料

在乳化剂作用下，用机械高速搅拌，使合成树脂细微颗粒分散丁水中构成乳液，作为主要成膜物质，再加入颜料及助剂而成。

如掺有粗填料（云母粉、粗砂粒等）的乳液厚涂料，形成的涂膜具有一定粗糙质感，多用于外墙面。

其他优、缺点基本与水溶性涂料相同，但耐久性良好。

2) 无机涂料

无机涂料的主要成膜物质为无机材料，如碱金属硅酸盐系和胶状二氧化硅系等。

无机涂料的优点较多，如：

① 资源比较丰富、生产工艺简单、节约能源、减少环境污染、造价较低。

② 材料性能良好，对基层处理要求不很严格，且粘结力与遮盖能力强。不仅装饰效果好并经久耐用；颜色均匀，保色性好。

③ 涂刷性能好，有良好的温度适应性，如碱金属硅酸盐系涂料的最低成膜温度为−5℃左右。

④ 贮存稳定性好，可达半年。

3）有机无机复合型涂料，可以改善无机及有机材料的性能。

（2）按涂料本身功能区分有：

防霉、防水、防潮、防污染、防震、耐热、防电波干扰、防射线、杀菌和芳香涂料。

（3）按用于建筑部位区分有：

1）内墙及顶棚涂料，见表10.2.5（1）。

2）外墙涂料，见表10.2.5（2）。

3）特种涂料，见表10.2.5（3）。

（4）按涂膜层状态分有：

1）薄质型涂料，如苯—丙乳胶涂料。

2）厚质型涂料，如乙—丙乳液厚涂料。

3）砂壁状涂层涂料，如彩砂苯—丙外墙涂料。

（5）具特殊性能的涂料有：

防火涂料、防水涂料、防霉涂料及防结露涂料等。

内墙及顶棚涂料 **表10.2.5**（1）

序号	品名	特点	用途	性能
1	聚乙烯醇水玻璃内墙涂料（106内墙涂料）	无毒无味，不燃，可在稍湿墙面上施工，有一定粘结力，涂膜层干燥快，表面光洁平滑，形成类似无光漆涂膜，施工方便	适用于一般民用与公共建筑的内墙装饰	遮盖力：不大于300g/m， 干燥时间：25℃≤1h， 附着力：100%。 耐水性：25℃浸24h，无剥落 耐热性：80℃及5h，无发粘、开裂， 耐洗刷性：200g湿绸揩20次，稍有掉粉， 紫外光照射：20h，无起壳、变色；100h，无起壳、稍有起粉
2	聚乙烯醇缩醛内墙涂料（803内墙涂料）	无味、不燃、干燥快、耐水，湿擦的性能略优于聚乙烯醇水玻璃内墙涂料。 由于涂料粘度大，涂刷时不能来回多次，否则会影响涂层的光滑平整	适用于住宅和一般公共建筑的内墙面装饰。 可涂刷在混凝土、麻刀白灰及灰泥表面	干燥时间：35℃时<30mm， 附着力：100%， 耐水性：浸水24h，无变化， 洗涤性：100次无变化， 耐热性：80℃，6h，无发粘、开裂、脱粉。 粘度：25℃时50～70s
3	过氯乙烯内墙涂料	彩色丰富，表面平滑，装饰效果好，易于施工，有较好耐老化和防水性	适用于住宅及公共建筑的内墙面	干燥时间：≤45min， 流平性：无刷痕， 遮盖力：≤250g/m²， 附着力：100%
4	聚醋酸乙烯乳胶漆内墙涂料	无毒无味、干燥快、透气性好，附着力强、颜色鲜艳、装饰效果好、易于施工	适用于要求较高的民用与公共建筑内墙面	遮盖力：≤250g/m， 附着力：100%， 耐水性：浸水24h，无发粘、开裂， 耐热性：80℃ 5h无发粘、开裂， 涂刷性：光滑无泡沫孔洞
5	乙丙内墙乳胶漆（厚质）	外观细腻、有良好的遮盖力、耐洗刷性、耐久性、耐水性和保色性。以水份为散介质、施工方便，干燥迅速、漆膜附着力强、安全无毒	适用于高级建筑装饰的内墙面 也可用于质门窗	干燥时间：表干≤30min，实干24h， 最低成膜温度：≥15℃，遮盖力：≤170g/m²， 耐水性：浸水96h破坏5%
6	苯丙乳胶内墙涂料	无味、无着火危险、涂膜有良好的保色性和耐擦洗。流动性好干燥快，可在稍湿的表面施工可喷、刷，操作方便	适用于较高级的住宅及多种公共建筑内墙面	施工温度：>3℃， 耐水性：>96h， 耐碱性：>48h， 涂布量：4－6kg/m²， 贮存稳定性：半年以上

续表

序号	品名	特点	用途	性能
7	氯偏共聚乳漆(RT－171内墙涂料)	无毒无味，抗水耐磨、耐碱、耐化学性好，涂层快干、不燃、光洁美观、施工简便，涂料由两组份配成	适用于工业与民用建筑的内墙面，对于建筑工程防潮效果更为显著	干燥时间：<1h， 耐水性：30h 浸泡无变化， 耐热性：100℃以下无变化， 燃烧性：自熄， 附着力：100%， 耐洗刷性：加压450g，1000 次涂膜无破损
8	107 耐擦洗内墙涂料	干燥快、防水、防污、涂层光洁美观	适用于多种民用、公共建筑内墙装饰	干燥时间：常温 1h， 耐水性：48h 无变化， 耐热性：80℃时 7h 无变化 遮盖率：<250g/m^2， 耐洗性：>150 次， 贮存稳定性：1～2 个月
9	ZZ 乳液彩色内墙涂料	属水溶性涂料，无毒无味、粘结性强、耐湿擦洗性能好，涂膜平整光滑	适用于住宅、宾馆、剧场、医院等民用、公共建筑及工业建筑的内墙面	遮盖力：<300g/m^2， 附着力：100%， 表面干燥时间：250℃1h， 耐水性：800h， 耐热性：80℃时 5h 无变化， 耐擦洗性：700～1000 次， 抗冲击性：255kg 铁球/100cm
10	JHN84 － 1 内墙涂料	粘结度高、耐擦洗、耐酸碱、耐老化、耐高温，且价格低 属于无机建筑涂料	适用于机关、厂矿、学校、商店、医院、饭店及城乡民用住宅内墙面	最低成膜温度：5℃以上， 耐水性：7d，耐污染：30 次， 耐擦洗：300 次， 耐紫外线：200h，常温贮存稳定性：三个月
11	膨胀珍珠岩涂料（轻质）	类似小粒毛的装饰效果，但质感优于拉毛，对基层要求低，遮丑效果好是一种粗质感的喷涂涂料	适用于客房、走廊、办公室、会议室、小型俱乐部及民用住宅的顶棚	容重：860g/m^3， 粘度：25.5s， 粘结强度：0.11MPa， 耐水性：1.5h，无变化， 耐热性：47℃时 168h，无变化
12	PC－8412 型各色内墙粉末涂料	水溶性树脂内墙涂料，类似东北可赛银刷墙粉；质量光滑细腻、色泽鲜明、不起壳、不掉粉、施工方便，为粉末固体状，便于包装运输，喷涂效果好	适用于剧院、医院、学校、商店及民用住宅建筑的内墙和顶棚	

外 墙 涂 料 **表 10.2.5（2）**

序号	品名	特点	用途	性能
1	氯化橡胶外墙涂料	干燥快，附着力、防腐蚀性、耐候性、耐久性均较好，可喷涂、滚涂、刷涂，使用方便，施工不受气温限制	适用于多层、高层建筑的外墙及游泳池、地墙、污水池等新旧干净、干燥水泥面上施涂	干燥时间：25℃时表干 2h，实干 4h， 涂装间隔时间：20℃时 6h， 使用量：200g/m^2， 建议涂装：2～3 遍， 使用温度：－20℃～50℃
2	沙胶外墙涂料	无毒无味、干燥快、粘结力强、装饰效果好	适用于住宅、商店、宾馆、企事业单位及工业厂房建筑的外墙面	粘结力：0.76～0.97MPa， 耐水性：20℃时浸水 1000h 无变化， 紫外线光照射：500h 无变化， 人工老化：418h 无变化， 冻融循环：25 次无脱落， 最低成膜温度：≥5℃

续表

序号	品名	特点	用途	性能
3	乙丙外墙乳胶涂料	以水作稀释剂，安全无毒、干燥迅速，耐候性、保光保色性较好，施工方便	适用于工业与民用建筑的外墙面	干燥时间：表干≤30min，实干24h， 遮盖力：170g/m²，冻融稳定性：>5个循环不破坏， 耐湿性：浸96h破坏<5%， 耐碱性：浸48h破坏<5%
4	彩砂涂料	无毒、无溶剂污染、不燃、耐强光、耐污染性能好、快干，利用骨料的不同组配和颜色可以使涂层色彩形成不同层次，有类似天然石材的丰富色彩和质感	用于各式板材及水泥砂浆面层的外墙装饰	耐水性：1000h无变化， 耐碱性：浸碱溶液1000h无变化， 耐洗净性：1000次无变化， 耐冻融性：50次循环无变化， 耐污染性：高档<10%，一般35%， 粘结强度：1.5MPa
5	SE－1仿石型外墙涂料	以水为溶剂，用特制双管枪一次喷成仿石材涂层，安全稳定，粘结力强，质感丰富，美观大方	适用于高层建筑、高级宾馆等建筑的外墙装饰	抗裂性：4m/s气流下，6h涂层不产生裂纹， 耐洗刷性：0.5%皂液1000次不露底， 粘结强度：标准状态>1MPa， 透水率：25℃时24h<0.5ml， 耐候性：碳弧灯照射250h无粉化
6	SB－2型彩色花纹外墙涂料	可用喷、辊结合的施工，质感丰富、色彩艳丽、光泽良好、耐老化、耐玷污(耐脏)	用于外墙面有较好的装饰效果，且有良好保护作用	抗裂性：3m/s气流无裂纹， 耐洗刷性：1000次以上， 透水率：0.5ml以下， 耐候性：250h无变化， 粘结强度：0.7MPa
7	多层花纹外墙涂料	粘结强度高，耐水性、耐候性、耐污染性、保色性好，立体感极强	适用于高级建筑和一般建筑的装饰及保护	干燥时间：表干2h，实干48h， 耐水性：浸25℃水，一个月无变化， 贮存稳定性：6个月
8	有机乳胶外墙涂料	由底、中、面层复合成，具有优良的耐候、耐水、耐碱、耐冻融、耐擦洗性，附着力高，涂层质感强，装饰效果好，施工简便，对环境无污染，对人体无害	适用于住宅、宾馆、旅馆、医院、商场、剧院等各类建筑的外墙装饰	干燥时间：表干<20min、实干<2.5h， 遮盖力：<175g/m²， 附着力：一级， 耐水性：>500h， 耐碱性：>500h， 冻融>50次循环 耐老化>500h
9	ZS－84外墙涂料	价格便宜、耐水、耐污染、耐冻融、耐老化、表干快、施工方便，装饰效果好	适用于一般工业与民用建筑外墙面	遮盖力≤500g/m²， 表干时间≤2h， 耐水性：300h无剥落， 耐碱性：$Ca(OH)_2$水溶液300h无剥落， 耐冻融：23℃、－20℃、50℃各3h为一个循环5次循环无变化， 耐洗刷：0.5%皂液1000次不露底
10	BC－841建筑涂料	优良的色泽，良好的保色，耐水、耐湿热和抗老化性能好	适用于混凝土、水泥砂浆抹面及石棉水泥板等外墙面的装饰	干燥时间：表干2h， 耐水性：浸水一个月不脱落， 耐热性：80℃时3h不脱落， 耐湿热性：35～40℃及湿度85%条件下300h不起泡不脱落， 耐擦洗性：0.5%皂液1000次不露底

续表

序号	品名	特点	用途	性能
11	高级喷磁型外墙涂料	由底、中、面三层复合而成，有良好耐水、耐候、耐碱、耐擦洗性，涂层立体感强，装饰效果好	适用于混凝土、砂浆、石棉瓦楞板等墙面的装饰	耐裂性：4m/s 气流无龟裂， 耐磨性：往复 500 次不露底， 附着力：标准状态＞1MPa、浸水后＞0.5MPa， 透水性：0.5ml 以下， 耐候性：无变色和光泽降低现象
12	GS 外墙涂料	无毒、无味、不燃、不爆，使用安全	适用于公共与民用建筑外墙	遮盖力：＜400g/m²， 附着力：≥1.49MPa， 耐水性：≥30d， 耐碱性：＞30d， 耐候性：中等， 耐擦性：1000 次， 耐热性：80±2℃为 8h， 冻融：循环 20 次， 表干时间：＜1h
13	TN－01、02 耐高温外墙涂料	无毒、无味、无污染、无静电吸附，耐水、耐酸、耐擦洗、耐高温、不燃烧、耐老化、施工方便	适用于各种建筑的外墙装饰	表面干燥时间：＜1h， 附着力：100%， 遮盖力：100%， 耐水性：＜30d， 耐高温性：600℃时 5h 无变化， 耐冰融：50 次无异常
14	NW－811 无机外墙涂料	耐水、耐酸、耐碱、耐洗、耐高温、耐老化、表面硬度高、成膜温度低	适用于各种建筑的外墙	表面干燥时间：2h， 附着力 100%， 遮盖力：450～700g/m²， 耐水性：100h 无异常， 耐沸水性：100℃时 8h 不脱落， 耐酸性：5%HCl、30d 无异常， 耐碱性：$Ca(OH)_2$ 溶液、30d 无异常， 耐高温性：600℃时 5h 不脱落
15	JH80－1 无机建筑涂料	耐老化、耐紫外线辐射性能良好，成膜温度低，色泽质感丰富，装饰效果明显，施工方便(可喷涂、刷涂、滚涂、弹涂)，可配 48 种颜色	适用于工业与民用建筑外墙饰面	干燥时间：2h， 遮盖力：320g/m²， 耐水性：60d 无异常， 耐碱性：30d 无异常， 耐酸性：30d 无异常， 耐老化性：1000h， 耐高温性：600℃无异常
16	JH80－2 无机建筑涂料	耐水、耐酸、耐冻融、耐碱、耐老化、耐擦洗、涂膜细腻、致密、坚硬、可打磨抛光、不产生静电、不易吸尘、耐污染性好，对基层渗透强，附着力好、颜色明快，装饰效果好，可喷涂、滚涂等，施工方便	适用于作为工业与民用建筑的外墙和内墙耐擦洗的饰面	干燥时间：0.5h， 最低成膜温度：6℃， 遮盖力：300g/m²， 耐水性：＞1000h， 耐沸水性＞2h， 耐冻融性＞50 次循环， 耐碱性：$Ca(OH)_2$ 溶液＞500h， 耐酸性：5%HCl＞500h， 耐高温性：600℃无烟、不燃
17	KS－82 无机高分子外墙涂料	不需要涂底处理，涂膜通气密度高，无静电，耐水性优于国内现有的有机涂料和乙丙乳胶厚涂料，无毒、不燃，耐老化性好，耐候性、耐污染性好，耐碱性最佳、无"白花"，成膜温度低	适用于混凝土，轻质混凝土加气混凝土、水泥木丝板、石膏板、砖墙、水泥砂浆等墙面装饰	遮盖力：250～300g/m²， 耐水性：500h 无异常， 耐碱性：$Ca(OH)_2$、500h 无异常， 耐冻融性：循环 50 次不开裂， 成膜温度：2℃， 人工老化：600W 氙灯照射 1000h 不裂无泡， 耐污染性：1:1 烟灰水 30 次 白度下降(%)＜10

续表

序号	品名	特点	用途	性能
18	104 外墙涂料	无毒，无味，防水、防老化性能良好，涂层厚且呈片状，干燥快，粘结力强，色泽鲜艳，装饰效果好	适用于各种工业与民用建筑外墙	粘结力：0.8MPa， 耐水性：20℃水浸 1000h 无变化， 紫外线照射：520h 无变化， 人工老化：423h 无变化， 冻融循环：25 次无脱落

特种涂料 **表 10.2.5**（3）

序号	品名	特点	用途	性能
1	WS－Ⅰ、Ⅱ卫生灭蚊涂料	色泽鲜艳、遮盖力强、耐湿擦性能好，对蚊、蝇、蟑螂等害虫有很好的速杀作用	适用于城乡住宅、营房、医院、宾馆等居室、厨房、食品贮藏室等内墙涂饰	耐热性：85℃时 5h 无变化， 附着力：100%， 耐水性：浸水 24h 不起泡，遮盖力：＜300g/m^2， 耐湿擦：100 次无变化、不脱粉， 速杀效果：连续接触 1h 死亡 100%， 毒性：高效低毒无不良反应， 残效：二年以上，稳定性：贮存二年以上
2	芳香内墙涂料	色泽鲜艳，气味芳香、浓郁、保留持久、无毒，有清新空气和驱虫灭菌的功效	适用于大厦、剧院、办公室、医院、住宅等室内混凝土、麻刀白灰墙面	干燥时间：1h， 附着力：100%， 耐水性：浸水 24h 不发泡， 洗涤性：100 次无变化， 涂刷性：表面光洁、不脱粉
3	防霉内墙涂料	对黄曲霉、黑曲霉、萨氏曲霉、土曲霉、焦曲霉、黄青霉等霉菌的防菌效果甚佳	适用于食品厂、糖果厂、罐头食品厂、卷烟厂、酒厂以及地下室易霉变的内墙装饰	耐霉菌性：O 级， 耐水性：浸水一个月无变化， 耐碱性：pH＝13，浸一个月无变化， 耐酸性：pH＝2，浸一个月无变化， 洗刷性：300 次无变化， 附着力：100%， 稳定性：贮存六个月无沉淀
4	洞库防潮涂料	耐水、防潮、无毒、无味、施工安全、装饰效果好	适用于洞库墙面，及多雨潮湿地区的室内墙面装饰	干燥时间：≤60mm， 遮盖力：＜200g/m^2，低温弯曲：－40℃时 1.3h 弯曲 180°无变化， 耐水性：浸水三个月无变化， 洗涤性：＜100 次无变化， 耐碱性：pH＝12～13 无变化
5	丙烯酸过氯乙烯防腐涂料	有优良的耐腐蚀性，较好的防湿性、防盐雾、防霉及耐候性，干燥快，漆膜平整光亮，保色保光性能好	适用于厂房内外墙的防腐及装饰	干燥时间：表干≯20mm、实干≯90mm， 遮盖力：浅色 50g/m^2、黄色 90g/m^2， 耐酸性：H_2SO_4、30d 不起泡
6	防锈涂料	干燥迅速，防锈性能好，附着力强，施工简便	适用于钢铁制品表面防锈	干燥时间：表干 4h、实干 24h， 附着力：100%， 防锈性：100h 以上无锈， 外观：铁红色，稳定性：贮存六个月

续表

序号	品名	特点	用途	性能
7	建筑罩光乳胶漆	用水为稀释剂、安全无毒、漆膜色浅、保光性能好	可用作涂料的表面罩光，也可作石碑、青铜文物以及古建筑表面保护	漆膜颜色：无色透明， 干燥时间：表干1h， 耐水性：浸8h不起泡
8	瓷釉涂料(193)	耐磨、耐沸水、漆膜坚韧并呈饱满的搪瓷质感	适用于特殊要求和清洁、清洗要求的内墙面，也可用于仿瓷釉浴缸、搪瓷浴缸的翻新	遮盖力：≤130g/m²，附着力：1级， 耐沸水性：60min无变化， 漆膜硬度：≥0.6， 耐磨性：≤0.002g
9	发光涂料M45、M64	在夜间能起指示标志作用的涂料，具有耐候、耐油、透明、抗老化等特点	标志牌、广告招牌、交通标志、门窗把手、钥匙孔、电器开关、指针、道轿椈干等需要发光的物体均适用	

10.2.6 涂料工程用的涂料和半成品（包括施涂现场配制的），均应有品名、种类、颜色、制作时间、贮存有效期、使用说明和产品合格证。

10.2.7 外墙涂料应使用具有耐碱和耐光性的颜料。

10.2.8 涂料工程所用腻子的塑性和易涂性，应满足施工要求，干燥后应坚固，并按基层、底涂料和面涂料的性能配套使用。

涂料工程常用腻子及滑石粉配合比（重量比）如下：

(1) 混凝土表面、抹灰表面用腻子：

1) 适用于室内的腻子：

① 聚醋酸乙烯乳液（即白乳胶）； 1

② 滑石粉或大白粉； 5

③ 2%羧甲基纤维素溶液。 3.5

注：表面刷涂清油后，使用的腻子见本节2）条。

2) 适用于外墙、厨房、厕所、浴室的腻子：

① 聚醋酸乙烯乳胶（白乳胶）； 1

② 水泥； 5

③ 水。 1

(2) 木材表面的石膏腻子：

1) 石膏粉； 20

2) 熟桐油； 7

3) 水。 50

(3) 木材表面清漆的润水粉：

1) 大白粉； 14

2）骨胶； 1

3）土黄或其他颜料； 1

4）水。 18

（4）木材表面清漆的润油粉：

1）大白粉； 24

2）松香水； 16

3）熟桐油。 2

（5）金属表面的腻子：

1）石膏粉； 20

2）熟桐油； 50

3）油性腻子或醇酸腻子； 10

4）底漆； 7

5）水。 45

10.2.9 合成树脂乳液外墙涂料（GB9755—88）

合成树脂乳液外墙涂料技术指标见表10.2.9。

产品技术指标 表10.2.9

项目		指标
在容器中的状态		无硬块，搅拌后呈均匀状态，
固体含量(120±2℃、2h)(%)	不小于	45
低温稳定性		不凝聚、不结块、不分离，
遮盖力(白色及浅色)(g/m²)	不大于	250
颜色及外观		表面平整，符合色差范围，
干燥时间(h)	不大于	2
耐洗刷性(次)	不小于	1000
耐碱性(48h)		不起泡、不掉粉，允许轻微失光和变色，
耐水性(96h)		不起泡、不掉粉，允许轻微失光和变色，
耐冻融循环性(10次)		无粉化、不起鼓、不开裂、不剥落，
耐人工老化性(250h)		不起泡、不剥落、无裂纹，
粉化，级	不大于	1
变色，级	不大于	2
耐玷污性耐脏(5次循环反射系数下降率)(%)		
白色及浅色	不大于	30

10.2.10 合成树脂乳液内墙涂料（GB9756—88）

合成树脂乳液内墙涂料技术指标，见表10.2.10。

产品技术指标 表10.2.10

项目		指标
在容器中的状态		无硬快，搅拌后呈均匀状态，
固体含量(120±2C，2h)(%)	不小于	45
低温稳定性		不凝聚、不结块、不分离，
遮盖力(白色及浅色)(g/m²)	不大于	250
颜色及外观		表面平整，符合色差范围，

续表

项　　目		指　　标
干燥时间(h)	不大于	2
耐洗刷性(次)	不小于	300
耐碱性(48h)		不起泡、不掉粉，允许轻微失光和变色，
耐水性(96h)		不起泡、不掉粉，允许轻微失光和变色

10.2.11 溶剂型外墙涂料（GB9757—88）

溶剂型外墙涂料技术指标，见表10.2.11。

产品技术指标　　**表10.2.11**

项　　目		指　　标
在容器中的状态		搅拌时均匀，无结块，
固体含量(%)	不小于	45
细度，μm	不大于	45
施工性		施工无困难，
白色及浅色		140
颜色及外观		符合标准样板，在其色差范围内，表面平整，
干燥时间(h)	不大于	
表干		2
实干		24
耐水性(144h)		不起泡、不掉粉，允许轻微失光和变色，
耐碱性(24h)		不起泡、不掉粉，允许轻微失光和变色，
耐洗刷性(次)	不小于	2000
耐沾污性(5次)		
反射系数下降率(%)	不大于	15
耐人工老化性(250h)		不起泡、不剥落、无裂纹，
粉化(级)	不大于	2
变色(级)	不大于	2
耐冻融循环性(10)次		不起泡、不剥落、无裂纹、无粉化

10.2.12 外墙无机建筑涂料（GB10222—88）

外墙无机建筑涂料的技术性能指标，见表10.2.12（1）所示。

产品技术指标　　**表10.2.12**（1）

序号	项　　目		指　　标	
1	涂　料	常温稳定性23±2℃	6个月　可搅拌，无凝聚、生霉现象	
	贮存稳定性	热稳定性50±2℃ 低温稳定性−5±1℃	3次　无结块、凝聚、破乳膜现象	
2	涂料粘度(S)		ISO标准40～70	
3	涂料遮盖力(g/m^2)		*A*	≤350
			B	≤320
4	涂料干燥时间(h)		*A*	≤2
			B	≤1
5	涂层耐洗刷性		1000次不露底	
6	涂层耐水性		500h无起泡、软化、剥落现象，无明显变色	
7	涂层耐碱性		300h无起泡、软化、剥落现象，无明显变色	

续表

序号	项目	指标	
8	涂层耐冻融循环性	10次无起泡、剥落、裂纹、粉化现象	
9	涂层粘结强度(MPa[kg/cm²])	≥0.49[≥5.0]	
10	涂层耐沾污性(%)	*A*	≤35
		B	≤25
11	涂层耐老化性	*A*	800h无起泡、剥落；裂纹0级；粉化、变色1级
		B	500h无起泡、剥落；裂纹0级；粉化、变色1级

各项试验用底板尺寸，见表10.2.12（2）。

试验用底板尺寸 **表10.2.12（2）**

试验项目	底板尺寸(mm)
涂料干燥时间	150×70×3～4
涂层耐水性	150×70×3～4
涂层耐碱性	150×70×3～4
涂层耐洗刷性	430×170×3～4
涂层耐沾污性	150×70×3～4
涂层耐冻融循环性	200×150×3～4
涂层耐老化性	150×70×3～4
涂层粘结强度	70×70×4～5

10.2.13 复层建筑涂料（GB9779—88）

复层涂料分类代号，见表10.2.13（1）。

复层涂料分类代号 **表10.2.13（1）**

分类	代号
聚合物水泥系复层涂料	CE
硅酸盐系复层涂料	Si
合成树脂乳液系复层涂料	E
反应固化型合成树脂乳液系复层涂料	RE

复层涂料技术指标，见表10.2.13（2）。

产品技术指标 **表10.2.13（2）**

试验项目 / 分类代号	低温稳定性	初期干燥抗裂性	粘结强度 MPa(kgf/cm²)		耐冷热循环性
			标准状态>	浸水后>	
CE	不结块，无组成物分离，凝聚	不出现裂纹	0.49(5.0)	0.49(5.0)	不剥落，不起泡，无裂纹，无明显变色
Si					
E			0.68(7.0)	0.49(5.0)	
RE			0.98(10.0)	0.68(7.0)	

续表

试验项目 分类代号	透水性 mL	耐碱性	耐冲击性	耐候性	耐沾污性
CE	溶剂型＜0.5，水乳型＜2.0	不剥落，不起泡；不粉化，无裂纹	不剥落，不起泡，无明显变形	不起泡，无裂纹，粉化≤1级，变色≤2级	沾污率＜30％
Si					
E					
RE					

10.3 涂料施涂工艺、操作方法及质量控制

涂料施涂工艺、操作技术和施涂质量控制是依据《建筑装饰工程施工及验收规范》（JGJ73—91）规定提出的。

10.3.1 涂料施涂工艺流程控制程序，见图6.10.9。

涂料施涂工艺流程控制程序

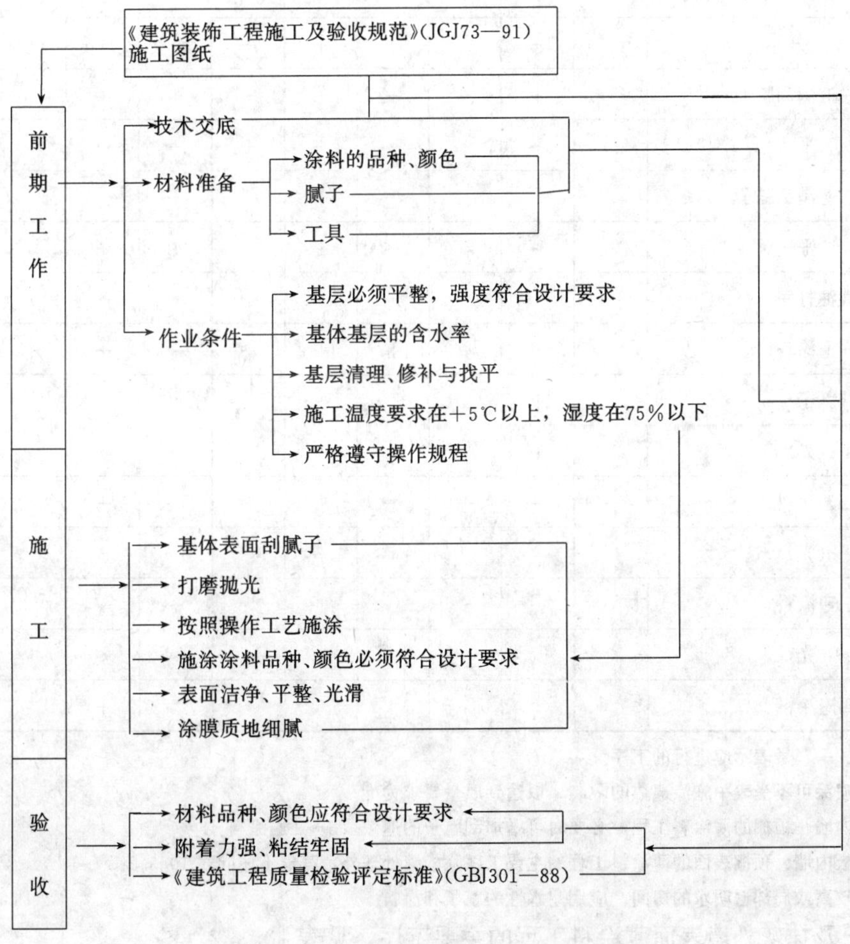

图6.10.9 涂料施涂工艺流程控制程序

10.3.2 混凝土表面和抹灰表面的施涂技术要点及操作工艺应符合以下规定。

(1) 本节适用于混凝土表面和抹灰表面施涂薄涂料、厚涂料和复层建筑涂料等涂料工程。

注：1. 薄涂料有水性薄涂料、合成树脂乳液涂料、溶剂型（包括油性）薄涂料、无机薄涂料等。

2. 厚涂料有合成树脂乳液厚涂料、合成树脂乳液砂壁状涂料和无机厚涂料等。

3. 复层建筑涂料有水泥系复层涂料、合成树脂乳液系复层涂料、硅溶胶系复层涂料和反应固化型合成树脂乳液系复层涂料。

混凝土及抹灰内墙、顶棚表面薄涂料工程按质量要求分为普通、中级和高级三级，主要工序见表10.3.2（1）

混凝土及抹灰内墙、顶棚表面薄涂料工程的主要工序　　表10.3.2（1）

项次	工序名称	水性薄涂料		乳液薄涂料			溶剂型薄涂料			无机薄涂料	
		普通	中级	普通	中级	高级	普通	中级	高级	普通	中级
1	清　　扫	+	+	+	+	+	+	+	+	+	+
2	填补缝隙、局部刮腻子	+	+	+	+	+	+	+	+	+	+
3	磨　　平	+	+	+	+	+	+	+	+	+	+
4	第一遍满刮腻子	+	+	+	+	+	+	+	+	+	+
5	磨　　平	+	+	+	+	+	+	+	+	+	+
6	第二遍满刮腻子		+		+	+		+	+		+
7	磨　　平		+		+	+		+	+		+
8	干性油打底						+	+	+		
9	第一遍涂料	+	+	+	+	+	+	+	+	+	+
10	复补腻子		+		+	+			+		+
11	磨平（光）		+		+	+		+	+		+
12	第二遍涂料	+	+	+	+	+	+	+	+	+	+
13	磨平（光）					+		+	+		
14	第三遍涂料					+		+	+		
15	磨平（光）								+		
16	第四遍涂料								+		

注：1 表中"+"号表示应进行的工序。

2 机械喷涂可不受表中施涂遍数的限制，以达到质量要求为准。

3 高级内墙、顶棚的薄涂料工程，必要时可增加刮腻子的遍数及1～2遍涂料。

4 石膏板内墙、顶棚表面的薄涂料工程的主要工序除板缝处理外，其他工序同表10.3.2。

5 湿度较高或局部遇明水的房间，应用耐水性的腻子和涂料。

混凝土及抹灰外墙表面薄涂料工程的主要工序，见表10.3.2（2）。

混凝土及抹灰外墙表面薄涂料工程的主要工序　　表 10.3.2（2）

项　次	工　序　名　称	乳液薄涂料	溶剂型薄涂料	无机薄涂料
1	修　　补	+	+	+
2	清　　扫	+	+	+
3	填补缝隙、局部刮腻子	+	+	+
4	磨　　平	+	+	+
5	第一遍涂料	+	+	+
6	第二遍涂料	+	+	+

注：1 表中“+”号表示应进行的工序。

2 机械喷涂可不受表中涂料遍数的限制，以达到质量要求为准。

3 如施涂二遍涂料后，装饰效果不理想时，可增加 1～2 遍涂料。

混凝土及抹灰室内顶棚表面轻质厚涂料工程按质量要求分为普通，中级和高级三级，主要工序见表 10.3.2（3）

混凝土及抹灰室内顶棚表面轻质厚涂料工程的主要工序　　表 10.3.2（3）

项　次	工　程　名　称	珍珠岩粉厚涂料		聚苯乙烯泡沫塑料粒子厚涂料		蛭石厚涂　料	
		普　通	中　级	中　级	高　级	中　级	高　级
1	清　　扫	+	+	+	+	+	+
2	填补缝隙、局部刮腻子	+	+	+	+	+	+
3	磨　　平	+	+	+	+	+	+
4	第一遍满刮腻子	+	+	+	+	+	+
5	磨　　平	+	+	+	+	+	+
6	第二遍满刮腻子		+	+	+	+	+
7	磨　　平		+	+	+	+	+
8	第一遍喷涂厚涂料	+	+	+	+	+	+
9	第二遍喷涂厚涂料				+		+
10	局部喷涂厚涂料		+	+	+	+	+

注：1 表中“+”号表示应进行的工序。

2 高级顶棚轻质厚涂料装饰，必要时增加一遍满喷厚涂料后，再进行局部喷涂厚涂料。

3 合成树脂乳液轻质厚涂料有珍珠岩粉厚涂料、聚苯乙烯泡沫塑料粒子厚涂料和蛭石厚涂料等。

4 石膏板室内顶棚表面轻质厚涂料工程的主要工序，除板缝处理外，其他工序同表中规定。

（8）混凝土及抹灰外墙表面厚涂料工程的主要工序见表 10.3.2（4）。

混凝土及抹灰外墙表面厚涂料工程的主要工序　　表 10.3.2（4）

项　次	工　序　名　称	合成树脂乳液厚涂料 合成树脂乳液砂壁状涂料	无机厚涂料
1	修　　补	+	+
2	清　　扫	+	+
3	填补缝隙、局部刮腻子	+	+
4	磨　　平	+	+
5	第一遍厚涂料	+	+
6	第二遍厚涂料	+	+

注：1 表中“+”号表示应进行的工序。

2 机械喷涂可不受表中涂料遍数的限制，以达到质量要求为准。

3 合成树脂乳液和无机厚涂料有云母状、砂粒状。

4 砂壁状建筑涂料必须采用机械喷涂方法施涂，否则将影响装饰效果。砂粒状厚涂料宜采用喷涂方法施涂。

(9) 混凝土及抹灰内墙、顶棚表面复层建筑涂料工程的主要工序见表 10.3.2 (5)。

混凝土及抹灰内墙、顶棚表面复层涂料工程的主要工序　　表 10.3.2 (5)

项次	工序名称	合成树脂乳液复层涂料	硅溶胶类复层涂料	水泥系复层涂料	反应固化型复层涂料
1	清　扫	+	+	+	+
2	填补缝隙、局部刮腻子	+	+	+	+
3	磨　平	+	+	+	+
4	第一遍满刮腻子	+	+	+	+
5	磨　平	+	+	+	+
6	第二遍满刮腻子	+	+	+	+
7	磨　平	+	+	+	+
8	施涂封底涂料	+	+	+	+
9	施涂主层涂料	+	+	+	+
10	滚　压	+	+	+	+
11	第一遍罩面涂料	+	+	+	+
12	第二遍罩面涂料	+	+	+	+

注：1 表中"+"号表示应进行的工序。

2 如需要半球面点状造型时，可不进行滚压工序。

3 石膏板的室内内墙、顶棚表面复层涂料工程的主要工序，除板缝处理外，其他工序同表中规定。

(10) 混凝土及抹灰外墙表面复层建筑涂料工程的主要工序，见表 10.3.2 (6)。

混凝土及抹灰外墙表面复层涂料工程的主要工序　　表 10.3.2 (6)

项次	工序名称	合成树脂乳液复层涂料	硅溶胶类复层涂料	水泥系复层涂料	反应固化型复层涂料
1	修　补	+	+	+	+
2	清　扫	+	+	+	+
3	填补缝隙、局部刮腻子	+	+	+	+
4	磨　平	+	+	+	+
5	施涂封底涂料	+	+	+	+
6	施涂主层涂料	+	+	+	+
7	滚　压	+	+	+	+
8	第一遍罩面涂料	+	+	+	+
9	第二遍罩面涂料	+	+	+	+

注：1、2 见表 10.3.2 (5) 注 1、2。

(11) 施涂复层涂料尚应符合下列规定：

1)、复层涂料一般是以封底涂料、主层涂料和罩面涂料组成。施涂时应先喷涂或刷涂封底涂料，待其干燥后再喷涂主层涂料，主层涂料干燥后再施涂两遍罩面涂料。

2)、喷涂主层涂料时，其点状大小和疏密程度应均匀一致，不得连成片状。

3)、水泥系主层涂料喷涂后，应先干燥 12h，然后洒水养护 24h，再干燥 12h 才能施涂罩面涂料；

4)、施涂罩面涂料时，不得有漏涂和流坠现象，待第一遍罩面涂料干燥后，才能施涂第二遍罩面涂料。

10.3.3　木料表面施涂

(1) 木料表面施涂溶剂型混色涂料，按质量要求分为普通、中级和高级三级，主要工序见表 10.3.3 (1)。

木料表面施涂溶剂型混色涂料的主要工序　　　　表 10.3.3（1）

项　次	工　序　名　称	普通级涂料	中级涂料	高级涂料
1	清扫、起钉子、除油污等	+	+	+
2	铲去脂囊、修补平整	+	+	+
3	磨 砂 纸	+	+	+
4	节疤处点漆片	+	+	+
5	干性油或带色干性油打底	+	+	+
6	局部刮腻子、磨光	+	+	+
7	在刮腻子处涂干性油	+		
8	第一遍满刮腻子		+	+
9	磨　光		+	+
10	第二遍满刮腻子			+
11	磨　光			+
12	刷涂底涂料		+	+
13	第一遍涂料	+	+	+
14	复补腻子	+	+	+
15	磨　光	+	+	+
16	湿布擦净		+	+
17	第二遍涂料	+	+	+
18	磨光（高级涂料用水砂纸）		+	+
19	湿布擦净		+	+
20	第三遍涂料		+	+

注：1. 表中“+”号表示应进行的工序。

2. 高级涂料做磨退时，宜用醇酸树脂涂料刷涂，并根据涂膜厚度增加 1～2 遍涂料和磨退、打砂蜡、打油蜡、擦亮的工序。

3. 木料及胶合板内墙、顶棚表面施涂溶剂型混色涂料的主要工序同上表。

（2）木料表面施涂清漆，按质量要求分为中级和高级两级，主要工序见表 10.3.3（2）。

木料表面施涂清漆的主要工序　　　　表 10.3.3（2）

项　次	工　序　名　称	中 级 清 漆	高 级 清 漆
1	清扫、起钉子、除去油污等	+	+
2	磨 砂 纸	+	+
3	润　粉	+	+
4	磨 砂 纸	+	+
5	第一遍满刮腻子	+	+
6	磨　光	+	+
7	第二遍满刮腻子		+
8	磨　光		+
9	刷 油 色	+	+
10	第一遍清漆	+	+
11	拼　色	+	+
12	复补腻子	+	+
13	磨　光	+	+
14	第二遍清漆	+	+
15	磨　光	+	+
16	第三遍清漆	+	+
17	磨水砂纸		+
18	第四遍清漆		+

续表

项次	工序名称	中级清漆	高级清漆
19	磨　光		+
20	第五遍清漆		+
21	磨　退		+
22	打砂蜡		+
23	打油蜡		+
24	擦　亮		+

注：表中“+”号表示应进行的工序。

10.3.4 金属表面施涂

(1)金属表面施涂涂料，按质量要求分为普通、中级和高级三级，主要工序见表10.3.4。

金属表面施涂涂料的主要工序 **表10.3.4**

项次	工序名称	普通级涂料	中级涂料	高级涂料
1	除锈、清扫、磨砂纸	+	+	+
2	刷涂防锈涂料	+	+	+
3	局部刮腻子	+	+	+
4	磨　光	+	+	+
5	第一遍满刮腻子		+	+
6	磨　光		+	+
7	第二遍满刮腻子			+
8	磨　光			+
9	第一遍涂料	+	+	+
10	复补腻子		+	+
11	磨　光		+	+
12	第二遍涂料	+	+	+
13	磨　光		+	+
14	湿布擦净		+	+
15	第三遍涂料		+	+
16	磨光（用水砂纸）			+
17	湿布擦净			+
18	第四遍涂料			+

注：1. 表中“+”号表示应进行的工序。
2. 薄钢板屋面、檐沟、水落管、泛水等施涂涂料，可不刮腻子。施涂防锈涂料不得少于两遍。
3. 高级涂料做磨退时，应用醇酸树脂涂料施涂，并根据涂膜厚度增加1～3遍涂料和磨退、打砂蜡、打油蜡、擦亮的工序。
4. 金属构件和半成品安装前，应检查防锈涂料有无损坏，损坏处应补刷。
5. 钢结构施涂涂料，应符合现行《钢结构工程施工及验收规范》有关规定。

10.3.5 美术涂饰

(1) 美术涂饰按质量要求分为中级和高级两个等级。施涂前应先完成相应等级或工序的涂料作业（或刷浆作业），待其干燥后，方可进行美术涂饰。

(2) 美术涂饰，应符合下列规定：

1)、套色花饰、仿壁纸的图案：宜用喷印方法进行，并按分色顺序喷印。前套漏板喷印完，待涂料（或浆料）稍干后，方可进行下一套漏板的喷印。

2)、滚花涂饰：应先在已完成的涂料（或刷浆）表面弹出垂直粉线，然后沿粉线自上而下进行，滚筒的轴必须垂直于粉线，不得歪斜。滚花完成后，周边应画色线，或做边花、方格线。

3)、仿木纹、仿石纹涂饰：应在第一遍涂料表面上进行，待摹仿纹理或油色拍丝等完成后，表面应涂施一遍罩面清漆。

4）、涂饰鸡皮皱面层：在涂料中需掺入20%～30%的大白粉（重量比），并用松节油稀释。刷涂厚度宜为2mm，表面拍打起粒应均匀、大小一致；

5）、涂饰拉毛面层：在涂料中需掺入石膏粉或滑石粉，其掺量和刷涂厚度，应根据波纹大小，由试验确定。面层干燥后，宜用砂纸磨去毛尖。

6）、甩水色点：宜先甩深色点，后甩浅色点，不同颜色的大小色点，应分布均匀。

7）、划分色线和方格线：必须待图案完成后进行，并应横平竖直，接口吻合。

10.3.6 涂料的施涂工艺、操作方法及质量控制，见图6.10.9。

施涂工艺和操作方法

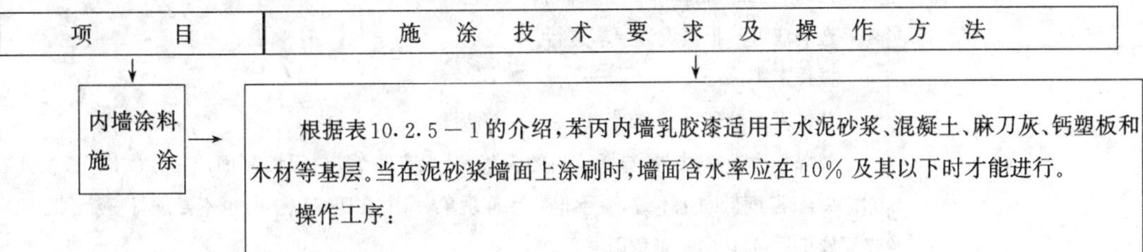

根据表10.2.5－1的介绍，苯丙内墙乳胶漆适用于水泥砂浆、混凝土、麻刀灰、钙塑板和木材等基层。当在泥砂浆墙面上涂刷时，墙面含水率应在10%及其以下时才能进行。

操作工序：

基体表面处理⟶刮腻子⟶刷涂料⟶成品保护。

（1）基体表面处理

基体（层）应至九成干时，进行施涂乳液涂料。当气温达25℃以上时约需10d，如在15℃时则需15d左右。

将基体（层）表面的尘土、松散颗粒、附着的砂浆、钉子、铁丝等清除干净，如有油污必须清洗干净。

要求表面平整度控制在2mm以内，并不得有抹纹。表面的缝隙、细小孔洞、麻面等缺陷处一般室内墙面应用10.2.8条规定的腻子配比进行填补，如为有水的房间（厨房、浴室及厕所等）和室外，则应按10.2.8条规定的腻子填补。并应注意分层填平，干后再用砂纸打磨平整。

（2）刮腻子

若当基层表面比较平整，施涂中级涂料时，一般要满刮两遍。

第一遍满刮腻了时，用胶皮刮板满刮，达到平整、均匀、光滑、不留接槎，待腻子干燥后，用砂子磨平磨光，不得有划痕。磨光后将粉末清扫干净。随即进行第二遍满刮腻子，第二遍刮腻子时与第一遍做法一样。

（3）刷涂料

第一遍涂料宜稍稀，故可加入适量的水，充分搅拌均匀，并宜过滤。配料应满足整个房间的需用。由于乳胶漆表干较快，需要注意配合人员并加快操作，要求刷到、刷匀、而且不显接槎，待这遍涂料干后，对有裂纹、不平或漏刷处，要复补腻子，腻子干后用砂纸磨平磨光，立刻清扫干净。

第二遍涂料则不宜加水，但也必须充分搅拌均匀，才能进行涂抹；涂抹方法与第一遍方法相同。

（4）成品保护

涂刷完毕后，要将门窗、地面、窗台及设备等，沾有涂料、腻子的地方，擦洗干净，然后将房间暂时封闭，注意保护。

图6.10.9（1）　施涂工艺和操作方法

项　　目	施涂技术要点及操作方法

外墙涂料施　　涂 →

彩砂外墙涂料是以丙烯酸脂共聚乳液；加入彩色石英砂作为骨料，再外加助剂配制而成。

利用不同组配和不同颜色的骨料，可使涂层色彩形成不同的层次，并具有类似天然石材的色彩和质感。

彩砂涂料分单色和复色两种。

复色是 用单色的各种系列颜色，按一定比例组合，形成一种基色，再附以其他颜色的斑点，使质感更加丰富。

选购或订货根据设计要求进行。

操作工序：

基体表面处理 —— 准备工作 —— 喷涂。

外墙喷涂涂料时，要选择适当的天气。从温度来看，白天墙基面应在 5℃ 以上，夜间在 0℃ 以上；温度低固化不好，更不得有冰冻现象，风力在四级以上时也不要进行喷涂。此外，在喷涂施工后，12h 内要避免雨淋。

(1) 基体表面处理

砖墙面：清除墙面尘土、污物、附着砂浆及油漆。用水润湿后，按设计要求以水泥砂浆或混合砂浆抹灰，作为施涂涂料的基层，因此，操作时要压平、压实，用木抹子搓平但带毛面，经养护使强度增长、且含水率达到 10% 以下时方可施涂。

混凝土墙面：清除墙面尘土、污物、附着砂浆，如有油污要先用 10% 火碱水刷洗掉后，再用清水冲洗干净，表面如有孔洞、麻面等，用腻子（见表 10.2.8 条外墙用腻子配比）填补齐平，并用砂纸磨平。

(2) 准备工作

浆料如需自行配制，宜预先集中进行并经过滤处理；如在现场配制时，配比要准确，搅拌要均匀，过滤后要静置 4h 以上，待使用前再搅拌均匀。使用的浆料稠度以喷出时呈雾状，喷在墙上能流动为准。

将空压机的工作压力调至 0.6MPa 左右，喷嘴则视涂料粒度选用（有 3mm、5mm 及 7mm 三种，一般可用 5mm 喷嘴）。

如设计有分格要求时，尚需弹线；分格缝宽约 20mm，并粘贴分格条。

对门窗、玻璃及其他设施，必须加以覆盖保护。

基层应在干燥后，含水率不大于 10% 时，才能进行喷涂；否则，涂层表面将会泛白成“花脸”。

对工、器具要及时刷洗干净，以免影响涂层。

(3) 喷涂

喷涂时，喷嘴与墙面垂直，距墙面 400 ～ 500mm，从左至右顺序，逐次横向进行。喷斗移动要平稳、均衡、缓慢，使涂层充分盖底。接槎处的厚度应与其他部位保持一致，以免色泽不匀。

如设计要求施涂罩面时，应待涂层固化后再按要求进行。

图 6.10.9（2）　施涂工艺和操作方法

项目	施涂技术要求及操作方法
木门窗施涂混色涂料	见下

木门窗表面施涂溶剂型混色涂料(中级)。

操作工序:

基层处理──→打底──→满刮腻子──→刷涂料。

1) 基层处理

对基层表面的尘土、杂物、灰浆等,必须清扫干净,如需刮去时,不得将表面刮出木毛,也不得将附近的墙面或其他物件损坏。

一般明钉均应起除。起钉时,必须在钳子、锤子等下面垫以木板,以防损坏基层。

木材表面粘有胶痕、臭油以及留有松油节疤时,均宜刮除干净,不平处用腻子(见表10.2.8的配比)或木料粘胶,修补平整,活节、油迹处可点漆片,然后用砂纸磨平,打磨时要顺木纹进行。

2) 打底

用干性油或带色干性油打底,常用的干性油有亚麻仁油、桐油、苏籽油等,如需配色则少量掺加颜料,如红土子等,涂刷前应过筛。

为避免刷油时滴油、流坠,将刷子蘸油后,要在小桶边轻拍一、二下,刷油要顺木纹将涂料铺开涂刷。门窗的打底油宜在框扇安装前涂刷。

如刷后在表面仍有不平处,要在局部不平处括腻子后并用砂纸磨平磨光,再在磨光处涂上干性油。

3) 满刮腻子

腻子要不软不硬、不出蜂窝为好,刮腻子时要将腻子刮入钉孔、缝隙、榫接处,以及门心板边缝隙内,特别是上下冒头一定要刮实刮满。刮时顺木纹刮平刮光,接头处不留岔,不污染其他物件。

第一遍满刮腻子后,即可用砂纸打磨平整光滑。打磨平面时,要将砂纸紧压在打磨面上;磨门窗线角处时要用对折的砂纸边部打磨。不得磨穿底油的油膜,但要磨平磨光。磨完后应用潮布将粉末擦干净。

4) 刷涂料

(1) 刷涂底涂料,与打底操作相同。

(2) 第一遍涂料

刷涂料时,要顺木纹涂刷。线角处宜薄,以免起皱;阴角处应用油刷轻按,将余油沾起来使油流开;小面积狭长部分用油刷侧面上油,里外分色的边楞线要按边线刷齐刷直。在大面积木材面的门心板处刷涂料时,将油刷蘸油后,顺木纹上下直刷,每刷一条间隔50～60mm再刷一条,即“开油”,刷完后用不蘸涂料的油刷,将直条上的涂料先横向由上而下刷开,然后再斜向刷赶。横、斜向刷完后,将油刷上的涂料在小桶边上刮净,用刷子第一刷由上而下,紧挨第二刷由下而上,轻轻地进行“理油”。大面“理油”后,刷掉边棱上的多余涂料,使大、小面上涂料均匀、整齐,然后全面检查一下,有无流坠、透底等缺陷,以便及时修补。

(3) 复补腻子

待第一遍涂料干透后,查看有无腻子收缩或残缺现象,如有类似现象应用第一遍的腻子复补一遍,作法同前。

(4) 磨光

待复补腻子干透后,用比第一遍细的砂纸(1号)打磨平整光滑;

(5) 刷第二遍涂料,刷法同第一遍。

待第二遍涂料干透后,即可安装玻璃,并将玻璃两面用潮布揩擦干净,但不得碰损涂料及玻璃油灰的表面。

(6) 磨光

用0号木砂纸轻轻磨一遍,使表面光滑,但不得划破油膜及楞角,磨完后仍用潮布将磨下的粉末等擦净。

(7) 刷第三遍涂料

刷第三遍涂料前,应将房间或四周清理干净,并应在玻璃油灰有一定强度后再进行。这一遍涂料通常为罩面用,因而刷油动作要快,刷得周到、颜色要均匀,刷出光亮、光滑,无透底、流坠、皱皮等缺陷。

刷完后,必须将门窗上小五金、玻璃等处沾有涂料处及时揩擦干净,还要保持环境清洁,避免污染。

图6.10.9(3)　施涂工艺和操作方法

项目	施涂技术要求及操作方法
美术涂饰 →	

常见的有滚花、仿木纹、仿石纹和套色漏花等。

滚花的图案，应颜色鲜明、轮廓清晰，不得有漏涂、斑污和流坠等现象。

仿木纹、仿石纹的表面，应具有摹仿材料的纹理。

套色漏花的图案不得出现位移重叠现象，纹理和轮廓应清晰。

1）滚花

使用有带花纹图案的辊刷在刷好的涂料墙上滚印而成。

操作工序：

基层表面处理──→放线──→试样──→滚花

（1）基层表面处理

将已抹灰的墙面清理干净后，刮两遍腻子，用砂纸磨平磨光两遍，再按设计要求的色泽施涂涂料（或刷浆）。

（2）放线

底层涂料干燥后，按设计要求的尺寸、分格，找正规方后，弹出垂直线和水平线。

如设计有分格线时，可用贴胶布的方法粘贴分格条。

（3）试样

按设计要求的花式、色泽做出样板，在基层的底色浆上进行试涂，作试样，直至符合要求后，才能在干燥的基层底浆上开始滚花。

（4）滚花

滚花时，按试样操作。辊刷上涂料不宜多，并应从左向右、自上而下进行，滚压方向要一致。辊刷应按弹线垂直于墙面，不得歪斜，用力要均匀。滚印至图案颜色鲜明、轮廓清晰即可。不得有漏涂、斑污、流坠，且不得显出接槎。

每移动一次，均要校正花纹位置，使图案一致。

滚至末端不足一个辊长时，应待已滚花的墙面干燥后，将已滚花部分覆盖再滚。

2）仿木纹

操作工序

基层表面处理──→面层涂料──→做木纹──→罩面

（1）基层表面处理

墙面清理干净后，对微细缝隙、低凹处，分层或局部刮腻子。腻子干后用砂纸磨平。扫除磨下粉末，按要求尺寸先弹出水平线，满刮第一遍腻子，压紧、刮平。干后用砂纸磨平磨光。再满刮第二遍腻子，腻子要比头遍腻子稍稀并加点石黄，待第二遍腻子干后，用砂子磨平磨光，扫去磨下粉末、浮灰，用干性油打底，干燥后即可施涂第一遍涂料。第一遍涂料干后复补腻子并磨平、磨光，清扫干净再施涂第二遍涂料，这两遍底层涂料的颜色，应与木材本色接近。如设计有分格时，要弹线分格。

（2）面层涂料

宜选用结膜较慢的涂料，色泽要较底层涂料深一些，施涂时不宜厚。

（3）做木纹

面层涂料施涂完后，即用不等距锯齿形样板勾划木纹线，再用软干毛刷扫出木纹棕眼。如需分格则待木纹干后，划出分格。

（4）罩面

在木纹、分格线全部干透后，在表面再涂刷一遍清漆。清漆必须刷匀，不得有流坠、皱皮现象。

3）仿石纹

按表10.2.5－2中介绍的SE－1仿石型外墙涂料，以水为溶剂，用特制双管轮一次喷成仿石材涂层。具体操作必须按设计要求并结合产品说明进行。

4）套色滚花

用厚纸板涂清油干燥后，按设计要求的花纹图案，每色一板进行刻制并确定定位眼，规格、尺寸要求必须准确，各色组合成为一整套并编号顺序，以免误套。漏花板制完后，一定要进行试套，对照设计无误后备用。

操作工序：

基层表面处理──→定位──→套色漏花

（1）基层表面处理

与仿木纹基层表面处理相同，但所用涂料色泽，必须按设计要求加以选用。

（2）定位

根据设计要求常见的有下列三种：

边漏：是在墙的上部并沿墙四周形成一圈花纹。

墙漏：在墙面上按一定的间距，布置相应协调的花饰。

假墙纸：将花纹图案漏满墙面，类似裱糊的效果。

按设计的套色漏花的水平线、垂直或框线，将漏花的具体位置、尺寸、加以确定，漏花板找好位置、垂直、水平，并按定位眼与孔眼对准并临时固定，不得产生些微小位移，以免混色甚至压色。

然后按要求的颜色，选用色泽协调，可呈现立体感的涂料。

漏花扳定位后，如为边漏则应从房间一角开始，从左到右正好延伸一周。等第一遍色浆料干透后，再涂第二遍色浆料。漏花板按编号顺序使用，按顺序涂色。漏花板用过3遍以后，要用洁净、干燥的棉纱（旧布）将两面涂料擦洗干净，以免污染墙面和便于下次再用。

图6.10.9（4） 施涂工艺和操作方法

11　裱糊工程施工技术措施控制要点

裱糊是利用壁纸进行室内装饰的一种工艺。壁纸可以造成各种色彩和质感，也可仿各种材料的纹理、图案，以增加室内装饰效果，改善和美化生活环境。

裱糊材料的种类和技术性能，见表 11.0.1。

壁纸及技术性能　　表 11.0.1

序号	壁纸名称	技术性能
1	纸面纸基壁纸	透气性好、不耐水、易断裂。
2	纤维织物壁纸	以玻璃纤维、丝、羊毛、棉麻等纤维织成壁纸；强度好、质量柔和、高雅、能形成良好的环境气氛。
3	无纺贴墙布	有棉、麻两种，均为无纺成型、树脂涂装、花纹印刷等工艺加工而成。其特点是：质挺、弹性好、细致光滑，有良好的防潮透气性能，便于粘贴。
4	塑料壁纸	以聚氯乙烯塑料薄膜为面层、以塑料壁纸的专用纸为基层，在纸上涂布或压一层塑料，经印刷、压花、发泡等工序加工而成。 塑料壁纸的适用和应用范围较广，美观大方、强度好，表面不吸水，可以擦洗、施工方便。
5	人造革及织锦缎	具有高雅、华美的装饰效果，适用于公共场所室内装饰工程

随着建材工业的不断发展。壁纸和墙布的品种和质量在不断地更新、提高。壁纸不但起装饰作用，而且可以具有吸声、隔热、防菌、防霉、防水等多种功能，而且施工方便，使用寿命也长。

11.1　一般性技术规定

11.1.1　裱糊工程基体或基层的表面质量，应符合国家现行技术标准和规范的规定。裱糊的基层表面，颜色宜一致，对于遮盖力低的壁纸、墙布基层表面颜色应一致。

11.1.2　裱糊工程基体或基层的含水率，混凝土和抹灰基体不得大于 8%；木材制品不得大于 12%。

11.1.3　有水房间及湿度较大房间的墙体表面，裱糊时必须采用防水性能好的壁纸和胶粘剂。

11.1.4　裱糊之前，应认真清理和修整基体和基层的表面，使其平整、洁净、干燥。

11.1.5　基层表面涂抹的腻子，应坚实牢固，不得粉化、起皮和裂缝。

11.1.6　裱糊过程中和干燥前，应防止穿堂风劲吹和温度的突然变化。

11.1.7　裱糊装饰施工前，必须是在屋面防水工程作完、湿性作业全部结束，电气、暖卫安装工程已完成，附着墙壁上的各种备件和附件应拆除，以便给裱糊施工创造一个良好的施工条件。

11.1.8　冬期施工作业环境温度应控制在 15℃以上。

11.2 裱糊材料质量控制

11.2.1 壁纸、墙布应洁净、图案清晰。PVC 壁纸的质量应符合现行国家技术标准(GB8945)的规定。

PVC 壁纸为塑料壁纸。是以纸为基体，聚氯乙烯塑料薄膜为面层，经复合、印花、压花等工序而制成。它的特点是：花色图案丰富，可做成凹凸花纹、富有质感及艺术感，装饰效果好；强度高、伸缩性好并具耐裂强度，故允许基层结构有一定程度的裂缝；施工简单、易于粘贴；表面不吸水，可用布擦洗，是目前室内装饰常用壁纸。

11.2.2 壁纸和墙布的品种及特点，见表 11.2.2。

壁纸和墙布的品种及特点 **表 11.2.2**

类别	品种	说明	特点	用途
壁纸类	普通壁纸	纸面纸基壁纸，具有大理石、各种木纹及其他印花等图案。为早期产品，现在应用较少	价格低廉，但性能差，不耐水，不能擦洗	一般住宅内墙和旧墙翻新或老式平房墙面装饰
	塑料壁纸(PVC 壁纸)	以纸为基层、聚氯乙烯塑料薄膜为面层，经复合、印花、压花等工序而制成。有普通型、发泡型、特种型等数个品种	1. 具有一定的伸缩性和耐裂强度，故允许基层结构有一定程度的裂缝。 2. 花色图案丰富，且有凹凸花纹，富有质感及艺术感，装饰效果好。 3. 强度好，耐拽。施工简单，易于粘贴，易于更换。 4. 表面不吸水，可用布擦洗	适合于各种建筑物的内墙、顶棚、梁柱等贴面装饰
	复合纸质壁纸	用双层纸（表纸和底纸）通过施胶，层压复合到一起后，再经印刷、压花、涂布等工艺印制而成	1. 色彩丰富、层次清晰、花纹深、花型持久，图案具有强烈的立体浮雕效果。 2. 造价低，施工简便，可直接对花。 3. 无塑料异味，火灾中发烟低，不产生有毒气体。 4. 表面涂覆透明涂层，耐洗性达“耐洗级”	适用于一般饭店、民用住宅等建筑的内墙、顶棚、梁柱等贴面装饰
	纺织纤维壁纸	由棉、毛、麻、丝等天然纤维及化纤制成的各种色泽和花式的粗细纱或织物，再与基层纸贴合而成。用扁草、竹丝或麻条与棉线交织后同纸基贴合制成的植物纤维壁纸与此类似	1. 无毒、吸音、透气，有一定的调湿、防霉功效。 2. 视觉效果好，特别是天然纤维，具有丰富质感可产生诱人的装饰效果并有贴近自然之感。 3. 防污及可洗性能较差，保养要求高。 4. 易受机械损伤	近年来国际流行的新型高级墙面装饰材料，适用会议室、接待室、剧院、饭店、酒吧及商店的橱窗等
	金属面壁纸	以铝箔为纸面，纸为底层，面层也可印花、压花	1. 表面具有不锈钢、黄铜等金属质感与光泽。 2. 寿命长、不老化、耐擦洗、耐污染	适用于高级室内装饰
	木片壁纸	以薄的软性木面为面层，可弯曲贴于圆柱面上	形成真实的木质墙面，不会老化，也可涂清漆保护	用于仿古建筑装饰

续表

类别	品　　种	说　　明	特　　点	用　　途
墙布类	玻璃纤维墙布	以中碱玻璃纤维为基材，表面涂以耐磨树脂，印上彩色图案而成	1. 色彩鲜艳，花色繁多，有布纹质感。 2. 防火、防潮，室内使用不褪色，不老化。 3. 施工简单，粘贴方便，可用皂水洗刷。 4. 盖底能力差，涂层磨损后散出少量纤维	适用招待所、旅馆、饭店、宾馆、展览馆、会议室、餐厅、工厂净化车间、居室等内墙装饰
	无纺贴墙布	采用棉、麻等天然纤维或涤、腈等合成纤维，经无纺成型、上树脂、印花而成	1. 色彩鲜艳，图案雅致，表面光洁，有羊毛感。 2. 挺括，有弹性，不易折断，能擦洗不褪色。 3. 纤维不老化，不散失，对皮肤无刺激作用。 4. 有一定的透气性和防潮性，粘贴方便。 5. 价格较贵	适用各种建筑的室内装饰，尤其涤纶棉无纺墙布特别适合高级宾馆和高级住宅
墙布类	装饰墙布	以纯棉平布经过前处理、印花、涂层制成	1. 强度大，花型色泽美观大方。 2. 静电小、无光、吸音、无毒、无味	用于宾馆、饭店、公共建筑和较高级民用建筑
	化纤装饰墙布	以化纤布为基材，经一定处理后印花而成	无毒、无味、透气、防潮、耐磨、无分层等优点	各级宾馆、旅馆、办公室、会议室和居室
	锦缎墙布	是丝织物的一种	1. 花纹图案绚丽多采，古雅精致，可创造一种高雅的环境。 2. 造价昂贵，不能擦洗，易长霉	只适用于重点工程的室内高级饰面裱糊

11.2.3　壁纸、墙布的性能和外观质量

（1）塑料壁纸的外观质量，见表 11.2.3（1）。

聚氯乙烯塑料壁纸的外观质量　　　　表 11.2.3（1）

项　次	缺陷名称	一　等　品	二　等　品
1	色　差	不允许有明显差异	允许有明显差异但不影响实用
2	折　子	不允许有	允许底纸有明显折印，但壁纸表面膜不允许有死折
3	漏印或光面	不允许有	允许每卷有长度不超过 1m 的漏印或光面段三处
4	污染点	允许有目视不明显的污染点	允许有目视明显的污染点，但不允许密集
5	漏　膜	不允许有	每卷允许有长度不超过 0.5m 的漏膜段三处
6	发　泡	发泡与不发泡部位无明显界线	发泡与不发泡部位有明显界线
7	套色精度	偏差不大小 1mm（十字中心线）	偏差不大于 2mm（十字中心线）
8	每卷接头数	允许有接头 3 个，每段不少于 2.7m，有接头段总长度应增加 0.3m	允许有接头 3 个，每段不少于 2.7m

注：京 Q/JC3—501—83，北京市企业标准，1983 年发表。

（8）常用壁纸、墙布的品种及性能，见表 11.2.3（8）所示。

常用壁纸墙布品种、性能 表 11.2.3（8）

名　称	性能指标	规　格	粘结剂	附　注
聚氯乙烯壁纸（双合牌）	日晒牢度：紫外线照射 20h 无明显褪色。 刷洗牢度：湿磨擦 2 次，无明显褪色 摩擦牢度：干磨 25 次，无明显褪色 强度：纵向湿强度≥2.0N/1.5cm	厚：非发泡 0.28mm， 中发泡 0.50mm， 高发泡 1.50mm。 重量：约 $340g/m^2$， 门幅宽：1m	107 胶、聚醋酸乙烯乳胶	上海塑料制品一厂（丹巴路 3 号）
PVC 塑料壁纸（金狮牌）	摩擦牢度：干磨 25 次，湿磨 2 次无明显褪色。 强度：湿强度纵横向 2.0N/1.5cm	厚：0.3～0.5mm， 重量：$250g/m^2$， 门幅宽：920、1000、1200mm 每卷 50m±300mm	107 胶	北京建筑塑料制品厂（房山县、周口店东山口村）
塑料壁纸	强度：纵≥1MPa 横≥0.5MPa	厚：35±5 丝， 重：6.5kg/10m， 宽：830±10mm 长：10m±0.01	白　胶	湖北沙市塑料二厂（航空路 12 号）
PVC 壁纸	日晒牢度：6kW 氙灯、湿度 60℃、20h 以上无变色褪色现象， 摩擦牢度：干磨 25 次、湿磨 2 次、无明显掉色、无浮起。 强度：纵向抗强 20.6N/片， 横向 11.6N/片	厚：30～33 丝 每卷：50m（有天蓝、浅绿、淡黄等色彩）	801 胶、壁纸贴结剂	江苏省沙洲县西张壁纸厂（沙洲西张镇南）
《多纶》粘涤棉墙布	日晒牢度：黄绿色类 4～5 级， 红棕色类 2～3 级， 摩擦牢度：干：3 级，湿：2～3 级， 强度：径向 300～400N，纬向 290～400N， 老化度：3～5 年	厚：0.32mm， 重量：8.5kg/50m	配套"DL"香味胶水	上海第十印染厂（马当路 572 号）
印花壁纸	日晒牢度：一年内不褪色 摩擦牢度：100 次以上表面不受损失 强度：纵横向拉力平均≥30N 壁纸表面可耐湿布擦洗	重量：150～$200g/m^2$， 宽度：300、600、900mm，（卷筒纸）	107 胶	天津市加工纸实验厂（河北区王串场革新道 4 号）

续表

名称	性能指标	规格	粘结剂	附注
无纱印花涂塑贴墙布	摩擦牢度：3～4级， 强度：200N/5×20cm	厚：0.8～1mm， 重：90～110g/m^2， 幅度：92cm， 每卷长50m	聚醋酸乙烯乳胶	南通市海门无纺布厂（海门县三厂镇西首）
无纺墙布	透气性、防缩性好，无任何刺激性， 强度：涤纶1.4MPa，麻2.0MPa， 粘贴牢度：涤纶3.5～5.5，麻1.5～2.0N/2.5cm	厚：0.10cm， 重：70g/m^2	白胶、化学浆糊	上海无纺布厂陆杨联营厂（江苏昆山陆杨镇东）
复合纸质壁纸		宽：0.53m， 每卷长10.05m		北京百花壁纸厂
草席壁纸	天然的草、席编织物为面料，再与纸贴合而成。有大自然感、温暖和舒适感。易受机械损伤。不能擦洗，保养要求高	厚：0.3～1.3mm		上海彩虹墙纸厂
聚氯乙烯壁纸	日晒牢度：4～5级， 拉伸强度：纵≥6MPa， 横≥5MPa， 直角撕裂强度（纵横）≥1.5MPa	厚：0.3mm， 重量：230～250g/m^2， 宽：930±10mm， 970±10mm	107胶	西安塑料制品一厂（延风街58号）
玻璃纤维印花贴墙布	日晒牢度：4～6级， 刷洗牢度：干洗4级， 摩擦牢度：4～5级， 强度：≥600N/25×100mm布条	厚：0.20mm±0.02， 重量：200g±20/m^2， 规格：18±1×16±1(cm)		陕西玻璃纤维总厂
玻璃纤维印花贴墙布	日晒牢度：5级， 刷洗牢度：3级， 摩擦牢度：4级， 强度：径向>450N 纬向>400N	厚：0.17±0.015mm， 重量：180g/m^2±15， 宽度860～880mm		湖北宜昌市玻璃纤维厂（西陵二路）
玻璃纤维墙布	日晒牢度：5～6级， 刷洗牢度：4～5级， 摩擦牢度：4～5级， 强度：经向700N，纬向600N	厚：0.17～0.20mm， 重量：190～200g/m^2， 宽：840～880mm	白胶	上海耀华玻璃分厂（华山路1520弄21号）
玻璃纤维贴墙布	强度：断裂强度≥600N/25×100mm布条	厚：0.17mm， 宽：850～900mm， 重量：200g/m^2		四川玻璃纤维厂（四川德阳市罗江）

续表

名　称	性能指标	规　格	粘结剂	附　注
聚乙烯壁纸	20h以上无变色褪色现象，耐磨性：干磨25次、湿磨2次无明显褪色　湿强度：纵向、横向：2N/1.5cm	宽：970～1000mm，长：52～50.5m/卷	107胶	河南洛阳偃师县壁纸厂
麻草壁纸	具有阻燃、吸声、散潮湿，不吸气等特点并具有自然、古朴、粗犷的大自然美	厚：0.3～1.3mm，宽：960mm，长：5500～7320mm	用热水将20%的甲基纤维溶化后，配10%的白胶，70%的107胶调匀	北京长城印花厂
草编墙纸	日晒牢度：一般在半年内不褪色	厚：0.8～1.3mm，宽：914mm，长：7315、5486mm	聚乙烯醇，106胶	上海彩虹墙纸厂（嘉定县马陆乡棕坊村）
草麻、纺织品类中国墙纸		厚：1mm，重量：160g/m²，宽度：0.91m，长度：随用户要求定	化学浆糊25%，白胶25%	浙江东阳县墙纸厂（东阳湖滨镇）
花色线复合墙纸	日晒牢度：与棉布相仿，刷洗牢度：不宜洗刷，摩擦牢度：干磨擦200次，浸水风干后2500次，抗拉强度：纵向178N横向34N	厚：0.7～1.2mm，重量：200～250g/m²，门幅宽：914mm，幅长：7.3m	墙布粘结剂，107胶	上海第五制线厂（三门峡路209号）
贴墙纸	底纸强度：80N/50×20cm	底纸厚：0.46mm（绉纸），底纸重：100g/m²，门幅宽：91.4cm，53.0cm	聚氯乙烯醇混合剂	上海第二十一棉纺织厂（长宁路1860号）

壁纸、墙布性能国际通用标志见图6.11.1。

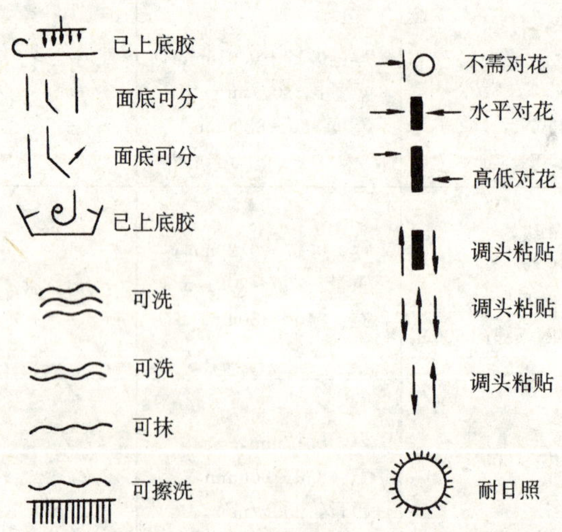

图6.11.1　壁纸、墙布性能国际通用标志

11.2.4 胶粘应按壁纸和壁布的品种选配，应具有粘结力强、防潮性、柔性、热伸缩性、防霉性、耐久性、水溶性等性能，如有防火要求则应具有耐高温不起层性能。

（1）裱糊壁纸常用胶粘剂配合比，见表11.2.4（1）。

（2）裱糊墙布常用胶粘剂配合比，见表11.2.4（2）。

裱糊壁纸常用胶粘剂配方（重量比） **表11.2.4**（1）

项次	成份	配合比	适用壁纸	备注
（1）	聚乙烯醇缩甲醛:2.5%羧甲基纤维素液：水	100：30：50～100	PVC壁纸	
（2）	聚乙烯醇缩甲醛：乳胶：水	1：0.2：适量	PVC壁纸	
（3）	乳胶（可加少量107胶）：2.5%羧甲基纤维素液	1：3	PVC壁纸	裱糊阴角搭接处和拼缝处
（4）	SJ-801胶（成品胶粘剂）：水	1：1	PVC壁纸	
（5）	AICAFIEX墙纸粉：水：白胶浆	1：15～40：适量	PVC壁纸	墙纸粉为西德产
（6）	聚乙烯醇缩甲醛：水	1：0.25～1	PVC壁纸	
（7）	聚乙烯醇缩甲醛：4%羧甲基纤维素溶液	7：3	普通壁纸 复合纸质壁纸	用于顶棚
（8）	聚乙烯醇缩甲醛：4%羧甲基纤维素液	6：4	普通壁纸 复合纸质壁纸	用于墙面
（9）	（面粉：明矾：水）或 （面粉：甲醛：水）或 （面粉：酚醛：水）或 （面粉：硼酸：水）	1：0.1：适量， 1：0.002：适量， 1：0.0002：适量， 1：0.002：适量	普通壁纸 复合纸质壁纸	调制后煮成糊状即可
（10）	聚乙烯醇缩甲醛：2%羧甲基纤维素液：白乳胶	7：2：1	麻草壁纸	刷墙加3～4倍水，刷纸背加1/3的水
（11）	PVA或丙烯酸系胶粘剂	加水适量	纺织纤维壁纸	
（12）	SG8104或金虎牌胶粉	加水适量	各种壁纸	成品胶粘剂

墙布常用胶粘剂配合比（重量比） **表11.2.4**（2）

项次	胶粘剂成份	配合比	适用壁纸	备注
（1）	聚醋酸乙烯酯乳液：2.5%羧甲基纤维素液	6：4	玻璃纤维墙布	若基层颜色较深，可掺10%白色乳胶漆
（2）	801胶：淀粉糊（亦可不掺）	1：0.2	玻璃纤维墙布	
（3）	聚醋酸乙烯酯乳液：鹅牌化学浆糊：水	4：5：1	无纺贴墙布	
（4）	聚醋酸乙烯酯乳液：2.5%羧甲基纤维素液：水	5：4：1	无纺贴墙布	
（5）	107胶或金虎牌胶粉（成品）	加水适量	锦缎	
（6）	107胶：4%羧基纤维素液：乳胶：水	1：0.3：0.1：适量	装饰墙布	

11.2.5 常用腻子配比，见表11.2.5。

常用腻子配合比（重量比） 表 11.2.5

名称	石膏	滑石粉	熟桐油	羧甲基纤维素液	聚醋酸乙烯乳液	白菜胶	福粉	备注
乳液腻子		100		20～30（浓度10%）	8～10			
乳胶石膏腻子	10			6（浓度2%）	0.5～0.6			用于无纸面石膏板
油性石膏腻子	20				50			用于纸面石膏板
胶油腻子	10		5			7.5	1000	

11.2.6 基层涂料配方见表 11.2.6。

裱糊基层涂料配方（重量比） 表 11.2.6

涂料名称	107胶	甲基纤维素	酚醛清漆	松节油	水	备注
107胶涂料（一）	1	0.2			1	用于抹灰墙面
107胶涂料（二）	1	0.5			1.5	用于油面墙面
清油涂料			1	3		用于石膏板及木基层

11.2.7 材料准备

根据工程实践，壁纸、墙布的损耗率会随着不同花纹图案、不同的洞口面积、不同的阴阳角而变化，一般为10%～20%。胶粘剂用量每100m^{2}面积为15kg左右，亦可参照表11.2.7（1）11.2.7（2）进行准备材料。

另外，应根据不同的基层，准备不同的腻子和基层涂料。

10m^2 裱糊壁纸主要材料估算表 表 11.2.7（1）

材料名称	单位	数量	附注
塑料壁纸	m^2	11.0～12.0	1. 按10m^{2}墙面面积计算，
107胶	kg	0.90	2. 亦可通过试贴估算
羧甲基纤维素	kg	0.012	

10m^2 裱糊墙布主要材料估算表 表 11.2.7（2）

材料名称	单位	数量	附注
玻璃纤维贴墙布	m^2	11.2	1. 按10m^{2}墙面面积计算，
聚醋酸乙烯酯乳液	kg	1.0	2. 亦可通过试贴估算
羧甲基纤维素	kg	0.016	

11.3 裱糊工程施工工艺、操作方法及质量控制

11.3.1 裱糊工程施工工艺流程控制程序，见图 6.11.2。

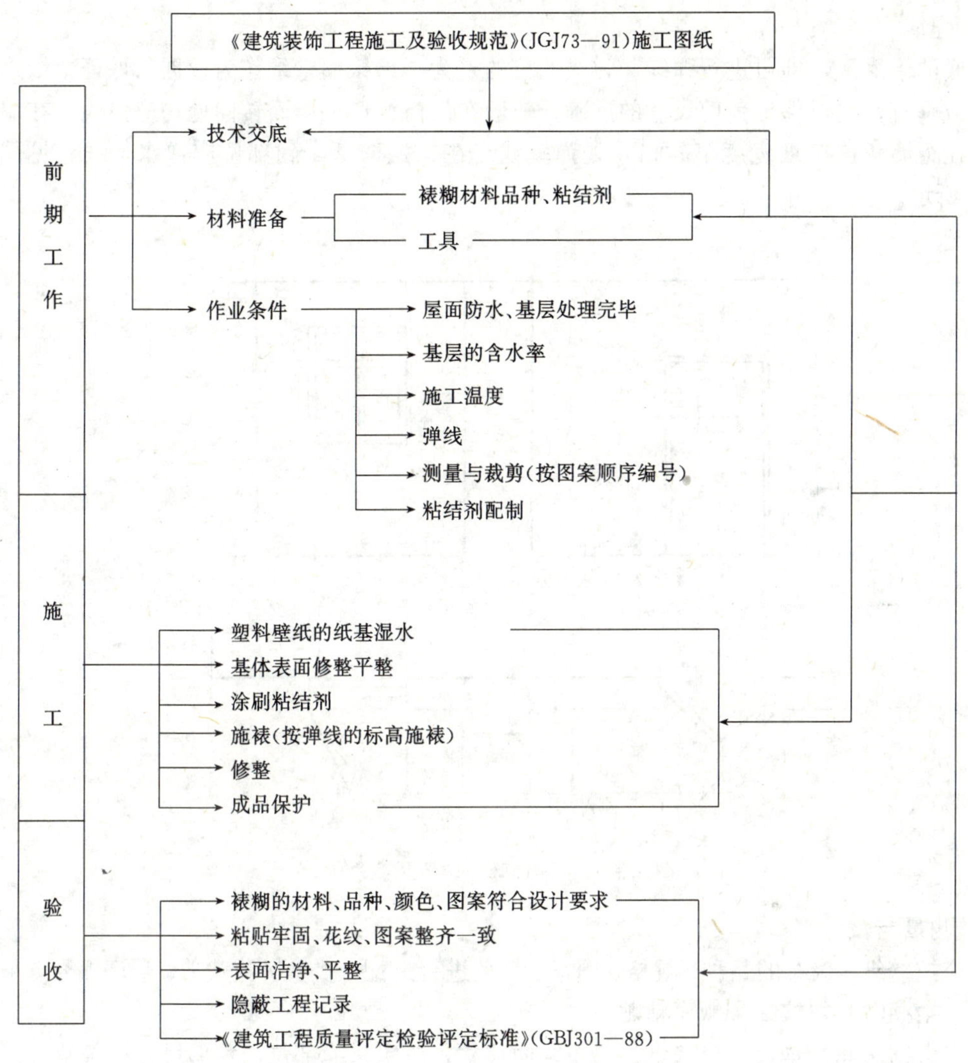

图 6.11.2　裱糊工艺流程控制程序

11.3.2　裱糊施工技术要点、操作方法及质量控制应符合以下规定。

(1) 基层处理

1) 裱糊壁纸的基层必须符合"施工规范"和"验评标准"的规定，具有适当的强度，平整度和含水率。

2) 清理墙（棚）面上浮灰和附着物，如果基层表面有泛碱部位，宜使用9%的稀醋酸中和，清洗。对凸凹部分应修理平整，钉帽应除锈、涂上防锈涂料，并用油性腻子刮平。

3) 基层表面需用砂纸磨平，不允许有高低不平、飞刺、麻点、砂粒等缺陷；

4) 墙上附着的备件、附件应处理适当，预留安装位置。

(2) 裱糊前准备

1) 涂刷底涂料（油）。为了防止基层吸水太快，引起粘结剂脱水过快而影响壁纸粘结附着力，同时也起封闭基层的作用，底油要满涂墙面，按顺序涂刷均匀。不宜涂抹过厚，谨防产生流淌。也可采用1：1的107胶水溶液作底胶涂刷基层，作封闭处理。

2）弹线

在底油干燥后，即可进行弹线。弹线的目的是为了给裱糊壁纸作为依据，保证壁纸边线水平或垂直，也可保证裁剪尺寸的准确。一般在门窗洞口和墙面转向处均应弹线。在墙角处应在距墙角比壁纸宽度窄50mm处弹垂线。在拟定壁纸贴到部位应弹水平线。见图6.11.3所示。

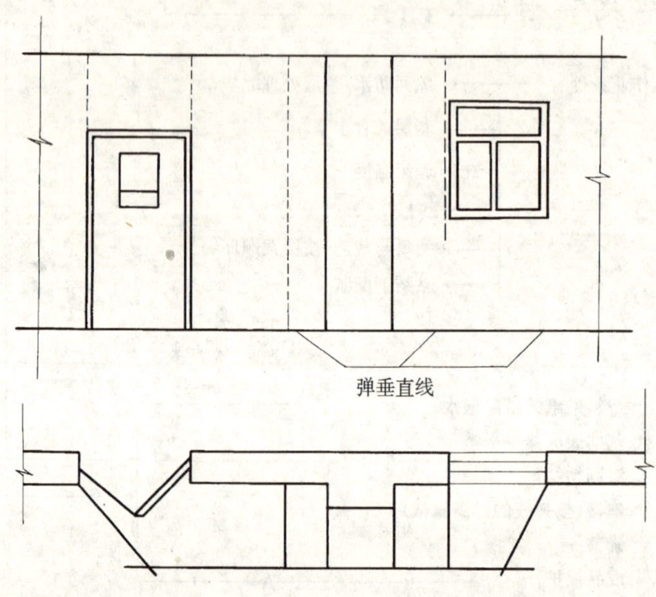

图6.11.3　墙面弹线位置示意

3）测量与裁剪

①应按壁纸、墙布的品种、规格、图案、颜色进行造配分类、拼花裁剪、顺序编号，平放待用。裱糊时必须按编号顺序粘贴。

②应根据房间基本尺寸及壁纸、墙布幅面尺寸，决定拼缝部位，裁剪尺寸和条幅数。

③图案花纹的衔接必须留足修剪尺寸。如为叠接叠接的宽度以10mm为宜。

（3）裱糊

1）涂刷粘结剂

①基体的基层表面涂刷粘结剂一遍，厚度要均匀，涂刷宽度应超过壁纸宽度20～30mm；

②准备上墙的壁纸，没有底胶的要先刷水一遍，然后再刷粘结剂。

③壁纸刷粘结剂后，应放置10min，方可裱糊。以使壁纸充分展开，在粘贴后干缩收紧，避免产生气泡。涂粘结剂前复合壁纸严禁浸水。

2）裱糊的主要工序，见表11.3.2。

3）裱糊施工作业应符合《建筑装饰工程施工及验收规范》(JGJ73—91）的规定。

①在纸面石膏板上做裱糊，板面应先用油性石膏腻子局部找平；在无纸面石膏板上做裱糊，板面应先满刮一遍石膏腻子。

裱糊的主要工序 表11.3.2

项次	工序名称	抹灰面混凝土				石膏板面				木料面			
		复合壁纸	PVC壁纸	墙布	带背胶壁纸	复合壁纸	PVC壁纸	墙布	带背胶壁纸	复合壁纸	PVC壁纸	墙布	带背胶壁纸
1	清扫基层、填补缝隙磨砂纸	+	+	+	+	+	+	+	+	+	+	+	+
2	接缝处糊条					+	+	+	+	+	+	+	+
3	找补腻子、磨砂纸					+	+	+	+	+	+	+	+
4	满刮腻子、磨平	+	+	+	+								
5	涂刷涂料一遍									+	+	+	+
6	涂刷底胶一遍	+	+	+	+	+	+	+	+				
7	墙面划准线	+	+	+	+	+	+	+	+	+	+	+	+
8	壁纸浸水润湿		+		+		+		+		+		+
9	壁纸涂刷胶粘剂	+				+				+			
10	基层涂刷胶粘剂	+	+	+		+	+	+		+	+	+	
11	纸上墙、裱糊	+	+	+	+	+	+	+	+	+	+	+	+
12	拼缝、搭接、对花	+	+	+	+	+	+	+	+	+	+	+	+
13	赶压胶粘剂、气泡	+	+	+	+	+	+	+	+	+	+	+	+
14	裁　　边		+				+				+		
15	擦净挤出的胶液	+	+	+	+	+	+	+	+	+	+	+	+
16	清理修整	+	+	+	+	+	+	+	+	+	+	+	+

注：1. 表中"+"号表示应进行的工序。
2. 不同材料的基层相接处应糊条。
3. 混凝土表面和抹灰表面必要时可增加满刮腻子遍数。
4. "裁边"工序，在使用宽为920mm、1000mm、1100mm等需重叠对花的PVC压延壁纸时进行。

②墙面应采用整幅裱糊，并统一预排对花拼缝。不足一幅的应裱糊在较暗或不明显的部位；阴角处接缝应搭接，阳角处不得有接缝，应包角压实。

③对木料面的基层，裱糊壁纸前应先涂刷一层涂料，使其颜色与周围墙面颜色一致。

④裱糊第一幅壁纸或墙布前，应弹垂直线，作为裱糊时的准线。裱糊顶棚时，也应在裱糊第一幅前先弹一条能起准线作用的直线。

⑤在顶棚上裱糊壁纸，宜沿房间的长边方向裱糊。

⑦裱糊PVC壁纸，应先将壁纸用水润湿数分钟。裱糊时，应在基层表面涂刷胶粘剂。裱糊顶棚时，基层和壁纸背面均应除刷胶粘剂。

⑧裱糊复合壁纸严禁浸水，应先将壁纸背面涂刷胶粘剂，放置数分钟然后裱糊，裱糊时，基层表面也应涂刷胶粘剂。

⑨裱糊墙布，应先将墙布背面清理干净。裱糊时，应在基层表面涂刷胶粘剂。

⑩带背胶的壁纸，应在水中浸泡数分钟后裱糊。裱糊顶棚时，带背胶的壁纸应涂刷一层稀释的胶粘剂。

⑪对于需重叠对花的各类壁纸，应先裱糊对花，然后再用钢尺对齐裁下余边。裁切时，应一次切掉，不得重割。对于可直接对花的壁纸则不应剪裁。

⑫除标明必须“正倒”交替粘贴的壁纸外，壁纸的粘贴均应按同一方向进行。

⑬赶压气泡时，对于压延壁纸可用钢板刮刀刮平；对于发泡及复合壁纸则严禁使用钢板刮刀，只可用毛巾、海绵或毛刷赶平。

⑭裱糊好的壁纸、墙布，压实后，应将挤出的胶粘剂及时擦净，表面不得有气泡、斑污等。

11.3.3 裱糊施工工艺操作方法，见表11.3.3。

裱糊施工工艺及操作方法 **表11.3.3**

裱糊施工项目	施工工艺及操作方法
PVC壁纸裱糊	操作工序： 基层表面处理→弹线→裁纸、泡纸→裱糊→修整→保护 1）基层表面处理 对基层墙面规方找正，当阴阳角方正垂直及表面平整均为2mm，立面垂直在3mm时才能进行裱糊准备。 将表面尘土、杂物、多余灰浆等清扫干净，缝隙、低凹处用腻子找补，干后用砂纸磨平，再满刮一道腻子，待腻子干后用砂纸磨平，磨平后将粉末等清扫干净，使表面平整、线角平直方正。 随即涂刷底胶一遍作封闭处理，底胶可用1∶0.5的107胶水溶液（如基层是纸面石膏板还得再刷一遍）。 2）弹线 按房间和门窗尺寸、位置，以及壁纸产品规格尺寸、图案（尤其是图案的对称）进行调配，上端以挂镜线为准，如无挂镜线则应弹水平线，垂直线一般从阴角向外量，留出20mm返出首张壁纸的位置，弹出垂直线，以控制粘贴质量。 3）裁纸、泡纸 为使粘贴后墙面色泽图案一致，应先对壁纸进行挑选，将色差明显、图案有异的剔除。 壁纸裁切按房间大小、花纹、图案及规格，既要考虑墙面各部位尺寸，又要考虑粘贴后的花纹、图案、拼缝及色泽效果；根据墙面高度在壁纸两端各留20～30mm，分幅拼花裁纸，裁切后的边缘应平直整齐，不得有纸毛、飞刺等，裁好的纸不但要编号，而且还要标出上、下端。 塑料壁纸有遇水（包括刷胶水在内）膨胀，干后又收缩的特点。因此，在使用前应先将裁好的壁纸提前浸水湿润3～5min，取出时抖去明水，静置10～15min左右才能进行裱糊。 4）裱糊 裱糊所用胶粘剂要按壁纸产品说明要求选购，如自行配制则应集中调制并过滤，调制的胶应当日用完。 根据壁纸产品说明书，是否要在壁纸背面刷胶粘剂，然后再按弹线及壁纸幅宽宽出2～3mm。一般先从阴角墙面上开始刷胶粘剂，刷胶切不可过厚，甚至起堆。应刷一段、裱糊一幅。 （1）墙面裱贴时，先贴长墙面、后贴短墙面，从上往下贴。第一幅壁纸边线平行于垂直线，上端对准水平线或挂镜线，使之连接紧密，轻轻压平再核对水平线与垂直线是否无误，然后由中间向外用刷子将壁纸上半段裱贴平整，用活动裁纸刀将顶端切割修齐。随即贴下半段，同样紧密连接踢脚板及其他部位。贴第二幅时，也是先上后下进行对缝、对花（对图案）；对缝必须严密，不显接槎，对花必须吻合、端正。然后用板式鬃刷舒展压实，边角及接缝处可用压边小工具及金属滚筒横向往外滚压。挤出的胶液必须立即擦净，不得有气泡、斑污，并使边角、接缝等处平整光滑，不翘边。裱贴每一幅后均必须用线坠检查垂直度。 凡是在墙面明显处，必须采用整幅壁纸；阴角接缝应顺光搭接，宽度不宜超过10mm，阳角处不得对接、搭接，要包角压实。 裱糊前，应将墙上物件卸下，裱糊到开关板、插座孔处时，从孔中心向外沿边缘剪裁，使壁纸平整裱贴在墙面上，然后再盖上开关板、插座板，接缝自然严密

续表

裱糊施工项目	施工工艺及操作方法
PVC壁纸裱糊	(2) 顶棚裱糊壁纸 在一般房间顶棚裱糊壁纸时，应紧贴主窗平行裱糊；如开间窄时，也可与主窗垂直裱糊。裱糊前，亦应在离顶棚两端较壁纸宽度大20mm左右弹出直线，作为裱糊壁纸控制线，并涂刷胶粘剂，然后将裁好的壁纸背对背反复折叠，靠近顶棚将壁纸前版边缘对齐直线，敷贴一版展开一摺，对齐直线一致敷贴，直到全幅裱贴完，将两端多余壁纸裁剪，其他如墙面裱贴。 5) 修整 房间裱糊全部完成后，要逐幅仔细检查，将壁纸表面的胶水、斑污及时擦净；发现有空鼓、气泡时，可用注射针头斜刺放气并注入胶液，用刮板刮平，压实；边、角有翘起时，补刷107胶再用压边小工具或滚筒压实；如有皱折时，要趁胶液未干，用湿毛巾轻拭纸面，使壁纸湿润后，再用刮板刮平。 6) 保护 裱贴壁纸时，室内相对湿度应低于85%，温度也不能有剧烈变化。 在潮湿天气裱贴壁纸时，白天应打开门窗，加强通风；晚间应关闭门窗，以防潮湿空气侵袭。 裱糊全部完成后，应关门或设拦加以保护，并应防止穿堂风吹动和温度骤变，以及其他人为的损坏。
玻璃纤维墙布裱糊	操作方法与PVC壁纸相比，由于基料不同的缘故，有些是不一样的： (1) 玻璃纤维不伸缩，因此，玻璃纤维墙布在裱糊前，不需预先水泡或润湿，只需将墙布背面清扫干净，即可与基层粘结。 (2) 玻璃纤维墙布裱糊时，背面不得涂胶，只在基层表面涂刷胶粘剂即可。否则胶液渗透墙布，将使表面出现胶迹，影响美观。 (3) 玻璃纤维墙布盖底能力稍差，当基层颜色较深时，要在胶粘剂中掺入白色涂料（如乳胶漆类），使表面色泽一致。 (4) 玻璃墙布裁剪后宜包装放存，或放入箱、柜内，以防止污染或将布边碰毛。 (5) 由于玻璃纤维不伸缩，在对图案、花纹时，不得横拉斜扯，以免整幅墙布歪斜变形。
无纺墙布、棉纺（装饰）墙布裱糊	裱糊操作中，与其他墙布基本相同，但需注意的是无纺墙布的基材是合成纤维，这与玻璃纤维为基材的玻璃纤维墙布一样，无吸水膨胀现象，所以无纺墙布在裱糊前，既不得用水浸泡，也不能用水润湿；在墙布背面也同样不涂刷胶粘剂，但必须将墙布背面清扫干净，以便与基层粘结牢固。而棉纺墙布则不同，在棉纺墙布的背面和墙上都要均匀涂刷胶液。
搭接法裱糊	前面介绍的裱糊工艺都是采用拼接法，主要适合于有图案的壁纸，而无图案的壁纸（墙布），亦可采用搭接法。搭接法是在裱糊过程中，相邻两辐在接缝处将后贴的一幅压着前一幅30mm左右，然后用活动壁纸裁割刀，在搭接范围的中心线上，将两层壁纸切透，并将已切掉的两小条壁纸撕下，再用刮板由上往下，用力均匀地赶胶，并用压边工具和金属滚筒滚压，既赶胶又将气泡赶出。但要注意不得漏刮漏滚。刮出的胶液至少用湿毛巾擦拭两遍；擦完一遍后，必须将毛巾用清水洗净，再从上往下满擦一遍，不得遗漏。这样的搭接法拼缝比较严密，而且也节省拼缝时间，但是要注意： (1) 必须保持刀刃与墙面垂直，不得有摆动，使切割的刀口最小，否则刀口大，拼缝就不会严密。 (2) 所用直尺不得过长，一般是500～600mm左右，太长稍一滑动，则偏移很大；尺短则移动直尺次数多，移动直尺时一定要按垂直线找准。

11.4 裱糊工程常见质量通病及预控对策

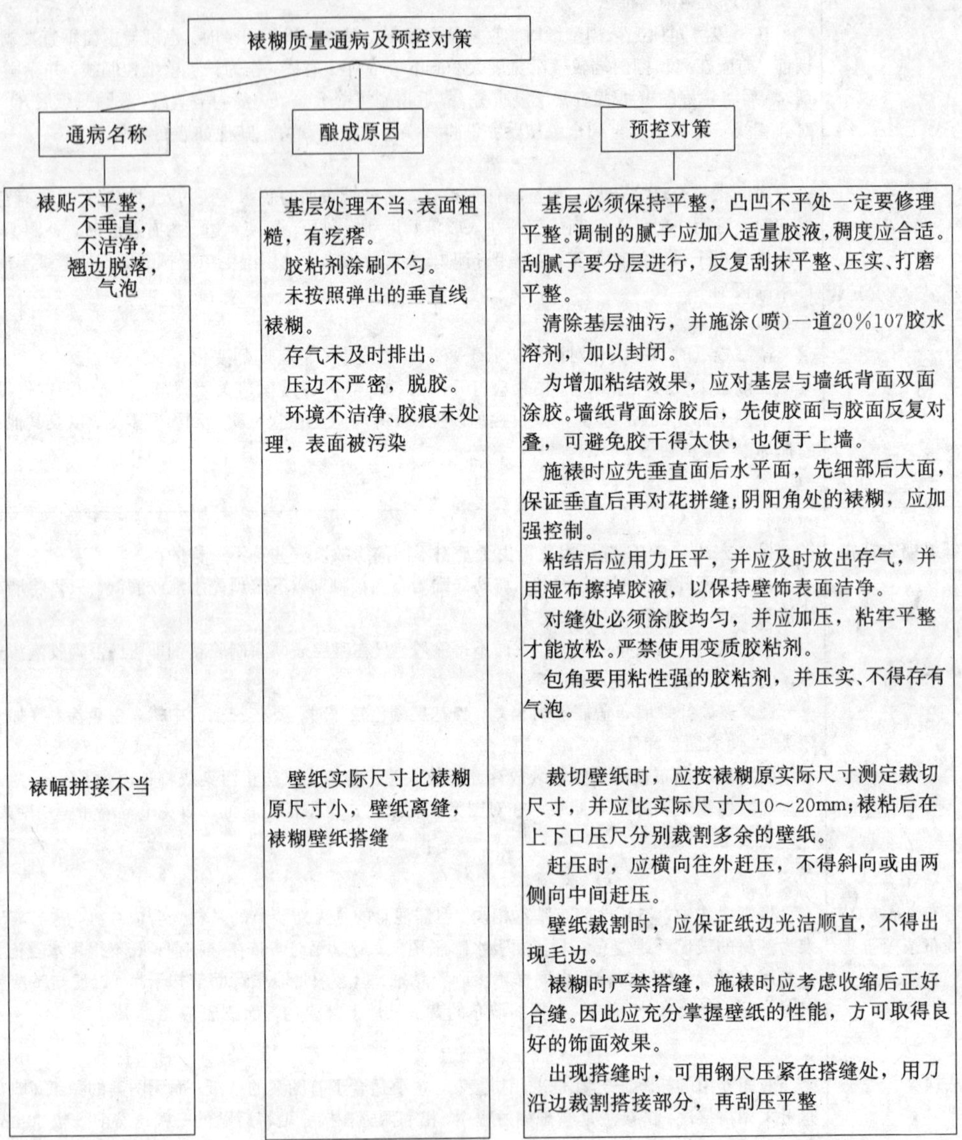

图 6.11.4 裱糊质量通病及预控对策

12　刷浆工程施工技术措施控制要点

刷浆工程是用水质涂料涂刷在建筑物抹灰饰面层或基体等表面上，用以保护墙体，美化建筑物。

水质涂料分两大类：一是适用于室内刷浆工程的有石灰浆、大白浆、可赛银浆、色粉浆等；二是适用于室外刷浆工程的有水泥色浆、油粉浆、聚合物水泥浆等。

随着社会的发展新型建筑涂料大量涌现，内外墙涂料品种和技术性能不断更新换代。不仅提高了涂料的耐久性、附着力，装饰效果也比较显著。

12.1　一般性技术规定

12.1.1　刷浆工程等级的选用和浆料的品种，应符合设计要求。

12.1.2　刷浆工程的基体或基层应干燥。

注：刷石灰浆、聚合物水泥浆的基体或基层，干燥程度可适当放宽（八成干）。

12.1.3　刷浆工程涂抹腻子，应坚实牢固，不得有起皮、裂缝等缺陷。

12.1.4　浆膜干燥前，应防止尘土玷污和热空气的侵袭。

12.1.5　冬期施工，应严格控制室内刷浆工程在采暖条件下进行，保持室内气温均衡，防止浆膜受冻。

12.1.6　刷浆工程必须是在室内外装饰工程、地面工程、屋面工程、给排水采暖管道安装工程已完成，并经验收合格后方可施工。

12.2　涂料质量控制

12.2.1　刷浆工程所有的材料和半成品，均应有成分、颜色、品种、制造时间和使用说明。

12.2.2　刷浆工程采用的腻子品种和配合比见附件12-1。

12.2.3　刷浆浆料的工作稠度，必须加以控制，使其在涂刷时不流坠、不显刷纹。

12.2.4　室外涂刷带颜色的浆料时，应采用耐碱和耐光的颜料。

12.2.5　石灰浆应用块状生石灰或生石灰粉调制。

附件　刷浆工程常用腻子配合比（重量比）

1. 室外刷浆工程的乳胶腻子：

白乳胶	1
水　泥	5
水	1

2. 室内刷浆工程的腻子，同混凝土表面、抹灰表面的乳胶腻子的配合比。

12.2.6 刷浆材料名称、主要性能及特点，见表12.2.6。

刷浆材料主要性能及特点　　表12.2.6

项次	材料名称	主要性能及特点	适用范围
1	生石灰	生石灰一般是白色或淡黄色的块状物，有强烈的吸水性、吸湿性，主要成分是氧化钙（含量>75%）和氧化镁（含量在10%～25%之间）。1kg生石灰的产浆量不小于2.4l，未熟化颗粒含量（粗于0.6cm）不大于10%	室内外墙面一般刷浆或在潮湿抹灰面上打底刷浆
2	生石灰粉	将块状生石灰碾碎磨细所得的成品，称为生石灰粉。 它具有硬化快、强度比用熟石灰拌制的砂浆高1.5～2倍，适于冬季施工，以其拌制的砂浆或纸筋灰粉饰有不膨胀等特性，适用于水下浇筑，价格低廉。生石灰粉有效氧化钙及氧化镁含量不小于80%～85%，细度要求过175目筛	一般刷浆用
3	消石灰	消石灰一般呈白色，主要成分为氢氧化钙，是将块灰淋以其重量的32.1%～40%的水，经熟化作用所得的粉末状石灰，称消石灰或水化石灰，亦称熟石灰。若消石灰吸收空气中的CO_2，便还原成碳酸钙则硬化	一般刷浆用
4	大白粉	大白粉也称白垩粉、老粉、土粉等，是由滑石、矾土或青石等精研成粉后加水过淋的成品，主要成分为碳酸钙。其细度要求通过200目筛余量不大于1%，白度大于90%。大白粉本身没有强度和粘接性，加入胶粘剂及耐碱性颜料可配成大白浆内墙涂料	中级刷浆用，不宜用于室外或潮湿墙面
5	可赛银 （又称铬素胶）	可赛银有成品供应，颜色有粉红、中青、桔黄、浅蓝、深绿、蛋青、天蓝等。其主要成分是碳酸钙40%、滑石粉54.9%、颜料0.009%研磨，再加入5%的干胶粉（铬素胶）制成的一种粉末状的材料。 可赛银与大白粉相比，在于它是生产过程中经磨细、混合加工的，因此有很好的细度和均匀性，特别是颜料也事先搅匀，施工时能取得均匀一致的效果	高级刷浆用
6	银粉子	是北京地区的土产品，呈微颗粒状，有闪光，用法同大白粉	中级刷浆用
7	滑石粉	滑石粉又叫硅酸镁，是有滑腻感的白色、淡灰白色细软粉料。化学性质不活泼，有良好的粉末润滑性和吸附性，建筑工程常用滑石粉的细度为140～325目	可用作涂料的填充料或调配腻子
8	羧甲基纤维素 （C、M、C）	由碱纤维素和一氯醋酸在烧碱溶液中作用制成，是白色粉末或絮状物，无味无毒、吸湿性很强，是一种水溶性纤维素醚。它具有一定的热稳定性及良好的成膜性能	可用作浆料粘结剂或调配腻子
8	羧甲基纤维素 （C.M.C）	在腻子与大白浆中适量掺入，可改善其粘度和保水性，并起润滑作用。在大白浆中掺入约为大白粉0.02%的羧甲基纤维素，可改善其和易性	可用作浆料粘结剂或调配腻子

续表

项次	材料名称	主要性能及特点	适用范围
9	聚乙烯醇缩甲醛胶（107胶）	为无色透明的胶状液体，无毒、无臭、无味，有良好的粘接性能，呈弱碱性，稳定性好，干后不潮解，耐水、耐强酸，防霉性和耐老化性能高，并可在潮湿基层使用等。该胶料容重为1.05～1.06，固体含量为10%～12%，pH值为7～8，缩甲醛含量不小于9%	用作大白浆、石灰水胶粘剂，还可用来调配腻子
10	聚醋酸乙烯胶粘剂（白乳胶）	为乳白色稠厚液体，基本无毒性，具有固化较快，粘接强度较高、配制使用方便、耐久性好、不易老化等优点。缺点是耐水性较差、耐热性也较差、温度高于60～80℃时会软化。该产品固体含量为50±2%，pH值4～6，粘度50～100s，沉淀率2h不大于10%，稳定性1h无分层现象	用于木材、皮革、纤维、纸张等粘结，及用作水泥、浆料的胶粘剂等
11	聚乙烯醇	为白色粉末，由聚醋酸乙烯水解而成，能溶于水。可作为纸张、织物及各种粉刷灰浆中的胶粘剂用	粉刷用胶粘剂
12	甲基硅醇钠防水剂	为无色透明或浅黄色透明液体，固体含量为30%，容重1.23，pH值为13～14；用9倍水稀释使其成为含固量为3%的水溶液使用。刷在外墙饰面上，有防水、防风化、防污染等效果。该材料呈碱性，配制使用时，应注意勿触及皮肤、眼睛、衣物等	涂刷于内外墙饰面上，可提高饰面耐久性
13	六偏磷酸钠	由磷酸二氢钠脱水经高温处理（600～650℃）后，急冷而制得，比重约2.5，熔点约516℃（分解），有较强吸湿性，溶于水，不溶于有机溶剂。外观为无色透明玻璃片状或粒状，总磷酸盐（以P_2O_5计）≥65.0%，非活性磷酸盐（以P_2O_5计）≤10.0%，pH值5.5～7	水性建筑涂料中最常用的颜料分散剂
14	木质素磺酸钙	是用亚硫酸法蒸煮松木为主所制得的人造纤维浆粕和纸浆的钙盐基亚硫酸废液为原料，经发酵提取酒精后，再蒸发、浓缩、喷雾干燥而成的棕色的粉状物，常称为木钙干粉，成浓度为50%的粘状物时，称为木钙粘合剂。其主要技术指标为：木质素磺酸钙＞55%，还原物质＜12%，水不溶物质＜2%～5%，水分含量＜9%，pH值4～6	颜料分散剂
15	皮胶	由动物皮制作，为黄色或褐色块状的半透明或不透明体；溶于热水，加入粉浆中起粘接作用	粉刷用胶粘剂
16	血料	一般为猪血，有生血、熟血两种。生血用于打底，熟血用于调配腻子或打底用	用于古建筑装修
17	菜胶	菜胶是用龙须菜（又名石花菜、麒麟菜、鸡脚菜、鹿角菜、系海生低级生物）热制而成。菜胶粘度颇大，可加入粉刷浆料中作为胶料用，现已很少采用	粉刷用胶粘剂
18	水泥	采用符合国家标准的425#和325#普通硅酸盐水泥和白色硅酸盐水泥，全部用普通水泥时掺入少量石灰膏可改变水泥的灰色色调	外墙刷浆用

12.2.7 刷浆胶料的配制

刷浆胶料的配制方法及注意事项见表12.2.7。

刷浆胶料配制方法及注意事项 **表 12.2.7**

项次	名　　称	配　　制　　方　　法	使用注意事项
1	龙须菜：又名石花菜，麒麟菜，鹿角菜，鸡脚菜	将龙须菜用水洗净，按"龙须菜：水=1：3"的比例加水放入锅中先煮沸后用文火熬成液汁，再用40目筛过滤，待冷却后冻结，即成为龙须菜胶	1）龙须菜胶须于1～2d用完，因历时过久，则粘性尽失，不能再用； 2）夏季龙须菜易腐，不宜使用
2	烧碱（火碱） 面　　粉	先将烧碱用水溶化，然后与面粉、大白粉混合，再将适量的水徐徐加入拌匀，使稀稠适度，即可使用。各种用料重量配合比如下： 大白粉：面粉：烧碱=100：（2.5～3）：（1～1.5） 拌合时各种配料须逐次加入，否则即出现疙瘩，不能粉刷	1）烧碱胶料忌用石灰，因此采用石灰浆粉刷及井水时均不能用烧碱作胶料； 2）烧碱、面粉可作大白浆及大白粉色浆胶料之用
3	猪　血（血料）	将猪血用稻草搓碎，过筛后加石灰浆少许拌匀（猪血与石灰浆之体积比为50：1），几小时后即结成青黑色厚浆；使用时先用清水调薄，用80目筛滤渣，即成为猪血水胶。猪血与水的体积比为　猪血：水=1：5	配好的猪血在炎热夏天须当天用完，否则即发臭变坏，不能使用。冬季7d内可使用
4	皮　胶	系以动物皮制成，溶于热水不溶于有机溶剂，粘度一般为3～5°E。用时须隔水加温使之溶化，稀稠度可随意调整。用时按下列体积比配制：皮胶：水=1：4	加热温度以80℃为宜，使用时将盛浆筒放入热水中
5	骨　胶	以动物骨骼制成，有片状、粒状、粉末状多种。粘度约为2.2～3.4°E	加热温度以80℃为宜，使用时可将盛浆筒放入热水中
6	聚醋酸乙烯乳液（白乳胶）	将乳液加水稀释，即可使用。配色浆时可按下列重量比配制： 白乳胶：水：钛白粉：色浆=33：33：36：4， 大白浆中掺量约为大白粉的8%～10%	有效存放期一般为一年
7	聚乙烯醇	按聚乙烯醇：水=（5～10）：100的重量比将聚乙烯醇倒入水中，隔水加温至85～90℃，边加温边搅拌，直至完全溶化后即可使用	
8	聚乙烯醇缩甲醛（107胶）	可以任意比例的水稀释。水泥浆中掺量一般为水泥重量的20%～30%，最大不超过40%。 大白浆中掺量约为大白粉的15%～20%	1）107胶必须贮存在耐碱容器内； 2）107胶不得存于铁桶中，不能同水玻璃（泡花碱）混合接触，否则结块。贮存期为半年。长期存放失水干涸后不能继续使用

12.2.8 刷浆浆料的配制

刷浆浆料的配制按浆料主要胶结材料的不同而不同。现场配制的刷浆材料必须掺用胶粘剂；用于室外的石灰浆必须掺用干性油和食盐或明矾等，其品种和掺量应由试验确定，以浆膜不脱落、不掉粉为准。为保证施工质量，便于施工，刷浆浆料的工作稠度，必须加以控制，使其在涂刷时不流坠、不显刷纹。各种浆料配制方法见表12.2.8（1）～表11-10。

(1) 大白浆

大白浆常用浆料的配合比及调制方法见表12.2.8 (1)。

大白浆配合比及调制方法 **表12.2.8 (1)**

名　　称	配合比（重量比）	调　制　方　法
龙须菜大白浆	大白粉：龙须菜：动物胶：水＝100：3～4：1～2：150～180	将龙须菜浸入水中4～8h，待龙须菜涨胖后洗净加水(1：13) 熬烂、过滤、冷冻后，用其汁液，加少量水与大白粉(先加少量水拌成稠浆状)搅拌均匀，用筛过滤即成。用时加少量清水和动物胶以防脱粉。每配一次在1d内用完，以免降低粘性
火碱大白浆	大白粉：面粉：火碱：水＝100：2.5～3：1：150～180	先将面粉用水调稀，再加入火碱溶液制成火碱面粉胶，然后将其对入已用水调稀的大白浆中
乳胶大白浆	大白粉：聚醋酸乙烯羧液：六偏磷酸钠：羧甲基纤维素＝100：8～12：0.05～0.5：0.2～0.1	先将羧甲基纤维素浸泡于水，比例为： 羧甲基纤维素：水＝1：60～80，浸泡12h左右，待完全溶解成胶状后过箩加入大白浆
107胶大白浆	大白粉：107胶＝100：0.15～0.2	将107胶放入水中配成溶液，再与大白粉拌匀即可
聚乙烯醇大白浆	大白粉：聚乙烯醇：羧甲基纤维素＝100：0.5～1：0.1	将聚乙烯醇放入水中加温溶解后倒入浆料中拌匀，再加羧甲基纤维素即可
田仁粉大白浆	大白粉：田仁粉：牛皮胶：清水＝100：3.5：2.5：150～180	在容器中边放开水边搅动；100～120kg开水，需田仁粉4kg，太稠还可以加开水；搅动要快，则撒粉不致连结；以使用前1d调配效果较好

(2) 水泥石灰浆

水泥石灰浆常用配合比及调制方法见表12.2.8 (2)。

(3) 可赛银浆、色粉浆、油粉浆

可赛银浆、色粉浆、油粉浆的调配方法及适用范围见表12.2.8 (3)。

(4) 蚬灰、陈灰（贝壳灰）浆

蚬灰、陈灰浆调制方法见表12.2.8 (4)

水泥石灰浆配合比及调制方法 **表12.2.8 (2)**

名　　称	配合比（重量比）	调　制　方　法
白水泥石灰浆	1) 白水泥：石灰：氯化钙：石膏粉：硬脂酸铝粉＝100：20～25：5：0.5：1 2) 白水泥：石灰：食盐：光油＝100：250：25：25	先将白水泥与熟石灰干拌均匀，加入适量清水，然后将氯化钙用水调好，用34目钢丝箩过滤后，再倒入水泥石灰浆内，搅拌均匀，即可使用

续表

名　　称	配合比（重量比）	调　　制　　方　　法
石灰浆	生石灰：食盐＝100：5	先在容器内放入容器容积70％的清水，再将块状石灰逐渐放入水中，使其沸腾。石灰与水的配比为1：6（重量比）。在沸腾后再过24h才能搅拌，过早搅拌会使部分石灰浆吸水不够而僵化。最后，用80目钢丝箩过滤，即成石灰浆。冬季加0.3％～0.5％食盐

注：1. 白水泥石灰浆适用于外墙涂刷，石灰浆适用于普通室内墙顶刷浆工程。

2. 室外刷黄色石灰浆宜采用黑矾。

3. 石灰浆应用块状生石灰或已淋制好的石灰膏调制。

可赛银浆、色粉浆、油粉浆的调配方法及适用范围　　**表12.2.8**（3）

名　　称	调　　配　　方　　法	适　用　范　围
可赛银浆	按可赛银重量的40％～50％加入热水（冬季用60℃左右的热水，否则可赛银中的胶质不易溶化）搅拌均匀呈糊状，放置4h左右，再搅拌均匀；使用时按施工所需粘度加入适量清水，并用80目箩过滤	室内墙面高级刷浆
色粉浆	常用的三花牌色墙粉，有26个花色成品种。调配时按1：1加温水拌成奶浆，待胶溶化加适量凉水调成适当浓度，再过1～2道筛即可使用	室内墙面装饰粉刷
油粉浆	1）生石灰：桐油：食盐：血料：滑石粉＝100：30：5：5：30～50 2）生石灰：桐油：食盐：滑石粉：水泥＝100：10：10：75：40并加适量颜料和水搅拌成浆过筛使用	第一种配比用于室内高级刷浆，第二种用于室外刷浆

表12.2.8（4）

饰　　灰	水	备　　注
50（kg）	40～60（kg）	拌均匀后喷、刷均可

注：饰灰拌制方法：蚬灰、陈灰（贝壳灰）750kg，加水350kg（分次加入），用砂浆搅拌机搅拌6～8h即成膏状物灰膏（广州地区俗称饰灰）。

（5）聚合物水泥色浆

聚合物水泥色浆配制方法见表12.2.8（5）。

聚合物水泥色浆配合比　　**表12.2.8**（5）

白水泥	107胶	乙-顺乳液	聚醋酸乙烯	六偏磷酸钠	木质磺酸钙	甲基硅醇钠	颜　料
100	20			0.1	（0.3）	60	适　量
100		20～30	（20）				

注：1. 本浆料适用于外墙刷浆。

2. 乙-顺乳液全称为醋酸乙烯-顺丁烯二酸二丁酯共聚乳液，当货源不足时可用聚醋酸乙烯代替（加括号的用量为代用时的用量，下同）。

3. 六偏磷酸钠和木质素磺酸钙均为分散剂，两者选用其一。

4. 甲基硅醇钠市售含固量约30％，pH值为13左右，用时先用硫酸铝中和至pH＝8左右，将中和并已稀释至含固量为3％的溶液按配比掺入。如配料发生假凝现象，可掺水泥量5％～10％的石灰膏继续搅拌即可。

(6) 避水色浆

避水色浆配合比见表12.2.8(6)。

避水色浆配合比(重量比) **表11.2.8**(6)

材料名称	325#白水泥	消石灰粉	氯化钙	石膏	硬脂酸钙	颜料
用量(kg)	100	20	5	0.5~1	1	适量

注:用于外墙粉刷。

彩色水泥浆配合比(重量比) **表12.2.8**(7)

项目	彩色水泥	无水氯化钙	水	皮胶水
头遍浆	100	1~2	75	7(按水泥重量计)
二遍浆	100	1~2	65	7(按水泥重量计)

注:如使用促凝剂(无水氯化钙)时,应将氯化钙先加水调好,用油漆工用34目钢丝箩过箩后,再加入水泥浆内,调氯化钙所用之水,应在用水量中扣除。

其他各种色浆配合比 **表12.2.8**(8)

色浆名称	配合比		适用范围及备注
	名称	重量比	
石灰色浆	块石灰 食盐 颜料	100 7 0.5~3	1)适用于内墙粉刷(喷)浆。 2)也可在色浆中加入石灰重量12%的皮胶水。 3)单色和复色色浆颜料用量见表12.2.10(1)和表12.2.10(2)
大白粉色浆	大白粉 龙须菜 皮胶 颜料	100 2.5 4.5 0.5~3	1)适用于内墙粉刷用浆。 2)皮胶及龙须菜熬制方法见表12.2.8(1) 3)色浆配好后须过细箩后方可使用。 4)单色和复色色浆颜料用量见表12.2.10(1)和表12.2.10(2)
钛白粉色浆	钛白粉 龙须菜 皮胶 颜料	100 2.5 4.5 0.5~3	1)适用于内外墙粉刷用浆。 2)皮胶及龙须菜熬制方法见表12.2.8(1)。 3)色浆配好后须过细箩后方可使用。 4)单色和复色色浆颜料用量见表12.2.10(1)和表12.2.10(2)
银粉子色浆	银粉子 大白粉 皮胶 颜料	100 25 4.5 0.5~3	1)适用于内墙粉刷或喷浆。 2)色浆配好后须过细箩后方可使用。 3)单色和复色色浆颜料用量见表12.2.10(1)和表12.2.10(2)

注:本表所用色浆,凡用皮胶者,均可用聚乙烯醇代替。但应先按聚乙烯醇:水=5~10:100的重量比将聚乙烯醇称好倒入水中,将水加温至85~90℃,边加温边搅拌,直至完全溶解为聚乙烯醇水溶液为止。聚乙烯醇水溶液的用量为:色浆:聚乙烯醇=100:13(重量比)。

12.2.9 清水墙刷浆材料配合比及注意事项,见表12.2.9。

清水墙刷浆材料配合比及注意事项 **表 12.2.9**

项次	项目	材料名称	配制方法	注意事项
1	内墙面清水墙刷（喷）石灰浆	石灰、皮胶	配合比：生石灰：皮胶水＝1：1/8。 配制时先将生石灰化为石灰膏，再将石灰膏加入适量清水充分搅拌，然后将皮胶加入搅匀，直至稀稠适度完全均匀为止，再过筛即可使用	1）皮胶水配制方法见表 12.2.8（1）。 2）石灰浆还可按生石灰：食盐＝100：7（重量比）的配比配制
2	外墙面清水墙刷红色色浆	氧化铁红 银朱 甲苯胺红 镉红	将左栏中任意一种颜料加入适量清水（颜料：水＝1：20）调成色水，然后加入色水重量 0.1～0.2 的石灰膏搅拌均匀，配成色浆，再按下例比例加入皮胶水和猪血水胶，过筛后即可使用。 色浆：皮胶水：猪血水胶＝100：7：12（重量比）	1）墙面粉刷以前，须先满涂猪血水一道，以免白色硝、碱、石膏等泛于墙面。 2）夏日配好的胶浆须当日用完，否则会发臭变坏， 3）施工前须先做出样板，经设计单位同意后再大量配制， 4）墙面如刷红色胶浆两度，颜料用量每 kg 可刷 25～30m²
3	外墙面清水墙刷桔红色色浆	黄色系： 氧化铁黄， 铬黄， 锌黄， 镉黄， 红色系： 氧化铁红， 银朱， 镉红	将左栏中任一红色颜料与黄色颜料按 1：0.5～1 的体积比混合均匀，加入适量清水，调成稀稠适度的色水，再按本表项次 2 比例及配制方法配成胶浆，过筛后即可使用	同本表项次 2
4	外墙面清水墙刷棕色色浆	氧化铁棕 氧化铁黑	除颜料用氧化铁棕或按下列比例（体积比）用氧化铁红及氧化铁黑配成棕色颜料外，其他同本表项次 2 “外墙面清水墙刷红色色浆”的配制方法。 氧化铁红：氧化铁黑＝1：0.5～1	同本表项次 2
5	外墙面清水墙刷青硅本色色浆	氧化铁黑 炭黑 锰黑 松烟	除颜料用左栏内任意一种黑色颜料外，其他同本表项次 2 “外墙面清水墙刷红色色浆”的配制方法，但石灰膏的用量须增为色浆重量的 1/3～1/2	同本表项次 2

注：同一颜料，如牌号不同，则色泽及着色力也不同。因此每一工程的全部色浆，配制时须用同一牌号的颜料，否则虽用料配合比相同，但配出色浆的颜色会深浅不同。

12.2.10 单色色浆颜料用量及复色色浆颜料用量，见表 12.2.10（1）、（2）。

单色色浆颜料用量参考表 **表 12.2.10（1）**

序 号	名 称	颜料用量（粉料或水泥重量的%）						
		黄 色	红 色	绿 色	棕 色	紫 色	蓝 色	灰 色
1	以石灰、大白粉、酞白粉、白水泥配制的色浆	0.5～2	1～3	0.5～3	1～2	1.5～3	0.5～2.5	0.3～1 用黑色
2	普通水泥配制的色浆	1～4	3～7	5～9	3～7	5～9	3～7	5～15 用白色

注：各种粉料及水泥的本色对色调影响甚大，故需用同一生产单位的同一产品，颜料也须同样选用。

复色色浆颜料用量参考表 **表 12.2.10（2）**

序 号	配制颜色	使用颜料	配合比（占白色颜料%）
1	浅黄色	红土子 土黄	0.1～0.2 6～8
2	米黄色	朱红 土黄	0.3～0.9 3～6
3	草绿色	氧化铬绿 土黄	5～8 12～15
4	浅绿色	氧化铬绿 土黄	4～8 2～4
5	蛋青色	氧化铬绿 土黄 群青	8 5～7 0.5～1
6	浅蓝灰色	普蓝 墨汁	8～12 墨汁少许
7	浅藕荷色	朱红 群青	4 2
8	银灰色	银粉 黑烟子	15～20 0.5～2

12.2.11 常用腻子配合比及调制方法，见表 12.2.11。

刷浆常用腻子配合比及调制方法 **表 12.2.11**

项 次	名 称	配合比（体积比）及调制方法	适用部位
1	大白腻子	1）明矾澄清的水 10kg，2%～2.5%动物胶水溶液 1.5～2.0kg，石膏和大白粉（1：2）混合物 25～30kg； 2）大白粉：龙须菜胶：动物胶＝60：16：1	用于抹灰面墙面刷大白浆
2	乳胶大白腻子	大白粉：滑石粉：聚醋酸乙烯乳液：2%羧甲基纤维素＝7：3：2：适量	用于抹灰面、硅墙、水泥砂浆面刷浆

续表

项次	名称	配合比（体积比）及调制方法	适用部位
3	血料大白腻子	血料：大白粉：龙须菜胶：水＝16：56：1：适量	用于木材面、室内抹灰面刷浆
4	可赛银腻子	可赛银：动物胶＝9.8：0.2	用于墙面刷可赛银浆
5	羧甲基纤维素腻子	羧甲基纤维素：水：107胶：大白粉＝1：10：0.1：15～20。先将羧甲基纤维素隔夜浸泡，搅拌后加入107胶，再加入大白粉搅拌成浆糊状即可	用于抹灰面刷106涂料
6	田仁粉大白腻子	大白粉：田仁粉胶＝100～120：100	用于田仁粉大白粉刷浆
7	瓦灰腻子	血料：瓦灰：干性油＝3.2：6.4：0.4	用于混凝土面层
8	水泥腻子	1）水泥：107胶＝1：0.2～0.3； 2）水泥：聚醋酸乙烯乳胶：水＝5：1：1	用于混凝土墙板刷浆

注：1. 血料用动物鲜血（猪血或干血）搓揉成稀血浆，滤去杂质，过稠可加入清水，然后用消石灰点浆，特殊需要可注入足度熟桐油，搅拌至浓酱色状态即可。其重量配合比如下：

猪血：消石灰：足度熟桐油＝100：3～4：15～20。

2. 龙须菜胶配制方法见表12.2.7项次1。

12.3 刷浆工程施工工艺、操作方法及质量控制

12.3.1 刷浆工程施工工艺流程控制程序，见图6.12.1。

12.3.2 刷浆施工技术要点、操作方法、质量控制应符合以下规定。

（1）《建筑装饰工程施工及验收规范》（JGJ73—91）的规定刷浆后石灰浆、大白浆、可赛银浆、聚合物水泥浆等刷浆工程。

（2）刷浆前应将基层表面上的灰尘、污垢、溅沫和砂浆流痕清除干净，表面的缝隙应用腻子填补齐平。

（3）现场配制的刷浆浆料，必须掺用胶粘剂；用于室外的石灰浆，必须掺用干性油和食盐或明矾等，其品种和掺量应由试验确定，以浆膜不脱落、不掉粉为准。

注：室外刷带黄色的石灰浆，宜掺用黑矾。

（4）室内刷浆按质量要求分为普通、中级和高级三级；主要工序见表12.3.2（1）。

室内刷浆的主要工序　　　　**表12.3.2**（1）

项次	工序名称	石灰浆		聚物泥合水浆		大白浆			可赛银浆	
		普通	中级	普通	中级	普通	中级	高级	中级	高级
1	清扫	+	+	+	+	+	+	+	+	+
2	用乳胶水溶液或聚乙烯醇缩甲醛胶水溶液湿润			+	+					
3	填补缝隙、局部刮腻子	+	+	+	+	+	+	+	+	+

续表

项次	工序名称	石灰浆		聚物泥合水浆		大白浆			可赛银浆	
		普通	中级	普通	中级	普通	中级	高级	中级	高级
4	磨平	+	+	+	+	+	+	+	+	+
5	第一遍满刮腻子						+	+	+	+
6	磨平						+	+	+	+
7	第二遍满刮腻子							+		+
8	磨平							+		+
9	第一遍刷浆	+	+	+	+	+	+	+	+	+
10	复补腻子		+		+		+	+	+	+
11	磨平		+		+		+	+	+	+
12	第二遍刷浆	+	+	+	+	+	+	+	+	+
13	磨浮粉							+		+
14	第三遍刷浆		+				+	+		+

注：1. 表中"＋"号表示应进行的工序。

2. 高级刷浆工程，必要时可增刷一遍浆。

3. 机械喷浆可不受表中遍数的限制，以达到质量要求为准。

4. 湿度较大的房间刷浆，应用具有防潮性能的腻子和浆料。

刷浆工艺流程控制程序

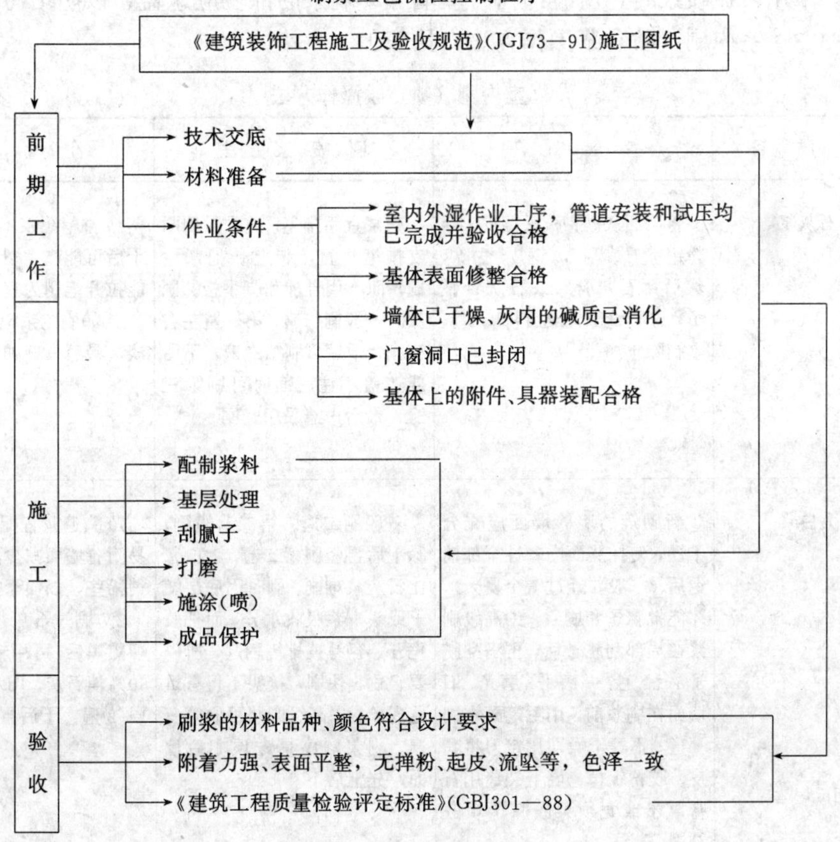

图 6.12.1 刷浆工艺流程控制程序

（5）室外刷浆的主要工序见表12.3.2（2）。

室外刷浆的主要工序 **表12.3.2**（2）

项次	工序名称	石灰浆	聚合物水泥浆
1	清扫	+	+
2	填补缝隙、局部刮腻子	+	+
3	磨平	+	+
4	用乳胶水溶液或聚乙烯醇缩甲醛胶水溶液湿润		+
5	第一遍刷浆	+	+
6	第二遍刷浆	+	+

注：1. 表中"+"号表示应进行的工序。

2. 机械喷浆可不受表中遍数的限制，以达到质量要求为准。

（6）室外刷浆如分段进行时，应以分格缝、墙的阴角处或水落管等为分界线。

（7）室外刷浆，同一墙面应用相同的材料和配合比，浆料必须搅拌均匀。使用带色浆料时应经常搅拌；每遍涂层不应过厚，要涂刷均匀、颜色一致。

（8）采用机械喷浆时，所有门窗、玻璃等不刷浆的部位应遮盖，以防玷污。

12.3.3 室内刷（喷）浆操作方法，见表12.3.3。

室内刷（喷）浆操作方法 **表12.3.3**

项次	项目	基层处理	刷（喷）浆方法	注意事项
1	石灰浆	将墙面灰砂、疏松墙皮、浮粉用铲刀或刮刀（钢皮）去除，然后用石灰膏（或石灰膏腻子）嵌补缝隙，最后将墙面灰尘扫除干净	刷浆宜用排笔，通常采用两支排笔拼宽，装上长把来涂刷，而不用合梯和脚手板。刷涂时一般刷二遍，第一遍左右横刷，干后再刷第二遍，不白或遮盖不住底面时可刷第三遍，最后一遍采用竖刷	1）排笔蘸浆不宜太浓，太浓干后可能产生裂纹或脱皮，以能拉开笔刷为宜。 2）如刷色浆，前二遍加色宜淡，最后一遍加到所需颜色
2	大白浆	新砌筑的墙等墙面应充分干燥，使抹灰面内碱性全部消退后（一般要经过一个夏天），才能批腻子和刷浆。中高级刷浆在局部刮腻子后，再满刮腻子1～2遍，并磨平、磨光。旧墙面在刷浆前，用毛笔蘸水刷一道，不等干燥即用铲刀将翘皮、胶粉铲掉，墙上裂缝用石膏腻子或龙须菜胶腻子填嵌补平	一般刷二遍。第一遍横刷，晾干后再竖刷第二遍，大白浆比石灰浆难刷。刷时因底层腻子或头道浆吸收水分，而把胶化开，容易被排笔翻起，所以要轻刷、快刷，接头不得有重叠现象。中高级刷浆可刷第三遍。刷浆顺序是先顶棚后墙面，先上后下	1）头遍浆宜配的稠些，使其易附着墙面减少流淌，二遍浆稍稀些，以便于操作。 2）刷过石灰浆的旧墙面被烟熏黑后，可用料血加30%～50%消石灰，用水调成稀浆刷1～2遍，干后再刷大白浆

续表

项次	项目	基层处理	刷(喷)浆方法	注意事项
3	可赛银浆	刷涂前，先将拟刷浆基层清扫干净。遇有裂缝凹陷之处，用可赛银和大白粉各半调成腻子或用可赛银加少许温水泡成稠糊状直接嵌批到墙面上，将墙面修补平整，干透后再打磨、刷浆	如墙面较为平整，且颜色与所刷的浆相差不多，则刷二遍就可以了。头遍浆刷完后，当墙面90%以上均已干燥，无明显湿迹时，再竖刷一遍即可。原刷过可赛银的墙面，则竖刷两遍即可。本色浆可用喷浆法施工	1）如为旧墙面，先将墙面旧粉刷全部刮去，再按基层处理方法处理。 2）两遍刷浆间隔时间不宜过长，过长容易在接头处出现重叠现象。 3）涂刷时最好使用排笔，排笔毛头柔软，又能刷匀、刷开
4	色粉浆（采用三花牌或双鱼牌干墙粉）	基层处理与刷可赛银浆相同（见本表项次3）	一般横刷和竖刷一遍即可。高级者横竖各刷一遍；刷第二遍时，等第一遍干透后再刷	1）使用彩色墙粉特别是含有蓝色，如天蓝、果绿等色彩，因系酸性，忌与碱性物质接触。因此，不能和石灰混到一起，以免中和泛色。 2）原墙所抹纸筋石灰，时间未超过半年者，不宜刷蓝、绿等酸性颜色
5	聚合物水泥浆	基层水泥砂浆应做成小毛面，干后（返白后）才能刷浆。刷浆前应先洒水湿润，以免浆面干燥太快，粉酥掉面	头道浆须刷饱满均匀，基本盖底。二遍浆比头遍浆稍稀些，以便于操作。刷浆完成，全部返白干燥后（1～2d），再喷（刷）甲基硅醇钠水溶液一遍，以浆面充分见湿又不挂流为度	1）甲基硅醇钠水溶液配合比（重量比）为：甲基硅醇钠：水=1：9。 2）雨天不能施工，如喷、刷后24h内遇雨，第二天应检查其憎水性，以水挂流、浆面不见湿为宜，发现缺陷时应再刷一遍
6	抹灰面喷浆	抹灰墙面基层处理方法同石灰浆、大白浆、可赛银浆。加气混凝土、木丝板等基层表面浮土和灰砂，应清扫干净	喷浆同刷浆一样，按先顶棚后墙面、先上后下顺序进行。喷浆时喷头移动速度要平稳，喷头宜距墙面以20～30cm为宜。喷顶棚时，先将顶棚与墙面交接处喷好，把平顶四周喷出20～30cm的边条，对基层表面凹缝处，尤应特别注意。如顶棚为大型屋面板或槽形板时，应先喷凹面四周内角处、再喷中心平面	1）配浆时要认真过筛、勿使渣滓混入浆内，以免堵死喷嘴，影响喷浆质量。 2）喷色浆时分色要清楚。 3）配色浆时，应将颜料用水化开，放入浆内拌合均匀
7	混凝土墙面喷浆	清理墙面浮砂和尘土，剔除残留灰块及突出部位；严重突出及毛糙处用砂轮片打磨平整，然后在墙上满喷稀释乳液（乳液：水=4：10）一道，对构件坑洼处用石膏腻子找平，干燥后打砂纸一遍，最后刮三遍大白腻子，每遍干燥后用砂纸磨平、磨光	喷第一道大白浆时，喷浆机喷头移动速度要平稳，喷头以距墙面20～30cm为宜。先喷上部后喷下部，干燥后再磨细砂纸一遍，对局部坑洼处再次用腻子找平刮净、磨平，喷第二遍交活浆	1）大模板若采用含蜡质脱模剂或脱模剂形成薄膜时，应用火碱水溶液（火碱：水=1：10）清刷墙面，然后用水清洗干净。 2）对于析盐、泛碱的基层，可先用3%的草酸溶液清洗，然后用水清洗干净

12.3.4 室外刷（喷）浆操作方法，见表12.3.4。

室外刷（喷）浆操作方法 **表12.3.4**

项次	项　目	基层处理	刷（喷）浆方法	注意事项
1	石灰浆	先将基层表面泥土、积灰及残留砂浆用刮刀或钢丝刷去除，然后用腻子嵌补缝隙，干燥后磨平，最后用扫帚清扫干净	刷浆采用排笔涂刷，刷浆时可将2～3个20管排笔拼成一个，从上而下全刷两遍。刷第二遍时要等第一遍干燥泛白时再刷	1）外墙刷石灰色浆时应将浆料一次配齐，以免颜色深浅不一。 2）外墙刷石灰浆不应在强烈日光或大风天气进行。 3）配色浆时应选用耐碱性好的颜料如氧化铁黄、氧化铁红等
2	彩色水泥浆	刷浆前基层表面必须彻底清扫，洗刷干净，不得有任何灰尘、污垢、砂灰残渣、油漆及其他松散物质。并将半天内拟刷的面积，同时均匀喷水，充分湿润	彩色水泥浆要求稠度大，刷时要用油漆棕刷。刷浆一般刷两遍，第一遍刷浆完毕待有足够强度后再刷第二遍浆；二遍浆总厚度在0.5mm左右。二遍浆完毕，浆面初凝后开始洒水养护在每日4～6遍，至少养护3d	1）为防止脱粉及被雨水冲刷可在水泥浆中加入水泥重量1%～2%的无水氯化钙，以加速水泥凝固时间。如能加入水泥重量的7%的皮胶水，增强水泥浆粘结力，则更理想。 2）彩色水泥浆适用于内外粉刷，但不宜冬季施工。如冬季施工应采取保温措施
3	清水墙刷浆	先将砖墙缺棱、掉角、裂纹、脱皮等部位用水泥砂浆（砂浆中可掺水泥重的15%左右107胶和适当颜料）修补整齐，用铲刀将砖墙表面砂灰、污垢刮净，然后用扫帚将表面尘土清扫干净，刷浆前再将墙面清扫干净	在内墙面清水墙刷石灰浆时，一般刷两遍，第一遍横刷，第二遍竖刷。 在外墙面刷各种色浆，粉刷之前先涂猪血一道，以免白色硝、碱、石膏等泛于墙面。刷浆时按先浅后深、先上后下的顺序进行。第一遍用排笔涂刷，第二遍用$1\frac{1}{2}$in扁油刷涂刷砖的正面砖墙。采用喷浆时，喷嘴宜对着砖缝喷射，灰缝都喷到后，再轻轻补喷砖面，以保证灰缝，砖面受浆均匀	1）每一工程全部色浆须用同一牌号的颜料配制，否则配出的色浆颜色会深浅不同。 2）先勾缝后刷色浆，质量较好，但应用扁油刷涂刷。先刷色浆后勾缝时，用排笔涂刷效率较高，但勾缝时要防止玷污已刷好的墙面。 3）雨后或墙面很潮湿时不宜刷浆。冬季刷色浆要选择较暖天气施工。气温低于－2℃时不宜刷浆。 4）喷浆时灰浆要稀些，太干的灰浆没有伸展就会吸开了

13 花饰工程施工技术措施控制要点

建筑花饰为建筑装饰的一部分。它是根据建筑物的使用功能和建筑艺术要求确定的。它的制作和安装，必须从建筑的总体要求出发，保持与空间、环境的配合。从图案设计、选用材料、形体、色调和谐、装饰作用、施工质量等各个方面都必须做到精益求精，才能充分发挥花饰工程的总体综合效果。

建筑花饰根据装饰功能，可分为表层花饰和花格两大系列：

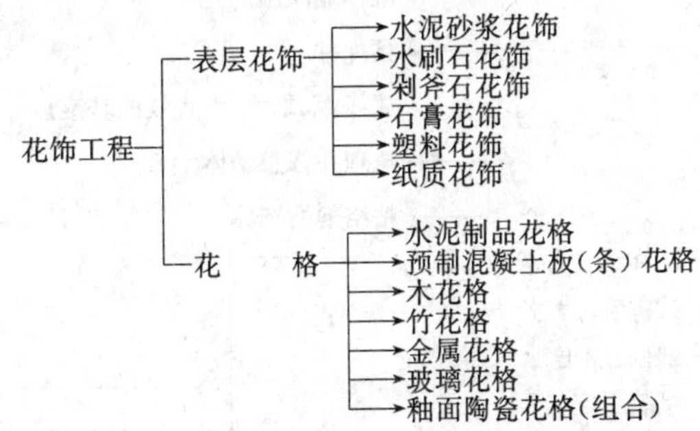

花饰工程适用于室内装饰，同样也可用于室外装饰。它既可以用来装饰墙、柱及顶棚等部位，起美化环境、增进建筑艺术效果的功能；同时可以起到分隔和联系空间作用。

建筑花格按使用部位可分为室内花格、室外花格；按使用功能可分为屏风类、隔断类、局部装饰类、栏杆类以及采光、遮阳花格。花格形式必须与环境空间相协调，从总体效果入手，达到装饰目的。

花饰工程所用的材料，也日新月异、五彩缤纷，给花饰的制作、安装创造一个优越的条件。

13.1 一般性技术规定

13.1.1 花饰安装工程适用于表层花饰和花格花饰的组装。

13.1.2 花饰的品种、规格、式样以及基层构造、固定方法，应符合设计要求。

13.1.3 湿度较大房间的花饰配件，必须经防水处理。

13.1.4 花饰安装完毕后，应采取保护措施，防止损坏。

13.2 花饰材料质量控制

13.2.1 固定花饰用的木砖（预埋件）必须作好防腐处理。

13.2.2 粘贴花饰用胶粘剂应按花饰品种选用，现场配制的胶粘剂，其配合比应试验确定。

13.3　花饰安装工艺、操作方法及质量控制

13.3.1　花饰安装工艺流程控制程序，见图 6.13.1。

花饰安装工艺流程控制程序

《建筑装饰工程施工及验收规范》(JGJ73—91)施工图纸

前期工作
- 技术交底
- 材料准备
- 作业条件
  - 基体结构、位置几何尺寸符合设计要求
  - 湿作业凝结固化
  - 预埋件
  - 放线：水平线、垂直线的基准点
  - 清理并修整基体
  - 粘结剂的选择

施工
- 花饰结构件验收
- 试拼装、编号
- 就位、校正
- 组装固定
- 修整表面
- 涂饰花饰表面
- 成品保护

验收
- 安装牢固可靠、花饰型体完整
- 表面光滑洁净
- 《建筑工程质量检验评定标准》(GBJ301—88)

图 6.13.1　花饰安装工艺流程控制程序

13.3.2　花饰安装施工技术要点及操作方法

(1) 花饰的安装方法，根据花饰的形体、规格、材料等的不同，可采用木螺钉固定、螺栓固定和胶粘剂粘贴固定三种方法。

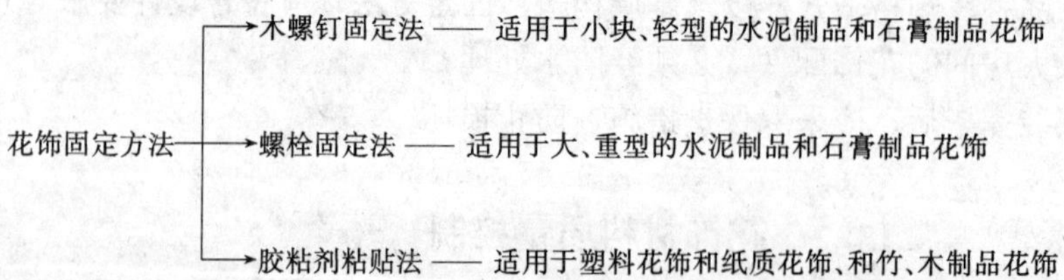

(2) 施工准备

1) 基体或基层处理。表面应清扫干净、确保平整、洁净。

2) 弹线。控制花饰安装位置。应根据设计的位置及尺寸，结合花饰图案，在墙、柱或

顶棚上测量并弹出中心线、分格线和有关尺寸控制线。

3）预埋件安装。凡采用螺钉和螺栓固定的花饰，均应在土建施工中按设计要求设置预埋件（木砖、铁件、孔洞），预埋件的位置必须准确，以便正确地将花饰利用锚固连接件镶嵌到它的上面去。

4）在抹灰面上安装花饰时，抹灰层必须达到硬化固结。

5）预安装。花饰配件的组装，应根据建筑物实际尺寸及偏差值，进行预安装，以便调整定位。对预装并调整的花饰配件，逐件编号，按施工安装的顺序堆放。最好绘出排版图，在正式安装时，再“对号入座”进行安装。

（3）花饰安装操作工艺

1）木螺钉固定

①在基层面上薄薄地涂刷20％107胶水溶液水泥素浆一道，涂刷应均匀一致。

②安装水泥制品花饰时，应先在花饰配件的背面用水稍加润湿，然后涂刷水泥素浆和刮水泥砂浆，使花饰件与基层紧贴在一起。粘贴时，要注意把花饰的预留孔眼对准预埋的木砖，然后拧上铜质或镀锌的螺钉。拧螺钉时要松紧适度；孔眼应采用水泥素浆修补。

③安装石膏花饰配件的方法同水泥花饰安装相同，只是在花饰配件的背面涂刷石膏浆粘住。堵孔应采白水泥或浅色植物油的腻子，表面再用石膏罩面修补。

④在安装较大的花饰件时，可用临时支撑固定，待结合面胶结材料凝固并达到一定强度后，再拆除临时支撑件。

⑤将花饰件安装在吊顶棚上时，可将预先埋置在花饰件里的铜丝与吊顶棚主龙骨绑扎固定，绑扎应可靠、牢固。

2）螺栓固定

①通过花饰配件上的预留孔，把花饰穿入预埋在基层里的螺栓上，预埋螺栓亦可采用膨胀螺栓；螺栓设置的位置必须准确地与花饰件上的预留孔对准。

②花饰与基层之间，安装时应预留间隙30～50mm，以便灌浆。

为了控制预留灌浆的间隙，应设置垫块并拧紧螺母。设置垫块需考虑支模灌浆方便。

③灌浆时应先将花饰临时固定，固定方法是用石膏将底线和两侧的缝隙堵住作为模板，表面也可再作一些支撑。然后用1∶2或1∶3水泥砂浆（稠度为80～120mm）分层灌注。每层灌浆高度为100mm，待初凝后再继续灌浆。

应按照图案组合的单元，依次由下而上进行安装、固定、灌浆。灌浆要饱满密实，避免空鼓，并要保持花饰型体的完整和平直。

④待水泥砂浆有足够强度，粘结牢固后，即可拆除临时支撑和模板。

⑤清理堵缝的石膏，沿花饰周边用1∶1水泥砂浆填塞平整，水泥砂浆的颜色应与花饰的色泽一致，严禁留下痕迹。

⑥石膏花饰应采用石膏腻子沿周边和中心抹好，然后拧紧螺栓。

3）胶粘剂粘贴

根据不同性质的塑料花饰、纸质花饰和竹（木）花饰，以及不同质地的基面，选用不同的胶粘剂，不同的基层处理方法和粘贴工艺。

13.3.3 花格安装施工技术要点及操作方法

（1）单一或多种构件组合水泥制品花格的安装

1）测量数据。以实际测量的尺寸划线分格、分单元。在安装花格的实际部位处，测量其长、宽、高、厚、对角线，及与各边的平行或交汇等几何尺寸线，以实际几何量确定安装的位置。

根据实际测量值和设计花格图案的要求，以及花格制品的实际尺寸、放出中心线及其他控制线，做出明显标志并挂线。所放的基准线在水平及垂直方面均应平直、准确。

2）预拼装。首先按设计标准尺寸验收花格制品的质量和尺寸的实际值，进行必要的分组。根据保证图案的完整性和标准尺寸的准确性的要求，在构件上编号，作出对应的标志，并绘出排版图。

3）“对号入座”进行可靠连接。按照实测、实量和预拼装的结果，在现场挂线，然后按照编号次序或排版图示，由下往上逐件（块）安装花格构件，做到“对号入座，不乱不错”。

4）花格安装技术要求及节点，见表 13.3.3 所示。

花格安装技术要求及节点 **表 13.3.3**

节 点 示 意 图	技 术 要 求
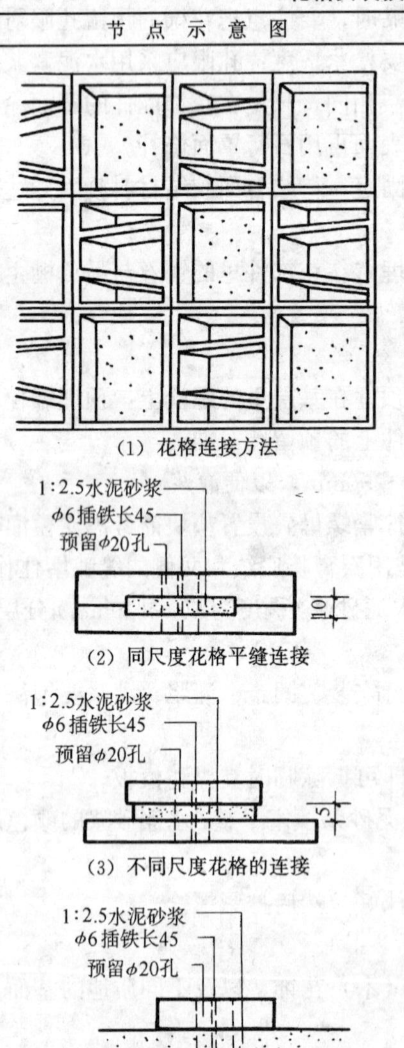 (1) 花格连接方法 (2) 同尺度花格平缝连接 (3) 不同尺度花格的连接 (4) 花格与墙、柱、梁连接	(1) 在各花格构件之间的连接处，用直径 φ6～φ8 短筋穿入两个构件相应的预留孔内，预留孔径一般为 16～20mm。再在构件的拼装缝处，用 1∶2～1∶2.5 水泥砂浆填平，并用水泥砂浆填塞孔眼。 (2) 花格间的平缝、凹缝、对角缝以及花格与墙、柱、梁的连接方法，见本表图（1）～（6）。 (3) 操作方法： ①预排：先在拟定装花格部位，按构件排列形状和尺寸标定位置，然后用构件进行预排调缝。 ②拉线：调整好构件的位置后，在横竖向拉通线，通线应用水平尺和线坠找平找直，以保证安装后构件位置准确、表面平整，不致出现前后错动、缝隙不匀等现象。 ③拼装：从下而上地将构件拼装在一起，拼装缝用 1∶2～1∶2.5 水泥砂浆填平。构件之间连接是在两构件的预留孔内插入 φ6 钢筋段，然后用水泥砂浆灌实。花格连接方法见本表图（1）～（6）。 ④刷面：拼装后的花格应刷涂各种涂料。水磨石花格因在制作时已用彩色石子或颜料调出装饰色，可不必刷涂。刷涂方法同墙面。

续表

图　　示	技　术　说　明
1:25水泥砂浆 φ6插铁长45 预留φ20孔 5 （5）同尺度花格凹缝连接 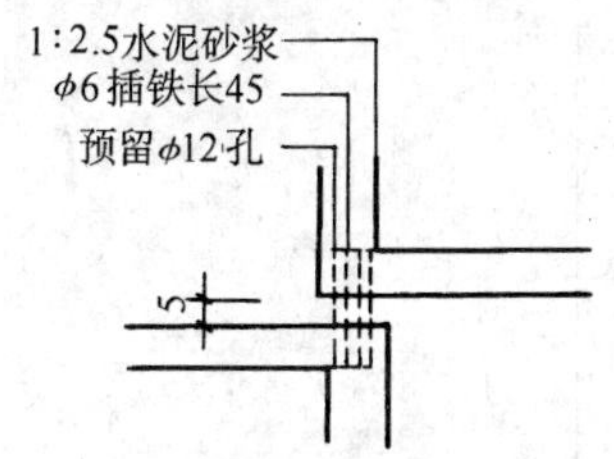 （6）花格对角连接	
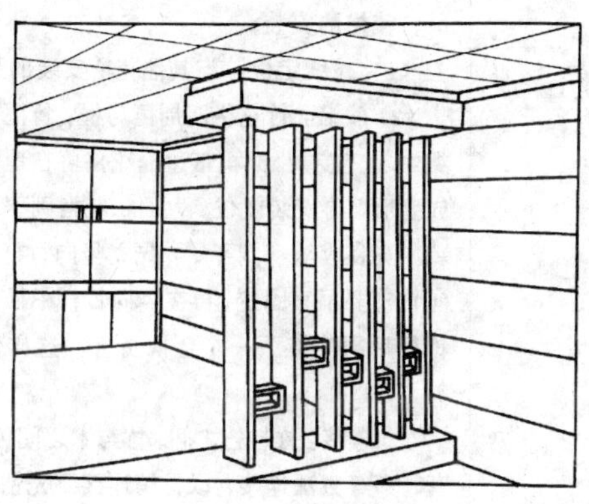 （7）竖向花格组装 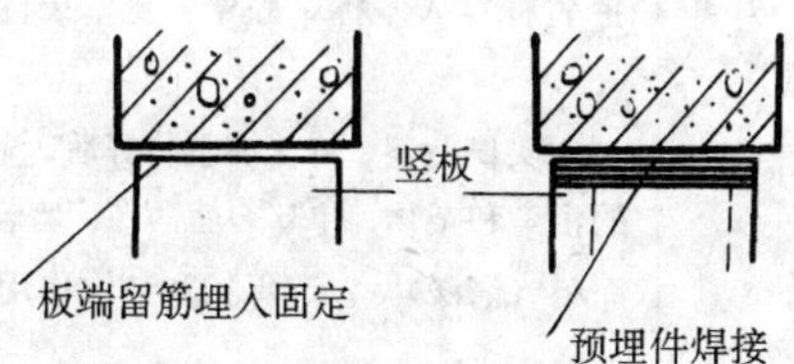 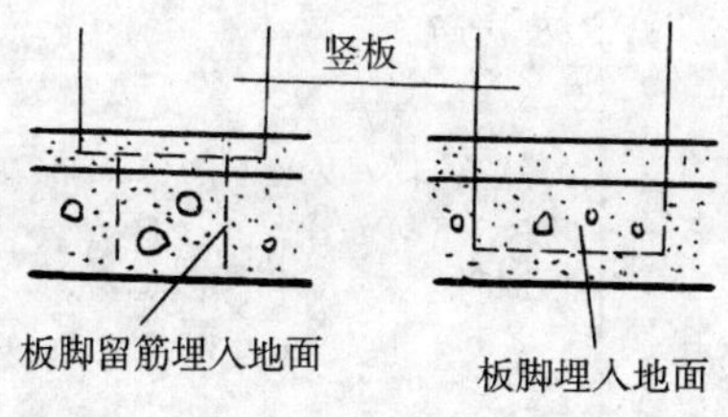 （8）竖板与梁连接	竖向花格组装： （1）预埋件（留槽）：竖向花格板与上下墙体或梁连接时，要在上下连接点，根据竖花格板间隔尺寸埋入预埋件或留凹槽。若竖向花格板间也插入花饰，板上也应预埋件或留槽。 （2）立板连接：在拟安板部位将板立起，用线坠吊直，并与墙、梁上预埋件或凹槽连接；连接时可采用焊接或用螺栓拧紧。 （3）安装花饰：竖板中加花饰也采用焊、拧和插入凹槽的方法。焊接花饰可在竖板立完固定后进行，插入凹槽的安装方法应与装竖板同时进行，见本表图（7）～（9）。 竖板与花饰连接节点见本表图（9）。 拼砌的花格饰件四周必须用锚固件与墙体、梁、柱连接牢固，一般采用焊接或螺栓连接。锚固点的间距应与图案单元的划分相配合。焊接后，清除焊渣并涂上防锈涂料。 花格表面的涂饰是在花格拼装、锚固之后，按设计要求用涂料涂刷，涂料的颜色、材料应和周围建筑协调

续表

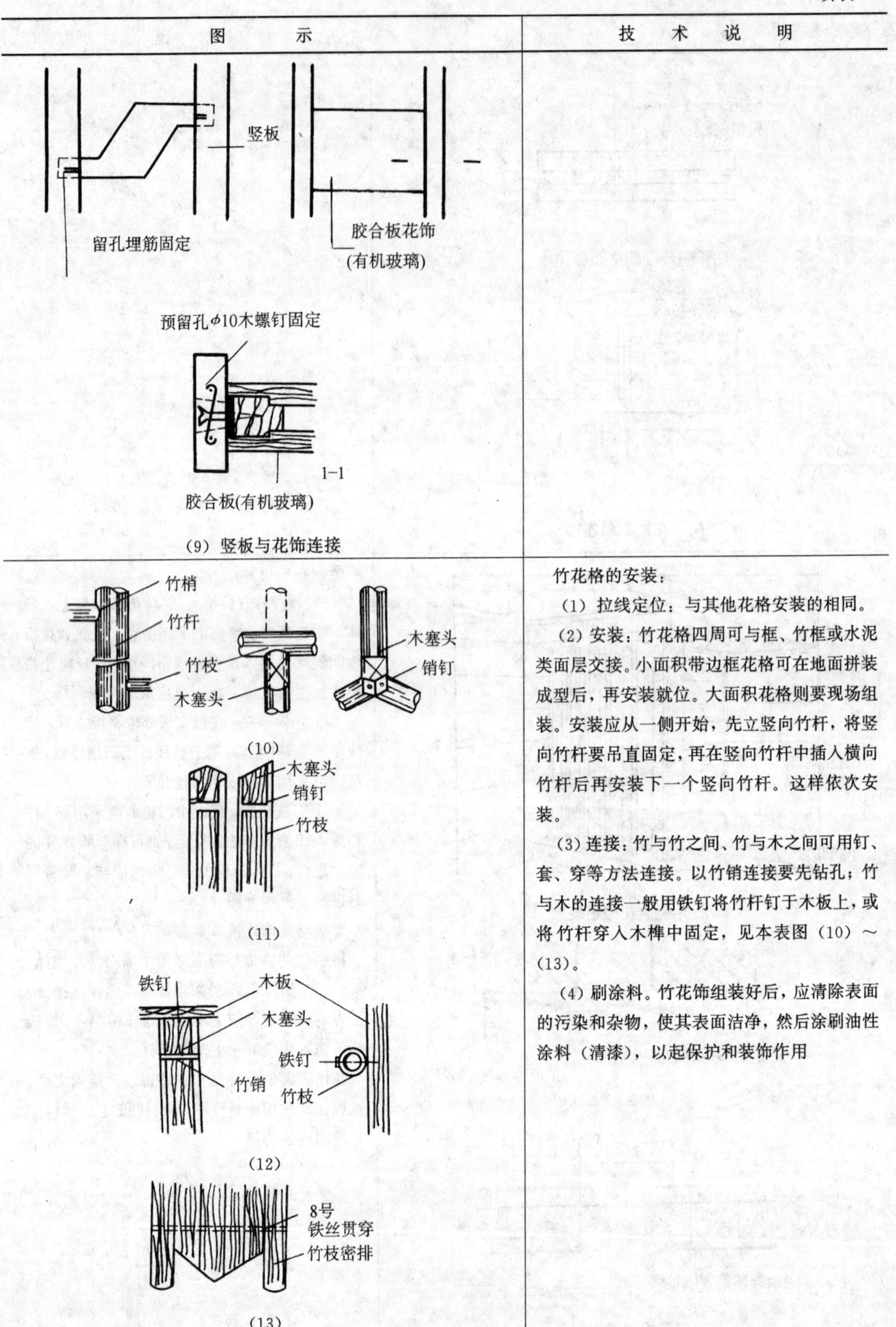

(9) 竖板与花饰连接

(10)

(11)

(12)

(13)

竹花格的安装：

(1) 拉线定位：与其他花格安装的相同。

(2) 安装：竹花格四周可与框、竹框或水泥类面层交接。小面积带边框花格可在地面拼装成型后，再安装就位。大面积花格则要现场组装。安装应从一侧开始，先立竖向竹杆，将竖向竹杆要吊直固定，再在竖向竹杆中插入横向竹杆后再安装下一个竖向竹杆。这样依次安装。

(3) 连接：竹与竹之间、竹与木之间可用钉、套、穿等方法连接。以竹销连接要先钻孔；竹与木的连接一般用铁钉将竹杆钉于木板上，或将竹杆穿入木榫中固定，见本表图（10）～（13）。

(4) 刷涂料。竹花饰组装好后，应清除表面的污染和杂物，使其表面洁净，然后涂刷油性涂料（清漆），以起保护和装饰作用

图示	技术说明
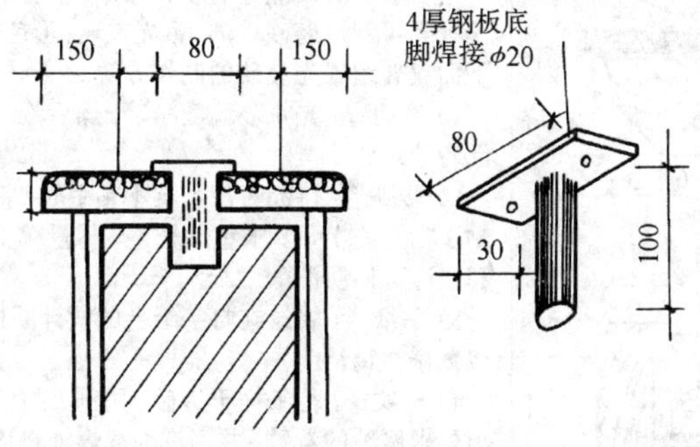 (14) 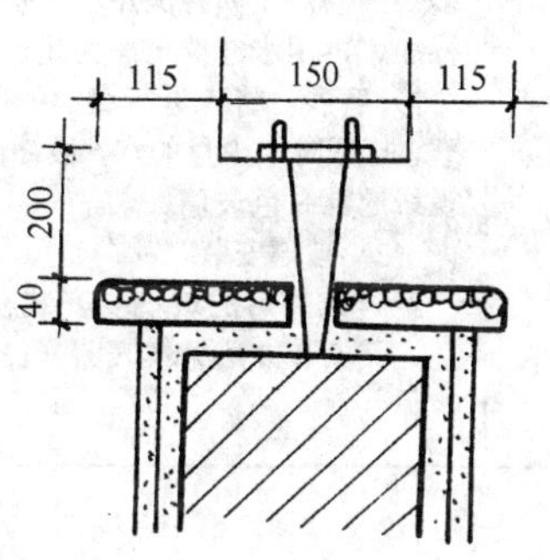 (15) 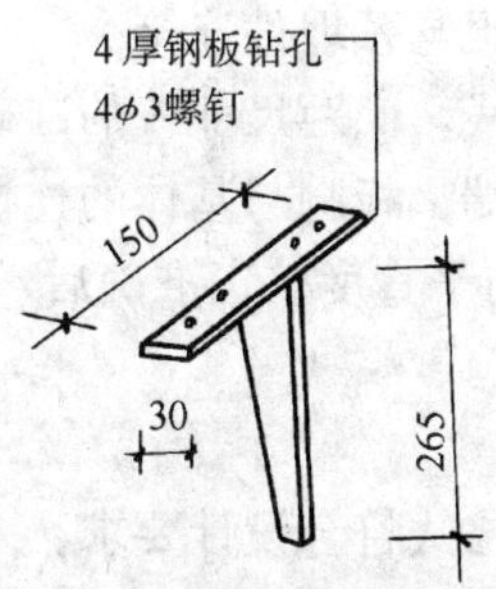 (16)	木制花格组装： (1) 预埋件：安装在主体结构上的预埋件或预留凹槽的位置必须准确。 (2) 小型花格应预先制作好后，再安装就位。竖向板式花格则应将竖向构件逐一定位安装，按就位的尺寸线组装后，检查是否与埋设件相对，将竖向板立正吊直，与连接件拧紧。随立竖板随安花饰。 (3) 表面处理：木制花格安装好后，应将表面清理洁净；表面应进行打磨、批腻子，涂刷涂料。 木制花格组装，见本表图 (14) ～ (16)

续表

图示	技术说明
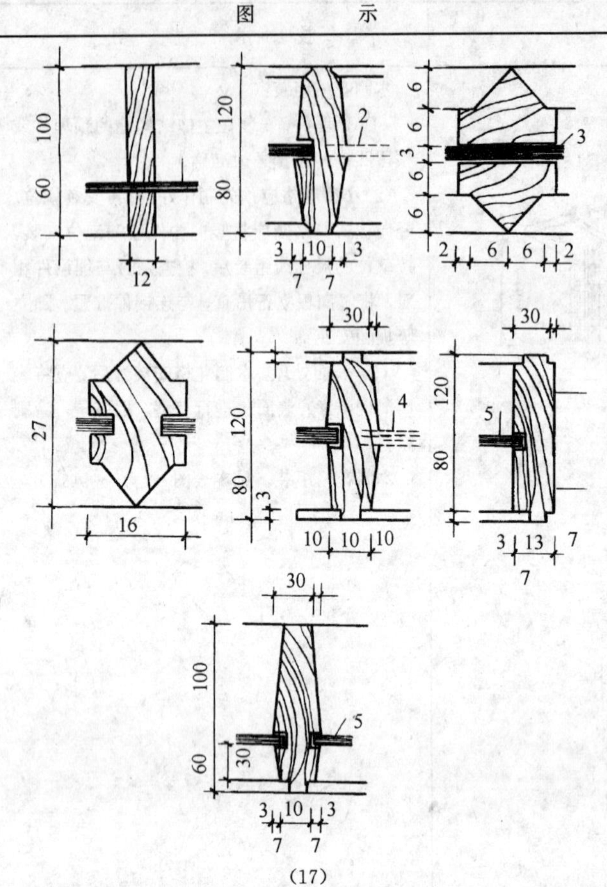 (17)	玻璃花饰组装操作方法： (1) 平板玻璃加工方法 平板玻璃表面经过磨砂和裱贴、腐蚀、喷涂等处理可制成磨砂玻璃、银光玻璃、彩色玻璃。下面仅介绍银光玻璃的制作方法： 1) 涂沥青：先将玻璃洗净，干燥后涂一层厚沥青漆。 2) 贴锡箔：待沥青漆干至不粘手时，将锡箔贴于沥青漆上，要求粘贴平整，尽量减少皱纹和空隙，以防漏酸。 3) 贴纸样：将绘在打字纸上的设计图样，用浆糊裱在锡箔上。 4) 刻纹样：待纸样干透后，用刻刀按纹样刻出要求腐蚀的花纹，并用汽油或煤油将该处的沥青洗净。 5) 腐蚀：用木框封边，涂上石蜡，用1∶5浓度的氢氟酸倒于需要腐蚀的玻璃面，并根据刻花深度的要求控制腐蚀时间。 6) 洗涤：倒去氢氟酸后，用水冲洗数次，把多余的锡箔及沥青漆用小铁铲铲去，并用汽油擦净，再用水冲洗干净为止。 7) 磨砂：将未进行腐蚀的部分用金钢砂打磨，打磨时加少量的水，最终做成透光而不透视线的乳白色玻璃。 (2) 玻璃安装 经过处理后的玻璃要安装在木框或金属框上，其安装方法见本表图 (17)

(2) 预制竖向混凝土板（条）的安装操作方法

1) 在建筑主体施工时，应按设计要求在需要设置预制竖向混凝土板（条）的墙、梁、柱等部位，埋设预埋件或留凹槽、孔洞；如有条件可采用膨胀螺栓；混凝土结构件上可采用射钉紧固；

2) 预制混凝土插入式条型花饰构件，应预留孔眼与预埋件连接。

3) 安装前应严格控制、安装位置的标高、中心线，间距尺寸线的准确性。

4) 条型花格板就位后，应及时校正准确，将板端、板脚与基体的连接件锚紧固定。

5) 安装竖向板之间花饰后，先将其标高、位置与平直度校正准确后，然后将锚固件连接牢固。

(3) 木质花格的安装操作方法

1) 木质花饰的装饰件，必须形体完整，图案、格式符合设计要求。

2) 在花饰安装的基体上，应按花格的几何尺寸、设计位置预埋布局合理的木砖，或金属预埋件。

3) 木制花格花饰的组装，宜采用榫接连接，以保证组装后无缝隙。

4) 花饰安装后，应进行表面处理，刮腻子、打磨、涂刷涂料。使花饰的拼合精确、细致、规整和美观。

14　细木制作施工技术措施控制要点

14.1　一般技术规定

14.1.1　本节适用于室内木挂镜线、贴脸板、窗帘盒、筒子板、护墙板和楼梯扶手等细木制品制作与安装工程。细木制品施工工艺流程控制程序，见图6.14.1。

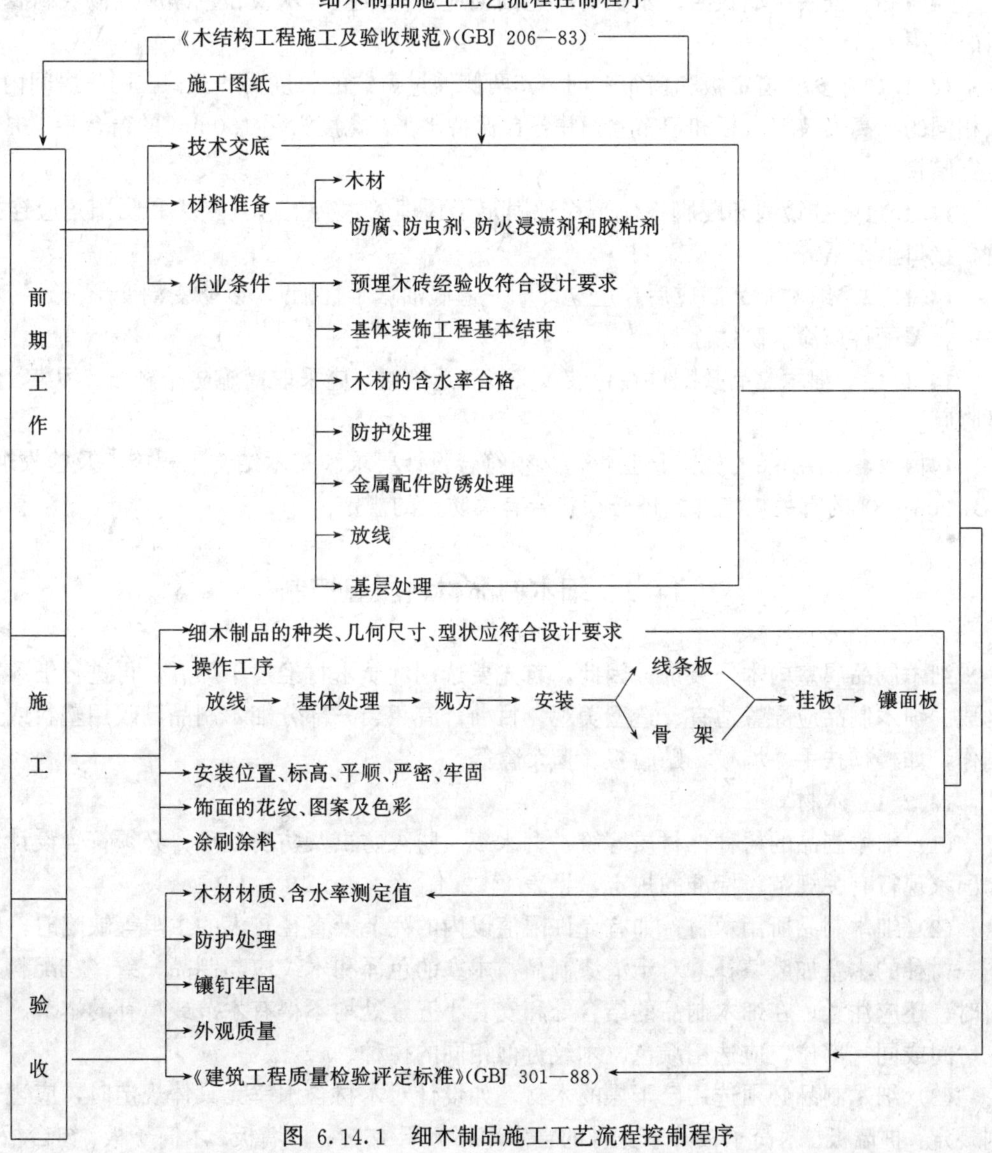

图 6.14.1　细木制品施工工艺流程控制程序

14.1.2 有关细木制品工程所用材料的品种、规格及质量要求，必须符合设计规定。

14.1.3 细木制品的结合处和安装小五金处，均不得有木节或已填补的木节。

14.1.4 细木制品与砌体、混凝土或抹灰层接触处、埋入砌体或混凝土中的木砖，均应进行防腐处理。

除木砖外其他接触处应设置防潮层。

14.1.5 采用马尾松、木麻黄、桦木、杨木等易腐朽、虫蛀的树种木材制作细木制品时，整个构件均必须按设计要求的规定用防腐、防虫药剂处理。

14.1.6 细木制品的刨光面，应经净刨至光滑平直，割角应准确平整，接头及对缝应严密整齐，安装牢固。

14.1.7 楼梯木扶手宜采用硬木，各段的接头应用暗榫或指形接头加胶连接。

14.1.8 贴脸板应紧密地固定于门窗框上，贴脸板搭盖在墙上的宽度不小于10mm。

14.1.9 安装护墙板时，木板的年轮凸面应向内放置，木纹和色泽应近似（刷混色涂料时不限）。

14.1.10 安装窗帘板和窗帘盒时，其两侧伸过窗洞的长度要一致。在同一房间内，应按相同的标高安装窗台板和窗帘盒，并各自保持水平。宽度大于150mm的窗台板，拚合时应穿暗带。

14.1.11 挂镜线和踢脚板应平稳地固定于预埋的木砖上，其接头和阴阳角应连接紧密，接口上下平齐。

14.1.12 细木制品制成后，应立即刷一遍底油（干性油），以防受潮变形。

金属配件应涂刷防锈涂料。

14.1.13 细木制品及配件在包装、安装和运输时，应采取措施防止碰伤、污染、受潮及曝晒。

14.1.14 木制品的施工与验收，必须符合设计要求和《木结构工程施工及验收规范》GBJ 206—83的有关规定外，还必须符合有关防火的规定。

14.2 细木制品材料质量控制

细木制品属室内木作装饰。因此，首先要选用优质木材经过干燥后，再进行细致加工制成。细木制品应配置适宜、造型美观。目前，有相当一部分细木制品已改用塑料或金属制作，如楼梯扶手、墙板、贴脸板、窗帘盒等。

14.2.1 木材

(1) 细木制品的树种、材质等级、含水率、防火防虫及防腐处理，必须符合设计要求和国家现行有关规范、标准的规定，见表14.2.1。

(2) 细木制品所用木材，如有允许限值以内的死节及直径较大的虫限等缺陷时，应用同一树种的木塞加胶填补；对于清漆制品，木塞的色泽和木纹应与制品一致。在配料、下料时，还应注意，在细木制品的结合处和安装小五金处均不得有木节或填补的本节。在同一房间或同一部位，应选用颜色、木纹近似相同的树种。

(3) 细木制品必须选用已干燥的木材，如设计对木材含水率无具体规定时，应遵守下列规定：护墙板、木筒子板等木龙骨的含水率不大于15%；护墙板、木筒子板、窗台板、挂镜线等外露面层的细木制品的含水率不大于12%。

细木制品用木材的选材标准　　　　表 14.2.1

木材缺陷 \ 制品名称 等级			楼梯扶手			贴脸板、挂镜线			护墙板、筒子板			踢脚板、楼梯		
			Ⅰ	Ⅱ	Ⅲ	Ⅰ	Ⅱ	Ⅲ	Ⅰ	Ⅱ	Ⅲ	Ⅰ	Ⅱ	Ⅲ
活节	节径	不计个数时应小于(mm)	10	15		5			10	15	20	10	15	20
		计算个数时不大于	材宽的			材宽的			(mm)			材宽的		
			1/4	1/3		1/4	1/3		20	30	40	1/3		1/2
	个数	任何1m长中不应超过	2	3	4	0	2	3	2	3	5	3	5	6
死节			允许,包括在活节总数中			不允许			允许，包括在活节总数中					
髓心			不露出表面的,允许			不允许			不露出表面的，允许					
裂缝			深度及长度不得大于厚度及材长的			不允许		允许可见裂缝	允许可见裂缝			深度及长度不得大于厚度及材长的		
			1/6	1/5	1/4							1/5	1/4	1/3
斜纹：斜率不大于			6	7	10	4	5	6	15	不限		10	12	15
虫眼			Ⅰ级的不允许有虫眼，Ⅱ、Ⅲ级品允许有表层的虫眼											
油眼			Ⅰ、Ⅱ级非正面允许，Ⅲ级不限											
其他			浪形纹理、圆形纹理，偏心及化学变色允许											

14.2.2 胶粘剂：可使用本节表14.2.4中序号1、2及4外，亦可选用在室温或加热条件下固化的563脲醛树脂胶，它具有耐水、耐热、不发霉、耐微生物侵蚀等特点。还可使用动物胶（如牛皮胶、猪皮胶等）。这类天然胶粘剂系采用动物皮制成，一般为黄色或褐色块状半透明或不透明体，溶于热水，不溶于有机溶剂，对于木质粘结牢度大，使用时须隔水加温溶化。如与甲醛（40%浓度）复合使用，可增加防腐、防潮及促硬作用。如细木制品系在潮湿条件下使用，则必须选择具有防水、防潮、防霉等性能的胶粘剂，参见表14.2.2（1）、表14.2.2（2）。

木材防腐、防虫药剂特性、适用范围、药剂配制及处理方法　　表 14.2.2（1）

类别	编号	名称	特性	适用范围	配方组成(%)	浓度(%)	剂量	处理方法
水溶性	1	氟酚合剂	不腐蚀金属、不影响涂料、遇水较易流失	室内不受潮的木构件防腐及防虫	五氟酚钠 35 氟化钠 60 碳酸钠 5	5	4.5～6kg/m³（干剂）	常温浸渍，热冷槽处理，加压处理
	2	硼酚合剂	不腐蚀金属,不影响涂料，遇水较易流失	室内受潮的木构件防腐及防虫	硼酸 30 硼砂 35 五氯酚钠 35	5	4.5～6kg/m³（干剂） 白蚁严重地区 8kg/m³	常温浸渍，热冷槽处理，加压处理
	3	硼铬合剂	无臭味，不腐蚀金属,不影响涂料,遇水较易流失,对人畜无害	室内不受潮的木构件防腐及防虫	硼酸 40 硼砂 40 重铬酸钠(或重铬酸钾) 20	5	6kg/m³（干剂）	常温浸渍，热冷槽处理，加压处理

续表

类别	编号	名称	特性	适用范围	配方组成（%）	浓度（%）	剂量	处理方法
水溶性	4	氟砷铬合剂	无臭味，毒性较大，不腐蚀金属，不影响涂料，遇水较不易流失	防腐及防虫效果好，但不应用于与人经常接触的木构件	氟化钠 60 砷酸钠（或酸氢钠） 20 重铬酸钠 20	5	4.5 ～ 6kg/m³（干剂）	常温浸渍，热冷槽处理，加压处理，减压处理
	5	铜铬砷合剂	无臭味，毒性较大，不腐蚀金属，不影响涂料，遇水不易流失	防腐及防虫效果好，但不应用于与人经常接触的木构件	硫酸铜 35 重铬酸钾 45 砷酸氢二钠 20	5	4.5 ～ 6kg/m³（干剂）	常温浸渍，加压处理，减压处理
	6	六六六乳剂（或粉剂）	有臭味、遇水易流失	杀虫效果好，用于毒杀已有虫害的木构件	单剂	0.5～1.0	0.25 ～ 0.3kg/m³（溶液）	喷涂 2～3 次
油溶性	7	五氯酚、林丹合剂	不腐蚀金属、不影响涂料，遇水不流失，对防火不利	用于易腐朽的木材及虫毒严重地区的木构件	五氯酚 4 林丹（或氯丹） 1 柴油 95	5	4～5kg/m³（干剂） 涂刷法 0.3～0.4kg/m³	常温浸渍，热冷槽处理，加压处理，双真空处理
油类	8	混合防腐油（或蒽油）	有恶臭，木材处理后呈黑褐色，不能涂涂料，遇水不流失，对防火不利	用于经常受潮或与砌体接触的木构件防腐和防白蚁	煤杂酚油（即木材防腐油） 50 煤焦油 50	—	100 ～ 130kg/m³ 涂刷法 0.5～0.6kg/m³	热冷槽处理，加压处理，涂刷 2～3 次
	9	强化防腐油	有恶臭，木材处理后呈黑褐色，不能涂涂料，遇水不流失，防火不利	用于经常受潮或与砌体接触的木构件防腐和防虫蛀，效果较高	混合防腐油（或蒽油） 97 五氯酚 3	—	80～100kg/m³ 涂刷法 0.5～0.6kg/m³	热冷槽处理，加压处理，涂刷法 0.5～0.6kg/m³
浆膏	10	氟砷沥青浆膏	有恶臭，木材处理后呈黑褐色，不能涂涂料，遇水不流失	用于经常受潮或处于通风不良情况下木构件的防虫和防腐	氟化钠 40 砷酸钠 10 60 号石油沥青 22 柴油或（煤油） 28	—	0.7 ～ 1.0kg/m³	涂刷一次

注：1. 油溶性药剂是指溶于柴油。

2. 沥青只能防水不能防腐，用以构成浆膏。

木材防火浸渍剂的情况和用途　　表 14.2.2（2）

编号	名称	配方组成（%）	情况	适用范围	处理方法
1	铵氟合剂	磷酸铵 27 硫化铵 62 氟化钠 11	空气相对湿度超过 80%易吸湿，降低材料强度 10%～15%	不受潮的木结构	加压浸渍
2	氨基树脂 1384 型	甲醛 46 尿素 4 双氰铵 18 磷酸 32	空气相对湿度在 100%以下，温度为 25℃时，不吸湿，不降低木材强度	不受潮的细木制品	加压浸渍

续表

编号	名 称	配方组成（%）	情 况	适用范围	处理方法
3	氨基树脂OP144型	甲醛26 尿素5 双氰铵7 磷酸28 氨水34	空气相对湿度在85%以下，湿度为20℃时，不吸湿，不降低木材强度	不受潮的细木制品	加压浸渍

注：1. 木材防火浸渍等级的要求分为以下三级：

①一级浸渍——吸收量应达80kg/m³，保证木材无可燃性；

②二级浸渍——吸收量应达48kg/m³，保证木材缓燃；

③三级浸渍——吸收量应达20kg/m³，在露天火源作用下，能延迟木材燃烧起火；

2. 木材的防火涂料——丙烯酸乳胶涂料，每m³的用量不得少于0.5kg。这种涂料无抗水性，可用于顶棚、木屋架及室内细木制品。

14.2.3 细木制品所用的金属配件、钉子及木螺丝的品种、规格、尺寸等，均必须符合设计要求。

14.2.4 胶粘剂的类型，必须按设计要求、产品的使用说明和材质证明、所用罩面板、龙骨对照，配套使用。如在现场配制，配合比应由试验确定。当胶粘剂使用于温度较大的房间时，应选用具有防潮（水）、防霉性能的产品。

胶粘剂种类较多，使用范围也较广，但都应具备下列相应的性能：

（1）稳定性：将试件浸渍于指定的介质、温度、时间，视其强度变化能否满足相应要求。

（2）耐久性（耐老化）：粘结强度会因时间增长、强度逐渐降低，耐久性能也逐渐降低

（3）耐温性：根据要求使用条件下在相应温度范围内（包括耐热、耐寒及耐高低温交替变化），胶粘剂性能的变化是否满足需要。

对暴露于室外的粘接件，尚应具备有耐风霜、日照、雨雪及温度变化的耐候性。

（4）耐化学性：在化学介质影响下胶粘剂发生溶解、膨胀、腐蚀及老化的情况，

（5）罩面板使用的胶粘剂见表14.2.4。

建筑胶粘剂的品种、特点、用途及性能　　表14.2.4

序号	品 种 及 特 点	用 途	性 能
1	4115建筑胶粘剂以溶液聚合的聚醋酸乙烯为基料配以无机填料制成，常温下固化单组分胶粘剂防水抗冻粘接力强	公用与民用建筑内的各种装修，如天花板、壁板、地板、门窗、灯座、衣钩及挂镜线等的粘贴	压剪强度 木材—木材 >8MPa， 木材—混凝土 >3.8MPa， 纸面石膏板互贴 >1.3MPa。 抗拉强度(7d) 木材—木材 >1MPa， 水泥刨花板互贴 >2MPa。
2	SG791建筑轻板胶粘剂是以聚醋酸乙烯酯和建筑石膏调制而成；价格低，使用方便，粘结强度高等特点	适用于各种无机轻型墙板、天花板等的粘贴与嵌缝，如纸面石膏板、菱苦土板、炭化石灰板、装饰吸声板、石膏装饰板的自身粘结，以及在墙体粘结瓷砖、大理石等	凝结时间： 调制石膏：初凝30s，终凝40s， 调制水泥：初凝4h，终凝10h， 粘结力：石膏—石膏1.4MPa， 抗拉：混凝土—混凝土1.7MPa。 抗剪：石膏—石膏3.4MPa， 混凝土—混凝土2MPa， 石膏—混凝土2.6MPa， 加气混凝土—加气混凝土1.5MPa

续表

序号	品种及特点	用途	性能
3	SG792 建筑轻板胶粘剂单组份，不需在现场配制	同上	同上
4	G14 室温快速固化环氧胶粘剂电环氧树脂和胺类固化而成。分 AB 两组分，具有粘接强度高、耐热、耐水、耐油、耐冷热冲击性能好、固化速度快，使用方便等特点	用于金属、陶瓷、玻璃、木材、胶木等材料的粘接。可在 60℃ 条件下使用的金属或某些外金属部件小面积快速粘结修复	固化速度快：25℃为 3h，耐热性能：60℃。 粘接强度高：抗剪，铝合金 8～10MPa。 抗剪强度：合金铝 22～25MPa， 不锈钢 27～30MPa， 铜及铜合金 15～17MPa。 耐水耐碱性：泡在水或汽油中，一个月粘接强度不变。 耐冷热冲击性：60℃时五个循环粘接强度不变。 抗拉强度：普通钢为 50～60MPa

14.3 细木制品施工工艺、操作方法及质量控制

细木制品工程需按下列施工工序进行安装。挂镜线、贴脸板、窗台板的安装，应在门窗框安装完、地（楼）面和墙面施工完后进行。

无吊顶明窗帘盒的安装应在安好门窗框、完成室内抹灰标筋后进行；有吊顶的暗窗帘盒的安装，可与吊顶施工同时进行。

护墙板、筒子板的龙骨安装应在安好门窗框、窗台板后进行。面层板应在室内抹灰及地（楼）面做好后进行。

楼梯扶手应在楼梯间墙面、楼梯踏步施工完，金属栏干或靠墙扶手铁活安装完后进行。

进行工序的穿插作业时，应注意相互衔接和成品保护。

细木制品工程应先做样板间，经有关单位共同认定后，再按样板扩大施工。

操作控制

14.3.1 挂镜线

按设计要求线型选购或自行制作挂镜线木条（或塑料、金属制品），木挂镜线要经净刨、表面光滑、顺直。

室内墙体施工时（包括砌筑和抹灰），应按＋500mm 的基准水平线量出设计要求标高位置，分别留设防腐木砖、木砖中距不大于 500mm。

操作工序：

放线→挂镜线接头→挂镜线安装

（1）放线

根据房间墙壁情况，先进行规方、找正，按室内＋500mm 基准水平线和吊顶、窗帘盒的高度，找好标高，弹出四周墙（柱）面的水平线，弹线应平直、交圈。

（2）挂镜线接头

挂镜线的接长，宜设在不明显处，且应将接头钉在防腐木砖上，在墙（柱）面阴阳角处的挂镜线端头，要锯割成 45°相接，所有接头接缝都须连接严密吻合。

（3）挂镜线安装

一般用铁钉将挂镜线钉在木砖上，如未埋设防腐砖时，亦可用膨胀螺栓（砖墙上不宜使用）或胶粘安装固定。安装时必须按弹线准确安装和镶钉牢固，无松动现象，而且上口平直，接缝严密，并能达到平直通顺、与墙面紧贴、出墙尺寸一致，四周交圈的要求，见图 6.14.2。

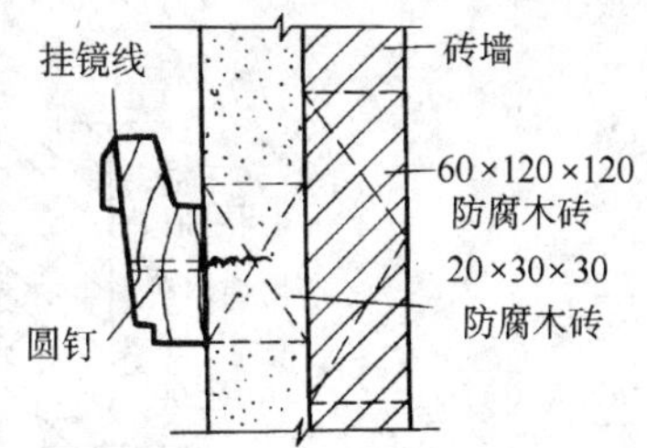

图 6.14.2 挂镜线安装示意

14.3.2 贴脸板

门窗贴脸板目前除木制外，还有塑料制品；无论选购或自制均必须按照设计要求。

安装时，一般将量出横向门或窗框槛外尺寸加上两倍贴脸板宽度作为贴脸板的长度，其两端应锯 45°斜角（即割角）；紧贴门或窗框上槛的两端伸出门或窗框外的长度应一致。用长度两倍贴脸板厚的钉子，将钉帽打扁再钉牢，并送入板表面 1～3mm，钉距 500mm 以内，量竖向边框长度加上贴脸板宽，即为竖向贴脸尺寸，但需注意门框贴脸在下部应有高于踢脚板的贴脸座。

钉贴脸板时，贴脸板的内边沿至门窗框裁口的距离应一致。贴脸板搭盖墙面的宽度一般为 20mm，最少也不得小于 10mm。割角应准确平整，对缝严密，安装牢固。

14.3.3 窗台板

窗台板在公共建筑中多为天然或人造石板或金属板材，在大多数宾馆或民居中则多用木窗台板。应按设计要求的尺寸和安装方法进行施工。

在砌窗台墙时，一般应至少埋置两块防腐木砖；窗台板刨光起线部分在安装时，应朝向室内，窗台板靠墙一面的上表面应嵌入窗框下坎槽内。窗台板应居中放置在窗台墙上，两端伸出各为 60mm 左右，且必须对称。同一房间内同标高的窗台板，应拉通线找平找直，高度一致，突出墙面尺寸一致，窗台板上表面应向室内倾斜，坡度为 1%。校正后，应用已砸扁钉帽的钉子与埋设木砖钉牢。

如窗台板用宽度大于 150mm 的板拚接时，背面应穿暗带，以防翘曲。

窗台板下如无护墙板时，在窗台板下与墙面交角处，要钉窗台线（三角形起线刨光压条），窗台线两端为弧形线脚，用钉与窗台板斜向钉牢。

所有用钉均必须将钉帽砸扁，并将钉帽冲入板内。

14.3.4 筒子板

室内门窗筒子板的面板，常用五夹板制作。低档的也有用三夹板的。杂木胶合板的板面呈现木纹，故多只刷清漆；松木胶合板则需刷混色涂料。目前已有较多的贴面板。如塑料贴面装饰板具有耐湿、耐热、耐烫、耐燃烧和耐一般酸、碱，并有各种花色，各种图案，包括木纹等。

如采用五夹板时，其操作工序如下：

基体处理→规方→木骨架→镶装面板

（1）基体处理

采用筒子板的门窗洞口，应比门窗框宽 40mm、高 25mm，以便安装筒子板，见图 6.14.3。

（2）规方

检查门窗洞口尺寸及是否垂直方正，预埋防腐木砖数量、位置是否合适

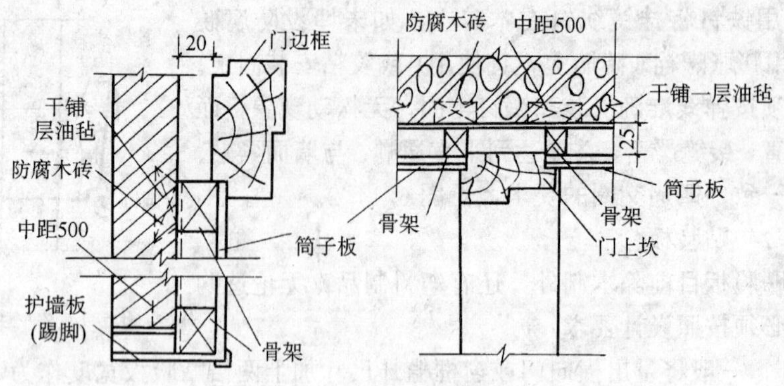

图 6.14.3 筒子板安装示意

(3) 木骨架

骨架所用枋材，镶装面板的一面应刨光，其他三面刷防腐剂，骨架与墙间要干铺一层油毡以防潮，骨架横撑间距一般为 400～500mm（中距），并应与防腐木砖位置相应。遇有较大的洞口，应将骨架分片拼装，洞口上部为一片及两侧各为一片，并应先预埋木砖分别用钉子钉结牢固。各片连结应平整、稳固，所用钉子的钉帽均应钉入枋内。

(4) 镶装面板

镶装面板前，应先选料，将有相同或近似木纹与色泽的选用于同一房间，同一门窗，并应考虑骨架横撑间距的实际尺寸截板下料，以便接头位于横撑上，板要规方，边、角要刮直，接缝要严密，钉帽砸扁并将钉子钉入板面。筒子板里侧要装进门窗框裁口（槽）内。

骨架表面已刨光，故亦可在其上刷胶（如强力胶等）直接将面板粘贴在上面。

14.3.5 护墙板及踢脚板

踢脚板高度一般为 100～150mm、厚约 20mm。护墙板则有局部和全高两种，均应按设计要求，在墙体施工时，预埋防腐木砖。

操作工序：

规方：放线→木骨架→镶装面板

(1) 规方、放线

根据房间墙体进行规方、放线，按照设计要求的高度、厚度、板材规格，预埋木砖位置；如为墙裙时，则应和窗台板等高度参照，在墙上弹出水平标高和分档线。

(2) 木骨架

与本节第 14.3.4（3）条相同。

(3) 镶装面板

与 14.3.4（4）条相同，护墙板一般应做竖向分格缝或镶竖向压条；护墙板及踢脚板（上无护墙板时）顶部，要按弹线拉通线找平，并压条镶顶。踢脚板与护墙板相交处，一般是踢脚压护墙。踢脚板与地面交角处，宜钉三角压条。如采用钉子钉接时，砸扁钉帽并钉入板内。亦可用 801 等胶剂，涂刷在骨架上粘贴面板。其做法分别见图 6.14.4 及 6.14.5。

14.3.6 木扶手

木扶手的样式甚多，制作时必须根据设计要求，首先选择干燥、顺直、少节疤的硬木材料，刨出大荒，并在刨直后将底部刨平，弹出底部中线，用做好的扶手断面实样，在两

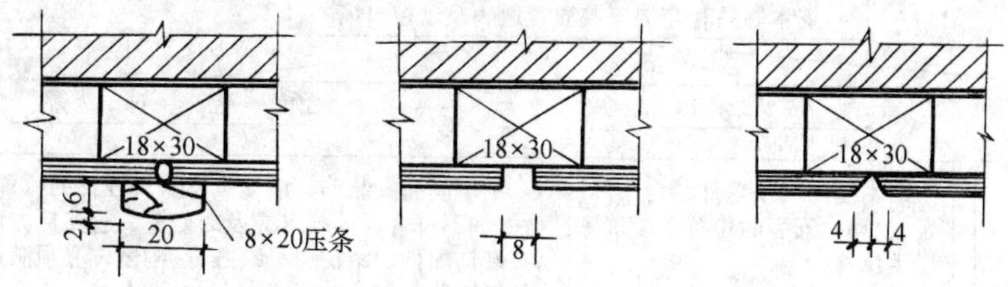

图 6.14.4 护墙板分格线及竖向压条示意

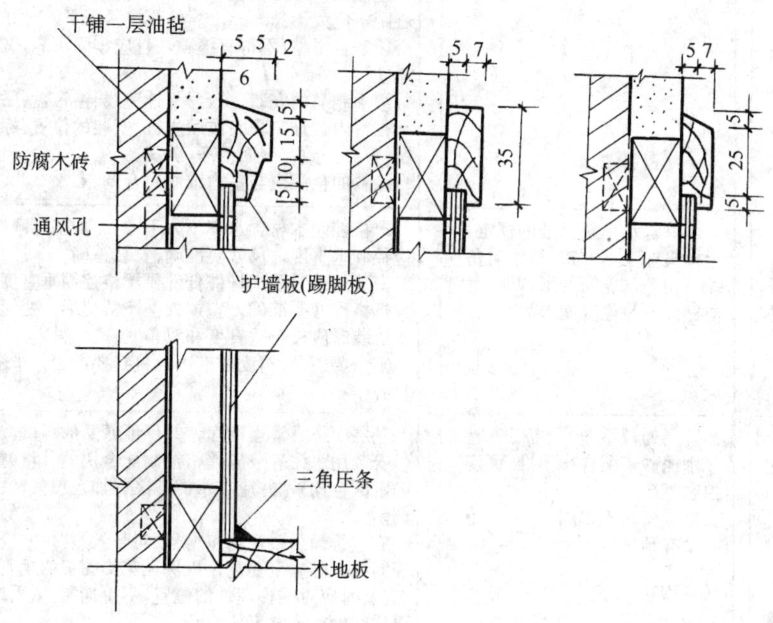

图 6.14.5 护墙板与地板及压顶条示意

端分别按中线位置对好划出断面，在底部按欄干上扁铁宽度开槽，槽的深度一般为 3～4mm，然后再用线刨刨出成型扶手。此时，应按划出的断面线留半线，以备净刨。如有接头时，应在下面作暗榫。

在栏干折转处，扶手弯头必须按设计做出实样，刨料时要留线，以免在与扶手相接时亏料。弯头与扶手应用暗榫加胶粘和用铁件固结。

安装扶手应由下往上，从起步弯头开始再接扶手，栏干上的扁铁与扶手开槽卡接严密，并用螺丝拧紧。

14.3.7 目前室内装饰所用贴面装饰板产品极多。大部分都是组成骨架后，用铁钉、铁件与预埋木砖连接，在骨架表面涂胶后粘贴面板。这些贴面装饰板有的本身具有花纹、图案及色彩，粘贴完后整个装饰即已完成，有的是只需在表面刷清漆即可。因此，施工比较方便，但在使用中必须根据设计要求选用，并注意有关防火、防毒的规定。

14.4 细木制品和花饰安装质量通病及预控对策

细木制品和花饰安装质量通病及预控对策

通病名称	酿成原因	预控对策
细木制品安装不牢固	细木制品与预埋件结合不严密、松动，安装的位置不准确产生位移	细木制品安装前，应认真检查埋设件的位置、标高及牢固性。如不符合设计要求应及时修整，合格后方可安装。 装饰配件的结构、材质、强度、刚度，必须满足设计要求和使用功能。 木制品木材的含水率不应大于12%，接头必须用暗榫，榫的制作必须精确，镶嵌时，应加胶接缝应密合。 连接铁件必须平整、螺丝孔旋窝深度要适宜、平整。螺孔中心距不应大于200mm，螺丝要拧紧卧平。全部的安装接触面必须密合平整、不得有缝隙，且应牢固可靠，保证使用的安全性。 细木制品的安装：窗台板、挂镜线、窗帘盒、贴脸压条等，必须在室内装饰工程完成后进行。安装的位置、标高应准确、平顺、整齐一致，表面洁净、美观。 涂料的色泽应与室内饰面层合调
木花格变形	木材含水率超标准的规定。 榫头加工不方正、框格对角线不相等，立筋变形弯曲，横向杆件安装位置偏差大	严格控制木材含水率不大于12%。加工打眼要方正，拼装应控制垂直度，尺寸要准确、安装精确。 安装立筋时垂直杆件杆件要严格控制垂直度。 框格尺寸要准确，整体外框严禁变形，变形的应予矫正。 拼装时应校正垂直度和对角线。 割角要规方、精度要准确，接缝要严密，平顺、楞角方正、整齐
水泥(石膏)制品花饰 空鼓 裂纹 脱落 图案不规则	基层处理不净。 水泥砂浆配合比不准、稠度控制不严。 接点松动不牢固。 没有预拼装	基层应认真清理洁净，并保证镶贴的湿度。 安装用水泥砂浆应严格控制配合比的计量(重量比)(由试确定配合比)，并应在水泥砂浆中加入15%109胶水溶液进行调制。 应进行预拼装，再按编号"对号入座"，并应在基层上绘出控制线，准确度要高，以保证花饰图案的规则性。 安装时应对准预埋件的位置，不得遗漏。紧固螺栓或螺钉前，要详细检查平整度。 砂浆一定要填实，分层浇灌，浇捣时不得损伤花饰制品。 及时清理饰面层，防止污染
塑料(纸质)花饰 图案不规则 翘边 粘结不牢	花饰图案不对称。 不垂直。 基层含水率超过8%，潮湿脱胶。 粘胶剂不配套、粘贴操作方法不当	认真清理基层、修整凸凹不平处，严格控制基层含水率不得大于8%，并保持干燥。 按照装饰区、调整花饰图案，使花饰对称、垂直、规整。 按照第一行的吊线操作，严格控制阴阳角精度。 应选用与花饰材质匹配胶粘剂。 施工前，先做样板，试装贴；粘贴时胶粘剂涂刷要均匀，不得漏刷；表干后再往上贴；并自上而下、由里向外用力压实
楼梯扶手安装不牢固、不平顺	扶手活动、螺丝有斜度，不平整、拧不紧栏杆与埋设件连接强度低。 扶手弯头不平顺，拐弯处生硬、高低不平。 栏杆标高不在同一水平线上，扁铁不平直，扁铁槽的深浅不一致	楼梯扶手安装前、必须放线抄平，设置标高和坡度的基准标志。 预埋件、立筋、扁铁的连接必须焊接牢固；扁铁必须平直，孔的中心距不应大于400mm。施工时要控制整个扶手的平整度、垂直度和斜度，紧固扶手时应保持螺丝垂直、不得歪斜，并应拧紧卧入平整。 安装前，应对弯曲处的几何尺寸、弯曲度、平整度和弯曲形体进行试拼，经证符合设计要求后，方可组装安装。 安装后必须按设计要求检查，平整度、垂直度符合要求，标高一致、斜度适宜，整体性好，强度高、安全稳定，以保证达到设计的使用功能和装饰效果

图 6.14.6　细木制品和花饰安装质量通病及预控对策

15　装饰工程质量检验评定标准

15.0.1　本技术措施规定的质量标准，均引自《建筑安装工程质量检验评定统一标准》GBJ 300—88（以下简称“统一标准”）及《建筑工程质量检验评定标准》GBJ 301—88（以下简称“验评标准”）。

15.0.2　有关工程质量的检查方法，必须遵照“统一标准”及“验评标准”的规定。

15.0.3　有关工程质量的检查数量，在“验评标准”中的规定是指：进行专检时的最低数量要求。作为操作人员的自检，必须随时对产品进行工程质量检查，以便随时纠正和全面衡量工程质量情况。因此，检查数量必须大于“验评标准”的规定。

15.0.4　所使用的检测工具，必须符合“验评标准”附录一检验工具表的规定，并必须经常验核检测工具的精确度。

15.1　一般抹灰工程

15.1.1　检查数量：

室外，以 4m 左右高为一检查层，每 20m 长抽查一处（每处 3 延长米），但不少于 3 处：

室内，按有代表性的自然间抽查 10%，过道按 10 延长米为一间，礼堂、厂房等大间可按两轴线为 1 间进行抽查，但不少于 3 间。

15.1.2　保证项目：见表 15.1.1。

15.1.2.1　材料的品种、规格、颜色、图案，必须符合设计要求和现行材料标准的规定，材料进厂后应验收；对质量发生怀疑时，应抽样检验，合格后方可使用。

15.1.2.2　各抹灰层之间及抹灰层与基体之间，必须粘结牢固，无脱层、空鼓，面层无爆灰和裂缝（风裂除外）等缺陷。

检验方法：用小锤轻击和观察检查。

注：空鼓而不裂的面积不大于 $200m^2$ 者，可不计。

15.1.3　基本项目（见表 15.1.1）

15.1.3.1　一般抹灰表面应符合下列规定：

（1）普通抹灰

合格：大面光滑，接槎平顺。

优良：表面光滑、洁净，接槎平整。

（2）中级抹灰

合格：表面光滑、洁净、接槎平整、线角顺直（毛面纹路均匀）。

优良：表面光滑、洁净、接槎平整，线角顺直清晰（毛面纹路均匀）。

（3）高级抹灰

合格：表面光滑、洁净、颜色均匀、线角和灰线平直方正。

优良：表面光滑、洁净、颜色均匀无抹纹、线角和灰线平直方正，清晰美观。

检验方法：观察和手摸检查。

15.1.3.2 孔洞、槽、盒和管道后面的抹灰表面应符合以下规定：

合格：尺寸正确、边缘整齐、管道后面平顺。

优良：尺寸正确、边缘整齐、光滑；管道后面平整。

检验方法：观察检查。

15.1.3.3 护角和门窗与墙体间缝隙的填塞质量应符合以下规定：

合格：护角材料、高度符合施工规范规定；门窗框与墙体间的缝隙填塞密实。

优良：护角符合施工规范规定，表面光滑平顺；门窗框与墙体间缝隙填塞密实，表面平整。

检验方法：观察、用小锤轻击或尺量检查。

15.1.3.4 分格条（缝）的质量应符合以下规定：

合格：宽度、深度基本均匀，楞角整齐，横平竖直。

优良：宽度、深度均匀，平整光滑，楞角整齐，横平竖直，通顺。

检验方法：观察检查

15.1.3.5 滴水线和滴水槽的质量应符合以下规定：

合格：滴水线顺直，滴水槽深度，宽度均不小于10mm。

优良：流水坡向正确；滴水线顺直；滴水槽深度、宽度均不小于10mm，整齐一致。

15.1.4 允许偏差项目（见表15.1.1）。

每抽查1处（间）时：序号1、2各检2点，其余各检1点。

一般抹灰（级）分项工程质量检验评定表 **表15.1.1**

工程名称： 部位： 施工单位：

		项目	质量情况
保证项目	1	材料的品种、规格、颜色和图案必须符合设计要求和材料标准的规定	
	2	各抹灰层之间及抹灰层与基体之间必须粘结牢固，无脱层、空鼓，面层无爆灰和裂缝（风裂除外）等缺陷	

		项目	质量情况										等级
			1	2	3	4	5	6	7	8	9	10	
基本项目	1	表面											
	2	孔洞、槽盒、管道后抹灰											
	3	护角、门窗框与墙体间缝隙的填塞											
	4	分格条（缝）											
	5	滴水线（槽）											

		项目	允许偏差（mm）			实测偏差值（mm）									
			普通	中级	高级	1	2	3	4	5	6	7	8	9	10
允许偏差项目	1	表面平整	5	4	2										
	2	阴、阳角垂直	—	4	2										
	3	立面垂直	—	5	3										
	4	阴、阳角方正	—	4	2										
	5	分格条（缝）平直	—	3	—										

续表

<table>
<tr><td rowspan="3">检查结果</td><td>保证项目</td><td colspan="3"></td></tr>
<tr><td>基本项目</td><td colspan="3">检查　　项，其中优良　　项，优良率　　%</td></tr>
<tr><td>允许偏差项目</td><td colspan="3">实测　　点，其中合格　　点，合格率　　%</td></tr>
<tr><td colspan="5">复查结果：　　　　　　　　　　复查人：　　月　　日</td></tr>
<tr><td rowspan="3">评定等级</td><td rowspan="3"></td><td>工程负责人：</td><td rowspan="3">核定等级</td><td rowspan="3">专职质量检查员：</td></tr>
<tr><td>工　　长：</td></tr>
<tr><td>班　组　长：</td></tr>
</table>

年　　月　　日

15.2 装饰抹灰工程

15.2.1 检查数量：

室外，以 4m 左右高为一检查层，每 20m 长抽查 1 处（每处 3 延长米），但不少于 3 处；室内，按有代表性的自然间抽查 10%，过道按 10 延长米为一间；礼堂、厂房等大间按两轴线为 1 间，但不少于 3 间。

15.2.2 保证项目：参见表 15.2.2。

15.2.2.1 选用材料的品种、规格颜色和图案，必须符合设计要求和现行材料标准的规定，材料进场后应经验收，对质量发生怀疑时，应抽样检验，合格后方可使用。对新兴材料必须检查材料出厂合格证。

15.2.2.2 各抹灰层之间及抹灰层与基体之间必须粘结牢固，无脱层、空鼓和裂缝等缺陷。

检验方法：用小锤轻击和观察检查。

注：空鼓而不裂的面积不大于 $200cm^2$ 者，可不计。

15.2.3 基本项目：参见表 15.2.2。

15.2.3.1 检验方法　观察、手摸检查。

15.2.3.2 装饰抹灰的表面，应符合下列规定：

(1) 水刷石

合格：石粒紧密平整，色泽均匀，无掉粒。

优良：石粒清晰，分布均匀，紧密平整，色泽一致，无掉粒和接槎痕迹。

(2) 水磨石

合格：表面平整光滑，石子显露均匀。

优良：表面平整光滑，石子显露密实均匀，无砂眼、磨纹和漏磨处，分格条位置准确，全部露出。

（3）斩假石

合格：剁纹均匀顺直，楞角无损坏。

优良：剁纹均匀顺直，深浅一致，颜色一致，无漏剁处。两边宽度一致，楞角无损坏。

（4）干粘石

合格：石粒粘结牢固，分布均匀，表面平整，颜色一致。

优良：石粒粘结牢固，分布均匀，表面平整，颜色一致，不显接槎，无露浆，无漏粘，阳角处无黑边。

（5）喷砂

合格：表面平整，砂粒粘结牢固，颜色均匀。

优良：表面平整，砂粒粘结牢固、均匀、密实，颜色一致。

（6）喷涂、弹涂、滚涂

合格：颜色、花纹、色点大小均匀，无漏涂。

优良：颜色一致，花纹、色点大小均匀，不显接槎，无漏涂、透底和流坠。

（7）仿石、彩色抹灰

合格：表面密实，线条、纹理清晰。

优良：表面密实，线条、纹理清晰，颜色协调，不显接槎。

（8）分格条（缝）的质量要求。应符合本措施 15.1.3.4 条的规定。

（9）滴水线和滴水槽的质量要求，应符合本节第 15.1.3.5 条的规定。

15.2.4 允许偏差项目（见表 15.2.2）。

15.2.4.1 水刷石、斩假石、干粘石、假面砖、拉毛灰、洒毛灰等装饰抹灰，表中第 4 项阴阳角方正可不检查。

15.2.4.2 干粘石、拉毛灰、洒毛灰、喷砂、喷涂、滚涂和弹涂等，在面层涂抹前，检查中层砂浆表面，允许偏差按表 15.2.2 中相应规定。

15.2.4.3 检查数量：

室外每处、室内每间的检查点数表 15.2.2 中项次 1 及 3 各检 2 点；其他各检 1 点。

装饰抹灰工程质量验评表格 **表 15.2.2**（1）

水刷石、水磨石、斩假石和干粘石分项工程质量检验评定表

工程名称： 部位： 施工单位：

<table>
<tr><td rowspan="3">保证项目</td><td colspan="9">项　目</td><td colspan="4">质 量 情 况</td></tr>
<tr><td>1</td><td colspan="8">材料的品种、颜色和图案要求</td><td colspan="4"></td></tr>
<tr><td>2</td><td colspan="8">各抹灰层之间及抹灰层与基体之间</td><td colspan="4"></td></tr>
<tr><td rowspan="6">基本项目</td><td colspan="2" rowspan="2">项　目</td><td colspan="10">质 量 情 况</td><td rowspan="2">等　级</td></tr>
<tr><td>1</td><td>2</td><td>3</td><td>4</td><td>5</td><td>6</td><td>7</td><td>8</td><td>9</td><td>10</td></tr>
<tr><td>1</td><td>表　面</td><td></td><td></td><td></td><td></td><td></td><td></td><td></td><td></td><td></td><td></td><td></td></tr>
<tr><td>2</td><td>分格条（缝）</td><td></td><td></td><td></td><td></td><td></td><td></td><td></td><td></td><td></td><td></td><td></td></tr>
<tr><td>3</td><td>滴水线（槽）</td><td></td><td></td><td></td><td></td><td></td><td></td><td></td><td></td><td></td><td></td><td></td></tr>
<tr><td></td><td></td><td></td><td></td><td></td><td></td><td></td><td></td><td></td><td></td><td></td><td></td><td></td></tr>
</table>

续表

		项目	允许偏差（mm）				实测偏差值（mm）									
			水刷石	水磨石	斩假石	干粘石	1	2	3	4	5	6	7	8	9	10
允许偏差项目	1	表面平整	3	2	3	5										
	2	阴、阳角垂直	4	2	3	4										
	3	立面垂直	5	3	4	5										
	4	阴、阳角方正	3	2	3	4										
	5	墙裙、勒脚上口平直	3	3	3	—										
	6	分格缝平直	3	2	3	3										

检查结果		
	保证项目	
	基本项目	检查　　项，其中优良　　项，优良率　　%
	允许偏差项目	实测　　点，其中合格　　点，合格率　　%

复查结果：

评定等级		工程负责人： 工　　长： 班　组　长：	核定等级	专职质量检查员：

年　　月　　日

装饰抹灰工程质量验评表格　　　　表 15.2.2（2）

假面砖、拉条灰、拉毛灰、洒毛灰、仿石和彩色抹灰分项工程质量检验评定表

工程名称：　　　　部位：　　　　施工单位：

		项目	质量情况
保证项目	1	材料的品种、规格、颜色和图案要求	
	2	各抹灰层之间及抹灰层与基体之间	

		项目	质量情况										等级
			1	2	3	4	5	6	7	8	9	10	
基本项目	1	表面											
	2	分格条（缝）											
	3	滴水线（槽）											

		项目	允许偏差（mm）					实测偏差值（mm）									
			假面砖	拉条灰	拉毛灰	洒毛灰	仿石彩色抹灰	1	2	3	4	5	6	7	8	9	10
允许偏差项目	1	表面平整	4		4		3										
	2	阴、阳角垂直	—		4		3										
	3	立面垂直	5		5		4										
	4	阴、阳角方正	4		4		3										
	5	墙裙、勒脚上口平直	—		—		3										
	6	分格条（缝）平直	3		—		3										

续表

检查结果	保证项目	
	基本项目	检查　　项，其中优良　　项，优良率　　%
	允许偏差项目	实测　　点，其中合格　　点，合格率　　%

复查结果：

评定等级		工程负责人：	核定等级	
		工　　长：		
		班 组 长：		专职质量检查员：

年　　月　　日

装饰抹灰工程质量验评表格

表 15.2.2（3）

喷砂、喷涂、滚涂和弹涂分项工程质量检验评定表

工程名称：　　　　部位：　　　　施工单位：

保证项目		项　　目	质 量 情 况
	1	材料的品种、规格、颜色和图案要求	
	2	各抹灰层之间及抹灰层与基体之间	

基本项目		项　　目	质量情况 1	2	3	4	5	6	7	8	9	10	等 级
	1	表　　面											
	2	分格条（缝）											
	3	滴水线（槽）											

允许偏差项目		项　　目	允许偏差（mm） 喷砂	喷涂	滚涂	弹涂	实测偏差值（mm） 1	2	3	4	5	6	7	8	9	10
	1	表面平整	5		4											
	2	阴、阳角垂直	4		4											
	3	立面垂直	5		5											
	4	阴、阳角方正	3		4											
	5	分格条（缝）平直	3		3											

检查结果	保证项目	
	基本项目	检查　　项，其中优良　　项，优良率　　%
	允许偏差项目	实测　　点，其中合格　　点，合格率　　%

复查结果：　　　　复查人：　　月　　日

评定等级		工程负责人：	核定等级	
		工　　长：		
		班 组 长：		专职质量检查员：

年　　月　　日

15.3 清水砖墙勾缝工程

15.3.1 检查数量

按墙长每 20m 抽查 1 处（每处 3 延长米），但不少于 3 处。

15.3.2 检查方法：

观察或尺量检查。

15.3.3 基本检查项目：参见表 15.3.3。

清水砖墙勾缝工程质量验评表格 **表 15.3.3**

清水砖墙勾缝分项工程质量检验评定表

工程名称： 部位： 施工单位：

	项目		质量情况										等级
			1	2	3	4	5	6	7	8	9	10	
基本项目	1	勾缝牢固											
	2	勾缝整齐											
	3	勾缝洁净											
	4	堵脚手眼											
检查结果	基本项目		检查 项，其中优良 项，优良率 %										

复查结果： 复查人： 月 日

评定等级		工程负责人：	核定等级	专职质量检查员：
		工 长：		
		班 组 长：		

年 月 日

(1) 勾缝牢固：

合格：粘结牢固，压实抹光。

优良：在合格基础上，无开裂等缺陷。

(2) 勾缝整齐：

合格：横平竖直，交接处平顺，无丢缝。

优良：在合格基础上，深浅宽窄一致。

(3) 勾缝洁净

合格：灰缝颜色基本一致，砖面无明显污染。

优良：灰缝颜色基本一致，砖面洁净。

(4) 堵脚手眼：

合格：留有原砌砖块和原用砂浆水泥，填砌密实，无明显接槎痕迹。

优良：灰缝饱满，色泽与墙面一致，无接槎痕迹。

15.3.4 允许偏差项目。

15.4 饰 面 工 程

15.4.1 检查数量：

室外，以4m左右高为一检查层，每20m长抽查1处（每处3延长米），但不少于3处；室内，按有代表性的自然间抽查10%，过道按10延长米为一间，礼堂、厂房等大间按两轴线为1间，但不少于3间。

15.4.2 保证项目：参见表15.4.2。

15.4.2.1 饰面板（砖）的品种、规格、颜色和图案必须符合设计要求。

检验方法：观察检查

15.4.2.2 板（砖）安装（镶巾）必须牢固，以水泥为主要粘结材料时，严禁空鼓，无歪斜、缺楞掉角和裂缝等缺陷。

检验方法：观察检查和用小锤轻击检查。

15.4.3 基本项目：参见表15.4.2。

15.4.3.1 饰面板（砖）表面质量应符合以下规定：

合格：表面基本平整、洁净。

优良：表面平整、洁净、色泽协调一致。

检验方法：观察检查

15.4.3.2 饰面板（砖）接缝应符合以下规定：

合格：接缝填嵌密实、平直、宽窄一致、颜色一致、阴阳角处的板（砖）压向正确，非整砖的使用部位适宜。

检验方法：观察检查

15.4.3.3 突出物周围的板（砖）套割质量应符合以下规定：

合格：套割缝隙不超过5mm；墙裙、贴脸等上口平顺。

优良：用整砖套割吻合，边缘整齐，墙裙、贴脸等上口平顺，突出墙面厚度一致。

检验方法：观察检查或尺量检查

15.4.3.4 滴水线应符合以下规定：

合格：滴水线顺直

优良：滴水线顺直，流水坡向正确。

检验方法：观察检查

15.4.4 允许偏差项目：参见表15.4.2。

饰面工程质量验评表格 **表15.4.2**

饰面分项工程质量检验评定表

工程名称： 部位： 施工单位：

保证项目		项目	质量情况
	1	饰面板（砖）品种、规格、颜色和图案	
	2	安装（镶贴）牢固	

基本项目		项目	质量情况 1	2	3	4	5	6	7	8	9	10	11	12	13	14	15	16	17	等级
	1	表面																		
	2	接缝																		
	3	套割																		
	4	坡向、滴水线																		

允许偏差项目		项目		允许偏差（mm） 天然石 光面	镜面	粗磨面	麻面	条纹面	天然面	人造石 人造大理石	水磨石	水刷石	饰面砖 外墙面砖	釉面砖	陶瓷锦砖	金属饰面板 铝合金板	压型钢板	检验方法	实测偏差值（mm） 1	2	3	4	5	6	7	8	9	10
	1	表面平整		1		3			—	1	2	4	2					用2m靠尺和楔形塞尺检查										
	2	立面垂直	室内	2		3			—	2	2	4	2					用2m托线板检查										
			室外	3		6			—	3	3	4	3															
	3	阳角方正		2		4			—	2	2	—	2					用200mm方尺检查										
	4	接缝平直		2		4			5	2	3	4	3	2				拉5m线检查，不足5m拉通线和尺量检查										
	5	墙裙上口平直		2		4			3	2	2	3	2															
	6	接缝高低		0.3		3			—	0.3	0.5	3	室外1 室内0.5					用直尺、楔形塞尺、塞片检查										
	7	接缝宽度偏差		0.5		1			2	0.5	0.5	2	0.5	0.5	0.5			塞片或尺量检查										

检查结果		
	保证项目	
	基本项目	检查　项，其中优良　项，优良率　%
	允许偏差项目	实测　点，其中合格　点，合格率　%

复查结果： 复查人： 月 日

评定等级		工程负责人： 工　长： 班 组 长：	核定等级	专职质量检查员：

注：1. 允许偏差项目第7项系指接缝实际宽度与施工规范规定宽度数值之差。

2. 允许偏差项目中检查点数按抽检的每间（处）计，项目1与2各检2点，其他项各检1点。

15.5 吊 顶 工 程

15.5.1 检查数量：

按有代表性的自然间抽查10%，过道按10延长米为1间，礼堂、厂房等大间按两轴线为1间，但不少于3间。

15.5.2 保证项目

15.5.2.1 所用材料的品种、规格、颜色必须符合设计要求。

检验方法：观察检查及核查试验证明。

15.5.2.2 吊顶骨架（含吊杆、承载龙骨、覆面龙骨、连接件等）的制作、安装，必须符合设计要求，位置正确，连接牢固可靠。

检验方法：观察、手扳检查

15.5.2.3 罩面板安装必须牢固，无脱层、翘曲、折裂、缺楞掉角、遗漏等现象。

检验方法：观察、手扳检查

15.5.3 基本项目

15.5.3.1 罩面板表面质量应符合以下规定：

合格：表面平整、洁净。

优良：表面平整、洁净、颜色一致，无污染、反锈、麻点和锤印。

检验方法：观察检查

15.5.3.2 罩面板的接缝或压条的质量应符合以下规定：

合格：接缝宽窄均匀；压条顺直，无翘曲。

优良：接缝宽一致、整齐，压条宽窄一致、平直、接缝严密。

检验方法：观察检查

15.5.3.3 吊顶骨架的吊杆、承载龙骨、覆面龙骨外观质量应符合以下规定：

合格：可有轻度弯曲，但不得影响安装，木吊杆无劈裂。

优良：顺直、无弯曲、无变形；木吊杆无劈裂。

检验方法：观察检查。

15.5.3.4 吊顶内的填充料应符合以下规定：

合格：用料干燥，铺设厚度符合要求。

优良：用料干燥，铺设厚度符合要求且均匀一致。

检验方法；观察检查或尺量检查

15.5.3.5 灰板条和金属网的抹灰基层应符合下列规定：

(1) 灰板条

合格：钉接牢固，接头在搁栅（立筋）上，间隙大小符合要求。

优良：钉接牢固，接头搁栅（立筋）上，交错布置，间隙及对接缝大小均符合要求。

(2) 金属网

合格：钉牢，接头在搁栅（立筋）上。

优良：钉牢、钉平，接头在搁栅（立筋）上，无翘边。

检验方法：观察检查

15.5.4 允许偏差项目

罩面板及吊顶骨架安装的允许偏差和检验方法应符合表15.5.4的规定。

罩面板及吊顶骨架安装允许偏差和检验方法 **表15.5.4**

<table>
<tr><th rowspan="3">项次</th><th rowspan="3" colspan="3">项　目</th><th colspan="11">允许偏差（mm）</th><th rowspan="3">检验方法</th></tr>
<tr><th colspan="3">石膏板</th><th colspan="2">无机纤维板</th><th colspan="2">木质板</th><th colspan="2">塑料板</th><th rowspan="2">纤维水泥加压板</th><th rowspan="2">金属装饰板</th></tr>
<tr><th>石膏装饰板</th><th>深浮雕嵌式装饰石膏板</th><th>纸面石膏板</th><th>矿棉装饰吸声板</th><th>超细玻璃棉板</th><th>胶合板</th><th>纤维板</th><th>钙塑装饰板</th><th>聚氯乙烯塑料板</th></tr>
<tr><td>1</td><td rowspan="6">罩面板</td><td colspan="2">表面平整</td><td colspan="3">3</td><td colspan="2">2</td><td>2</td><td>3</td><td>3</td><td>2</td><td></td><td>2</td><td>用2m靠尺和楔形塞尺</td></tr>
<tr><td>2</td><td colspan="2">接缝平直</td><td colspan="3">3</td><td colspan="2">3</td><td colspan="2">3</td><td>4</td><td>3</td><td></td><td><1.5</td><td>接5m线检查，不足5m拉通线检查</td></tr>
<tr><td>3</td><td colspan="2">压条平直</td><td colspan="3">3</td><td colspan="2">3</td><td colspan="2">3</td><td colspan="2">3</td><td>3</td><td>3</td><td></td></tr>
<tr><td>4</td><td colspan="2">接缝高低</td><td colspan="3">1</td><td colspan="2">1</td><td colspan="2">0.5</td><td colspan="2">1</td><td>1</td><td>1</td><td>用直尺和楔形塞尺检查</td></tr>
<tr><td>5</td><td colspan="2">压条间距</td><td colspan="3">2</td><td colspan="2">2</td><td colspan="2">2</td><td colspan="2">2</td><td>2</td><td>2</td><td>用尺检查</td></tr>
<tr><td>6</td><td colspan="2">立面垂直</td><td colspan="3">3</td><td colspan="2">3</td><td colspan="2"></td><td colspan="2">4</td><td></td><td></td><td>用2m托线板</td></tr>
<tr><td rowspan="2">7</td><td rowspan="5">骨架</td><td rowspan="2">顶棚主筋截面尺寸</td><td>方木</td><td colspan="11">−3</td><td rowspan="3">尺量检查</td></tr>
<tr><td>原木（梢径）</td><td colspan="11">−5</td></tr>
<tr><td>8</td><td colspan="2">吊杆、龙骨（立筋、横撑）截面尺寸</td><td colspan="11">−2</td></tr>
<tr><td>9</td><td colspan="2">吊顶起拱高度</td><td colspan="11">短向跨度1/200±10</td><td>拉线、尺量检查</td></tr>
<tr><td>10</td><td colspan="2">吊顶四周水平线</td><td colspan="11">±5</td><td>尺量或用水准仪检查</td></tr>
</table>

注：1. 罩面板按抽查的每间范围内，项次1及6各检2点；其他项次各检1点。

2. 骨架抽查的每间范围内，项次7检2点；其他项次各检1点。

15.6 隔断工程

15.6.1 检查数量：

同本节第15.5.1条规定。

15.6.2 保证项目

15.6.2.1 隔断工程所用各种龙骨、罩面板、胶粘剂及其配件，必须符合设计要求和现行国家标准。

检验方法：观察检查及核查试验证明。

15.6.2.2 安装隔断龙骨的基本质量，必须符合现行国家标准的规定，龙骨的制作与安装必须符合设计要求和相应的施工与验收规范的规定。

检验方法：检查有关技术资料并进行观察和手扳检查。

15.6.2.3 罩面板安装必须牢固，无分层、翘曲、折裂、缺楞掉角和遗漏等现象。

检验方法：观察、手板检查

15.6.3 基本项目

同15.5.3条

15.6.4 允许偏差项目

罩面板及隔断骨架安装的允许偏差和检验方法应符合表15.6.4的规定。

罩面板及隔断骨架安装的允许偏差和检验方法 **表15.6.4**

<table>
<tr><th rowspan="2">项次</th><th rowspan="2" colspan="2">项　目</th><th colspan="4">允 许 偏 差 (mm)</th><th rowspan="2">检 验 方 法</th></tr>
<tr><th>石膏板</th><th>胶合板</th><th>纤维板</th><th>石膏条板</th></tr>
<tr><td>1</td><td rowspan="6">罩
面
板</td><td>表面平整</td><td>3</td><td>2</td><td>3</td><td>4</td><td>用2m直尺和楔形塞尺检查</td></tr>
<tr><td>2</td><td>立面垂直</td><td>3</td><td>3</td><td>4</td><td>5</td><td>用2m托线板</td></tr>
<tr><td>3</td><td>接缝平直</td><td></td><td>3</td><td>3</td><td></td><td rowspan="2">拉5m线检查，不足5m拉通线检查</td></tr>
<tr><td>4</td><td>压条平直</td><td></td><td>3</td><td>3</td><td></td></tr>
<tr><td>5</td><td>接缝高低</td><td>0.5</td><td>0.5</td><td>1</td><td></td><td>用直尺和塞片检查</td></tr>
<tr><td>6</td><td>压条间距</td><td></td><td>2</td><td>2</td><td></td><td>用尺检查</td></tr>
<tr><td>7</td><td rowspan="2">骨
架</td><td>立面垂直</td><td colspan="4">3</td><td>用2m托线板检查</td></tr>
<tr><td>8</td><td>表面平整</td><td colspan="4">2</td><td>用2m直尺和楔形塞尺检查</td></tr>
</table>

注：1. 罩面板按抽查的每间范围内项次1及6各检2点，其他均各检1点；

2. 骨架按抽查的每间范围内项次7及8各检2点。

15.7 花 饰 工 程

15.7.1 检查数量：

室外全数检查；

室内，按有代表性的自然间抽查10%，过道按10延长米为1间，礼堂、厂房等大间，按两轴线为1间，但不少于3间。

15.7.2 保证项目

15.7.2.1 花饰的品种、规格、图案和安装方法必须符合设计要求。

检验方法：观察检查

15.7.2.2 花饰安装必须牢固，无裂缝、翘曲和缺楞掉角等缺陷。

检验方法：观察检查和手轻摇检查。

15.7.3 基本项目

花饰安装表面质量应符合以下规定：

合格：花饰表面和安装花饰的基层洁净。

优良：花饰表面和安装花饰的基层洁净，接缝严密、吻合。

15.7.4 允许偏差项目

花饰安装的允许偏差和检验方法应符合表15.7.4的规定。

花饰安装的允许偏差和检验方法 表 15.7.4

<table>
<tr><th rowspan="2">项次</th><th rowspan="2" colspan="2">项　　目</th><th colspan="2">允许偏差（mm）</th><th rowspan="2">检　验　方　法</th></tr>
<tr><th>室　内</th><th>室　外</th></tr>
<tr><td rowspan="2">1</td><td rowspan="2">条形花饰的水平和垂直</td><td>每米</td><td>1</td><td>2</td><td rowspan="2">拉线、尺量和用托线板检查</td></tr>
<tr><td>全长</td><td>3</td><td>6</td></tr>
<tr><td>2</td><td colspan="2">单独花饰中心线位置偏移</td><td>10</td><td>15</td><td>纵、横拉线和尺量检查</td></tr>
</table>

注：按抽查的每间（处）范围，各选检1点。

15.8 细木制作工程

15.8.1 检查数量：

按有代表性的自然间抽查10%，过道楼按10延长米为1间，礼堂、厂房等大间楼两轴线为1间，但不少于3间。

15.8.2 保证项目

15.8.2.1 细木制品的树种、材质等级、含水率和防腐处理，必须符合设计要求和《木结构工程施工及验收规范》（GBJ 206—83）的规定。

检验方法：观察检查和检查测定纪录。

15.8.2.2 细木制品与基层（或木砖）必须镶钉牢固，无松动现象。

检验方法：观察和手板检查。

15.8.3 基本项目

15.8.3.1 细木制品的制作质量应符合以下规定：

合格：尺寸正确，表面光滑，线条顺直。

优良：尺寸正确，表面平直光滑，楞角方正，线条顺直，不露钉帽，无戗槎、刨痕、毛刺、锤印等缺陷。

检验方法：观察、手摸或尺量检查。

15.8.3.2 细木制品安装质量应符合以下规定：

合格：安装位置正确，割角整齐，接缝严密。

优良：安装位置正确，割角整齐、交圈，接缝严密，平直通顺，与墙面紧贴，出墙尺寸一致。

检验方法：观察检查

15.8.4 允许偏差项目

细木制品安装的允许偏差和检验方法，应符合表15.8.4的规定：

细木制品允许偏差和检验方法 表 15.8.4

<table>
<tr><td rowspan="3">1</td><td rowspan="3">楼梯扶手</td><td>栏杆垂直</td><td>2</td><td>吊线和尺量检查</td></tr>
<tr><td>栏杆间距</td><td>3</td><td>尺量检查</td></tr>
<tr><td>扶手纵向弯曲</td><td>4</td><td>拉通线和尺量检查</td></tr>
<tr><td rowspan="4">2</td><td rowspan="4">护墙板</td><td>上口平直</td><td>3</td><td>拉5m线，不足5m拉通线检查</td></tr>
<tr><td>垂　直</td><td>2</td><td>全高吊线和尺量检查</td></tr>
<tr><td>表面平整</td><td>1.5</td><td>用1m靠尺和塞尺检查</td></tr>
<tr><td>压缝条间距</td><td>2</td><td>尺量检查</td></tr>
</table>

续表

3	窗台板	两端高低差	2	用水平尺和楔形塞尺检查
	窗帘盒	两端距窗洞长度差	3	尺量检查
4	贴脸板	内边缘至门窗框裁口距离	2	尺量检查
5	挂镜线	上口平直	3	拉5m线，不足5m拉通线尺量检查

注：按抽查的每间，各选一点。

15.9 玻璃工程

15.9.1 检查数量

按有代表性的自然间抽查10%，过道按10延长米为一间，礼堂、厂房等大间按两轴线多1间，但不少于3间。

15.9.2 保证项目

玻璃裁割尺寸正确，安装必须平整、牢固，无松动现象。

检验方法：轻敲和观察检查。

15.9.3 基本项目

15.9.3.1 油灰填抹质量应符合以下规定：

合格：底灰饱满，油灰与玻璃、裁口粘结牢固，边缘与裁口齐平。

优良：底灰饱满，油灰与玻璃裁口粘结牢固，边缘与裁口齐平，四角成八字形，表面光滑，无裂缝、麻面和皱皮。

检验方法：观察检查。

15.9.3.2 固定玻璃的钉子或钢丝卡应符合以下规定：

合格：钉子或钢丝卡的数量符合施工规范的规定，规格符合要求。

优良：钉子或钢丝卡的数量符合施工规范的规定，规格符合要求，并不在油灰表面显露。

检验方法：观察检查。

15.9.3.3 木压条镶钉的质量应符合以下规定：

合格：木压条与裁口边缘紧贴，割角整齐。

优良：木压条与裁口边缘紧贴，割角整齐，连接紧密，不露钉帽。

检验方法：观察检查。

15.9.3.4 橡皮垫镶嵌质量应符合以下规定：

合格：橡皮垫与裁口、玻璃及压条紧贴。

优良：橡皮垫与裁口、玻璃及压条紧贴，整齐一致。

检验方法：观察检查。

15.9.3.5 玻璃砖安装，除符合4.1.2条规定外，尚应符合以下规定。

合格：排列位置正确，嵌缝密实。

优良：排列位置正确，均匀整齐，嵌缝饱满密实，接缝均匀、平直。

检验方法：观察检查。

15.9.3.6 彩色、压花玻璃拼装除符合4.1.2条规定外，尚应符合以下规定：

合格：颜色、图案符合设计要求。

优良：颜色、图案符合设计要求，接缝吻合。

检验方法：观察检查。

15.9.3.7 玻璃安装后，表面应符合以下规定：

合格：表面无明显斑污；安装朝向正确。

优良：表面洁净，无油灰、浆水、涂料等斑污；安装朝向正确。

检验方法：观察检查。

15.10 涂 料 工 程

15.10.1 检查数量：

室外按油漆面积抽查10%；室内按有代表性的自然间抽查10%，过道按10延长米为1间，礼堂、厂房等大间按两轴线为1间，抽查10%，但不少于3间。

15.10.2 检验方法：观察、手摸或尺量检查。

15.10.3 保证项目：

15.10.3.1 颜色、图案和所用材料的品种、质量、必须符合设计要求和现行国家有关材质标准的规定。

15.10.3.2 严禁有漏涂、脱皮、反锈和斑迹（清漆），各种不同涂料施涂中，还不得产生下列缺陷：

薄涂料表面的掉粉、起皮、漏涂、透底、反碱与咬色、流坠、疙瘩等；

厚涂料表面的透底、漏涂、起皮、反碱与咬色；

复层涂料表面的掉粉、起皮、漏刷、透底、反碱与咬色。

15.10.4 基本项目：

15.10.4.1 施涂薄涂料表面质量应符合表15.10.4（1）的规定。

薄涂料表面质量要求 **表15.10.4（1）**

项次	项 目	等级	普 通 级	中 级	高 级
1	颜色、刷纹	合格	大面颜色一致	颜色一致，刷纹通顺	颜色一致，无刷纹，允许有少量轻微砂眼
		优良	颜色一致	颜色一致，刷纹通顺，允许有少量轻微砂眼	颜色一致，无刷纹，无砂眼
2	装饰线、分色线平直（拉5m线检查，不足5m拉通线检查）	合格	偏差不大于3mm	偏差不大于2mm	偏差不大于1mm
		优良	偏差不大于2mm	偏差不大于1mm	平 直
3	门窗、灯具等	合格	基本洁净	基本洁净	门窗、五金洁净玻璃等基本洁净
		优 良	洁 净	洁 净	洁 净

注：大面是指门窗关闭后的里外面。

15.10.4.2 施涂厚涂料表面的质量，应符合表15.10.4（2）的规定。

厚涂料表面质量要求 表 15.10.4（2）

项次	项 目	等级	普 通 级	中 级	高 级
1	颜色、点状分布	合格	大面颜色一致	颜色一致 大面疏密均匀	颜色一致 疏密均匀
		优良	颜色一致 大面疏密均匀	颜色一致 疏密均匀	颜色一致 疏密均匀
2	门窗、灯具等	合格	基本洁净	基本洁净	门窗、五金洁净玻璃等基本洁净
		优良	洁 净	洁 净	洁 净

15.10.4.3 施涂复层涂料表面的质量，应符合表 15.10.4（3）的规定。

复层涂料表面质量要求 表 15.10.4（3）

项次	项 目	等级	水泥系 复层涂料	合成树脂乳液 复层涂料	硅溶胶类 复层涂料	反应固化型 复层涂料
1	喷点疏密程度	合格	大面疏密均匀	大面疏密均匀	大面疏密均匀	大面疏密均匀
		优良	疏密均匀	疏密均匀	疏密均匀	疏密均匀
2	颜 色	合格	大面颜色一致	大面颜色一致	大面颜色一致	大面颜色一致
		优良	颜色一致	颜色一致	颜色一致	颜色一致
3	门窗、玻璃、灯具等	合格	基本洁净	基本洁净	基本洁净	基本洁净
		优良	洁 净	洁 净	洁 净	洁 净

15.10.4.4 施涂溶剂型混色涂料表面质量，应符合表 15.10.4（4）的规定。

溶剂型混色涂料表面质量要求 表 15.10.4（4）

项次	项 目	等级	普 通 级	中 级	高 级
1	透底流坠皱皮	合格	大面明显处无	大面无	大面无，小面明显处无
		优良	大面无	大面无，小面明显处无	大小面均无
2	光亮和光滑	合格	大面光亮	大面光亮、光滑	光亮均匀一致，光滑无挡手感
		优良	大面光亮、光滑	光亮、光滑均匀一致	光亮足，光滑无挡手感
3	分色裹楞	合格	大面无 小面允许偏差 3mm	大面无 小面允许偏差 2mm	大面无 小面允许偏差 1mm
		优良	大面无 小面允许偏差 2mm	大面无 小面允许偏差 1mm	大小面均无
4	装饰线分色线平直	合格	偏差不大于 3mm	偏差不大于 2mm	偏差不大于 1mm
		优良	偏差不大于 2mm	偏差不大于 1mm	平 直
5	颜色刷纹	合格	大面颜色一致	大面颜色一致，刷纹通顺	颜色一致，刷纹通顺
		优良	大面颜色一致，刷纹通顺	颜色一致，无明显刷纹	颜色一致，无刷纹
6	五金玻璃等	合格	基本洁净	基本洁净	五金洁净，玻璃等基本洁净
		优良	洁 净	洁 净	洁 净

注：1. 大面是指门窗关闭后的里外面。

2. 小面明显处是指门窗开启后，除大面外，视线所能见到的地方。

3. 涂刷无光乳漆，无光漆，不检查光亮。

15.10.4.5 施涂清漆表面的质量，应符合表15.10.4（5）的规定。

清漆表面质量要求　　表15.10.4（5）

项次	项目	等级	中级	高级
1	木纹	合格	木纹清楚	棕眼刮平，木纹清楚
		优良	棕眼刮平，木纹清楚	棕眼刮平，木纹清晰
2	光亮和光滑	合格	光亮，光滑	光亮柔和，光滑
		优良	光亮足，光滑	光亮柔和，光滑无挡手感
3	裹楞、流坠、皱皮	合格	大面无	大面及小面明显处无
		优良	大面及小面明显处无	无
4	颜色、刷纹	合格	大面颜色基本一致	颜色基本一致，无刷纹
		优良	颜色基本一致，无刷纹	颜色一致，无刷纹
5	五金、玻璃等	合格	基本洁净	五金洁净，玻璃等基本洁净
		优良	洁　净	洁　净

注：1. 大面是指门窗关闭后的里、外面。

2. 小面明显处是指门窗开启后，除大面外、视线所能见到的地方。

15.11 刷浆工程

15.11.1 检查数量

室外，以4m左右高为一检查层，每20m长抽查1处（每处3延长米），但不少于3处。

室内，按有代表性的自然间抽查10%，过道按10延长米为1间，厂房、礼堂等大间，按两轴线为1间，但不少于3间。

检验方法：观察、手轻摸检查。

15.11.2 保证项目

15.11.2.1 一般刷（喷）浆严禁掉粉、起皮、漏刷和透底。

15.11.2.2 美术刷浆的图案、花纹和颜色，必须符合设计或选定样品要求；底层的质量必须符合一般刷浆（喷浆）相应等级的规定。

15.11.3 基本项目：

15.11.3.1 一般刷浆（喷浆）基本项目，应符合表15.11.3（1）的规定。

一般刷浆（喷浆）基本项目表　　表15.11.3（1）

项次	项目	等级	普通级	中级	高级
1	反碱、咬色	合格	有少量，不超过5处	有轻微少量不超过3处	明显处无
		优良	有少量，不超过3处	有轻微少量，不超过1处	无
2	喷点、刷纹	合格	2m正视，无明显缺陷	2m正视，喷点均匀，刷纹通顺	1.5m正视，喷点均匀，刷纹通顺
		优良	2m正视，喷点均匀，刷纹通顺	1.5m正视，喷点均匀，刷纹通顺	1m正斜视，喷点均匀刷纹通顺
3	流坠、疙瘩、溅沫	合格	有少量	有轻微少量，不超过5处	明显处无
		优良	有轻微少量	有轻微少量，不超过3处	无

续表

项次	项目	等级	普通级	中级	高级
4	颜色、砂眼、划痕	合格	—	颜色一致	正视，颜色一致，有轻微少量砂眼，划痕
		优良	—	颜色一致，有轻微少量砂眼，划痕	正斜视，颜色一致无砂眼，无划痕
5	装饰线，分色线平直（拉5m线检查，不足5m拉通线检查）	合格	—	偏差不大于3mm	偏差不大于2mm
		优良	—	偏差不大于2mm	偏差不大于1mm
6	门窗、灯具等	合格	基本洁净	基本洁净	门窗洁净、灯具等基本洁净
		优良	洁 净	洁 净	洁 净

注：项次4划痕，系指披腻子、打砂纸所遗留的痕迹。

15.11.3.2 美术刷浆（喷浆）基本项目，应符合表15.11.3（2）的规定。

美术刷浆（喷浆）基本项目表 **表15.11.3**（2）

项次	项目	等级	质量要求
1	纹理、花点	合格	无明显缺陷
		优良	纹理、花点分布均匀，质感清晰，协调美观
2	线条	合格	均匀平直
		优良	均匀平直，颜色一致，无接头痕迹
3	接边和镶边线条	合格	线条的搭接错位不大于2mm
		优良	搭接错位不大于1mm

15.12 裱糊工程

15.12.1 检查数量

按有代表性的自然间抽查10%，过道按10延长米为1间，礼堂、厂房等大间按两轴线多1间，但不少于3间。

15.12.2 保证项目

15.12.2.1 裱糊工程的用材料的品种、颜色、图案，必须符合设计要求和材料质量标准的规定。

15.12.2.2 壁纸、墙布必须粘结牢固，无气泡、空鼓、裂缝、翘边、皱折，不得有漏贴、补贴和脱层等缺陷。

检验方法：观察或用手轻触检查。

15.12.3 基本项目

15.12.3.1 裱糊表面应符合以下规定：

合格：表面平整、色泽一致，无斑污。

优良：表面平整、色泽一致，无斑污，无胶痕。

检验方法：观察检查

15.12.3.2 各幅拼接应符合以下规定：

合格：横平竖直，图案端正，拼缝处图案，花纹基本吻合，阳角处无接缝，阴阳抹角顺直。

优良：横平竖直，图案端正，拼缝处图案、花纹吻合，距墙 1.5m 处正视，不显拼缝。阴角处搭接顺直，阳角处无接缝，阴阳抟角垂直。

检验方法：观察检查。

15.12.3.3 裱糊与挂镜线、贴脸板、踢脚线、护墙板、筒子板及电气槽盒等交接，应符合以下规定：

合格：交接紧密，无漏贴，不糊盖需拆卸的活动件。

优良：交接紧密、无缝隙，无漏贴和补贴，不糊盖需板卸的活动件。

检验方法：观察检查。

16　装饰工程常见质量通病与防治

16.0.1　抹灰粘结不牢固、空鼓

(1) 酿成原因

1) 基层清理不干净或处理不当，墙面湿润不够。

2) 基体偏差较大，一次抹灰过厚。

3) 砂浆配合比不准确，砂的含泥量过大。

(2) 预控对策

1) 抹灰前基层表面应认真清理干净；光滑的混凝土表面应凿平，如有隔离剂残留，应用掺10%火碱的水冲洗干净；在木基层与砖（混凝土）基层相接处应铺钉金属网然后抹灰。

抹灰前墙面应浇水，砖墙不少于两遍，吸水深度以8～10mm为宜。加气混凝土基层应提前2d浇水，吸水深度达到8～10mm，也可采取涂刷1：3的107胶水封闭的方法。混凝土墙体吸水率低，抹灰前浇水不宜过多，吸水深度为2～3mm。墙体预埋件安装位置应正确。

2) 基层应贴饼、冲筋、找方、找正，然后分层涂抹。

3) 配合比应符合设计要求，砂的含泥量不得大于5%。

4) 砂浆应分层涂抹，水泥砂浆每遍厚度宜为5～7mm；石灰砂浆和水泥混合砂浆每遍厚度宜为7～9mm；麻刀灰每遍厚度不大于3mm；纸筋石灰和石膏灰每遍厚度不大于2mm；板条、金属网上抹麻刀纸筋灰每遍厚度宜为3～6mm。

16.0.2　表面不平整

(1) 酿成原因

1) 基体偏差过大，孔洞处修整不好。

2) 四角不规方，未贴饼冲筋。

(2) 预控对策

1) 基体不平者先修整，孔洞处应修整到符合要求。

2) 抹灰应由标筋控制，顶棚应弹水平规方控制线，四边找平后抹灰；抹灰时随时进行检查，不符合要求的应及时处理并调整。

16.0.3　护角不牢，阴阳角不正，不垂直

主要在施工操作中应做到以下几点：

(1) 护角：室内墙面和柱面的阳角和门窗口的阳角宜用1：2水泥砂浆做护角，护角高度不应低于2m，每侧宽度不小于50mm。

(2) 阴阳角：

1) 阳角应根据灰饼的厚度分层抹灰，并应在阳角处粘好八字靠尺，用水泥砂浆抹平，初凝前再用捋角器捋压至光滑、平整、垂直。

2) 阴角应设标筋，用靠尺垂吊找准垂直度，再用方尺找方正，抹灰后用阴角器将阴角捋压至光滑、顺直、方正。

16.0.4 混凝土板顶棚空鼓、裂缝

(1) 酿成原因

1) 混凝土板的油污、灰尘、杂物等清理不干净，抹灰前对板湿润不够。

2) 预制楼板安装的稳定性差，板缝过窄或夹有杂物，灌缝不实，不牢。

(2) 预控对策

1) 预制楼板应"坐浆"安放平稳；板缝应清理、冲洗干净后，用C20细石混凝土浇捣密实，板缝底用1∶2水泥砂浆勾缝找平。

2) 对板基层清理修整，直到平整、粗糙、洁净。

3) 在抹灰前12～24h喷水湿润。

4) 抹灰前先刷一遍素水泥浆，再用1∶3∶9的水泥混合砂浆打底，面层灰应垂直于板缝方向涂抹。

16.0.5 爆 灰

(1) 酿成原因

1) 白灰熟化时间不够，熟化不透。

2) 压光过早，砂浆没收水就压光，导致起泡。

3) 罩面灰抹的过晚，致使基层底灰失水过多，面层抹后效果不佳。

(2) 预控对策

1) 白灰熟化时间：不得小于15d，罩面用白灰熟化不得少于30d，袋装白灰熟化时间不少于7d，使用时不得含有未熟化颗粒。

2) 若发现底层灰浆脱水，应立即浇水湿润，再涂刷一遍素水泥浆。

(3) 压光时间应控制在收水后终凝前进行。

16.0.6 饰面砖表面爆裂、脱皮、污染

(1) 酿成原因

1) 饰面砖吸水率不符合要求，急冷急热试验不合格。

2) 将包装的草绳或有色纸与饰面砖一起浸泡，或因淋雨受潮；粘贴时砖表面的砂浆未及时清净。

(2) 预控对策

1) 在寒冷地区使用的外墙饰面砖，其急冷急热指标必须符合技术标准规定，吸水率不得大于10%。

2) 粘贴时应做到嵌缝后及时把残留在砖表面的砂浆等杂物清洗干净。

3) 浸泡面砖时应将包装去掉，防止包装材料脱色，将饰面砖污染。

16.0.7 粘结不牢、空鼓

(1) 酿成原因

1) 基层表面不平整、不洁净、未湿润。

2) 饰面板（砖）不干净，未浸水。

3) 配合比不准，砂浆不饱满。

(2) 预控对策

1) 认真清理基层并按规定洒水湿润，基层表面必须粗糙、平整、湿润。

2) 饰面板（砖）应清扫干净，并按要求放入水中浸泡，面砖一般应在隔夜放入水中浸

泡 2h 左右，经阴干后使用。

3）砂浆配合比应符合设计要求。铺砌时饰面砖的砂浆应打满并轻击至四边溢出为止；在饰面板内灌注的砂浆必须分层插捣密实。

16.0.8 表面不美观

（1）酿成原因

1）面砖几何尺寸不一致，或同一部位、同一方向的砖不是同一厂家或同一批进场的砖。

2）无粘贴大样图，粘贴时不弹线，不预排或预排不合理、不对称。

3）应套割部位没有套割。

4）粘贴时没及时调整缝隙。

（2）预控对策

1）同一部位、同一方向使用的砖，宜为同一厂家同一批进场的砖；进场后要认真挑选，凡有几何尺寸不一致或有质量缺陷的砖不宜使用。

2）粘贴前必须预排，绘制粘贴大样图。按墙面尺寸预排时要控制三点：一是不许半砖上墙；二是无论什么部位都应从中间向上、下、左、右排，使砖的排列对称；三是分块弹线，按线粘贴时非整砖行应排在次要部位或阴角处。

3）在管线、灯具、卫生设备等部位支撑件应用整砖套割吻合；不得使用非整砖粘贴，以保证饰面美观；

4）粘贴时随时进行检查校正，调整缝隙，使砖缝均匀一致、顺直。

16.0.9 墙体渗漏

（1）酿成原因

1）面砖背面的砂浆没刮满。

2）基层一次成活、开裂、空鼓。

3）勾缝不严不实。

（2）预控对策

1）面砖背面应满括水泥砂浆进行镶贴。

2）抹灰前，必须将墙上脚手眼、孔洞用砂浆填满、挤实，预埋件标高和座标点必须准确，埋设必须牢固、端正。外墙找平层即基层抹灰应两遍成活，每遍厚度宜为 5～7mm，涂抹应平整，成活后应喷雾养护不少于 3 天，14d 后再进行饰面砖的粘贴。粘贴时挤压必须密实、平整、牢固。

3）勾缝砂浆应用掺入 107 胶或粘结剂的半干硬性砂浆勾缝；勾缝应平顺、严密、牢固、表面光滑、洁净，水密性好。

4）套割必须规正，边缘整齐，镶贴必须牢固，严禁空鼓和填嵌不密实；

5）阴阳角处砖的压向正确，接缝填嵌密实。

16.0.10 室外窗台倒泛水

（1）酿成原因

1）外窗台倒坡。

2）窗框底边填抹不严。

3）内开窗披水不规范。

4）推拉窗框没设排水孔或排水孔堵塞。

(2) 预控对策

1) 窗框最好高于窗台 20mm，以免吃口并保护窗框；外窗台应坡向外侧，杜绝倒坡。

2) 窗框底边应填抹严密，或填嵌密封防水油膏。

3) 内开窗披水应认真按设计要求制作和安装。

4) 推拉窗下框的轨道两端应设排水孔，排水孔不得堵塞。

5) 窗框下框应设置止水片，以防止雨水浸入室内。

16.0.11 安装位置和开向不正确

(1) 酿成原因

1) 未按图纸的要求弹出中心线、边线和标高。

2) 未按图纸标示开启方向进行安装。

3) 门窗框安装时标高、垂直位置控制不准确，里出外进。

4) 二层以上的建筑各层外墙窗框上下层不对齐，左右错位。

(2) 预控对策

1) 熟悉图纸，对号入座；型号、规格较多时，应将门窗型号、开启方向标注在门窗洞口上。

2) 注意安装前检查校对。

3) 预留洞口的位置、标高尺寸要准确。采用预立框法安装时应用线坠将两面吊直并临时固定；按规程进行操作，安装完后要进行复查校正；砌砖时，要随时吊线核查；

4) 二层以上的建筑在安装框时，上层框的位置要与下层框的位置应吊线齐，并进行对正；

16.0.12 门窗框安装不牢

(1) 酿成原因

1) 预留木砖间距过大，数量不足，形状不对。

2) 预留门窗洞口尺寸过大。

3) 钢、铝合金、涂色镀锌钢板门窗和塑料门窗的预埋件固定不牢，预埋件与固定件连接不牢。

4) 后塞口法固定门窗框时在砖墙上采用射钉固定。

(2) 预控对策

1) 按规定数量、尺寸放置木砖，120mm 厚墙或轻质材料隔墙应采用混凝土预制砖。

2) 门窗洞口两边空隙不应大于 20mm，超过 20mm 时，钉子应加长，保证钉入木砖 50mm。

3) 固定件预埋时，应用水泥砂浆或细石混凝土固定固牢，安装时严禁将钢脚打掉或打弯。

4)在砖墙上安装门窗框时应采用焊接或膨胀螺丝固定,严禁采用射钉方法固定连接件。塑料门框严禁采用锤击方法固定，应先用钻打孔，然后用自攻螺钉紧固连接。

16.0.13 开启不灵活，关闭不严密

(1) 酿成原因

1) 门窗质量不合格。

2) 运输、保管不善发生变形。

3）门窗扇安装时，上、下合页不在同一垂直线上。

4）门框立梃不垂直。

5）门窗安装时预留的缝隙过小或过大。

6）门窗框的边梃裁口宽度不合适，小于或大于门窗扇边梃厚度。

7）门窗扇变形。

8）窗套抹灰过厚，抵住合页。

9）门窗安装时倾斜、歪扭，立梃铁脚固定不牢。

（2）预控对策

1）门窗的用料要用干燥的木材制作，含水率应符合规范要求，防止风吹、日晒、风淋。

2）门窗制作质量要符合相应标准的要求，变形的门窗应由厂家进行校正，严重的应更换。

3）运输时应竖直排列并固定牢靠，门窗之间用非金属软质材料隔开，门窗应在室内竖直排放并用枕木垫平，严禁与酸、碱等物一起存放，塑料门窗应存放在设有靠架的室内并与热源隔开，室内应清洁、干燥、通风；门窗要露天存放时应采取措施避免日晒雨淋及水泡等（垫起200mm以上）。

4）验扇前应检查框的立梃是否垂直，如有偏差，修整后再安装。

5）安装门窗扇时留缝要符合规范要求。

6）制作门窗框时裁口的宽度必须与门窗扇边梃的厚度相适应。

7）保证合页进出、深浅一致，上下合页轴在一个垂直线上。

8）抹灰时要把好施工质量关，口角凸线要方正平直，连接件、预埋件与固定件的连接要牢固。

16.0.14 涂料、刷浆及刮腻子的质量通病及防治方法。

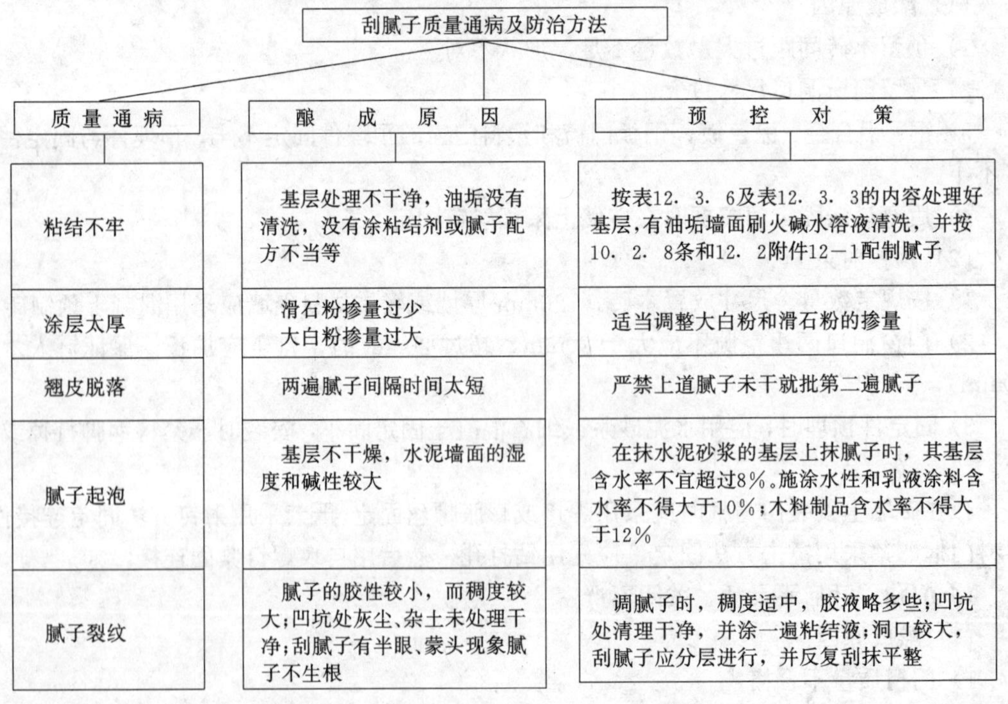

刮腻子质量通病及防治方法

质量通病	酿成原因	预控对策
粘结不牢	基层处理不干净，油垢没有清洗，没有涂粘结剂或腻子配方不当等	按表12.3.6及表12.3.3的内容处理好基层，有油垢墙面刷火碱水溶液清洗，并按10.2.8条和12.2附件12－1配制腻子
涂层太厚	滑石粉掺量过少 大白粉掺量过大	适当调整大白粉和滑石粉的掺量
翘皮脱落	两遍腻子间隔时间太短	严禁上道腻子未干就批第二遍腻子
腻子起泡	基层不干燥，水泥墙面的湿度和碱性较大	在抹水泥砂浆的基层上抹腻子时，其基层含水率不宜超过8%。施涂水性和乳液涂料含水率不得大于10%；木料制品含水率不得大于12%
腻子裂纹	腻子的胶性较小，而稠度较大；凹坑处灰尘、杂土未处理干净；刮腻子有半眼、蒙头现象腻子不生根	调腻子时，稠度适中，胶液略多些；凹坑处清理干净，并涂一遍粘结液；洞口较大，刮腻子应分层进行，并反复刮抹平整

附　录

抹灰装饰工程质量检验专用工具及其使用

序号	名　称	规格型号	用　途	使　用　方　法
1	钢卷尺	1m、2m、30m、50m	检验长度	
2	钢板尺	10m	检验接缝宽度及面层厚度等	
3	楔形塞尺	15mm × 15mm × 120mm 其在 70mm 长斜坡上分 15 格	检验表面平整度，接缝高低差及阴、阳角方正等	检验时，将直尺一侧靠在抹灰表面上，用楔形塞尺插入最凸处并得出读数
4	方　尺		检验阴、阳角方正	执方尺卡于阴、阳角处，呈水平状态，用楔形塞尺量测偏差值
5	水平尺	镶有水平珠直尺，长度 150～1000mm	配合坡度尺检验楼地面设计坡度	
6	坡度尺		检验楼地面设计坡度	
7	靠（直）尺	长 1m、2m	检验表面平整度、高低差	配合楔形塞尺检验
8	托线板	长 1m、2m	检验立面垂直，阴、阳角垂直	
9	放大镜	5 倍	观察裂纹	
10	线坠		配合托线板检验立面垂直等	
11	小锤	10g	检验面层空鼓	
12	水平仪	二级或三级	楼、地面标高检测	
13	小线	尼龙线 5～20m	检验踢脚板上口平直、分格条平直的偏差等	

7　玻璃幕墙工程

1 总 则

（1）为提高玻璃幕墙施工工艺和操作方法的合理性和先进性，使其玻璃幕墙结构稳定、安全可靠、实用美观，特制定本技术措施。

（2）本措施所阐述的内容和技术数据是根据《玻璃幕墙工程技术规范》（JGJ 102—96）提出的。

（3）玻璃幕墙的安装施工，应严格遵守国家现行有关“施工规范”和“技术标准”相关的规定。

（4）对玻璃幕墙制作和安装施工应进行全过程的质量控制。

（5）玻璃幕墙的制作和安装所用的材料均应符合国家现行有关标准、规范的规定。进场材料均应具有出厂合格证，并经验收合格后，方可使用。

（6）玻璃幕墙可划分为：外幕墙及内幕墙两种。外幕墙又可分为外框外露系列、隐框系列、全玻璃系列。内幕墙则主要根据功能要求进行室内分隔，如科技功能用房的分隔及一些特殊功能分隔等。本措施主要适用于外幕墙的施工。

（7）玻璃幕墙的设置应考虑防火要求。除应符合民用建筑的防火规范外，还应符合以下规定：

1）窗间墙、窗槛墙的填充材料应采用不燃烧材料，当其外墙采用耐火极限不低于1.00h的不燃体时，其墙内填充材料可采用准燃烧材料。

2）无窗间墙和窗槛墙时，应在每层楼板外沿设置耐火极限不低于1.00h、高度不低于0.8m的不燃实体裙墙。

3）玻璃幕墙与每层楼板、隔墙外的缝隙，应用不燃烧材料严密填实。

2 技 术 术 语

（1）玻璃幕墙　由金属构件与玻璃板组成的建筑外围护结构。

（2）明框玻璃幕墙　金属框架构件显露在外表面的玻璃幕墙。

（3）半隐框玻璃幕墙　只将金属框架竖向或横向构件显露在外表面的玻璃幕墙。

（4）隐框玻璃幕墙　金属框架构件全部不显露在外表面的玻璃幕墙。

（5）全玻璃幕墙　由玻璃板和玻璃肋制作的玻璃幕墙。

（6）斜玻璃幕墙　与水平面成大于75°或小于90°角的玻璃幕墙。

（7）结构胶　半隐框和隐框玻璃幕墙中玻璃板与铝合金构件、玻璃板与玻璃板之间结构受力粘结用的高模数中性硅酮密封材料。

（8）耐候胶　半隐框和隐框玻璃幕墙嵌缝用的低模数中性硅酮密封材料。

（9）双面胶带　控制结构胶的设计位置和厚度用的二面涂胶的聚胺基甲酸乙酯和聚乙烯低泡材料。

（10）接触腐蚀　两种不同的金属接触时发生的腐蚀。

（11）相容性　结构胶与其他材料（包括铝合金、玻璃、双面胶带及耐候胶等）接触时，不发生影响粘结性化学变化的性能。

（12）接缝位移　幕墙结构系统中的构件，因温度、外力引起接缝间隙的变化。

（13）背衬材料　为了控制密封材料的嵌填深度，防止密封材料和接缝底部粘结，在接缝底部与密封材料中间设置可变形的材料。

（14）拉伸-压缩循环性　反映密封材料在使用过程中，因温度变化引起接缝位移而经受周期性拉、压循环后，保持密封的能力。

3 施工前期工作

玻璃幕墙从所处建筑部位讲属墙壁，从结构上分析为非承重墙玻璃。幕墙作为建筑物围护结构的一个重要组成部分，它必须具备以下的技术性能：抗风压变形性、抗雨水渗漏性、抗空气渗透性、隔热保温性和隔声性。玻璃幕墙的结构强度和严密性还必须满足设计要求和施工技术规范的规定。

3.0.1 玻璃幕墙在建筑结构的重要地位。施工前期工作是保证幕墙施工质量的关键，所以，要认真地做好幕墙施工前期准备工作。

3.0.2 玻璃幕墙施工前期工作内容。详见表3.0.2所示。

施工前期工作 **表3.0.2**

序号	项目	内容	参见资料
1	图纸会审	·施工图 ·熟悉设计意图、装饰性能 ·会审施工图纸的重点 ·施工范围 ·图纸会审记录 ·施工技术核定单 ·设计变更通知单	见建筑装饰工程技术措施中的3-1节（以下简称装饰）
2	技术交底	·施工图交底 ·施工组织设计交底 ·设计变更交底 ·技术交底分工责任 ·填写技术交底文件	见装饰3-2
3	材料检验工作	·金属框架材料 ·玻璃板 ·结构连接件及附件 ·密封材料 ·填充材料	见《玻璃幕墙工程技术规范》（JGJ 102—96）3.玻璃幕墙材料
4	技术复核记录	·玻璃幕墙的洞口几何尺寸 ·主体结构的强度和稳定性 ·预埋件设置的位置、规格、数量、防磨处理	记录表式见装饰3-5中3.5.3条表式
5	质量因素	·工作质量 ·施工机具设备 ·工作环境 ·材料质量 ·操作方法	见装饰3-6

4　玻璃幕墙材料质量控制

玻璃幕墙除结构具备抗压、抗剪强度外，还应满足建筑物的装饰效果。玻璃幕墙的装饰功能主要取决于幕墙所采用材料，材料是保证幕墙质量和安全的物资基础。

4.0.1　玻璃幕墙材料应符合国家现行技术标准及《玻璃幕墙工程技术规范》(JGJ 102—96) 的规定。并应具备出厂合格证。

4.0.2　玻璃幕墙应选用耐候性材料制作。其中金属材料和装配附件除不锈钢外，钢材应进行表面热浸镀锌处理，铝合金应进行表面阳极氧化处理。铝合金经阳极氧化成氧化铝膜后，可提高耐蚀性和耐磨性，并具装饰效果。

4.0.3　玻璃幕墙材料应采用不燃烧性材料或难燃烧性材料。

4.0.4　结构硅酮密封胶应有与接触材料相容性试验报告，并应附有保险年限的质量证书和技术文件。

4.0.5　玻璃幕墙中用作空腹式铝合金竖向主龙骨及水平次龙骨的铝型材应符合国家标准《铝合金建筑型材》(GB/T 5237) 中高精级的规定和《铝及铝合金阳极氧化、阳极氧化膜的总规范》(GB 8013) 的规定。

4.0.6　玻璃幕墙用铝合金型材、钢材，及其配套的门窗、标准五金件应符合国家现行技术标准的规定。各类材料及配套附件技术标准，详见表 4.0.6 所示。

幕墙材料及附件技术标准　　　　**表 4.0.6**

序　号	类　别	技术标准号	常用材料及附件名称
1	幕墙配套铝合金门窗	GB 8478	平开铝合金门
		GB 8479	平开铝合金窗
		GB 8480	推拉铝合金门
		GB 8481	推拉铝合金窗
		GB 8482	铝合金地弹簧门
2	标准五金件	GB 9296	地弹簧
		GB 9298	平开铝合金窗拉手
		GB 9297	铝合金门插销
		GB 9299	铝合金窗撑挡
		GB 9800	铝合金窗不锈钢滑撑
		GB 9301	铝合金门窗拉手
		GB 9302	铝合金窗锁
		GB 9303	铝合金门锁
		GB 9304	推拉铝合金门窗用滑轮
		GB 9305	闭门器
3	钢　材	GB 699	优质碳素结构钢技术条件
		GB 700	碳素结构钢
		GB 1597	低合金高强度结构钢

续表

序　号	类　别	技术标准号	常用材料及附件名称
3	钢　材	GB 3077 GB 912 GB 3274	合金结构钢技术条件 碳素结构钢和低合金结构钢热轧薄钢板及钢带 碳素结构钢和低合金结构钢热轧厚钢板和钢带
4	不锈钢	GB 1220 GB 3280 GB 4226 GB 4237 GB 4332	不锈钢棒 不锈钢冷轧钢板 不锈钢加工钢棒 不锈钢热轧钢板 冷顶锻不锈钢丝

4.0.7 玻璃幕墙选用玻璃一般均为带色的采光中空玻璃及单层非采光玻璃，其外观质量和性能应符合国家现行技术标准的规定，详见表4.0.7。

玻璃技术标准　　**表4.0.7**

序　号	技术标准号	玻璃名称	序　号	技术标准号	玻璃名称
1	GB 9962	夹层玻璃	4	GB 11944	中空玻璃
2	GB 9963	钢化玻璃	5	JC/T 536	吸热玻璃
3	GB 11614	浮法玻璃	6	JC 433	夹丝玻璃

4.0.8 热反射镀膜玻璃的外观质量应符合下列要求：

(1) 热反射镀膜玻璃尺寸的允许偏差应符合表4.0.8 (1) 的规定。

热反射镀膜玻璃尺寸的允许偏差　　**表4.0.8** (1)

玻璃厚度 (mm)	玻璃尺寸及允许偏差 (mm)	
	≤2000×2000	≥2440×3300
4、5、6	±3	±4
8、10、12	±4	±5

(2) 热反射镀膜玻璃的光学性能应符合设计要求。

(3) 热反射镀膜玻璃的外观质量应符合表4.0.8 (2) 的规定。

热反射镀膜玻璃外观质量　　**表4.0.8** (2)

项目 \ 外观质量		等级划分		
		优等品	一等品	合格品
针　眼	直径≤1.2mm	不允许集中	集中的每平方米允许2处	
	1.2mm＜直径≤1.6mm 每平方米允许处数	中部不允许 75mm边部3处	不允许集中	
	1.6mm＜直径≤2.5mm 每平方米允许处数	不允许	75mm边部4处 中部2处	75mm边部8处 中部3处
	直径＞2.5mm	不允许		

续表

项目 \ 外观质量		等级划分 优等品	一等品	合格品
斑纹		不允许		
斑点	1.6mm<直径≤5.0mm 每平方米允许处数	不允许	4	8
划伤	0.1mm≤宽度≤0.3mm 每平方米允许处数	长度≤50mm 4	长度≤100mm 4	不限
	宽度>0.3mm 每平方米允许处数	不允许	宽度<0.4mm 长度≤100mm 1	宽度<0.8mm 长度<100mm 2

注：表中针眼（孔洞）是指直径在100mm面积内超过20个针眼为集中。

4.0.9 玻璃幕墙密封材料，密封胶条应符合国家现行技术标准的规定。见表4.0.9。

密封胶条技术标准　　表4.0.9

序号	技术标准号	密封胶带名称
1	GB 10711	建筑橡胶密封垫预成型实芯硫化的结构密封垫用材料
2	GB 533	硫化橡胶密度的测定方法
3	GB 531	橡胶邵尔A型硬度试验方法
4	GB 5577	合成橡胶的命名和牌号
5	GB 529—GB 530	硫化橡胶撕裂强度试验方法
6	GB 486	中空玻璃用弹性密封剂
7	GB 485	建筑窗用弹性密封剂
8	GB 5574	工业用橡胶板

4.0.10 玻璃幕墙采用的聚硫密封胶应具有耐水、耐溶性和耐大气老化性，并应有低温弹性、低透气率等特点。其性能应符合现行业行标准《中空玻璃用弹性密封剂》JC 486规定。

4.0.11 玻璃幕墙采用的氯丁密封胶性能应符合表4.0.11的规定。

4.0.12 耐候硅酮密封胶应采用中性胶，其性能应符合表4.0.12的规定，并不得使用过期的耐候硅酮密封胶。

氯丁密封胶的性能　　表4.0.11

项目	指标
稠度	不流淌，不塌陷
含固量	75%
表干时间	≤15min
固化时间	≤12h
耐寒性（−40℃）	不龟裂
耐热性（90℃）	不龟裂
低温柔性（−40℃，棒ϕ10mm）	无裂纹
剪切强度	0.1N/mm^2
施工温度	−5～50℃
施工性	采用手工注胶机不流淌
有效期	12月

耐候硅酮密封胶的性能　　表4.0.12

项目	技术指标
表干时间	1～1.5h
流淌性	无流淌
初步固化时间（25℃）	3d
完全固化时间	7～14d
邵氏硬度	20～30度
极限拉伸强度	0.11～0.14N/mm^2
撕裂强度	3.8N/mm
固化后的变位承受能力	25%≤δ≤50%
有效期	9～12月
施工温度	5～48℃

4.0.13 结构硅酮密封胶应采用高模数中性胶；结构硅酮密封胶分单组份和双组份，其性能应符合表4.0.13的规定。

结构硅酮密封胶的性能　　表4.0.13

项　　目	技术指标	
	中性双组份	中性单组份
有效期	9月	9～12月
施工温度	10～30℃	5～48℃
使用温度	−48～88℃	
操作时间	≤30min	
表干时间	≤3h	
初步固化时间（25℃）	7d	
完全固化时间	14～21d	
邵氏硬度	35～45度	
粘结拉伸强度（H型试件）	≥0.7N/mm²	
延伸率（亚铃型）	≥100%	
粘结破坏（H型试件）	不允许	
内聚力（母材）破坏率	100%	
剥离强度（与玻璃、铝）	5.6～8.7N/mm（单组份）	
撕裂强度（B模）	4.7N/mm	
抗臭氧及紫外线拉伸强度	不变	
污染和变色	无污染、无变色	
耐热性	150℃	
热失重	≤10%	
流淌性	≤2.5mm	
冷变形（蠕变）	不明显	
外观	无龟裂、无变色	
完全固化后的变位承受能力	12.5%≤δ≤50%	

4.0.14 结构硅酮密封胶应在有效期内使用，过期的结构硅酮密封胶不得使用。

4.0.15 根据玻璃幕墙的风荷载、高度和玻璃的大小，可选用低发泡间隔双面胶带。

4.0.16 当玻璃幕墙风荷载大于1.8kN/m²时，宜选用中等硬度的聚胺基甲酸乙酯低发泡间隔双面胶带，其性能应符合表4.0.15的规定。

4.0.17 当玻璃幕墙风荷载小于或等于1.8kN/m²时，宜选用聚乙烯低发泡间隔双面胶带，其性能应符合表4.0.16的规定。

聚胺基甲酸乙酯低发泡间隔双面胶带的性能　　表4.0.15

项　　目	技术指标
密度	0.35g/cm²
邵氏硬度	30～35度
拉伸强度	0.91N/mm²
延伸率	105～125%
承受压应力（压缩率10%）	0.11N/mm²
动态拉伸粘结性（停留15min）	0.39N/mm²
静态拉伸粘结性（2000h）	0.007N/mm²
动态剪切强度（停留15min）	0.28N/mm²
隔热值	0.55W/（m²·K）
抗紫外线(300W,250～300mm,3000h)	颜色不变
烤漆耐污染性（70℃，200h）	无

聚乙烯低发泡间隔双面胶带的性能　　表4.0.16

项　　目	技术指标
密度	0.21g/cm²
邵氏硬度	40度
拉伸强度	0.87N/mm²
延伸率	125%
承受压应力（压缩率10%）	0.18N/mm²
剥离强度	27.6N/mm
剪切强度（停留24h）	40N/mm²
隔热值	0.41W/（m²·K）
使用温度	−44℃～75℃
施工温度	15℃～52℃

4.0.18 玻璃幕墙可采用聚乙烯发泡材料作填充材料，其密度不应大于 $0.037g/cm^3$。

4.0.19 聚乙烯发泡填充材料的性能应符合表 4.0.17 的规定。

聚乙烯发泡填充材料的性能 **表 4.0.17**

项 目	直 径		
	10mm	30mm	50mm
拉伸强度 N/mm^2	0.35	0.43	0.52
延伸率（%）	46.5	52.3	64.3
压缩后变形率（纵向）（%）	4.0	4.1	2.5
压缩后恢复率（纵向）（%）	3.2	3.6	3.5
永久压缩变形率（%）	3.0	3.4	3.4
25%压缩时，纵向变形率（%）	0.75	0.77	1.12
50%压缩时，纵向变形率（%）	1.35	1.44	1.65
75%压缩时，纵向变形率（%）	3.21	3.44	3.70

4.0.20 玻璃幕墙宜采用岩棉、矿棉、玻璃棉、防火板等不燃烧性或难燃烧性材料作隔热保温材料，同时应采用铝箔或塑料薄膜包装的复合材料，作为防水和防潮材料。

4.0.21 在主体结构与玻璃幕墙构件之间，应加设耐热的硬质有机材料垫片。

4.0.22 玻璃幕墙立柱与横梁之间的连接处，宜加设橡胶片，并应安装严密。橡胶垫须有老化试验的出厂证明，尺寸正确，符合设计要求，无断裂现象。

4.0.23 其他材料及附件应符合表 4.0.22。

材料及附件技术要求 **表 4.0.22**

序 号	材料及附件名称	技 术 要 求
1	铝合金装饰压条	铝合金装饰压条，颜色一致、顺直、无扭曲、损伤
2	紧固铁件、连接件、接头的内外套管	必须进行镀锌处理，材质及规格尺寸应符合设计要求
3	螺栓、螺帽、钢钉	应全部为不锈钢件
4	防腐涂料	酚醛沥青青漆
5	固定支座调整件	固定支座材料宜选择铝合金、不锈钢或表面热镀锌处理的碳素结构钢
6	溶 剂	溶剂易挥发、易燃，在施工中应注意防火，严格保管

5　玻璃幕墙安装工程施工技术控制要点

玻璃幕墙安装工程适用于公共建筑柜式玻璃幕墙安装工程（即幕墙框架结构的主要承重骨架为垂直向主龙骨和水平向次龙骨、中间嵌入玻璃幕的构造形式）。

玻璃幕墙的结构性能及外观装饰效果与其施工质量密切相关。为确保施工质量应认真熟悉施工图和技术规范、确定施工方案及安装操作方法，提高作业精度，在幕墙安装工程施工全过程中，应严格遵守《玻璃幕墙工程技术规范》(JGJ 102—96）的规定。

一般玻璃幕墙的分类构造施工如下：

(1）外框外露系列

1）粘贴型——将竖框单独安装在建筑各层楼板上、随即组装上下横档，再安装玻璃，并在层间、窗间填充防火、隔意材料。如图 7.5.1。

图中　*A*—配件，用作幕墙主立柱与主体结构连接并调整的部件；*B*—幕墙立柱；*C*—上档；*E*—下档。另外，不见光部分可用见光部分的玻璃加保温防火材料，也可用其他建筑材料做覆盖板；见光部分，可用各种类型的中空玻璃。

2）单位组合型——在混凝土工厂将框架单位（一层或二、三层）预制组合而成，甚至可将覆盖板和玻璃装上，再与建筑物连接。如图 7.5.2。

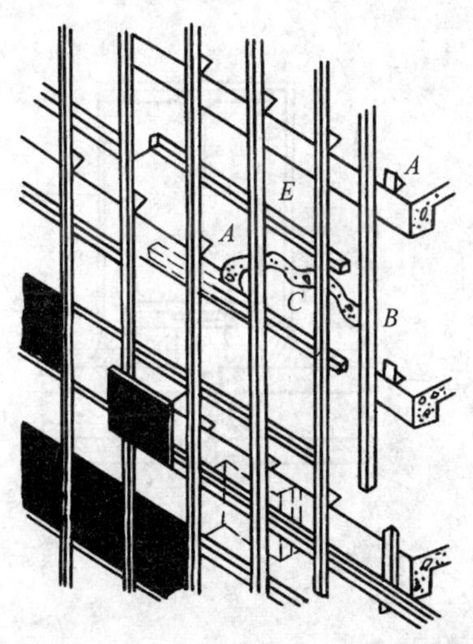

图 7.5.1　一般外幕墙构造示意图

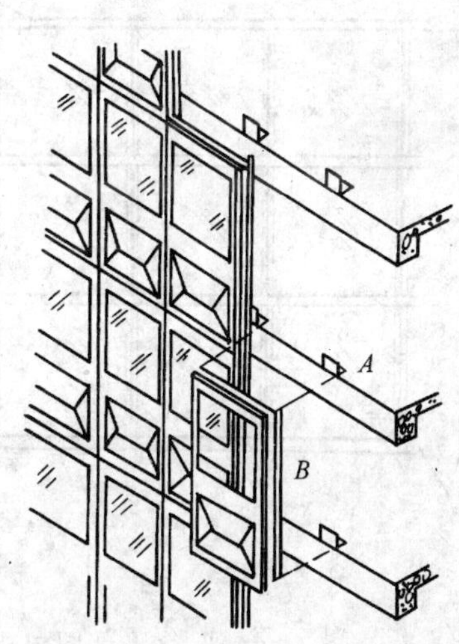

图 7.5.2　单位组合外幕墙

图中　*A*—配件（连接及调整用)；*B*—预先组合好的框架单体。

3）单位与竖框组合型——综合 1)、2）的作法，首先安装独立的玻璃框，再安装预制好的框架单位，预制框架分别已装有不透明覆盖板及透明玻璃。

4）覆盖板型——是 2）型的发展，采用高强度、轻质、体薄和不燃烧的玻璃纤维混凝

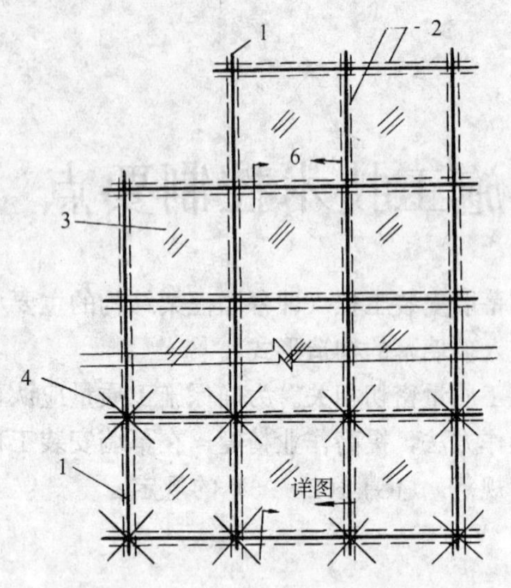

图 7.5.3　全隐型玻璃幕墙

1—玻璃后面的铝框；2—防气候硅酮密封胶；3—玻璃；4—金属小扣件（必要时）；6—详图

注：详图见图 7.5.4

土辊压或冲压成型，表面可呈各种形式，外观可如大理石或面砖的覆盖板，立可装玻璃。运抵现场即可直接安装到上下层楼板间的框架上。

（2）隐形框系列

1）全隐形——四边全用结构密封胶，而不使用机械扣件（或嵌板）固定，但为预防粘结发生问题，也得用一些小的金属护持装置（图 7.5.3）。

2）半隐形——用结构硅酮胶为玻璃相对两边提供结构的支持，另外，两边则用常规的规械扣件进行固定（图 7.5.4）。

（3）全玻璃系列

1）带玻璃肋的全玻璃幕墙——玻璃面板及肋玻璃均要求成整块。肋的设置如图 7.5.5 所示。

2）带钢构件的全玻璃幕墙——用无缝钢管或槽钢对焊或球接点焊接网架等钢构件组成框架结构。将钢架安好后再用胶和钢扣件（圆形、方形或其他形状）将分块玻璃（方形、矩形或菱形等）固定在钢构件外面。

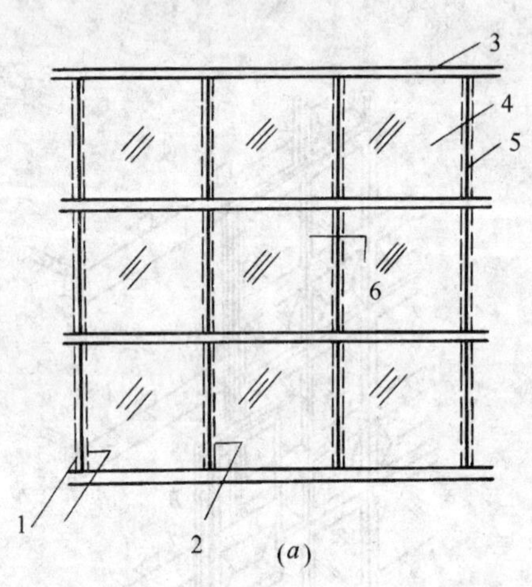

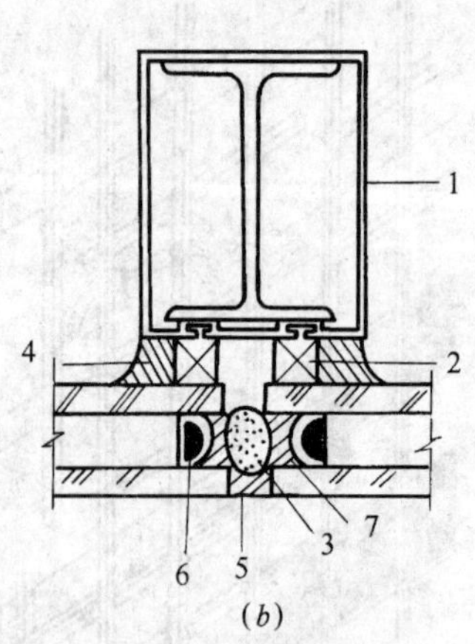

图 7.5.4　半隐型玻璃幕墙

（a）立面图　1—玻璃与框间结构密封；2—耐候密封硅酮胶；3—机械固定的横向杆件；4—玻璃；5—玻璃面后的竖向构件；6—见详图

（b）节点详图　1—金属框；2—硅酮胶隔离物；3—聚胺苯甲酸乙酯衬垫杆；4—结构密封胶；5—耐候硅酮密封胶；6—铝质隔离物；7—结构硅酮密封胶

注：当为单层玻璃时 3 及 5 向上移。

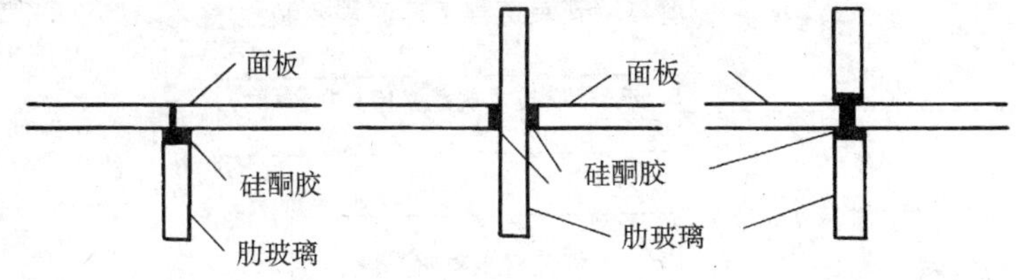

图 7.5.5　全玻璃型玻璃肋的设置

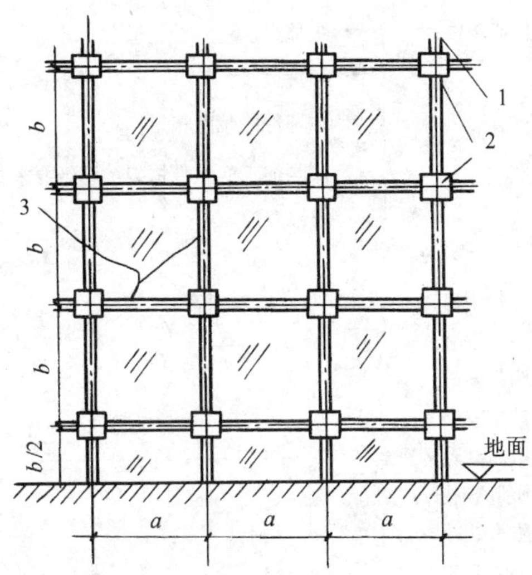

图 7.5.6　带钢构件的全玻璃幕墙

1—玻璃后面的钢架；2—钢扣件；3—乳白硅胶填缝

5.1　玻璃幕墙安装工程施工工艺、操作方法及质量控制

5.1.1　玻璃幕墙安装工程的施工工艺流程，见图 7.5.7。

5.1.2　玻璃幕墙安装工程作业条件应符合以下规定。

（1）主体结构验收符合《建筑工程质量检验评定标准》（GBJ 301—88）的规定。混凝土强度等级符合设计要求。

（2）放样定位测量放线

1）玻璃幕墙分格轴线的测量应与主体结构的测量配合，其误差应及时调整和修订。

2）测定主龙骨立柱的垂直中心线，同时应测出和核对各层预埋件的中心线与主龙骨中心线是否相对。测定主龙骨之间位置尺寸。

3）测定的横向轴线与各层预埋件连接的紧固铁件外边线是否相对应。

4）核定主体结构实际总标高是否与设计总标高相符，并将各层标高的测定点标在楼板边缘，以便安装时核对。

（3）核定预埋件的标高和位置后，如有偏差应及时校正。确保幕墙安装的垂直度和位置准确性。

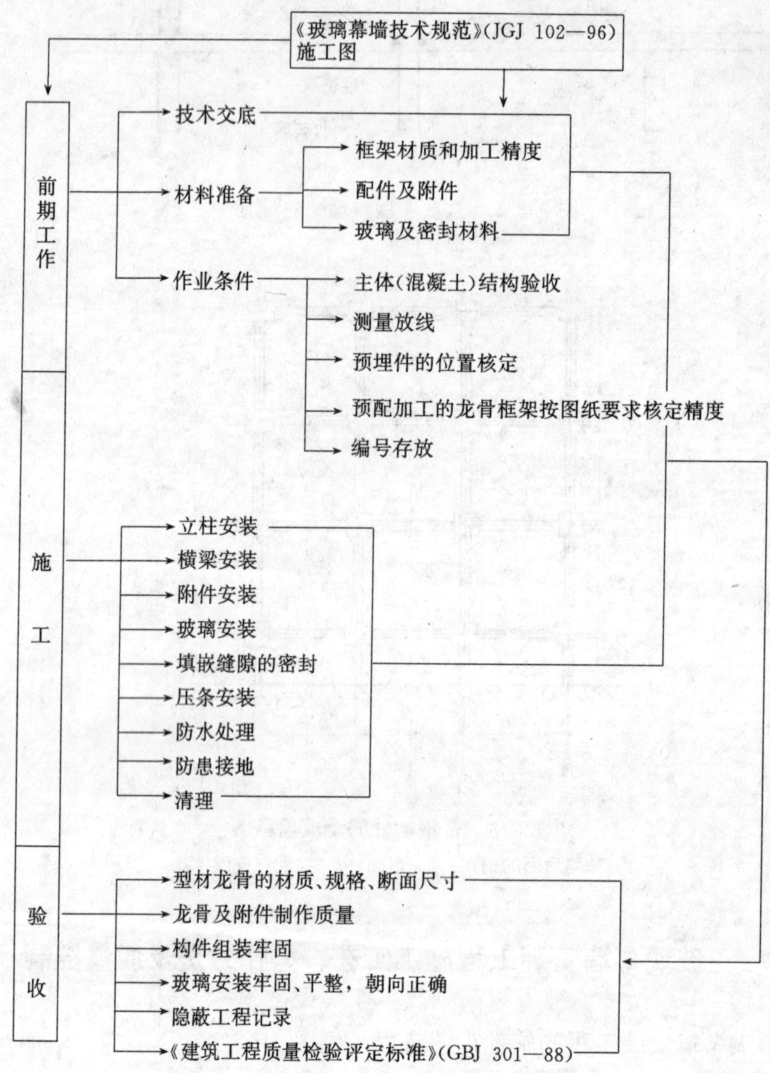

图 7.5.7　玻璃幕墙安装工程工艺流程控制程序

(4) 安装好提升工具和脚手工具。供操作人员作业施工。设置安全保护措施保证人身安全。

(5) 电气设备和电动工具必须做绝缘电压试验。

(6) 框架龙骨及所需的各种连接件、装饰压条、螺栓、橡胶条、密封材料等，必须与设计图纸进行核验，预先清点，分类码放备用。

5.1.3 玻璃幕墙框架安装工艺及操作方法应符合以下规定：

(1) 预埋件和紧固铁件的安装。主体结构施工时预埋件及紧固铁件的形式与埋设连接方法均应按设计图纸规定。单体预埋件详见附图 5.1-1～5.1-2 所示。

1) 竖向龙骨由凸形铁件及螺栓与角铁连接。角铁与预埋件焊接。如果竖向龙骨由紧固铁件及螺栓连接。紧固铁件要通过螺栓与预埋铁 T 形槽连接。

2）预埋件和紧固铁件的安装，是玻璃幕墙安装的重要工序。其位置的准确性直接影响幕墙的安装质量。预埋件的安装要严格控制其纵、横两方向的中心线，以保证幕墙框架的垂直度和平整度。各层紧固铁件（或凸形铁件）的外皮均应在一条垂直线上。

（2）玻璃幕墙竖向立柱的安装，在立柱安装就位前，应预先装配好以下的连接件。

1）竖向立柱龙骨与紧固铁件之间的连接件，安装方法见附图 5.1.3 和附图 5.1.4。

2）竖向立柱主龙骨之间接头的钢板内、外套筒连接件。

3）竖向立柱主龙骨连接，应由下往上安装，常规的安装方法是每两层为一整根立柱，且每层均有紧固件（或凸形铁件）与楼板连接。连接校正垂直后必须固定牢固，确保竖直。

4）竖向立柱上下两端的连接应对准紧固铁件（或凸形铁件）的螺栓孔，勿拧螺栓。接头处的上下立柱中心线要对正。

5）连接时应先将立柱主龙骨与连接件连接，然后再将连接件与主体预埋件连接，并应进行调整和固定。立柱安装的标高偏差不应大于 3mm，轴线前后偏差不应大于 2mm，左右偏差不应大于 3mm。

6）相邻两根立柱安装标高的偏差不大于 3mm，同层立柱的最大标高偏差不应大于 5mm；相邻两根立柱的距离偏差不应大于 2mm。

7）连接时的焊缝应重新加焊至符合设计要求和施工规范的规定。焊缝处清理检查符合要求之后，涂刷二道防锈涂料。

（3）玻璃幕墙横向龙骨（横梁）安装。安好一层竖向龙骨（竖框）之后可流水作业安装横向龙骨。

1）横向次龙骨的连接件。

2）竖向主龙骨与横向次龙骨之间连接配件。

3）安装前将次龙骨两端套上防水橡胶垫。

4）用木支撑将竖向主龙骨撑开，再装入横向次龙骨，取掉木支撑后两端橡胶垫被压缩，即起到防水作用。

5）横向龙骨安装后初拧连接件螺栓，然后用水准仪抄平；相邻两根横向龙骨的水平标高偏差不应大于 1mm。同层标高偏差：当一幅幕墙宽度小于或等于 35m 时，不应大于 5mm；当一幅幕墙宽度大于 35m 时，不应大于 7mm。

6）当同一层横向龙骨安装完后，应及时进行检查、调整、校正横向龙骨水平后，拧紧螺栓固定牢固。

7）横向龙骨安装要严格控制其横向间的中心距离及上下垂直度，核对框格尺寸的准确性，以保证玻璃镶嵌合适。

（4）玻璃幕墙的主要附件安装应符合以下规定：

1）玻璃幕墙的内衬板安装。当采玻璃幕墙有热工要求时，采用的内衬板应为镀锌钢板；四周套装的弹性橡胶密封条均应敷贴平整。内衬板与构件接缝应严密。内衬板就位后，应进行密封处理。

2）安装保温、防火矿棉。镀锌钢板安装完毕后即安装保温、防火矿棉。防火、保温材料应用锚钉固定牢固；防火保温层应平整，拼缝应严密。

3）玻璃幕墙排水装置。要使幕墙滞留在底部无孔水槽内的水位不上升，务必要设置排水管，方能将底框内的水迅速排出。冷凝水排出管及附件应与水平构件预留孔连接严密，与内衬板出水孔连接处应设橡胶密封条。

排水装置见附件5.1（附表5.1）中之图（5）。

4）通气留槽孔及雨水排出口等应按设计设置、不得遗漏。

5）玻璃幕墙安装时采焊接或高强度螺栓将构件紧固后，应及时进行防锈处理。玻璃幕墙中与铝合金接触的螺栓及金属配件应采用不锈钢或轻金属制品。

6）不同金属的接触面应采用垫片进行隔离处理。

5.1.4 玻璃幕墙组合整体框架安装工艺及操作方法应符合以下规定：

幕墙组合整体式框架适用于小型玻璃幕墙安装工程。为此，确保幕墙安装准确位置。施工安装之前应熟悉幕墙的结构体系构造以及玻璃安装的特点与节点构造，定出确实可行施工方案。

幕墙吊装安装应做好下列工作。

（1）验收工作

1）建筑结构必须符合设计要求，幕墙位置的几何尺寸，预埋件的设置数量、标高、中心线与幕墙设计施工图纸是否一致。应在幕墙安装前进行放线确定安装准确位置。要严格控制墙面的强度、垂直度、平整度。

2）幕墙组合整体框架制作的质量，及其配件和玻璃品种、块体尺寸的准确性。经检查验收符合幕墙设计要求后，方可进行下道工序。

（2）安装幕墙框架

1）安装组合整体式幕墙框架常规的固定有两种方式。一种是带副框的幕墙整体框架结构，是将副框骨架竖杆型钢连接件与预埋件按弹线位置焊接牢固。另一种是整体幕墙框架就位后，按弹线位置校正准确后，将竖框连接件与主体结构连接件上的螺栓锚固牢固。

2）吊装整体幕墙框架时，首先应做框架的保护工作，防止幕墙形体变形和擦伤幕墙框架表面。

①吊装时最好采用非金属牵引绳或者采用垫布包好起吊点，以防钢绳磨损框架

②加固幕墙框架的强度应采非金属的木杆进行加固补强，提高幕墙的强度和刚度防止幕墙框架产生变形。木杆与框架接触部位应用麻布垫好后绑扎固定牢固，以防磨擦破坏金属涂膜层。

③吊装质量控制防止幕墙框架产生结构变形。

a 吊点必须经过计算确定。严格控制吊点的位置，防止受力不均产生变形。

b 起吊时吊绳必须垂直于地面。

3）幕墙安装就位

①吊装就位后应采取临时固定，以保证结构件的稳定性。

②将幕墙框架用楔形木块从幕墙四边塞入紧固，并及时的调整幕墙安装的中心线对准主体墙身上的安装中心线，使其幕墙保证垂直。

4）校正

幕墙是建筑物的重要结构之一，安装质量好坏，直接影响建筑物造形和装饰效果。因此，应重视和认真做好幕墙校正工作，校正幕墙平面位置和垂直度、平整度、安装中心线达到合格后，方可固定。

校正内容

①标高应一次调整准确；

②幕墙就位中心线从叠后，主要校正垂直度和平整度。

5）固定与附件安装

幕墙固定方法与附件安装。详见本节 5.1.3 条有关技术要求和施工方法。

5.1.5 隐框玻璃幕墙施工工艺及操作方法应符合以下规定：

（1）隐框结构验收

隐框玻璃幕墙铝合金单体框格安装后，经对隐框的构件强度、几何尺寸，隐框的位置、标高、垂直度、平整度进行结构验收，符合设计要求和技术规范的规定后，方可进行下道工序。

（2）材料验收

1）隐框玻璃幕墙玻璃的品种、块体几何尺寸，必须符合设计要求。

2）结构硅酮密封胶技术文件应齐全，并必须具备试验技术报告和产品使用通知书。

（3）隐框玻璃幕墙的玻璃安装

1）玻璃吊装。

①大块玻璃吊装应采用专用吊装机具及其专用吊环，卡住玻璃板块，再用起重机械吊装就位。

②玻璃就位后，应及时校正，立即用结构硅酮密封胶将四周密封嵌固，绝不允许临时固定。

2）结构硅酮密封胶粘结

①玻璃与隐框构件部位应采用与接触材料相容的结构硅酮密封粘结，其粘结宽度、厚度应满足设计强度的要求。

②结构硅酮密封胶的粘结宽度应符合设计要求，但不得小于 7mm。

③玻璃与隐框之间的粘结厚度不应小于 6mm，且不应大于 12mm。详见节点示意图（附图 5-1-8）所示。

④隐框玻璃幕墙，每个分格块的玻璃下端应设两个铝合金或不锈钢托条，其长度不应小于 100mm，厚度不应小于 2mm，高度不应露出玻璃外表面。

5.1.6 全玻璃幕墙施工工艺及操作方法应符合以下规定：

全玻璃幕墙系列带玻璃肋（单肋、双肋）的全玻璃幕墙，其玻璃面板和玻璃肋均要求整块，确保全玻幕墙的整体性和安全性。

（1）全玻璃幕墙玻璃肋的截面高度必须符合设计要求和技术规范的有关规定。其玻璃肋的截面高度，并不得小于 100mm。全玻璃幕墙玻璃肋截面尺寸高度，可按照附录 A 相关的技术标准数据选定。

（2）玻璃板质量要求：玻璃平整、厚薄均匀、不准有疤痕和杂质。玻璃边缘应进行加工处理，加工精度应符合设计要求。

（3）高度超过 4m 的玻璃应悬挂在主体结构上。

（4）全玻璃幕墙组装玻璃与玻璃、玻璃与玻璃肋之间的缝隙，应采用设计要求并经验收合格的相容性结构硅酮密封胶嵌填严密。结构硅酮密封胶的粘结宽度及厚度必须满足设计强度要求。

（5）玻璃板与玻璃肋是通过结构胶粘结的；安装使用后结构胶将处于受剪状态，设计时可取其在短期荷载作用下受剪允许强度 $f_1=0.14\text{N/mm}^2$ 进行计算。结构硅酮密封胶承受荷载作用后产生的应力，关系到幕墙结构的安全。

(6) 全玻幕墙组装时应严格控制其几何形体尺寸、竖向玻璃肋的垂直度、横向玻璃肋的水平度、及同高度相邻两根横向玻璃肋的高度差、分格框的对角线差、幕墙表面的平面度、竖缝相邻两侧玻璃表面的平整度等等。

5.2 玻璃幕墙玻璃安装工程工艺、施工操作方法及质量控制

5.2.1 玻璃裁割

按设计要求的玻璃品种、几何尺寸，量准框格并留有合适留量，经试裁试安装后，才能成批裁割。

钢化玻璃必须根据要求提前委托生产，严禁裁划与钳扳等。

裁割矩形玻璃，要严格检查对角线尺寸，划口要整齐平直，不能弯曲，达到规方并尺寸准确；

5.2.2 玻璃安装

(1) 玻璃安装前，先应清除框槽内的灰浆余碴和异物，保证玻璃槽口内干净。

(2) 热反射玻璃安装应将镀膜面朝向室内，非镀膜面朝向室外。

(3) 安装玻璃方法，应随设计所选用的骨架而有所不同，当为铝合金骨架时，在成型过程中，已将固定玻璃的凹槽随同整个断面一次挤压成型。安装玻璃时，可直安装在铝合金骨架的窗框上。

如为钢结构骨架时，由于型钢本身没有镶嵌玻璃的凹槽，只有先将玻璃安装在铝合金窗框上，然后再把窗框固定在钢结构骨架上。因此，在安装窗框时，对标高和垂直度要随时加以检查，符合要求后再固定。

(4) 安装玻璃时玻璃不得与构件直接接触。玻璃四周与铝合金窗框构件凹槽底部应保持一定空隙，下框槽底必须热以如氯丁橡胶等弹性材料作为座落玻璃的垫块，且应不少于二块弹性定位垫块。垫块厚度不超过玻璃厚度，宽度与槽口宽度应相同，长度则根据玻璃重量而定，但不应小于 100mm。玻璃就位后要立即用填缝材料进行固定和密封，如凹槽两侧要嵌设通长的橡胶压条，橡胶条长度宜比边框内槽口长 1.2%～2%，其断口应留在四角；采用斜面断开后开始拼成预定的设计角度，将玻璃两侧填充挤紧。然后在其表面用胶枪，将密封胶（如中性硅酮密封胶）注射均匀、填满。设计中如有因构造需要设置封口压板（条）等，也要一同安装完毕，不得采取临时固定方法。

(5) 倒挂式玻璃时，室内玻璃四角设置不锈钢安全件。

5.3 玻璃幕墙细部处理

5.3.1 玻璃幕墙四周与主体结构之间的缝隙处理，应符合以下规定：

(1) 填塞材料应采用防火的隔热保温材料（岩棉、矿棉、玻璃棉、防火板等），同时应采用铝箔或塑料薄膜包装的复合材料，作为防水和防潮材料。

(2) 幕墙骨架与洞口墙体（柱、梁）必须按设计要求连接。如采用弹性连接，则骨架

周边缝隙宽度宜为20mm，缝隙内要分层填塞如矿棉、玻璃棉毡等柔性填料。框边必须留出5～8mm深的槽口，待墙体饰面等完工后，清除槽内浮灰、渣土等，再嵌填防水性密封胶。

(3) 缝隙处理的做法详见附图5.1-6～5.1-15所示。

5.3.2 檐口封顶是幕墙最上端的构造节点，也是屋面防水端部处理的重要部分，施工中必须注意防水处理。其节点做法详见附图5.1-16、5.1-17所示。

(1) 玻璃幕墙的顶端与檐口节点用螺栓或射钉固定时，应注意防止钉孔间隙向内部渗透雨水，应用密封防水油膏进行防水处理。

(2) 檐口封顶相互接头的地方（特别是水平部位），是防水的薄弱部位，所用的防水密封材料必须满足金属材料的热胀冷缩和结构变形的需要和防水功能。

(3) 节点构造的防水处理应采用耐热度、柔性、延伸性及拉伸—压缩循环性与构件性能相适应的材料。玻璃幕墙与檐口接缝密封防水作法详见《屋面工程技术规范》(GB 50207—94) 有关规定。

5.3.3 铝合金压条板及披水板的安装，应符合以下规定：

(1) 铝合金压板的色彩应与主体结构相一致，压板安装表面应平整，不得有变形、波纹和凸凹不平的现象，接缝必须均匀严密。

(2) 玻璃幕墙必须具备抗雨水渗漏性能。为了提高防水性，一般应在建筑物楼板的端头设置披水板，控制雨水、结露水等的水流方向，防止流入室内。所以，施工时，披水板和楼板的接合部位要特别注意防水密封处理。披水板的搭接应为60～70mm以上，搭接处的间隙必须用密封膏填满。

(3) 披水板必须采用长期不生锈的金属材料制作。如铝合金、不锈钢板等，若采用铁板，必须经过充分的防锈处理后，方可使用。

5.3.4 耐候硅酮密封胶的施工应符合以下规定：

(1) 耐候硅酮密封胶的施工厚度应大于3.5mm，施工宽度不应小于施工厚度的2倍；较深的密封槽口底部应采用聚乙烯发泡材料填塞。

(2) 耐候硅酮密封胶在接缝内应形成相对两面粘结，并不得三面粘结。

5.3.5 防止电化学腐蚀作用。由于不同金属接触会发生电蚀现象，所以，必须在不同金属接触面之间，设置高弹性橡胶垫片或聚乙烯垫片，并应做好防水，防止雨水和结露引起电化学腐蚀。

5.4 玻璃幕墙变形缝、墙面转角节点的施工操作方法及质量控制

幕墙的面积较大是外墙构件中最大的构件，其安装位置和形体变化也比较复杂。为了减轻各种因素的影响，幕墙必须设置伸缩缝、沉降缝、抗震缝并对其墙面转角节点进行处理，以保证幕墙承受外力作用时不损坏。

5.4.1 幕墙的变形缝设置及墙面转角节点处理，必须符合设计要求和有关规范的规定。变形缝节点做法详见附图5.1-18～5.1-19所示。

5.4.2 变形缝的宽度和深度应确保水密性、耐火性的要求，接缝构件及填充材料必须满足变形缝的工作性能。

5.4.3 幕墙的变形缝必须能保证墙体变形、位移的承受能力。幕墙与主体结构的连接

处应留有缝隙。其预留的缝处必须做成柔性结构，确保能吸收地震时层间位移和热膨胀等引起的幕墙构件移动（分离性）。

5.4.4 幕墙变形缝的设置宽度必须上下一致和贯通，严禁缝内有夹渣物和局部的刚性构造部件，以避免幕墙直接受力产生错动。

5.4.5 为了使幕墙变形不受约束，接缝内的填充材料必须为柔性材料，材质应满足密封性能及拉伸、压缩、剪切时的变形率的标准值。

5.4.6 墙面转角处必须严格遵守设计要求进行节点处理，保证倾斜时横向接缝的密封材料能产生剪切变形。摆动时纵向接缝的密封材料能产生剪切变形。节点做详见附图5.1-20～5.1-23所示。

5.4.7 填塞的密封材料必须保证为水密性，弹性好的柔性材料。其在缝内的压缩拉伸、不得超过密封材料技术标准规定的容许变形率。

5.4.8 幕墙变形缝处的封闭压板安装必须保证墙体变形的工作性能，并应与幕墙协调一致，以免影响美观。

5.4.9 幕墙横档与窗下墙收口做法，详见附图5.1-24和5.1-25所示。

5.5 幕墙防雷接地的安装操作方法及质量控制

玻璃幕墙是建筑物中最易受雷击和引雷的部位之一，必须设置防雷接地装置，以保护建筑物和人身的安全。

5.5.1 幕墙的防雷接地装置的接地电阻应小于20Ω。

5.5.2 玻璃幕墙的防雷接地装置严禁与建筑物防雷系统串联。

5.5.3 幕墙的防雷接地装置设防应严格遵守设计方案和技术要求。

5.5.4 避雷带，一般应采用暗装避雷网，利用建筑物钢筋与建筑物设防的防雷接地装置并联在一起。其暗装避雷网的钢筋应与主体结构预埋件连接一起。

5.5.5 暗装引下线，当利用钢筋混凝土柱子的钢筋作为引下线时，至少要有4根柱子，每根柱子至少要有2根主筋焊接连接作为引下线，并与幕墙引接一起。

5.5.6 防雷装置的各部位的连接点应牢固可靠。钢筋与钢筋的连接应焊接。焊接搭接长度不得小于钢筋直径的6倍，并应双面焊接。焊缝不应有夹渣、咬肉、气泡及未焊透现象。焊接处应认真清除洁净后，进行涂刷樟丹油一遍，二道油性涂料。

5.5.7 幕墙防雷装置的各种铁件均应镀锌。镀锌层要均匀，安装后无脱落现象。

5.5.8 幕墙防雷装置的引下线应设断接卡子（暗装时可引到接地阻测定箱中）。

5.6 玻璃幕墙的保护和清洗

5.6.1 玻璃幕墙的构件、玻璃和密封等应制定保护措施。不得使其发生碰撞变形、变色、污染和排水管堵塞等现象。

5.6.2 施工中玻璃幕墙及其构件表面的粘附物应及时清除。

5.6.3 玻璃幕墙工程安装完成后，应制定清扫方案。

5.6.4 清洗玻璃和铝合金件的中性清洁剂，应进行腐蚀性检验。中性清洁剂清洗后应及时用清水冲洗干净。

5.7 玻璃幕墙安装施工的安全措施

5.7.1 安装玻璃幕墙用的施工机具，在使用前应进行严格检验。手电钻、电动改锥、焊钉枪等电动工具应作绝缘电压试验；手持玻璃吸盘和玻璃吸盘安装机，应进行吸附重量和吸附持续时间试验。

5.7.2 施工人员应配备安全帽、安全带、工具袋等。

5.7.3 在高层玻璃幕墙安装与上部结构施工交叉作业时，结构施工层下方应架设防护网；在离地面 3m 高处，应搭设挑出 6m 的水平安全网。

5.7.4 现场焊接时，在焊件下方应设接火斗。

附件 玻璃幕墙安装节点构造及连接件

附表 5.1

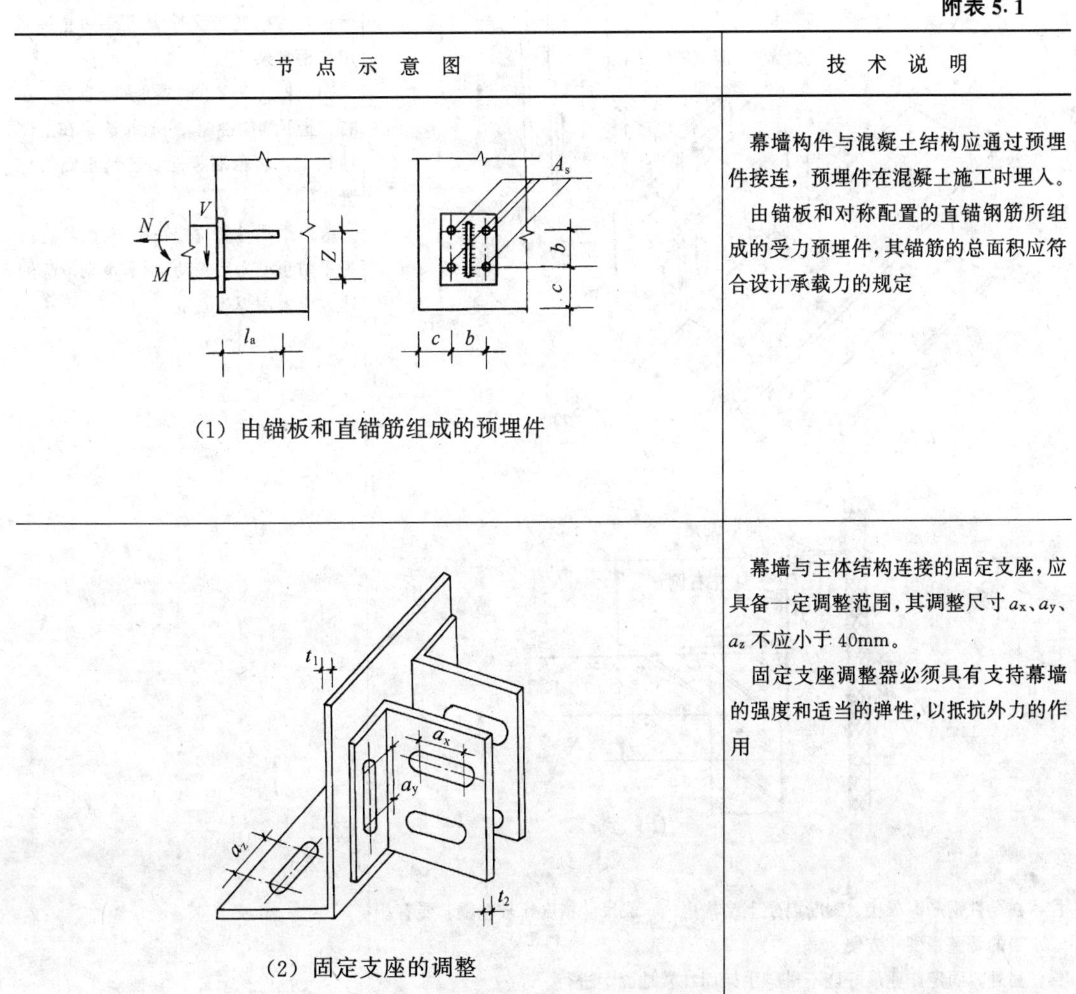

节点示意图	技术说明
(1) 由锚板和直锚筋组成的预埋件	幕墙构件与混凝土结构应通过预埋件接连，预埋件在混凝土施工时埋入。 由锚板和对称配置的直锚钢筋所组成的受力预埋件，其锚筋的总面积应符合设计承载力的规定
(2) 固定支座的调整	幕墙与主体结构连接的固定支座，应具备一定调整范围，其调整尺寸 a_x、a_y、a_z 不应小于 40mm。 固定支座调整器必须具有支持幕墙的强度和适当的弹性，以抵抗外力的作用

续表

节点示意图	技术说明
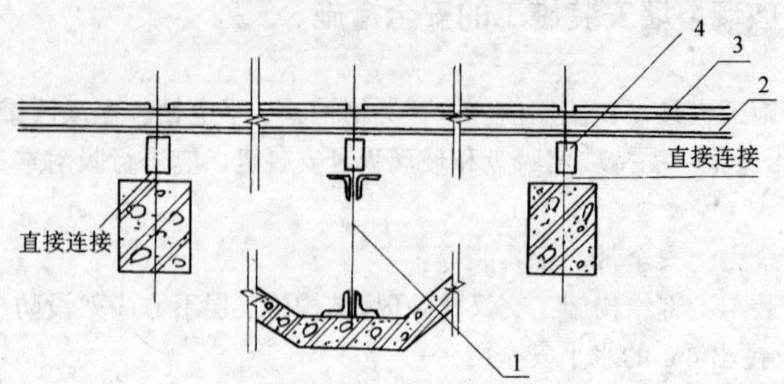 (3) 立柱与主体结构连接方式 1—连接钢桁架；2—横梁；3—玻璃；4—立柱	幕墙的立柱应与主体结构连接，以保持幕墙的承载力和侧向稳定性。如因幕墙与主体结构有较大的距离时，应在幕墙立柱和主体结构之间设置连接桁架
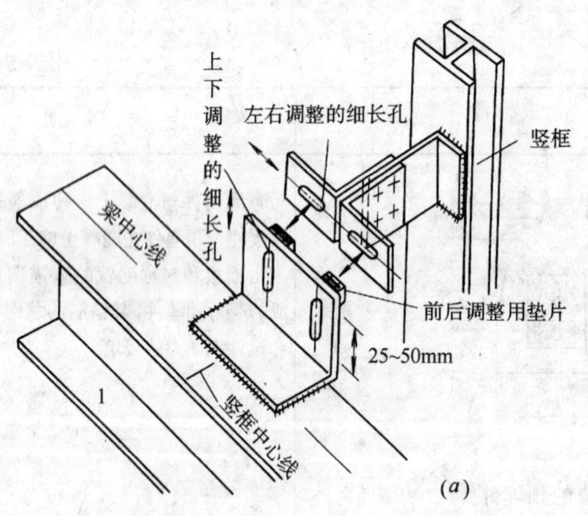 (*a*) 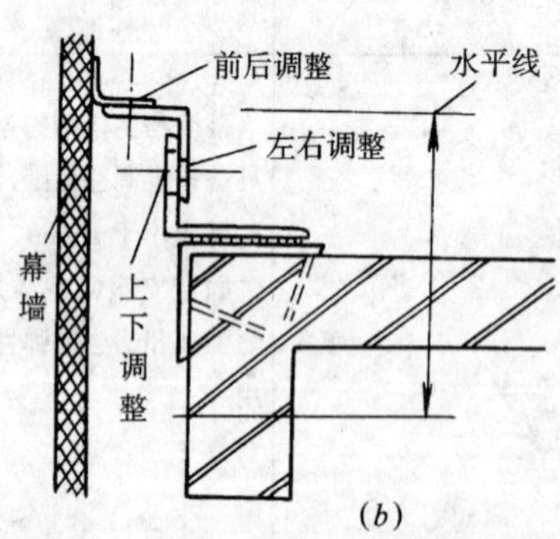 (*b*) 注：在劲性钢筋混凝土、钢筋混凝土结构中，一般尺寸精度比较粗糙，要有相当的调整幅度才方便。 另外，固定作业最好能不搭脚手架而在楼地面上进行	幕墙组装在钢骨架结构上时，钢骨架结构件的精度比较高，固定器可直接固定在钢骨架上。 固定器（支座调整器）具备前后、左右、上下调整性能，可直接固定在主体结构上，将幕墙竖框安装到正确的位置。 幕墙结构件就位校正后，拧紧螺丝；为了防止受力后松动，对有滑动危险的地方应采用焊接固定

续表

节点示意图	技术说明
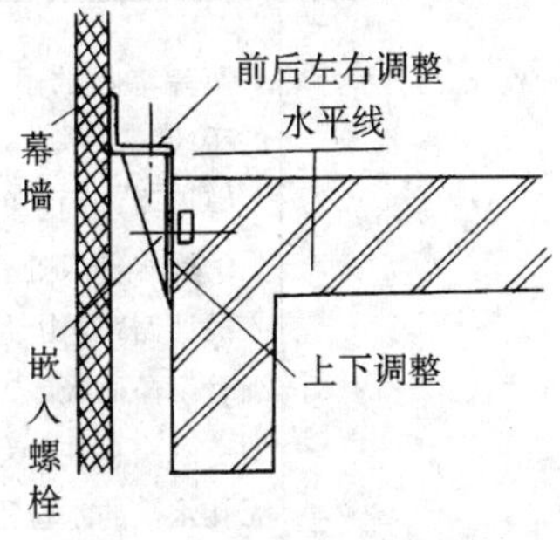 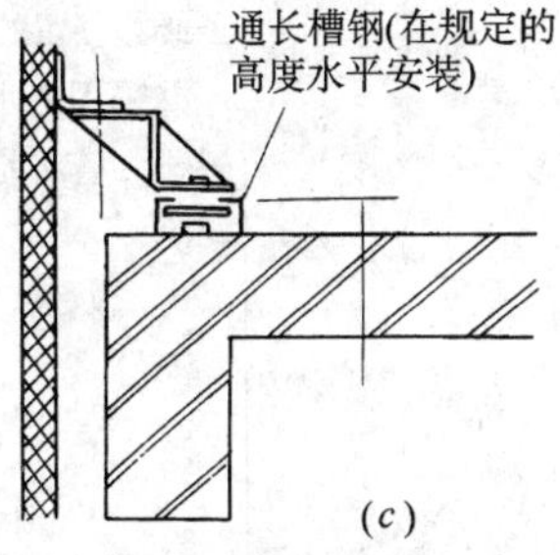 (c) (4) 幕墙构件组装构造节点	幕墙组装在钢骨架结构上时，钢骨架结构件的精度比较高，固定器可直接固定在钢骨架上。 固定器（支座调整器）具备前后、左右、上下调整性能，可直接固定在主体结构上，将幕墙竖框安装到正确的位置。 幕墙结构件就位校正后，拧紧螺丝；为了防止受力后松动，对有滑动危险的地方应采用焊接固定
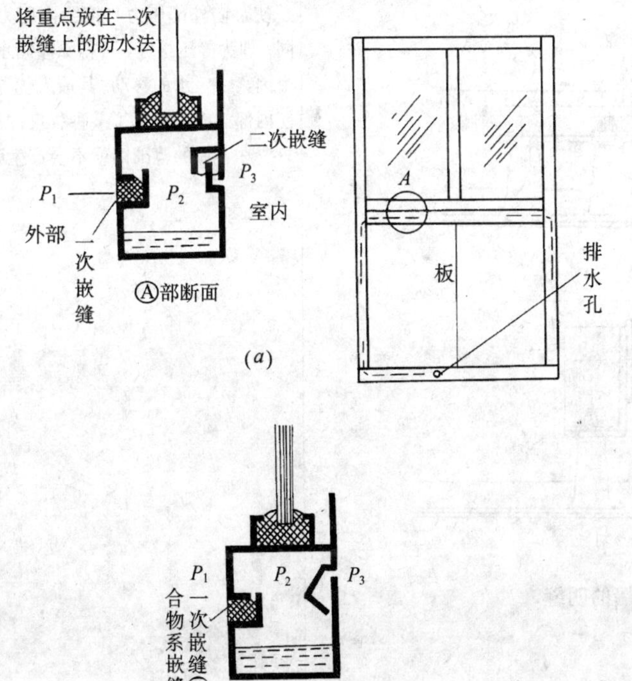	幕墙渗入的雨水必须具有保证排放的手段。 幕墙渗入雨水的原因是： ①雨水侵入处有水积存；②有雨水侵入的通路；③由于重力而自然流入和毛细管现象而吸入、风力而导入等，即所谓有水头存在。为此，要使滞留在底部无孔水槽的水位不上升，而渗压入内，务必将存留的水迅速排出。 并采用将水导入竖框后在从下框设置排水管将水排到外部去的办法加以解决

续表

节 点 示 意 图	技 术 说 明
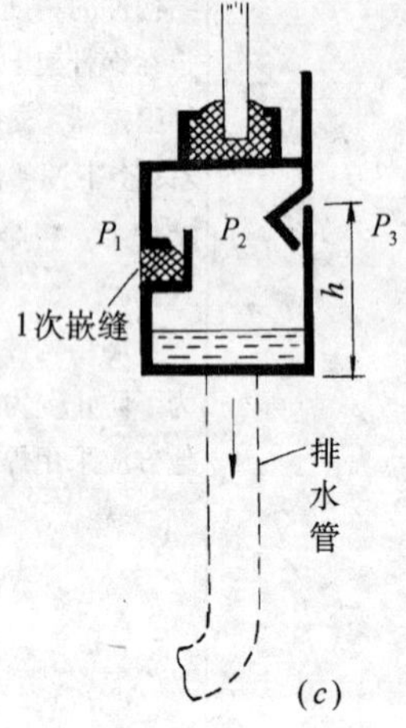 (c) (5) 幕墙排水装置	幕墙渗入的雨水必须具有保证排放的手段。 幕墙渗入雨水的原因是: ①雨水侵入处有水积存;②有雨水侵入的通路;③由于重力而自然流入和毛细管现象而吸入、风力而导入等,即所谓有水头存在。为此,要使滞留在底部无孔水槽的水位不上升,而渗压入内,务必将存留的水迅速排出。 并采用将水导入竖框后在从下框设置排水管将水排到外部去的办法加以解决。
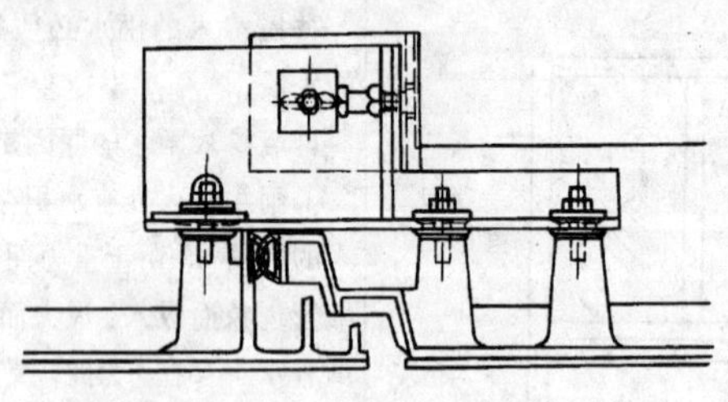 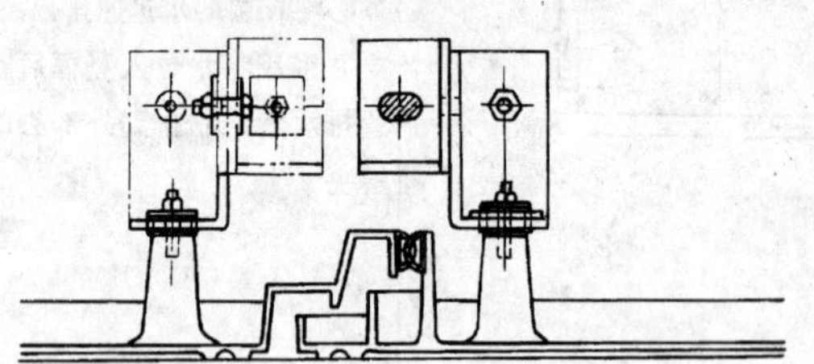 (6) 铝铸件幕墙的明缝	使幕墙外部压力与接缝内压力应相同,即为等压接缝,可排除渗漏水的一个因素——水的移动。其最大优点是即使内部气密层产生了某种程度的缝隙,只要在容许的范围内就不会产生漏水

续表

节 点 示 意 图	技 术 说 明
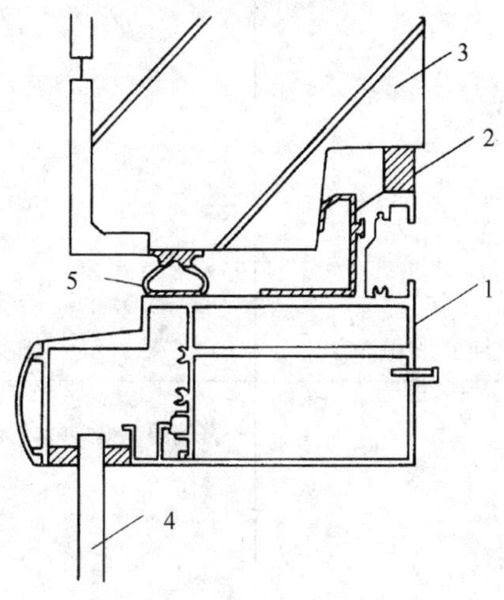 （7）铝挤压材之间明缝 1—铝合金框；2—气密材料；3—混凝土构件；4—玻璃；4—室外空气深入孔	
（8）结构硅酮密封胶粘结厚度 1—玻璃；2—垫条；3—结构硅酮密封胶；4—铝合金框	结构硅酮密封胶密封粘结的宽度及厚度应满足强度要求。 玻璃与金属框之间的粘结厚度不应小于6mm，且不应大于12mm
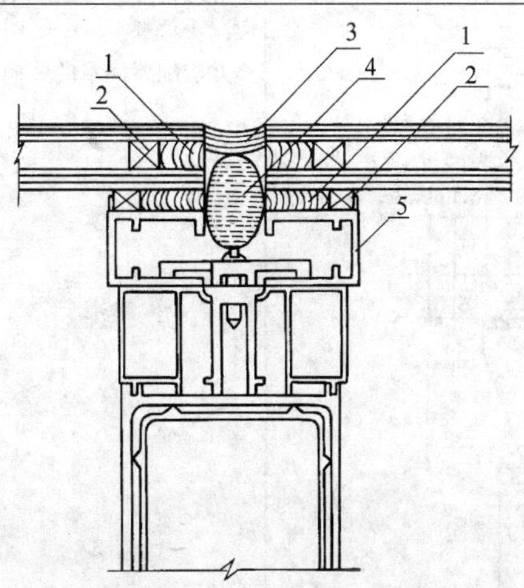 （9）结构硅酮密封胶的使用 1—结构硅酮密封胶；2，3，4，5—相接触材料；2—垫条； 3—耐候胶；4—泡沫棒；5—铝合金框	

续表

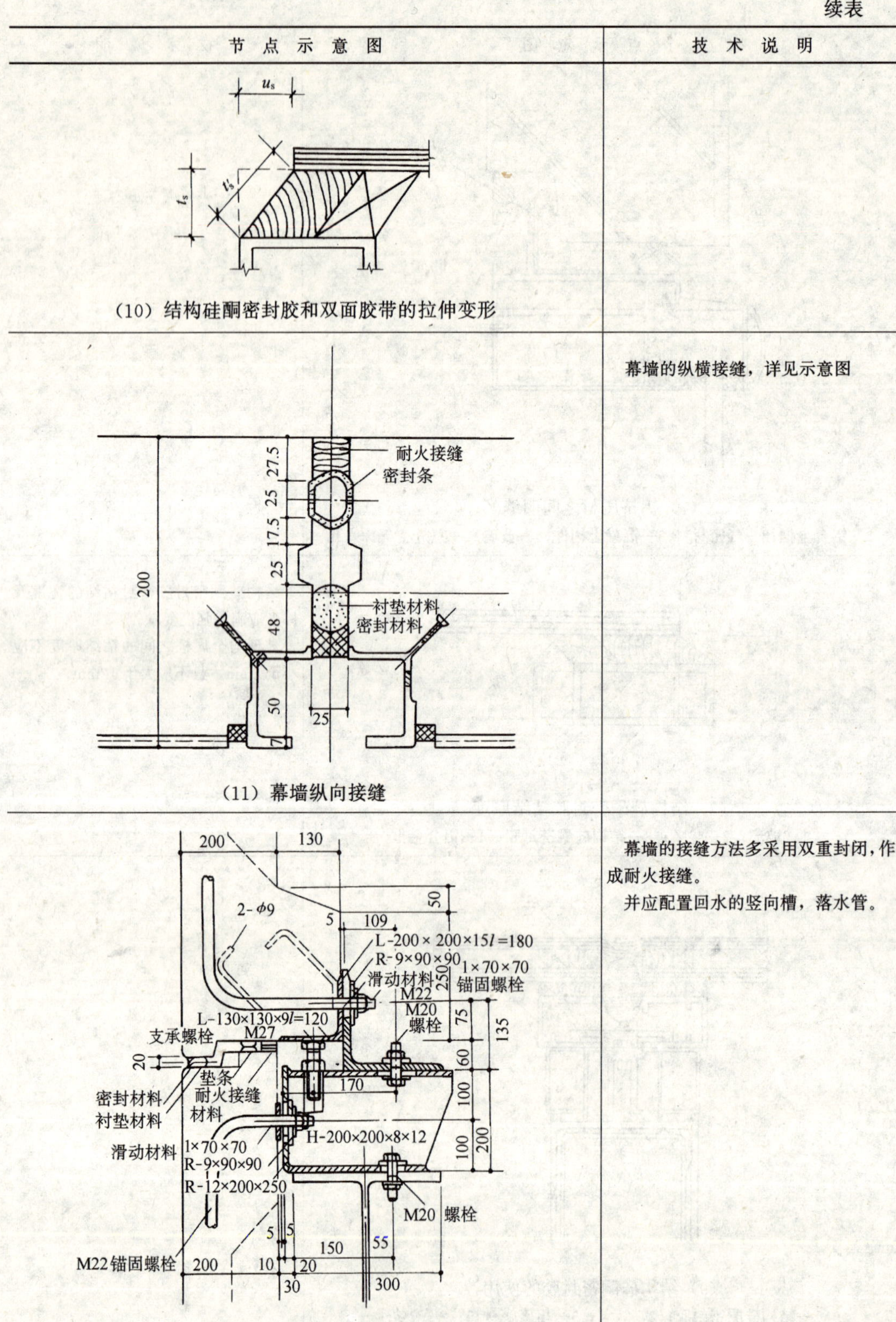

节点示意图	技术说明
（10）结构硅酮密封胶和双面胶带的拉伸变形	
（11）幕墙纵向接缝	幕墙的纵横接缝，详见示意图
（12）幕墙横向接缝	幕墙的接缝方法多采用双重封闭，作成耐火接缝。 并应配置回水的竖向槽，落水管。

续表

节点示意图	技术说明
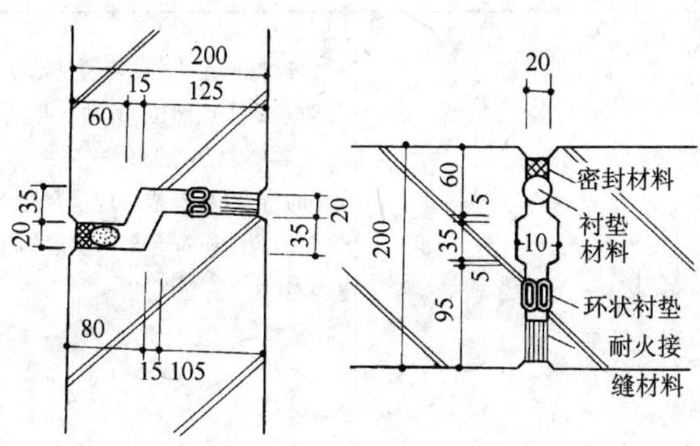 (13) 幕墙接缝双重密封的细部构造	幕墙的接缝方法多采用双重封闭方法，内加环状衬垫，并作成耐火接缝
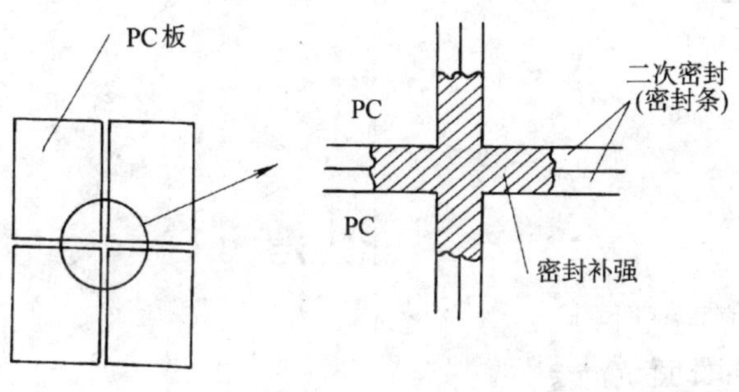 (14) 幕墙转角部位2次封闭不良处的密封补强	纵、横向接缝交叉处要用弹性密封材料止水补强
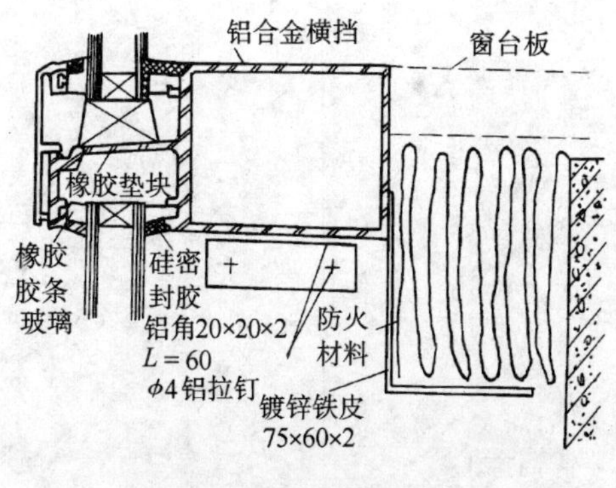 (15) 防火构造示意	防火材料充填应均匀，不得漏填，并用“L”形镀锌铁皮与建筑物隔离

节 点 示 意 图	技 术 说 明
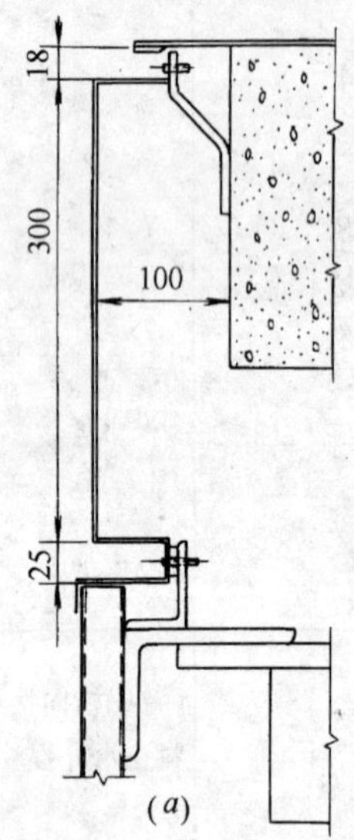 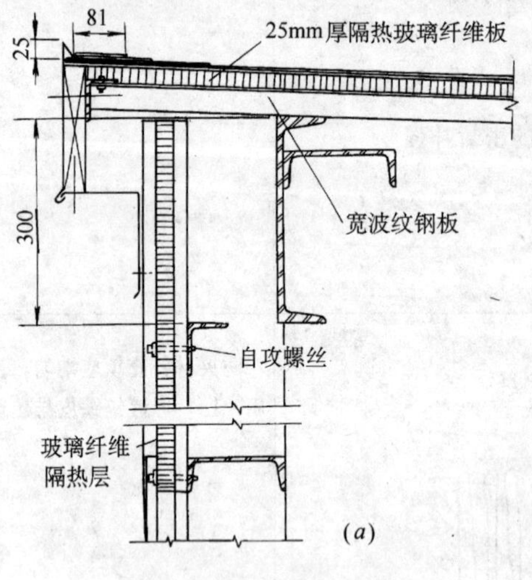 （16）幕墙檐口封顶做法	檐口封顶接头处（特别是水平部位），是防水的重点部位，其防水作法必须满足金属材料热胀冷缩（采用防水密封膏）的特点，处理措施应满足防水性能。接缝的宽度应符合金属变形的需要

续表

节点示意图	技术说明
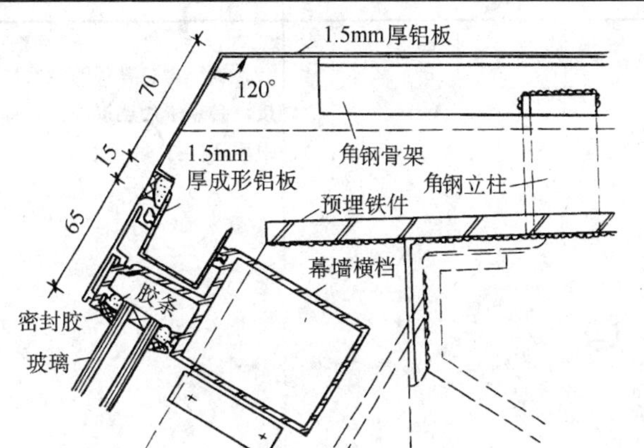 (17) 幕墙斜面与女儿墙收口示意	女儿墙压顶收口及横档与窗下墙收口。女儿墙压顶收口是用通长铝合金成形板固定在横杆上。既可密封防水，又可遮档，在横杆与成型板间应注入密封胶。 压顶的铝合金板用螺栓固定于型钢骨架上
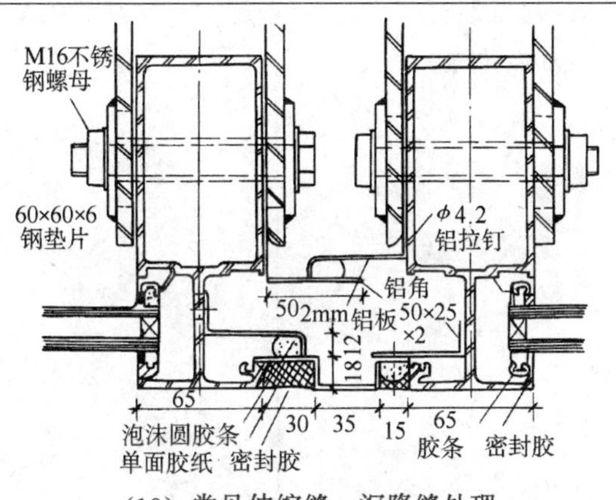 (18) 常见伸缩缝、沉降缝处理	幕墙的沉降缝和伸缩缝不仅应满足结构安全的需要，也应满足防水功能。 变形缝两侧应各立一根立柱，骨架在此断开，构成两片幕墙体系。 在变形缝的间隙内作两道防水密封，用成型的铝板分别固定在各自的结构立柱上
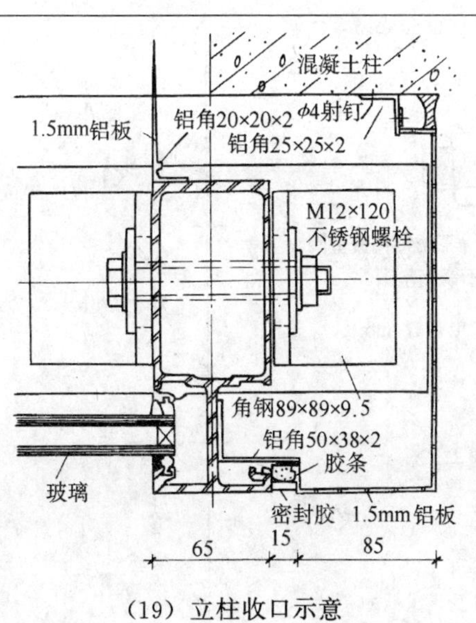 (19) 立柱收口示意	

节 点 示 意 图	技 术 说 明
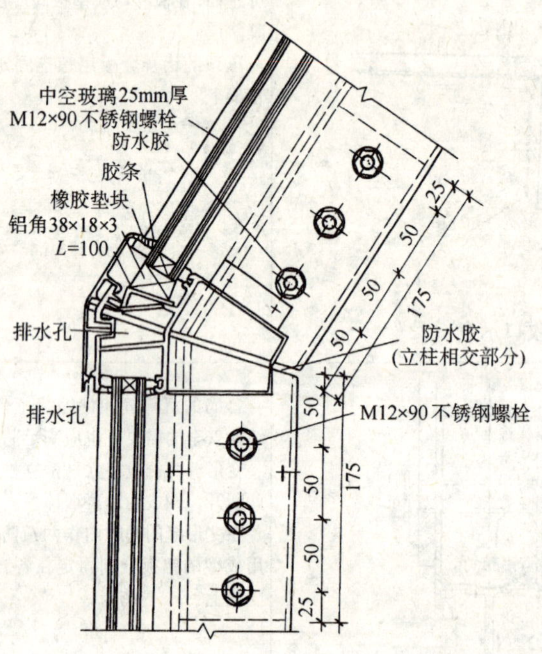 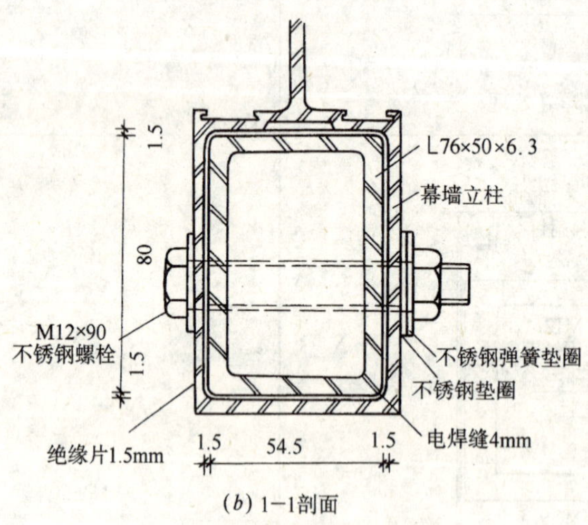 (*b*) 1-1剖面 (20) 立柱转角大样（一）、（二）	幕墙铝型材骨架的竖向杆件的连接，必须采用连接件穿入薄壁型材中用螺栓拧紧。

续表

<table>
<tr><th>节点示意图</th><th>技术说明</th></tr>
<tr><td>(21) 横向杆件穿插连接示意</td><td>幕墙横杆固定，是用穿插件，将横杆穿担于穿插件上，然后将横杆两端与穿插件固定，并保证横、竖杆件间有一个小间隙，以便于温度变化时伸缩。
穿插件用螺栓与竖杆固定</td></tr>
<tr><td>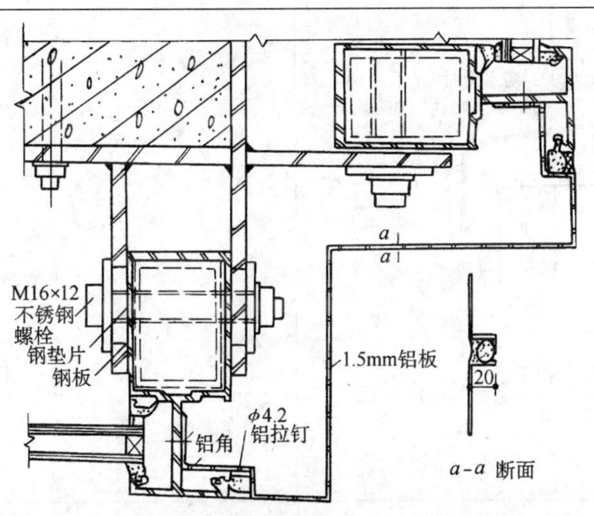

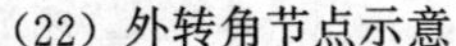
(22) 外转角节点示意</td><td>转角部位的细部构造是通过两个立柱按90°拼接的，两立柱互成垂直方向布置，接缝部位的接口缝间隙为10mm，用密封胶封闭，室内用铝合金板材封闭</td></tr>
<tr><td>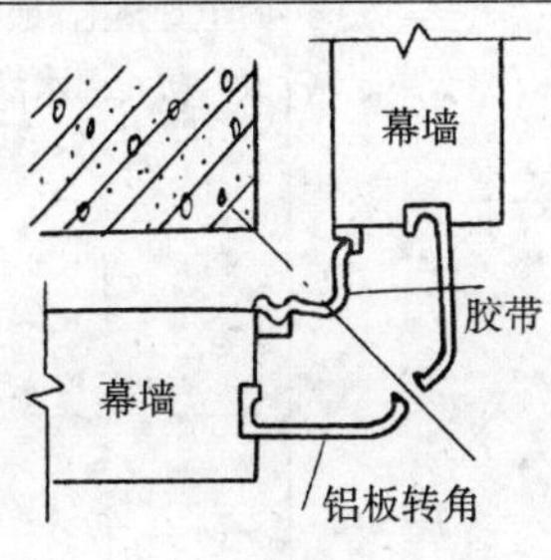

(23) 外转角示意</td><td></td></tr>
</table>

续表

节点示意图	技术说明
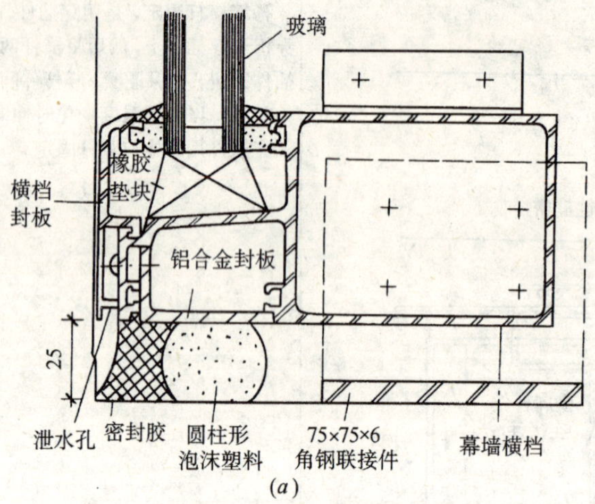 (*a*) 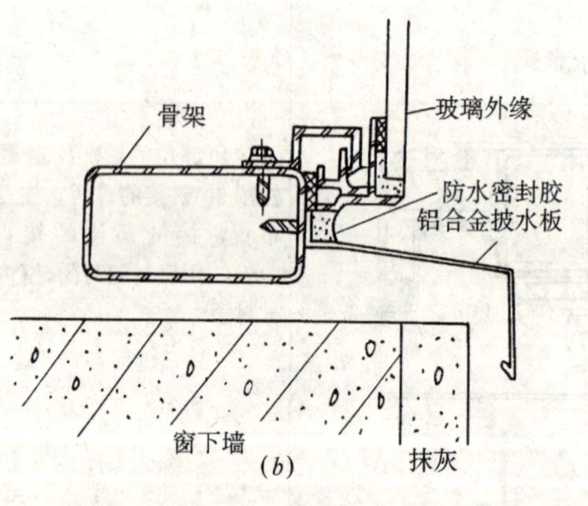 (*b*) (24) 幕墙横档与墙收口作法	幕墙横档与窗下墙收口可参见示意图作法
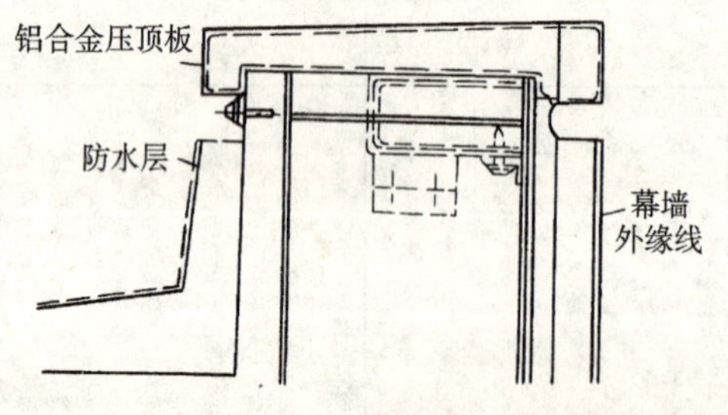 (25) 压顶示意	幕墙的压顶板与防水带可用螺栓锚固于骨架上。螺栓穿孔处应用密封胶封嵌，防止雨水渗入

6　玻璃幕墙安装施工隐蔽工程验收

幕墙隐蔽工程系指那些在施工过程中上一工序的安装工作结果将被下一工序所掩盖，无法再进行复查的工程部位，是否符合设计要求和技术规范及验评标准的规定。

6.0.1　幕墙构件与主体结构连接节点的安装。

隐蔽工程验收项目：①预埋件的品种、规格、形状、尺寸、数量及位置。

②防止电蚀垫片的材质、规格、尺寸。

③预埋件与连接件连接方法，焊接焊缝质量、防腐处理。

④固定支座的形体、尺寸、材质。

⑤钢桁架、横梁的材质、规格、型号、连接方法、固定的牢固性。

6.0.2　幕墙四周、幕墙内表面与主体结构之间间隙节点的安装。

隐蔽工程验收项目：①填塞防火的保温材料品种、材质及填塞的施工质量。

②表面密封胶的材质。

6.0.3　幕墙伸缩缝、沉降缝、防震缝及墙面转角节点的安装。

隐蔽工程验收项目：①幕墙各种变形缝的宽度、接缝轴线、接缝两则的相邻高低差

②接缝处的水密性、耐火性柔性材料的材质及其他密封构件。

③幕墙为耐火壁时，设置的防火罩结构中填充耐火材料的品种、材质及作法。

6.0.4　幕墙防雷接地节点的安装。

隐蔽工程验收项目：①防雷接地设防连接点的部位，网带设置方式、节点及连接方法。

②网带的材质、规格、型号。

③断线卡设置的位置。

④接地电阻的测定值。

6.0.5　幕墙安装隐蔽工程验收。应由单位工程技术负责人或施工队邀请建设单位、设计单位三方面共同进行隐蔽工程项目检查、验收，并认真填写隐蔽工程验收记录，办好隐蔽工程验收签证手续。隐蔽工程验收记录，是今后各项建筑安装工程的合理使用、维护、改造、扩建的一项重要技术资料，应归入案档中备查。

7 玻璃幕墙工程验收

玻璃幕墙工程验收主要的依据是《玻璃幕墙工程技术规范》(JGJ 102—96）的规定。

7.1 玻璃幕墙工程验收

7.1.1 玻璃幕墙工程验收前应将其表面擦洗干净。

7.1.2 玻璃幕墙验收时应提交下列资料：

(1) 设计图纸、文件、设计修改和材料代用文件；

(2) 材料出厂质量证书、结构硅酮密封胶相容性试验报告及幕墙物理性能检验报告；

(3) 预制构件出厂质量证书；

(4) 隐蔽工程验收文件；

(5) 施工安装自检记录。

7.1.3 玻璃幕墙工程验收时，应按规范（JGJ 102—96）第7.3.10条的要求进行隐蔽验收。

7.1.4 玻璃幕墙工程质量检验应进行观感检验和抽样检验。并应以一幅玻璃幕墙为检验单元，每幅玻璃幕墙均应检验。

7.1.5 玻璃幕墙观感检验应符合下列要求：

(1) 明框幕墙框料应竖直横平；单元式幕墙的单元拼缝或隐框幕墙分格玻璃拼缝应竖直横平，缝宽应均匀，并符合设计要求；

(2) 玻璃的品种、规格与色彩应与设计相符，整幅幕墙玻璃的色泽应均匀；不应有析碱、发霉和镀膜脱落等现象；

(3) 玻璃的安装方向应正确；

(4) 幕墙材料的色彩应与设计相符，并应均匀，铝合金料不应有脱膜现象；

(5) 装饰压板表面应平整，不应有肉眼可察觉的变形、波纹或局部压砸等缺陷；

(6) 幕墙的上下边及侧边封口、沉降缝、伸缩缝、防震缝的处理，以及防雷体系应符合设计要求；

(7) 幕墙隐蔽节点的遮封装修应整齐美观；

(8) 幕墙不得渗漏；

7.1.6 玻璃幕墙工程抽样检验应符合下列要求：

(1) 铝合金料及玻璃表面不应有铝屑、毛刺、油斑和其他污垢；

(2) 玻璃应安装或粘结牢固，橡胶条和密封胶应镶嵌密实、填充平整；

(3) 钢化玻璃表面不得有伤痕；

(4) 每平方米玻璃的表面质量符合表7.1.6（1）的规定；

每平方米玻璃表面质量　　　　表 7.1.6（1）

项　　目	质　　量
0.1～0.3mm 宽划伤痕	长度小于 100mm 允许 8 条
擦　　伤	不大于 500mm²

（5）一个分格铝合金料表面质量应符合表 7.1.6（2）的规定；

一个分格铝合金料表面质量　　　　表 7.1.6（2）

项　　目	质　　量
擦伤，划伤深度	不大于氧化膜的 2 倍
擦伤总面积（mm²）	不大于 500
划分总长度（mm）	不大于 150
擦伤和划伤处数	不大于 4

注：一个分格铝合金料指该分格的四周框架构件。

（6）铝合金框架构件安装质量应符合表 7.1.6（3）的规定；

铝合金构件安装质量　　　　表 7.1.6（3）

项　　目		允许偏差	检 查 方 法
幕墙垂直度	幕墙高度不大于 30m	10mm	激光仪或经纬仪
	幕墙高度大于 30m，不大于 60m	15mm	
	幕墙高度大于 60m，不大于 90m	20mm	
	幕墙高度大于 90m	25mm	
竖向构件直线度		3mm	3m 靠尺，塞尺
横向构件水平度	不大于 2000mm	2mm	水　平　仪
	大于 2000mm	3mm	
同高度相邻两根横向构件高度差		1mm	钢板尺、塞尺
幕墙横向构件水平度	幅宽不大于 35m	5mm	水　平　仪
	幅宽大于 35m	7mm	
分格框对角线差	对角线长不大于 2000mm	3mm	3m 钢卷尺
	对角线长大于 2000mm	3.5mm	

注：1. 1～5 项按抽样根数检查，6 项按抽样分格数检查；

2. 垂直于地面的幕墙，竖向构件垂直度包括幕墙平面内及平面外的检查；

3. 竖向直线度包括幕墙平面内及平面外的检查；

4. 在风力小于 4 级时测量检查。

（7）隐框玻璃幕墙的安装质量应符合表 7.1.6（4）的规定。

隐框玻璃幕墙安装质量　　　　表 7.1.6（4）

项　　目		允许偏差	检 查 方 法
竖缝及墙面垂直度	幕墙高度不大于 30m	10mm	激光仪或经纬仪
	幕墙高度大于 30m，不大于 60m	15mm	
	幕墙高度大于 60m，不大于 90m	20mm	
	幕墙高度大于 90m	25mm	
幕墙平面度		3mm	3m 靠尺、钢板尺
竖缝直线度		3mm	3m 靠尺、钢板尺
横缝直线度		3mm	3m 靠尺、钢板尺
拼缝宽度（与设计值比）		2mm	卡　　尺

7.1.7 玻璃幕墙工程抽样检验数量，每幅幕墙的竖向构件或竖向拼缝和横向构件或横向拼缝应各抽查5%，并均不得少于3根；每幅幕墙分格应各抽查5%，并不得少于10个，所抽检质量均应符合本节7.1.6的规定。

注：1. 抽样的样品，1根竖向构件或竖向拼缝指该幅幕墙全高的1根构件或拼缝；1根横向构件或横向拼缝指该幅幕墙全宽的1根构件或拼缝。

2. 凡幕墙上的开启部分，其抽样检验的工程验收按现行行业标准《建筑装饰工程施工及验收规范》(JGJ 73)的规定执行。

7.1.8 玻璃幕墙风压变形、雨水渗漏、空气渗透性检测装置，详见附图7.1-1所示；保温性能检测装置，详见附图7.1-2所示；隔声性能检测装置，详见附图7.1-3所示。

附件7.1 玻璃幕墙性能检测装置

玻璃幕墙性能检测装置 **附表7.1**

示意图	技术说明
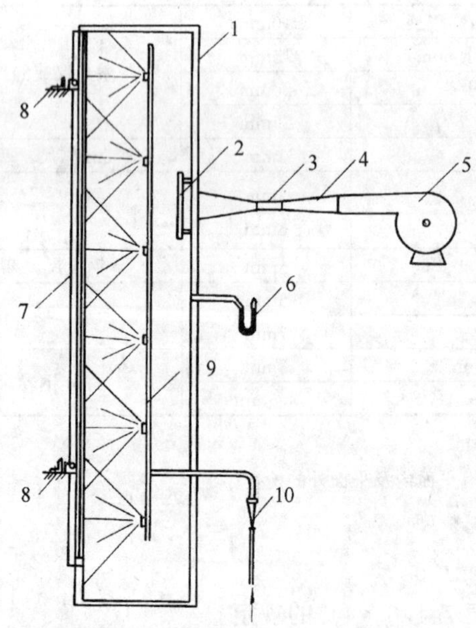 (1) 风压变形、雨水渗漏、空气渗透性能检测装置纵剖面 1—静压箱；2—进气口挡板；3—风速仪；4—集流管；5—供压系统；6—压力计；7—试件；8—试件的支点；9—淋水装置；10—水流量计	幕墙的风压变形、雨水渗漏、空气渗透、保温和隔声性能应按GB/T 15225分级的规定。 幕墙的风压变形性能根据国家现行标准《建筑幕墙风压变形检测方法》GB/T 15227所规定的试验方法。 幕墙的雨水渗漏性能应根据国家现行标准《建筑幕墙雨水渗漏性能检测方法》GB/T 15228规定的检测方法。 幕墙的空气渗漏性能应根据国家现行标准《建筑幕墙空气渗漏性能检测方法》GB/T 15226所规定的检测方法。

续表

示意图	技术说明
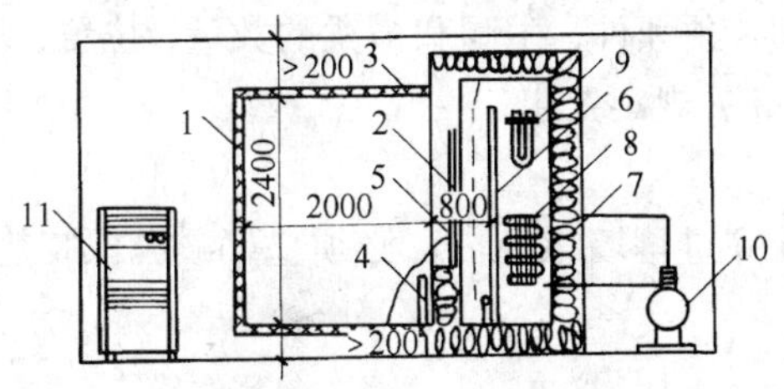 (2) 保温性能检测装置示意图 1—热室；2—冷室；3—试件框；4—电暖气；5—试件； 6—隔风板；7—轴流风机；8—蒸发器；9—冷室电加热器； 10—压缩冷凝机组；11—空调器	
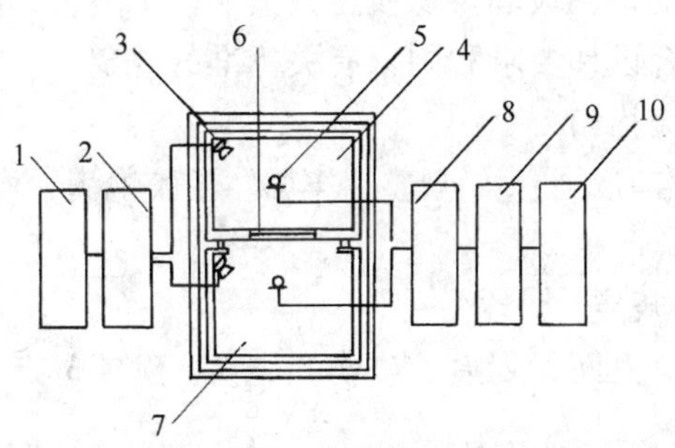 (3) 隔声性能检测装置示意图 1—1/3倍频程滤波器白噪声发生器；2—功率放大器；3—扬声器； 4—混响室Ⅰ（发声）；5—传声器；6—试件孔； 7—混响室Ⅱ（接收）；8—放大器；9—1/3倍频程滤波器； 10—表头或记录仪器	

7.2 玻璃幕墙工程质量检验评定标准 GBJ 301—88

7.2.1 检查数量：

按自然楼层抽查30%，且不少于3层，其中展厅、二层以下公共建筑应全数检查。

7.2.2 保证项目

7.2.2.1 玻璃幕墙骨架、附件、品种，及其玻璃品种、规格、色彩必须符合设计要求。

检验方法：观察检查和检查出厂合格证、产品验收凭证。

7.2.2.2　玻璃幕墙钢结构骨架必须防锈，铝合金骨架接触主体结构墙体部位必须防腐，并严禁与非镀锌铁件接触，防止产生电化反应。

检验方法：观察检查。

7.2.2.3　玻璃幕墙骨架安装必须牢固，预埋件、牛腿和横梁的数量、位置、埋设连接节点及防腐（锈）处理，必须符合设计和有关规定要求。

检验方法：观察和手扳检查。

7.2.2.4　采用膨胀螺栓紧固时，螺栓穿过幕墙螺孔内，必须垫好减震橡胶垫。

检验方法：观察检查。

7.2.3　基本项目

7.2.3.1　幕墙骨架与墙体、楼板间缝隙的填嵌质量，应符合下列规定：

合格：缝隙内应采用柔性防火、隔音填嵌材料，填嵌饱满密实，表面平整，预留5～8mm的槽口，嵌填防水性密封胶。

优良：在合格基础上，表面平整、光滑、无裂缝。

检验方法：观察检查。

7.2.3.2　幕墙玻璃安装质量应符合下列规定。

合格：玻璃裁割尺寸正确，橡皮垫与框口、玻璃及橡胶压条紧贴，平整、牢固、无松动现象。玻璃边缘与框之间的间隙，应符合设计要求和国家有关标准的规定，不得相互接触，橡皮胶垫上面注入的硅酮系列密封胶应均匀。

优良：在合格基础上，橡胶压条接缝均匀、平直、规整、牢固、注胶饱满、均匀一致。

检验方法：观察和轻敲检查。

7.2.3.3　幕墙外观质量，应符合下列规定：

合格：表面洁净，不得有毛刺、污渍、大面无划痕、碰伤、烧伤、腐蚀斑点。涂胶大面光滑、无气孔。

优良：在合格基础上，涂胶表面光滑平整，厚度均匀一致。

检验方法：观察检查。

7.2.3.4　幕墙防雷设施质量，应符合下列规定：

合格：接地电阻值符合设计要求，接地线的敷设应直接与接地导线相连，严禁串联，固定位置正确，焊接连接的搭接长度满足引线直径的6倍，双面焊接，焊缝平整、饱满、无气孔，咬肉及烧伤幕墙骨架等缺陷。

优良：在合格的基础上防腐均匀，无污染，且无烧伤幕墙骨架。

检验方法：全数检查和检查隐蔽工程记录，接地电阻测试记录。

注：幕墙防雷设施质量尚应符合《建筑电气安装工程质量检验评定标准》GB 303—88的第五章相关要求。

7.2.3.5　玻璃幕墙变形缝的质量，应符合下列规定：

合格：玻璃幕墙的变形缝预留位置准确，变形缝填嵌弹性好，符合设计且经久耐用的填充料，填嵌密实，硅酮密封胶封填严实。

优良：在合格的基础上，硅酮密封胶封填严密均匀，无漏封，表面光滑、平整、洁净。

检验方法：观察检查。

7.2.4　允许偏差项目

幕墙骨架安装的允许偏差和检验方法，应符合表7.2.4的规定。

幕墙骨架安装的允许偏差和检验方法 表 7.2.4

项　次	项　目	允许偏差 (mm)	检验方法
1	幕墙骨架对角线长度	3	用钢卷尺检查，量里角
2	幕墙骨架正、侧面垂直度	2	用 2m 托线板、经纬仪检查
3	幕墙骨架的水平度	1.5	用水平尺、楔形塞尺及水准仪检查
4	幕墙骨架标高	5	用水准仪检查（与基准线比较）
5	骨架与墙中心距	4	用钢板尺检查

8 玻璃幕墙常见质量通病与防治

8.0.1 幕墙变形

(1) 酿成原因

1) 竖料刚度不够、强度低，接头不当。

2) 伸缩缝设置不当，填塞材料柔性差，无弹性。

3) 未采用遮阳玻璃。

(2) 预控对策

1) 竖框材料的强度和刚度必须符合设计设计要求和技术规范的规定。

2) 幕墙及其连接件应具有承载能力、刚度和相对于主体结构的位移能力，并应采用弹性活动连接。

3) 跨越两层楼板承受风力的竖料，其上端悬挂在固定支座上，其下端应与下层竖框的上端套接，且接头应能活动。

4) 型钢框料与型钢框料、铝型材与铝型材、铝型材料与玻璃、幕墙框料与主体结构之间均需预留伸缩缝。

5) 伸缩缝必须采用柔性弹性好且经久耐用的填料填塞。并应用硅酮密封胶封闭。

6) 幕墙玻璃应采用镜面反射玻璃或夹层玻璃。

8.0.2 幕墙渗漏

(1) 酿成原因

1) 密封材料防水性能差。

2) 填缝不严密。

3) 幕墙变形量大。

4) 未设置泄水系统。

(2) 预控对策

1) 封缝材料必须是柔软、弹性好、使用寿命长的耐候性密封材料，并经试验，认为符合设计要求和技术规范规定后方可使用，一般应采用硅酮密封胶。

2) 施工时应精心操作，使缝隙填塞严密均匀，不漏封。

3) 幕墙骨架必须牢固可靠，每个节点构造必须符合设计要求，主要受力构件（横梁和立柱）及连接件、锚固件应符合设计承载力要求，能抵抗所承受的外力作用，并能保持幕墙的稳定性。

4) 幕墙容易发生渗漏的部位应设置流向室外的泄水孔。容易产生冷凝水的部位，应设置冷凝水排出管道。

8.0.3 幕墙玻璃自暴

(1) 酿成原因

1) 选用玻璃的品种和尺寸不合理。

2）玻璃受热产生热应力，当拉应力大于玻璃的抗拉强度时，导致玻璃破裂（自暴）。

3）玻璃本身的质量差，如玻璃平整度差、厚薄不均、玻璃内有气泡、夹渣等，受日照后热效应不均匀，将导致自暴。

4）裁切玻璃边缘不平直光滑，有崩边、牙边、崩角，安装不平、弯曲变形等，受力不均时将极易酿成热应力自暴。

5）隐框玻璃幕墙自暴主要是，镀膜玻璃边缘破裂，原片的厚薄度、平整度差，单片面积设计过大，保证不了抗风压力的需要引起的。

6）中空玻璃的自暴与中空玻璃选材、制作、安装均有一定的关系。

（2）预控对策

1）玻璃的品种选择必须考虑风载和热应力的承载能力。玻璃的最大面积尺寸必须符合设计要求和技术规范规定。

2）要严格控制玻璃的质量。如玻璃平整度、厚度必须符合国家现行技术标准的规定。不应有气泡和夹渣等缺陷。

3）幕墙的玻璃裁切或加工产品的玻璃边缘不得有崩边、牙边、崩角等缺陷。一定要保证玻璃边缘平直光滑和几何尺寸的精度。

4）镀膜玻璃一定要确保其边缘的完好性，原片玻璃应厚薄均匀，平整一致；单片面积应符合设计要求，保证抗风压的需要。

5）中空玻璃应控制其中空夹层的吸收率，最大不能达到总照射光的78%。中空玻璃安装，不允许有扭拧变形现象，下方应加弹性胶垫，胶垫的厚度、距离要根据中空玻璃的面积、厚度、大小而定。中空玻璃在镶嵌槽左右和上方均应留有空隙，玻璃两侧镶嵌边加胶条或注入密封胶，如用镀膜玻璃必须用中性胶，使中空玻璃在热应力影响下，可以均匀自由伸缩。

6）隐框中空玻璃的安装，应将加工合格的中空玻璃用结构胶粘贴在单体铝合金框格上，制成单元构件，再向幕墙铝合金框架上吊装。每个铝合金单元构件的几何形状一定要规正、平整、对角线准确，不允许扭拧，防止因产生弯曲应力、热应力而导致玻璃的自暴。

附录1　浮法玻璃全玻幕墙玻璃肋的截面高度

玻璃肋截面高度的选用（mm）　　　　附表1.1

玻璃板宽度	玻璃板高度	2m		2.5m		3m		4m			5m		6m		7m		8m	
	风荷载标准值 (kN/m²)	1.0		1.0		1.0		1.0			1.1		1.2		1.3		1.4	
1m	玻璃板厚度	8		8		8		8			10		12		15		15	
	肋截面厚度	12	15	12	15	12	15	12	15	19	15	19	15	19	15	19	15	19
	双肋截面高度	100	90	125	115	150	135	200	180	160	240	210	300	265	360	320	430	380
	单肋截面高度	145	130	180	160	215	180	285	255	225	335	300	425	375	510	455	605	540
2m	玻璃板厚度	8		8		8		10			12		15		19		19	
	肋截面厚度	12	15	12	15	12	15	12	15	19	15	19	15	19	15	19	15	19
	双肋截面高度	120	105	145	130	175	155	235	210	185	275	245	345	310	420	370	495	440
	单肋截面高度	165	150	205	180	245	220	360	295	260	390	345	490	345	590	525	700	600
2.5m	玻璃板厚度	8		10		10			12			15		19			19	
	肋截面厚度	12	15	12	15	12	15	19	12	15	19	15	19	15		19	15	19
	双肋截面高度	130	120	165	145	195	175	155	260	235	210	305	275	385		345	465	415
	单肋截面高度	185	165	230	205	275	245	220	370	330	295	435	385	545		485	660	585
3m	玻璃板厚度	8		10		12			12			15		19				
	肋截面厚度	12	15	12	15	12	15	19	12	15	19	15	19	15		19		
	双肋截面高度	145	130	180	160	215	190	170	285	255	225	335	300	425		370		
	单肋截面高度	200	180	260	225	300	270	240	400	360	320	475	420	595		530		

附录 2　建筑密封材料

2.1　玻璃密封条材料与分类，见附表 2.1。

建筑密封条的材料与分类（按用途分）　　　　**附表 2.1**

材　　料	符　号	玻璃密封条	气密密封条	接缝密封条
氯乙烯类	V	○	○	—
热塑弹性类	TPE	○	○	—
氯丁橡胶类	CR	○	○	○
EPDM（三元乙丙橡胶）	EM	○	○	○
硅酮系	SR	—	○	○

2.2　建筑用密封条的技术性能，见附表 2.2。

建筑用密封条的性能　　　　**附表 2.2**

<table>
<tr><th colspan="3" rowspan="2">项　　目</th><th colspan="4">装配玻璃密封条</th><th colspan="5">气密密封条</th><th colspan="3">接缝密封条</th></tr>
<tr><th>氯乙烯系</th><th>热塑塑料弹性体</th><th>氯丁二烯系</th><th>EPDM系</th><th>氯乙烯系</th><th>热塑塑料弹性体</th><th>氯丁二烯系</th><th>EPDM系</th><th>硅酮系</th><th>氯丁二烯系</th><th>EPDM系</th><th>硅酮系</th></tr>
<tr><td colspan="2">硬　度</td><td>—</td><td colspan="2">60—75</td><td colspan="2">60—70</td><td>55—70</td><td>50—70</td><td colspan="3">55—65</td><td colspan="3">55—65</td></tr>
<tr><td rowspan="3">拉伸</td><td>100%模量 (N/cm²)</td><td>—</td><td>294以上</td><td>147以上</td><td>245以上</td><td>245以上</td><td>245以上</td><td>98以上</td><td colspan="2">245以上</td><td>147以上</td><td colspan="2">245以上</td><td>147以上</td></tr>
<tr><td>拉伸强度 (N/cm²)</td><td>—</td><td>784以上</td><td>392以上</td><td colspan="2">980以上</td><td>686以上</td><td>294以上</td><td colspan="2">980以上</td><td>686以上</td><td colspan="2">990以上</td><td>686以上</td></tr>
<tr><td>延伸率 (%)</td><td>—</td><td>280以上</td><td>350以上</td><td colspan="2">300以上</td><td>300以上</td><td>350以上</td><td colspan="2">300以上</td><td>400以上</td><td colspan="2">300以上</td><td>400以上</td></tr>
<tr><td rowspan="2">加热后拉伸</td><td>拉伸强度残存率 (%)</td><td>—</td><td>85以上</td><td colspan="3">90以上</td><td>85以上</td><td colspan="4">90以上</td><td colspan="3">90以上</td></tr>
<tr><td>延伸残存率 (%)</td><td>—</td><td>70以上</td><td>85以上</td><td colspan="2">75以上</td><td>70以上</td><td>85以上</td><td colspan="2">75以上</td><td>90以上</td><td colspan="2">75以上</td><td>90以上</td></tr>
<tr><td colspan="2">加热损失（%）</td><td>—</td><td>7.0以下</td><td>1.0以下</td><td>3.5以下</td><td>1.0以下</td><td>7.0以下</td><td>1.0以下</td><td>3.5以下</td><td>1.0以下</td><td>0.5以下</td><td>3.5以下</td><td>1.0以下</td><td>0.5以上</td></tr>
</table>

续表

项目		装配玻璃密封条				气密密封条					接缝密封条		
		氯乙烯系	热塑塑料弹性体	氯丁二烯系	EPDM系	氯乙烯系	热塑塑弹性体	氯丁二烯系	EPDM系	硅酮系	氯丁二烯系	EPDM系	硅酮系
加热收缩率（%）	70℃	3.0以下	1.0以下	—	—	3.0以上	1.0以下	—	—	—	—	—	—
	100℃	—	—	1.0以下		—	—	1.0以下		0.5以下	1.0以下		0.5以下
压缩永久变形（%）	70℃	75以下	45以下	—	—	75以下	45以下	—	—	—	—	—	—
	100℃	—	—	35以下		—	—	35以下		10以下	35以下		10以下
感温性	0℃的硬度度	—	85以下		75以下		85以下	80以下	70以下		67以下	70以下		67以下
	40℃的硬度度	—	50以上		55以上		45以上	40以上	50以上		53以上	50以上		53以上
	硬度差度	—	30以下	20以下	15以下		30以下	20以下	15以上		5以下	15以下		5以下
耐候性	外观变化	—	要无异常		—	—	—	—	—	—	—	—	—	—
	拉伸强度残存率（%）	—	80以上		—	—	—	—	—	—	—	—	—	—
	延伸残存率	—	70以上		—	—	—	—	—	—	—	—	—	—
臭氧劣化	—	—	—	无龟裂		—	—	无龟裂			无龟裂		
对异丁烯树脂板的适应性①	—	微细裂纹也不能发生				—	—	—	—	—	—	—	—

①只在采用异丁烯树脂板时用

2.3 建筑材料的热膨胀系数，见附表 2.3。

各种建筑材料的热膨胀系数　　附表 2.3

分类	材质	热膨胀系数 (1×10^{-8}/℃)
金属	铝	23.8
	不锈钢 18Cr-8Ni	17.3
	钢	11.7
	铜	16.7
玻璃	玻璃板	9.9

续表

分类	材质	热膨胀系数 (1×10^{-8}/℃)
水泥制品 石材 其它	混凝土	6.8～12.7
	ALC（压蒸轻混凝土）板	6.7～8.0
	大理石	5～6
	花岗岩	8.3
塑料	FRP（玻璃纤维增强塑料）	20～34
	聚酯树脂	35～50
	硬质氯乙烯树脂	50～180

2.4 密封材料最大最小接缝尺寸标准值，见附表2.4。

密封材料最大最小接缝尺寸标准值（mm） **附表2.4**

密封材料种类	接缝尺寸	
	最大宽度×深度	最小宽度×深度
硅酮系	40×20	10×10（5×5）
改性硅酮系	40×20	10×10（5×5）
聚硫化物系	40×20	10×10（6×6）
聚氨酯系	40×20	10×10
丙烯酸系	20×15	10×10
丁苯橡胶系	20×15	10×10
丁基橡胶系	20×15	10×10
油性系	20×15	10×10

2.5 建筑用泡沫密封条的技术性能，见附表2.5。

建筑用泡沫密封条的性能 **附表2.5**

试验项目		气密泡沫密封条		装配玻璃泡沫密封条	接缝泡沫密封条		
		合成橡胶系	氯乙烯系	合成橡胶系	合成橡胶系	氯乙烯系	浸渗聚氨酯系
品质试验	压缩荷载（N/cm^2）	2.0～9.8	2.9～4.9	13.7～78.5	2.0～12.7	2.0～6.9	0.1～0.5
	压缩永久变形（%）	60以下	90以下	70以下	60以下	90以下	30以下
	加热后压缩荷载的残存率（%）	140以下	140以下	140以下	140以下	140以下	70以上
	吸水率（%）	5以下	10以下	5以下	5以下	10以下	—
	加热损失（%）	3以下	5以下	3以下	3以下	5以下	3以下
	加热收缩率	3以下	5以下	3以下	3以下	5以下	1以下
	污染性	—	—	—	—	—	—

续表

试验项目			气密泡沫密封条		装配玻璃泡沫密封条	接缝泡沫密封条		
			合成橡胶系	氯乙烯系	合成橡胶系	合成橡胶系	氯乙烯系	浸渗聚氨酯系
标志试验	假比重		标志值±0.05	标志值±0.04	标志值±0.05	标志值±0.05	标志值±0.04	
	压缩荷载 (N/cm^2)	0℃的值	—	—	—	—	—	
		40℃的值	—	—	—	—	—	
	粘着性		必须不粘着不污染	必须不粘着不污染	—	—	—	
	耐候性		—	外观无变化	—	—	外观无变化	
	耐臭氧性		不能因臭氧龟裂	—	不能因臭氧龟裂	不能因臭氧龟裂	—	
	压缩力 MPa		—	—	—	必须在标志值以下	必须在标志值以下	
	耐漏水性		—	—	—	必须不漏水	必须不漏水	

2.6 密封材料的设计伸缩率和设计剪切变形率的标准值，见附表 2.6。

密封材料的设计伸缩率和设计剪切变形率的标准值（单位：%）　　**附表 2.6**

耐久性分类	密封材料种类	拉伸		压缩		剪切	
		M_1	M_2	M_1	M_2	M_1	M_2
10030	硅酮系	20	40	20	30	30	60（40）
9030	硅酮系	20	40	20	30	30	60（40）
	改性硅酮系	20	40	20	30	30	60
	聚硫化物系	20	40	15	30	30	60（40）
	丙烯酸改性聚氨酯系	20	40	15	30	30	60
	聚氨酯系	20	40	15	30	30	60
9030G	硅酮系	（10）	（15）	（10）	（20）	（20）	（30）
8020	改性硅酮系	15	30	15	20	20	40
	聚硫化物系	15	30	10	20	20	40（30）
	丙烯酸改性聚氨酯系	15	30	10	20	20	40
	聚氨酯系	15	30	10	20	20	40
76020	聚氨酯系	15	30	10	20	20	40
	丙烯酸系	10	20	7	15	15	30
	SBR（丁苯橡胶）系	10	20	7	15	15	30
7010	丙烯酸系	7	15	5	10	10	20
	SBR 系	7	15	5	10	10	20
7005	丁基橡胶系	3	—	3	—	3	—
—	油性系	1	—	1	—	1	—

注：1. 分类是根据 JIS A 5758（建筑用密封材料）；
2. M_1 考虑因温度移动时用；
3. M_2 考虑因风、地震、振动等移动时用；
4. 括弧内数字是装配玻璃时用。

2.7 建筑密封材料的质量要求，见附表 2.7。

对密封材料的质量要求 附表 2.7

种类 试验项目	密封材料						嵌缝材料	
	金属用		混凝土用		玻璃用		外部用	内部用
	1级	2级	1级	2级	1级	2级		
挤出性	3个试件中至少有2个达到：通用及冬季用30s以内，夏季用20s以内							
下垂度	小于3mm							
流平性	所有试样表面平坦							
渗透性	小于5mm且3张以内							
污染性	所有试件无污染现象							
耐臭氧性	所有试件没有因臭氧产生龟裂							
耐久性	所有试件没有溶解、溶胀、裂纹及从被粘接体剥离等							

2.8 建筑密封材料对不同被粘接体的耐久试验程序，见附表 2.8（1）耐久性分类及代号，见附表 2.8（2）。

密封材料对不同被粘接体的耐久性试验程序 附表 2.8（1）

试验程序				种类：金属用		混凝土用		玻璃用	
			被粘接体	1级	2级	1级	2级	1级	2级
				铝板	铝板	砂浆板	砂浆板	玻璃板	玻璃板
1	紫外线照射（h）							500	250
2	接缝宽度解除固定后，在标准状态下静放①（h）			/	/	/	/	24	24
3	接缝宽度固定12mm后，在50℃温水中浸泡（h）			24	24	24	24	24	24
4	接缝宽度解除固定后，在标准状态下静放①（h）			24	24	24	24	24	24
5	压缩加热	接缝宽度	（mm）	9.6	10.8	9.6	10.8	9.6	10.8
			（%）	−20	−10	−20	−10	−20	−10
		温度（℃）		90	90	70	70	90	90
		时间（h）		168	168	168	168	168	168
6	接缝宽度解除固定后，在标准状态下静放①（h）			24	24	24	24	24	24
7	拉伸冷却	接缝宽度	（mm）	16.8	14.4	16.8	14.4	16.8	14.4
			（%）	+40	+20	+40	+20	+40	+20
		温度（℃）		−10	−10	−10	−10	−10	−10
		时间（h）		24	24	24	24	24	24

续表

试验程序 \ 被粘接体 \ 种类			金属用		混凝土用		玻璃用	
			1级	2级	1级	2级	1级	2级
			铝板	铝板	砂浆板	砂浆板	玻璃板	玻璃板
8	解除接缝宽度固定后，在标准状态下静放① (h)		24	24	24	24	24	24
9	重复上述程序		试验程序 3～8 重复作一次	/	试验程序 3～8 重复作一次	/	试验程序 3～8 重复作一次	/
10	接缝宽度固定为 12mm 后，在标准状态下静放 (h)		24 以上	24 以上	24 以上	24 以上	24 以上	24 以上
11	接缝宽度①② 的扩大与缩小 (4—6 次/分)	接缝宽度 (mm)	12.0—16.8	12.0—14.4	12.0—16.8	12.0—14.4	12.0—16.8	12.0—14.4
		接缝宽度 (%)	0—＋40	0—＋20	0—＋40	0—＋20	0—＋40	0—＋20
		次数（次）	2000	2000	2000	2000	2000	2000

注：1. 该试验程序结束后检查试样；

2. 第 10 项试验程序结束后，在 7 天以内进行第 11 项试验。

耐久性分类及代号 **附表 2.8（2）**

耐久性试验条件 \ 分类及代号	10030	9030	8020	7020	7010	7005	9030G
压缩加热温度（℃）	100	90	80	70	70	70	90[1)]
接缝宽度的扩大、缩小（%）	±30	±30	±20	±20	±10	±5	30[2)]

注：1. 表示剪切加热温度；

2. 对接缝宽度的剪切变形率。

2.9 建筑密封材料耐久性试验程序，见附表 2.9（1）及 2.9（2）。

建筑密封材料耐久性试验程序 **附表 2.9（1）**

试验程序 \ 耐久性分类				9030	8020	7020	7010	7005
1	接缝宽度固定为 12mm 在 50℃的温水中浸泡 (h)			24	24	24	24	24
2	接缝宽度解除固定后在标准状态下放置① (h)			24	24	24	24	24
3	压缩加热	接缝宽度	(%)	8.4	9.6	9.6	10.8	11.4
			(mm)	－30	－20	－20	－10	－5
		温度（℃）		90	80	70	70	70
		时间（h）		168	168	168	168	168

续表

试验程序 \ 耐久性分类				9030	8020	7020	7010	7005
4	接缝宽度解除固定后在标准状态下放置[①②]（h）			24	24	24	24	24
5	拉伸冷却	接缝宽度	（mm）	15.6	14.4	14.4	13.2	12.6
			（%）	+30	+20	+20	+10	+5
		温度（℃）		−10	−10	−10	−10	−10
		时间（h）		24	24	+24	24	24
6	接缝宽度解除固定后在标准状态下放置[①②]（h）			24	24	24	24	24
7	重复上述程序			重复一遍1～6的试验程序	重复一遍1～6的试验程序	重复一遍1～6的试验程序	重复一遍1～6的试验程序	重复一遍1～6的试验程序
8	接缝宽度固定为12mm在标准状态下放置[③]（h）			24以上	24以上	24以上	24以上	24以上
9	接缝宽度的扩大、缩小[①]（4～6）次/分	接缝宽度	（mm）	8.4—15.6	9.6—14.4	9.6—14.4	10.8—13.2	11.4—12.6
			（%）	−30—+30	−20—+20	−20—+20	−10—+10	−5—+5
		次数（次）		2000	2000	2000	2000	2000

注：1. 该项试验程序结束后检查试样。

2. 不得不中断试验时，应选在程序4及6结束的时间。

3. 8的试验程序结束后，在7天以内进行9的试验程序。

建筑密封材料耐久性试验程序 **附表2.9（2）**

试验程序 \ 耐久性分类				9030G
1	固定为制作时的尺寸，在50℃温水中浸渍（h）			24
2	解除固定在标准状态下放置（h）			24
3	剪切加热	剪切变形	%	30
			mm	3.6
		温度	℃	90
		时间	h	168
4	解除固定后，在标准状态下放置（h）			24
5	剪切冷却	剪切变形	mm	3.6
			%	30
		温度	℃	10
		时间	h	24
6	解除固定后，在标准状态下放置（h）			24
7	重复上述程序			重复一遍1—6的试验程序
8	固定为制作时的尺寸，在标准状态下放置（h）			24以上
9	试体的剪切变形（4～6次/min）	剪切变形	mm	两方向3.6
			%	两方向30
		次数（次）		2000

8 地面工程

1 总 则

(1) 为严格遵守国家现行的规范和有关技术标准，合理地选择施工工艺，以确保建筑地面工程质量和使用功能，特编制本技术措施，供施工参考使用。

(2) 本措施内容适用于民用建筑地面工程的施工。

(3) 本措施是根据《建筑地面工程施工及验收规范》(GB50209—95)(以下简称“施工规范”)和相应的国家现行技术标准的规定编制的；有关混凝土、防水地面、抹灰等工程，尚应按《混凝土结构工程施工及验收规范》(GB50204—88)、《屋面工程技术规范》(GB50207—96)、《地下防水工程施工及验收规范》(GBJ208—83)和《建筑装饰工程施工及验收规范》(JGJ73—91)中的有关规定执行。

(4) 本措施中所用材料，除应符合有关国家标准的规定外，所有进场材料应具有出厂合格证，并应验收合格后，方可使用。各种计量器具应经校验以确保其精确度，和正确使用。

(5) 施工时的安全技术、劳动保护和防火要求等，必须符合现行有关技术标准的规定。

2 技 术 术 语

2.1 地 面 构 造

2.1.1 建筑地面 是指由不同的构造层（如面层、结合层、找平层、隔离层、填充层、垫层、基土等）的组合，并共同承受各种外力的建筑物底层和各楼层地面。其范围还包括室外散水、明沟、踏步、台阶和坡道等。

2.1.2 面层 是指直接承受外力冲击、摩擦等物理和化学作用的表面层。

2.1.3 结合层 在本文中是指两层之间联结的中间层；有时亦作为面层的弹性层。

2.1.4 找平层 是指在基体或基层上起整平、找坡或加强作用的构造层。

2.1.5 隔离层 是指防止液体（包括油渗）或地下水、潮气渗过地面等作用的构造层；如果只能防地下潮气透过地面的称防潮层。

2.1.6 填充层 是指减少导热、隔声的构造层，同时，也可作为找坡或敷设暗管线等用。

2.1.7 垫层 是指承受荷载，并将荷载传递到基土上的构造层。

2.1.8 基土 是指地面垫层以下天然或人工的土层。

2.1.9 板块地面 是指采用块状材料做成的地面面层。

2.1.10 踢脚板 是指沿地面边缘墙面上镶嵌或加厚的狭长条带，其目的是用以保护墙脚免受污损和遮盖地面与墙脚间的缝隙。

2.1.11 刚性垫层 是指采用现浇混凝土或水泥砂浆等材料制作的垫层。

2.1.12 外刚性垫层 是指用不同的粗或细骨料（砂、碎石、矿渣、炉渣等），铺设在板块面层下面的构造层。

2.1.13 找坡度，是指根据设计要求有坡度的地面，在底层基土施工时，可用挖、填方修整高差，以满足设计坡度；如在钢筋混凝土板上施工，则首先应按设计在结构上起坡，否则，只能在填充层、找平层上调整高差。

2.2 材 料

2.2.1 水泥 是指一种性能优良的无机水硬性胶凝材料；用以配制建筑砂浆、混凝土或钢筋混凝土，是建筑工程上的重要材料。

2.2.2 粗骨料 是指粒径大于 5mm 的石子，通称粗骨料，如碎石、卵石等。

2.2.3 细骨料 是指由自然条件作用而形成粒径小于 5mm 以下的岩石颗粒即为细骨料；如河砂、山沙等。

2.2.4 建筑砂浆 是指由胶结材料、细骨料（或加掺加料、外加剂）和水，按试验提供的配合比，经拌制而成。

2.2.5 砂浆强度等级 是指用标准方法制作养护的边长为7.07cm立方体试件，通过压力试验取得的平均抗压极限强度而确定的；砂浆强度等级有M15、M10、M75、M5、M2.5、M1及M0.4等。

2.2.6 混凝土强度等级 是指按标准方法制作、养护的边长为150mm方立体试件，在28d标养龄期，用标准方法测得的具有95%保证率的抗压强度。混凝土强度等级用符号“C”和立方体抗压强度标准值（N/mm^2）表示。

2.2.7 水泥标号 是指用标准方法制成1∶2.5（水泥∶标准砂）的砂浆试件（4cm×4cm×16cm的棱柱体），在20±2℃的水中养护28d的抗压强度（MPa）。

2.2.8 安定性 是指水泥在硬化后，因体积膨胀不均匀而变形的情况。

2.2.9 凝结时间 是指水泥从水开始，到失去流动性，即从可塑状态到固体状态所需的时间，分初凝时间和终凝时间；按国家标准规定、初凝时间不得早于45min，终凝时间硅酸盐水泥不得迟于390min；普通水泥、矿渣水泥、火山灰水泥及粉煤灰水泥不得迟于600min。

2.2.10 花岗石板材 是指由花岗石荒料加工制成板状制品，根据用途、加工方法分为机刨板材、为剁斧板材（用刨石机经剁斧制成）、粗磨板材（板面平整无光），磨光板材等。磨光板材是锯解后研磨、抛光而成的，主要用于室内外墙面、柱面及地面的高档建筑装饰。

2.2.11 大理石板材 是指用大理石荒料经锯切、研磨、抛光而成；其质地均匀、光洁度高，纹理细致，形成图案，可拼成画面，主要用于室内墙面，柱面或地面的高级建筑装饰材料。

3　一般性技术要求

3.0.1　熟悉图纸

（1）了解地面的各构造层的要求和组成形式。

（2）掌握单位工程地面包括的具体项目；除室内各层地面外，并含室外散水、明沟、踏步、台阶、坡道等。

（3）了解地面各层所用的材料、建筑产品的品种、规格、配合比及强度等级。

（4）掌握预埋（管、线）件的设置分布。

（5）掌握室内地面的绝对标高、坡度、走向、各部位尺寸；预埋件及预留孔的位置和尺寸。

3.0.2　编制施工（技术措施）方案及技术交底

（1）编制施工（技术措施）方案，必须根据施工图设计特点、工艺要求、施工方法、规范、标准的规定和新型材料的应用。

（2）技术交底是为了使参与施工人员明了所承担施工任务的特点。技术要求、施工工艺等，做到心中数，有计划、有组织地完成施工任务，必须在工程正式施工前认真做好技术交底工作。

3.0.3　抄平放线

（1）按设计要求测量标定室内地坪的绝对标高和有水房间地面坡度、坡向等，应以室内＋500线为基准进行确定标高，以此统一各层房间地坪标高。

（2）抄平放线前，应校正水准仪，确保测量的精度。

（3）抄平放线标定的基准点，应有明显标明标高的水准点标志，为施工提供准确的数据和依据。

3.0.4　材料验收及检验

（1）地面各层所用材料、建筑产品的品种、规格和技术标准，必须符合设计要求和国家现行有关技术标准的规定，详见附录1～5所示。

（2）地面各层采用拌合料的配合比，应以试验确定为准。

3.0.5　常用水泥砂浆的技术性能

（1）水泥砂浆在地面工程中，主要用作抹面、找平，亦有用于结合层的；用于抹面和找平时其技术性能要求，可参照表3.0.5（1）

砂浆技术性能　　　　**表3.0.5**（1）

<table>
<tr><th>项　次</th><th colspan="3">项　　　目</th><th>规定指标</th></tr>
<tr><td rowspan="2">1</td><td rowspan="2">砂浆和易性</td><td>流动性</td><td>地面面层砂浆的沉入度
找平层砂浆的沉入度</td><td>25～35mm</td></tr>
<tr><td>保水性</td><td>以分层度表示，一般应不大于</td><td>≤10mm</td></tr>
<tr><td>2</td><td colspan="2">质量要求</td><td>水泥砂浆面层的砂浆强度等级不应小于M15</td><td>应按设计规定的强度等级</td></tr>
</table>

(2) 配制抹面水泥砂浆时多用体积比，但由于水泥强度及骨料含水量等会影响强度的变化，其相应强度等级和稠度，可大致参照表 3.0.5 (2) 采用。

水泥砂浆的体积比、相应强度等级和稠度 **表 3.0.5** (2)

面层种类	构造层	水泥砂浆体积比	相应的水泥砂浆强度等级	水泥砂浆稠度（以标准圆锥体沉入度计，mm）
条石、缸砖面层	结合层和面层的填缝	1∶2	≥M15	25～35
水泥钢（铁）屑面层	结合层	1∶2	≥M15	25～35
整体水磨石面层	结合层	1∶3	≥M10	30～35
预制水磨石板、大理石板、花岗石板、陶瓷锦砖、陶瓷地砖面层	结合层	1∶2	≥M15	25～35
水泥花砖、预制混凝土板面层	结合层	1∶3	≥M10	30～35

(3) 水泥砂浆面层采用的水泥和细骨料，应符合以下要求：

1) 水泥应采用硅酸盐水泥或普通硅酸盐水泥为宜，其标号不应小于 425 号；

2) 采用的砂应以中粗砂为宜，其含泥量不应大于 3%。

(4) 当设计对水泥砂浆有强度等级要求时，每一层建筑地面工程中，同一种类强度等级水泥砂浆应起码做 1 组试件；若一层中建筑地面工程超过 $1000m^2$，每增加 $1000m^2$ 应增加 1 组试件，不足 $1000m^2$ 按 $1000m^2$ 计。改变配合比时，亦应制作相应的试件组数。

3.0.6 混凝土配合比应符合《混凝土结构工程施工及验收规范》(GB50204—92) 的规定。

(1) 混凝土施工配合比，应根据设计的混凝土强度等级和质量检验以及混凝土施工和易性的要求确定，并应符合合理使用材料和经济的原则，对有抗冻、抗渗等要求的混凝土，尚应符合有关的专门规定。

(2) 普通混凝土和轻骨料混凝土的配合比，应分别按国家现行标准《普通混凝土配合比设计技术规程》和《轻集料混凝土技术规程》进行计算，并通过试配确定。

(3) 混凝土的施工配制强度可按下式确定：

$$f_{cu,0} = f_{cu,k} + 1.645\sigma \tag{3.0.6(1)}$$

式中 $f_{cu,0}$——混凝土的施工配制强度 (N/mm^2)；

$f_{cu,k}$——设计的混凝土强度标准值 (N/mm^2)；

σ——施工单位的混凝土强度标准差 (N/mm^2)。

(4) 施工单位的混凝土强度标准差应按下列规定确定：

1) 当施工单位具有近期的同一品种混凝土强度资料时，其混凝土强度标准差 σ 应按下列公式计算：

$$\sigma = \sqrt{\frac{\sum_{i=1}^{N} f_{cu,i}^2 - N\mu_{f_{cu}}{}^2}{N-1}} \tag{3.0.6(2)}$$

式中 $f_{cu,i}$——统计周期内同一品种混凝土第 i 组试件的强度值（N/mm^2）；

$\mu_{f_{cu}}$——统计周期内同一品种混凝土 N 组强度的平均值（N/mm^2）；

N——统计周期内同一品种混凝土试件的总组数，$N \geqslant 25$。

注：1. “同一品种混凝土”系指混凝土强度等级相同且生产工艺和配合比基本相同的混凝土；

2. 对预拌混凝土厂和预制混凝土构件厂，统计周期可取为一个月；对现场拌制混凝土的施工单位，统计周期可根据实际情况确定，但不宜超过三个月；

3. 当混凝土强度等级为C20或C25时，如计算得到的 $\sigma < 2.5N/mm^2$，取 $\sigma = 2.5N/mm^2$；当混凝土强度等级高于C25时，如计算得到的 $\sigma < 3.0N/mm^2$，取 $\sigma = 3.0N/mm^2$。

2）当施工单位不具有近期的同一品种混凝土强度资料时，其混凝土强度标准差 σ 可按表3.0.6（1）取用。

σ 值（N/mm^2） **表 3.0.6**（1）

混凝土强度等级	低于C20	C20～C35	高于C35
σ	4.0	5.0	6.0

注：在采用本表时，施工单位可根据实际情况，对 σ 值作适当调整。

（5）混凝土的最大水灰比和最小水泥用量，应符合表3.0.6（2）的规定。

混凝土的最大水灰比和最小水泥用量 **表 3.0.6**（2）

混凝土所处的环境条件	最大水灰比	最小水泥用量（kg/m^3）			
		普通混凝土		轻骨料混凝土	
		配筋	无筋	配筋	无筋
不受雨雪影响的混凝土	不作规定	250	200	250	225
（1）受雨雪影响的露天混凝土 （2）位于水中或水位升降范围内的混凝土 （3）在潮湿环境中的混凝土	0.70	250	225	275	250

注：1. 本表中的水灰比，对普通混凝土系指水与水泥（包括外掺混合材料）用量的比值；对轻骨料混凝土系指净用水量（不包括轻骨料1h吸水量）与水泥（不包括外掺混合材料）用量的比值；

2. 本表中的最小水泥用量，对普通混凝土包括外掺混合材料，对轻骨料混凝土不包括外掺混合材料；当采用人工捣实混凝土时，水泥用量应增加 $25kg/m^3$；当掺用外加剂且能有效地改善混凝土的和易性时，水泥用量可减少 $25kg/m^3$；

3. 当混凝土强度等级低于C10时，可不受本表的限制。

（6）混凝土的最大水泥用量不宜大于 $550kg/m^3$。

（7）混凝土浇筑时的坍落度，宜按表3.0.6（3）选用，坍落度测定方法应符合现行国家标准《普通混凝土拌合物性能试验方法》（GBJ80—85）的规定。

混凝土浇筑时的坍落度（mm） **表 3.0.6**（3）

结构种类	坍落度
基础或地面等的垫层、无配筋的大体积结构（挡土墙、基础等）或配筋稀疏的结构	10～30

注：1. 本表系采用机械振捣混凝土时的坍落度，当采用人工捣实混凝土时其值可适当增大；

2. 当需要配制大坍落度混凝土时，应掺用外加剂；

3. 曲面或斜面结构混凝土的坍落度应根据实际需要另行选定；

4. 轻骨料混凝土的坍落度，宜比表中数值减少10～20mm。

（8）泵送混凝土的配合比，应符合下列规定：

一、骨料最大粒径与输送管内径之比，碎石不宜大于1：3，卵石不宜大于1：2.5；通过0.315mm筛孔的砂不应少于15%；砂率宜控制在40%～50%；

二、最小水泥用量宜为300kg/m^3；

三、混凝土的坍落度宜为80～180mm；

四、混凝土内宜掺加适量的外加剂。

注：泵送轻骨料混凝土的原材料选用及配合比，应通过试验确定。

3.0.7 混凝土拌制应符合《混凝土施工与验收规范》(GB50204—92)和《混凝土质量控制标准》(GB50164—92)的规定。

（1）混凝土原材料每盘称量的偏差，不得超过表3.0.7（1）中允许偏差的规定。

混凝土原材料称量的允许偏差（%） **表3.0.7**（1）

材料名称	允许偏差
水泥、混合材料	±2
粗、细骨料	±3
水、外加剂	±2

注：1. 各种衡器应定期校验，保持准确；

2. 骨料含水率应经常测定，雨天施工应增加测定次数。

（2）混凝土搅拌的最短时间可按表3.0.7（2）采用。

混凝土搅拌的最短时间（s） **表3.0.7**（2）

混凝土坍落度（mm）	搅拌机机型	搅拌机出料量		
		＜250	250～500	＞500
≤30	强制式	60	90	120
	自落式	90	120	150
＞30	强制式	60	60	90
	自落式	90	90	120

注：1. 混凝土搅拌的最短时间系指自全部材料装入搅拌筒中起，到开始卸料止的时间；

2. 当掺有外加剂时，搅拌时间应适当延长；

3. 全轻混凝土宜采用强制式搅拌机搅拌，砂轻混凝土可采用自落式搅拌机搅拌，但搅拌时间应延长60s～90s；

4. 采用强制式搅拌机搅拌轻骨料混凝土的加料顺序是：当轻骨料在搅拌前预湿时，先加粗、细骨料和水泥搅拌30s，再加水继续搅拌；当轻骨料在搅拌前未预湿时，先加1/2的总用水量和粗、细骨料搅拌60s，再加水泥和剩余用水量继续搅拌；

5. 当采用其他形式的搅拌设备时，搅拌的最短时间应按设备说明书的规定或经试验确定。

3.0.8 铺设地面混凝土的运送应符合以下规定：

（1）混凝土运至浇筑地点，应符合浇筑时规定的坍落度，当有离析现象时，必须在浇筑前进行二次搅拌。

（2）混凝土应以最少的转载次数和最短的时间，从搅拌地点运至浇筑地点。

混凝土从搅拌机中卸出到浇筑完毕的延续时间不宜超过表3.0.8的规定。

混凝土从搅拌机中卸出到浇筑完毕的延续时间（min） **表3.0.8**

混凝土强度等级	气温	
	不高于25℃	高于25℃
不高于C30	120	90
高于C30	90	60

注：1. 对掺用外加剂或采用快硬水泥拌制的混凝土，其延续时间应按试验确定；

2. 对轻骨料混凝土，其延续时间应适当缩短。

3.0.9 混凝土质量检查必须符合《混凝土结构工程施工及验收规范》(GB50204—92)和《混凝土强度检验评定标准》(GBJ107—87)的规定。

(1) 混凝土在拌制和浇筑过程中应按下列规定进行检查：

1) 检查拌制混凝土所用原材料的品种、规格和用量，每一工作班至少两次；

2) 检查混凝土在浇筑地点的坍落度，每一工作班至少两次；

3) 在每一工作班内，当混凝土配合比由于外界影响有变动时，应及时检查；

4) 混凝土的搅拌时间应随时检查。

(2) 检查混凝土质量应进行抗压强度试验。对有抗冻、抗渗要求的混凝土，尚应进行抗冻性、抗渗性等试验。

(3) 当采用预拌混凝土时，预拌厂应提供下列资料：

1) 水泥品种、标号及每立方米混凝土中的水泥用量；

2) 骨料的种类和最大粒径；

3) 外加剂、掺合料的品种及掺量；

4) 混凝土强度等级和坍落度；

5) 混凝土配合比和标准试件强度；

6) 对轻骨料混凝土尚应提供其密度等级。

(4) 当采用预拌混凝土时，应在商定的交货地点进行坍落度检查，实测的混凝土坍落度与要求坍落度之间的允许偏差应符合表3.0.9(1)的要求。

混凝土坍落度与要求坍落度之间的允许偏差（mm） **表3.0.9**（1）

要求坍落度	允许偏差
<50	±10
50～90	±20
>90	±30

(5) 评定结构构件的混凝土强度应采用标准试件的混凝土强度，即按标准方法制作的边长为150mm的标准尺寸的立方体试件，在温度为20±3℃、相对湿度为90%以上的环境或水中的标准条件下，养护至28d龄期时按标准试验方法测得的混凝土立方体抗压强度。

试件强度试验的方法应符合现行国家标准《普通混凝土力学性能试验方法》的规定。

注：试件应采用钢模制作；

(6)实际施工中允许采用的混凝土立方体试件的最小尺寸应根据骨料的最大粒径确定，

当采用非标准尺寸试件时，应将其抗压强度值乘以折算系数，换算为标准尺寸试件的抗压强度值。允许的试件最小尺寸及其强度折算系数应符合表 3.0.9（2）的规定。

允许的试件最小尺寸及其强度折算系数　　**表 3.0.9**（2）

骨料最大粒径（mm）	试件边长（mm）	强度折算系数
≤30	100	0.95
≤40	150	1.00
≤50	200	1.05

（7）用于检查结构构件混凝土质量的试件，应在混凝土的浇筑地点随机取样制作。试件的留置应符合下列规定：

1）每拌制 100 盘且不超过 100m^3 的同配合比的混凝土，其取样不得少于一次；

2）每工作班拌制的同配合比的混凝土不足 100 盘时，其取样不得少于一次；

3）对现浇混凝土其试件的留置尚应符合以下要求：

①每一现浇楼层（含地下室各层）同配合比的混凝土，其取样不得少于一次。当每层建地面工程（含地下室的各层）面积超过 1000m^2 时，每超过 1000m^2 各增做一组试件，不足 1000m^2 按 1000m^2 计算。

②同一单位工程每一验收项目中同配合比的混凝土，其取样不得少于一次。

每次取样应至少留置一组标准试件，同条件养护试件的留置组数，可根据实际需要确定。

注：预拌混凝土除应在预拌混凝土厂内按规定留置试件外，混凝土运到施工现场后，尚应按本条的规定留置试件。

（8）每组三个试件应在同盘混凝土中取样制作，并按下列规定确定该组试件的混凝土强度代表值：

1）取三个试件强度的平均值；

2）当三个试件强度中的最大值或最小值之一与中间值之差超过中间值的 15％时，取中间值；

3）当三个试件强度中的最大值和最小值与中间值之差均超过中间值的 15％时，该组试件不应作为强度评定的依据。

（9）混凝土强度的评定应按下列要求进行：

1）混凝土强度应分批进行验收。同一验收批的混凝土应由强度等级相同、生产工艺和配合比基本相同的混凝土组成，对现浇混凝土结构构件，尚应按单位工程的验收项目划分验收批，每个验收项目应按现行国家标准《建筑安装工程质量检验评定统一标准》确定。对同一验收批的混凝土强度，应以同批内标准试件的全部强度代表值来评定。

2）当采用商品混凝土时，应由不少于 10 组的试件代表一个验收批，其强度应同时符合下列要求：

$$m_{f_{cu}} - \lambda_1 s_{f_{cu}} \geqslant 0.9 f_{cu,k} \tag{3.0.9(1)}$$

$$f_{cu,min} \geqslant \lambda_2 f_{cu,k} \tag{3.0.9(2)}$$

式中　$s_{f_{cu}}$——验收批混凝土强度的标准差（N/mm^2），

当 $s_{f_{cu}}$ 的计算值小于 0.06$f_{cu,k}$时，取 $s_{f_{cu}}=0.06f_{cu,k}$；

λ_1，λ_2——合格判定系数。

验收批混凝土强度的标准差 $s_{f_{cu}}$ 应按下式计算：

$$s_{f_{cu}}=\sqrt{\frac{\sum_{i=1}^{n}f_{cu,i}^{2}-nm_{f_{cu}}{}^{2}}{n-1}} \quad (3.0.9(3))$$

式中 $f_{cu,i}$——验收批内第 i 组混凝土试件的强度值（N/mm²）；

n——验收批内混凝土试件的总组数。

合格判定系数，应按表 3.0.9（3）取用。

合格判定系数　　表 3.0.9（3）

试件组数	10～14	15～24	≥25
λ_1	1.70	1.65	1.60
λ_2	0.90	0.85	

3）在地面工程中的混凝土施工多为在施工现场零星生产的、搅拌量不大的混凝土，其试件在 2～9 组间时可采用非统计法评定。此时，验收批混凝土的强度必须同时符合下列要求：

$$m_{f_{cu}} \geqslant 1.15 f_{cu,k} \quad (3.0.9(4))$$

$$f_{cu,min} \geqslant 0.95 f_{cu,k} \quad (3.0.9(5))$$

4）按规定试件仅有 1 组时应符合

$$m_{f_{cu}} \geqslant 1.15 f_{cu,k} \quad (3.0.9(6))$$

5）当对混凝土试件强度的代表性有怀疑时，可采用非破损检验方法或从结构构件中钻取芯样的方法，按有关标准的规定，对结构构件中的混凝土强度进行推定，作为是否应进行处理的依据。

3.0.10 地面各构造层的厚度、连接件（接合、镶边等）及暗配管线的构造，必须符合设计要求，如设计无要求时，应符合施工规范的规定。

3.0.11 地面工程施工时，各层表面的温度以及铺设材料的温度，应符合下列规定：

（1）用掺有水泥的拌合料铺设面层、找平层、结合层和垫层以及铺设粘土面层时，不应低于 5℃。

（2）用掺有石灰的拌合料铺设垫层时，不应低于 5℃。

（3）用石油沥青玛琋脂作结合层和填缝料铺设块料、木板、硬质纤维板面层以及铺设沥青碎石面层时，不应低于 5℃。

（4）用有机胶粘剂粘贴塑料板、硬质纤维板和木板面层时，不应低于 10℃。

（5）在砂结合层以及砂和砂石垫层上，铺设块料料石面层时，不应低于 0℃，且不得在冻土上铺设。

（6）铺设碎石、卵石、碎砖垫层和面层时，不应低于 0℃。

（7）凡低于上述温度施工时，应采取相应措施，以保证工程质量。

3.0.12 铺设面层时，应满足下列要求：

（1）各种地面的铺设，宜在室内装饰工程完成后进行，并应做好基层的处理工作。

当铺设木质地面时，应待室内装饰工程和采暖工程的试压等可能造成地面潮湿的工序完成后，方可施工，并应在房间干燥条件下施工，以避免木地板受潮。

（2）在水泥类材料的基层上铺设水泥类面层、找平层和结合层时，基层的表面应平整、粗糙、洁净和湿润，不得有积水现象。当在压光的预制钢筋混凝土板上铺设时，应凿毛或涂刷界面处理剂且应待其抗压强度达到 12MPa 后，方可在其上铺设面层；铺设前应刷一遍水灰比为 0.4～0.5 的水泥素浆，并随刷随铺。

（3）铺设板块地面时，若采用沥青胶结材料或防水涂料结合层，其找平层表面应坚固、密实、平整、干燥、洁净，并应涂刷基层处理剂（如冷底子油类）。

基层处理剂的表面，以及沥青胶结材料、防水卷材和防水涂料隔离层的表面均应保持洁净。

（4）铺设水泥类整体及板块面层的结合层和填缝的水泥砂浆，在面层铺设后，表面应覆盖湿润，其养护时间不应少于 7d。

（5）水泥类整体地面面层的抗压强度达到 5MPa 以及板块面层的水泥砂浆结合层的抗压强度达到 1.2MPa 时，其面层方准许人行走。当上述面层或结合层的抗压强度达到设计强度时，其面层方充许承受设计荷载。

3.0.13 有水房间地面中结构层的标高，应结合房间内外的高低差、坡度的走向，及隔离层能否与地漏节点结合密实等来确定，以保证面层铺设后不应出现倒泛水和地漏处渗漏等缺陷。

3.0.14 楼梯踏步的高度，应以楼梯间的高度，结合楼梯上、下级踏步与平台、走道连结面层的做法来确定。铺设后每级踏步的高度与上一级踏步和下一级踏步的高低差不应大于 10mm。

3.0.15 踢脚板的施工，应符合以下要求：

（1）踢脚板安装（或抹水泥砂浆板面），应在墙面面层基本完工及墙面最后一遍抹灰前作完。

（2）木制踢脚板，应在木地板面层刨光后安装。

（3）踢脚板（踢脚线）应铺设在洁净、粗糙、湿润的墙面上。阳角踢脚板安装前，应将一端制成 45°角。铺设时，依据找好的水平线，由阳角开始向两侧试铺。

（4）踢脚板铺（安装）设时，对板的接缝、高度、突出或凹入墙面距离等尺寸必须准确一致。

3.0.16 室外散水、明沟、台阶、坡道、踏步等各构造层均应符合设计要求，施工均应符合各层的规定和做法。

（1）在寒冷地区室外填充层的施工要按设计要求考虑冻结影响。

（2）散水和明沟，应设置伸缩缝。伸缩缝应上下、纵横贯通，间距不应大于 10m；且在房屋外墙的转角处亦应设置伸缩缝。

（3）混凝土的散水、明沟和台阶踏步等，不得与建筑物连接，必须设缝断开，缝的宽度应为 20mm，缝内应填沥青胶结料。

3.0.17 民用建筑室内的水泥类整体地面与走道连接门口处，应设置分格缝；有梁部位板接头处的地面宜设置分格缝或钢筋，以防板和梁产生结构变形，导致面层产生不规则裂缝。

3.0.18 民用建筑地面工程施工时的安全技术、作业环境、劳动保护，以及防火、防毒要求等，必须按国家现行有关的标准及文件执行。

4 建筑地面构造

4.1 地面构造及其相关条件

地面构造及其相关条件概括如下：

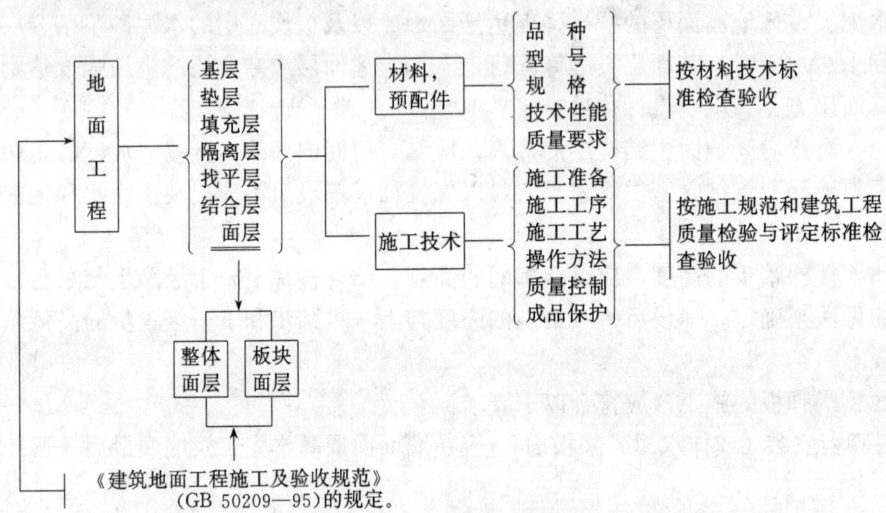

4.1.1 建筑地面结构形式取决于地面的使用功能。所以，地面的性能不同，构造也不同，地面结构是由面层和基层（即结合层、找平层、隔离层（或防潮层）、（垫层、基土）组成的。

4.1.2 根据设计要求，不同类型的地面、不同的材料和预配件，而采用不同的施工技术和操作方法，严格遵守施工规范的规定进行施工，保证地面的坚固、耐磨、不漏、平整、光滑和美观，并达到设计要求的装饰性能和使用功能。

4.2 地面的技术性能

4.2.1 坚固性

地面必须具有足够的强度，以便承受人和器具的荷载和移动摩擦，以及液体冲刷侵蚀，而不受破坏。所以，地面必须耐磨。不耐磨的地面在使用时易产生粉尘，影响卫生与人们的身心健康。

4.2.2 热工性能

地面是人们工作、生活和学习离不开的一种承载结构。人站在地面上，地面便通过人脚吸收人体的热量，使人下肢的体温低于正常体温，影响血液循环，直接影响人的身体健康，所以，应尽量采用导热系数小的材料作面层，使其具有较低的吸热系数。

4.2.3 隔声性能

楼层之间的噪声，是通过空气传声和固体传声两种途径传播的。地面隔声主要是隔绝固体传声。楼层的固体声源，多数是由于撞击和摩擦产生的。因而在可能的条件下，地面应采用能较大地衰减撞击能量的材料及构造。

4.2.4 防水和耐腐蚀性能

地面应尽量采用水密性强的材料，特别是有水源和排液体的潮湿的房间应不透水。

卫生间、实验室应采用耐酸、碱材料做耐腐蚀地面。

地面的防水和耐腐蚀性能，是确保地面使用功能的重要条件。

4.3 各构造层的材料要求

4.3.1 基土填料的土质技术要求，除应符合设计要求，还应遵照《建筑地面工程施工及验收规范》(GB50209—95) 的规定。

地面下填土用料，必须符合设计要求，如设计无要求时，应符合下列规定：

(1) 砂土（使用的砂、粉砂时应取得设计单位的同意）采用人工夯填时，土块的粒径不得大于50mm。

(2) 含水量符合压实要求的粘性土现场检测粘土最低含水量：以手握团，轻颠即碎为准。

(3) 含盐量符合表4.3.1规定的盐渍土，一般可以使用。但填料中不得含有盐晶、盐块或含盐植物的根茎。

按含盐程度分类可用的盐渍土 表4.3.1

盐渍土名称	土层的平均含盐量（重量%）			可用性
	氯盐积土及亚氯盐积土	硫酸盐积土及亚硫酸盐积土	碱性盐积土	
弱盐渍土	0.5～1	0.3～0.5	—	可用
中盐渍土	1～5①	0.5～2①	0.5～1②	可用

注：1. 其中硫酸盐含量不超过2%方可用。
2. 其中易溶碳酸盐含量不超过0.5%方可用。

(4) 对淤泥、淤泥质土及杂填土、冲填土等软弱土质必须按设计要求更换或加固。

淤泥、腐植土、冻土、耕植土、膨胀土和有机含量大于8%的土，均不得用作地面的填土。

(5) 地面下的填土，宜控制在最优含水量的情况下施工。工程量较大及较重要的填土工程，在施工前，应通过试验确定其最优含水量及施工含水量的控制范围。

(6) 用于基土，如基土为非湿陷性的土层，所填砂土可浇水至饱和后加以夯实或振实，表面加强的碎石、卵石或碎砖等的粒径应为40～60mm。

(7) 填土时，无论采用何种方法进行压实，其所用土的粒径都不得超过50mm。

4.3.2 垫层

(1) 垫层的材质、强度、配合比及其密实度等，必须符合设计要求和施工规范的规定。

(2) 地面工程的垫层内含灰土垫层，砂（石）垫层、碎石（碎砖）垫层、三合土垫层、炉渣垫层和水泥混凝土垫层等，各类垫层的施工技术要求及相关规定，见4.3.2（3）所述。

（3）垫层材料技术要求，应符合《建筑地面工程施工及验收规范》（GB50209—95）的规定。

1）土

垫层所用的土，不得含有有机杂质，使用前应予过筛，其粒径不得大于15mm。

2）消石灰

采用生石灰块，在使用前3～4d予以消解并过筛，其粒径不得大于5mm。

3）砂、天然砂石

砂、天然砂石中不得含有草根等有机杂质，石子的最大粒径不得大于垫层厚度的2/3。冻结的砂和砂石不得使用。

4）碎石、卵石

强度均匀、级配适当和不风化的碎石或卵石，其最大粒径不得大于垫层、找平层厚度的2/3。

5）碎砖

碎料的抗压极限强度不小于5MPa，其粒径为20～60mm，且不得大于垫层的2/3，并不得夹有草根等有机杂物。

6）炉渣

炉渣内不应含有有机杂质和未燃尽的煤块，粒径不应大于40mm，且不得大于垫层厚度1/2；粒径在5mm以下者不得超过总体积的40%。不应含有机质和未燃尽的煤块。

炉渣在使用前，必须先泼石灰或用消石灰拌合和浇水闷透。闷透时间不得少于5d。

7）水泥

（1）配制普通混凝土所用的水泥，一般采用硅酸盐水泥、普通硅酸盐水泥、矿渣硅酸盐水泥、火山灰质硅酸盐水泥或粉煤灰水泥；水泥的性能指标，必须符合国家现行有关标准的规定（见附录8）

（2）水泥进场要有出厂合格证或试验报告，并应对其品种、标号、包装或散装仓号、出厂日期等检查验收。

如对水泥质量有怀疑或出厂超过三个月（快硬水泥超过一个月）时，要进行复查并按检验结果，由试验室重作配合比。

8）混凝土所用粗、细骨料应符合《普通混凝土用碎石或卵石质量标准及检验方法》（JGJ53—92）及《普通混凝土质量标准及检验方法》（JGJ52—92）的规定，如为轻骨料时，则应符合《轻骨料试验方法》（GB2842—81）的规定，此外，石粒的粒径不得大于垫层厚度的1/4，砂宜选用质地坚硬的中砂或中粗砂；骨料应按品种、规格分别堆放，骨料中不能混入煅烧过的白云石、石质块和有机杂物。

9）配制普通混凝土所用外加剂的质量应符合《混凝土外加剂应用技术规范》（GBJ119—88）等国家现行标准的规定，所用品种及掺量，必须经过试验确定。

10）配制混凝土、砂浆等时，宜采用饮用水。

11）垫层采用沥青混凝土类材料时，可参照4.3.3做找平层。

4.3.3 找平层

（1）找平层采用水泥砂浆、水泥混凝土、沥青砂浆或沥青混凝土铺设，所用材料的质量要求，必须符合施工规范的规定和有关标准的规定。

（2）水泥宜用不低于325号的硅酸盐水泥或普通硅酸盐水泥。

（3）砂宜用中砂或粗砂，含泥量不大于3%。

（4）采用碎石或卵石，粒径不大于找平层厚度的2/3。

（5）采用石油沥青时，其软化点宜为50～60℃。

（6）沥青砂浆、沥青混凝土的粉状填充料，应采用磨细的石料、砂、炉灰、粉煤灰或其他粉状的矿物质材料。上述填充料中，小于0.08mm的细颗粒含量不少于85%，其含泥量不大于3%；高耐水性的沥青砂浆和沥青混凝土所用的粉状填充料，其亲水性不应小于1.10。

4.3.4 填充层

（1）填充材料的种类及材质，应满足以下要求：

1）保温材料应具有吸水率低，表观密度和导热系数较小，并有一定强度的性能。

2）松散保温材料的质量应符合下列要求：

①膨胀蛭石的粒径宜为3～15mm，堆积密度应小于300kg/m³；导热系数应小于0.14W/m·K。

②膨胀珍珠岩的粒径宜大于0.15mm。粒径小于0.15mm的含量不应大于8%；堆积密度应小于120kg/m³；导热系数应小于0.07W/m·K。

③炉渣应经筛选，沪渣与水渣的粒径应控制在5～40mm，其中不应含有有机杂物石块、土块、重矿渣块和未燃尽的炉渣。

3）板状保温材料的质量应符合表4.3.4的要求。

板状保温材料质量要求 **表4.3.4**

材料类别	表观密度 (kg/m³)	导热系数 (W/m·K)	强度MPa		外观质量
			抗压	抗折	
泡沫塑料类	30～130	0.04～0.05	≥0.1	—	板的外形整齐，厚度允许偏差为±5%，且不大于4mm
微孔混凝土类	500～700	0.19～0.22	≥0.4	—	
膨胀蛭石、膨胀珍珠岩类	300～800	0.10～0.26	≥0.3	—	

4）整体保温层

①膨胀蛭石、膨胀珍珠岩的质量应符合国家现行技术标准及其规范的规定。

②沥青珍珠岩所用的沥青宜采用10号建筑石油沥青。

③水泥膨胀蛭石及水泥膨胀珍珠岩中所用水泥的标号不应小于325号。

4.3.5 隔离层

隔离层的施工质量，直接影响建筑物的使用功能，所用材料的质量必须符合《屋面工程技术规范》(GB50209—95)和《地下防水工程施工及验收规范》(GBJ208—83)的相应规定。

（1）采用沥青胶结材料。

①油毡应采用350号及以上的石油沥青油毡，及相应的石油沥青。

②沥青玛瑞脂应采用同类沥青与纤维、粉状或纤维和粉状混合的填充料配制，沥青的

软化点必须符合设计要求；在沥青玛瑞脂中，当采用纤维填充料时，沥青的重量不应大于90%；当采用粉状填充料时，不应大于75%，玛瑞脂熬制和铺设时的温度应根据使用部位、施工气温及材料性能等条件选用，见附录2

③纤维填充料一般用6级石棉和锯末屑，并通过筛孔为2.5mm的筛子过筛；石棉的含水率不应大于7%，锯木屑的含水率不应大于12%。

粉状填充料应为松散状，其粒径不应大于0.3mm；并应符合附录8·10的要求。

(2) 采用水泥砂浆或混凝土

混凝土强度等级按设计要求，一般宜为C20厚度宜为50mm。

水泥砂浆体积比为1:2.5～1:3（水泥:砂)，厚度宜为30mm。

在混凝土或水泥砂浆中，均应掺入水泥用量10%的JJ91硅质密实剂，掺入JJ91硅质密实剂后，其技术性能见附录1。

4.3.6 结合层

(1) 水泥类的结合层（含板块面层的填缝)，应采用不低于425号的硅酸盐水泥普通硅酸盐水泥或矿渣硅酸盐水泥。

(2) 如采用沥青类材料时，可参见4.3.5有关要求。

4.3.7 面层

(1) 木材

木材应选用不易腐朽、变形、开裂，且应较耐磨、耐湿、纹理顺直、有光泽的优质木材。一般的条木地板可选松木、杉木；而柞木、榆木、核桃木、黄檀木或水曲柳等木材，可作较高级的条形硬木地板和高级硬木拼花地板。

细木制品应采用窑干法烘干的木材，其含水率不应大于12%；采用气干法木材时，制作时的含水率应不大于当地的平衡含水率。

木地板加工厚度应按设计要求，宽度一般为120mm；当双层木地板面层所用的毛地板，可用钝棱料；木搁栅的尺寸应按设计要求，并作防腐处理。

(2) 板块及石材

石材分天然石材与人造石材，是房屋建筑的重要材料，尤其天然石材在当前地面面层中应用广泛。同时施工规范对完工工程验收要求很严，误差要求控制为1～2mm，甚至为0.5mm（相邻高度差)，施工规范附录6板块材质量要求中对这类面层材料质量要求较少，且有些数据偏宽，不利于施工操作和验收。附录8-4、8-5及8-6，参照有关材料产品出厂标准列出一些验收要求，供购买材料及进场对材料进行参考验收，也可供工程质量检验和评定参照使用。

(3) 塑料地板的材质要求见附录8-7。

(4) 颜料的材质要求见附录8-8。

(5) 沥青类的材质要求见附录8-9、8-10。

5　地面工程施工技术措施控制要点

公民用建筑地面工程由基层和面层构成。建筑地面面层，一般有水泥砂浆和细石混凝土整体面层。板块地面有陶瓷锦砖、彩釉陶瓷地砖、缸砖、劈离砖及木地板面层等。按使用功能划分有一般性普通地面和有水房间排液地面，其结构以至面层各有不同。为此，其施工工艺和操作方法也不同。现将建筑地面的施工工艺、操作方法及质量控制分别介绍以后。

地面工程施工工艺流程控制程序，见图 8.5.1。

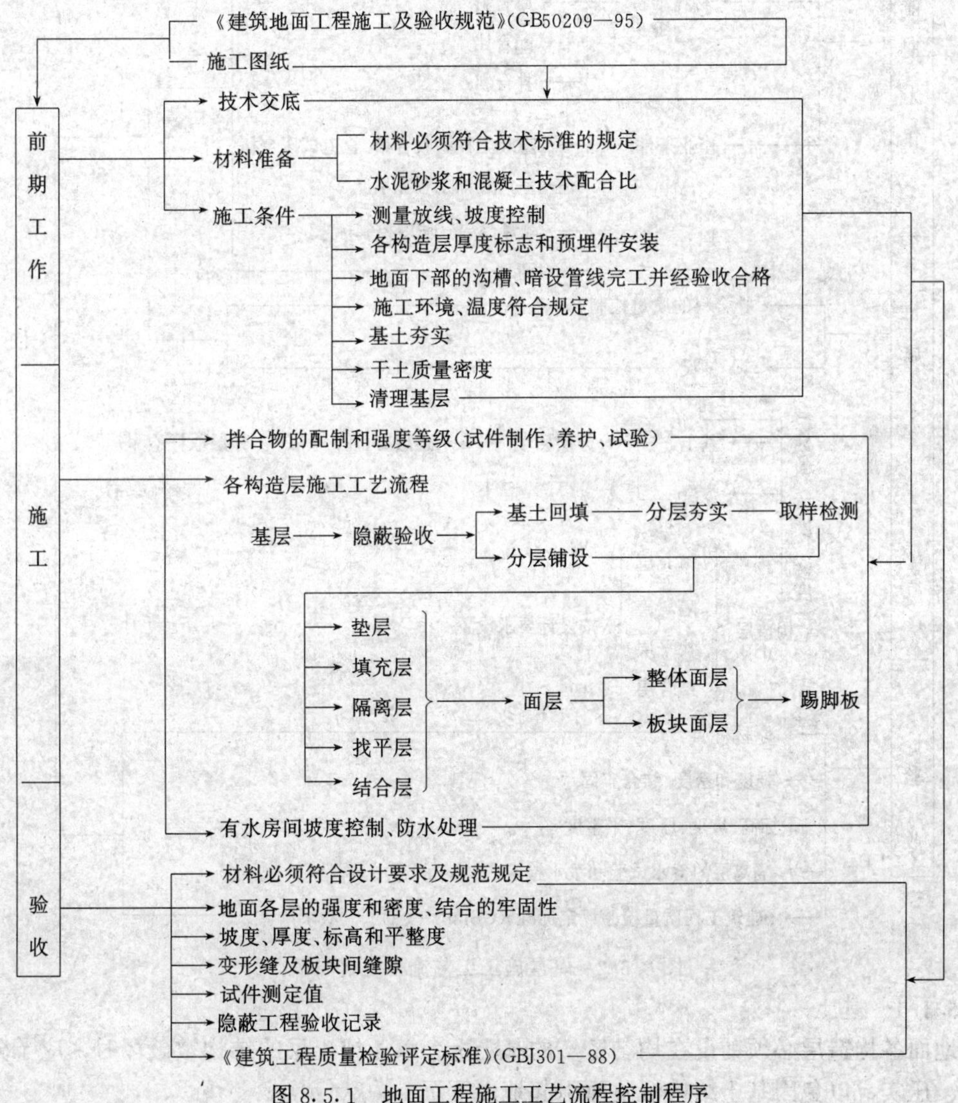

图 8.5.1　地面工程施工工艺流程控制程序

5.1 地面基层施工工艺、操作方法及质量控制

地面基层是《建筑地面工程施工及验收规范》(GB50209—95)强调的重点，也是在施工过程中，往往容易被操作者忽视的。

基层包括基土、垫层隔离层、保温层、找平层和结合层，其工程质量的好坏，直接与地面工程的面层质量密切相关。基层施工工艺流程及其质量控制，见图8.5.2。

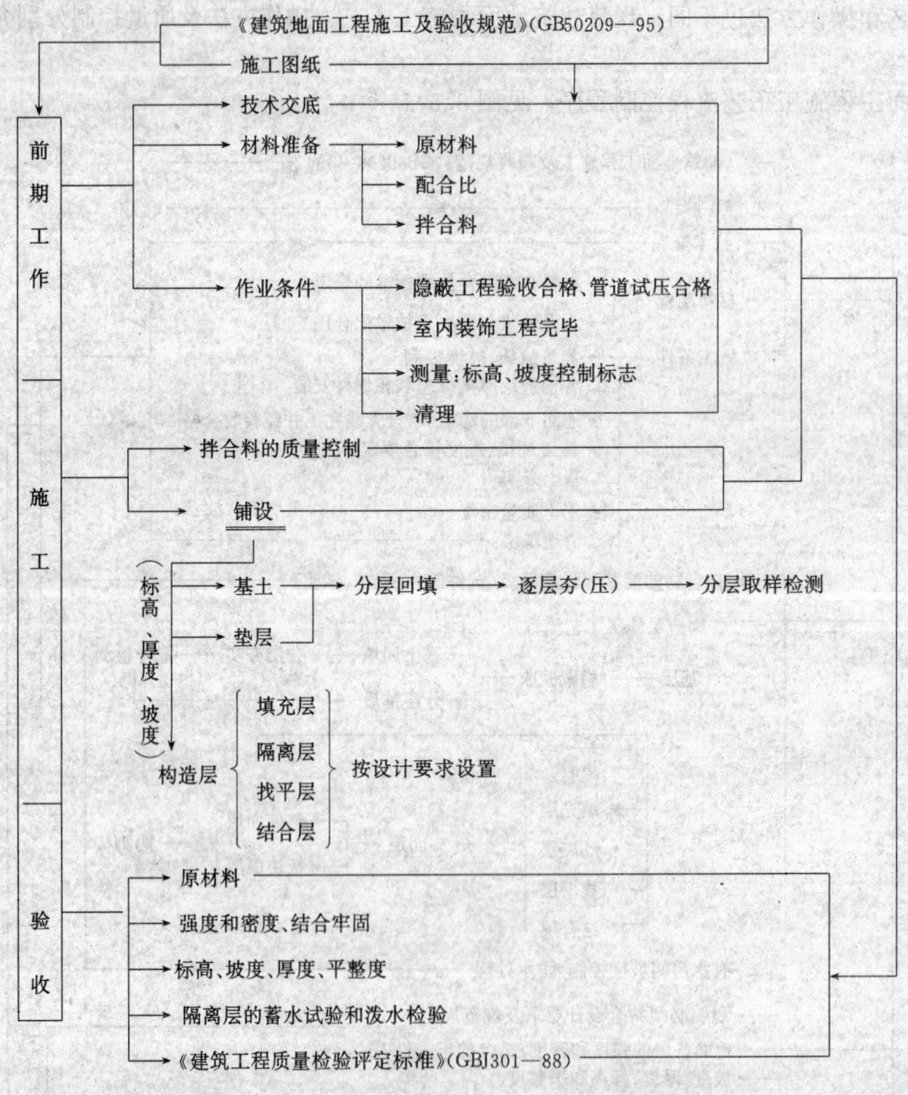

图8.5.2 基层施工工艺流程控制程序

5.1.1 基土

地面各构造层必须铺设在均匀密实的基土上。填土或土层的结构被破坏时，应予分层处理、压实，以免因基土结构沉陷而引起地面下沉。

(1) 在地面施工中，往往因土层的结构被破坏，需要进行处理；基土属于软弱土质，应按设计要求换土、加固，标高不符应填土、挖土、夯实处理，凡此都涉及复杂的土质处理问题和施工操作问题。

(2) 施工工艺和操作方法应符合以下要求：

操作程序

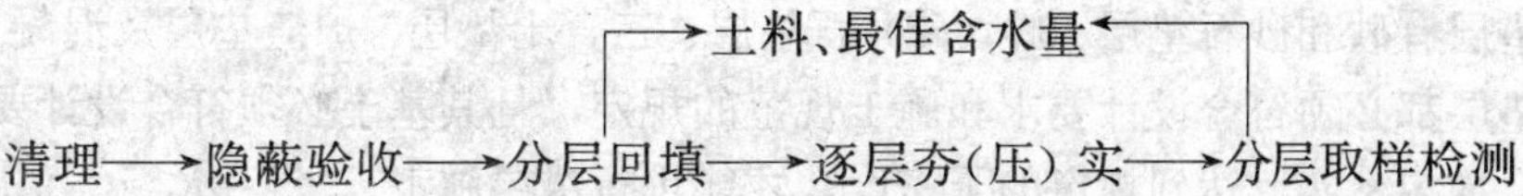

清理→隐蔽验收→分层回填→逐层夯(压)实→分层取样检测（分层回填、分层取样检测→土料、最佳含水量）

1) 清理

凡必须进行更换、加固或填土的竖向和水平方向范围内、属于不符合设计要求和规范规定的土及有机杂物和积水等均应清理干净，并应作好排水及降水工作，直至填土夯(压) 实完毕为止。

2) 隐蔽工程验收

地面下部的沟槽及预埋的管线必须按设计要求和规范规定验收合格，管道必须经试压合格，方可进行下一道工序。

3) 回填

回填时应按设计规定的标高，经测量放线并设置分层控制桩分层回填夯实。每层虚铺填方厚度：用机械压实时，一般不大于 300mm；用蛙式打夯机夯实时，不应大于 250mm；用人工夯实时，则不应大于 200mm。

回填土块的粒径不应大于 50mm。

填土时要按设计要求和 4.3.1 条相关内容，检查核对土料类别及含水量情况（如用粘土时，在现场测检以手握成团，轻颠即散，其含水量为最佳)。

如基土为非湿陷性的土层，所填砂土可浇水至饱和后，加以夯实或振实。每层虚铺填土厚度，一般不大于 200mm。

回填土时，必须分层回填夯（压)，每层填铺的虚土不得超过规定的虚铺厚度，更不允许一次堆成，也不允许在填土中夹带砖、瓦、草绳、草皮或其他有机杂物和冻土等。

4) 夯（压）实

每层填土按规定厚度虚铺后必须进行夯（压）实。

如用人工夯实（包括蛙式打夯机)，必需夯（压）三遍或以上。

如用机械夯（压)，则应根据夯机能力决定夯（压）遍数。

每层夯（压）完后，都必须按照《建筑工程质量检验评定标准》(GBJ301—88) 的规定进行检验。填方，必须按规定分层夯实，取样测定压实后土的干土质量密度，其合格率不应小于 90%，不合格干土质量密度的最低值与设计值的差不应大于 0.08g/cm^3 且不应集中。基坑和室内填土，每层按 100～500m^2 取样一组，且不得少于一组，用环刀法取样，测定其干土质量密度是否符合设计要求和施工规范规定。

如用碎石、卵石或碎砖（粒径均为 40mm）作基土表面加强时，应均匀铺成一层，并用机具压（夯）入适当湿润的土中，其压入深度必须按设计要求，且不小于 40mm。

5) 特殊条件下的基土处理

如属于冬期冰冻地区非采暖房屋和室内温度处于零下的情况，且在冻结范围内的冻胀性或强冻胀性土上铺设地面时，必须按设计要求，采取防止冻胀的措施，或将冻胀土更换后方可施工，防止基土下沉，也避免地面开裂。在冻土上不能进行填土施工。

5.1.2 垫层

垫层在地面工程中，不仅是上承面层、下接基土，承受并传递上部荷载至基土或楼板上，而且它本身的强度和刚度以及施工荷载都将影响整个地面结构的强度和刚度。

一般垫层有砂和砂石垫层、碎（砖）石垫层、三合土垫层、炉渣垫层及混凝土垫层等，无论哪些垫层都必须符合设计要求和施工规范的规定，且其基土必须符合设计要求和施工规范规定，均匀密实，达到规定的干密度，才能进行垫层施工。

(1) 砂垫层

砂垫层一般用中砂，中砂的砂质应坚实、清洁，不得含有草根等有机杂质，含泥量可放宽至不超过5%，含水量及每层铺设厚度应控制在60mm以上，并应根据不同的夯（压）方式而有所不同，但是，不能采用冻结砂，并要注意在湿陷性黄土和膨胀土地区不得使用砂垫层。

操作程序

清理──→隐蔽验收──→分层铺设──→逐层夯（压）实──→分层取样检测

1) 清理

对符合要求的基土进行验收后，将基土上的碎砖、碎杂物品、草皮等有机杂质加以清除。

2) 分层铺设

根据所用捣实方法、含水量要求，分层铺设厚度依据《地基与基础工程施工及验收规范》的规定。

当采用一夯压半夯的夯实方法，每层铺设厚度为150～200mm，最佳含水量8%～12%。

用平板振动器振压（平振法）时，每层铺设厚度为200～250mm，最佳含水量为15%～20%。

用插入式振捣器的插捣法振捣时，铺设厚度为振捣器的插入深度，最佳含水量为饱和状态。

采用辗压法时，每层铺设厚度为250～300mm，最佳含水量为10%～12%。

如采用水撼法（湿陷性黄土或膨胀土地区不得使用），即用水浇至饱和后，再用平板式振动器或手工夯压工具进行夯（压）密实，分层铺设每层厚度为200mm。

3) 逐层夯（压、振）实

按分层铺设方法和含水量要求，应分层铺设洒水湿润，摊铺均匀直至达到厚度时，即可进行夯（压、振）实。由于砂很难夯实。所以，一般只要基土及其以下不是湿陷性土层或膨胀性土层，都可采用水撼法施工。

逐层夯（压、振）实后，必须检测砂垫层的密实度，其检查方法有两种：

①环刀取样法

用容积不小于200cm^{3}的环刀取样，其数量、方法，按本节5.1.1中4）相关的规定执行。

②贯入测定法

用直径20mm、长1250mm的平头钢筋，举离砂层面700mm自由下落，插入深度以不大于通过试验所确定的贯入度为合格。

③中砂在中密状态的干土质量密度为1.55～1.60g/cm³。

(2) 炉渣垫层

炉渣垫层一般用炉渣和水泥，或炉渣、石灰和水泥共同拌合铺设，其厚度如设计无明确要求时，不宜小于80mm，见表4.3.3相关内容。

这里特别要指出的是必须按表4.3.2规定，使用炉渣时应先泼石灰浆或消石灰拌合浇水闷透，否则，面层会鼓破，其次是所用石灰必须经过熟化和过筛。

常用的配合比为水泥：炉渣＝1：6（体积比），或水泥：石灰：炉渣＝1：1：8（体积比），但设计有配合比时，必须按设计要求执行。

炉渣垫层拌合料必须拌合均匀，严格控制加水量（现场检查时，以手握成团为准），以免铺设时表面呈现泌水现象。

操作程序：

清理⟶抄平放线⟶管道处理⟶铺设垫层⟶养护。

1）清理

将基层表面清扫干净，并洒水湿润。

2）抄平、放线

根据室内＋500线，按设计要求弹出炉渣垫层厚度的控制线（桩），一方面是控制厚度和平整，另一方面是当厚度超过120mm时便于分层铺设；如铺设面积较大时，还应贴灰饼或冲筋。

3）管理处理

如垫层内埋有管道，放线时应将管道走向弹出，以便敷设管道（线），然后再用细石混凝土埋设牢固。

4）铺设垫层

铺设炉渣垫层时，应按弹出的控制线（桩）虚铺，平铺平摊，不要集中敷（堆）设；面积大时用木杠按灰饼或冲筋先拍实，然后刮平；要随铺设、随压实、随拍平。拍实（压实）后的厚度，不应大于虚铺厚度的3/4。

5）养护

主要是在炉渣垫层铺设完直至达到规定强度的这一段时间内，必须防止水的侵蚀，而且只有达到规定强度才能进行下一道工序的施工。

(3) 混凝土垫层

1）混凝土垫层的施工与操作，必须按《混凝土结构工程施工及验收规范》(GBJ50204—92）规定的有关内容执行。

2）垫层混凝土的强度等级及厚度，必须符合设计要求；当设计无要求时，混凝土的强度等级不得低于C10，厚度则不宜小于60mm。

3）混凝土垫层应分区段（分仓）进行浇筑，其宽度一般为3～4m，但应结合变形缝的位置，并考虑不同面层材料的连接处和设备基础的位置等加以划分。

4）地面的变形缝，必须按设计要求设置；如设计无要求，当混凝土垫层铺在基土上、且气温又长期处于零下的房间的地面，必须设置变形缝。

5）室内、外混凝土垫层宜设置纵向和横向缩缝，室外混凝土垫层还宜设置伸缝，室内混凝土垫层一般不设置伸缝。

6）纵向缩缝应做成平头，如混凝土垫层厚度大于150mm，亦可采用企口缝；横向缩缝应做成假缝。见图 8.5.3（*a*）（*b*）（*c*）（*d*）。

7）缩缝和伸缩的间距如设计无要求，应符合下列规定：

①纵向缩缝的间距，一般为3～6m，施工气温较高时，宜采用3m。

②横向缩缝的间距，一般为6～12m，室外地面或高温季节施工时，宜采用6m；缩缝布置见图 8.5.3（*e*）。

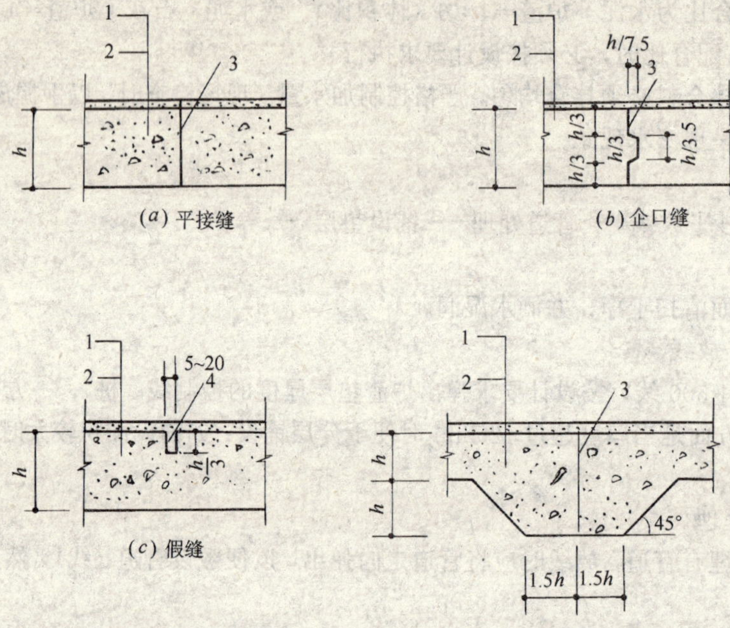

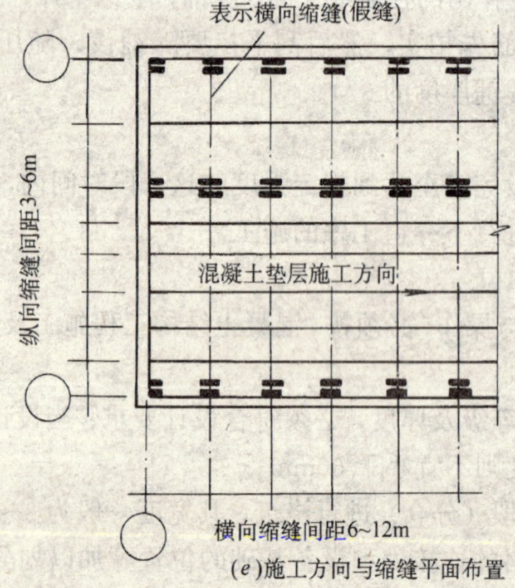

(*e*)施工方向与缩缝平面布置

图 8.5.3 纵、横向缩缝

1—面层；2—混凝土垫层；3—互相紧贴，不放隔离材料；4—1∶3水泥砂浆填缝

③伸缝的间距一般为 30m。

混凝土垫层的缩缝（平头缝、企口缝、假缝）和伸缝的做法，应符合下列规定：

①平头缝和企口缝间，不得放置任何隔离材料，浇筑时必须互相紧贴。企口缝的尺寸应符合设计要求，精心留置。

②假缝应按设计要求的间距和尺寸设计吊模板，缝宽为 5～20mm，深度为垫层厚度的 1/3，缝内应填水泥砂浆。

③伸缝的缝宽一般为 20～30mm，上下贯通，缝内应填沥青材料；当沿缝两则垫层加筋时，应作加筋板伸缩缝，见图 8.5.4。

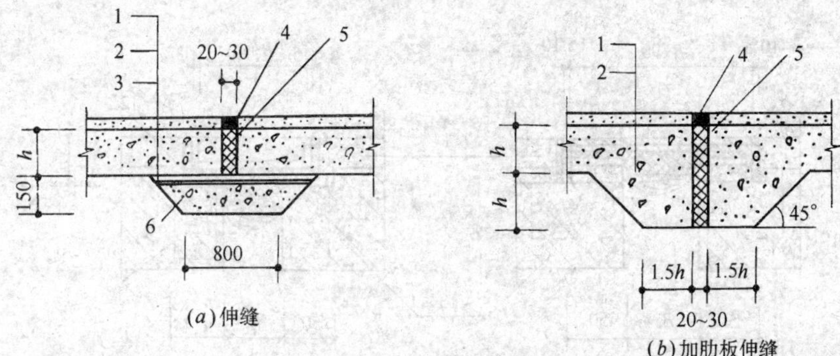

图 8.5.4 伸缝构造

1—面层；2—混凝土垫层；3—干铺油毡一层；4—沥青胶泥填缝；5—沥青胶泥或沥青木丝板；6—C10 混凝土

④沉降缝和防震缝的宽度必须符合设计要求，将缝内清洗干净后，应先用沥青麻丝填实，见图 8.5.5。

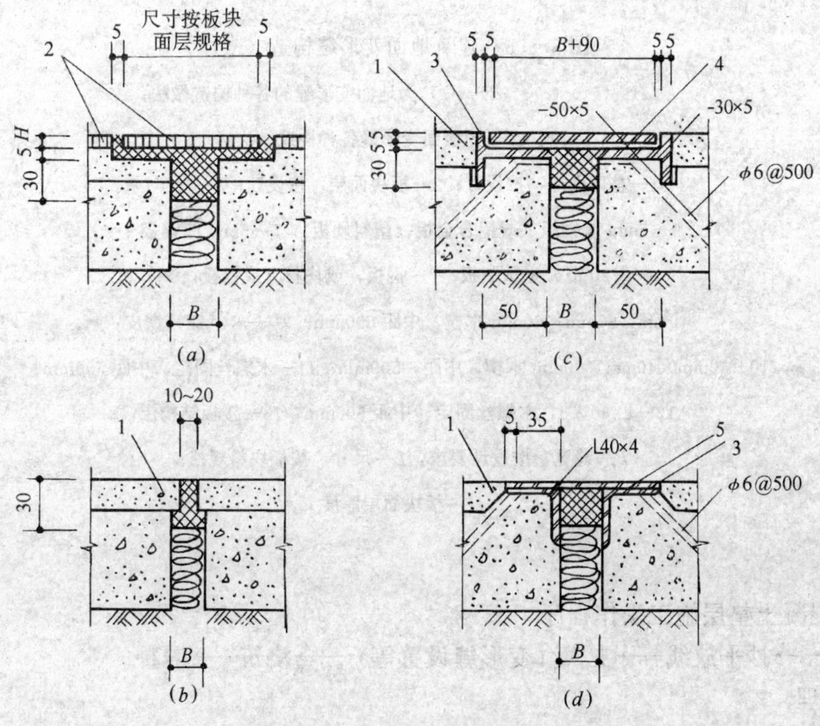

图 8.5.5 建筑地面变形缝构造（一）

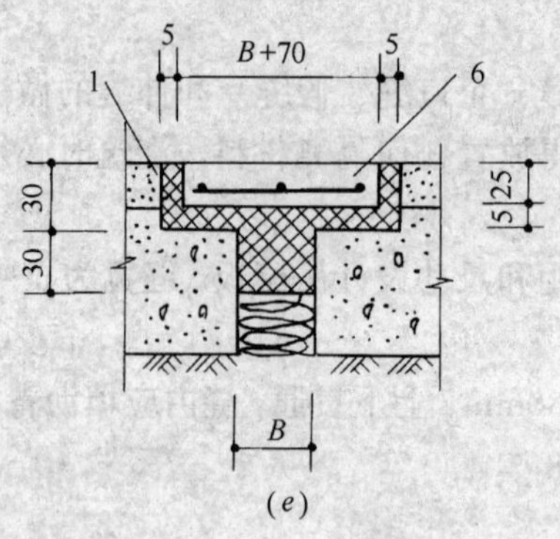

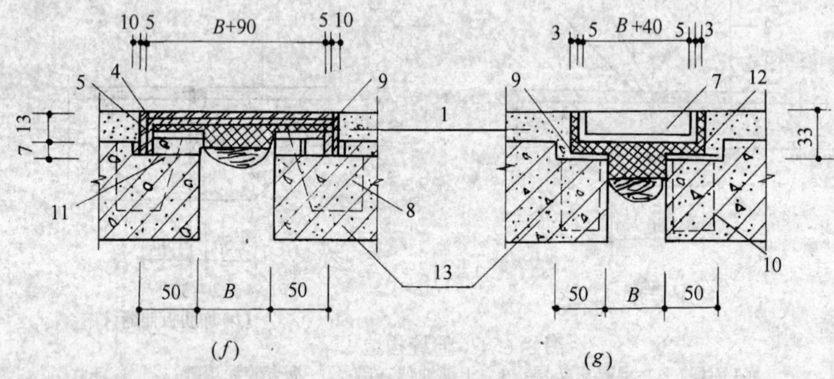

表示填嵌沥青油胶泥；表示填嵌沥青麻丝

图 8.5.5 建筑地面变形缝构造（二）

(*a*)、(*b*)、(*c*)、(*d*)、(*e*) 为地面变形缝的各种构造做法；

(*e*)、(*f*) 为楼面变形缝各种构造做法。

1—整体面层，按设计；2—板块面层，按设计；3—焊牢；

4—5mm 厚钢板（或铝合金板、塑料硬板）；5—5mm 厚钢板；

6—C20 混凝土预制板；7—钢板，或块材、或铝板；8—

40mm×60mm×60mm 木楔，中距 500mm；9——24# 镀锌铁皮；

10—40mm×40mm×60mm 木楔，中距，500mm；11—木螺丝固定，中距 500mm；

12—∟ 30×3，木螺丝固定，中距 500mm；13—楼板结构层；

B—缝宽，按设计要求；*L*—尺寸，按板块料规格；

H—板块面层厚度

9）混凝土垫层施工操作程序

清理──→抄平放线──→支模（变形缝设置等）──→浇筑──→养护。

①清理

浇筑混凝土前，应将垫层下基土表面的一切杂物清理干净，如有油渍要冲刷清除。

②抄平放线

按室内+500mm 基准线进行抄平，设置厚度控制桩（线），设置施工中的分区段（分仓）线、变形缝；按设计要求为设备安装预留孔洞，以及地面镶边连接件所用的锚栓或防腐木砖等。

③支模

根据放线按设计尺寸、座标点的标定准确地设置模板，设置模板时应考虑变形缝、预留孔洞、预埋件及施工缝设置的位置。并应在支模中随时检查模板的牢固性、核对几何尺寸、座标位置。模板支完经认证合格后，在浇筑混凝土前，应将模板洒水湿润。

④浇筑混凝土

浇筑混凝土前，应对原材料、配合比及拌合物坍落度进行检查，确认符合要求后才能浇筑混凝土。混凝土垫层应分区段浇筑，并应结合变形缝的位置，或不同材料的地面连接的位置进行划分。

浇筑中，应按规定留设施工缝，并在混凝土摊铺后，用振捣器振捣密实；振捣时要注意不得碰撞模板。

混凝土垫层表面要求平整密实，但不需光滑。

⑤养护

混凝土浇捣完毕后的 12h 内，应及时加以覆盖和洒水养护，养护时间：普通混凝土，不得少于 7d；对有抗渗性要求的混凝土，不得少于 14d。

5.1.3 找平层

根据施工规范规定在预制钢筋混凝土板上铺设找平层前，必须作好板缝的填嵌和板端的防裂构造装置；符合设计要求和规范规定后，方可继续施工。这是预防地面出现裂缝的重要措施。

由于某些原因，酿成预制构件支座、板与板间、板与墙（梁）间和梁与墙间的连接构造不恰当，加大了承重结构的变形而导致地面出现裂缝现象。

（1）预制构件的安装

预制钢筋混凝土板或梁的安装，都必须保证支座宽度，如：梁在砖墙上的支座长度或梁垫大小均应符合设计要求；板在砖墙上的支座宽度应≥100mm，在混凝土上支座宽度应≥70mm；座浆要随铺随座而且板座落在支座上必须平整稳定，严禁用木楔、石子等杂物垫塞。

预制板安装时，相邻板缝应拉开，其板缝宽度为 20mm。板与墙平行时，亦必须留缝浇筑混凝土，不允许从砖墙上出砖将缝顶严。

如板长≥5m，应配置锚拉筋或设置相同标高的圈梁，同时还应按照设计和抗震要求设置相应的预埋钢筋。

如在板缝内暗配铺设管线时，应将板缝适当放宽，并必须将管线吊于板缝中，使之包裹在浇筑的水泥砂浆或混凝土中间。

（2）板端间防裂构造

在支座处按设计要求设置的负弯矩钢筋网片，应距面层 15～20mm，并必须注意避免在施工中将网片踩到下面或产生位移。

(3) 板缝填嵌

板缝浇筑要根据施工情况妥善安排。并应作为一道独立而重要的工序完成，最好是在板安装完后立即进行浇筑板缝，板缝内应清理干净、保持湿润、填缝的细石混凝土强度等级不得小于C20。并且要有足够的养护时间，待强度增长达到允许要求后，再承受施工荷载。

板底应支模，不得用碎砖、碎石、水泥袋纸等嵌塞缝底。

按板缝情况及楼板构件强度等级，选择比构件强度等级提高二级的水泥砂浆或细石混凝土进行浇筑板缝。

板缝浇筑前，应将缝内杂物清理并用水冲洗干净，待稍干后，在板缝内侧刷水灰比为0.4～0.5的水泥浆，再分层浇筑水泥砂浆和细石混凝土，随浇筑随插捣密实并压平（浇捣至离板表面10mm处），但不抹光，然后进行养护。

(4) 找平层一般采用水泥砂浆、混凝土或沥青砂浆、沥青混凝土等，其操作方法和程序应按本规程中同类面层的有关规定进行；操作中还要遵守下列要求：

1) 铺设找平层前，应将下一层表面的残碴污物清理干净。

2) 找平层下，如为松散材料，则应铺平振实。

3) 如为水泥砂浆找平层，其配合比宜为1∶3（体积比），坡度及抹角应符合设计要求，抹平后进行二次压光，表面应压实、平整，并及时充分养护，不得有疏松、脱皮、起砂等现象。

4) 混凝土强度等级，如设计无要求时，一般不宜低于C20，其操作方法与水泥砂浆找平层基本相同。

5) 所用碎（卵）石的粒径，不宜大于找平层厚度的2/3。

6) 铺设沥青材料找平层前，涂刷冷底子油的配合比，及涂刷冷底子油后与铺设找平层的间隔时间，均应通过试验确定。

5.1.4 隔离层

有水房间地面有防水（潮）要求的应做隔离层。例如，盥洗间、浴室、卫生间等，且多以卷材防水为主。其质量要求达到不渗、不漏，隔离层涉及到施工工艺和质量要求，必须按《屋面工程技术规范》（GB50207—94）及其《建筑地面工程施工及验收规范》（GB50209—95）的有规定执行。

油毡在使用前，应保持干燥、外观无破损，并需将表面的撒布物（云母片、滑石粉）清除干净后，反面松卷并直立放在阴谅、通风、干燥处备用。

操作程序：

基层表面处理⟶铺设油毡⟶油毡表面处理⟶保护

(1) 基层表面处理

检查基层是否平整、牢固、有无脱皮、起砂等缺陷，墙角与地面基层相交处抹角的圆弧半径为100～150mm。地（楼）面坡度应符合设计，不倒泛水、地漏安装平整、牢固、周边整齐、低于安装处排水表面5mm。

基层表面应洁净、干燥，在潮湿基层上铺油毡时，宜在水泥砂浆凝结初期，对表面均匀喷涂冷底子油，待干燥后立即铺贴油毡。

（2）铺设油毡

防水卷材及沥青胶结材料的铺设层数，以及在墙面的铺设高度和连接方法应按设计要求。

各层卷材搭接宽度：长边不少于70mm；短边不小于100mm；铺贴在地（楼）面时，均应在长边搭接。上、下两层及相邻两幅卷材的搭接缝，必须相互错开。

施工中要将卷材展平、压实，搭接缝必须用沥青胶结材料仔细封严。操作时，边浇油、边均匀用力粘压铺贴，挤出气泡，并随即将挤出的沥青胶结材料刮去，将缝压紧粘牢，铺贴的卷材不得有皱折、空鼓、翘边和封口不严等缺陷，粘贴卷材的每层沥青胶粘材料厚度应在1.0～1.5mm之间。普通石油沥青胶结材料的加热温度≯280℃，使用温度≮240℃。

（3）油毡表面处理

在沥青防水（潮）隔离层上，用掺有水泥拌合料铺设面层或结合层以前，其表面应洁净、干燥，并涂刷同类沥青胶结材料，厚度为1.5～2.0mm。

涂刷沥青胶结料时的温度应≮160℃，按设计要求将已筛洗、晾干、粒径2.5～5.0mm的绿豆砂，预热至50℃～60℃后，均匀撒布在沥青胶结材料上，并压入1～1.5mm。表面多余的绿豆砂应在沥青胶结材料冷却后扫去。

（4）细部处理

1）防水层铺贴必须牢固。严禁有渗漏。

厕浴间墙周边处泛水高度必须符合设计要求；防水层铺设粘贴，一般应大于等于150mm。

墙上设置有水器具时墙的防水层高度一般应为1000～1500mm。

2）安装淋浴器的墙面防水层高度应为1800mm以上。

厕浴间地面与墙转角处必须做成小钝角，卷材收头处要粘贴牢固、严密。

门口处防水层的卷材收头和压边应粘贴牢固，铺贴高度应符合上述要求；门口处竖向墙角应做成钝角，门框与墙的间隙应采用防水密封油膏填嵌密实。

3）排水栓、地漏（管道）安装的连接节点必须牢固、严密、平顺，并应低于地面表面、集水性好，无渗漏。

安装地漏时，应先将承口杯牢固地粘贴在承重结构上，再将卷材防水材料铺贴在承口内，并且涂刷胶结材料。收头必须严密，用插口压紧，承插口四周满刮胶结材料，最后把漏勺放入承插口内。

4）套管和立管安装穿越板孔处管子周边必须用微膨胀细石混凝土填密实，泛水高度必须符合设计要求，且用沥青麻丝绑扎牢固；套管与管道的之间四边的缝隙必须用防水油膏等密封材料填嵌严密；套管高度必须高出地面50mm。

5）细部处理节点，见表5.1.4中示意图。

6）防水层铺设完毕后，应作蓄水检验。蓄水深度为20～30mm，经24h无渗漏为合格，并应有记录。

有水房间地面隔离层作法 **表 5.1.4**

<table>
<tr><th>序号</th><th>项目</th><th>示意图</th><th>技术要求</th></tr>
<tr><td>1</td><td>楼面防水节点（Ⅰ）</td><td> 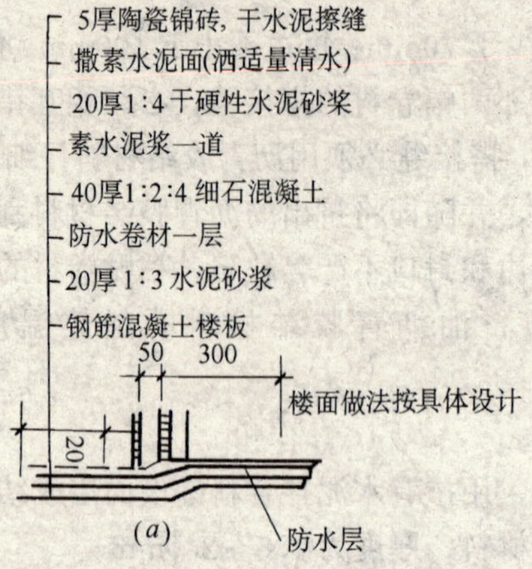5厚陶瓷锦砖，干水泥擦缝
撒素水泥面(洒适量清水)
20厚1:4干硬性水泥砂浆
素水泥浆一道
40厚1:2:4细石混凝土
防水卷材一层
20厚1:3水泥砂浆
钢筋混凝土楼板
50 300
楼面做法按具体设计
20
(a)
防水层</td><td rowspan="3">铺设隔离层
地面找平层的含水率应小于9%，表面应洁净。其坡度和坡向经验收符合设计要求后，方可铺设隔离层。
卷材防水材料在铺贴前应保持干燥，表面的撒布物应预先清除干净，并避免损伤卷材防水材料。
铺贴前，应先在基层上涂刷一道冷底子油，干燥12h以上再做防水层。
油毡应展平压实，搭接缝应用沥青胶结材料仔细封严。
每层卷材胶结材料的厚度，一般为1～1.5mm，最厚不超过2mm。
铺贴时应边涂胶结材料边滚铺防水卷材，粘结要牢固，铺贴要平直</td></tr>
<tr><td></td><td>楼面防水节点（Ⅱ）</td><td> 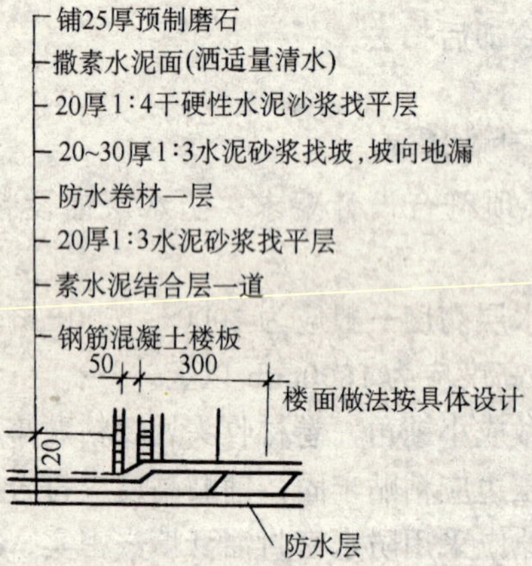铺25厚预制磨石
撒素水泥面(洒适量清水)
20厚1:4干硬性水泥沙浆找平层
20~30厚1:3水泥砂浆找坡，坡向地漏
防水卷材一层
20厚1:3水泥砂浆找平层
素水泥结合层一道
钢筋混凝土楼板
50 300
楼面做法按具体设计
20
防水层</td></tr>
<tr><td>2</td><td>地面防水节点</td><td> 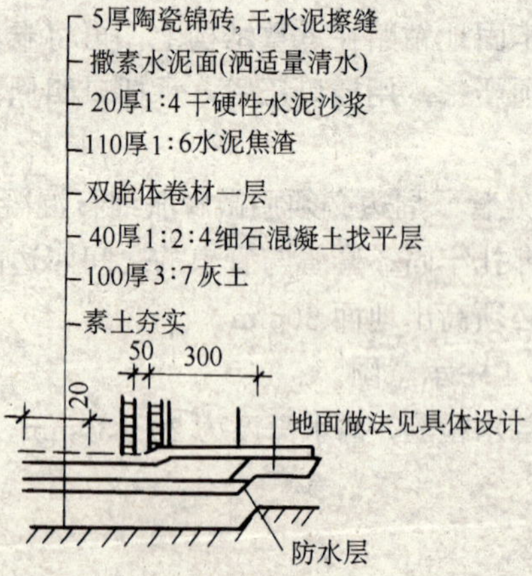5厚陶瓷锦砖，干水泥擦缝
撒素水泥面(洒适量清水)
20厚1:4干硬性水泥沙浆
110厚1:6水泥焦渣
双胎体卷材一层
40厚1:2:4细石混凝土找平层
100厚3:7灰土
素土夯实
50 300
20
地面做法见具体设计
防水层</td></tr>
</table>

续表

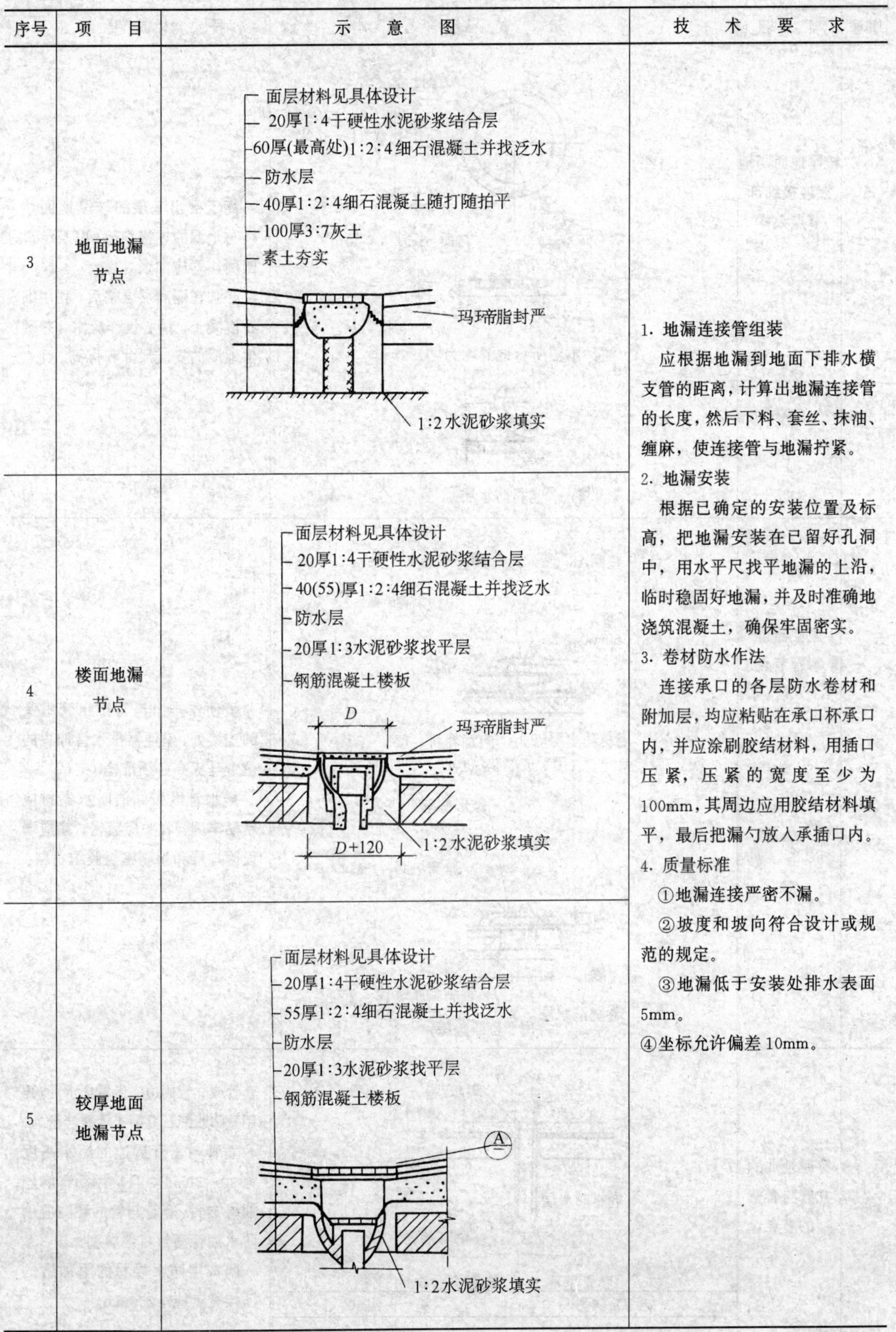

序号	项目	示意图	技术要求
3	地面地漏节点	面层材料见具体设计 20厚1∶4干硬性水泥砂浆结合层 60厚(最高处)1∶2∶4细石混凝土并找泛水 防水层 40厚1∶2∶4细石混凝土随打随拍平 100厚3∶7灰土 素土夯实 玛𤦣脂封严 1∶2水泥砂浆填实	1. 地漏连接管组装 应根据地漏到地面下排水横支管的距离，计算出地漏连接管的长度，然后下料、套丝、抹油、缠麻，使连接管与地漏拧紧。 2. 地漏安装 根据已确定的安装位置及标高，把地漏安装在已留好孔洞中，用水平尺找平地漏的上沿，临时稳固好地漏，并及时准确地浇筑混凝土，确保牢固密实。 3. 卷材防水作法 连接承口的各层防水卷材和附加层，均应粘贴在承口杯承口内，并应涂刷胶结材料，用插口压紧，压紧的宽度至少为100mm，其周边应用胶结材料填平，最后把漏勺放入承插口内。 4. 质量标准 ①地漏连接严密不漏。 ②坡度和坡向符合设计或规范的规定。 ③地漏低于安装处排水表面5mm。 ④坐标允许偏差10mm。
4	楼面地漏节点	面层材料见具体设计 20厚1∶4干硬性水泥砂浆结合层 40(55)厚1∶2∶4细石混凝土并找泛水 防水层 20厚1∶3水泥砂浆找平层 钢筋混凝土楼板 *D* 玛𤦣脂封严 *D*+120 1∶2水泥砂浆填实	
5	较厚地面地漏节点	面层材料见具体设计 20厚1∶4干硬性水泥砂浆结合层 55厚1∶2∶4细石混凝土并找泛水 防水层 20厚1∶3水泥砂浆找平层 钢筋混凝土楼板 A 1∶2水泥砂浆填实	

续表

<table>
<tr><th>序号</th><th>项　目</th><th>示　意　图</th><th>技　术　要　求</th></tr>
<tr><td>5</td><td>较厚地面与地漏连接细部节点大样</td><td> 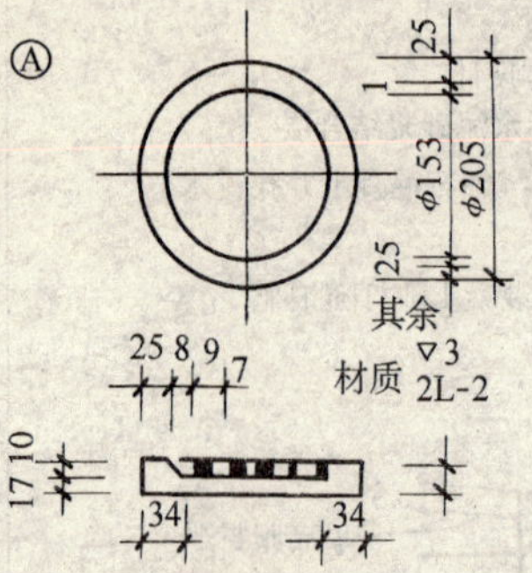Ⓐ
25
1
φ153
φ205
25
其余
∇3
材质 2L-2
25 8 9 7
17 10
34　34
注：本图所示地漏均为 gD850 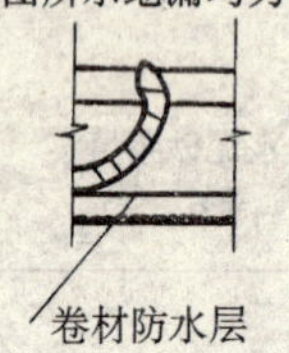
卷材防水层</td><td>高于突出基层的较厚地面结构与地漏的连接细部，以及承口四周，均应加强处理。
必须在隔离层合格后，利用细石混凝土，精心制作泛水，并确保地漏的安装尺寸和标高。</td></tr>
<tr><td>6</td><td>坐便器排水管节点</td><td> 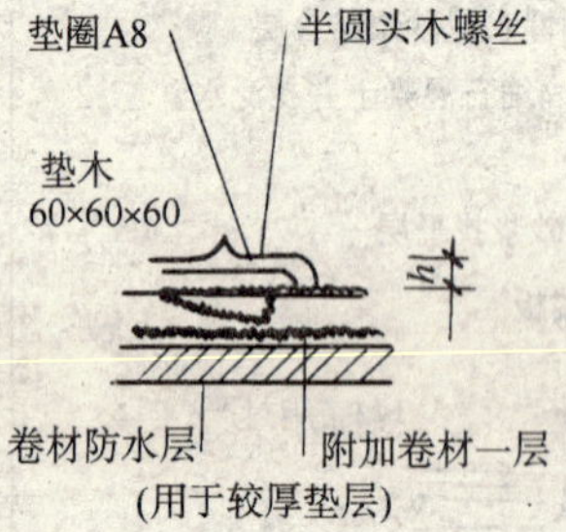垫圈A8　半圆头木螺丝
垫木
60×60×60
h1
卷材防水层　附加卷材一层
(用于较厚垫层) 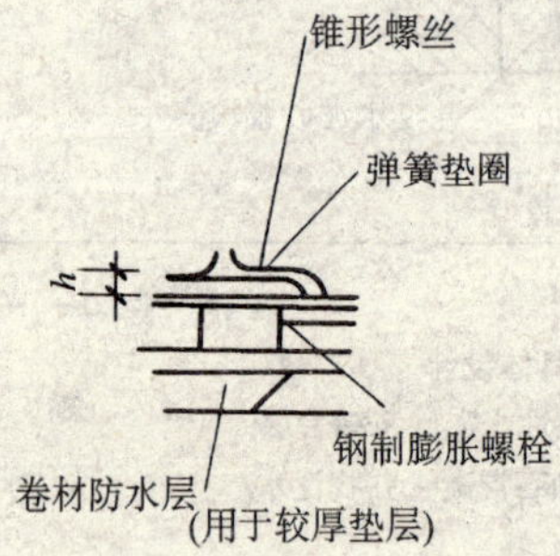
锥形螺丝
弹簧垫圈
h
钢制膨胀螺栓
卷材防水层
(用于较厚垫层)</td><td>坐便器排出口与排水管甩头的连接处，坐便器排水管伸头的位置与标高必须准确。
排水管甩头处的防水卷材应粘贴牢固、收头应紧密，并应增设附加层和涂刷密封胶结材料。</td></tr>
<tr><td>7</td><td>穿越地面的立管与套管的节点</td><td> 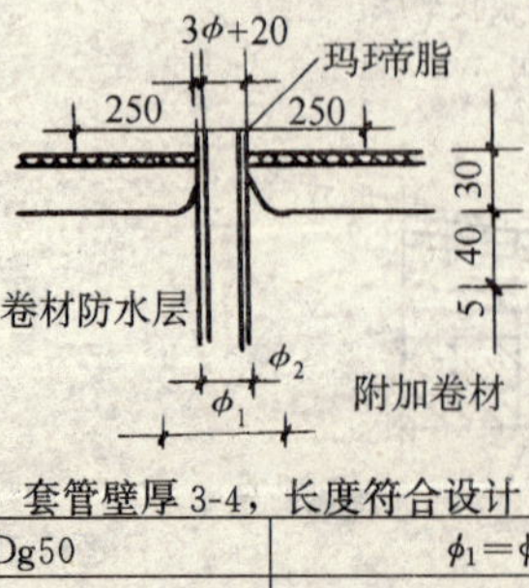3φ+20
玛琋脂
250　250
30
40
5
卷材防水层
φ2
φ1
附加卷材
套管壁厚 3-4，长度符合设计
<table><tr><td>φ<Dg50</td><td>φ1=φ2+60</td></tr><tr><td>Dg50φ1<Dg100</td><td>φ2=φ2+150</td></tr></table></td><td>套管或立管周边应设置止水片，再用微膨胀细石混凝土填塞严密。
立管与套管周边的泛水高度为 30～50mm，且应用沥青麻丝捆绑牢固。套管与管的环隙应用防水油膏密封材料填塞。
隔离层防水卷材的附加层的压接宽度应>250mm。</td></tr>
</table>

续表

序号	项　　目	示　意　图	技　术　要　求
8	地面转角处的节点	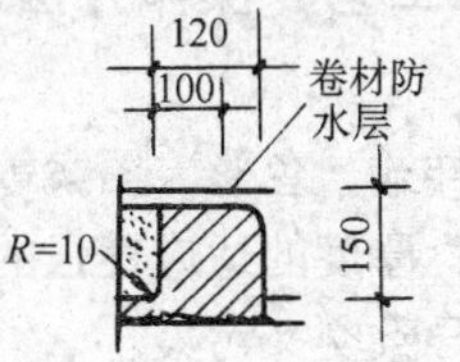 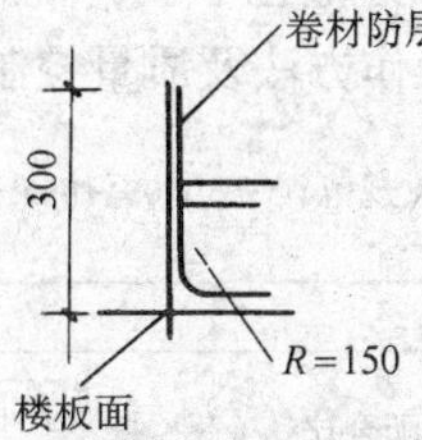	地面与墙体结构的连接处，以及在地面与立管、套管、门口、台阶、分隔墙等转角处形成的，均应做成半径 R=10～15mm 的圆弧或钝角。 地面与墙及突出地面的管道与地面的连接处，隔离层的防水卷材贴在立面上的高度不宜小于 250～300mm，一般可用交叉法与地面防水卷材相连接。
9	阶台节点	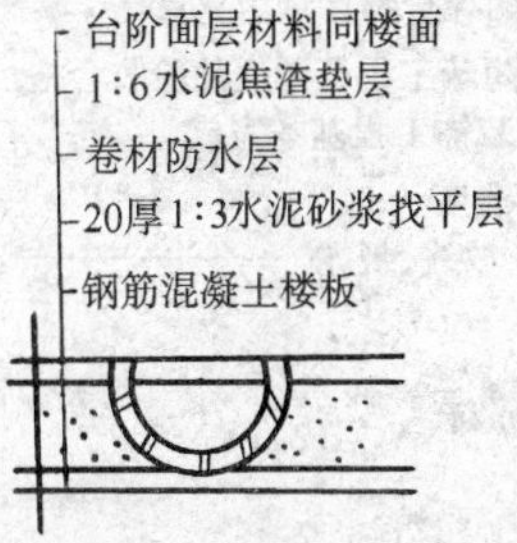	台阶与地面节点处应做成略低的凹槽。 隔离层卷材防水应压入凹槽内，并应附加 200～300mm 宽的卷材防水材料，用沥青胶结材料覆盖严密。
10	管道与楼面节点	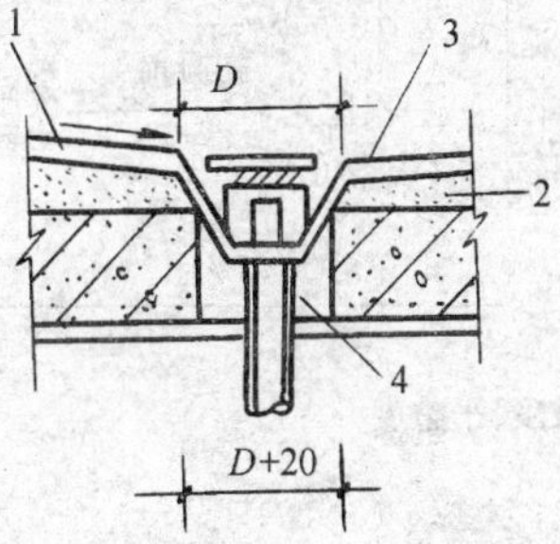 (a) 地漏与楼面防水构造 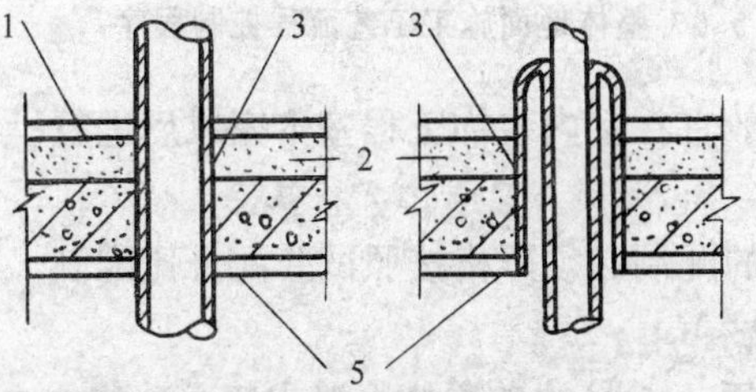 (b) 立管、套管与楼面防水构造 1—面层作法按设计；2—找平层（防水层）；3—地漏（管）四周留出 8～10mm 沟槽（可用元钉剔槽并打毛、扫净）；4—1：2 水泥砂浆或细石混凝土填实；5—1：2 水泥砂浆	在有水房间铺设防水材料前，要对穿过楼（地）板的立管、套管和地漏节点之间进行密封处理。 在管、地漏等的四周，留出深 8～10mm 槽，用防水卷材（防水涂料）裹住管口或地漏，其高度应超过套管

5.2 整体地面施工工艺、操作方法及质量控制

整体地面是指按设计要求的类型、样式、色彩、图案等，在现场湿作业施工铺筑而成的地面，它具有整体性好，对地面形状、厚度的适应性强的优点，但湿作业多、工序交叉频繁、劳动强度大、工期长，而且容易导致交叉污染。

本节适用于水泥砂浆、混凝土（细石混凝土）、沥青混凝土、沥青砂浆、水磨石及碎拼大理石等整体地面工程。其施工工艺、操作方法及质量控制，见图 8.5.6。

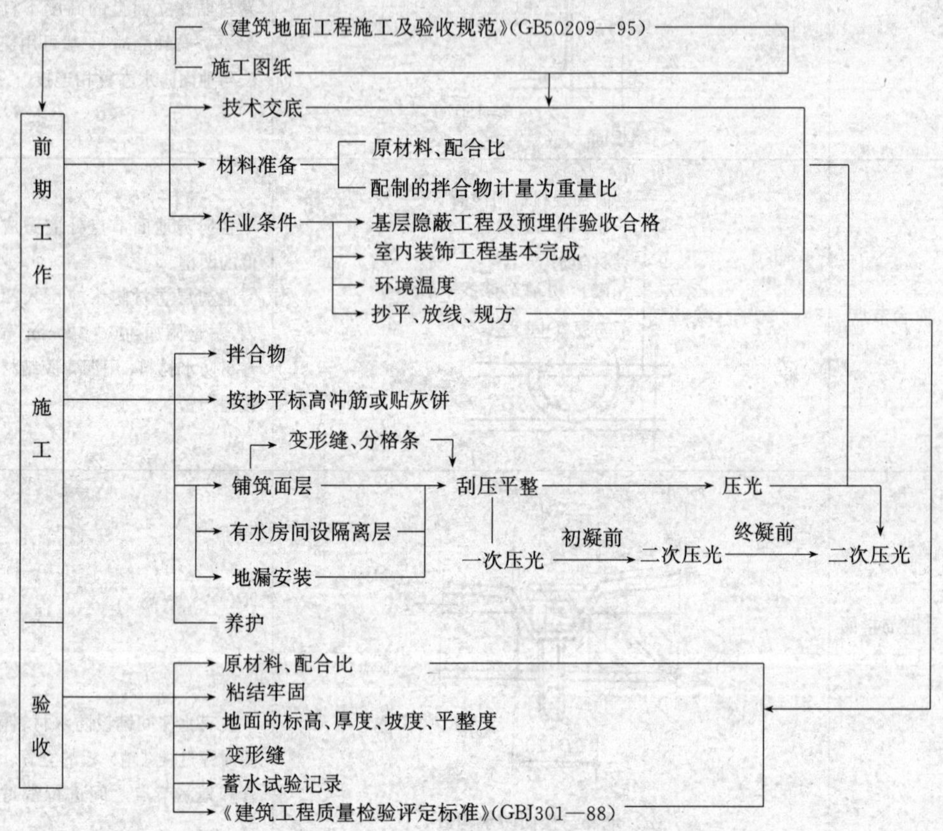

图 8.5.6 整体地面施工工艺流程控制程序

铺设各类地面面层时，一般宜在室内装饰工程基本完成后进行。

5.2.1 水泥砂浆面层

(1) 水泥砂浆，水泥砂浆的配制必须严格按照试验配合比配制，且应按施工规范的规定拌制和制作试件、养护、测试。

1) 水泥：应优先使用不小于 425 号的硅酸盐水泥或普通硅酸盐水泥。所用水泥的安定性必须符合国家现行技术标准的规定，不得使用低标号、过期结块、受潮结块、活性差的水泥。

在水泥石屑面层中的水泥，宜用不低于 425 号的硅酸盐水泥或普通硅酸盐水泥。

2）砂：用中砂或中、粗混合砂，不得含有机杂质，含泥量不得大于30％。

如采用石屑替代砂，铺设水泥石屑砂浆面层时，石屑料径宜为3～5mm，含泥量不得大于3％。

3）水泥砂浆包括：纯水泥砂浆地面、聚乙烯醇缩甲醛胶水泥地面（亦称107胶水泥地面）和石屑水泥砂浆地面等。

（2）水泥砂浆地面面层。

水泥砂浆、水泥石屑面层的配合比，应采用1：2（水泥：砂）的体积比加水拌制而成，水泥砂浆的稠度不应大于35mm（用标准圆锥体沉入度计），现场测试：以手握（捏）成团，稍出浆即合适。水泥石屑砂浆的水灰比宜控制为0.4。

操作程序：

基层表面处理⟶规方、找平⟶铺设、抹压⟶养护。

1）基层表面处理

室内装饰、管道等施工完毕后，可以对地面基层上的尘土、杂物等清除干净，如有油渍等更须彻底冲刷。清洗干净后的基层不宜上人，以免沾上灰土、杂物而形成一层隔离层。

如在现浇混凝土、水泥砂浆等垫层或找平层上施工水泥砂浆面层时，应待垫层（找平层）抗压强度≥1.2MPa后，才能铺设面层。

基层表面应达到平整、粗糙、干净、湿润。

2）规方、找平

根据室内基准水平线＋500mm，在房间四周弹出厚度控制线，同时要考虑与门框下坎裁口的吻合，以及有水房间地面、地漏的排水坡度。经核对无误后贴灰饼，大面积地面尚应在纵横方向冲筋，并应在抹地面的前一天将基层浇水湿润。

3）铺设、抹压

在湿润的基层上，用水灰比0.4～0.5的水泥浆，对基层表面涂刷一遍，必须随刷随铺面层水泥砂浆，并边铺边用刮尺（刮杠）以灰饼、冲筋为准反复搓刮平整。

当砂浆收水后，应立即进行第一遍抹压，先用木抹子搓平、压实，再用铁抹子稍用力抹压出水花，使面层均匀、紧密与基层结合牢固。

第二遍压光应在水泥砂浆初凝收水后进行。在操作中，当人站上去有脚印但不下陷时，就可用铁抹子抹压；抹压时从边到大面顺序加力压实、压光，不得漏压且要把凹坑、砂眼和脚印等压平，以消除表面气泡、孔隙等缺陷。

水泥砂浆终凝之前进行第三遍压光，当人踩上砂浆面层时，没有明显脚印就可以开始抹压。抹压时用力要大而且均匀，将整个地面全面压实，压光，并且要把第二遍留下的抹痕等压平，使表面密实光滑。这道工序很重要，所以，必须在水泥砂浆终凝前完成，确保水泥砂浆面层达到密实、光滑、平整。

有些较大的房间，如教室等应在楼板接头处设置分格条，以防止进深梁受力变形，使地面产生裂缝，当在门口（扫地门）处设计要求分格时，可根据要求加镶玻璃条等，以防止该处地面产生不规则裂纹。

4）养护

为保证水泥砂浆地面能在湿润条件下凝结硬化，防止早期失水收缩导致地面裂纹的发生。必须重视对水泥砂浆地面的养护工作，要及时覆盖，洒水或蓄水养护，当水泥砂浆面层强度≥5MPa 时，才允许人穿软底鞋在上行走。

5.2.2 彩色水泥面层

彩色水泥地面面层，是采用聚乙烯醇缩甲醛胶（即 107 胶）与水泥、颜料等按设计要求配制成彩色涂料，涂布在水泥砂浆地面上，形成表面光洁，并具有各种图案、色彩的地面面层，这种面层施工简便，干燥快，不起砂不起皮也不出现裂纹，使用及清扫都很方便，适用于公共及一般民用建筑的地面装饰

(1) 材料准备

1) 水泥：选用 425 号及以上普通硅酸盐水泥或者 325 号白色水泥，其要求应该是未受潮、未结块并通过 150 目筛过筛的。

2) 聚乙烯醇缩甲醛（107 胶）：透明水溶性胶体，密度：1.03～1.05，固体含量 9%～10%，pH 值 7～8，不得有悬、浮、沉淀物，储存在密封容器内。

3) 颜料：按设计的颜色选用具有染色力、耐碱、耐光性强，色泽均匀的氧化铁系列颜料，一般用氧化铁黄等，含水率不大于 2%，并通过 120 目筛，可单色也可复合使用。

4) 蜡：用地板蜡。

5) 配合比：见表 5.2.2

彩色水泥面层配合比（重量比） **表 5.2.2**

序号	使用部位	425 号普通硅酸盐水泥	107 胶	颜料	水
1	底层	1	0.30	0	0.40
2	底层	1	0.25	0.03	0.40
3	面层	1	0.20	0	0.45
4	面层	1	0.20	0.05	0.35
5	面层	1	0.15～0.25	0～0.03	0.30～0.40

(2) 配制方法

颜料溶液：先将称量好的颜料加入适量的水中搅拌均匀，再用 100 目筛过滤，加入 107 胶进行搅拌成色浆，最后加入水泥，搅拌均匀成厚质糊状（胶泥状）即可使用，使用时必须用 80 目筛过滤随用随配。调制好的涂料应在 1d 内用完。因此，制备时应掌握数量及准确配比，以使在一定范围内，色泽保持一致

(3) 施工作业条件

①涂布时，室内温度必须在 10℃以上，且湿度正常。

②基层需经验收合格。

③门窗必须安装完毕。

(4) 彩色面层施工涂布

操作程序

基体表面处理 —(刮腻子)→ 分层涂布 —— 弹分格线 —— 罩面 → 上光打蜡

1) 基体表面处理

基体表面应坚实平整，并将残留砂浆、尘土、杂物及油渍等清理干净，凸凹不平的应铲平修补，裂缝及起砂处用水泥：107 胶：水＝1：0.2～0.5：0.35～0.45（重量比）配制的修补腻子补平。

2）分层涂布

施涂第一层时，用铁抹子涂布或用橡皮刮板将涂料用力均匀涂布在基层上，使之结合密实。涂布时从一方向另一方有规律地涂刮，边刮边找平，其每层的厚度均为 0.8mm。待稍收水后用铁抹子压实、均匀抹平。以后各层应纵横交错均匀涂刮，同时注意接槎与找平，每遍涂刷间隔时间约 1～2d；各层涂布膜稍干至用手指轻按无指痕即可进行下一道涂布。涂层干后先用零号砂纸打磨去掉明显的刮板痕迹。

最后一遍涂层的涂布要用力均匀、仔细抹平压光，并约于隔天干固后用零号砂纸或油磨石磨平，直至感觉光滑为止，再用干软布揩擦干净。

如设计有花纹要求，待面层干后（约 1～2d）按图案划格弹线，再用笔将线加粗、加深或绘成木纹或用刀具刻划出纹路。

3）罩面。

涂层完全干透后（约 3d 以上），表面先用氯乙烯偏氯乙烯共聚乳液加入少量同种颜料薄涂一层，第二遍用透明氯偏乳液或清漆罩面，使地面涂层色彩鲜艳并提高其耐磨性能。最后打蜡二遍抛光，使地面光洁。

5.2.3 混凝土面层

整体混凝土地面面层多为细石混凝土面层，其细石混凝土强度等级不应小于 C20。施铺细石混凝土地面应浇捣密实、平整、光滑、洁净。

（1）施工准备

1）粗骨料级配要适宜。粒径不大于 15mm，也不应大于面层厚度的 2/3。含泥量不大于 2%。

2）混凝土按设计要求的强度等级试配，如设计无要求时，应符合“规范”（GB50209—95）的规定，其强度等级不应小于 C20，水泥用量不少于 300kg/m^3，浇筑时坍落度不应大于 30mm，现场判断以手捏成团、能拍出浆为宜。

（2）施工

1）铺设前必须将基层冲洗干净，根据＋500mm 基准线弹出厚度控制线，并贴灰饼、冲筋。

2）基层表面要提前 1d 洒水湿润，基层表面不得有积水现象。铺设面层时，先在表面均匀涂刷水泥浆一遍，其水灰比值为 0.4～0.5。随刷随逐仓顺序铺筑混凝土面层，并用木杠按灰饼或冲筋拉平。

3）用平板振捣器振捣密实，若无机械设备，或采用 30kg 重的滚筒，纵横交错来回滚压 3～4 遍，直至表面挤出浆来即可；低洼处应用混凝土补平，并应保证面层与基层结合牢固。

4）随打随抹。并待 2～3h 混凝土稍收水后，采用铁抹子压光。压光工序必须在混凝土终凝前完成。

5）施工缝的位置，应留置在伸（缩）缝处，撤除伸（缩）缝模板时，用捋角器将边捋压齐平，待混凝土养护完后，清除缝内杂物，按要求分别灌热沥青或填沥青砂浆。

6）压光12h后，即应覆盖并洒水养护，养护期应确保覆盖物湿润，每天应洒水3～4次（天热增加次数）。约需延续10～15d左右但当日平均温度低于5℃时，不得浇水。

5.2.4 水磨石面层

水磨石地面适用于有防尘、保洁要求的公共建筑。水磨石面层分为普通水磨石和高级彩色水磨石面层，前者磨光遍数不应少于三遍，后者应适当增加磨光遍数及提高油石号数。高级彩色水磨石面层为建筑艺术装饰工程，其工艺要求不同，质量要求也有特殊的规定。

（1）施工准备

1）材料

①水泥：白色或浅色的水磨石面层，应用白水泥；深色的水磨石面层，宜采用不低于425号的硅酸盐水泥，普通硅酸盐水泥或矿渣硅酸盐水泥。同一部位、同一类型的地面，应使用同一厂家、同一批号的材料，并以一次进场为好。

②石碴：水磨石面层所用石碴，应选用坚硬可磨的岩石，白石子选用白色大理石、白云石等；其色泽应洁白，颗粒粗细均匀。彩色石子选用彩色理石或花岗岩；其色泽应鲜艳、颗粒粗细均匀。

石子粒径常用的有：大二分，粒径约20mm；一分半，粒径约15mm，大八厘，粒径约8mm；中八厘，粒径约6mm；小八厘，粒径约4mm；米粒石，粒径约2～4mm。

用于地面时，石渣粒径除特殊要求外，一般宜为6～8mm。使用前需经筛洗干净，不含杂质。

③颜料：应选用耐碱、耐光性强、着色力好的颜料，色泽必须按设计要求。颜料的掺入量一般为水泥重量的3%～6%，最大不宜超过10%，或由试验确定。同一彩色面层使用同一厂家，同一批的颜料。拌合要均匀、色泽一致，装袋备用。

④分格条：水磨石面层使用分格条，不仅为了控制厚度，而且也为了保证工程质量和增强装饰效果的重要技术措施。

ⓐ玻璃条：厚5mm，宽度为：

用中、小八厘石子时，格条宽12～15mm；

用大八厘及以上石子时，格条宽15～20mm。

ⓑ铜条：厚3mm，宽12～15mm，使用前切成需用长度并调直。

⑤草酸：工业用块状或粉状草酸。

⑥蜡：地板蜡或上光蜡（彩色水磨石地面用）。

2）机具

①铁滚：50kg铁滚钢管ϕ159、长800mm，内灌细石混凝土，两端封死，设滚珠轴承；30kg铁滚钢管ϕ133，其他同上。

②磨石：40#～80#三角形磨石，用于粗磨；200#～300#三角形磨石，用于细磨；500#～600#三角形磨石，用于精磨。

③磨石机：粗磨宜用双腿双向磨石机。

④打蜡机：选用立式单向打蜡机，也可用磨石机稍加改装代用。

⑤常备抹灰工具及钢刷子等。

（2）作业条件

1）基体缺陷处理完毕。

2）地面的立管安装完毕并已加套管，门框及地面上的其他设备及埋件均已安装完毕，经验收合格。

3）室内＋500mm 基准水平线已弹出。

4）屋面防水至少已做一层以上。

5）样板间已验收合格。

（3）施工

操作程序：

基体表面处理⟶弹分格线⟶埋设分格条⟶找平层⟶养护⟶扫素浆⟶铺抹面层⟶滚压⟶养护⟶表面磨光⟶酸洗⟶打蜡上光。

1）基层表面处理

①地面垫层施工或捣制混凝土楼面时，应将混凝土表面找平压实，并用木抹子压实、搓毛；做水磨石面层前，将基层上尘土，杂物、油渍等清除，用钢刷子刷净，冲洗润湿。

②如为预制板楼面，在水磨石面层施工前，按前项办法清洗干净，洒水湿润后，随括水泥素浆，随用体积比为 1∶3 的水泥砂浆压实抹平，水泥砂浆稠度为 30～50mm。表面用木抹子搓平、搓实并搓毛，其表面平整度不宜超过 3mm

2）埋设分格条

底层砂浆铺抹 12～24h 时，按设计要求的图案、分格及厚度，并依据＋500mm 的基准水平线，弹出图案、分格线和标高线，弹线分格时，并应从中间向四周排放分格，非整块和不均匀的应排在周边。弹线后应拉通线埋设分格条。此时，先用水泥浆将贴灰饼点浆靠稳，再按弹线放好分格条；分格条应水平一致，整齐顺直、接头紧密（用拉 5m 线或通线检查，偏差应≤1mm），分格条两边应用水泥稠浆堆成对称三角形埋设牢固；水泥稠浆高度至少为分格条的 1/2，最多不能超过分格条高的 2/3，并应比分格条低 3mm，即一般所谓粘七露三；三角形灰棱表面与地面夹角为 30°左右。在分格条的十字交叉处的应紧靠成十字，距十字中心点应各离 40～50mm 区段范围内，不得抹灰棱，使之留出空隙，（图 8.5.7）。

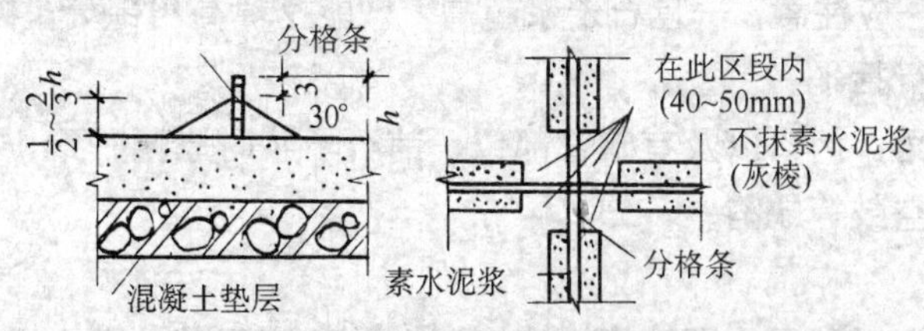

图 8.5.7　分格条埋设示意图

以便分格条两边外侧顶部及交叉处，能抹入水磨石拌合料，而不致产生分格条两边及交叉处无石子而成黑边、黑块等缺陷。

3）抹找平层

在已埋设好的分格条内，将基层清理干净。洒水湿润后，随括素水泥浆随铺以 1∶2.5 的水泥砂浆用木抹子压实、搓平，上留磨石面层厚度。

4）铺抹石子浆

面层铺抹时，可依据石子的最大粒径来决定，同时确定石子浆的配合比（体积比）见表 5.2.4（1）

面层厚度及石子浆配合比（体积比）　　　　表 5.2.4（1）

序　号	石子名称、粒径（mm）	磨石面层厚度（mm）	石子浆配合比（水泥：石子）	3mm 厚分格条宽度（mm）
1	米粒石 2mm～4mm	10～12	1∶2.5	12～15
2	小八厘 4mm	10～12	1∶2.0	12～15
3	中八厘 6mm	12～15	1∶1.8	12～15
4	大八厘 8mm	15～18	1∶1.5	15～20

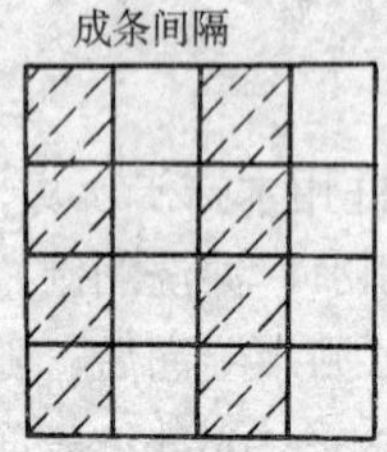

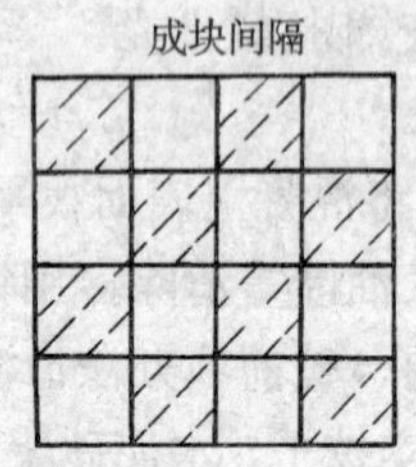

图 8.5.8　水磨石面层铺抹顺序示意图

注：①图中斜线部分先进行，无斜线部分为操作面，待先进行部分有足够强度，再进行无斜线部分；

为严格禁止操作者和运料时踩踏到已铺完但尚无一定强度的面层上，可采用如图 8.5.8 所示间隔的顺序方式进行铺抹，以解决工作面的问题。

铺抹石子浆前，先在格内洒水湿润，并应清除分格内的积水和灰碴，刷水灰比 0.4～0.45 与面层同色的水泥素浆。随刮素水泥浆（如为彩色地面时，应涂彩色素水泥浆或白水泥浆）、随铺搅拌均匀的石子浆；铺抹时，先铺嵌条边，后铺中间，石碴浆铺设厚度应高于分格条 1～2mm，并用铁抹子摊匀压平，严禁用根杠刮平，铺设石子浆抹压后的厚度，要与格条相平，然后均匀地干撒一层石子（同石子浆内石子），此时比格条高出一粒石子，如级配石子最好干撒大粒径的。用铁抹子拍平，特别是分格条交叉处要随撒随拍。

铺石子浆时，应先铺深色、后铺浅色；先铺大面，后做镶边，待深色浆凝固后，再铺打浅色浆，避免混色。

铺石子浆时，还应注意，一旦石子浆超高，只能挖掉高出部分，再将石子浆拍齐抹平，不得对高出部分进行括平。

要特别注意墙角、门口以及有暗管部位，铺石子浆时厚薄一致，用力一致，以免与基层粘结不牢而导致空鼓等缺陷。

5）滚压

干撒完后，待面层稍干，即可用铁滚滚压，并随滚压随补撒干石子，直至表面全部出浆看不见石子时为止。待表面收水后，再进行第二次滚压。直到表面平整为止，对滚压不到位的部位边角处，最后用铁抹子将边角及大面抹平压光。

滚压时，应及时清除在分格条上的石子；严防压弯、压碎分格条。经滚筒滚压和手工抹压密实后，石子浆比分格条约高（1mm 左右）。

铺设的地面应在 24h 后、加以覆盖（彩色面层和浅色面层严禁使用锯末覆盖，以防止污染面层彩色），并应浇养护。

6）表面磨光

①开磨时间：开磨前，宜用手工试磨，以表面石子不松动为准。实际上是与养护时间、气温及磨光方式有关，见表 5.2.4（2）。

水磨石面层开磨前需养护时间参考表　　表 5.2.4（2）

天数　　气温平均 磨光方式	5～10℃	11～20℃	21～30℃
人　工	2～3	1.5～2.5	1～2
机　械	5～6	3～4	2～3

根据有关试验资料表明，当水磨石面层表面强度达到C10左右时开磨比较合适，强度过低打磨时容易掉石，而强度过高，又难以打磨；

②磨光遍数

普通水磨石的面层一般磨光三次，补浆两次。即所谓“两浆三磨”。

由于各次（遍）打磨要求、特点不同，操作与磨石要求也不相同。所用的油石规格选用边也不同，选用油石规格见表 5.2.4（3）。

油石规格的选用　　表 5.2.4（3）

遍　数	油石规格（号）
头　遍	54、60、70
二　遍	90、100、120
三　遍	180、220、240

第一遍粗磨：用60～90号粗金刚石，边磨边用水冲洗。这一遍主要是磨平、磨匀，供石子与分格条显露清晰，表面平整（边磨边用2m靠尺检查表面平整）。此时应将磨光面层表面呈现的细小孔隙和凹痕冲洗至孔隙无水无灰尘等杂物，待稍干后，用干布或纱布蘸上较浓的同色水泥浆，认真细致地将孔隙补严、擦实；但不得采用刷浆办法填补。擦浆约半小时后，待局部孔眼收缩，再补擦浆，并注意润湿养护4～6d。

第二遍细磨：是在第一遍擦完浆后，在常温情况下经2～3d养护，使擦上水泥浆有个良好的硬化条件，以保证其达到强度后，再用90～120号金刚石磨第二遍；随时用2m长靠尺检查，使表面更平整，将粗磨时的磨纹去掉。此时，表面应基本光滑，并再冲洗，擦浆，养护2～4d。

第三遍精磨：细磨及两次擦浆并养护后，用180～240号金刚石，磨至表面光滑且无磨纹、无砂眼、无气泡。

如果是高级水磨石，要改用500～600号金刚砂细磨石，增加磨光次数，达到用手摸水磨石面层质地有细腻感为止。

在磨光时，要特别注意操作方法，不得将磨石机开动后，在一处旋磨致形成一圈圈无法消除的磨痕。应当让磨石走“8”字形路线，亦即使磨石机既用旋转，又要不断变换位置。边角处则应用手握磨石机或用手工磨光。

7）涂擦草酸，应在有影响面层质量的其他工程全部完工后进行。

用热水将草酸化成溶液［热水：草酸（重量比）＝1：0.35，浓度一般为10%～25%］、冷却后使用。先将面层用水冲洗干净并擦干，用布蘸草酸溶液在面层上满涂后，用300号以上油石研磨至污垢全部清除，表面光滑，再用水冲洗干净、晾干；再用10%浓度的草酸溶液加入1～2%的氧化铝涂刷在磨面上细磨出亮光。

8）打蜡上光

蜡液配制：配合比为川蜡：煤油：松香水：鱼油＝1：4：0.6：0.1（重量比）。

蜡液制作：先将川蜡和煤油按比重放入容器内，加热到30℃熬成蜡液。使用时再加入松香水和鱼油调制均匀。

等磨石面层干燥发白后，将蜡液包在薄软布内，在磨石面层上均匀涂擦一遍，高级水磨石要打二遍蜡。用小型打蜡机（亦可用磨石机）粘蜡擦刷，在磨石面层上反复进行磨光，利用刷子与地面的高速磨擦，产出热度将蜡液浸入地面，达到光滑、明亮的要求。

9）地漏和供排液体用带有坡度的面层、楼梯踏步、台阶等，在施工程序上与5.24相同，铺抹和磨光可参见5.2.4（3）；

10）关于踢脚板在现场制作，确有不便，为减少工序及时间关系，可进行先预制踢脚板，以提高工程质量和便于交叉施工。

5.2.5 碎拼大理石面层

碎拼大理石地面层的铺贴方法，大理石碎块成几何形状多边形。大小虽不一样，但每边均匀、切割整齐。因此可以大小搭配、组合，铺贴出各种图案。缝隙可用同色水泥浆嵌抹成平缝。也可用彩色水泥磨石浆，嵌抹凸缝（凸出2mm），用金刚石将凸缝磨平、磨光和上蜡抛光。

碎拼大理石地面层施工时，尚应注意下列事项

（1）镶拼后，应将缝内挤出的砂浆刮除，使缝底成方形，以便检查碎拼大理石的平整度外，还应将缝内杂物、积水清扫干净后，刷涂素水泥一道；随涂随灌石渣浆，缝高出大理石平面1～2mm。

（2）在已铺设的石渣浆表面上，均匀撒一层石渣，用钢抹刀拍压平实，至表面出浆，再用钢抹刀压光，及时养护。

（3）面层磨光同水磨石面层。

5.2.6 沥青混凝土、沥青砂浆面层

沥青砂浆和沥青混凝土面层，是用骨料、粉状填充物和热沥青拌合铺设而成，其配合比应根据设计要求并通过试验确定。

（1）材料

沥青混凝土、沥青砂浆地面面层材料必须符合《建筑地面工程施工及验收规范》(GB50209—95）的规定。

1）沥青：主要使用建筑石油沥青和道路石油沥青，其质量应符合国家标准《建筑石油沥青》GB494—85和部颁标准《道路石油沥青》SY1661—85的有关规定。

2）碎（卵）石：沥青混凝土所使用的碎（卵）石的粒径，不得大于面层分层铺设厚度的2/3，其质量应符合部颁标准《普通混凝土用碎石或卵石质量标准及检验方法》JGJ53—92的规定，石子应洁净、干燥、含泥量不应大于2%。

3）砂：沥青砂浆和沥青混凝土宜用天然砂或破碎坚硬岩石而成的砂。砂的质量要求应符合部颁标准《普通混凝土用砂质量标准及检验方法》JGJ52—92的规定，砂应洁净、干燥，含泥量不应大于3%。

4）粉状填充料：沥青砂浆和沥青混凝土的粉状填充料，应采用磨细的石料、砂或炉灰、

粉煤灰，页岩灰和其他粉状的矿物质材料。不得采用石灰、石膏、泥岩泥和粘土作为粉状填充料。

粉状填充料中，小于 0.08mm 的细颗粒含量不应少于 85%，用振动法使其密度实至体积不变时的空隙率不应大于 45%；含泥量不得大于 3%。

制造高耐水性的沥青砂浆和沥青混凝土所用的粉状填充料，其亲水系数不应小于 1.10。吸水率不应大于 1.5%（以体积计）。

5）沥青砂浆和沥青混凝土所用的骨料，其质量要求除应符合上述规定外，并应具有固定的颗粒级配。

6）不导电的沥青砂浆和沥青混凝土所用的骨料，应采用辉绿岩、大理石或其他不导电材料加工做成的碎石、砂和粉状填充物。

7）不发生火花（防爆的）和不导电的沥青砂浆和沥青混凝土所用的粗纤维填充料，应采用粒径不大于 5mm 和含水率不大于 12%的锯木屑；细纤维填充料应采用 6 级石棉、木粉等。石棉的含水率不应大于 7%，木粉的含水率不应大于 12%。纤维填充料中不得含有矿物质和金属细粒。

8）沥青砂浆和沥青混凝土的抗压极限强度，必须符合设计要求。

9）沥青砂浆的拌合料（砂、粉状填充料与热沥青），采用振动法使其密实时，其空隙率不应大于 25%。沥青混凝土的拌合料（碎石或卵石、砂、粉状、填充料与热沥青），采用振动法使其密实时，其空隙不应大于 22%。

（2）施工

操作程序：

基层表面处理⟶抄平⟶摊铺⟶面层处理。

1）基层表面处理

基层应平整，如有低洼不平处，则应用与基层同类材料，腻子等加以修补，凸出应处刮平，表面清理干净，不得有杂物。基层应干燥，基层如为普通混凝土或水泥砂浆，则应在施工面层前，将基层表面涂刷冷底子油和热沥青一遍，以使面层与基层粘结牢固。

2）抄平

在干燥、平整、干净的基层上，按基准水平线（在室内用+500 线）及设计要求厚度，弹出控制线并设置控制厚度的标志。

3）摊铺

沥青类面层拌合料应分段分层铺平后，进行压平拍实，并用加热设备的碾压机具压实。每层虚铺厚度不宜大于 30mm。

①沥青砂浆或沥青混凝土的拌合料，必须按设计要求拌制，拌合均匀，并宜采用机械搅拌。拌合料温度的控制见表 5.2.6。

沥青砂浆、沥青混凝土施工各阶段的控制温度 表 5.2.6

项　目	拌制时（℃）		开始辗压时（℃）		压实完毕时（不低于℃）	
气　温　（℃）	5℃以上	5～10	5℃以上	5～10	5℃以上	5～10
拌合料温度（℃）	140～170	160～180	90～100	110～130	60	40

注：当气温低于 0℃时，一般不宜施工。

②将沥青砂浆或沥青混凝土拌合料，在面层位置上铺平后，随即用有加热装置的辗压机具进行辗压，对于不能使用辗压的部位，可采用滚筒压实，边角处则可用热烙铁拍平、压实。

沥青砂浆和沥青混凝土在施工间歇后继续铺设前，应将已压实的面层边缘加热，刷一遍热沥青后，再铺新料，并压实压平，直至看不出接缝为止。

4）面层处理

如面层局部出现裂缝、蜂窝、脱层及局部有强度不符合要求等情况时，必须挖去后仔细清扫，将留下面层结合边缘加热。涂热沥青后用热沥青砂浆或热沥青混凝土拌合料，按前述规定进行修补，严禁用热沥青作面层表面处理。

沥青砂浆、沥青混凝土铺设完毕后，如快速冷却则易产生收缩裂缝，因此，在冷却过程中要采取必要的保温措施。

沥青砂浆、沥青混凝土与地漏或其他类型地面连接处，均必须仔细压平、压实。

5.3 板块地面施工工艺、操作方法及质量控制

板块地面装饰材料要求具有质地坚硬、质感细腻、经久耐用、色泽美观等性能，一般有陶瓷砖、大理石、水泥砖，及用混凝土、水磨石预制的板块。其施工工艺、操作方法及质量控制，见图5-9。

5.3.1 一般规定

（1）板块的技术等级、光泽度、外观质量要求，应符合《建筑地面工程施工及验收规范》（GB50209—95）的规定，见本书附录6表6.0.1。

（2）用于地面面层的板材应按设计要求，根据颜色、花纹、图案、纹理等试拼编号。选用板材外观质量，板块应边角方正，表面光滑明亮、洁净。当板材有裂缝、掉角、翘曲和表面缺陷时，应予剔除；强度和品种不同板块，也不得混杂使用。

（3）砂结合层的厚度应为20～30mm；水泥砂浆结合层的厚度应为10～15mm；沥青玛琋脂结合层的厚度应为2～5mm；如用砂垫层兼做结合层，其厚度不宜小于60mm。

（4）在砂结合层（或垫层）上，铺设板块面层时，面层填缝应采用洁净无有机杂质的砂。在铺砌面层前，砂垫层和结合层应洒水压实，并用刮尺找平。

（5）铺在水泥砂浆结合层上的花岗石、大理石、水磨石和水泥花砖等板块，在铺设前应用水浸湿，其表面无明水方可铺设。

结合层和板块面层填缝采用水泥砂浆时，应符合本章5.2.1条的规定。

结合层和板块应分段同时铺砌，铺砌时不应采用挤浆方法。板块间和板块与结合层间，以及在墙角、镶边和靠墙处，均应紧密贴合。板块与结合层之间不得有空隙，亦不得在靠墙处用砂浆填补代替板块。

（6）在沥青玛琋脂结合层上铺砌板块面层时，应在摊铺热沥青胶结材料后随即进行，并采用挤浆法铺砌。铺砌前，应在板块底面和侧面涂刷同类材料的冷底子油一遍，并保持干燥洁净。

采用胶粘剂铺贴时应按设计要求选用的胶粘剂产品说明进行使用。

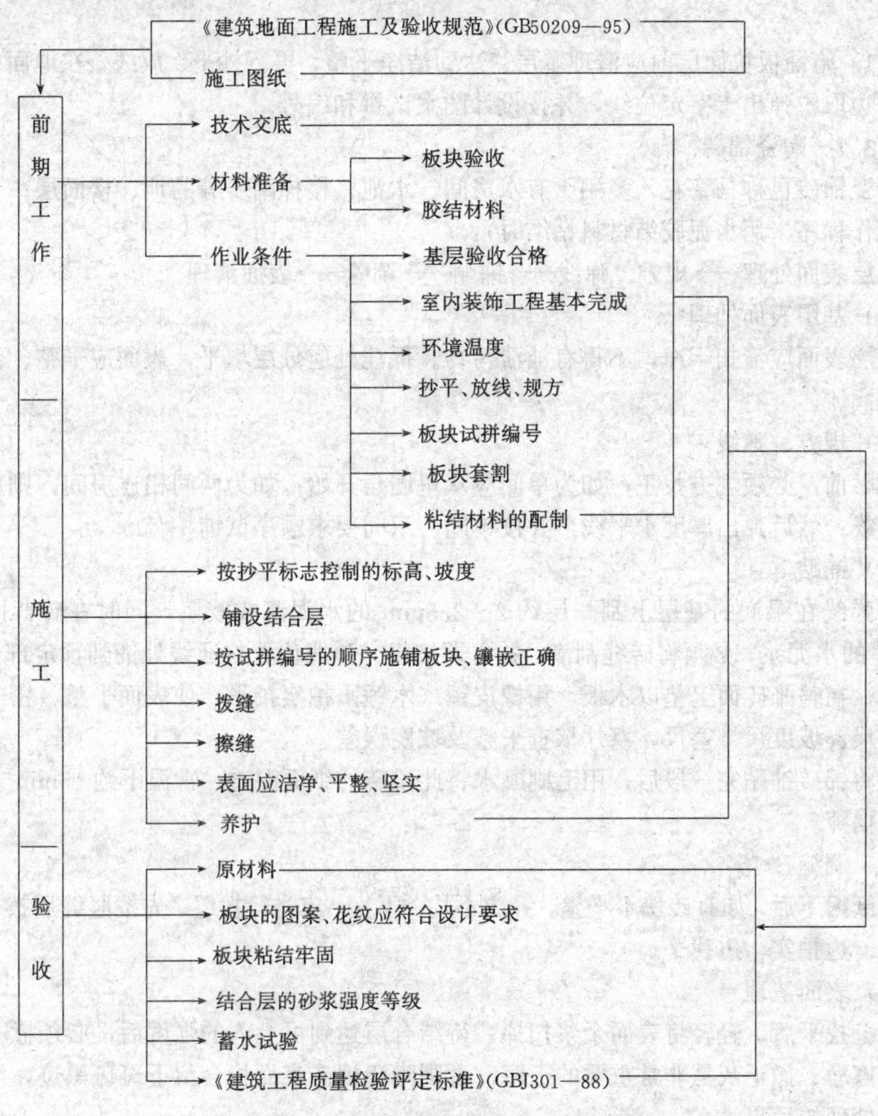

图 8.5.9　板块地面施工工艺流程控制程序

(7) 面层板块的铺砌工作，应在砂浆凝结前或沥青胶结材料硬化前完成。铺砌时要求板块平整，镶嵌正确。施工间歇后继续铺砌前，应将已铺砌的板块下挤出的结合层材料予以清除。

(8) 大理石、花岗石、预制板块面层的表面应洁净、坚实，镶嵌正确。镶边和靠墙处均应紧密砌合，不得有空隙，套割几何尺寸要准确，规方、协调。

(9) 板块面层接缝

大理石、花岗石板接缝不应大于 1mm。
水磨石板块接缝不应大于 2mm。
混凝土板块接缝不应大于 6mm。
}缝路均须顺直。

(10) 预制板块面层在水泥砂浆结合层上铺贴后的 2d 内应用浅（白）色稀水泥浆或 1：

1（水泥：砂）稀水泥砂浆填缝。待缝内的水泥浆或水泥砂浆凝结后，应将面层清理（擦）干净。

（11）施铺板块面层前应清理基层、达到洁净平整，再行抄平、放线，在地面标高处以房间四边取中弹出十字定位线，并按设计图案试拼和编号。

5.3.2 陶瓷锦砖

陶瓷锦砖也称马塞克，多用于有水房间、水池、楼梯踏步等的地、楼面层。

操作程序（用水泥胶结材料粘结时）：

基层表面处理⟶规方、弹线⟶铺贴⟶调缝⟶表面清理。

（1）基层表面处理

基层表面应清扫干净，不得有油渍污物。低洼处应分层填平，表面应平整、洁净、粗糙和湿润。

（2）规方、弹线

铺贴前，必须规方找正，如为单间应从里墙角开始；如为两间相连房间，则应从门口中间拉线；然后弹出厚度水平线，并按单间、双间要求顺序试铺。

（3）铺贴

按弹线在湿润的基层上刮一层约2～2.5mm的水泥浆或胶浆，同时在砖背面刮一层1mm厚的水泥浆，必须将砖缝刮满，并立即按规方弹线位置拉通线处铺到预定部位；确认顺直后，在整张砖面上垫以木板，用橡皮锤（木锤）拍实拍平，使表面平整、密实。并随时用直尺、坡度尺、塞尺、塞片核查平整及坡度误差。

当将锦砖铺贴完一段后，用毛刷醮水将此段砖的纸面湿透。常温下约15min左右，即可将纸揭掉。

（4）调缝

将纸揭下后，如有砖块不平整，缝隙不均、不直，应进行拨缝。先拨竖缝后拨横缝，要边拨缝、边拍实、边找平。

（5）表面清理

拨缝找平后，轻轻将表面余浆扫掉，待结合层达到可上人的强度后，必须撒一遍干灰将面层擦净。撒干灰是非常重要的工序，否则陶瓷棉砖表面将会留下斑斑黑迹，给住户带来无法处理的后果。

5.3.3 缸砖、水泥砖

（1）缸砖。采用陶土掺以色料，经压制成型后烘烧而成，一般呈暗红色，也有黄色和白色的。选砖时应选择密微坚硬、尺寸准确、表面平整、颜色一致、无黑斑的缸砖。

（2）水泥砂。用干硬性混凝土压制而成，呈灰色，耐压强度高。应选用强度符合要求、边角整齐、表面平整光滑的水泥砖。

（3）水泥花砖。以白水泥、普通水泥掺各种颜料，经机械拌合压制成型。选用边角整齐、光洁耐磨、色泽鲜明而配套的产品。

（4）施工。铺砌前将选择好的（规格尺寸、外观质量、色泽符合规定）砖浸水2～3h，取出阴干（表面无明水）后待用。

操作程序：

基层表面处理⟶规方放线⟶铺砌地面及踢脚⟶灌浆擦缝。

1）基层表面处理

将地面基层清扫干净，浇水湿润，使达到表面平整、粗糙、洁净和湿润，且无积水现象。

2）规方、放线。

先将房间规方，如小房间可以一面墙做基线，用弯尺规方；如房间较大或有柱网时，找出中心十字线，并据以排砖弹线。同时根据＋500mm 水平基准线和地面标高及砖厚，在墙四周弹出水平线，以便贴饼拉出平面线；

3）铺贴

按贴饼拉出平面线涂水泥浆，用1：3 水泥砂浆打底找平。砂浆稠度应控制在 35mm 以内。

采用水泥砂浆铺设时结合层厚度应为 10～15mm。

铺砌时，一般根据排砖尺寸的弹线从中心线开始向两边或由门边向里拉线铺砖，如有镶边则应先铺砌镶边部分。灰缝要求均匀，横线宽度可用米厘条控制，铺一皮放一根；竖线按线走齐。留缝取出米厘条后，用1：1 水泥砂浆勾缝。随铺随即将面层上溢出的砂浆清理干净。板块间隙应按设计要求，如设计无要求时，均应为 2mm。

采用沥青胶结材料铺贴时，基层含水率不应大于%；宜在已铺热沥青胶结料上进行铺贴，并应在沥青胶结料凝结前完成，结合层厚为 2～5mm。缸砖间留缝 3～5mm，用挤压方式使胶料挤入，再用胶料填满，采用胶粘剂时，结合层厚度为 2～3mm，按设计和产品说明进行铺贴。

4）灌浆擦缝。

在砖铺贴 1～2d 后，要清除板缝灰土，按砖色配制成相应的水泥浆进行擦缝或勾缝压缝，然后将砖面擦拭干净，在湿润条件下养护，并禁止上人，直至达到强度。

5.3.4 大理石（花岗岩）板块面层

天然大理石板材不得用于室外地面面层。

（1）材料

1）材料进场后，必须按设计图纸、委托加工单的要求及施工规范（GB50209—95）以及附录 8.4.1 的规定进行验收。其品种、几何尺寸、色泽等必须符合设计要求。

2）要选用质地细密、坚实、无腐蚀斑点、色泽鲜明、棱角齐全、表面平整、底面整齐、可磨光的石材。

3）为保证面层的花纹、图案、色泽一致，同一地面，要采用同一厂家、同一批量的产品。

4）验收合格的产品，应按颜色、花纹分类堆放。

（2）施工

操作程序：

基层表面处理──→规方放线──→试拼──→铺设板块──→灌浆擦缝。

1）基层表面处理

要将基层表面清扫干净，有凸出物应剔出，低洼处分层填平，基层表面达到平整、粗糙、洁净和湿润。

2）规方放线

根据设计要求的标高，结合+500线和基层标高，在墙四周弹出控制厚度的水平线。然后弹出垂直的十字线并将线一直引到墙根，用以控制大理石板块的位置。

3）试拼

对整个房间地面按设计的图案、颜色及纹路等要求，就地按线进行试拼，试拼过程中要对现有板块的颜色、花纹充分加以协调，使之和谐、美观。同时，还要进行试排，以调整板块间的缝隙和确定需要二次加工的部位和尺寸。然后，根据试拼、试排情况进行逐块就位与编号并经核对后，再按顺序妥善堆放。

4）铺设板块

铺设前，要用刷子将板块粘贴面的浮浆和附着物彻底清除，并用水将板块浸湿、阴干；铺设时板块的粘贴面不得有明水。

铺设大理石地面，宜使用干硬性水泥砂浆做结合层。配制常用比例为1∶2（体积比）。在现场检查稠度：以手握成团，在手中轻颠即散为宜。

正式铺设板块，还要进行试铺；其目的主要是要调整好纵横缝隙。如果设计无要求时，板块间隙宽度，无论是大理石还是花岗岩板，限值均为1mm。铺设宜从十字线处开始按螺旋式进行的顺序铺贴。调整好缝隙后，用橡皮锤轻轻地敲击板块，以使砂浆振实。当锤击的板块达到标高时，先将大理石（或花岗石）板块移开，抹一度水灰比为0.5左右的水泥素浆，再将板块安放回原位（安放时一定要水平下落），然后用橡皮锤轻轻锤击，随即用水平尺找平。对面层上溢出的水泥浆，要在凝结前擦净。铺贴后的板块保持平整、缝路顺直、镶嵌正确。

铺板时，要特别注意控制门口、墙角、管道以及镶边等处铺贴的板块，不得在靠墙等处用水泥浆填补代替板块，应当按实际位置、尺寸、对板块等进行切割或套割后，进行铺设。使该处的板块亦完全。符合几何图形和尺寸的要求，并达到形体规矩、方整、边角整齐。

铺贴踢脚板时，亦应检查墙面基层质量情况，并加以处理，使表面达到平整、粗糙、洁净和湿润。同时要按水平控制线找好上口平直。铺贴时要从阳角开始向两侧试铺，阳角处的踢脚板应将一端锯切成45度角，以便拼接。正式铺贴时，要对板的出墙厚度（8～10mm）、接缝、高度、突出墙面（或凹入墙面）的平直等检查核对符合要求后，再行铺贴。铺贴后及时将上口余浆清理干净；在常温下应养护3d，检查有无空鼓，然后再用与板同色水泥浆擦缝。

铺贴踢脚板亦可采用灌浆法，也就是将踢脚板临时固定在安装位置上，用石膏将板块间及板块与地、墙面之间粘结稳牢，然后用稠度100～150mm的1∶2（体积比）水泥砂浆，进行灌浆；灌浆时注意随灌随将溢出的砂浆擦净，待砂浆终凝后，把石膏铲掉擦净，再用与板同色水泥浆擦缝。

5）灌浆擦缝

板块铺完1—2d后，将板缝灰土清除，根据板块的颜色，配制相应的水泥色，浆进行擦缝。然后用干锯末等将板块擦亮，并在潮湿条件覆盖养护，3d内严禁上人，待强度达到设计的70%后，揭去覆盖清除其他污物、灰尘等，即进行打蜡抛光。

5.3.5 关于镶边

地面镶边的设置，如设计无要求时，应符合下列规定：

（1）在有强烈外力作用下的混凝土、水泥砂浆、水磨石、整体面层与其他类型的面层相邻处，应设置镶边角钢。

（2）整体菱苦土面层与其他面层邻接处，应设置镶边木条。

（3）条石和各种砖面层与其他面层相邻接处，应用顶铺的同类材料镶边。

（4）木地板（拼花木地板）、塑料板和硬质纤维板面层，应用同类材料镶边。

（5）地面面层与管沟、孔洞、检查井等邻接处，应设置镶边。

（6）在管沟、变形缝等处地面面层的镶边构件，应在铺设面层前装设。

5.3.6 塑料地面层

塑料地面板是用聚氯乙烯或石棉塑料板，以胶粘剂铺贴而成，其材质有硬质、半硬质及弹性地板，按外形则有板块状和卷材状之分。

（1）一般规定

1）面层所用板块的品种、规格、颜色、花纹、图案等，必须符合设计要求，选用的塑料板应平整、光滑、无裂纹、色泽均匀、厚度一致、边缘平直，板内不允许有杂物和气泡，并须符合相应产品的各项技术、质量指标。

塑料板运输时，应避免日晒、雨淋和撞击；贮存仓库应干燥、洁净，存放处应距热源3m以外，温度不超过32℃，以防变形。

2）胶粘剂的选用应根据基层材料和面层的要求，并通过试验后确定。胶粘剂一般与地板产品配套供应，按产品说明使用。胶粘剂使用前必须充分搅拌均匀。如为双组份的胶粘剂，要按配合比准确称量，即配即用，一般配量不得超过2h左右的用量。胶粘剂应存放在阴凉通风且干燥的室内。出厂超过三个月者，要取样试验，合格后方可使用。

3）在掺有水泥拌合物的基层上（如水泥砂浆、混凝土面层等），如设计要求铺贴塑料板面层，基层施工时就必须将表面平整度从原来的4mm、5mm加严到2mm，才能满足塑料板面层表面平整度的要求。否则，必须在铺贴前用水泥浆加增稠剂或以建筑用胶与高强水泥配成腻子，分层找平。基层表面应用2m直尺及塞尺检查表面平整度，不得超过2mm。

基层应平整、坚硬、干燥、洁净（无油质及其他如砂粒在内的杂质）。含水率不应大于9%。如有麻面时，宜用乳液腻子等修补平整，干燥后应用0号铁砂布打磨，再用水稀释的乳液涂刷一遍，以增加基层的整体性和粘结力。

4）乳液腻子及乳液配合比应参照下列规定：

①石膏乳液腻子：用于基层表面第一道嵌补找平。体积比为石膏：土粉：聚醋酸乙烯乳胶：水＝2：2：1：适量。

②滑石粉乳液腻子：用于基层第二道修补找平。重量比为滑石粉：聚醋酸乙烯乳胶：水：羧甲基纤维素溶液＝1：0.2～0.25：适量：0.1。

③107胶（聚乙烯醇缩甲醛）水泥腻子：用于基层表面因不平整、麻面、起砂等，作为找平修补处理。重量比为水泥：107胶：水＝1：0.15～0.2：0.35～0.45。

④107胶水泥乳液：主要用于基层表面涂刷，增加整体性和胶结层的粘结力。重量比为：水泥：107胶：水＝1：0.5～0.8：6～8。

以上各项均应通过试配后选用。

5）试铺前尚应对不同板材分别进行处理。

①软质聚氯乙烯板应作预热处理。预热方法宜放入75℃左右的热水浸泡10～20min，至

板面全部松软伸平，取出晾干后使用。严禁用炉火、电热炉预热；

②半硬质聚氯乙烯板用丙酮：汽油=1：8 混合溶液，进行脱脂除腊。

6）同一地面的面层标高，不一定都是统一的，比如房间高于卫生间和盥洗间，甚至高于走廊，其分界线应设在门框裁口线外，不得放在门框内的边缘处。

（2）硬质塑料地板铺贴

操作程序：

基层表面处理──→规方、放线──→试铺──→铺贴包括踢脚──→养护。

1）基层表面处理　见本节第 5.3.6.1-3）及-4）条。

2）规方、放线

规方见本节的第 5.3.3.4-（2）条，根据规方找出房间中心线（互相垂直）。如为斜向铺贴，则需按设计要求转 45°或 60°。然后，距墙边留出 200～300mm，弹线作为镶边标志线。

有了中心线就可以从中心线向两侧布置分格线，如所排板块为偶数时，中心线即为排板的定位线，如为奇数时，则将定位线向左或向右移动半块板的尺寸。

3）试铺

塑料板面层铺贴前，应将基层表面清扫洁净，涂刷一层薄而匀的底子胶（当用非水溶性胶粘剂时，按原胶粘剂的重量增加 10%的 65 号汽油和 10%的醋酸乙脂或乙酸乙脂，搅拌均匀即可；如用水溶性胶粘剂，可用原胶加适量的水性溶剂，搅拌均匀），待其干燥后，按试铺定位图预先试铺编号，即可按弹线位置，沿轴线由中央向四面铺贴。

铺贴前，先将胶粘剂用刮板涂刮在塑料板材的粘贴面上，然后再涂刮基层表面，都必须涂刮均匀，且越薄越好，厚度控制在 1mm 以内。刮在基层表面的超出分格线约 10mm。有的胶粘剂在涂刮后需静停 10～20min（室温 15～35℃）至胶层干燥至不粘手，即可铺贴。

4）铺贴

按图案设计要求在定位线的左右各贴一排，形成十字形定位带，再由中心向四周进行铺贴。

铺贴时，先将塑料板的一端对齐粘合，再用橡胶滚筒，轻轻滚辗塑料板，使之平服地粘贴在基层上，且要一次准确就位，并将气泡赶出。为使每张板块粘贴面能大于 80%，需用滚压或橡皮锤，由中间向四周敲打或从一边移敲至另一边。如为聚胺脂和环氧树腊胶剂，应用沙袋压住，直至固化为止。且这种胶粘剂不需静停时间，否则将固化。

在边角、墙边部位铺贴时，由于这些部位易于积尘，更需将基层仔细清扫，且可能需要根据特定尺寸进行准确切割；铺贴后还要用橡胶压力滚筒，返复滚压，将气体全部赶出，才能粘贴牢固。

铺贴中，每粘贴一张板块，都需要与四周相邻板块仔细对照，以使接缝高低及缝格顺直的误差，降在允许偏差范围内的最小值。

铺贴时，所有操作人员应穿着专用施工鞋，或穿干净的软底鞋，铺贴现场严禁有人走动。

塑料踢脚板应与地面块材同时铺贴，并以弹出的上口进行控制，保证上口平直；刮胶时，在塑料踢脚板离上口 10mm 左右，不要刮胶，以免胶粘剂溢出。踢脚板的拼缝，应与地面板块的拼缝协调一致。铺贴时，一般从门口开始。遇阴阳角时，应在踢脚板接口剪去一个小三角形口，使铺贴平整。

5）养护

塑料地板铺贴后，在常温下需要养护3～4d，并避免人在上面行走和污染。

（3）氯化聚乙烯卷材地板铺贴。

对基层要求、胶液涂刷厚度及静停时间，均大体与5.3.6条相同，但需注意下列内容：

1）卷材表面应洁净、平整、光滑，不允许有折痕、破损以及脏污等缺陷。

2）卷材铺贴时要分清正反面，一般是正面的光洁度较好。

3）基层清扫后，用二甲苯（或汽油加10～20%胶粘剂，搅拌均匀）涂刷基层。

4）根据房间尺寸及卷材长度，决定纵铺或横铺。一般以接缝越少越好，铺贴顺序应从两边向中间进行。

5）铺贴时，从四边同时将卷材提起，按预先弹线先放下一端，逐渐顺线铺贴。铺正后从中间向两边滚压铺平，如个别气泡没有赶出，可用注射器将空气抽出，再压实粘牢。

6）卷材接缝处的搭接宽度至少20mm，并在居中弹线，用钢尺压线进行切断，撕下上下两层断开的边条，重新将接缝处卷材粘牢。

7）卷材踢脚施工，应在地面施工完后进行。粘贴时，以下口平直地压住地面卷材缝为准，如上口有局部高于原水泥踢脚的情况，只要上口平直，可将形成的凹陷，用107水泥浆填塞平整。

5.4 木质板地面施工工艺、操作方法及质量控制

木质板地面工程包括：木板、拼花木板及硬质纤维板等木质地、楼面面层。

5.4.1 木质板面层

（1）木板面层有单层和双层两种。

1）单层

①长条硬木或松木企口地板，可直接钉在木龙骨（木搁栅）上。

②单层拼花木地板可直接粘在水泥砂浆或细混凝土基层上。

2）双层

先铺一层毛地板，在其上铺一层油毡，再铺一层长条或拼花木地板。

（2）基层做法

1）架空式　多用于首层地面或楼层内需要抬高的部位；由地垄墙、砖墩，木搁栅、剪刀撑及单层地板或双层地板组成。

2）实铺式　在混凝土垫层或混凝土楼板内，预埋锚固件，以固定木搁栅，再将单层或双层地板钉在木搁栅上。

3）粘结式　将单层板或双层板直接粘在水泥砂浆或混凝土基层上。

（3）材料

1）双层木板面层的上层和单层木板面层，应采用不易腐朽、不易变形和开裂的木材做成顶面后刨平；侧面带企口的木板，宽度不应小于120mm，厚度符合设计要求。

木质地板面层所有木材，无论是木搁栅、剪刀撑、毛地板及面层板的树种、规格、支座节点、间距，以及防腐处理，都必须符合设计要求和《木结构施工及验收规范》GBJ206—83（以下简称木结构施工规范）的规定。

2）木材含水率：要进行测试，如设计未作要求则应符合下列规定：

①木地板面层含水率不宜超过12%。

②毛地板含水率应控制在15%以内。

③木搁栅、剪刀撑、垫木等的含水率应在18%以内。

3）拼花木地板的花纹、图案必须符合设计要求；防止花纹、颜色不一致。

4）防腐：木搁栅、剪刀撑、垫木等必须符合设计要求，木板的底面（包括木踢脚的背面）应满涂热沥青或木材防腐油。

5）粘结剂应按设计要求，且应具备防水与防菌的功能。

（4）环境条件

1）首层地面空铺式，应检查地层是否符合设计要求，如系楼层则应检查是否已按设计预埋锚固件（镀锌铁丝等）；预埋锚固件一般横向间距不大于400mm，纵向不大于800mm，露出混凝土表面的长度不小于300mm。

2）必须待可能引起楼（地）面潮湿和可能使室内有水的作业（如试水、试压、通水等）完成后，再进行铺设地（楼）面工程。

3）门窗玻璃均已安装。

4）拼花地板已找方、试拼，并装箱备用。挑好的长条地板分长短堆放。所有木质地板均应放置在室内，以防雨水、暴晒，并分类堆放。

（5）基层

1）底层架空式

必须按设计要求砌筑地垄墙或砖礅及其他构造。如设计无明确要求，地垄墙或砖墩用砖的强度等级应不低于MU7.5，砂浆强度等级不小于M2.5。它们的顶面应铺一层防潮层，每道隔墙应沿一直线预留通风洞两个（120×120mm）；外墙每隔3～5m预留不小于180mm×180mm，装有篦子的通风孔洞。洞口下皮距室外地坪标高不小于200mm。为需检修的地垄墙，应预留750mm×750mm的过人洞口。

木搁栅、压檐木、垫木的标高，支座、节点及剪刀撑等，都必须按设计要求安装。

靠墙木搁栅与墙面应留出不小于30mm的间隙，不得紧靠墙面。

木搁栅铺钉时，要在纵横两个方向找平，用2m靠尺检查，平整度不大于3mm。

基层施工时，应随时清理地面上的杂物。

2）实铺式

根据设计尺寸，在楼板（垫层）上，弹出木搁栅位置线（包括间距及水平），放置好木搁栅，与预埋锚固件连接牢固。

如木搁栅内要铺填隔音保温材料时，应先将其中杂物清理干净（不铺填时也要清理干净），然后填入设计要求的材料，木搁栅及毛地板应作防腐处理。

（6）面层铺设

木地板面层的铺设，有粘结和钉接两种不同的操作方法：

1）粘接

目前用于粘接的胶粘剂，类型和品种极多。在本措施5.3.6（1）～（2），对选用胶粘剂有原则规定。如果从操作与清洗的方便来说，以水乳型胶粘剂较好；如果在地面用沥青胶结材料粘结木地板，虽然要在现场进行熬制，比成品胶粘剂费工得多，但具有固定、防潮、防腐等多种功能，也是比较合适的。

操作工序：

基层表面处理──→规方、放线──→粘结地板──→面层修饰。

①基层表面处理

一般都直接铺贴在水泥砂浆或混凝土的基层上，因此，基层上的尘土、碎砂浆块等杂物必须清理干净，不得有油污；并应检查表面平整是否在2mm以内。误差达大时要重做找平层。个别凹处，要分层用腻子填平，见本措施5.3.6（1）～（3）。

如用热沥青胶结材料粘结木地板面层，应先涂刷一遍冷底子油。

②规方、放线

首先是规方，然后找出中心线，再根据设计要求的图案、房间的具体尺寸和板块的大小，弹出分格线和镶边，靠墙宜留10～20mm缝隙。

③粘结板块

事先应将拼花板块，逐块挑选；花纹、色泽相近，质量好的集中使用在明显、经常出入的地方，差的设法安排在隐蔽处，如门后、边上等。

粘贴顺序也是从中心向四周粘贴，每一块都要位置正确、并考虑与周边的板块相配（如花纹、颜色深线等）。先将胶涂在板块背面，再涂在基层上，晾置片刻即可进行粘结。板块间隙应严密，不应大于0.2mm。粘上可用木锤（橡皮锤）垫以木枋，对板块用力均匀敲击，随即将溢出板面的胶液擦拭干净。

如果用沥青胶结材料，应将板块涂刷一层热沥青，同时在已刷冷底子油的基层上，薄涂一道约2mm厚的热沥青玛璃脂，随涂随铺。

④面层修饰

a 用电刨将板块表面进行净刨，一次不要刨得太深，要分次浅刨，多次刨平、刨净，不得留有刨痕。

b 刨平后用电动打磨机，以细砂纸进行打磨。

c 拼花地板一般为硬木，花纹明显；刨平磨光后，多用清漆以透出自然花纹，然后打蜡擦亮。

2）钉接

双层地板要先铺钉毛地板，将基层清扫干净后，将毛地板与木搁栅成45°（30°）角斜向铺设后钉牢，与墙留出10～20mm缝隙。板与搁栅固定时，每根搁栅上钉两颗钉，钉长为板厚的2～2.5倍，毛地板铺钉完后，在其上铺一层沥青油毡。

铺钉面层板时一般为企口板；铺于房间时，一般顺光铺钉，而在走廊、通道，则一般顺行走方向铺钉。

钉板前，将钉帽砸扁，从板的凹侧斜向钉入，如为硬木拼花地板，要先钻孔然后钉钉子，钉孔的孔径为钉径的0.7～0.8。

其他与粘结操作相同。

3）踢脚板

①踢脚板背面应刷防腐涂料，并应有凹槽和通风孔（ϕ6每组4～6孔，中距1～1.5m）。

②踢脚板应在地板铺钉完并经净刨后进行安装，踢脚板一般是上封罩面灰，下盖地板。

③踢脚板是用钉钉入墙内的预埋防腐木砖上；将钉帽砸扁，钉入踢脚板内，钉头应先点防锈漆，后用腻子刮平。

④在阴阳角处，应将踢脚板侧锯成45°以便拼缝；踢脚板间的接缝应严密。

⑤踢脚板的上方一般加盖条；下方与地板交角处，则加盖三角木条或特制圆形转角。

5.5 住宅区道路施工工艺、操作方法及质量控制

5.5.1 一般规定

(1) 本节适用于现浇混凝土、预制混凝土和沥青混凝土路面工程。

(2) 道路构造如设计无要求时，应按下列规定：

1) 混凝土路面　厚度不小于100mm，强度等级不低于C25；

2) 预制混凝土路面　厚度不小于120mm，预制混凝土块人行道，厚度不小于50mm。强度等级均不低于C20。

3) 沥青混凝土路面　分为单层式（石子粒径40～60mm）和双层式（石子粒径上层为25～40mm，下层为35～50mm）两种，单层式厚度不应小于40mm，双层式厚度不应小于60mm，沥青混凝土的压实密度必须达到2350kg/m^{3}以上。

4) 其他类型路面及所用材料，均按本措施的有关规定执行。

5) 道路的垫层及所用材料，均应按本措施有关垫层的规定执行。

6) 路面边缘铺设的路边石，可采用强度等级不小于C20的混凝土预制块铺设。

如采用砖、块石作路边石，应选用棱角整齐、表面未风化的材料，砖的强度等级不应小于MU7.5。

立式路边石高出路面150mm。卧式路边石的顶面应与路面平齐。

5.5.2 路基

(1) 路基挖填工程接近完成时，应复查道路中线、路基边缘及纵横断面，对不符合设计要求部位，应予整修（包括路床、路肩、边沟和边坡等）。

(2) 在土质不良或纵坡过大地段，边沟宜用块石、卵石等加固。

(3) 在排水不良、地下水位高的路基上，或在施工发现翻浆（橡皮土）的地段，应采取将原土晾干，换用干土、砂石、炉渣、渗拌石灰以及设置盲沟、隔离层等方式处理。

(4) 路面范围内的管沟、涵洞回填时，应先用人工分层夯实至不小于500mm的高度(从管沟、涵洞顶部算起)，然后继续填土，使用辗压机压实。

(5) 车行道路基土的压实密度，应按表5.2.2的规定执行。

车行道路基土的压实密度（以最佳密实度计%）　　**表5.5.2**

填土高度（从路槽底算起、cm）	混凝土、预制混凝土、沥青混凝土路面		碎石、卵石路面	
	不受水浸影响部分	受水浸影响部分	不受水浸影响部分	受水浸影响部分
0～60	95	95	92	90
61～150	90	95	90	90
150以上	85	95	85	90

注：开挖后的路基土及天然地表面土的压实密度要求，可采用表中0～60一项的数据。

(6) 路基的辗压宜采用8～12t 辗压机，辗压时应顺行车方向从路边压至路中，开行速度采用25～30m/min，并重叠辗至平整坚实、轮（夯）迹相互搭接为止。

在辗压机不能到达的路槽和检查井边缘，可用人工夯实。

5.5.3 混凝土路面

(1) 混凝土路面必须按设计要求设置伸缝和缩缝，分块浇注混凝土。伸缝和缩缝的施工应符合下列规定：

1) 横向伸缝一般每隔10～40m 设置一道。在与工程构筑物衔接处、道路交叉口处，亦必须做成伸缝。伸缝必须上下贯道，宽度一般为15～25mm。

伸缝板应选用富有弹性的优质材料（如木板、沥青预制板等）制成；其埋入混凝土路面的深度，不应小于路面厚度的2/3（从底面算起)，并在上部填入沥青胶结材料。

2) 横向缩缝一般每隔5～7m 设置一道，缝宽8～10mm。缩缝中可嵌入沥青预制板或填塞沥青胶结材料，其埋入混凝土路面的深度，不应小于路面厚度的1/3（从顶面算起)。

3) 混凝土路面无路边石时设置的纵缝，可用地毡或涂刷沥青等隔开；有路边石或路面较宽（即纵缝超过一条）时，应设置纵向伸缝，其具体做法与横向伸缝同。

4) 混凝土路面连续浇筑时，应将填缝板预先埋入混凝土中。采用沥青预制板填缝，高出路面不大于10mm，并用加热工具烫平。

(2) 路面侧模板的拆除时间，应按表5.5.3的规定执行。

混凝土路面侧模板拆除时间 **表5.5.3**

施工期间平均温度（℃）	拆模时间不少于（d）
≤15	2
>15	1

拆模后，应及时做好路面边缘的保护工作。

(3) 混凝土路面在使用前，必须检查试件强度，当抗压强度达到设计要求强度的75%时，方准使用。

5.5.4 预制混凝土块路面

(1) 铺设预制混凝土块路面，应用木槌敲击稳定，不得采用向底部填塞砂浆或支垫砖块的找平方法。缝隙的宽度不应大于6mm。

(2) 用砂铺设的预制混凝土块路面，在铺设后应全面检查，修理平整，调整缝宽，然后用干砂灌缝，洒水使砂沉实。

用砂浆铺设的预制混凝土块路面完工后，应养护3d，养护期间不得通行。

5.5.5 沥青混凝土路面

(1) 以原有的混凝土路面或沥青路面作基层时，应用水冲洗后晾干。

(2) 摊铺沥青混凝土前2～3h，应均匀喷洒一薄层粘层油，粘层油采用液体慢凝1号或2号石油沥青或用60号石油沥青与汽油掺配而成。在路面接槎，或路面与检查井、雨水口接触处应涂刷一层薄沥青。

(3) 沥青混凝土摊铺完成一段，开始辗压时的温度，一般为110～120℃，但辗压终了时不应低于70℃。

辗压时，先用轻辗辗压，再用重辗辗压至表面稳定、平整、密实为止。

(4) 沥青混凝土路面施工间歇后，继续铺设时，纵、横接缝应用“毛槎热接”方法施工。接缝处应用热金属夯夯实，并用热烙铁等工具熨平、使其不露痕迹。雨水口篦子、检查井盖等高出路面部分，不应大于 5mm。

(5) 下雨或垫层潮湿时，不应铺设沥青混凝土。未经压实即遭雨淋的沥青混凝土，应全部更换。

(6) 在气温低于 5℃条件下施工，运输沥青混凝土应严加覆盖保温。每 m^3 沥青混凝土的铺设速度一般为 6～7min，辗压要求同第 5.5.2 条。遇有四级以上的风时，不宜施工。

(7) 沥青混凝土路面压实完毕，符合要求后，方准通行。

6 技术复核

6.0.1 在施工过程中，对重要的或影响工程的技术工作，必须在分项工序工程正式施工前对标高、厚度、坡皮预埋件的几何尺寸，以及安装位置进行复核，以免发生重大差错，影响工程的质量和使用功能。

6.0.2 复核主要内容见表6.0.2。

技术复核内容 **表6.0.2**

序号	项目	复核内容
1	标高	地坪标高是一个房间地面绝对标高，应以室内统一水平标高线500mm为基准
2	预留孔、预埋件的位置	应从室内四角定位线，测定预留孔及预埋件的座标位置
3	有水房间的地面坡度	以地漏座标点的标高向四周来测定控制坡度标高的水平桩，其坡度和坡向必须符合设计要求
4	地面的平整度	各构造层和面层的铺设应严格控制平整度
5	混凝土	配合比，拌合物的和易性、坍落度，试件测定值
6	水泥砂浆	配合比，砂的含泥量，试件测定值
7	沥青胶结材料	沥青玛琋脂的配合比； 沥青的软化点，沥青玛琋脂熬制和铺设时的温度
8	基土（夯填土）	干土质量密实度测定值
9	有水房间注水检验	有水房间隔离层完工，或卷材防水材料和胶结材料晾干后，注水贮存24h，经检验无渗漏之处，方认定为合格
10	有水房间地面面层注水或泼水试验	面层完工后应进行泼水检验，检查地面的集水性、地漏的汇水性，及地面的坡度，地面必须将水汇集由地漏顺利排除，使地面无积水、无渗漏
11	隐蔽工程技术复核验收	基土、各种隔离层，及经防腐处理的结构或连接件

6.0.3 如发现差错应及时纠正，方可施工。

7　地面工程常见质量通病及预控对策

7.1　地　面　不　平

7.1.1　酿成原因

（1）地面标高抄平弹线不准确。

（2）阳台及有水房间的地面标高设计没有低于室内地面 20～50mm。

7.1.2　预控对策

（1）基层的土质必须均匀密实，干土的质量密度应符合设计要求；垫层保持平整，预制装配式楼板板缝必须填嵌密实并做好板的防裂构造装置。

（2）做垫层前应在室内墙下弹好控制 500 线，再以 500 线为基准线进行抄平放线、设置水平桩，并用干硬性砂浆冲筋；冲筋间距一般为 1～1.5m，以此来控制找平层的平整度。

（3）阳台、有水房间的地面标高设计应比室内地面低 20～50mm；

（4）有水房间的地漏安装，土建施工和管道安装要用统一标高，互相配合好，认真进行施工交底，做到一次放坡正确，以防出现倒坡现象。

7.2　水泥地面起砂

7.2.1　酿成原因

（1）水泥砂浆拌合物的水灰比过大。

（2）地面压光的时机控制不当。

（3）养护不适当。

（4）水泥地面尚未达到足够的强度就上人走动，或进行下道工序的施工。

（5）砂的含泥量过大。

7.2.2　预控对策

（1）严格控制水泥的安定性，砂的含泥量不应大于 3%；严格控制水灰比，面层水泥砂浆的稠度不大于 3.5cm，使用时不得将水泥砂浆直接堆放在地上。

（2）水泥地面的压光不应少于三遍：第一遍应在面层铺设后随即进行，先用木抹子搓打，抹压平整、紧密；第二遍压光应在水泥初凝后进行（以上人时有轻微脚印但又不明显下陷时最为适宜）；第三遍压光应在终凝前完成（掌握在上人无明显脚印时为宜），主要消除抹痕和闭塞毛细孔，切忌在水泥终凝后压光。

（3）水泥地面压光 1d 后应进行洒水养护，连续养护的时间不少于 7～10d。

（4）水泥地面面层的施工尽量安排在墙面、棚顶的抹灰工程完成后进行，以避免对面层产生污染和损坏，严禁在水泥地面上拌合砂浆。

7.3 水泥地面空裂

7.3.1 酿成原因

(1) 水泥质量不合格，安定性差。

(2) 基底清理不干净，有浮灰或其他污物。

(3) 垫层（或基层）表面不浇水湿润，没有涂刷素水泥浆结合层。

(4) 楼板吊装和拨缝不良，灌浆不密实。

7.3.2 预控对策

(1) 水泥进场后，必须检查其性能及质量的指标，特别是安定性，合格后方可使用；

(2) 基层表面的浮灰、浆膜及污物必须清除，并用水冲洗干净，表面过于光滑的应凿毛；基层表面应粗糙、洁净和湿润，严禁有积水现象。

(3) 用水湿润基底，均匀涂刷掺 20%107 胶的素水泥浆，不宜采用先撒干水泥面后浇水的扫浆方法。

(4) 如地面是混凝土垫层，宜边打垫层边抹砂浆面层，一次连续成活；不宜后抹砂浆面层。

(5) 楼板吊装，拨缝必须达到 3cm 以上，板缝应清刷干净、浇水湿润并应吊模灌膨胀细石混凝土，板缝混凝土必须浇捣密实并及时养护，在未到达强度前严禁施加荷载。

(6) 两侧是承重墙、中间是承重梁的楼面和有地沟的地面，必须在梁的上部加负弯矩钢筋和在地沟盖板边缘设置分格条，防止出现不规则裂缝。

7.4 块材地面空鼓、缝格不整齐、图案不规则、色泽不协调

7.4.1 酿成原因

(1) 板块厚薄不均，不方正，有翘曲现象。

(2) 基层清理不干净或湿润不够。

(3) 砂浆稠度大，一次铺得太厚，不密实。

(4) 板块背面有浮灰且过于干燥。

(5) 铺设前不进行试验，擦缝用的水泥浆颜色与板块颜色不同。

(6) 地面铺设后，保护不好，过早上人。

7.4.2 预控对策

(1) 施工前进行选材，将几何尺寸不合格、翘曲不平的板块剔除。

(2) 铺设前将基层表面清理干净，洒水湿润，均匀涂刷素水泥浆。

(3) 砌筑砂浆宜使用 1：3～1：4 干硬性砂浆，铺设厚度控制在 25～30mm；

(4) 板块铺设前，应将背面的浮土杂物清扫干净，用水湿润，并在表面无明水后方可铺设。板块铺设 24h 后，应洒水养护 1～2 次。

(5) 板块在铺设前应进行现地试拼，调整好花纹及颜色，并编号，以便铺设时对号入座，擦缝用的色浆必须与板块颜色相同，防止色泽不协调；

(6) 加强成品保护，砂浆强度达到 1～2MPa 时方可上人。

7.5 现制水磨石地面空鼓、缝格不整齐、图案不规则，色泽不协调

7.5.1 酿成原因

（1）基层清理不净，洒水润湿不够；

（2）基层回填土不实，地沟盖板水平标高不一致，灌缝不严。

（3）分格条镶嵌不正确。

（4）面层铺设厚度过高。

（5）面层铺设顺序不正确。

7.5.2 预控对策

（1）做面层前，应将垫层表面认真清理干净，并提前1d洒水润湿，刮一道0.4～0.5素水泥浆结合层，并随刷随铺水磨石浆。

（2）房心土回填应分层夯实，不得含有杂物和冻块，与地沟盖板接头部位可放置分格条。

（3）镶分格条的素水泥浆堆砌高度不宜过高，不应超过分格条高的2/3，要镶八字灰，交叉处应留空隙20～30mm，防止分格条两侧石子显露不好和出现空鼓现象；金属分格条镶嵌前应调直，使接头严密，镶嵌牢固，尺寸准确，顺直。

（4）面层水磨石浆虚铺高度一般比分格条高出5mm为宜，滚筒压实后，高出分格条约1mm即可。

（5）如果是彩色水磨石，应先做深色，后做浅色，先做大面，后做镶边，待先做的凝固后再做后一道，防止出现混色现象。

（6）进深梁、门口等部位地面应放置分格条。

7.6 现制水磨石地面裂缝

7.6.1 酿成原因

（1）地面基土（回填土）夯压不密实，或因基土受冻、解冻时分解，致使基土分裂离析，地面与基土间产生应力作用，而导致地面裂缝。

（2）预制混凝土板缝及端头缝，在浇筑混凝土前基层清理不净和湿润不良，浇捣不密实，影响预制板的整体性和刚度，在受外力荷载作用时产生裂缝。

7.6.2 预控对策

（1）地面基土（回填土）的干土质量密度必须符合施工规范的规定，回填土的土质严禁含有有机杂物和冻结的土块；填土应分层铺设夯实，严格控制施工温度，防止基土受冻。

（2）地面面积较大时应做好分包处理，或采取配筋措施，以减弱地面沉降和垫层混凝土收缩引起面层裂缝。

（3）门口或门洞处基础砖墙最高不超过混凝土垫层下皮，保持混凝土垫层有一定的厚度；门口或门洞处做水磨石面时，宜在门口两边镶贴分格条，可避免面层因收缩而产生龟裂。

（4）混凝土垫层浇筑后应加强养护，防止垫层失水收缩，影响磨石面层质量。所以，现

制水磨石地面，应在混凝土垫层稳定后，再行铺筑面层。

(5) 对面积较大和荷载集中的地面，垫层中应配筋。板缝和板端头灌缝必须符合设计要求和规范的规定；接缝处应彻底清扫，冲洗洁净、浇水湿润后刷一道素浆，再用细石混凝土浇筑严密。

(6) 暗敷管线上面至少应有 20mm 厚混凝土保护层。

(7) 石碴水泥浆拌合物应采用干硬性的混凝土和砂浆，其和易性和稠度，必须严格遵守规范和技术标准的规定。

7.7 楼梯台阶踏步高度误差大

7.7.1 酿成原因

(1) 楼梯台阶的踏步高度不一致，一步高、一步低，行走失去重心，影响使用功能和外形的美观。

(2) 楼梯台阶踏步施工时放线不准确。

7.7.2 预控对策

(1) 加强施工尺寸和标高与质量控制，保证踏步高度的尺寸一致，相邻踏步偏差应控制在±10mm 以内。

(2) 为保证楼梯台阶踏步位置和高度尺寸的正确，施工时应精心操作、严格依据标志斜线上的各等分点，确定踏步的阳角位置及其高度尺寸。

(3) 应以两边的斜度线立桩进行弹（拉）线，或者按实际尺寸放样板，确保踏步高度的一致尺寸。

7.8 有水房间地面倒泛水

7.8.1 酿成原因

(1) 地漏偏高，有积水。

(2) 地面坡度不顺倒流水。

(3) 地面不平整有积水。

7.8.2 预控对策

(1) 地漏应低于排水表面 5mm，成喇叭口型；地面与排水管承口结合处应严密平顺。

(2) 地面坡度应平顺并朝向地漏，坡度必须满足排除液体要求，确保地面不倒泛水和不积水。厕浴间地面应比走廊及其他地面要低 20～30mm。

7.9 立管四周渗漏

7.9.1 酿成原因

(1) 套管或立管周边填塞不牢、不严。

(2) 卷材泛水收头不牢不严。

(3) 用大锤后打孔，破坏了板的整体性。

(4) 套管环隙没填塞。

(5) 套管太低。

(6) 套管周边没做防水护墩。

7.9.2 预控对策

(1) 套管或立管周边应设置止水片，再用微膨胀细石混凝土填塞严密。

(2) 管周边的泛水高度符合设计要求，且用沥青麻丝捆绑牢固。

(3) 应准确预留或用钻具钻孔，严禁用大锤打孔。

(4) 套管与管的环隙应用防水油膏等密封材料填塞。

(5) 套管高度应高出地面 50mm。

(6) 套管周边应做与套管同高度的细石混凝土防水护墩。

8 质量保证资料验收

8.0.1 质量保证的资料验收工作，是对施工技术活动成果及其质量的一次综合性检查验收。工程项目的竣工验收，目的是为使用单位提供科学的使用依据。

8.0.2 质量保证资料验收必须严格按照《建筑安装工程质量检验评定统一标准》(GBJ300—88) 的规定，认真做好文字资料的整理，确保资料完整、齐全。

8.0.3 技术资料是工程真实情况的缩写。所列项目应齐全、试验数量、数据要准确、及时，叙述要清晰。记录要求做到及时、准确、系统、科学、完整。

8.0.4 编制质量保证的技术档案，要从施工准备开始，按实际工程形象进度进行，及时编制以便将的积累原始文字材料归纳入档。

8.0.5 编制工程技术档案材料应按以下列文件为依据：

(1) 材料质量必须符合相关技术标准，及其试样取样的规定。

(2) 结构、试件试验规定。

(3) 混凝土、水泥砂浆设计强度等级与工程相关的施工规范的规定。

(4) 设计文件，施工图的有关规定和要求。

(5) 建筑工程质量检验评定标准。

(6) 质量事故鉴定处理规定和法定检测的相关规定。

8.0.6 建筑地面工程竣工验收文件归档应符合表 8.0.6 的要求。

建筑地面工程验收技术文件 **表 8.0.6**

序号	项目	技术文件
1	基土	干土质量密度、隐蔽工程验收记录
2	水泥	出厂合格证或试验报告
3	防水材料	出厂合格证、技术文件、试验报告，玛琋脂配合比，施工测温记录
4	砂、石	出厂合格证或试验报告
5	混凝土、砂浆	配合比、试件、试验报告测定值
6	预埋件	数量、几何尺寸、位置、防腐处理
7	板块材料	合格证
8	注水试验	注水试验记录
9	质量评定	各构造层施工记录（技术指标、结构特点、施工工艺），质量检验评定记录
10	竣工图	竣工图和设计变更文件

9 工 程 验 收

9.1 《建筑地面工程施工及验收规范》(GB 50209—95) 的规定

9.1.1 在验收建筑地面工程时，应检查采用材料和完成的楼地面各层构造及其连接件等是否符合设计要求和本规范的规定。

9.1.2 对完成的地面下的基土，各种防护层以及防腐处理的结构或连接件，应做工程中间验收，并应提供隐蔽工程和浸水试验记录。

9.1.3 已完工工程的验收，应检查下列各项：

(1) 建筑地面各层的强度和密度以及上下层结合的牢固性；

(2) 建筑地面各层的坡度、厚度、标高和平整度；

(3) 变形缝的位置和宽度，板、块材间缝隙的大小，以及填缝的质量；

(4) 不同类型面层的连接，面层与墙和其它构筑物（地沟、管道等）的结合以及图案等。

9.1.4 各层表面与水平面或与设计坡度的允许偏差，为房间相应尺寸的0.2%，但最大偏差应为30mm。

供排除液体的带有坡度的面层应做泼水检验，并以能排除液体为合格。不得有倒泛水和积水现象。

9.1.5 水泥混凝土、水泥砂浆、水磨石、水泥钢（铁）屑等现浇整体面层和铺设在水泥砂浆或沥青胶结料、胶粘剂上的板块面层以及铺贴在沥青胶结料或胶粘剂上的木板、塑料地板、硬质纤维板面层，其与下一层的结合应用敲击方法检查，不得有空鼓。

9.1.6 各类现浇整体面层的表面不应有裂纹、脱皮、麻面和起砂等现象。踢脚板应与墙面（板面）紧密贴合。

9.1.7 面层中板块行列（接缝）其直线度的允许偏差应符合验评标准的规定。

9.1.8 各类现浇整体面层的强度，在其未达到设计强度前不得进行验收。

9.1.9 建筑地面各层表面的平整度，应采用2m直尺检查，当为斜面时，应采用水平尺或样尺检查。

各层表面平整度的允许偏差应符合验评标准的规定。

9.2 《建筑工程质量检验评定标准》(GBJ 301—88) 关于地面工程检验评定的规定

9.2.1 基层工程

(1) 检查数量

各种面层下基层，应按有代表性的自然间抽查10%，其中过道按10延长米为一间，礼堂、厂房等大间，按两轴线为1间，但不少于3间；各种路面下基层，应按每30延长米为1间，抽查10%，但不少于3处。

（2）保证项目

1）基土必须均匀密实，填料的土质及干土质量密度，必须符合设计要求和施工规范的规定。

检验方法：观察检查和检查试验记录、隐蔽工程验收记录。

2）垫层、构造层（保温层、防水层、防潮层、找平层、结合层）的材质、强度（配合比）、密实度等必须符合设计要求和施工规范的规定。

检验方法：检查出厂合格证和试验记录。

3）防水（潮）层必须符合设计要求和《建筑工程质量检验评定标准》GBJ301—88第三章地下防水工程有关规定，并与墙体、地漏、管道、门口等处结合严密无渗漏。

检验方法：观察检查和检查试验记录

（3）允许偏差项目

1）基层表面的允许偏差和检验方法，应符合表9.2.1的规定。

9.2.2 整体地面工程

（1）检查数量

各种面层应按有代表性的自然间抽查10%，其中，过道按10延长米为1间，礼堂、厂房等大间按两轴线为1间；楼梯踏步、台阶按每层楼梯为1处，但均不得少于3间（处）。

（2）保证项目

1）各种面层的材质、强度（配合比）和密实度，必须符合设计要求和施工规范规定。

检验方法：检查试验报告和测定记录

2）面层与基层的结合，必须牢固、无空鼓。

检验方法：用小锤轻击检查

注：空鼓面积不大于400cm²，无裂纹，且在一个检查范围内不多于2处者，可不计。

（3）基本项目

1）整体地（楼）面工程面层表面质量应符合下列规定：

①细石混凝土、混凝土、钢屑水泥和菱苦土面层

合格：表面密实无光，无明显裂纹、脱皮、麻面和起砂等缺陷。

优良：表面密实光洁、无裂纹、脱皮、麻面和起砂等现象。

②水泥砂浆面层

合格：表面无明显脱皮和起砂等缺陷，局部虽有少数细小收缩裂纹和轻微麻面，但其面积不大于800cm²，且在一个检查范围内不多于2处。

优良：表面洁净，无裂纹、脱皮、麻面和起砂现象。

③水磨石面层

合格：表面基本光滑，无明显裂纹和砂眼；石粒密实，分格条牢固。

优良：表面光滑，无裂纹、砂眼和磨纹；石粒密实，显露均匀；颜色图案一致；不混色；分格条牢固，顺直和清晰。

④碎拼大理石面层

合格：颜色协调，无明显裂纹和坑洼。

优良：颜色协调，间隙适宜；磨光一致，无裂纹、坑洼和磨纹。

⑤沥青混凝土、沥青砂浆面层

合格：表面密实，无裂缝。

优良：表面密实，无裂缝、蜂窝等现象。

检验方法：观察检查。

地面工程质量验评表格 **表 9.2.1**

地面基层分项工程质量检验评定表

工程名称： 部位： 施工单位：

		项目	质量情况
保证项目	1	基土密实性与填料的土质	
	2	垫层、构造层的材质、强度、密实度	
	3	防水(潮)层和与墙体、地漏、管道、门口等结合处	

允许偏差项目		项目	允许偏差(mm)								实测偏差值(mm)										检验方法
			基土	垫层				找平层													
						毛地板															
			土	砂、砂石、碎(卵)石、碎砖	灰土、三合土、炉渣、混凝土	地漆布、拼花木板面层	其他种类面层	用沥青玛帝脂做结合层铺设地漆布、拼花木板、板块、硬质纤维板面层	用水泥砂浆做结合层铺设板块面层及防水层	用胶粘剂做结合层铺设拼花木板、塑料板、硬质纤维板面层	1	2	3	4	5	6	7	8	9	10	
	1	表面平整度	15	15	10	3	5	3	5	2											用2m靠尺和楔形塞尺检查
	2	标高	+0 −50	±20	±10	±5	±8	±5	±8	±4											用水准仪检查
	3	坡度	不大于房间相应尺寸的2/1000，且不大于30																		用坡度尺检查
	4	厚度	在个别地方不大于设计厚度的1/10																		尺量检查

检查结果	保证项目	
	允许偏差项目	实测 点，其中合格 点，合格率 %

复查结果： 复查人： 月 日

评定等级	工程负责人：	核定等级	
	工 长：		
	班 组 长：		专职质量检查员：

注：允许偏差项目中表面平整度、标高及坡度各检查2点，厚度检查1点。

2）地漏和供排除液体用的带有坡度的面层，应符合以下规定：

合格：坡度满足排除液体要求，不倒泛水，无渗漏。

优良：坡度符合设计要求，不倒泛水，无渗漏，无积水；与地漏（管道）结合处严密平顺。

检验方法：观察或泼水检查。

3）踢脚线的质量应符合以下规定：

合格：高度一致；与墙面结合牢固，局部空鼓长度不大于400mm，且在一个检查范围内不多于2处。

优良：高度一致，出墙厚度均匀；与墙面结合牢固，局部空鼓长度不大于200mm，且在一个检查范围内，不多于2处。

检验方法：用小锤轻击、尺量和观察检查。

4）楼梯踏步和台阶应符合下列规定：

合格：相邻两步宽度和高度差，不超过20mm；齿角基本整齐，防滑条顺直。

优良：相邻两步宽度和高度差不超过10mm；齿角整齐，防滑条顺直。

检验方法：观察或尺量检查。

5）地（楼）面镶边应符合以下规定：

合格：各种面层邻接处的镶边用料及尺寸，符合设计要求和施工规范规定。

优良：各种面层邻接处的镶边用料及尺寸，符合设计要求和施工规范的规定，边角整齐光滑，不同颜色的邻接处不混色。

检验方法：观察和尺量检查。

（4）允许偏差项目

1）整体地面面层的允许偏差和检验方法，应符合表9.2.2的规定。

整体地面面层的允许偏差和检验方法 **表9.2.2**

项次	项目	允许偏差（mm）							检验方法
		细石混凝土混凝土（原浆抹面）	水泥砂浆	沥青混凝土沥青砂浆	普通水磨石	高级水磨石	碎拼大理石	钢屑水泥菱苦土	
1	表面平整度	5	4	4	3	2	3	4	用2m靠尺和楔形塞尺检查
2	踢脚线上口平直	4	4	4	3	3	—	—	拉5m线，不足5m拉通线和尺量检查
3	线格平直	3	3	3	3	2	—	3	

注：表面平整度检2点，其他各检1点

9.2.3 板块地面工程

（1）检查数量

面层按有代表性的自然间抽查10%，其中过道按10延长米为1间，礼堂、厂房等大间按两轴线为1间；楼梯踏步、台阶按每层梯段为一处，但均不小于3间（处）。

（2）保证项目

1）面层所用板块的品种、质量必须符合设计要求；面层与基层的结合（粘结）必须牢固，无空鼓（脱胶）。

检验方法：用小锤轻击和观察检查。

注：单块板块边角有局部空鼓，且每间不超过抽查总数的5%者，可不计。

（3）基本项目

1）板块面层的质量应符合以下规定。

合格：色泽均匀，板块无裂纹、掉角和缺楞等缺陷。

优良：表面洁净，图案清晰，色泽一致，接缝均匀，周边顺直，板块无裂纹、掉角和缺楞等现象。

检验方法：观察检查。

2）地漏和供排除液体用的带有坡度的面层，应符合以下规定：

合格：坡度满足排除液体要求，不倒泛水，无渗漏。

优良：坡度符合设计要求，不倒泛水，无积水，无渗漏，与地漏（管道）结合处严密牢固。

检验方法：观察和泼水检查。

3）踢脚线的铺设应符合以下规定：

合格：接缝平整，结合牢固。

优良：表面洁净，接缝平整均匀，高度一致；结合牢固，出墙厚度适宜。

检验方法：用小锤轻击和观察检查。

4）楼梯踏步和台阶的铺贴，应符合以下规定：

合格：缝隙宽度基本一致；相邻两步高差不超过15mm，防滑条顺直。

优良：缝隙宽度一致，相邻两步高差不超过10mm，防滑条顺直。

检验方法：观察或尺量检查。

5）地面镶边应符合以下规定：

合格：面层邻接处的镶边用料及尺寸，符合设计要求和施工规范规定。

优良：面层邻接处的镶边用料及尺寸，符合设计要求和施工规范规定；边角整齐、光滑。

检验方法：观察或尺量检查。

（4）允许偏差项目

1）板块地面面层的允许偏差和检验方法，应符合表9.2.3的规定。

9.2.4 木质地面工程

（1）检查数量

面层按有代表性的自然间抽查10%，其中过道按10延长米为1间，礼堂、厂房等大间按两轴线为1间；楼梯踏步，台级按每层梯为1处，但均不等于3间（处）。

（2）保证项目

1）木材材质和铺设时的含水率，必须符合《木结构工程施工及验收规范》GBJ206—83的有关规定。

检验方法：检查测定记录。

2）木搁栅、毛地板和垫木等，必须作防腐处理。木搁栅安装必须牢固、平直。在混凝土基层上铺设木搁栅，其间距和稳固方法，必须符合设计要求。

检验方法：观察、脚踩检查和检查施工日志。

3）木质板面层必须铺钉牢固无松动，粘结牢固无空鼓。

板块地面分项质量检验评定表 **表 9.2.3**

工程名称： 部位： 施工单位：

		项目	质量情况
保证项目	1	面层所用板块的品种、质量	
	2	面层与基层的结合（粘结）	

		项目	质量情况 1	2	3	4	5	6	7	8	9	10	等级
基本项目	1	表面											
	2	地漏及坡度											
	3	踢脚线											
	4	踏步、台级											
	5	镶边											

		项目	允许偏差（mm）普通粘土砖 砂垫层	普通粘土砖 水泥砂浆垫层	陶瓷锦砖、高级水磨石板	缸砖、大水泥砖	水泥花砖	普通水磨石板	大理石	塑料板	混凝土板	地漆布	实测偏差值（mm）1	2	3	4	5	6	7	8	9	10	检验方法
允许偏差项目	1	表面平整度	8	6	2	4	3	3	1	2	4	2											用2m靠尺和楔形塞尺检查
	2	缝格平直	8	8	3	3	3	3	2	3	3	—											拉5m线，不足5m拉通线和尺量检查
	3	接缝高低差	1.5	1.5	0.5	1.5	0.5	1	0.5	0.5	1.5	—											尺量楔形塞尺和塞片检查
	4	踢脚线上口平直	—	—	3	4	—	4	1	2	4	—											同项次2
	5	板块间隙宽度≯	5	5	2	2	2	2	1	—	6	—											尺量检查

检查结果	保证项目	
	基本项目	检查　　项，其中优良　　项，优良率　　%
	允许偏差项目	实测　　点，其中合格　　点，合格率　　%

复查结果： 复查人： 月 日

评定等级	工程负责人：	核定等级	
	工　长：		
	班　组　长：		专职质量检查员：

注：允许偏差项目项次5系指板块间隙宽度的要求，如设计无具体要求时，应按上表限值检查。

检验方法：观察、脚踩或小锤轻击检查。

注：空鼓面积不大于单块板块面积的1/8，且每间不超过抽查总数的5%者，可不计。

(3) 基本项目

1) 木质板面层表面质量应符合下列规定。

①木板和拼花木板面层。

合格：面层刨平磨光，无明显刨痕、戗茬；图案清晰；清油面层颜色均匀。

优良：两层刨平磨光，无刨痕、戗茬和毛刺等现象；图案清晰；清油面层颜色均匀一致；

②硬质纤维板面层

合格：图案尺寸符合设计要求，板面无明显翘鼓。

优良：图案尺寸符合设计要求，板面无翘鼓。

检验方法：观察、手摸和脚踩检查。

2) 木质板面层板间接缝的质量应符合下列规定。

①木板面层

合格：缝隙基本严密，接头位置错开。

优良：缝隙严密，接头位置错开，表面洁净。

②拼花木板面层

合格：接缝对齐，粘、钉严密。

优良：接缝对齐，粘、钉严密，缝隙宽度均匀一致；表面洁净，粘结无溢胶。

③硬质纤维板面层

合格：接缝均匀，无明显高差。

优良：接缝均匀，无明显高差；表面洁净，粘结面层无溢胶。

检验方法：观察检查

④踢脚线的铺设应符合以下规定：

合格：接缝基本严密。

优良：接缝严密，表面光滑、高度、出墙厚度一致。

检验方法：观察检查。

(4) 允许偏差项目

木质板地、楼面面层的允许偏差和检验方法，应符合表9.2.4的规定。

9.2.5 厂区和住宅区道路工程

(1) 检查数量

各种路面每30延长米为1处，抽查10%，但不等于3处。

(2) 保证项目

1) 混凝土的强度必须符合设计要求和《混凝土结构工程施工及验收规范》GDJ50204—92的规定。

检验方法：检查试件试验报告。

2) 沥青混凝土压实密度，必须达到2350kg/m^{3}以上。

检验方法：观察检查和检查测试记录。

(3) 基本项目

1) 路面排水应符合以下规定：

木质板地面分项工程质量检验评定表 表 9.2.4

工程名称： 部位： 施工单位：

		项目	质量情况
保证项目	1	木材质和铺设时的含水率限值	
	2	木搁栅、毛地板和垫木等防腐处理	
	3	木质板面层铺钉、粘结	

		项目	质量情况										等级
			1	2	3	4	5	6	7	8	9	10	
基本项目	1	表面											
	2	接缝											
	3	踢脚线											

		项目	允许偏差（mm）					实测偏差值（mm）										检验方法
			木搁栅	松木长条木板	硬木长条木板	拼花木板	硬质纤维板	1	2	3	4	5	6	7	8	9	10	
允许偏差项目	1	表面平整度	3	3	2	2	2											用 2m 靠尺和楔形塞尺检查
	2	踢脚线上口平直	—	3	3	3	3											拉 5m 线，不足 5m 拉通线和尺量检查
	3	板面拼缝平直	—	3	3	3	3											
	4	缝隙宽度不大于	—	1	0.5	0.2	2											塞片和尺量检查

检查结果	保证项目	
	基本项目	检查　　项，其中优良　　项，优良率　　%
	允许偏差项目	实测　　点，其中合格　　点，合格率　　%

复查结果： 复查人： 月 日

评定等级		工程负责人：	核定等级	
		工　长：		
		班　组　长：		专职质量检查员：

注：允许偏差项目中项次 1 及 2 各检 2 点，其他均各检 1 点。

合格：路面的坡向、雨水口等符合设计要求，泄水畅通。

优良：路面的坡向、雨水口等符合设计要求，泄水畅通，无积水现象。

检验方法：观察或泼水试验。

注：积水深度不大于 5mm 者，可不计。

2）混凝土路面设置的伸缩和缩缝，应符合以下规定。

合格：缝的位置、宽度和填缝质量基本符合设计要求和施工规范规定。

优良：缝的位置、宽度和填缝符合设计要求和施工规范规定。

检验方法：观察和尺量检查。

3）各种路面的表面应符合下列规定：

混凝土路面

合格：表面无明显裂缝、脱皮和起砂等缺陷。

优良：表面无裂缝、脱皮和起砂等现象，接缝平顺；

②沥青混凝土路面

合格：表面无裂缝，无明显接槎痕迹。

优良：表面无裂缝，接槎平顺；

③预制混凝土块路面

合格：铺设稳固，有轻微松动的板块，不超过检查数的5%；无缺楞掉角。

优良：铺设稳固，表面平整，无松动和缺楞掉角，缝宽均匀、顺直。

检验方法：观察和脚踩检查；

④各种路面的路边石，应符合以下规定：

合格：路边石顺直，高度基本一致。

优良：路边石顺直，高度一致，棱角整齐。

检验方法：观察检查。

（4）允许偏差项目

1）道路路面的允许偏差和检验方法应符合表9.2.5的规定。

道路路面的允许偏差和检验方法　　**表9.2.5**

项次	项　目	允许偏差（mm）			检验方法
		混凝土路面	预制混凝土路面	沥青混凝土路面	
1	宽　度	±50	—	±50	尺量检查
2	厚　度	±10	—	±5	尺量检查
3	横　坡	0.15/100	0.2/100	0.35/100	用坡度尺检查
4	表面平整度	7	7	7	用2m靠尺和楔形塞尺检查
5	接缝高低差	—	2	—	用直尺和楔形塞尺检查

附录1　水泥砂浆、水泥混凝土（掺入JJ91硅质密实剂）技术性能

1.1　掺入JJ91硅质密实剂后的水泥砂浆技术性能应符合附表1.1的要求

水泥砂浆（掺入JJ91硅质密实剂）**技术性能**　　**附表1.1**

试验项目＼性能指标		一等品	合格品	JJ91硅质密实剂试验结果
安定性		合格	合格	合格
凝结时间	初凝不早于（min）	45	45	123
	终凝不迟于（h）	10	10	5.17
抗压强度比（%）	7d	≥100	≥95	≥95.1
	28d	≥90	≥85	≥127.4
	90d	≥85	≥80	≥100.1
透水压力比（%）		≥300	≥200	≥300
48h吸水量比（%）		≤65	≤75	≤72.8
90d收缩率比（%）		≤110	≤120	≤98.2

注：本表除凝结时间和安定性为受检净浆的试验结果以外，其它数据均为受检砂浆与基准砂浆的比值。

1.2　掺入JJ91硅质密实剂后的水泥混凝土技术性能应符合附表1.2的要求

水泥混凝土（掺入JJ91硅质密实剂）**技术性能**　　**附表1.2**

试验项目＼性能指标		一等品	合格	JJ91硅质密实剂试验结果
净浆安定性		合格	合格	合格
凝结时间差（min）	初凝	－90～＋120	－90～＋120	＋33
	终凝	－120～＋120	－90～＋120	＋66
泌水率比（%）		≤80	≤90	≤0
抗压强度比（%）	7d	≥110	≥100	≥127
	28d	≥100	≥95	≥104
	90d	≥100	≥90	≥95.6
渗透高度比（%）		≤30	≤40	≤38
48h吸水量比（%）		≤65	≤75	≤72.4

续表

试验项目 \ 性能指标			一等品	合格	JJ91 硅质密实剂试验结果
90d 收缩率比（%）			≤110	≤120	≤93
抗冻性能（50 次冻融循环）（%）	慢冻法	抗压强度损失率比	≤100	≤100	≤86.5
		质量损失率比	≤100	≤100	≤7.3
	快冻法	相对动弹性模重比	≥100	≥100	—
		质量损失率比	≤100	≤100	—
对钢筋的锈蚀作用					无锈蚀危害

附录 2 沥青的软化点以及沥青玛𤧛脂熬制和铺设时的温度

2.1 沥青的软化点以及沥青玛𤧛脂熬制和铺设的温度应符合附表 1.2 的要求。

沥青的软化点以及沥青玛𤧛脂熬制和铺设时的温度 **附表 1.2**

地面受热的最高温度	按“环球法”测定的最低软化点（℃）		沥青玛𤧛脂的温度（℃）		
			熬制时		铺设时温度
	石油沥青	玛𤧛脂	夏季	冬季	
30℃以下	60	80	180～200	200～220	≥160
31～40℃	70	90	190～210	210～225	≥170
41～60℃	95	110	200～220	210～225	≥180

注：1. 取 100cm^3 的沥青玛𤧛脂加热至铺设所需温度时（见上表），应能在平坦面上自动流动，其厚度等于或小于 4mm。当温度为 18±2℃时，玛𤧛脂应凝结，均匀而无明显的杂物和无填充料颗粒。

2. 地面受热的最高温度，应根据设计要求选用。

附录3　防油渗材料的配制

3.1　防油渗水泥浆配制

3.1.1　氯乙烯—偏氯乙烯混合乳液的配制，应采用10%浓度的磷酸三钠水溶液中和氯乙烯—偏氯乙烯共聚乳液，其pH值宜为7～8，加入浓度为40%的OP溶液，搅拌均匀，而后加入少量消泡剂（以消除表面泡沫为度）。

3.1.2　防油渗水泥浆的配制，应将氯乙烯—偏氯乙烯混合乳液和水，按1：1配合比搅拌均匀后，边拌边加入水泥，按要求的加入量加入后，充分拌匀。

3.2　防油渗胶泥底子油的配制

3.2.1　将已熬制好的防油渗胶泥自然冷却到85～90℃，边搅拌边缓慢加入按配合比要求的二甲苯和环已酮的混合溶剂（切勿近水）。搅拌至胶泥全部溶解即成底子油。当暂时存放时，应置于有盖的容器中，以防止溶剂挥发。

附录4　不发生火花（防爆的）建筑地面材料及其制品不发火性的试验方法

4.1　不发火性的定义

4.1.1　当所用材料与金属或石块等坚硬物体发生摩擦、冲击或冲擦等机械作用时，不发生火花（或火星），使易燃物引起发火或爆炸的危险，即为具有不发火性。

4.2　试　验　方　法

4.2.1　试验前的准备。材料不发火的鉴定，可采用砂轮来进行。试验的房间应完全黑暗，以便在试验时易于看见火花。

试验用的砂轮直径为150mm，试验时其转速应为600～1000r/min，并在暗室内检查其分离火花的能力。检查砂轮是否合格，可在砂轮旋转时用工具钢、石英岩或含有石英岩的混凝土等能发生火花的试件进行摩擦，摩擦时应加10～20N的压力，如果发生清晰的火花，则该砂轮即认为合格。

4.2.2　粗骨料的试验。从不少于50个试件中选出做不发生火花试验的试件10个。被选出的试件，应是不同表面、不同颜色、不同结晶体、不同硬度的。每个试件重50～250g，准确度应达到1g。

试验时也应在完全黑暗的房间内进行。每个试件在砂轮上摩擦时，应加以10～20N的压力，将试件任意部分接触砂轮后，仔细观察试件与砂轮摩擦的地方，有无火花发生。

必须在每个试件的重量磨掉不少于20g后，才能结束试验。

在试验中如没有发现任何瞬时的火花，该材料即为合格。

4.2.3　粉状骨料的试验。粉状骨料除着重试验其制造的原料外，并应将这些细粒材料用胶结料（水泥或沥青）制成块状材料来进行试验，以便于以后发现制品不符合不发火的要求时，能检查原因，同时，也可以减少制品不符合要求的可能性。

4.2.4　不发火沥青砂浆、沥青混凝土、水泥砂浆、水磨石和水泥混凝土的试验。主要试验方法同前。在试验时沥青砂浆或沥青混凝土可能因摩擦发热而粘在砂轮上，不能再分离火花，故试验时，应注意经常检查砂轮，如果有沥青粘住之处，应刮净后再行试验。

附录5　沥青砂浆和沥青混凝土技术指标

5.1　沥青砂浆和沥青混凝土技术指标应符合附表5.1的要求。

沥青砂浆和沥青混凝土的物理性能技术指标　　附表5.1

物理力学性能	技术指标
(1) 50℃时抗压强度（R50℃，MPa）： 当圆柱形试件直径及高为： 50.5mm时 71.4mm时	 ≥1 ≥0.8
(2) 20℃时抗压极限强度（R20℃，MPa） 当圆柱形试件直径及高为： 50.5mm时 71.4mm时	 ≥3 ≥2.5
(3) 温度稳定系数（$k_1=\frac{R20℃}{R50℃}$）	≤3.5
(4) 水稳定系数（$k_w=\frac{R'20℃}{R50℃}$）	≤0.9
(5) 吸水率、体积比（%）	≤3
(6) 膨胀率、体积比（%）	≤1

注：1. 沥青砂浆采用50.5mm圆柱形试件，沥青混凝土采用71.4mm圆柱形试件。

2. R′20℃指吸水饱和的试件在20℃时试验的抗压强度。

5.2　沥青砂浆和沥青混凝土拌合物的拌制、开始碾压、压实完毕的温度及技术要求应符合附表5.2的要求

沥青砂浆和沥青混凝土拌合物的拌制、开始碾压、压实完毕的温度及技术要求

附表5.2

项　　目	拌　制		开始碾压		压实完毕	
气温（℃）	5以上	5～－10	5以上	5～－10	5以上	5～－10
拌合料温度（℃）	140～170	160～180	90～100	110～130	≥60	≥40

注：当环境温度低于5℃时，不宜施工。

附录 6　板块材质量要求

6.1　板块材质量要求应符合附表 6.1 的要求

板块材质量要求　　表 6.1

<table>
<tr><th rowspan="2">种　类</th><th colspan="3">允许偏差（mm）</th><th rowspan="2">外观要求</th></tr>
<tr><th>长度宽度</th><th>、厚　度</th><th>平整度最大偏差值</th></tr>
<tr><td>花岗石板材</td><td rowspan="3">+0
−1</td><td>±2</td><td rowspan="2">长度≥400　0.6
≥800　0.8</td><td rowspan="5">花岗石、大理石板材表面要求光洁明亮、色泽鲜明无刀痕、旋纹
水磨石板块表面要求石子均匀，颜色一致，无旋纹、气孔
水泥花砖块表面要求光滑，图案花纹正确，颜色一致
混凝土板块表面要求密实，无麻面、裂纹和脱皮
各种板块应边角方正，无扭曲缺角掉边</td></tr>
<tr><td>大理石板材</td><td rowspan="2">+1
−2</td></tr>
<tr><td>水磨石板块</td><td>长度≥400　1.0
≥800　2.0</td></tr>
<tr><td>水泥花砖</td><td>±1</td><td>±1</td><td rowspan="2">长度≥400　1.0
≥800　2.0</td></tr>
<tr><td>混凝土板块</td><td>±2.5</td><td>±2.5</td></tr>
</table>

注：1. 多边形、弧形等异形板块的质量，除应符合上表规定外，外形尺寸应符合设计要求。

2. 本表摘自施工规范附录 F、所列数据及质量要求偏宽，难以满足检验评定要求，购买板块材时，建议参照附录 8-4。

附录7　腻子及乳液的用途与配合比

7.1　聚乙烯醇缩甲醛（107胶）水泥腻子适用于基层表面因不平整、麻面、起砂等作为找平修补处理。水泥、107胶与水的重量比宜为1∶0.175∶0.4。

7.2　聚乙烯醇缩甲醛（107胶）水泥乳液适用于涂刷基层表面，增加整体性和胶结层的粘结力。水泥、107胶与水的重量比宜为1∶0.5～0.8∶6～8。

7.3　石膏乳液腻子适用于基层表面第一道嵌补找平。石膏、土粉与聚醋酸乙烯乳液的体积比宜为2∶2∶1。石膏乳液腻子拌合时，加水量应根据现场具体情况确定。

7.4　滑石粉乳液腻子适用于基层表面第二道修补找平。滑石粉∶聚醋酸乙烯乳液∶羧甲基纤维素溶液的体积比宜为1∶0.2～0.25∶0.1。滑石粉乳液腻子拌合时，加水量应根据现场具体情况确定。

附录 8 材料技术标准

8.1 水 泥

各种类型，各标号的水泥必须符合国家现行技术标准规定。标准规定了水泥的定义、组分材料、技术要求、试验方法和检验规则等。

对水泥技术要求明确规定应检验的技术指标，应符合以下的要求：

常规检验内容：

（1）细度——指 80μm 方孔筛筛余量（%）或比表面积（m^2/kg）。

（2）凝结时间——指初凝和终凝两个技术指标（h、min）。常规规定普通水泥初凝不得早于 45min，终凝不得迟于 10h。

（3）安定性——指用沸煮法检验：压蒸后的试件变形龟裂情况。

（4）强度——指试件在标准规定龄期内测试的抗压强度和抗折强度不得低于国家现行技术标准的规定数值，见以下各表所示的技术指标数值。

8.1.1 硅酸盐水泥、普通硅酸盐水泥（GB175—92）

（1）水泥标号（强度）按规定龄期的抗压强度和抗折强度来划分，各标号水泥的各龄期强度不得低于屋面工程施工技术措施附录 7 中附表 7.1 中规定数值。

8.1.2 矿渣硅酸盐水泥、火山灰质硅酸盐水泥及粉煤灰硅酸盐水泥（GB1344—92）

水泥标号按规定龄期的抗压强度和抗折强度来划分。各标号水泥的龄期强度不得低于附表 8.1.2 的规定数值。

附表 8.1.2

标 号	抗压强度（MPa）			抗折强度（MPa）		
	3d	7d	28d	3d	7d	28d
275	—	13.0	27.5	—	2.5	5.0
325	—	15.0	32.5	—	3.0	5.5
425	—	21.0	42.5	—	4.0	6.5
425R	19.0	—	42.5	4.0	—	6.5
525	21.0	—	52.5	4.0	—	7.0
525R	23.0	—	52.5	4.5	—	7.0
625R	28.0	—	62.5	5.0	—	8.0

8.1.3 白色硅酸盐水泥（GB2015—91）

（1）各标号水泥龄期强度不得低于附表 8.1.3（1）的规定数值。

附表 8.1.3（1）

标　号	抗压强度（MPa）			抗折强度（MPa）		
	3d	7d	28d	3d	7d	28d
325	14.0	20.5	32.5	2.5	3.5	5.5
425	18.0	26.5	42.5	3.5	4.5	6.5
525	23.0	33.5	52.5	4.0	5.5	7.0
625	28.0	42.0	62.5	5.0	6.0	8.0

（2）白水泥白度分为特级、一级、二级、三级，各等级白度不得低于附表 8.1.3（2）的规定数值。

附表 8.1.3（2）

等　级	特　级	一　级	二　级	三　级
白　度（%）	86	84	80	75

（3）产品分为优等品、一等品和合格品，产品等级如附表 8.1.3（3）的规定。

附表 8.1.3（3）

<table>
<tr><th rowspan="2">白水泥等级</th><th>白　度</th><th rowspan="2">标　号</th></tr>
<tr><th>级　别</th></tr>
<tr><td>优　等　品</td><td>特　级</td><td>625
525</td></tr>
<tr><td rowspan="2">一　等　品</td><td>一　级</td><td>525
425</td></tr>
<tr><td>二　级</td><td>525
425</td></tr>
<tr><td rowspan="2">合　格　品</td><td>二　级</td><td>325</td></tr>
<tr><td>三　级</td><td>425
325</td></tr>
</table>

8.1.4　快硬高强铝酸盐水泥（JC 416—91）

各龄期强度不低于附表 8.1.4 的规定。

附表 8.1.4

水泥标号	抗压强度 MPa		抗折强度 MPa	
	1d	28d	1d	28d
625	35.3	62.5	5.5	7.8
725	45.1	72.5	6.0	8.6
825	54.9	82.5	6.5	9.4
925	64.7	92.5	6.7	10.2

8.1.5　中热硅酸盐水泥、低热矿渣硅酸盐水泥（CB200—89）

各龄期强度值不得低于附表 8.1.5（1）的规定数值。

附表 8.1.5（1）

品　　种	标　　号	抗压强度（MPa）			抗折强度（MPa）		
		3d	7d	28d	3d	7d	28d
中热水泥	425	15.7	34.5	42.5	3.3	4.5	6.3
	525	20.6	31.4	52.5	4.1	5.3	7.1
低热矿渣	325	—	13.7	32.5	—	3.2	5.4
水　　泥	425	—	18.6	42.5	—	4.1	6.3

各龄期水化热不得超过附表 8.1.5（2）的规定数值。

附表 8.1.5（2）

水 泥 标 号	中热水泥（kJ/kg）		低热矿渣水泥（kJ/kg）	
	3d	7d	3d	7d
325	—	—	188	230
425	251	293	197	230
525	251	293	—	—

8.1.6　快硬硅酸盐水泥（GB 199—90）

各龄期强度均不得低于附表 8.1.6 的规定数值。

附表 8.1.6

标　　号	抗压强度（MPa）			抗折强度（MPa）		
	1d	3d	28d	1d	3d	28d
325	15.0	32.5	52.5	3.5	5.0	7.2
375	17.0	37.5	57.5	4.0	6.0	7.6
425	19.0	42.5	62.5	4.5	6.4	8.0

8.1.7　复合硅酸盐水泥（GB 12958—91）

各标号、各类型水泥的各龄期强度不得低于附表 8.1.7 的规定数值。

附表 8.1.7

标　　号	抗压强度（MPa）			抗折强度（MPa）		
	3d	7d	28d	3d	7d	28d
325		18.5	32.5		3.5	5.5
425		24.5	42.5		4.5	6.5
425R	21.0		42.5	4.0		6.5
525		31.5	52.5		5.5	7.0
525R	26.0		52.5	5.0		7.0

8.1.8　道路硅酸盐水泥（GB 13093—92）

各标号的各龄期强度不得低于附表 8.1.8 的规定数值。

附表 8.1.8

标号	抗压强度（MPa）		抗折强度（MPa）	
	3d	28d	3d	28d
425	22.0	42.5	4.0	7.0
525	27.0	52.5	5.0	7.5
625R	32.0	62.5	5.5	8.5

8.2 普通混凝土用碎石或卵石质量标准及检验方法（JGJ53—92）

（1）碎石或卵石的颗粒级配，应符合附表 8.2（1）的规定。

（2）碎石或卵石中针，片状颗粒含量，应符合附表 8.2（2）的规定。

碎石或卵石的颗粒级配范围 **附表 8.2**（1）

级配情况	公称粒级（mm）	累计筛余按重量计（%）											
		筛孔尺寸（圆孔筛）（mm）											
		2.5	5	10	16	20	25	31.5	40	50	63	80	100
连续粒级	5～10	95-100	80-100	0～15	0	—	—	—	—	—	—	—	—
	5～16	95-100	90-100	30～60	0-10	0	—	—	—	—	—	—	—
	5～20	95-100	90-100	40～70	—	0～10	0	—	—	—	—	—	—
	5～25	95-100	90-100	—	30-70	—	0-5	0	—	—	—	—	—
	5～31.5	95-100	90-100	70～90	—	15～45	—	0-5	0	—	—	—	—
	5～40	—	90-100	75～90	—	30～60	—	—	0-5	0	—	—	—
单粒级	10～20	—	95-100	85-100	—	0～15	0	—	—	—	—	—	—
	16～31.5	—	95-100	—	85-100	—	—	0—10	0	—	—	—	—
	20～40	—	—	95-100	—	85～100	—	—	0-10	0	—	—	—
	31.5～63	—	—	—	95-100	—	—	75～100	45～75	—	0-10	0	—
	40～80	—	—	—	—	95-100	—	—	70～100	—	30～60	0～10	0

注：公称粒级的上限为该粒级的最大粒径。

针、片状颗粒含量 **附表 8.2**（2）

混凝土强度等级	≥C30	C25～C15
针、片状颗粒含量、按重量计（%）	<15	<25

注：混凝土的强度等级≤C10 时，其针、片状颗粒含量可放宽到 40%。

（3）碎石或卵石中的含泥量，应符合附表 8.2（3）的规定。

碎石或卵石中的含泥量 **附表 8.2**（3）

混凝土强度等级	≥C30	<C30
含泥量按重量计（%）	<1.0	<2.0

注：等于或小于 C10 的混凝土，用的碎（卵）石，其含泥量可放宽到 2.5%。

(4) 碎石或卵石中的泥块含量，应符附表8.2（4）的规定。

碎石或卵石中的泥块含量 **附表8.2（4）**

混凝土强度等级	≥C30	<C30
泥块含量按重量计（%）	<0.50	<0.70

注：混凝土强度等级≤C10，其含泥块量可放宽到1.00%。

(5) 碎石的压碎指标值、应符合附表8.2（5）的规定。

碎石的压碎指标值 **附表8.2（5）**

岩石品种	混凝土强度等级	碎石压碎指标值（%）
水成岩	C55～C40 <C35	<10 <16
变质岩或深成的火成岩	C55～C40 <C35	<12 <20
火成岩	C55～C40 <C35	<13 <30

注：水成岩包括石灰岩、砂岩等。变质岩包括片麻岩、石英岩等。深成的火成岩包括花岗岩、正长岩、闪长岩和橄榄岩等。喷出的火成岩包括玄武岩和辉绿岩等。

(6) 卵石压碎指标值直按附表8.2（6）的规定。

卵石的压碎指标值 **附表8.2（6）**

混凝土强度等级	C55，C40	<C35
压碎指标值（%）	<12	<16

(7) 碎石或卵石中有机杂质等有害物质含量，应符合附表8.2（7）的规定。

碎石或卵石中的有害物质含量 **附表8.2（7）**

项　目	质　量　要　求
硫化物及硫酸盐含量（折算成SO_3，按重量计%）	<1.0
卵石中有机质含量（用比色法试验）	颜色应不深于标准色。如深于标准色，则应配制成混凝土进行强度对比试验，抗压强度比应不低于0.95。

8.3 普通混凝土用砂质量标准及检验方法（JGJ 52—92）

(1) 砂的颗粒级配应处于附表8.3（1）中的任何一个区以内

砂颗粒级配区 附表 8.3（1）

累计筛余（%）级配区 / 筛孔尺寸（mm）	Ⅰ区	Ⅱ区	Ⅲ区
10.0	0	0	0
5.00	10-0	10-0	10-0
2.50	35-5	25-0	15-0
1.250	65-35	50-10	25-0
0.630	85-71	70-41	40-16
0.315	95-80	92-70	85-55
0.160	100-90	100-90	100-90

（2）砂中含泥量应符合附表 8.3（2）的规定。

砂中含泥量限值 附表 8.3（2）

混凝土强度等级	⩾C30	＜C30
含泥量（按重量计%）	＜3.0	＜5.0

（3）砂中的泥块含量应符合附表 8.3（3）的规定

砂中的泥块含量 附表 8.3（3）

混凝土强度等级	⩾C30	＜C30
泥块含量（按重量计%）	＜1.0	＜2.0

（4）砂的坚固性、循环后其重量损失应符合附表 8.3（4）的规定。

砂的坚固指标 附表 8.3（4）

混凝土所处的环境条件	循环后的重量损失（%）
在严寒及寒冷地区室外使用，并经常处于潮湿或干湿交替状态下的混凝土	＜8
其它条件下使用的混凝土	＜10

（5）砂中的有害物质含量，应符合附表 8.3（5）的规定。

砂中的有害物质限值 附表 8.3（5）

项 目	质 量 指 标
云母含量（按重量计%）	＜2.0
轻物质含量（按重量计%）	＜1.0
硫化物及硫酸盐含量（折算成 SO_3 按重量计%）	＜1.0
有机物含量（用比色法试验）	颜色不应深于标准色，如深于标准色，则应按水泥胶砂强度的方法，抗压强度比不应低于 0.95

8.4 天然石材板块材料（JC79—84）

8.4.1 大理石板块

(1) 大理石品种

我国各地均产大理石，品种繁多，主要有：

1) 云灰大理石，多呈云灰色或在是云灰为底形成天然云彩状花纹。

2) 汉白玉大理石，晶莹纯净、洁白如玉。

3) 彩色大理石，经研磨，抛光后，色泽绚丽而成天然画面。

大理石常用于高级装饰墙面、柱面和地面，其中只有汉白玉、艾叶青等杂质少，用在室外较稳定和耐久，其他则杂质多、易腐蚀，所以不宜用于室外。

(2) 大理石板材标准

1) 平板规格尺寸允许偏差见附表 8.4.1 (1)；

平板规格尺寸允许偏差 附表 8.4.1 (1)

部位		优等品	一等品	合格品
长、宽度 (mm)		0 −1.0	0 −1.0	0 −1.5
厚度 (mm)	≤15	±0.5	±0.8	±1.0
	>15	+0.5 −1.5	+1.0 −2.0	2.0±

注：1. 同一块地板厚度公差：单面磨光不得超过 2mm，双面磨光不得超过 1mm；

2. 双面磨光板材宽、厚相差不得大于 1mm；

3. 异型板的规格偏差按设计要求。

2) 平面度允许极限值见附表 8.4.1 (2)；

平面度允许极限值 附表 8.4.1 (2)

平板长度	允许极限值 (mm)		
	优等品	一等品	合格品
≤400	0.20	0.30	0.50
>400～<800	0.50	0.60	0.80
≥800～<1000	0.70	0.80	1.00
≥1000	0.80	1.00	1.20

3) 角度允许极限值见附表 8.4.1 (3)；

角度允许极限偏差值 (mm) 附表 8.4.1 (3)

平板长度	允许极限偏差值		
	优等品	一等品	合格品
≤400	0.30	0.40	0.60
>400	0.50	0.60	0.80

注：侧面磨光的拼连板材，正面与侧面的夹角不得大于 90°。

4）板材正面外观缺陷见附表 8.4.1（4）；

块板材正面外观缺陷 **附表 8.4.1**（4）

缺陷名称	优等品	一等品	合格品
翘曲	不允许	不明显	有，但不影响使用
裂纹			
砂眼			
凹陷			
色斑			
污点			
正面棱缺陷长≤8，宽≤3			1处
正面角缺陷长≤3，宽≤3			1处

注：1. 板材安装后，被遮盖部位的棱角缺陷不得超过被遮盖部位的 1/2。
2. 两个磨光面相邻的棱角，不允许有缺陷。
3. 板材的磨光面不得有明显的划痕。
4. 大理石粘接或修补后，正面不得有明显痕迹，颜色应与正面花色相近。
5. 定型产品以 50～100m² 为一批，应达到色调与花纹基本调和，不得与标准样板的颜色和特征有明显的差异，非定型配套工程产品，每一部位色调深浅应逐渐过渡，花纹特征基本调和，不得有骤然变化。

5）主要品种光泽度指标见附表 8.4.1（5）。

磨光板材光泽度 **附表 8.4.1**（5）

板材代号	板材名称	光泽度指标（不低于）	
		一等品	合格品
101	汉白玉	90	80
112	芝麻白	90	80
117、061、301-1、311、413	雪花	85	75
073、401、402、403	云花	95	85
056 322	杭灰、齐灰	95	85
063	秋香	95	85
023	秋景	80	70
234、075	大连黑、残雪	95	85
217、217-1、217-2	丹东绿	55	45
219	铁岭红	65	55
055、218	红皖罗、东北红	85	75

8.4.2 花岗岩板块

结晶颗粒细，分布均匀，石英含量多。颜色一般多淡灰、淡红或微黄。

花岗岩的表面密度在 2600kg/m³，抗压强度可高达 250MPa，吸水率仅为 1%，抗冻性 100～200 次。耐磨性、抗风化性能均好，耐酸（硝酸、硫酸）性高，耐用年限长达 75～200

年。

花岗岩的用途比较广，除了可作为设备的耐酸衬里外。表面琢磨后色泽美观，可做高级装饰材料，特别是用于重要纪念性建筑物上。

花岗岩板材的检查标准如下：

1）板材规格允许偏差见附表 8.4.2（1）；

板材规格尺寸允许偏差（mm）　　　　**附表 8.4.2**（1）

分类		细面和镜面板材			粗面板材		
等级		优等品	一等品	合格品	优等品	一等品	合格品
长、宽度		0 −1.0	0 −1.5		0 −1.0	0 −2.0	0 −3.0
厚度	≤15	±0.5	±1.0	±1.0 −2.0			
	＞15	±1.0	±2.0	+2.0 −3.0	+1.0 −2.0	+2.0 −3.0	+2.0 −4.0

注：1. 双面磨板材，在两块或两块以上拼接时，其接缝处的偏差不得大于 1.0mm；

2. 机刨和剁斧板材厚度无具体要求者，其底部带荒不得大于该面灰缝的一半；

3. 异型板材的线角应符合样板，允许偏差为 $^{+0\text{mm}}_{-3\text{mm}}$。

2）平面度允许极限值见附表 8.4.2（2）；

平面度允许极限值（mm）　　　　**附表 8.4.2**（2）

板材长度	细面镜面材料			粗面板料		
	优等品	一等品	合格品	优等品	一等品	合格品
≤400	0.20	0.40	0.60	0.80	1.00	1.20
＞400～＜1000	0.50	0.70	0.90	1.50	2.00	2.20
≥1000	0.80	1.00	1.20	2.00	2.50	2.80

3）角度允许极限值见附表 8.4.2（3）；

角度允许极限值（mm）　　　　**附表 8.4.2**（3）

板材长度	细面、镜面材料			粗面板料		
	优等品	一等品	合格品	优等品	一等品	合格品
≤400	0.40	0.60	0.80	0.60	0.80	1.00
＞400			1.00		1.00	1.20

4）外观缺陷：

相邻两个磨光面的棱角和机刨、剁斧板材的明棱必须完整无缺。

外观缺陷应符合附表 8.4.2（4）。

外观缺陷规定 附表 8.4.2（4）

<table>
<tr><th>名称</th><th>规　定　内　容</th><th>优等品</th><th>一等品</th><th>合格品</th></tr>
<tr><td>缺棱</td><td>长度不超过 10mm（长度小于 5mm 不计）周边每米长（个）</td><td rowspan="6">不允许</td><td rowspan="3">1</td><td rowspan="3">2</td></tr>
<tr><td>缺角</td><td>面积不超过 5mm×2mm（面积小于 2mm×2mm 不计），每块板（个）</td></tr>
<tr><td>裂纹</td><td>长度不超过两端顺延至板边总长度的 1/10(长度小于 20mm 的不计)，每块板（条）</td></tr>
<tr><td>色斑</td><td>面积不超过 20mm×30mm（面积小于 15mm×15mm 不计），每块板（个）</td><td>2</td><td>3</td></tr>
<tr><td>坑窝</td><td>粗面板材的正面出现坑窝</td><td>不明显</td><td>出现，但不影响使用</td></tr>
<tr><td>划痕</td><td>轻微的划痕可忽略不计，明显的划痕每块板（条）</td><td>不允许</td><td>1</td></tr>
</table>

注：1. 机刨、剁条板材不允许有贯通裂纹。光磨和粗磨板材的优等品、一等品，不允许有裂纹，合格品中每块板允许有一条，但其直线长度不得大于裂纹顺延方向板长的 1/10。

2. 粗磨和磨光板材色调在每 $100mm^2$ 或单一工程部位中，经目测基本一致；颜色相近的色线、色斑不计。优等品和一等品不允许在板材裸露面有不同颜色的色线，合格品色线允许长度应小于顺延方向板材长的 1/10（30mm 色线不计）。

3. 棱角缺陷修补后，应无明显痕迹，颜色应和板面一致。

5）漏检率

一等品不得有超过 10％的合格品。合格品不得有超过 5％的等外品。

8.5 陶瓷锦砖

一般亦称马赛克，按图形将其粘贴在牛皮纸上，每张大约 300mm 见方，称为一联，其面积为 $0.093m^2$，每 40 联为一箱，每箱约 $3.7m^2$。

陶瓷锦砖色泽、图案多样、质地坚实、经久耐用、耐酸、耐碱、耐磨、不渗水、吸水率小、不易破碎，极适宜室内装饰，也可用于室外。

（1）陶瓷锦砖的技术性能见附表 8.5（1）；

陶瓷锦砖的技术性能 附表 8.5（1）

项　　目	指　　标	项　　目	指　　标
抗压强度	15.0MPa～25.0MPa	吸水率	＜4％
莫氏硬度	6～7％	耐酸度	＞95％
耐磨值	＜0.5	耐碱度	＞84％
使用温度	－20～100℃		

（2）陶瓷锦砖标定规格见附表 8.5（2）。

陶瓷锦砖标定规格 附表 8.5（2）

<table>
<tr><th colspan="2" rowspan="2">项　　目</th><th rowspan="2">规　格
(mm)</th><th colspan="2">允许公差（mm）</th></tr>
<tr><th>一级品</th><th>二级品</th></tr>
<tr><td rowspan="2">单块锦砖</td><td>边　　长</td><td>＜25.0
＞25.0</td><td>±0.5
±1.0</td><td>±0.5
±1.0</td></tr>
<tr><td>厚　　度</td><td>4.0
4.5</td><td>±2.0</td><td>±2.0</td></tr>
</table>

续表

项目		规格（mm）	允许公差（mm）	
			一级品	二级品
每联锦砖	线路	2.0	±0.5	±1.0
	联长	305.5	+2.5 −0.5	+3.5 −1.0

注：1. 吸水率不大于0.2%。

2. 锦砖脱纸时间不大于40min。

8.6 彩色釉面陶瓷地砖（GB 11947—89）

陶瓷地砖表面平整、质地坚硬强度高、耐磨、耐酸、耐碱、吸水率小、有多种色彩、花纹，可拼成多种图案，能擦洗，不褪色也不变形，适用于公共建筑、居家地面装饰，还有经抛光处理仿花岗岩和大理石釉、仿汉白玉等彩釉地砖，则适宜于一些高档建筑的地面装饰。其质量检查标准如下：

（1）彩釉陶瓷地面的理化性能应满足附表8.6（1）的规定；

彩釉陶瓷地面砖的理化性能 **附表8.6**（1）

吸水率	耐急冷急热性	抗冻性能	弯曲强度	耐磨性	耐化学腐蚀性
不大于4%（红地砖不大于8%）	经3次急冷急热循环，不出现炸裂或裂纹	经20次冻融循环，不出现破裂、剥落或裂纹	平均值不低于24.5MPa	分为4类	分为AA、A、B、C、D等级

注：1. 吸水率越小，抗冻性越好，寒冷地应选用吸水率低的产品。

2. 对铺地面用砖要进行耐磨试验。

3. 有腐蚀要求时，则作耐酸、耐腐试验。

（2）规格尺寸允许偏差见附表8.6（2）；

彩釉地面砖规格尺寸允许偏差（mm） **附表8.6**（2）

规格尺寸允许偏差		
基本尺寸（mm）		允许偏差（mm）
边长	<150	±1.5
	150～250	±2.0
	>250	±2.5
厚度	<12	±1.0

（3）表面质量要求见附表8.6（3）；

表面质量要求 **附表 8.6**（3）

缺陷名称	优 等 品	一 级 品	合 格 品
缺釉、斑点、裂纹、棕眼、熔洞、釉泡、烟熏、开裂、磕碰、波纹、剥边、坯粉	距离砖面 1m 处目测，有可见缺陷的砖数不超过 5%。	距离砖面 2m 处目测，有可见缺陷的砖数不超过 5%。	距离砖面 3m 处目测缺陷不明显

（4）最大允许变形见附表 8.6（4）。

最大允许变形（%） **附表 8.6**（4）

变形种类	优 等 品	一 级 品	合 格 品
中心弯曲度	±0.50	±0.60	+0.80～0.60
翘 曲 度	±0.50	±0.60	±0.70
边 直 度	±0.50	±0.60	±0.70
直 角 度	±0.60	±0.70	±0.80

注：1. 各等级彩釉砖均不得有结构分层缺陷存在。

2. 在产品的侧面和背面，不准许有妨碍粘结的明显附着釉及其它影响使用的缺陷。

3. 凸背纹的高度和凹背纹的深度均不大于 0.5mm。

8.7 塑 料 地 板

塑料地板的主要原料是聚氯乙烯（PVC）树脂、聚醋酸乙烯（PVAC）树脂、聚乙烯（PF）树脂、聚丙烯（PP）树脂等，最为常用的为聚氯乙烯树脂。

民用建筑地面塑料地板一般常见的有半硬质塑料地板、软质塑料地板和弹性塑料地板。

（1）半硬质聚氯化烯板块的质量要求和物理机械性能见附表 8.7（1）和附表 8.7（2）的规定。

半硬质聚氯乙烯地板质量要求 **附表 8.7**（1）

外观		尺寸允许偏差（mm）			
缺 陷	指 标	长度	宽度	厚度	直角度
缺口、龟裂、分层	不允许有	±0.3	±0.3	±0.15	＜0.25
凹凸不平、发花 光泽不均、色调不均、沾污、划伤、混入异物	在离地板块 600mm 处观察不明显				

半硬质聚氯乙烯地板的物理机械性能 **附表 8.7**（2）

项 目	单层（均质）	同质复合	附 注
热膨胀系数（1/℃）	$\leqslant 1.0\times10^{-4}$	$\leqslant 1.2\times10^{-4}$	
加热重量损失率（‰）	≤0.5	≤0.50	
加热长度变化率（%）	≤0.20	≤0.25	
吸水长度变化率（%）	≤0.15	≤0.17	
23℃凹陷度（mm）	≤0.30	≤0.30	
45℃凹陷度（mm）	≤0.60	≤1.00	
残余凹陷（mm）	≤0.15	≤0.15	
磨耗量（g/cm^2）	≤0.020	≤0.015	

（2）软质塑料地板的外观质量要求见附表 8.7（3）。

软质聚氯乙烯地板卷材尺寸的允许偏差 **附表 8.7**（3）

项 目	尺寸允许偏差	附 注
厚 度	平均厚度与标准厚度相差小于 0.13mm，最厚处与最薄处相差小于 0.2mm	
卷材宽度	宽度不允许小于规定值，比规定值最多大 6mm	
每卷长度	不小于 20m	
两边平行差	在 1m 内偏差不超过 4mm	

（3）软质聚氯乙烯地板卷材的性能见附表 8.7（4）。

软质聚氯乙烯地板卷材的性能 **附表 8.7**（4）

性 能	要 求	附 注
软 性	不允许有裂开，出现裂纹或者其他破坏迹象	
水分引起的伸缩	线度上的尺寸变化大不得超过 0.4%	
尺寸稳定性	线度上尺寸变化大不得大于 0.4%，且不应有翘曲	
热老化和渗油	增塑剂不得有明显的渗出，外观不应有任何变化，软性保持不变	
弹性积	抗拉强度与延伸的乘积的平均值不小于 $2.0MJ/m^3$	
残余凹陷	不大于 0.1mm	

（4）弹性多层地板的质量标准：

外观质量要求见附表 8.7（5）；

尺寸偏差值见附表 8.7（6）；

物理机械性能见附表 8.7（7）。

弹性多层地板外观质量要求 **附表 8.7**（5）

缺陷名称	一 级 品	二 级 品
漏印、露底	不允许	允许有米粒大的露底，但不允许密集
由于拖墨形成的线条	不允许	允许有铅笔线那样线条、不允许集中
表面粗粒突出	不允许	允许有芝麻大的突出，每 m 只允许有 1-2 个
折 痕	不允许	允许底层有，但不允许有叠层的死折
套色误差	<1mm	<2mm
异物、黑点	不允许	允许有芝麻大的黑点，但不允许密集
气 泡	不允许	不允许有小气泡，但不允许密集

弹性多层地板尺寸偏差 **附表 8.7**（6）

块 材（mm）			地 卷 材			
			厚 度			
厚 度	长 度	宽 度	与标准度厚度相差（mm）	最厚处与最薄处相差（mm）	宽 度（mm）	卷材两边印花图案
±0.15	±0.3	±0.3	<0.10	<0.2	不少于规定值但最多大 6	5m 内不大于±5mm（包括纵向和横向的对花偏差）

弹性多层地板的物理机械性能 **附表 8.7（7）**

项次	项目	要求
1	25℃凹陷度（mm）	≤0.5
2	残余凹陷（%）	小于全部厚度的20
3	吸水长度变化率（%）	横向小于0.10，纵向小于0.50
4	加热长度变化率（%）	横向小于0.20，纵向小于0.40
5	耐磨性（g/cm^2）	小于0.002
6	弹性积（MJ/cm^3）	大于4
7	热老化（%）	弹性积为原来的70%
8	剥离强度（kN/m）	大于1

（5）塑料地板常用胶粘剂。主要性能和特点见附表8.7（8）

塑料地板常用胶粘剂 **附表 8.7（8）**

序号	类别	胶粘剂名称	主要性能和特点
1	乙烯类胶粘剂	聚醋酸乙烯乳胶	①无毒性、无味、耐老化、耐油、胶接强度高； ②初粘强度较小。
2	氯丁橡胶型粘剂	XY—401胶、404胶 FN—303胶 202胶	①粘结强度高、初粘力大； ②采用有机溶剂（如苯、汽油等）； ③有一定的毒性。
3	环氧树脂胶粘剂	717胶、HN—302胶	①粘结强度高，具有耐水、耐碱、耐油等性能； ②初粘强度不高、有毒性、脆性较大。
4	聚胺脂—聚异氰酸脂胶粘剂	404胶、405胶乌利当（101胶） JQ—1、2胶	①粘结强度较高、胶膜柔韧性好、耐水、耐油、耐老化； ②有一定毒性； ③101胶的耐热性较差，固化速度较慢、固化前对温度、湿度较敏感。
5	聚乙烯醇类胶粘剂	106胶 107胶	①属于水乳型胶液，胶稳定性好，干后不易潮解，防霉性较好，操作方便； ②温度较低时易冻结； ③施工时，基层应润湿。
6	聚氯乙烯塑料胶粘剂	化建—4胶粘剂	①初粘力大（粘接后5min定位）粘接强度高（7d剪切强度为6MPa以上），有耐水性、耐酸、耐碱、耐油、耐冻、耐湿热等性能； ②可对水泥砂浆、混凝土、木材等均可粘接； ③有一定的毒性； ④用丙酮作稀释剂

8.8 颜 料

水磨石地面面层应选用耐碱、耐光的矿物颜料。常用颜料有：氧化铁红、氧化铁黄、氧化铁黑、氧化铁棕、群青和氧化铬绿等。颜料掺量一般为水泥用量的5%～10%。最大掺量不宜超过水泥用量的12%。氧化铁蓝不耐碱宜少用。

矿物性颜料主要性能见附表 8.8（1）

几种矿物性颜料主要性能　　附表 8.8（1）

序号	名　称	密　度	遮盖力 (g/m^3)	着色力	耐光性	耐碱性	分散性
1	氧化铁红	5.15	0～8	良	良	耐	不易分散
2	氧化铁黄	4.05～4.09	11～13	良	良	耐	不易分散
3	氧化铁绿	—	13.5	良	良	耐	不易分散
4	氧化铁棕	4.77	—	良	良	耐	不易分散
5	群　青	2.23～2.35	—	良	良	耐	不易分散
6	氧化铬绿	5.08～5.26	<12	良	良	极耐	不易分散
7	氧化铁蓝	1.83～1.90	<12	良	良	不耐	易分散

8.9　民用建筑地面隔离层常规防水材料

8.9.1　建筑石油沥青（GB 494—85）

建筑石油沥青系为防水的胶结料，按针入度不同分为两个标号、即为10号和30号。其技术指标应符合附表 8.9.1 规定数值。

建筑石油沥青技术指标　　附表 8.9.1

项　　目	质量指标		试验方法
	10号	30号	
针入度（25℃、100g）$\frac{1}{10}$mm	10～25	25～40	GB 4509
延度（25℃）(cm) 不小于	1.5	3	GB 4508
软化点（环球法）不低于	95	70	GB 4507
溶解度（三氯甲烷/三氯乙烯/四氯化碳或苯），(%) 不小于	99.5	99.5	SY 2805
蒸发损失（100℃5h），(%) 不大于	1	1	SY 2808
蒸发后针入度比，(%) 不小于	65	65	—
闪点（开口），(℃) 不低于	230	230	GB 267
脆点，(℃)	报告	报告	GB 4510

8.9.2　石油沥青纸胎油毡油纸（GB 326—89）

沥青防水卷材的质量应符合下列要求：

(1) 沥青防水卷材的外质量和规格应符合附表 8.9.2（1）和 8.9.2（1）的规定。

沥青防水卷材的外观质量要求　　附表 8.9.2（1）

项　目	外观质量要求
孔洞、硌伤	不允许
露胎、涂盖不匀	不允许
折纹、折皱	距卷芯 1000mm 以外，长度不应大于 100mm
裂　纹	距卷芯 1000mm 以外，长度不应大于 10mm
裂口、缺边	边缘裂口小于 20mm，缺边长度小于 50mm，深度小于 20mm，每卷不应超过四处
接头	每卷不应超过一处

沥青防水卷材规格 **附表 8.9.2（2）**

标　号	宽度（mm）	每卷面积（m²）	卷　重　（kg）	
350 号	915 1000	20±0.3	粉　毡	≥28.5
			片　毡	≥31.5
500 号	915 1000	20±0.3	粉　毡	≥39.5
			片　毡	≥42.5

（2）沥青防水卷材的物理性能应符合附表 8.9.2（3）的规定。

沥青防水卷材的物理性能 **附表 8.9.2（3）**

项　目		性　能　要　求	
		350 号	500 号
纵向拉力（25±2℃时）		≥340N	≥440N
耐热度（85±2℃，2h）		不流淌，无集中性气泡	
柔性（18±2℃）		绕 ϕ20mm 圆棒无裂纹	绕 ϕ25mm 圆棒无裂纹
不透水性	压　力	≥0.10MPa	≥0.15MPa
	保持时间	≥30min	≥30min

8.9.3 合成高分子防水卷材（GB 50207—94）

合成高分子防水卷材的质量应符合以下规定：

（1）合成高分子防水卷材的外观质量和规格应符合附表 8.9.3（1）和 8.9.3（2）的规定。

合成离分子防水卷材的外观质量要求 **附表 8.9.3（1）**

项　目	外 观 质 量 要 求
折　痕	每卷不超过 2 处，总长度不超过 20mm
杂　质	大于 0.5mm 颗粒不允许
胶　块	每卷不超过 6 处，每处面积不大于 4mm²
缺　胶	每卷不超过 6 处，每处不大于 7mm，深度不超过本身厚度的 30%

合成离分子防水卷材规格 **附表 8.9.3（2）**

厚　度　（mm）	宽　度　（mm）	每卷长度（m）
1.0	≥1000	20.0
1.2	≥1000	20.0
1.5	≥1000	20.0
2.0	≥1000	10.0

（2）合成高分子防水卷材的物理性能应符合附表 8.9.3（3）的规定。

合成高分子防水卷材的物理性能 附表 8.9.3（3）

项目		性能要求		
		Ⅰ	Ⅱ	Ⅲ
拉伸强度		≥7MPa	≥2MPa	≥9MPa
断裂伸长率		≥450%	≥100%	≥10%
低温弯折性		−40℃	−20℃	−20℃
		无裂纹		
不透水性	压力	≥0.3MPa	≥0.2MPa	≥0.3MPa
	保持时间	≥30min		
热老化保持率（80±2℃，163h）	拉伸强度	≥80%		
	断裂伸长率	≥70%		

注：Ⅰ类指弹性体卷材；Ⅱ类指塑性体卷材；Ⅲ类指加合成纤维的卷材。

8.9.4 高聚物改性沥青防水卷材（GB 50207—94）

高聚物改性沥青防水卷材的质量应符合以下规定：

（1）高聚物改性沥青防水卷材的外观质量和规格应符合附表 8.9.4（1）和 8.9.4（2）的规定。

高聚物改性沥青防水卷材的外观质量要求 附表 8.9.4（1）

项目	外观质量要求
断裂、皱折、孔洞、剥离	不允许
边缘不整齐、砂砾不均匀	无明显差异
胎体未浸透、露胎	不允许
涂盖不均匀	不允许

高聚物改性沥青防水卷材规格 附表 8.9.4（2）

厚度（mm）	宽度（mm）	每卷长度（m）
2.0	≥1000	15.0～20.0
3.0	≥1000	10.0
4.0	≥1000	7.5
5.0	≥1000	5.0

（2）高聚物改性沥青防水卷材的物理性能应符合附表 8.9.4（3）的规定。

2）加倍取样复检，全部达到标准规定为合格。复检时有一项指标不合格，则判定该产品外观质量为不合格。

（5）防水卷材抽样应符合下列规定：

同一品种、牌号和规格的卷材，抽验数量为：大于1000卷抽取5卷；500～1000卷抽取4卷；100～499卷抽取3卷；小于100卷抽取2卷。

8.10 沥青玛𤧛脂的选用、调制和试验

8.10.1 标号的选用及技术性能

（1）粘贴各层卷材、粘结绿豆砂保护层采用的沥青玛𤧛脂的标号应根据屋面的使用条件、坡度和当地历年极端最高气温，按附表8.10.1（1）的规定选用。

（2）沥青玛𤧛脂的质量要求，应符合附表8.10.1（2）的规定。

沥青玛𤧛脂选用标号 **附表8.10.1（1）**

<table>
<tr><th>材料名称</th><th>屋面坡度</th><th>历年极端最高气温</th><th>沥青玛𤧛脂标号</th></tr>
<tr><td rowspan="9">沥青玛𤧛脂</td><td rowspan="3">1%～3%</td><td>小于38℃</td><td>S—60</td></tr>
<tr><td>38℃～41℃</td><td>S—65</td></tr>
<tr><td>41℃～45℃</td><td>S—70</td></tr>
<tr><td rowspan="3">3%～15%</td><td>小于38℃</td><td>S—65</td></tr>
<tr><td>38℃～41℃</td><td>S—70</td></tr>
<tr><td>41℃～45℃</td><td>S—75</td></tr>
<tr><td rowspan="3">15%～25%</td><td>小于38℃</td><td>S—75</td></tr>
<tr><td>38℃～41℃</td><td>S—80</td></tr>
<tr><td>41℃～45℃</td><td>S—85</td></tr>
</table>

注：1. 卷材层上有块体保护层或整体刚性保护层，沥青玛𤧛脂标号可按表降低5号；

2. 屋面受其他热源影响（如高温车间等）或屋面坡度超过25%时，应将沥青玛𤧛脂的标号适当提高。

沥青玛𤧛脂的质量要求 **附表8.10.1（2）**

<table>
<tr><th>标号
指标名称</th><th>S—60</th><th>S—65</th><th>S—70</th><th>S—75</th><th>S—80</th><th>S—85</th></tr>
<tr><td rowspan="2">耐热度</td><td colspan="6">用2mm厚的沥青玛𤧛脂粘合两张沥青油纸，于不低于下列温度（℃）中，在1∶1坡度上停放5h的沥青玛𤧛脂不应流淌，油低不应滑动</td></tr>
<tr><td>60</td><td>65</td><td>70</td><td>75</td><td>80</td><td>85</td></tr>
<tr><td rowspan="2">柔韧性</td><td colspan="6">涂在沥青油纸上的2mm厚的沥青玛𤧛脂层，在18±2℃时，围绕下列直径（mm）的圆棒，用2s的时间以均衡速度弯成半周，沥青玛𤧛脂不应有裂纹</td></tr>
<tr><td>10</td><td>15</td><td>15</td><td>20</td><td>25</td><td>30</td></tr>
<tr><td>粘结力</td><td colspan="6">用手将两张粘贴在一起的油纸慢慢地一次撕开，从油纸和沥青玛𤧛脂的粘贴面的任何一面的撕开部分，应不大于粘贴面积的1/2</td></tr>
</table>

8.10.2 配合成分

(1) 配制沥青玛瑶脂用的沥青，可采用10号、30号的建筑石油沥青和60号甲、60号乙的道路石油沥青或其熔合物。

(2)选择沥青玛瑶脂的配合成分时，应先选配具有所需软化点的一种沥青或两种沥青的熔合物。当采用两种沥青时，每种沥青的配合量，宜按下列公式计算：

$$石油沥青熔合物\ B_g = \left(\frac{t - t_2}{t_1 - t_2}\right) \times 100 \tag{8.10.1}$$

$$B_d = 100 - B_g \tag{8.10.2}$$

式中 B_g——熔合物中高软化点石油沥青含量，%；

B_d——熔合物中低软化点石油沥青含量，%；

t——沥青玛瑶脂熔合物所需的软化点，℃；

t_1——高软化点石油沥青的软化点，℃；

t_2——低软化点石油沥青的软化点，℃。

(3) 在配制沥青玛瑶脂的石油沥青中，可掺入10%～25%的粉状填充料或掺入5%～10%的纤维填充料。填充料宜采用滑石粉、板岩粉、云母粉、石棉粉。填充料的含水率不宜大于3%。粉状填充料应全部通过0.21mm（900孔/cm^2）孔径的筛子，其中大于0.085mm（4900孔/cm^2）的颗粒不应超过15%。

8.10.3 调制方法

(1) 将沥青放入锅中熔化，应使其脱水并不再起沫为止。

当采用熔化的沥青配料时，可采用体积比；当采用块状沥青配料时，应采用质量比。

当采用体积比配料时，熔化的沥青应用量勺配料，石油沥青的密度，可按1.00计。

(2) 调制沥青玛瑶脂时，应在沥青完全熔化和脱水后，再慢慢地加入填充料，同时不停地搅拌至均匀为止。填充料在掺入沥青前，应干燥并宜加热。

8.10.4 试验方法

(1) 沥青玛瑶脂的各项试验，每项应至少3个试件，试验结果均应合格。

(2) 耐热度测定：应将已干燥的110mm×50mm的350号石油沥青油纸，由干燥器中取出，放在瓷板或金属板上，将熔化的沥青玛瑶脂均匀涂布在油纸上，其厚度应为2mm，并不得有气泡。但在油纸的一端应留出10mm×50mm空白面积以备固定。以另一块100mm×50mm的油纸平行地置于其上，将两块油纸的三边对齐，同时用热刀将边上多余的沥青玛瑶脂刮下。将试件置放于15℃～25℃的空气中，上置一木制薄板，并将2kg重的金属块放在木板中心，使均匀加压1h，然后卸掉试件上的负荷，将试件平置于预先已加热的电烘箱中（电烘箱的温度低于沥青玛瑶脂软化点30℃）停放30min，再将油纸未涂沥青玛瑶脂的一端向上，固定在45°角的坡度板上，在电烘箱中继续停放5h，然后取出试件，并仔细察看有无沥青玛瑶脂流淌和油纸下滑现象。如果未发生沥青玛瑶脂流淌或油纸下滑，应认为沥青玛瑶脂的耐热度在该温度下合格。然后将电烘箱温度提高5℃，另取一试件重复以上步骤，直至出现沥青玛瑶脂流淌或油纸下滑时为止，此时可认为在该温度下沥青玛瑶脂的耐热度不合格。

(3)柔韧性测定：应在100mm×50mm的350号沥青油纸上，均匀地涂布一层厚约2mm的沥青玛瑶脂（每一试件用10g沥青玛瑶脂），静置2h以上且冷却至温度为18±2℃后，将试件和规定直径的圆棒放在温度为18±2℃的水中浸泡15min，然后取出并用2s时间以均衡速度弯曲成半周。此时沥青玛𤧛脂层上不应出现裂纹。

(4) 粘结力测定：将已干燥的 100mm×50mm 的 350 号石油沥青油纸，由干燥器中取出，放在成型板上，将熔化的沥青玛𤧛脂均匀涂布在油纸上，厚度宜为 2mm，面积为 80mm×50mm，并不得有气泡，但在油纸的一端应留出 20mm×50mm 的空白，以另一块 100mm×50mm 的沥青油纸平行的置于其上，将两块油纸的四边对齐，同时用热刀把边上多余的沥青玛𤧛脂刮下。试件置于 15℃～25℃的空气中，上置木制薄板，并将 2kg 重的金属块放在木板中心，使均匀加压 1h，然后除掉试件上的负荷，再将试件置于 18±2℃的电烘箱中 30min 取出，用两手的拇指与食指捏住试件未涂沥青玛𤧛脂的部分一次慢慢地揭开，若油纸的任何一面被撕开的面积不超过原粘贴面积的 1/2 时，应认为合格。

参 考 文 献

1 中国建筑工业出版社编．现行建筑施工规范大全（1～6）．第2版．北京：中国建筑工业出版社，1997

2 中华人民共和国国家标准．建筑安装工程质量检验评定统一标准（GBJ 300—88），北京：中国建筑工业出版社，1989

3 中华人民共和国国家标准．建筑工程质量检验评定标准（GBJ 301—88）．北京：中国建筑工业出版社，1989

4 吴松勤等编．建筑安装工程质量检验评定标准讲座．北京：中国建筑工业出版社，1990

5 潘金祥主编．建筑安装工程施工技术资料手册．北京：中国建筑工业出版社，1995

6 陕西省建筑设计院编．建筑材料手册．第4版．北京：中国建筑工业出版社，1997

7 北京市建设委员会编．建筑工程分项施工工艺手册．北京：中国计划出版社，1993

8 辽宁省建设厅编．建筑安装工程施工技术操作规程．沈阳：辽宁科学技术出版社，1996

9 施岚青，孙培生主编．实用混凝土结构构造手册．北京：中国建筑工业出版社，1991

10 王异，周兆桐主编．混凝土手册．长春：吉林科学技术出版社，1985

11 阎家卓，陈祖芳主编．房屋建筑施工实用手册．湖南科学技术出版社

12 滕绍华等主编．实用建筑施工手册．北京：金盾出版社，1989

13 高崇主编．工程质量监控综合实用手册 北京：中国物价出版社，1996